国家林业和草原局普通高等教育"十三五"规划教材
普通高等教育"十一五"国家级规划教材
高等院校园林与风景园林专业规划教材

西方园林史——19世纪之前

Western Landscape History

（第3版）（附数字资源）

朱建宁　赵晶 ◎ 编著

中国林业出版社
China Forestry Publishing House

内容简介

"西方园林史"是高等院校园林、风景园林专业的专业课程之一,也是城市规划、建筑学等专业的专业基础课程。本书按照西方园林的时代特征和地域特点,系统地阐述了从古埃及到近代西方园林艺术的发展历程,着重分析了意大利、法国、英国及美国等西方主要国家园林艺术风格产生的时代背景、发展历程、典型特征、代表人物及作品,有助于读者系统地了解西方园林的艺术特点以及蕴含的自然观和思想文化内涵,从而提高读者的专业素养和鉴赏能力,丰富园林艺术的创作手法。

本书可作为高等院校园林、风景园林等专业的教材,也可作为城乡规划、建筑学、观赏园艺、旅游等相关专业人员了解西方园林的参考资料。

图书在版编目(CIP)数据

西方园林史/朱建宁,赵晶编著. —3版. —北京:中国林业出版社,2019.8(2024.3重印)

国家林业和草原局普通高等教育"十三五"规划教材,普通高等教育"十一五"国家级规划教材,高等院校园林与风景园林专业规划教材

ISBN 978-7-5219-0127-6

Ⅰ.①西… Ⅱ.①朱… ②赵… Ⅲ.①古典园林-建筑史-西方国家-高等学院-教材 Ⅳ.①TU-098.45

中国版本图书馆CIP数据核字(2019)第124887号

审图号:GS京(2022)1097号

中国林业出版社·教育分社

策划、责任编辑:康红梅　　责任校对:苏　梅
电话:83143551　　传真:83143516

出版发行	中国林业出版社　(100009　北京市西城区德内大街刘海胡同7号)
	E-mail:jiaocaipublic@163.com　　电话:(010)83143550
	http://www.forestry.gov.cn/lycb.html
经　销	新华书店
印　刷	中农印务有限公司
版　次	2008年8月第1版(共印2次)
	2013年8月第2版(共印7次)
	2019年8月第3版
印　次	2024年3月第7次印刷
开　本	889mm×1194mm　1/16
印　张	21.75
彩　插	0.5印张
字　数	614千字　　数字资源字数　约310千字
定　价	65.00元

数字资源

未经许可,不得以任何方式复制或抄袭本书之部分或全部内容。

版权所有　侵权必究

高等院校园林与风景园林专业规划教材 编写指导委员会

顾 问

孟兆祯

主 任

张启翔

副主任

王向荣　包满珠

委 员

（以姓氏笔画为序）

弓弼	王浩	王莲英	包志毅
成仿云	刘庆华	刘青林	刘燕
朱建宁	李雄	李树华	张文英
张彦广	张建林	杨秋生	芦建国
何松林	沈守云	卓丽环	高亦珂
高俊平	高翅	唐学山	程金水
蔡君	戴思兰		

第3版前言

《西方园林史——19世纪之前》从2008年第1版到2019年的第3版,已历时10年的时间。10年间,全球一体化趋势不断推进,东西方文化的交流愈发密切,风景园林及其他领域的对话和融合也越来越多。在此背景下,风景园林及其他相关学科和专业的从业人员需要对西方园林有更加深刻的认知和解读,理解西方园林作品的历史脉络和生长土壤,以推进风景园林的发展更加多元与开放。因此,本教材也成为相关专业学习者的重要参考书,得到了广泛的应用和认可。通过对本教材的学习,读者可以系统性地了解西方园林的发展历程、构成要素、空间结构、表现形式、思想观念等,除了丰富和提升理论知识外,还可以为风景园林的规划设计实践提供指导和帮助。

需求的提升也带来了更高的要求。为了应对行业的不断发展进步和读者的更高要求,《西方园林史——19世纪之前》开展了第二轮的修订工作。本次修订的主要目标是对教材内容进行完善,修订内容主要包括以下几个方面:第一,由于本书主要为西方园林历史的研究,涉及大量的国家、历史年代背景、人物等,内容庞杂。因此,出于学术严谨性和查阅的需求,本次补充了大量人名地名的原文和相关注释,修订校对了全书的人名、生卒年月、地名等,按照目前较为常用的中文译名进行修正,涉及全书几百处。第二,针对第5章英国园林中自然风景式案例邱园以及"中国热"的产生和发展两个部分进行了补充和修正。17世纪末到18世纪末的"中国热"一直是中国读者颇感兴趣的部分,邱园的中国塔更被广为熟知,堪称是这一时期欧洲出现的最地道的中式建筑。但是由于纽霍夫的"误导",使大家一直讥笑塔的层数是偶数,然而实际上邱园宝塔的层数与江南大报恩寺琉璃塔完全一致,只是未将底层称为"副阶"算在塔的层数之内。本次修订对涉及邱园和钱伯斯的相关内容都进行了补充和完善。第三,由于风景园林专业的特殊性,很多时候读者的学习除了文字之外,更多的认知都需要建立在平面图等图纸的基础上,对图纸等相关信息的精确度都提出了较高的要求,因此,本次工作还对全书的图纸、图例和图说都进行了校对和修正,查缺补漏。第四,本次修订增加了案例等数字资源,以课程码的形式呈现,使教材具有更广泛的参考性、鉴赏性、史料性。

本次修订工作得到教育部人文社会科学研究青年基金项目（18YJC760146），城乡生态环境北京实验室，北京市共建项目，北京林业大学建设世界一流大学（学科）和特色发展引导专项师资队伍建设——风景园林学项目的共同资助。本次修订由朱建宁、赵晶负责，研究生卓荻雅、孙士博、王菁菁、张颖、王念、贾子玉、霍曼菲、王璐、黄婷婷、高梦瑶、韩若东、范蕾、任佩佩、郭昕好、谢何钰参与本校对和修订工作，在此致谢。本次修订离不开前两版的工作基础，在此对所有参与《西方园林史——19世纪之前》编写工作的人员一并致以衷心的感谢。

虽然我们力求使教材更加完善，但限于种种条件及自身水平，仍有不如意之处，深盼读者谅解并指正。

编著者
2019年2月

第 2 版前言

《西方园林史——19世纪之前》自2008年出版以来，已近五个年头。其间，这部教材在全国高等院校相关专业的课程教学中得到了广泛使用，同时也为广大从业人员提供了一本系统了解西方传统园林理论与实践的参考书。随着中国社会经济和文化艺术的深入发展，风景园林必然走向开放的、多元化的发展之路。了解西方园林文化传统和艺术风格的演变，对促进中国风景园林文化和艺术的发展无疑大有裨益。

在"基于传统重新创造"的思想指导下，西方园林师不仅对传统园林有着深入细致的认识，而且创造出一大批具有"现代性"和"原创性"的作品，为世界园林文化和艺术做出了积极贡献。随着西方园林文化和设计思潮的国际影响力日增，大量的莘莘学子和从业人员都在努力向西方园林和园林师学习，希望从中获取有益的启示或启发。但在对西方园林文化及其设计手法缺乏系统、理性认识的情况下，一味地照搬照抄只能导致模仿抄袭之风的盛行，产生一些光怪陆离或不伦不类的作品。因此，在全国高等院校的"西方园林史"课程设置中，不再将西方园林作品欣赏作为主要的教学内容，而开始注重对西方园林思想体系和设计方法的梳理，加强了园林史教学内容与后续设计课程之间的联系。借此教材再版之际，我们对原有的内容进行了适当的调整和补充，力求使全书的内容更为全面和系统，论述更为严谨。

本次修订重点在以下两方面：其一，对古埃及园林部分进行了调整和补充。古埃及因其特殊的地理位置和极高的文明成就，对后世西方文明的发展有着极为深远的影响。2010年初，笔者对埃及实地考察后，也对其园林的历史背景和艺术风格有了进一步的认识。该章节的增补，有助于读者理解西方园林文化体系和艺术风格之滥觞。其二，对"中国园林在西方的影响"一节进行了全面的修改补充。关于中国园林对18世纪欧洲园林的影响，一直是中国人津津乐道并引以为豪的话题，但是有关这一时期园林艺术史的研究却极为有限。为此，本次修订剖析了中国园林影响18世纪欧洲园林的背景、原因、内容和程度，以及由此产生的西方园林在造园要素、技艺和观念方面的变革。希望有助于读者明确西方学习中国园林的方法，并加深对中国园林的认识。此外，还有其他方面或大或小的修改，因散见于全书，不再一一列举。

本次修订受"北京林业大学科技创新计划与中央高校基本科研业务费专项资金"（编号TD2011—34）资助，参加人员熊瑶、刘伟为本书的修订做出了贡献，在此一并表示衷心感谢。

随着中国风景园林学科的不断发展以及园林教育和教学改革的日益深入，对教材的及时更新也提出了更高的要求。虽然笔者在本次修订中致力于紧跟这一发展趋势，但因时间及编者学识所限，难免还有问题和不足之处，万望读者给予批评指正。

朱建宁
2013年6月

第 1 版前言

  1995 年，我在法国学习工作了 9 年后回国，在北京林业大学园林学院任教，并开始讲授"西方园林史"。这门课程只有 20~30 学时，在这么短的时间内要让对西方园林缺乏感性认识的中国学生了解错综复杂的西方园林体系，难度可想而知。加上中文教材和参考书籍的缺乏，使得提纲挈领的教学方法让学生如同坠入云雾之中。这门在我看来极其重要的专业理论课，对学生们来说成了走马观花式的西方园林作品欣赏课。由于东、西方园林外在形式上的显著差异，往往使得学生对西方园林艺术缺乏认同感，学习"西方园林史"的目的和意义都不甚明了。

  由于当时系统论述西方园林艺术的中文书籍甚少，河南科技出版社委托我的导师郦芷若教授在多年教学基础上编写一本有关西方园林的著作。郦先生与我合著的《西方园林》在 2001 年 6 月出版，这本书以 500 多幅图片和近 30 万文字，对西方各个历史时期园林的发展演变、艺术特征、表现手法、代表人物和 50 多个重要作品进行了分析评价，受到了广大读者的欢迎。

  然而《西方园林》对在校学生来说书价不菲，西方园林史课程缺少教材的问题依旧。2004 年中国林业出版社将《西方园林史》教材纳入出版计划，由我在《西方园林》的基础上着手编写。这本教材对《西方园林》在格式上进行了必要的调整，在内容上作了大量的补充和修订，篇幅增加到 60 余万字，不仅内容更加丰富，而且论述也更加深入。2006 年，这本教材被列入教育部普通高校教育"十一五"国家级规划教材。

  东、西方园林是公认的世界园林艺术中最重要的两大体系，为世界园林艺术的发展做出了极大贡献。尽管在东、西方园林的发展中曾经有着相互影响与作用，但由于外在形式上的巨大差异，我们曾误认为东、西方园林是水火不相容的两种体系，将西方园林的理论与实践看作是不适合中国国情的外来文化而加以排斥。

  其实，就园林艺术的本质而言，东、西方园林可谓殊途同归，至少东、西方园林在本质上的差别并不像外在形式上的差异那么大。两者其实都是以自然材料为要素、以自然文化为载体，反映人们自然观的艺术创作，也都以再现地域景观的典型特征为创作目标。由于历史的原因，西方园林艺术体系的发展更加完善，对自然的认识更加深刻，对文化的表现也更加充分，非常值得我们去认真学习和研究。

学习历史的目的在于以史为鉴，绝不是历史的照搬照抄。学习传统的目的无疑在于继承和发扬传统，利用传统为现代服务。在我看来，继承和发扬传统，就是要以现代人的眼光重新审视传统。要去粗取精、去伪存真，取其精华、去其糟粕，在保留传统的合理性与必要性的基础上，赋予传统以时代精神和现实意义。应该承认，在传统园林的现代化方面，西方人走在了我们的前面，为中国传统园林的发展提供了可资借鉴的样板。借鉴西方的方法研究中国的问题，或许是中国园林发展的一条捷径。

西方园林的发展史告诉我们，研究历史要抛弃急功近利的思想，要由表及里，透过形式看本质。园林艺术的发展，就在于抛开形式的束缚，寻求思想的解放和观念的更新。学习西方园林史的意义很多。首先，中国文化有着感性有余而理性不足的缺陷，造园艺术往往只能意会不能言传，造成学生们在学习上往往知其然而不知其所以然，导致学生的创新能力下降。学习西方园林有助于培养学生的理性思维能力，将感性认识上升到理性认识是提高运用能力的必经之路。

其次，中国园林史大多是由史学家们写就的，他们习惯于采用文学描述和意境诉求的方式论述历史园林，而缺乏对园林布局、视觉组织等空间结构的论述，使得学生在学习中感到难以把握，在实践中难以灵活运用，甚至沉湎于文字游戏而不能自拔。相反，西方园林具有结构严谨、层次分明的空间特征，有助于学生对造园理论和表现手法的把握，通过学习西方园林史有助于提高学生的空间设计能力，丰富学生的创作手法。

此外，中国传统园林在造园思想上始终一脉相承，在园林的风格和形式上显得比较单一。由于缺乏对比易于造成学生们出现思路狭窄、观念单纯、手法单调的弊病，使学生陷于重形式轻内涵、重技术轻思想的套路之中。学习西方园林史，通过引入对比和冲突，有助于学生加深对中国园林的理解与认识，起到开阔思路、启迪思想、转变观念并提高认识的目的。

为了使学生们认识到"西方园林史"是一门重要的专业理论课，本书试图以风景园林师的观点和规划设计的角度，重点论述西方园林的构成要素、空间结构、表现形式、思想观念以及发展演变，力求对学生们学习风景园林规划设计提供指导和帮助。

西方园林内容丰富，风格多变，时间跨度大，地理分布广，各国各时期的园林杰作浩如烟海。本书以意大利文艺复兴时期园林、法国古典主义园林、英国自然风景式园林和19世纪欧美城市公园为代表，重点论述从文艺复兴到近现代的西方园林发展历程，对文艺复兴之前的西方园林作了简要论述。

全书将历史发展与代表性国家相结合，分为7个章节：第1章为绪论；第2章概括性地介绍了古埃及、巴比伦、希腊和罗马等古代园林及中世纪西欧园林；第3章论述以台地园为代表的意大利文艺复兴园林；第4章是以古典主义园林为代表的法国园林；第5章论及以自然风景园为代表的英国园林；第6章简要论述了欧洲其他主要国家的园林发展情况；第7章以英、法、美等国为代表论述了近现代城市公园的发展历程。

本书的着眼点是在介绍西方园林的空间形式、造园要素、园林特征及发展演变的同时，力求揭示其文化背景和思想内涵。每个章节在内容安排上大致分为 5 个部分：首先是代表性园林产生国家的地理位置和自然条件概述；其次是影响园林风格或式样的政治思想、经济社会及历史文化背景；第三是各类园林风格的成因和发展状况；第四是各类园林风格的代表人物及代表作品；最后对各类园林的特征、影响和意义加以综述。

在本书的编写过程中，杨云峰、崔柳、熊瑶、陈美兰、赵雯、伦佩珊、万雯、见萍、商振东、马会岭、罗娟、贾秉玺、杨肖、王月洋、胡婧、李辰、侯伟、周鑫等研究生在资料收集、文稿校对、插图绘制方面做了大量工作；北京林业大学唐学山教授和清华大学王贵祥教授认真审阅并提出了宝贵的修改意见；在出版中得到了中国林业出版社的鼎力支持。在此对本书形成过程中付出大量心血的师长、编辑和研究生们致以衷心的感谢。

限于作者的精力和学识，书中论述不妥、征引疏漏讹误之处在所难免，望广大读者批评指正，不吝赐教，以便在后续版本的修订中更正。

北京林业大学园林学院，教授、博士生导师

朱建宁

2008 年 4 月

目 录

第3版前言
第2版前言
第1版前言

第1章 绪论

第2章 古代及中世纪园林

- 2.1 古埃及园林 ················ 5
  - 2.1.1 古埃及概况 ············ 5
  - 2.1.2 古埃及园林概况 ········ 13
  - 2.1.3 古埃及园林特征 ········ 17
- 2.2 古巴比伦园林 ··············· 18
  - 2.2.1 古巴比伦概况 ·········· 18
  - 2.2.2 古巴比伦园林概况 ······ 21
  - 2.2.3 古巴比伦园林特征 ······ 23
- 2.3 古希腊园林 ··················· 24
  - 2.3.1 古希腊概况 ············ 24
  - 2.3.2 古希腊园林概况 ········ 26
  - 2.3.3 古希腊园林类型及实例 ·· 27
  - 2.3.4 古希腊园林特征 ········ 31
- 2.4 古罗马园林 ··················· 32
  - 2.4.1 古罗马概况 ············ 32
  - 2.4.2 古罗马园林概况 ········ 34
  - 2.4.3 古罗马园林类型及实例 ·· 35
  - 2.4.4 古罗马园林特征 ········ 45
- 2.5 中世纪西欧园林 ·············· 46
  - 2.5.1 中世纪西欧概况 ········ 46
  - 2.5.2 中世纪西欧园林概况 ···· 48
  - 2.5.3 中世纪西欧园林类型 ···· 48
  - 2.5.4 中世纪园林的特征 ······ 52
- 小结 ························· 53
- 思考题 ······················· 54

第3章 意大利园林

- 3.1 自然概况 ···················· 55
  - 3.1.1 地理位置 ·············· 55
  - 3.1.2 自然条件 ·············· 55
- 3.2 文艺复兴运动概况 ············ 56
- 3.3 园林发展概况 ················ 58
- 3.4 园林实例 ···················· 62
  - 3.4.1 文艺复兴初期园林实例 ·· 62
  - 3.4.2 文艺复兴中期园林实例 ·· 64
  - 3.4.3 巴洛克时期园林实例 ···· 76
- 3.5 意大利式园林特征 ············ 83
  - 3.5.1 相地选址 ·············· 83
  - 3.5.2 庄园布局 ·············· 84
  - 3.5.3 造园要素 ·············· 85
- 小结 ························· 89
- 思考题 ······················· 89

第4章 法国园林

- 4.1 法国概况 ···················· 90

4.1.1 地理位置 … 90
4.1.2 自然条件 … 90
4.1.3 历史概况 … 91
4.2 法国文艺复兴园林概况 … 93
4.3 法国文艺复兴园林实例 … 97
4.4 法国古典主义园林概况 … 106
4.5 法国古典主义园林实例 … 109
4.6 法国风景式园林概况 … 129
4.7 法国风景式园林实例 … 134
4.8 法国园林特征 … 140
4.8.1 法国古典主义园林特征 … 140
4.8.2 法国风景式园林特征 … 142
小结 … 143
思考题 … 143

第5章 英国园林

5.1 英国概况 … 145
5.1.1 地理位置 … 145
5.1.2 自然条件 … 145
5.1.3 历史概况 … 146
5.2 18世纪前的英国园林 … 147
5.3 英国规则式园林实例 … 150
5.4 英国规则式园林特征 … 154
5.5 英国自然风景式园林 … 156
5.5.1 自然风景式园林的成因 … 156
5.5.2 自然风景园的发展 … 165
5.6 自然风景式园林实例 … 173
5.7 中国园林艺术对西方的影响 … 184
5.7.1 17世纪上半叶之前的东西方文化交流 … 184
5.7.2 "中国热"的产生与发展 … 185
5.7.3 中式造园要素——"构筑物" … 188
5.7.4 山、水、石、植物要素的借鉴 … 191
5.8 英国自然风景式园林的特征 … 195
5.8.1 相地选址 … 195
5.8.2 园林布局 … 195
5.8.3 造园要素 … 196

小结 … 197
思考题 … 198

第6章 欧洲其他几国园林概况

6.1 西班牙园林概况 … 200
6.1.1 西班牙概况 … 200
6.1.2 西班牙伊斯兰园林 … 201
6.1.3 西班牙文艺复兴园林 … 211
6.1.4 西班牙勒诺特尔式园林 … 213
6.2 荷兰园林概况 … 218
6.2.1 荷兰概况 … 218
6.2.2 荷兰文艺复兴园林概况 … 220
6.2.3 荷兰勒诺特尔式园林 … 221
6.3 德国园林概况 … 229
6.3.1 德国概况 … 229
6.3.2 德国规则式园林概况 … 232
6.3.3 德国勒诺特尔式园林 … 234
6.3.4 德国风景式园林 … 243
6.4 奥地利园林概况 … 255
6.4.1 奥地利概况 … 255
6.4.2 奥地利园林 … 256
6.5 俄罗斯园林概况 … 262
6.5.1 俄罗斯概况 … 262
6.5.2 俄罗斯园林概况 … 263
6.5.3 俄罗斯勒诺特尔园林实例 … 265
6.5.4 俄罗斯风景式园林概况 … 269
6.5.5 俄罗斯风景式园林实例 … 270
小结 … 273
思考题 … 273

第7章 19世纪城市公园

7.1 19世纪欧洲概况 … 274
7.2 19世纪欧洲艺术运动 … 275
7.3 城市公园的兴起 … 278
7.4 英国城市公园 … 279
7.4.1 城市公园发展概况 … 279
7.4.2 城市公园实例 … 282

7.5 法国城市公园 ········· 293
　　7.5.1 城市公园发展概况 ········· 293
　　7.5.2 巴黎城市美化的意义 ········· 298
　　7.5.3 城市公园实例 ········· 300
7.6 美国城市公园 ········· 312
　　7.6.1 美国概况 ········· 312
　　7.6.2 美国园林概况 ········· 313
　　7.6.3 城市公园实例 ········· 320
　　7.6.4 美国州级公园 ········· 324
　　7.6.5 美国国家公园 ········· 326
7.7 19世纪园林特征及其影响 ········· 327
小结 ········· 329
思考题 ········· 329

推荐阅读书目 ········· 330

参考文献 ········· 331

彩图 ········· 333

第1章 绪论

西方园林是指在地理位置上处于西半球的西方国家的园林，以意、法、英、美等国为代表。传统的西方国家有着相同或相似的文化背景及宗教信仰，因而在园林艺术形式及风格上也有着相同或相似的特征，它们共同构成了西方园林体系。

西方园林有着悠久的历史和深厚的传统，是西方文化艺术长期发展的结晶，也是属于全人类的物质精神财富和自然文化遗产。西方园林在古埃及和古巴比伦的影响下，历经古希腊、古罗马的发展，到文艺复兴时期走向成熟，随后又演变出各种风格与式样，最终形成了丰富多变、对立统一的西方园林体系。

1. 园林的基本概念

不同的民族，在不同的历史时期，人们对园林的概念会产生不同的理解，甚至会出现完全对立的观念。

最早的园林无疑来自宗教或文学作品，西方人就将宗教文学或神话作品中描绘的天堂或乐园看作是园林的雏形。因此，最早的园林就是人们对人类赖以生存的大自然的崇拜和再现。《圣经》中的伊甸园描绘了早先的人类在原始的大自然中无忧无虑的生活情景，构成了西方人最早的园林形象，并成为西方园林取之不尽的创作源泉。

然而，文学作品中的天堂或乐园，与真正意义上的园林是有着很大差别的。因为天堂或乐园的魅力在于它是原始的大自然，是未经人类干预的纯粹的自然环境。相反，园林则是人工营造的环境，反映出人类对自然的情感和对艺术的追求。虽然园林中包含了水、土、动植物、空气、阳光等自然要素，但是必须经过人类的加工后，自然要素才能转变成造园要素。因此，艺术园林的特征就在于既利用自然，又不同于真正的大自然，带有或多或少的人文烙印。

2. 园林产生的原因

只有社会的发展具备了以下三个条件，真正意义上的园林才会出现：首先是人类有了创造美的愿望；其次是人类有了创造美的能力；最后是人类的生活环境远离了大自然并感到不适。因此，园林是人类社会发展到较高阶段时的产物，是人类追求更美好的生存环境的开始，表明了人类情感回归失乐园的强烈愿望。

不仅如此，园林还是人们摆脱生活中各种烦恼和忧虑的产物；是人们逃避现实、追求自由与变革的产物；是理想世界在现实世界的反映；是人们生活中的精神依托。园林甚至表明人们对现实政治状况、社会灾难、生存压力和文化艺术的反叛。当人们对现实世界感到失望时，往往会沉湎于园林所虚构的理想环境中，对现实采取抵触，甚至对抗的情绪。这在私家园林中表现得更加充分。

3. 园林的艺术特点

园林是抒发人们对自然情感的艺术，是人们追求自由、摆脱各种束缚的场所，园林艺术因而有着追忆和怀旧情感特点。在文学、诗歌、绘画等艺术形式中，也普遍存在着厚古薄今的偏好，以表达对理想世界的向往以及对现实世界的不满。

作为园林艺术蓝本的天堂或乐园，本身就是一种虚构的理想境域，具有遥不可及、想象胜于现实的特点。造园艺术家们也喜爱以古代精神为样板，在时空上十分遥远的古代，不仅使艺术家们的想象力得以尽情发挥，而且有助于作品摆脱各种形式的批评与验证。天堂和乐园中描绘的原始的大自然，古希腊的阿尔卡迪地区，都因为遥远、偏僻，甚至与世隔绝，成为艺术家们向往的"世外桃源"，为园林艺术提供了理想的造园蓝本。

4. 园林的艺术形式

园林艺术是在自然和社会等因素的综合影响下，在漫长的历史时期经过多次演变而逐渐发展成熟。随着社会的不断发展变化，园林艺术也在不断演变，但是创造与自然和谐的环境，始终是人类追求的理想，并构成了全人类共同向往的园林形象。

由于各民族对自然的认识存在差异，表达人与自然和谐的方式也有所不同，因而在园林形象的表达形式上存在着差异，进而产生了不同的园林艺术形式。即便是同一个民族，在不同的历史时期，或者由于个体在认知上的差异，也会产生不同的园林艺术风格。

影响园林艺术形式及风格的因素有很多，其中最主要的是社会背景以及与之相适应的哲学思想，包括自然观和美学观。自然是园林的载体，美是艺术的灵魂，自然美始终是园林艺术无法回避的主题思想。在不同的历史时期，西方人有着不同的哲学观点，对自然美也有着不同的理解和认识，因而产生了不同的园林艺术形式。

西方园林的艺术形式可以分为两大类，即以意大利文艺复兴园林和法国古典主义园林为代表的规则式园林，以及以英国自然风景式园林为代表的不规则式园林。后期又出现了将这上述两种形式综合在一起的折中式园林。规则式园林在西方出现得最早，并且直到17世纪始终在西方园林中占据主导地位；不规则式园林虽然出现得较晚，但是对西方园林艺术的冲击不容低估。英国自然风景式园林的出现，如同西方造园领域中的一场革命，对西方人的自然观和艺术观产生了极为深刻的影响。

5. 园林的美学观点

不同的园林艺术形式，反映了各自的哲学思想和美学观点。规则式园林是西方传统的唯理主义哲学思想的反映。从古希腊到17世纪的西方哲学家们都遵循理性的原则，认为"美在比例的和谐"。受其影响，艺术家们在创作中竭力排斥感性的作用，认为只有严谨的几何构图才能确保美的实现。在他们看来，既然造园是人为的艺术创作，那么园林艺术应该像其他艺术形式一样，其本质在于按照美学规律来布置各种要素，力求产生激动人心的光影变幻效果，而不应精心模仿自然中的偶然性。

相反，不规则式园林则代表着17世纪末产生的经验主义哲学思想。经验主义哲学家们否认几何比例在美学中的决定作用，认为感性才是认识世界的基础，艺术的真谛在于情感的流露。在自然式造园家们看来，大自然的千变万化是造园所难以企及的，从而得出了园林越接近自然则越美的结论。他们提倡以诗人的心灵和画家的眼光审视自然风景，要充分利用自然的活力与变化，营造令人赏心悦目的园林景色。

6. 园林的自然观点

园林艺术不同于其他艺术形式的独特之处，就在于它是反映人们自然观的艺术。自然是园林永恒的主题，也是造园家们要着力表现的文化内涵。

虽然自然始终是园林的原型，但是在古代的西方人看来，原始的大自然是充满危险的地方。因此从古代起，西方人就致力于乡村环境的理想化，以其作为造园的原型。古罗马杰出的政治家、思想家及演说家西塞罗（Cicero，前106—前43）

将自然分为原始的"第一自然"和经过人类耕作的"第二自然"。后者不仅为人们的生活提供了基本保障，而且是人们在生活中易于接触的自然形象，因而更容易在园林中得到表现。因此，西方人将源于各种生产性园圃的实用园，看作是西方园林真正的雏形。

以生产为主要目的的乡村环境，要成为以文化娱乐为主要功能的造园样板，就必须将乡村环境升华到艺术的高度。古罗马著名的拉丁语诗人维吉尔（Virgil，前70—前19）就曾竭力讴歌田园生活，将田园生活艺术化和理想化。西塞罗教导人们不仅要在园林中表现田园牧歌般的自然，而且要把宅邸建到乡村中去。因此，从古罗马时代起，西方人在乡村兴建别墅的风气就十分盛行，到文艺复兴时期更是长盛不衰。

但是，直到文艺复兴时期，西方人才真正认识到风景的艺术价值，自然成为艺术创作的源泉，并从此与园林艺术密不可分。园林艺术被看作是利用大自然为人类游憩服务而创造的"第三自然"。

西方园林与乡村景观有着十分密切的联系，在某种程度上可以说西方园林是乡村景观的艺术再现。坐落在山坡上的意大利台地园，令人联想到种植果树的梯田。园中掩藏着岩洞、古迹、遗址及崇尚古代先贤道德的庙宇等人文景观，整体上是充满田园诗意的自然带给人们的愉悦。18世纪的英国自然风景园同样建造在乡村环境中，并以源于乡村的风景画为蓝本，为人们描绘出一幅幅如诗如画的田园风光。

与乡村景观的艺术化、理想化相类似，园林中的人文景观来自神话传说中自然神的形象化和具体化。在文艺复兴以及后来的巴洛克式园林中布满了各种神灵的雕像，将理想化的田园风光与神话传说中众神生活的场景融为一体。这些象征古代道德典范的神灵，有着拟人化的形象，但拥有超自然的神力，表达了人们希望能以人力战胜自然的愿望。

7. 不同的园林自然观

与自然和谐共存，是人类普遍的理想和愿望；利用自然为人类服务，是园林艺术追求的最

高目标。但是在不同的历史时期，人们对人与自然的和谐有着不同的理解和认识，从而产生了不同的自然观和园林艺术形式。

规则式园林的出发点在于"自然本身是不完美的"，必须对自然进行艺术加工。只有经过艺术家的精心加工和富有勇气的艺术创新，自然才能够达到完美的程度。

为此，规则式造园家将自然看作是原材料，甚至认为离开了艺术家的再创造，自然不过是粗俗无用之物，也无法最大限度地展示其魅力。因此，他们将规则式园林中常见的整形树木、造型灌木、几何花坛和喷泉水渠等造园要素，看作是对自然要素的艺术化处理，并认为艺术化的自然与真正的自然之间不仅没有任何矛盾，相反却实现了从自然到艺术的转化。自然的艺术美成为园林艺术追求的最高目标。

自然风景式园林的出发点在于自然本身是完美无缺的，自然美是艺术美所难以企及的，因此自然美才是园林创作的最高目标。

自然式造园家认为造园必须以自然为师，追求园林与自然的高度融合。为此，他们在园林中排除一切自然中原本不存在的人工性，从而在园林中创造出如画的自然风景。在自然式造园家看来，发现自然之美并改善自然本身是造园家的神圣职责，造园就是要使园林中的自然风景具有人情味，符合人们的审美情趣。而规则式造园常用的整形植物、绿色雕刻、人工喷泉等要素，以及几何构图、对称布置等手法，其实体现了将人工强加于自然之上的思想，无异于对自然的歪曲和抹杀。

8. 园林自然观的转变

纵观西方园林发展史，可以看出园林的发展与自然观的转变是一脉相承的。自然观在西方园林发展史中构成了一条明确的主线。

《圣经》中的伊甸园描绘了天使们在密林深处、山谷水涧嬉戏的场景，表明人们最早对大自然原始美的憧憬和崇拜之情。

早期的园林大多是位于宅邸深处的庭园，在建筑物围合的封闭而规整的空间中，人们引入了

树木、花草、水体等自然要素。在给庭园带来自然气息的同时，改善了庭园的小气候环境条件，并产生了经济效益和装饰效果。这种利用自然要素改善人工环境的做法，反映出早期的西方人对自然美的朴素认识。

随着科技的进步和人类改造自然能力的提高，人们对以乡村为代表的文化景观兴趣浓厚。古罗马人致力于将乡村景观理想化，对自然要素的人工美产生浓厚的兴趣，表明人们对利用自然为人类生产和娱乐服务的渴望。

到文艺复兴时期，人文主义者研究自然和自然科学的兴趣日渐浓厚，并真正认识到风景的艺术价值，出现了将人工美融入自然美的愿望。意大利园林大多兴建在风景优美的自然环境之中，将园林空间向自然敞开并延伸，使人工建筑空间与外围的自然风景在园中交汇，园林成为人工与自然之间的过渡。人工美与自然美相融合的造园手法，就是一方面引入自然风景，使人工环境自然化；另一方面将自然风景的构成要素人工化，使其与人工环境相协调。

到17世纪，西方人征服自然的能力得到极大的提高，从而不再觉得自然是可怕的了。法国古典主义园林将艺术美置于自然美之上，便是对人力征服自然的炫耀。人们在园中极目所至，都是艺术化了的自然景物，不合乎理性标准的自然被排除在视线之外，人工美完全代替了自然美。

18世纪的启蒙主义者将对自然的奴役等同于对人性的奴役，导致英国自然风景式园林彻底抛弃了人工美，反对园林是人工与自然之间的过渡，转而追求园林与自然的高度融合。造园家将自然风景带到了建筑周围，并在园中排除一切不自然之物。造园的目的也不再是利用自然要素美化人工环境，而是利用自然之物美化自然本身。

19世纪的造园家充分认识到自然的社会效益和环境功能，将自然风景看作是改善城市环境、缓解人们精神压力的良方。在欧美兴起的城市公园运动，使城市中出现了大量的风景如画的自然片段。造园家们致力于将自然风景理想化，并使其与城市相结合，使城市重新融入自然之中，形成理想的人类居住模式。

美国国家公园的出现，表明人们在长期远离大自然之后，产生了回归大自然的迫切愿望，大自然的原始美再度受到久居城市之中的人们的喜爱。

人类对失乐园的向往，导致了园林艺术的产生；人类在远离自然之后，又将回归自然作为追求的目标。人与自然的和谐，成为园林艺术创作永恒的主题；表现人的自然观，成为园林艺术的典型特征。人类利用自然的方式与程度，是园林艺术特有的文化属性。园林文化的特性，就在于阐释自然存在的合理性与必要性。

随着环境学、生态学等自然科学的发展，人们对自然的理解和认识不断深入，自然观也随之发展变化。当代风景园林师对自然的理解不应停留在自然的外在形式上，而应体现在对自然的能力和演变规律的把握。随着建设和谐社会的呼声日益高涨，风景园林日益成为社会不可或缺的行业。风景园林师的神圣职责在于提高公众对自然的理解与认识，为人类永续利用自然作出贡献。

第2章 古代及中世纪园林

2.1 古埃及园林

2.1.1 古埃及概况

古埃及（Ancient Egypt）文明是世界四大古代文明之一。它产生于非洲（Africa）东北部的尼罗河（Nile）中下游地区，起始于公元前约3100年国王美尼斯（Menes）统一上、下埃及，建立第一王朝；终止于公元前332年被马其顿（Macedonia）的亚历山大大帝（Alexander Ⅲ the Great，前356—前323）征服。其辉煌前后延续了近3000年，并对后世文明的发展产生了深远的影响。

2.1.1.1 地理位置

埃及地跨亚、非两大洲，大部分领土位于非洲东北部，仅苏伊士运河（Suez Canal）以东的西奈半岛（Sinai Peninsula）位于亚洲（Asia）西南角。埃及地处欧、亚、非三大洲的交通要冲，北部经地中海（Mediterranean Sea）与欧洲（Europe）相通；南接苏丹、埃塞俄比亚；西连利比亚，东临红海（Red Sea）与巴勒斯坦相望；东南与约旦、沙特阿拉伯接壤。境内的苏伊士运河沟通了大西洋、地中海与印度洋，战略位置和经济意义都十分重要（图2-1）。

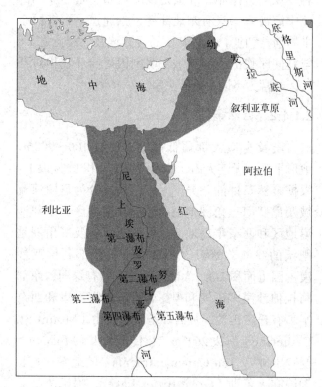

图2-1 古埃及位置图

古埃及人居住的区域与今天差别不大，活动范围在北方的地中海和南方的阿布辛贝（Abu Simbel）的第二个大瀑布之间，主要是尼罗河河谷地带。一般称开罗以南的地区为上埃及（Upper

Egypt），以北的地区为下埃及（Lower Egypt）。公元前15世纪的第十八王朝（约前1570—前1320）统治时期是古埃及的鼎盛期，当时的上埃及包括努比亚（Nubia）①，而下埃及除了现在的埃及和部分利比亚外，东部边界越过西奈半岛直达迦南平原（Canaan Plain）。

古埃及文明能够绵延数千年而不间断，一个重要原因是其与外部世界相对隔绝的地理环境。在孟菲斯（Memphis）②以南是一条南北长约700km、东西宽10～90km的狭长河谷，两岸岩壁陡峭；以北至入海口是尼罗河三角洲，古代是一片植被繁盛茂密、无法通行的沼泽地。它的东面是阿拉伯沙漠（Arabian Desert）高原及红海，西面是撒哈拉大沙漠（Sahara Desert），南面为山地和一系列大瀑布，北面是浅滩密布、暗礁罗列的地中海海岸，只有东北部有一条通道，可借西奈半岛通往西亚，使外族不易侵入埃及。相比之下，与其同时代的两河流域文明则因周围环境相对开放，经常为不同民族所主宰。

2.1.1.2 自然条件

埃及全境大部属低高原，海拔100～700m，地形平缓，无甚大山，沙漠占国土面积96%以上。根据自然条件的差异，一般把埃及分为尼罗河流域及尼罗河三角洲地区、西部沙漠地区、东部沙漠地区和西奈半岛地区。尼罗河河谷及三角洲是肥沃的绿洲，面积约$4 \times 10^4 km^2$；西部利比亚沙漠占国土面积2/3，大部为流沙，间有绿洲；东部阿拉伯沙漠多砾漠和裸露岩丘；红海沿岸和西奈半岛有丘陵山地，最高峰圣凯瑟琳山（Mount St. Catherine）海拔2642m，相传是摩西（Moses）③受"十诫"（Ten Commandments）的地方。主要湖泊有大苦湖（Great Bitter Lake）、提姆萨赫湖（Tim Sah Lake）以及阿斯旺大坝（Aswan Dam）形成的纳赛尔水库（Lake Nasser）。纳赛尔水库面积约5000km²，是非洲最大的人工湖。

埃及大部分地区属热带沙漠气候，干燥少雨，气候炎热，日照强度很大，年均降水量不足50mm。每年4～5月间常有"五旬风"，夹带沙石，损坏农作物。尼罗河三角洲和北部沿海地区属亚热带地中海气候，年均降水量50～200mm。

尼罗河全长约6670km，是世界最长河流。它有两条上源河流：西源出自布隆迪群山（Burundian Mountains），经非洲最大的维多利亚湖（Lake Victoria）向北流，称为白尼罗河（White Nile）；东源出埃塞俄比亚高原（Ethiopian Highlands）的塔纳湖（Lake Tana），称为青尼罗河（Blue Nile）。青、白尼罗河在苏丹的喀土穆（Khartoum）汇合后自南向北流经埃及全境，境内长约1530km，两岸是3～16km宽的狭长河谷，到开罗后分成两条支流，再向北注入地中海。

尼罗河是具有舟楫、灌溉之利的重要水利资源，埃及的水源几乎全部来自尼罗河。古埃及的领土紧密分布在尼罗河两岸的狭长地带，是典型的水力帝国。尼罗河河谷及三角洲地带既是埃及人的生命保障，也是支撑古埃及文明的基石。古埃及文明是在尼罗河的哺育下才焕发出灿烂光芒的，正如古希腊历史学家希罗多德（Herodotus of Halicarnassus，约前484—前425）所言："埃及是尼罗河的赠礼。"

在阿斯旺大坝修筑之前，尼罗河年年都会定期泛滥。每年7～11月，汹涌的河水夹带着泥沙奔腾而下，漫过河床，淹没两岸的大片土地。洪水退却后留下的淤泥，在风力和阳光的作用下，成为一层富含矿物盐的腐殖土，是农业生产宝贵的肥源，也使尼罗河河谷和三角洲成为埃及最富饶和最密集的地区。埃及99%的人口都聚居在这片仅占国土面积4%的绿洲上。

埃及的可耕地面积只占国土的2.48%，几乎没有永久性牧场、森林和林地。尼罗河河谷及三角洲虽然适合农作物的生长，却不利于林地的形成。有史以来，由于雨水稀少，加之洪水的影响，这

---

① 努比亚：今埃塞俄比亚和苏丹一带。
② 孟菲斯：今开罗西南23km的米特·拉辛纳村（Mit Rahina）旧称。
③ 摩西：旧约圣经的出埃及记等书中所记载的公元前13世纪时犹太人的先知。

个地区始终未能形成大片的森林，仅有的小块林地也只生长在洪水泛滥之际不易被淹没的高地上。农业生产是居民的主要生活方式，直至今日，人们在尼罗河沿岸所见的田园风光与几千年前仍相差无几。

2.1.1.3 历史概况

埃及学家一般将从美尼斯开始到被马其顿亚历山大征服为止的埃及历史分为九个时期、共31个王朝的统治：前王朝时期（约前4500—前3100）；早王朝时期（约前3100—前2686，第一、二王朝）；古王国时期（约前2686—前2181，第三至第六王朝）；第一中间期（约前2181—前2040，第七至第十王朝）；中王国时期（约前2040—前1786，第十一、十二王朝）；第二中间期（约前1786—前1567，第十三至第十七王朝）；新王国时期（约前1567—前1085，第十八至第二十王朝）；第三中间期（约前1085—前667，第二十一至第二十五王朝）；后王朝时期（约前667—前332，第二十六至第三十一王朝），其中年代均有争议。

距今9000多年前，北非的气候变得愈加干热，迫使这一地区的人们集中居住在尼罗河流域。大约在公元前5500年，这里出现了一些小部落，在尼罗河上游河谷地区和下游入海口三角洲地区分别形成了上埃及和下埃及两个文明地区，象形文字也在这个时候出现，并沿用了3500余年。约到公元前4000年，埃及形成了最早的国家。各国之间为争夺土地、控制水源、抢劫财富和奴隶而频繁爆发战争。

公元前3188年前后，传说上埃及国王美尼斯统一了上、下埃及，建立了第一王朝，定都孟菲斯，古埃及从此开始了王朝时期。孟菲斯位于尼罗河三角洲顶端，从这里可以控制富庶的三角洲地区的农业和劳动力，以及利益丰厚的通往黎凡特（Levant）的商路，古埃及许多代王朝都以此为统治中心。从第一王朝到第六王朝的900余年间，古埃及都处于稳定时期，农业、手工业、商业、建筑业等各项事业得到全面发展，被称为埃及历史上第一个"青春时代"。

农业生产力的发展是古王国时期建筑、艺术、科技取得惊人进步的基础，而完善的中央政府使其成为可能。古埃及确立了以官僚体制为基础、君主独裁的专制政体，国家官员征税、协调水利工程以提高农作物产量，征用农夫进行建筑工程，建立司法系统维护和平与秩序。富裕和稳定的经济保证了财政的盈余，使国家有能力主持建设一些大型纪念性工程，委托皇家工场制作杰出的艺术品。

随着国王们的权力和财富不断膨胀，他们精心修建神庙和陵寝以确保死后受到人们的崇拜。这一时期风行金字塔造型的陵寝，规模越来越宏大，体现出古埃及中央集权制得到强化，成为古埃及伟大文明的象征。这一时期也被史学家们称为"金字塔时代"。

经过五个世纪的大兴土木和封建统治，逐渐削弱了国王们的经济实力，因此到了古王国后期，国王们已无力维系庞大的中央机构。第六王朝以后王权衰落，国王失去了对国家各地区的控制能力。加上公元前2200—前2150年的严重干旱，终于导致国家分裂，古埃及陷入长达140多年的饥荒与动荡之中。史学家称这一阶段为"第一中间时期"。

公元前2040年前后，底比斯（Thebes）①的统治者重新统一了上、下埃及，开创了第十一王朝，埃及进入第二个稳定期，史称"中王国时期"（Middle Kingdom）。经过重新规划国土、整治灌溉系统，使埃及再现繁荣昌盛的局面，并刺激了艺术、文学和纪念性建筑工程的复苏。

大约公元前1985年，出生于维齐尔（Vizire）的第十二王朝国王阿门内姆哈特一世（Amenemhat I，约前1994—前1964，前1991—前1962在位）将首都迁往法尤姆（Fayoum，距开罗100km）绿洲的伊塔威（Itjtawy），在那里实施了富有远见的垦荒和灌溉计划，使这一地区的农业产量得以

---

① 底比斯：今埃及卢克索（Luxor）。

增加。此时埃及人开始使用青铜器，并扩大了与叙利亚、克里特的交往。努比亚再次征服获取的领土，为古埃及提供了丰富的石料和黄金。在三角洲东部修建了称为"大公墙"（Walls-of-the-Ruler）的防御工事，用于抵御外族入侵。由于拥有可靠的军队、稳定的政治和丰富的农业、矿业资源，使埃及的人口、艺术和宗教迅速繁荣起来。在中王国时期流行一种被称为"民主化"（Democratization）的"个人信仰"，认为人人都能支配一个灵魂并在死后陪伴左右，这与古王国时期大力推崇神灵的做法形成了鲜明对比。

中王国的最后一位有为之主是阿门内姆哈特三世（Amenemhat Ⅲ，约前1842—前1794，前1860—前1814在位），他允许来自亚洲的移民进入三角洲地区，为采矿业和水利工程提供了充足的劳动力。但这些雄心勃勃的水利工程和采矿活动，与其统治后期尼罗河经常泛滥，透支了埃及的经济，加速了国家的衰落。此时，原本生活在叙利亚草原一带的游牧民族喜克索斯人（Hyksos，意为"外来统治者"）侵入埃及，并占领了下埃及的大部分地区，统治中心位于三角洲东部的阿瓦利斯（Avaris），开始了长达一个多世纪的"太阳神不在的统治"。这是埃及历史上第一次遭到外族的侵略，时间大约在公元前14至前13世纪，史称"第二中间时期"（Second Intermediate Period）。

公元前1570年前后，阿赫摩斯一世（Ahmose Ⅰ，前1539—前1514）将喜克索斯人逐出国境，重新恢复了民族独立和统一，建立了第十八王朝，埃及从此步入了复兴、强盛的"新王国时期"（New Kingdom）。国王们通过维护边境安全，加强与邻国的外交，确立了一个空前繁荣的时代。然而随着埃及国力的日趋强盛和军队的日益强大，曾经饱受外族入侵之苦的埃及却开始走上了向外侵略扩张的道路。在图特摩斯一世（Thutmosis Ⅰ，前1504—前1492）和他的孙子图特摩斯三世（Thutmosis Ⅲ，前1479—前1452）统治时期，埃及军队东征西伐，建立起一个地跨西亚和北非的大帝国，其北触小亚细亚（Anatolia）边境，东北至幼发拉底（Euphrates）河畔，西抵利比亚，南达尼罗河第四瀑布。

国家和军队的强盛，巩固了人民的忠诚，打通了急需的铜和木材的进口通道，并为国王们带来巨大的财富和无上的荣耀。国王开始被尊称为"法老"（Pharaoh）。法老们则自称是太阳神阿蒙（Amon）之子，是神在世间的代理人和化身。古埃及又因此被称为"法老时代"（Pharaoh Ara）或"法老埃及"（Pharaoh Egypt）。法老们竭力推崇太阳神阿蒙，并大兴土木，修建了著名的卡纳克神庙（Karnak Temple Complex）①。

第二十王朝以后，在一系列的外患和腐败、盗墓贼、奴隶起义等内患的相互作用下，埃及的形势急剧恶化，国力迅速衰竭。到拉美西斯十一世（Ramesses Ⅺ，前1107—前1078）统治时期，卡纳克神庙的最高祭司霍里赫尔（Karnak Temple Complex），于前1080—前1074僭越王权。埃及雄霸天下的时代一去不复返，历时四个世纪之久的新王国从此崩溃，开始了跨越五个王朝的"第三中间时期"（Third Intermediate Period）。公元前671年，埃及再次遭到亚述人（Assyrian）的入侵。南北纷争、外族入侵和王朝的几经更迭，导致埃及局势动荡不安。

大约公元前667年，随着第二十六王朝的建立，埃及进入了"后王朝时期"。公元前525年和公元前343年，波斯人（Persian）曾两度占领埃及，并建立了第二十七王朝和第三十一王朝。其间埃及人一度战胜波斯人，建立了短暂的第二十八、二十九和三十王朝。

公元前332年，马其顿帝国（Macedonian Empire）的亚历山大大帝击败波斯人，结束了波斯王朝在埃及的统治，埃及延续了三千年的"法老时代"也同时宣告结束。公元前305年，亚历山大的部将索特儿·托勒密（Soter Ptolemy Ⅰ，

---

① 卡纳克神庙：又称阿蒙-拉神庙，位于埃及古城卢克索，是埃及最大的神庙，也是地球上最大的用柱子支撑的寺庙。至今已有4000余年的历史。其占地约30hm^2，是献给太阳神阿蒙的神庙（Amon Temple in Karnak）。

约前367—前283）在埃及建立了托勒密王朝（Ptolemy Pynasty，前305—前30）。在此期间，埃及文化因与希腊文化相互影响和渗透而得到很大发展。

随后，古罗马（Ancient Rome）崛起为地中海世界的大国。公元前30年，托勒密王朝为罗马人（Romans）所灭，埃及随后成为隶属罗马帝国（Roman Empire，前27—公元476）的一个行省。由于罗马人严重依赖从埃及进口的粮食，埃及因此被称作"罗马谷仓"。不仅如此，从埃及搜刮来的财富被大批运到罗马或拜占庭（Byzantine），充满异国风情的埃及商品在罗马成为畅销的奢侈品。

到了公元639年，埃及又一次被阿拉伯人占领，成为阿拉伯帝国（Arab Empire，630—1258）的一个行省。绵延数千年的古埃及文明逐渐被阿拉伯文明所取代，埃及最终成为一个信奉伊斯兰教的阿拉伯国家。

2.1.1.4 文化科技

古埃及文明创造的科技、文化、艺术等对后世有着深远的影响。比如象形文字对后来腓尼基字母（Phoenician Alphabet）的影响很大，而希腊字母是以腓尼基字母为基础创建的。众多的金字塔和神庙、亚历山大灯塔等古埃及建筑举世闻名，体现出高超的建筑技艺和数学知识。在天文、历法、医学、几何学等方面，古埃及人也有着巨大的成就。

（1）宗教信仰

从哲学和历史的观点来看，古埃及人的生活环境对其文化思想的形成有着极大影响。由于人们所居住的河谷与外界相对隔绝，使其产生河谷就是整个世界的观念。从南向北流的尼罗河水形成一条从南到北垂直开发的土地，使人们认为它是从水里升起的，并且天地也是从混沌的海洋中诞生的，由此产生象征着原始时代水的深渊之神"努恩"（Nu）①。

另一个来自海洋的主要概念是太阳，它从海上升起，能带来光芒、温暖和生命，也能晒干土地和摧毁农作物。人们观察到太阳从东到西的运行轨迹恰好形成一道垂直于河流的抛物线，于是认为太阳每天傍晚在西边消失，是被天空所吞噬；但它在夜晚又重新诞生，出现在翌日东方的地平线上。从这些最简单的自然观察中，古埃及人发展出独特的世界观，从南到北的地理轴线和从东到西的天体轴线构成其宗教信仰的基础。

在这条地理轴线中，尼罗河是埃及人的生命线。他们把河流的各种现象归之于众神，于是产生了与尼罗河泛滥和丰饶的概念相联系的神祇"哈比"（Hapi）②。而河水使土地得以重生和富饶的力量则来自主管复活的神祇"奥西里斯"（Osiris）③。土地的丰饶、神祇复活的概念和对死者的崇拜三者之间的关系可能在前王朝时期就开始形成。

古埃及人相信尼罗河水从洞穴中流出，水源则来自努恩的冥海，它是根本的海洋，从中诞生了宇宙，世界飘浮于海水之上。尼罗河水不断从冥海中流到地表，再回流到它的源头——海洋，形成永恒不变的重生循环。他们相信太阳神"阿蒙·拉"（Amon-Ra）④从海洋努恩中升起，成为万物的创造者。他首先创造了代表潮湿空气的"泰芙努特"（Tefnut）⑤和代表干燥空气的"舒"（Shu）⑥。两者结合再创造出大地之神"盖

---

① 努恩：雌雄同体的水神，他的女性身份被称作 Naunet。
② 哈比：荷鲁斯（Horus，鹰神，王权的守护者，外形幻化为鹰，法老即为人间的荷鲁斯）的四个儿子之一，是一具有狒狒头的木乃伊，保护已死之人的肺。
③ 奥西里斯：农业之神、丰饶之神，文明的赐予者。也是冥界之王，执行人死后是否可得永生的审判。
④ 阿蒙·拉：拉是主神、太阳神，其形象与阿蒙结合在一起。古王国时代，法老被认为是拉神之子，并由此赋予拉神国神的无上权威。像阿蒙·拉神的组合那样，拉神可以与许多神组合。
⑤ 泰芙努特：雨水之神、生育之神，九柱神之一。她是拉造出来的。她与自己的兄弟舒结婚，生盖布和努特。
⑥ 舒：风之神，通常会和努特、盖布一起出现，他立于中，支撑着努特，而盖布则横卧于下。他是太阳光拟化出来的神，与泰芙努特分享一个灵魂。

布"(Geb)①和天空女神"努特"(Nut)②。后两者结合又产生农业之神"奥西里斯"(Osiris)③，生命女神"伊西斯"(Isis)④，干旱、战争之神"塞特"(Seth)⑤和守护死者女神"奈芙提斯"(Nephthys)⑥。

古埃及人信奉各式各样的神，这种多神崇拜起源于原始社会的图腾崇拜。在古埃及统一之前，各地崇拜各自不同的神。埃及统一后，法老们开始推行其出生地的神为主神，由全埃及人共同崇拜。古王国时期的主神是荷鲁斯(Horus)，后来改为太阳神——拉；中王国时期主要崇拜太阳神阿蒙；新王国时期则将拉和阿蒙结合成为主神阿蒙·拉。在底比斯，最受人们尊崇的则是众神之神即太阳神阿蒙·拉、他的妻子"姆特"(Mut)⑦和他们的儿子——月亮之神"孔斯"(Khons)⑧。而在众神中，尼罗河神、冥府之王奥西里斯有着仅次于太阳神的地位，他既是生命之神又是死亡之神，掌管着人类的生死和灵魂审判。

古埃及人的宗教观念也很实际，几乎每一种自然现象都对应一位特定的神祇。这些自然神通常以动物、植物或自然事件的形式出现。一些动物如猫、鳄鱼和牛等常被做成木乃伊，保存在特制的石棺中。

此外，古埃及人还信奉着一些较次要的神祇，如头戴羽毛的正义女神"玛亚特"(Maat)⑨；以陶土捏制出人类的男神"克努姆"(Khnum)⑩；爱情、艺术和音乐女神"哈托尔"(Hathor)⑪；主管怜悯和保护生产的猫头之神"巴斯特"(Bast)⑫；掌管书写并为众神公证神的"托特"(Thoth)⑬以及保护水域免受敌人侵犯的"索贝克"(Sobec)⑭等。

一般而言，古埃及文化整体上都由宗教所主宰，从神到法老再到平民分成数个阶级，成为结构严谨的阶级社会。宗教信仰结构与此类似，神祇本质上是由一个全国性的主神和众多的地区性主神、全国性的方面神所组成，几乎与法老、州长和中央部门等相对应。神祇代表大自然的力量，监督每一事件和活动，以对国家和人民的命运负责。祭拜各式神祇是法老和祭司们的责任，他们根据极为复杂的仪式，奉献每位神祇现世祭品，并照料神像。

在国家统一崇拜主神的同时，各个区域、地方和村落的人们还可以崇拜本地的神祇，与主神崇拜并无冲突。这些地方性小神祇往往是民众信仰中最重要的，他们以多重形式出现，名称也依地方而有所不同。据统计，古埃及人信奉的神祇数量超过2000位。

由于古埃及人极为重视宗教信仰，因此建造巨大的神庙来崇拜神祇。在新王国时期，埃及通过武力扩张积累了空前的财富，但都被法老们在位期间用来修建神殿，比如古埃及最大的神庙——阿布辛拜勒神庙(Abu Simbel Temples, Nubia)就兴建

---

① 盖布：大地之神，表示植物生长繁茂的地面。通常以黑或绿皮肤男人的形象出现，分别表现生长的万物及肥沃的尼罗河。有人说他掌有死者灵魂是否下地狱的权柄，使人不能上天堂。
② 努特：天空女神，太阳之母。通常被画成一具有蓝色皮肤的女人，身体含有星星，四肢撑在地面，表示天空在地球上的弧度。
③ 奥西里斯：被称为"丰饶之神"，也是冥界之神。他的皮肤为绿色，代表着植物。
④ 伊西斯：守护死者的女神，亦为生命与健康之神。她可以说是埃及神话中最重要亦最受欢迎的女神之一，古埃及人相信她是宇宙间最有魔力的魔术师，因为她知道太阳神的秘密名字。
⑤ 塞特：干旱、战争之神，混乱之神。沙漠、外国之神，象征风雨不顺的季节，是奥西里斯和荷鲁斯最大的敌人。
⑥ 奈芙提斯：守护死者的女神。塞特之妻，阿努比斯(Anubis，死神。外形为狼头人身，也是墓地的守护神，木乃伊的创造者。它引导死者的灵魂到审判的地方，同时监督审判)之母。
⑦ 姆特：战争女神，外形幻化成母狮。Mut这个名字在埃及文中意指母亲。
⑧ 孔斯：月神，亦为医疗之神，在卡纳克外围有其神庙。
⑨ 玛亚特：托特的妻子，拉的女儿，正义、真理、秩序之神，是配戴刻有其名的羽毛的年轻女神。在冥府执行审判时，要将她的羽毛和死者的心脏一起放在天秤的两边称重。
⑩ 克努姆：公羊神，创造神之一。
⑪ 哈托尔：爱、丰饶之女神，是古埃及所有女神中最美的，希腊文称其为天空女神。
⑫ 巴斯特：猫神，崇拜中心在布巴斯提斯(Bubastis)的三角洲城。自从猫变成宠物后，巴斯特变成家中很重要的神祇及神像。
⑬ 托特：计算、学问与智慧之神，外形或作朱鹭，或作狒狒，带着笔及卷轴，亦为文字发明者。
⑭ 索贝克：鳄鱼神，据说他具有四倍的神性，即它具有四种元素：拉的火，舒的空气，盖布的地球及奥西里斯的水。

于公元前1200年。重视宗教信仰的另一个影响就是神职人员的权力过大,一般除法老之外,管理主神祭祀的祭司拥有国家第二大权力,有时其权力甚至超过法老,使得一些祭司可以成功篡权成为新法老。尽管第十八王朝中后期的阿蒙霍特普四世(Amenhotep Ⅳ,前1353—前1336)进行了宗教改革,但由于祭司们权力过大以及整个社会的习俗形成已久,这次宗教改革以失败而告终。

(2) 天文历法

农业生产离不开天文历法。古埃及人备耕需要掌握尼罗河泛滥的确切日期,确定农耕季节就显得尤为重要。不仅如此,观测天文还是与人们生死攸关的大事情。由于古埃及人有着显著的星神崇拜,天文观测和记录都由祭司负责。人们认为天狼星是掌管尼罗河的神祇,并为其建造神殿。古埃及人了解的星座还有天鹅座、牧夫座、仙后座、猎户座、天蝎座、白羊座以及昴星团等。

古埃及人拥有相当水准的天文学知识,早在公元前2781年就最先采用太阳历。根据这个历法,每年夏天(公历7月),当天狼星和太阳在黎明前共同升起的时候,尼罗河就开始泛滥,作为一年的肇始。先是泛滥季节,接着是播种季节和收获季节。这三个季节共12个月,每月30天,再加上年终5天作为节日,每年365天,与我们今天所使用的公历只相差1/4天。古埃及人还发明了水钟及日晷这两种定时器,把每天分为24小时。此外,古埃及人还把黄道恒星和星座分为36组,在历法中加入旬星,一旬为10天,与中国农历旬的概念相类似。

(3) 医学

完好保存死者尸体的做法,是古埃及文明有别于其他地中海盆地和近东文明的最大特点。它最早可上溯至第四王朝,随后经过不断的精益求精,在新王国时期发展到巅峰。

古埃及人相信,自然万物皆可死而复生。为了准备来世的复活必须保存好尸体,否则死后不灭的灵魂无所依附,也就无法再生。在这种来世观的支配下,古埃及盛行将尸体制成木乃伊。人体木乃伊被放置在人形的棺椁内,戴上按照自己的肖像制作的面具,方便灵魂辨认。这一特殊的习俗不仅有助于现代人认识古埃及人的面貌及文明,而且古埃及人保存尸体的方法,也为医学科学的研究和发展作出了不朽贡献。

(4) 美术

美术一直被认为是古埃及文明的一个组成部分,主要表现在建筑、雕刻、绘画、工艺等方面。强化皇权的等级观念和服务于灵魂的宗教精神互相渗透,构成古埃及美术创作的动因。法老们为了维护自己的绝对权威,必须借助宗教势力来统治人的精神世界,为此不惜花费巨大的人力物力,建造陵墓、庙宇,并雕琢巨像和绘制壁画,表现法老们至高无上的权力和地位。

在创作方法上,古埃及美术更多地运用了理智因素,艺术家表现的不是在特定的时刻看到的形象,而是他所认识的人或场景。他们总是试图把自己认为重要的东西都包含在一个人的形象之中,而且表现得尽可能清晰,使古埃及美术表现出造型上的程式化特点。作品中虽然少见作者的激情流露,却呈现出惊人的秩序感。

古埃及美术的形式创作绝不是人为虚构的,而是来自对自然的犀利观察与几何形式规整之间的密切结合。因此,古埃及美术在表现手法上显得十分概括,强调几何形式的规整,具有刚劲、宏伟、庄严、明晰而简练的装饰艺术风格。

随着埃及进入了希腊—罗马时代,美术的艺术价值便逐渐衰退了。当基督教(Christianity)在埃及传播并占据主导地位时,开始了新的艺术时代,诞生了哥特艺术(Gothicism)[①]。到7世纪,伊斯兰教(Islam)自阿拉伯半岛(Arabian Peninsula)传入伊拉克(Iraq)、叙利亚、土耳其(Turkey)和埃及等地。基于伊斯兰教的理念,产生了新的伊斯兰艺术[②]。它源于两种不同的艺术派

---

① 哥特艺术:罗马艺术以后,12~16世纪,文艺复兴时期之前的艺术称为哥特式,其特点表现在建筑上有尖拱券、小尖塔、飞扶壁和彩色玻璃镶嵌等典型元素,体现中世纪人们基督教的宗教信仰。
② 伊斯兰艺术:中东和其他信奉伊斯兰教地区的大众从7世纪以来所创造的文学、表演和视觉艺术。

系，来自波斯（Persia）和伊拉克北部的细密画艺术（Miniature）①，以及来自叙利亚和土耳其的拜占庭艺术（Byzantine Art）②。在埃及，伊斯兰艺术经历了一千多年的繁荣发展，成就了完美的实用美术的形式。其中只有几何及花卉的图案，缺乏人类或动物的绘画和雕塑。

（5）建筑

埃及的木材资源十分匮乏，一方面在于国土的大部分为沙漠，另一方面尼罗河河谷的农业发展逐渐毁灭了高地上的少量森林。然而埃及的石头储量却十分丰富。因此，古埃及人除了造船、制作工具和装饰房屋等方面必须运用木材之外，石头代替木材成为主要的建筑材料。古埃及人最伟大的成就之一，就是运用不朽的石头建造了雄伟壮观的金字塔和神殿。

古埃及的神殿往往规模巨大，并且以石柱为支撑。由于石头构件的尺度极大，导致建筑的内部空间十分逼仄。与其说是建筑，不如说是雕塑更加贴切。著名的卡纳克神殿（The Amun Temple of Karnak）③的廊柱厅面积约5000m²，由134棵石柱支撑，分16行排列。其中122棵石柱高约10m，中央12棵石柱高达21m，直径3.57m，柱头饰以盛开的纸莎草花，据说柱顶上可以站立100人。密集的石柱仿佛茂密的森林，利用中厅和旁厅屋面的高差形成的高侧窗采光，加之巨大的石制横梁和柱头遮挡，室内的光线十分黯淡。巨大的石柱创造的震撼，与幽暗的光线营造的神秘相结合，构成极度压抑的神殿氛围，或许正是宗教崇拜的起始点。

神殿建筑的布局与天文观测有着直接的联系，而金字塔等陵墓建筑的布局则与埃及人的宗教信仰关系密切。太阳从东方升起，在西方落下，因此东方意味着生命，西方意味着死亡。与此相应，古埃及人居住在尼罗河谷的东岸，坟地则位于西岸。卡纳克、卢克索（Luxor Amon Temple）④等神庙便都坐落在河谷的东岸地区，而金字塔出现在西岸地区。从中体现出古埃及人相信生命与太阳一样都是重生循环的概念。

大约从新石器时代开始，埃及人便深深相信有一个神灵世界的存在。在那个世界里，死者需要他在世间所有的必需品。埃及历史上的第一座纪念性陵墓出现于第三王朝时期，它成为法老的神性和权力、有能力克服死亡和惠及整个国家的象征。为了表达这些新概念，第三王朝的第二位法老左塞（Djoser，约前2630—前2611）的大臣和建筑师伊姆霍特普（Imhotep）在沙卡拉（Saqqara）设计建造了第一座阶梯式金字塔，象征法老升上天际的阶梯。在第四王朝的第一位法老斯奈夫鲁（Snefru，约前2613—前2589）统治时期，金字塔的形式表达出更为重要的意义，它将太阳神崇拜与皇室联系在一起。由于宗教观念的演进，不再需要朝天的阶梯，金字塔陡峭的石面成为太阳光芒的象征，同样能引导法老灵魂抵达天国。

到新王国时期，法老们抛弃了金字塔，转而修建地下陵墓，并在巨大的墓室中装饰具有魔法的宗教文字，帮助死去的法老在与太阳神会合之前的冥府之旅中克服重重艰难险阻。埃及人相信法老为太阳神之子，而冥府之旅又非常艰险，须有无数的护身符保护死者。埃及人还相信在死去的瞬间和真正开始冥府之旅前，神祇会做出审判，连法老都不能避免。如果审判的结果是死者生前确实正直诚实，那么奥西里斯将在天堂迎接他。否则灵魂将被可怕的怪物吞噬而永远消逝。

陵墓中的丧葬储藏室被认为是能让死者在神灵世界舒适安逸的关键，因此在储藏室中放置了

---

① 细密画艺术：波斯（现今伊朗一带）艺术的重要门类，始于《古兰经》的边饰图案。它是一种用来装饰书籍的精致小型绘画，本质上是贵族艺术，并没有在民间普遍流传。
② 拜占庭艺术：中世纪拜占庭帝国（以君士坦丁堡为中心）以及受其影响诸地区的建筑、绘画和其他视觉艺术。
③ 卡纳克神殿：又称阿蒙大神殿，是底比斯最为古老的庙宇，始建于中王国时期第十二王朝。
④ 卢克索神殿：坐落在卢克索中心的尼罗河东岸，距卡纳克神庙不到1km，是公元前14世纪为祭奉太阳神阿蒙、他的妃子及儿子月亮神而修建的。

日常生活的必需品，包括家具、游乐器具和各类食物。此外，陵墓中还有许多殉葬小人俑，它们一旦在死后的世界重生，便会听从死者的命令，替他完成最繁重的工作。装饰豪华的大型陵墓不完全是皇室的特权，达官贵人甚至艺术家和工匠也会为自己修建装饰豪华的陵墓，只不过装饰主题与皇家陵墓有所不同，主要反映日常生活的场景而不是死后的世界。因此他们的陵墓壁画雕刻，更能够反映出当时园林的布局手法和艺术风格。

2.1.2 古埃及园林概况

2.1.2.1 发展概况

埃及国土的大部分属于热带沙漠气候，特点是干燥炎热，日照强度大。在埃及人居住的尼罗河河谷及三角洲地带，年年泛滥的尼罗河水虽然带来了适宜农业生产的沃土，却不利于大片森林的形成。随着农业生产的发展，原本就十分稀少的森林又逐渐遭到毁灭。身处干燥炎热气候下的埃及人，无疑十分渴望能有树木遮挡灼热的阳光。在这样的环境下，埃及人必然视树如金，甚至视树木为尊崇的对象。

为了创造凉爽宜人的绿洲，埃及人对培育树木十分精心，往往修筑水渠、堤堰、水闸等设施，引尼罗河水浇灌树木花草，促进了早期园艺事业的发展，为埃及园林的出现奠定了基础。农业生产的需要，促进了引水、灌溉等水利技术的提高。尼罗河泛滥后需要重新规划土地，又促进了测量学的发展。兴建金字塔、神殿等纪念性建筑，离不开数学的作用，等等。科技的进步带来生产力的提高，不仅为园林的出现和发展奠定了物质基础，而且进一步影响到园林的布局形式。气候的特点也会对园林的形成及特色产生显著影响。

有关埃及园林的最早史料，可以追溯到大约公元前2700年的古王国时代。1842年，在沙卡拉（Saqqara）发现了生活于第四王朝第一位法老斯奈夫鲁（Snofru，约前2613—前2589）统治时期的达官贵人梅腾（Metjen）的石墓，墓室中描绘有园林的图像。梅腾曾负责尼罗河三角洲西部许多宫殿的建造，并担任三角洲东部郡县的行政长官，是王国非常重要的行政人员。由此可以推论，从古王国时代开始，尼罗河三角洲一带就出现了园林。这些园林面积不大，空间也比较封闭，因种植果木和葡萄而体现出实用性园林特征，被认为是古埃及园林的雏形。为了便于引水灌溉，这些园林分布在临近河流的地带，并为果木的生长精心布置了引水灌溉系统。

新王国时期，埃及步入了一个空前繁荣的时代，游乐性园林开始出现，成为法老们喜爱的奢侈品，供法老们在池畔树下娱乐享受。园内起初只能看到埃及榕、棕榈等一些乡土树木，后来又引进了黄槐、石榴、无花果等树木。上埃及的国花芦苇花和下埃及的国花睡莲，或许是园中必不可少的水生植物，形成富有生气的水景。尽管古埃及园林的实物早已荡然无存，但人们从留传下来的文字、壁画、雕刻中仍可大致了解其风貌。

2.1.2.2 园林类型

根据考古发现和史料记载，古埃及园林有宅园、宫苑、圣苑和墓园四种类型。

（1）宅园

第十八王朝时期，兴建宅园成为一股热潮。在王公贵族的宅邸旁，大多开挖游乐性的水池，四周围以各种树木花草，其间掩映着廊架亭台。在这些封闭的庭园中，借助水体和树木带来了湿润和阴凉，形成相对宜人的小气候环境。

阿蒙霍特普三世（Amenhotep III，约前1388—前1351）时期，担任卡纳克神庙书记的内巴蒙墓穴（Tomb of Nebamun）中的壁画碎片在19世纪初被大英博物馆收藏（图2-2）。这些壁画由内巴蒙自己绘制于公元前1350年左右，不仅使用了一些特殊的颜料，并且在绘画艺术上进行创新，画面色彩鲜亮并充满生机。内巴蒙的壁画是古埃及最著名的绘画作品之一，他也被人们誉为"古埃及的米开朗琪罗"（Ancient Egypt's Michelangelo）。

从这些壁画碎片中，人们可以非常直观地了解当时宅园的典型特征。首先，水体在园中有着

图 2-2 古埃及阿美诺菲斯三世时代一位大臣陵墓壁画中的内巴蒙花园,壁画现存大英博物馆

特殊的地位,它不仅是人们祀奉神祇前净身的水源,而且给园林带来湿润和生机。水池位于园子的中心,占据了全园约 1/5 的用地。虽然采取了规整的长方形,但池边种植的芦苇和水中的睡莲,以及满池的鱼和游弋的水鸟,甚至几只红色的埃及鹅,使水景依然显得生机勃勃。行列式间植的椰枣、石榴、无花果等果树形成大片的树林,对称布置在园子的四周,既为园子带来宜人的树荫,又使园林空间富有层次。壁画的右上角还有一位女佣,正在小桌上摆放酒壶和水果篮,表明此时的宅园已完全是游憩性场所了。

还有一片壁画描绘了年轻、苗条的内巴蒙和妻女乘坐芦苇船在湿地中游乐的情景,或许表明当时尼罗河三角洲的大片沼泽地也是人们游乐的场所。画面中的湿地同样因大量的水鸟、鱼、虎斑猫等动物和水生植物,以及四处飞舞的蝴蝶而显得富有生机。蝴蝶不像画中的大多数动物那样具有宗教意义,显然是画家为了使画面更加迷人而画上去的。在内巴蒙的笔下,这些动物看上去栩栩如生,使场景显得更加真实,富有透视感的色彩也丰富了画面的空间层次。表明古埃及人对科学的透视方法已有所掌握,在神殿建筑近大远小的门厅和立柱方面也得到体现。

阿蒙霍特普四世(Amenhotep Ⅳ,约前 1350—前 1333)登上王位后,将朝日刚露出地平线时的太阳神"阿顿"(Aton)奉为唯一真神,并改名为阿肯那顿(Akhenaten,意为"阿顿的仆人"),都城也从底比斯迁往埃及中部的新城阿肯塔顿(Akhetaten,意为"阿顿的视线"),即今天的泰尔-阿尔-阿玛纳(Tell el-Amarna)。在这里的遗址中发掘出来的石刻显示,当时的宅园都采用几何式构图,并以水渠划分园林空间,与强调规整的几何形的埃及美术风格相一致。庭园中央开挖出长方形水池，在那些大型宅园中水池甚至宽阔如湖泊，人们可在水池中荡舟、垂钓、狩猎水鸟。行列式种植的棕榈、柏木和果树围绕在水池四周。园中有葡萄架围合的方形空地，可供园主在绿荫下就餐、游憩。还有鲜花盛开的几何形花坛，混植虞美人、牵牛花、黄雏菊、玫瑰和茉莉等花卉。花坛边缘以夹竹桃等灌木为篱，显得整齐有序。

在这一时期的私家陵墓中有关宅园的壁画或石刻为数不少，显示营造私家宅园当时已成为时尚。另一幅有关宅园的石刻显示出更为复杂的园林布局（图2-3）：这是一座临河而建的庄园，四周是高大厚重的院墙，显然是出于安全防卫和隔离外界热浪的目的。宅第坐落于庄园的中后部，两侧有藤架覆盖的园门，说明遮阴在宅园中的重要性。庄园正门面向河流，采用与神庙建筑相似的"塔门"（Pylon）形式，宏伟壮丽，十分突出。正门两侧各有一扇通向庭园的小门。园中有四座长方形水池，水源从门前的河中引来，池周围以行列式间植埃及榕、棕榈等当地常见的树木，形成阴凉湿润的游憩空间。全园还利用矮墙分隔出几个庭园，种有刺槐、无花果、埃及榕和棕榈等树木。这种将庄园分隔成数个庭园的布局手法在后来的伊斯兰园林（Islamic Garden）中十分常见，应是气候和生活习俗的产物。不同的庭园不仅便于家中男女老幼的使用，而且相对封闭的小空间更易于形成宜人的小气候，营造出私密亲切的庭院气氛。

（2）宫苑

法老们拥有的庄园在布局上与达官贵人的宅园相类似，只是在规模和装饰物方面有所不同，显示出皇家的权利和地位。

古埃及宫苑的样式以底比斯法老的庄园为代

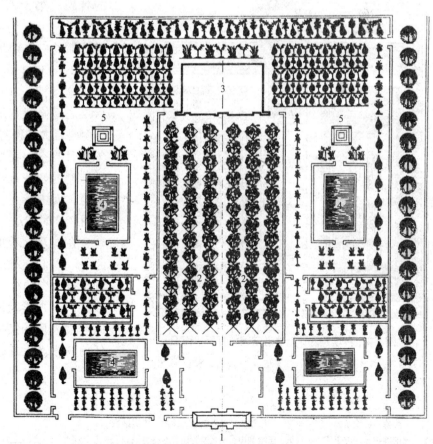

图2-3 根据埃及古墓中发掘出的石刻所绘制的埃及宅园平面图

1. 入口塔门　2. 葡萄棚架
3. 中轴线端点上的三层住宅楼
4. 矩形水池　5. 对称设置的凉亭

表（图2-4）。这座庄园的用地呈正方形，四周同样围以高大厚重的院墙。宫殿坐落在庄园的中央，前方的小广场上矗立着两座方尖碑（Obelisk）[①]，作为古埃及法老崇拜太阳的纪念碑，强调了庄园的皇家气氛。小广场接着宽阔的甬道（Paved Path），正对庄园入口的高大塔门。甬道两侧种植高大的庭荫树，点缀着镇守庄园的圣物雕像，与神殿建筑前的甬道做法极为相似。宫殿的后方是一座大型水池，池壁铺砌着厚重的岩石。大量的鱼、鸟和水生植物营造出生机勃勃的气氛，法老们闲暇时可荡舟在宽阔的水面上游乐。水池中轴线的两端还设有人工瀑布和游船码头，非常壮观。在宫殿的两侧还有供法老游乐的泳池。在埃及的气候条件下，水体无疑是最为珍贵的造园要素。皇家庄园中宽阔的水面和大量的水景，不仅有助于营造凉爽宜人的小气候，而且显示出皇家的尊贵地位。整个庄园的布局显得十分紧凑，以栅栏和树列划分数个空间，对称布置在宫殿的中轴线两侧。园路完全笼罩在无花果、埃及榕、棕榈等树木的阴影下，形成凉爽宜人的林荫道。凉亭（Kiosks）和挂满葡萄的廊架（Grape Trellis）是园内不可或缺的休憩设施，鲜花盛开的花台也在园中起到装点作用。

在那些大型的皇家庄园中，则将几座小型宫殿分散布置在园中，宫殿四周再环以高大的院墙，内部栅栏、树木分隔成数个庭园，园中有格栅、遮阴廊架、休憩凉亭等设施，点缀着水池、草地、花台等园林要素。这种将大型庄园分隔成数个尺度更加宜人的"园中园"的做法，与亚洲气候炎热地区的一些宫苑做法很相似，或许是创造与相对恶劣的大环境截然不同的小环境的共同做法吧。

（3）圣苑

埃及的法老们信奉各种神祇几乎到了无以复加的地步，尤其是对太阳神的尊崇。每逢太平盛世，法老们无不大兴土木，兴建规模宏大的神殿。第十八王朝著名的女王哈特谢普苏特（Hatshepsut，约前1503—前1482）在位期间，在底比斯的一座山坡上建造了宏伟壮丽的巴哈利神庙（Deir el-Bahari）[②]（图2-5）以祭祀太阳神阿蒙。这座神庙在山坡上开辟出三层巨大的平台，台层之间修建宽阔的柱廊（Corridor），中央甬道两侧是巨大的狮身人面像（Androsphinx）。每当中午烈日当空，在灿烂的阳光照耀下，整座神庙与其陡峭的岩壁浑然一体。据说为了遵从阿蒙神的旨意，女王特意在台地上引种了大量的香木，其木材燃烧时能散发出诱人的芳香（见彩图1）。

在埃及人看来，树木是奉献给神灵的祭祀品之一。人们在神殿周围营造大片的林地，甚至引种十分珍贵的林木，以此表达对神灵的极度尊崇。或许由于古埃及人修建的神殿内部空间狭小，难以容纳大量的祭祀人群，因此在神庙内几乎不种任何树木。大片的林地都布置在神庙的周围，衬托着雄伟、神秘的庙宇建筑群，成为附属于神庙

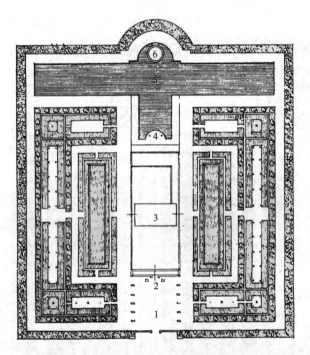

图2-4 古埃及底比斯法老宅园的复原平面图
1.狮身人面像林荫道 2.塔门 3.住宅 4.码头 5.水池 6.瀑布

---

① 方尖碑：古埃及的一种纪念碑。用整块方形条石制成，顶端呈方尖锥状。
② 巴哈利神庙：位于代尔·埃里·巴哈利山，又名哈特谢普苏特神殿。

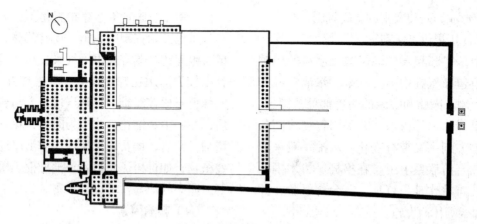

图 2-5 巴哈利神庙平面图

的圣苑。林木以埃及榕、棕榈等乡土植物为主，也有引种外来植物的做法，如前文提到的巴哈利神庙。此外，在卡纳克神庙那样的大型神庙中，还会开挖大型水池，并以花岗岩或斑岩砌筑驳岸，方便大量的祭司在祭祀活动前净身之需。水中也会种植芦苇、睡莲等水生植物，甚至放养被视为圣物的鳄鱼。

据记载，第二十王朝的拉美西斯三世（Ramesses Ⅲ，约前1186—前1155）统治时期，这位法老前后兴建了514处神庙，当时的寺庙领地约占全埃及耕地面积的1/6，其盛况可见一斑。祭司们大多会在神庙四周的寺庙领地上植树造林，这类林地被称为圣苑或圣林（Sacred Grouse）。尽管寺庙领地并非都是用以植树造林的，但由于古埃及的寺庙数量众多，圣苑或圣林的总体规模也是相当可观的。

（4）墓园

古埃及人相信人死之后灵魂不灭，并开始在另一世界中生存，等待复活。在这种来世观的影响下，法老们、达官贵人甚至艺术家和工匠都不惜尽其所有，为自己修建奢华的陵墓。不仅在墓室中要有反映园林形象的石刻、壁画，还要在陵墓周围为死者开辟宛如其生前所需的游乐空间，由此产生了墓园（Graveyard）这种独特的园林类型。古埃及人的墓园又称灵园，规模一般不大，有水池、庭荫树等造园要素，凉爽湿润的小气候和肃穆静谧的空间气氛是不可或缺的，一如死者生前享用的宅园。

在西方国家，墓园是重要的园林类型之一。西方人墓园的产生及布局特点或许受到了古埃及人墓园传统的一些影响。此外，随陵墓保存下来的石刻、壁画等，为后人了解数千年前的古埃及文明和园林艺术提供了极为宝贵的资料。

2.1.3 古埃及园林特征

古埃及园林的类型、形式和特征，无疑是其自然条件、社会状况、宗教信仰和生活习俗的综合反映。

（1）相地选址

在古埃及人生活的尼罗河河谷和三角洲地带，水源几乎全部来自尼罗河，造园必须选择在临近河流或水渠的地方。因此，古埃及的园林大多分布在低洼的河谷和三角洲附近。这些地方的地形也比较平缓，少有高差上的变化，影响到埃及园林的形式。

（2）园林布局

古埃及园林在总体布局上形成相对统一的构图和整齐对称的形式，与古埃及人追求的艺术风格相一致。园子大多呈方形或长方形，空间显得十分紧凑。为了抵御干燥炎热的气候，人们不仅在园林四周修筑高大厚重的院墙起到隔热作用，而且在园内也运用墙体、栅栏、树木围合出数个庭园，形成相对独立并各具特色的小园子，彼此之间互相渗透。这种空间布局手法不仅有助于创造良好的小气候环境，而且易于形成荫蔽和亲密的空间氛围，并为不同家庭成员的使用提供了便利。

在庄园中，宅邸和入口塔门构成明显的中轴线，笔直的甬道布置在中央，凉亭、水池对称布置在中轴线两侧。园路和院墙的两边都种植椰枣、棕榈、无花果、刺槐等树木，并采用行列式间植的形式，既整齐划一又带有变化。水池一般采取下沉式，并以台阶联系上下。在格栅、树木围合的庭院中，装点着水池、草地、花台等景物，并放置凉亭、廊架等休憩设施。

（3）造园要素

在人类早期的造园活动中，庭园的舒适性和实用性应该是最先考量的两个因素。尤其是在埃及这样恶劣的气候条件下，创造舒适宜人的庭园小环境是至关重要的，唯有阴凉湿润的"绿洲"才能产生天堂般的感受。阴凉有赖于植物的庇荫作用，如果能将具有经济价值的果树、蔬菜等与植物的遮阴、装点作用相结合，则两全其美了。湿润则需要引入水体，在园中形成水池、瀑布等水景。在埃及园林中，水池既可以作为人们祭拜神祇前用于净身的实用设施，又是供人们游乐享受的奢侈品。如果在池中放养鱼、水禽等动物，种植芦苇、睡莲等植物，则能够形成生机勃勃的水景，让置身于沙漠中的人们倍感生命的可贵。由于埃及人信奉自然神，动物、植物或自然现象都可以成为人们信奉的神灵，因此园中的动植物往往与人们的宗教信仰息息相关。

此外，为了创造阴凉湿润的小气候环境，还需要将庄园分隔成一系列小庭园，于是出现了院墙、栅栏、格栅、行列树、水渠等空间分隔要素，并在小庭园中装点树木花草、水池等造景要素，配置亭廊、棚架等建筑小品。在埃及园林中，植物既是空间构成要素，也是装饰材料，因此植物种类丰富，栽植方式多样，如庭荫树、行道树、桶栽植物、藤本植物、水生植物、花台等。葡萄廊架既能遮阴又很美观，在古埃及园林中十分常见，用于覆盖甬道或宅前庭院，形成宜人的活动场所。

据史料记载，古埃及园林中的常见植物有椰枣、棕榈、刺槐等庭荫树和石榴、无花果、葡萄等

果树；芦苇、睡莲等水生植物是不可或缺的；迎春和月季也开始在园中栽植，还有蔷薇、矢车菊、罂粟、银莲花等花卉。由于气候炎热，早期的埃及园林中较少运用花卉，观赏中心是富有生机的水景，园林色彩比较淡雅。只是当埃及人与希腊人接触之后，在园中装饰花卉才成为时尚，花卉的种类大量增加。此后，埃及人又从地中海沿岸地区引种了一些植物，如栎树、悬铃木、油橄榄、樱桃、杏、桃等，园中的植物种类逐渐丰富。

（4）影响因素

在君主专制政体和宗教信仰的影响下，古埃及出现了迷信色彩浓厚的圣苑；灵魂不灭的观点和对永恒生命的追求，促使了墓园的产生。就连园中的动植物种类都离不开宗教信仰的影响，可见宗教思想对古埃及园林的极大作用。在科技方面，农业生产的需要促进了引水和灌溉技术的提高，土地规划导致了数学和测量学的发展，这些都在一定程度上影响到埃及美术和园林的艺术风格。

由于天然森林的匮乏，埃及人造园只能依赖于人工植树造林，而种植植物又必须开渠引水进行灌溉，这就使得埃及园林从一开始就具有强烈的人工气息，表现出与绘画作品类似的惊人的秩序感。园林布局采取整齐对称的形式，强调均衡稳定的空间，庭院中相对单一的树木种类，也有助于空间的稳定性。行列式栽植的树木和几何形水池，都突出了园林的人工性。艺术作品抛弃自然、追求人工的特点，或许是在恶劣的自然环境下人类力求以人力改造自然的思想反映。可见，在不同的自然条件和环境下，产生了东、西方截然不同的文化艺术特点，园林也从一开始就朝着不同的方向发展，并逐渐形成世界园林两大体系的先导。这种发展倾向到古希腊—罗马时代则更加明朗化。

2.2 古巴比伦园林

2.2.1 古巴比伦概况

（1）地理位置

古巴比伦（Ancient Babylon）王国位于底格里

斯河（Tigris）和幼发拉底河（Euphrates）两河流域之间的美索不达米亚（Mesopotamia）平原上。"Mesopotamia"一词来自古希腊语，意为"河间地区"，是古代希腊人和罗马人对两河流域的称呼。广义的美索不达米亚地区是指现在伊朗托罗斯山脉（Taurus Mountains）以西至非洲之间的狭长地带，包括伊拉克、叙利亚、土耳其、约旦、巴勒斯坦一带和伊朗西部。狭义的美索不达米亚指两河流域的中下游地区，全部在伊拉克境内（图2-6）。这里也是人类最古老的文明发源地之一。

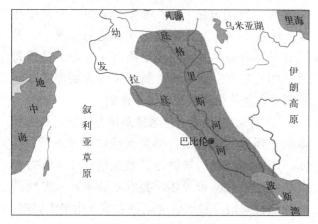

图2-6 巴比伦位置图

（2）自然条件

当中世纪的探险家们来到美索不达米亚时，这里不仅因干旱而贫瘠，而且环境混乱、疾病流行，几乎是一片死气沉沉的不毛之地。然而地质学家通过一系列科学分析断言，在公元前4000年左右，由于西南季风的扩张和季风雨的滋润，美索不达米亚地区存在着湿润气候，亚美尼亚高原（Armenian Highland）丰沛的降水流入两河，滋养着这一满目葱茏的农业地带。然而，两河的流量受上游地区雨量的影响很大，有时也会泛滥成灾，泛滥时期多集中在每年的3～7月。

（3）历史概况

巴比伦按其人文地理曾分为苏美尔（Sumer）和阿卡德（Akkad）地区。苏美尔位于两河流域的南部，濒临波斯湾（Persian Gulf）。公元前5000年之后，这里形成了众多的文化和几十个城邦，创造了伟大的苏美尔文明。然而，为了开拓疆土、争夺奴隶和财富，城邦之间展开了残酷的战争，整个苏美尔地区都笼罩在战争的硝烟之中。这种小国争霸的局面直到阿卡德人（Akkadian）的到来才彻底改变。

公元前3000年，阿卡德人来到了两河流域，定居在苏美尔以北的平原上。在领袖萨尔贡（Sargon，约前2360—前2279）的带领下，经过一系列的征战，建立起幅员辽阔的使用楔形文字的帝国，开创了辉煌却很短暂的阿卡德王朝（Akkad Kingdom，约前2371—前2191）。萨尔贡死后，阿卡德王朝便开始衰败，全国各地暴乱四起，处于无政府状态。大约公元前2193年，来自东北山区库提人（Gutiuns）入侵，促使帝国崩溃，并成为苏美尔和阿卡德的临时统治者。但库提人没有建立起统一的国家，政治比较薄弱。苏美尔人（Sumerian）乘机于公元前2100年享受了一段短暂的霸权复兴期，即乌尔那姆（Ur-Nammu）建立的乌尔第三王朝（Third Ur-Nammu Dynasty，约前2047—前2030），重新统一了阿卡德和苏美尔地区，建立了空前强大的帝国，前后累计统治了108年。

公元前2006年，居住在东方高地的埃兰人（Elamite）和叙利亚沙漠（Syrian Desert）的游牧民族阿摩利人（Amorite）攻陷了乌尔城（Ur），导致乌尔第三王朝灭亡。自此，苏美尔人彻底退出历史舞台。阿摩利人开始了对巴比伦的统治，并且建立了一个辉煌的古巴比伦帝国。

汉穆拉比（Hammurapi，约前1810—前1750在位）完成了重新统一巴比伦王国的伟业。他是巴比伦第一王朝的第六代国王，一登上王位便开始了对周边地区的征讨，统一了分散的城邦，疏浚沟渠，开凿运河，使国力日益强盛，并颁布了著名的《汉穆拉比法典》（The Code of Hammurapi）。同时，他也大兴土木，建造了华丽的宫殿、庙宇及高大的城墙。几十年的征战和建设，汉穆拉比建立了盛况空前的大帝国，他也成为西亚历史上最有作为的君主。然而，辉煌的外表下面却包含了尖锐的矛盾，汉穆拉比死后，古巴比伦王国土崩瓦解。公元前1595年，赫梯王穆尔西里什一世（Mursilis I，约前1620—前1590）顺河而下，突袭巴比伦，攻陷首都，古巴比伦王国寿终正寝。

赫梯人（Hittite）像先前灭亡乌尔第三王朝的埃兰人一样，并未长期留在巴比伦。赫梯人撤退后，原居住在伊朗西部扎格罗斯山的加喜特人（Kassites）占领两河流域，建立起加喜特巴比伦。然而，此时的加喜特巴比伦的强敌有北部的亚述（Assyria）和东南的埃兰（Elam），因而屡屡被侵袭。直至国王被埃兰人捕获病死于敌国，加喜特王朝灭亡。此后，巴比伦地区便处于小国纷立的格局。

公元前11世纪至前8世纪，阿拉米人（Aramaeans）大批迁入两河流域。当新亚述帝国（Neo-Assyrian Empire，前911—前609）崛起后，公元前729年，提格拉特帕拉沙尔三世（Tiglath-Pileser Ⅲ，前745—727在位）在击败阿拉米人后自称巴比伦之王。此后直到新巴比伦兴起，巴比伦实际上成为了亚述帝国的一部分。

亚述人占领两河流域时，巴比伦南部迁入了迦勒底人（Chaldaea），他们随着亚述王朝的衰落而崛起。公元前626年，迦勒底人首领纳波帕拉沙尔（Nabopolassar，前658—前605）成为巴比伦之王，开始了与亚述人的长期战争。最终，迦勒底人联合伊朗西北部高原的米底人（Media）在公元前612年与亚述人决战，最终推翻了亚述帝国。

迦勒底巴比伦最著名的国王是尼布甲尼撒二世（Nebuchadrezzar Ⅱ，约前634—前562，前604—前562在位），他好大喜功，登基后南征北战。尼布甲尼撒二世成功地建立了巴比伦在叙利亚的统治，并使巴比伦成为西亚的贸易及文化中心，城市人口曾高达10万人。尼布甲尼撒二世同样大兴土木，修建宫殿、神庙。在他死后国力渐衰，国内矛盾尖锐复杂，以至于公元前539年当居鲁氏（Kurush）大军兵临巴比伦城下时，城内祭司竟打开城门放波斯军队入城，巴比伦不战而降，国王被俘。第二年，波斯王太子被任命为巴比伦王，波斯帝国继承了巴比伦的文明遗产，利用楔形符号创造波斯语楔文。波斯人彻底占领了两河流域，建立了波斯帝国（Persian Empire，约前550—前330）。辉煌的两河流域文明开始衰落。前331年，代表希腊文明的亚历山大征服了整个西亚，最终使巴比伦王国解体。

（4）文化艺术

① 天文　古代两河流域的人们对天象的敬畏，导致他们对天象的观测极其细致，极大地促进了天文学的发展。约公元前4000年，天文观测最终导致了季节的划分和月相的固定，开始采用阴历，并发明了置闰方法①。伴随天文学而来的是星相学，美索不达米亚人观测出星体运行周期，编制出日月运行表，并最早用星座名字来命名黄道符号，如公牛座、双星座、狮子座、天蝎座等；星期制度也是从两河流域流传下来的。

② 建筑　美索不达米亚地区非常缺乏石头和木料，当地的建筑用材都是天然黏土、芦苇和灌木。用砖和沥青构筑的建筑物在规模和装饰方面受到限制，且易于毁坏。美索不达米亚人发明的一种独特架构，对于后世建筑艺术产生很大影响，这就是以拱（Arch）②和拱化的半圆屋顶和圆屋顶的建筑系统。这些将材料结构、建筑构造与造型艺术有机结合的做法，影响到以后小亚细亚、欧洲与北非的建筑风格。

③ 宗教　两河地区的原始宗教信仰多神，起源于苏美尔人，又经过阿卡德人细微的改变而形成。神祇有天神"阿努"（Anu）、地神"恩利尔"（Enlil）、风暴之神"阿达德"（Adad）、水神"埃阿"（Ea）、爱和战争女神"伊什塔尔"（Ishtar）等。许多神祇具有天文学性格，而且在民间流传着许多传奇性的神话故事。吉尔伽美士（Gilgamesh）传说经常出现在装饰题材画面上。雕像除了帝王肖像以外，大多数是寺庙中供奉的偶像。"伊什塔尔"（Ishtar）是古苏美尔地区很多城市的保护神，比如在通往巴比伦城神庙和王宫区

---

① 置闰方法：巴比伦历为了使岁首固定在春分日，需要采用置闰法。但是在公元前6世纪以前，置闰没有一定规律，是由国王根据情况依靠经验宣布的，后来才慢慢形成一定的规律性。
② 拱：一种位于建筑洞口顶部的基本结构，由楔形的砖块构筑，只通过两边支撑。

的仪仗大道上就耸立着一座伊什塔尔城门。

由于王朝更换频繁,信仰多神,统治者和祭司对于艺术的干涉和控制相应宽容一些,对艺术形式的程式规定也不严格。因此,美索不达米亚地区各种艺术风格互相掺杂,多种渊源汇集,造型艺术呈现出绚丽多彩的面貌。留存下来的艺术品有圆雕、浮雕、陶器、乐器和贵金属工艺品,直至巨大的神庙和宫殿遗址。从中可以看出两河地区的帝王和自由民众更重视现世的享乐,他们筑造装饰华丽的宫殿是为了夸耀和享乐,建立高大的神庙是为了祭祀诸神,保佑年年丰产。

神在古巴比伦的公共生活中扮演了重要角色。巴比伦不仅有全国性的神,而且每个城市又有自己的守护神,与此相适应的是多神的宗教观念。宗教仪式作为宗教观念的表现形式,也在古代两河流域人们的日常生活中占据了主要地位,民众的节日也常常和宗教仪式联系起来。苏美尔时期有许多宗教节日,如拉迦什(Lagash)的古地亚王(Gudea,约前2144—前2124)曾提到的宗教节日持续七天,七天之内,音乐声缭绕不绝,众人皆休息。在一些城市的圣婚节,城里的祭司或女祭司与神像躺在一起,象征人类的生育、动物的繁衍、城市的富饶。感恩节也是巴比伦的宗教节日。一年一度的新年节从尼散月(Nisan)的第一天开始,持续11天,期间举行各种各样的宗教仪式。

④ 文化　20世纪以来大量的考古发现,证实美索不达米亚文化早于埃及文化。当尼罗河三角洲刚建立起居民聚集点时,两河流域城镇早已初具规模。楔形文字的创立也早于埃及几百年。公元前5800—前5500年间,在两河地区已出现陶器。从美索不达米亚历代王朝遗留下来的大量文物中来看,西亚各民族的灿烂文化传统,虽然至今已有数千年历史,仍然焕发着各自的艺术光彩。它们不仅对本地区文明的延伸具有深远的影响,也关系到欧洲、印度和埃及的文化发展,在世界艺术史的启蒙阶段扮演着重要角色。

2.2.2　古巴比伦园林概况

5000年前的"巴比伦文明"是人类古代文明发展的高潮。古巴比伦帝国以强盛的国力和灿烂的城市文明使其受到周围国度的匍匐膜拜,成为当时世界的中心。许多学者坚信,《圣经》(*Bible*)中叙述的天堂——伊甸园所在之处,就是如今伊拉克南部的苏美尔城市库尔腊。

古巴比伦园林包括亚述及迦勒底王国时期在美索不达米亚地区所建造的园林,它们基本上保留并继承了巴比伦文化。在园林形式上大致有猎苑、圣苑和宫苑三种类型。

(1)猎苑

两河流域雨量充沛,气候温和,有着茂密的天然森林。进入农业社会以后,人们仍然眷恋过去的游牧生活,因而出现了供狩猎娱乐的猎苑。然而,猎苑不同于可供狩猎的天然森林,而是利用天然林地经过人为加工改造形成的游乐场所。

约公元前2000年,古巴比伦帝国时期的叙事诗《吉尔迦麦什史诗》(*Epic of Gilgamesh*)①中已有对猎苑的描述。到了亚述帝国时期,国王们更加热衷于猎苑的建造,往往从被征服的地区引进新的树种,种在猎苑中。公元前1100年,亚述国王提格拉特·皮勒塞尔一世(Tiglath Pileser Ⅰ,前1114—前1076)在都城亚述的猎苑中饲养了野牛、山羊、鹿,甚至还有大象、骆驼等动物。

公元前800年之后,不仅有关于国王猎苑的文字记载,而且宫殿中的壁画和浮雕上也描绘了狩猎、战争、宴会等活动场景,以及以树木作背景的宫殿建筑图样。这些史料显示,猎苑中除了原有森林之外,还有大量人工种植的树木,品种主要有香柏、意大利柏木、石榴、葡萄等,同时放养着各种供帝王、贵族狩猎用的动物。此外,猎苑中还堆叠土山以供登高瞭望,土山上植树,建神殿、祭坛等(图2-7)。并引水在猎苑中形成贮水池,可供动物饮用。这与中国古代的囿②十分

---

① 《吉尔迦麦什史诗》:古巴比伦史诗,起源于苏美尔时期,长时间在民间口头相传,于古巴比伦时收集。
② 囿:中国古代最早见于文字记载的园林形式,其主要用于君王狩猎。

图 2-7　古巴比伦宫殿建筑上的浮雕绘制的猎苑图

相似，都是人类进入农业社会初期对游牧生活眷念的反映。而囿被看作是中国园林的雏形，可见东西方园林的起源也有一些相同之处。

（2）圣苑

古埃及由于缺少森林而将树木神化，而古巴比伦虽有郁郁葱葱的森林，但对树木的崇敬之情也毫不逊色。在远古时代，森林便是人类躲避自然灾害的理想场所，这或许是人们神化树木的原因之一。

出于对树木的尊崇，古巴比伦人常常在寺庙周围大量植树造林，形成圣苑。树木呈行列式栽植，与古埃及圣苑的情形十分相似。据记载，亚述国王萨尔贡二世（Sargon Ⅱ，前 765—前 705，前 722—前 705 在位）的儿子圣那克里布（Sennacherib，前 740—前 681，前 705—前 680 在位）曾在裸露的岩石上建造神殿，祭祀亚述的历代守护神。从发掘的遗址看，圣苑占地面积约 1.6hm²，神庙前的空地上有引水沟渠和许多成行排列的种植穴，这些在岩石上凿出的圆形树穴深度竟然达到 1.5m。林木幽邃、绿荫森森的圣林不仅营造了良好的祭祀环境，也加强了神殿的肃穆气氛。

（3）宫苑——"空中花园"

有关埃及园林的史料非常少。相反，关于古巴比伦园林，尤其是古巴比伦"空中花园"的史料、文献却相当丰富。空中花园又称"悬园"（Hanging Garden），被誉为古代世界七大奇迹之一。

古巴比伦空中花园已毁灭殆尽，留下一片废墟。后人对其规模、结构、布局等方面的了解全部来自古希腊、古罗马史学家的著作中。经学者研究证实，所谓的空中花园并非悬于空中的花园，而是由金字塔形的数层平台堆叠而成的花园（图 2-8）。每一台层的边缘都有石砌拱形外廊，其内有卧室、洞府、浴室等；台层上覆土以种植花草树木，各台层之间有阶梯联系上下。由于拱券结构厚重，足以承载深厚的土层，所以这些平台上不仅有各种柑橘类植物，还有种类多样、层次丰富的植物群落。为了解决屋顶花园的防渗、灌溉和排水等技术难题，古巴比伦人将芦苇、砖、铅皮和种植土层叠在台层上，并在角隅安置提水辘轳，将河水提升到顶层上，再往下逐层浇灌，同时形成活泼的跌水景观。

考古发掘出的浮雕显示，在亚述人的房屋前通常有宽敞的走廊，厚重的屋顶既可起到遮阴作用，避免居室受到强烈阳光的直射，又可在屋顶上覆以泥土种花植树。当时的亚述有许多这样的屋顶花园，只不过帝王的花园更大一些而已。据称，矗立在巴比伦平原上的空中花园的方形底座边长约 140m，台层高约 22.5m，与巴比伦城的城墙等高。蔓生、攀缘等植物类型结合各种树木花草覆在台层上，远远望去仿佛悬在空中一般，空中花园因而得名。但是，也有学者认为，这样规模和结构的屋顶花园还不足以引起历代文人骚客的赞颂，誉之为古

图 2-8 根据王宫遗迹及史料绘制的空中花园平面图、剖面示意图
1. 主入口　2. 客厅　3. 正殿　4. 空中花园
a. 入口庭院　b. 行政庭院　c. 正殿庭院　d. 王宫内庭院　e. 哈雷姆庭院

代世界七大奇迹之一。可见，有关空中花园的真实面目至今还是一个谜（图 2-9）。

此外，关于空中花园的来历也有种种假说。19 世纪英国西亚考古专家罗林森爵士（Sir Henry Creswicke Rawlinson, 1810—1895）解读当地的砖刻楔形文字后认为，空中花园是尼布甲尼撒二世为出生在米底的王妃建造的。为安慰王妃对家乡的怀念，建造了这种类似高原的屋顶花园。

2.2.3　古巴比伦园林特征

从古巴比伦园林的形式和特征上，同样可以看出自然条件、社会发展状况、宗教思想和生活

图 2-9　根据史料绘制的古巴比伦空中花园

习俗的综合影响作用。

（1）相地选址

两河流域平原有着丰富的天然森林资源，十分适合营造以游乐为主要目的的猎苑。森林是猎苑的景观主体，因而自然气息浓厚。在猎苑中引水汇成贮水池，既可解决动物饮水问题，又能营造景观、改善小气候等环境条件。神庙多建在不易被洪水淹没的高地上，周围列植各种树木形成圣苑。而屋顶花园的形成，则是气候条件和工程技术发展的产物。

（2）园林布局

由于两河流域多为平原地貌，在洪水泛滥之时易受到威胁。因此，宫殿、寺庙常常建在土台上，人们也十分热衷在猎苑中堆叠土山，既可用于登高瞭望，观察动物行踪，又可在洪水来临时作为避难场所。为此，土山上有时还有神殿、祭坛等建筑物，既能突出景物，又能开阔视野。猎苑的布局多利用自然条件稍加改造而成，以自然森林为主。而圣苑和宫苑的布局则像古埃及园林那样，以规则的形式体现人工的特性。

（3）造园要素

两河流域地区气候温和，雨量充沛，广泛分布着茂密的天然森林。进入农业社会以后，人们出于对过去游牧生活的眷恋，将一些天然森林改造成了供狩猎娱乐的猎苑。苑中种植大量的树木和果树，并放养各种动物。

在满目葱茏的古巴比伦，人们对树木同样怀有崇敬之情。因此，古巴比伦的神庙周围也常建有圣林，在神殿周围营造出幽邃、肃穆的环境气氛。

就宫苑和宅园而言，最显著的特点就是采取类似现在屋顶花园的形式。在炎热的气候条件下，房屋前通常建有宽敞的走廊，起到通风和遮阴的作用。同时在屋顶平台上铺以泥土，种植花草树木并引水灌溉。作为古巴比伦宫苑代表的空中花园，就是建造在数层平台上的屋顶花园，反映出当时的建筑承重结构、防水技术、引水灌溉设施和园艺水平等，都发展到了相当高的程度。

2.3 古希腊园林

2.3.1 古希腊概况

（1）地理位置

古希腊的地理范围，除了现在欧洲大陆南部的希腊半岛之外，还包括地中海东部爱琴海（Aegean Sea）一带的众多岛屿，以及北面的马其顿（Macedonia）和色雷斯（Thrace）、亚平宁半岛（Apennines Peninsula）和小亚细亚（Asia Minor）西部的沿海地区（图2-10）。

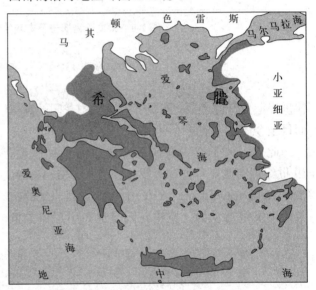

图2-10　古希腊位置图

（2）自然条件

希腊是一个多山的国度，在山峦之间镶嵌着块状平原和谷地。希腊地貌可分为山地、丘陵、盆地和平原等类型，其中山地和丘陵占国土面积的80%。希腊几乎没有大河，而且大多是季节性河流，常年有水的屈指可数，是典型的地中海气候，夏季炎热少雨，冬季温暖湿润。希腊海岸曲折，东海岸有众多的天然港湾，为海上交通提供了便利条件，使其较早接触到来自古代东方的文明。

（3）历史概况

古希腊是由众多的城邦组成的，采取城邦制。每个城邦都有自己的国王，著名的城邦有斯巴达（Sparta）和雅典（Athens）。尽管如此，却创造了统一的希腊文明。古希腊坐落的爱琴海是一个多民族聚居的地区，在这里诞生的两大文明，即米诺斯文明（Minoan civilization）和迈锡尼文明（Mycenae civilization）是在欧洲出现最早的人类文明。

爱琴海文明最初以克里特岛（Crete）为中心，称为米诺斯文明，又称为克里特文明，在公元前2000—前1400年期间曾经辉煌一时。此后转为以希腊半岛南部的迈锡尼为中心，称为迈锡尼文明，也曾兴盛了两个多世纪。直到公元前12世纪多利安人（Dorian）的入侵，使爱琴海地区的繁荣景象开始黯淡。此后，希腊经历了一段黑暗时期，直到公元前800年新的希腊文明诞生。此时的希腊城邦在地中海沿岸建立起自己的殖民地，成功地抵御了波斯人的入侵，并最终发展出灿烂的希腊文化。希腊、马其顿和色雷斯地区的文明被统称为海伦尼克（Hellenic）。

希腊文明最辉煌的时代是公元前8世纪至公元前4世纪。其中，前一半属于古风时期，是希腊文明新的起步阶段；后一半属于古典时期，是希腊文明达到顶点的阶段。希腊在精神文明和物质文明的各个领域都取得了杰出的成就，达到了当时历史条件下所能达到的顶峰。其文明产生的动力是生产力、社会以及政治的需要，发展的政治基础是奴隶制民主政治，根源来自东方的埃及和西亚文明的影响。

此后，希腊被马其顿的亚历山大大帝征服，成为马其顿帝国（Macedonia）的一部分。亚历山大大帝死后，马其顿帝国陷入一片混乱，希腊借机恢复了独立。公元前168年，罗马帝国（Roman Empire，前27—公元476）以武力完全征服了希腊，但罗马人的生活却被希腊文明所征服。作为罗马帝国的行省，希腊文明继续主宰着地中海东部，直到公元4世纪罗马帝国被分裂成两部分。以君士坦丁堡（Constantinople）为中心的拜占庭帝国（Byzantine Empire，395—1453）本质上就是希腊化的。拜占庭抵御了几个世纪来自东西方的攻击，直到1453年君士坦丁堡最终沦陷，奥斯曼帝国（Ottoman Empire，1299—1922）此后也逐渐征服了整个希腊。

（4）文化艺术

希腊素有"西方文明摇篮"（Cradle of Western Civilization）之称，希腊文化对古罗马帝国以及后世欧洲的影响十分广泛而深刻。

然而，东方的中亚文明、埃及文明、印度文明等，对古希腊文明的形成具有较大贡献。科学史专家乔治·萨顿（George Sarton，1884—1956）说："希腊科学的基础完全是东方的，不论希腊的天才多么深刻，没有这些基础，它并不一定能够创立任何可与其实际成就相比的东西……我们没有权利无视希腊天才的埃及父亲和美索不达米亚母亲。"怀特海（Witehead Alfred North[①]，1861—1947）也说："我们从两河流域的闪族人（San）[②]那里继承了道德和宗教，从埃及人那里继承了实践。"古希腊人在广泛吸收东方文明的基础上，以其独特的智慧，在哲学、科学、技术、艺术等方面都取得了杰出的成就。

古希腊戏剧是人类最早的戏剧形式，经过不断发展形成完美的艺术流传至今，成为人类文明中重要的艺术形式。戏剧可以说是古希腊人贡献给人类的最重要文化遗产之一。剧场也因此最早出现在希腊，呈半圆形，通常坐落在山坡上，依山就势而建。

古希腊的音乐、绘画、雕塑和建筑等艺术十分繁荣，达到了很高的水平。尤其是雕塑，其成就是后世再也未曾达到的。

文艺创作的繁荣，促使美学理论的丰富与发展。美学从一开始就是哲学的一个分支。公元前5世纪前后，希腊陆续出现了一批杰出的哲学家，其中以苏格拉底（Socrates[③]，前469—前399）、柏拉图（Plato[④]，约前427—前347）和

---

① 怀特海：英国数学家，逻辑学家。英国科学院院士，过程哲学的创始人。
② 闪族人：在原始人之后南非出现的一个狩猎部落。
③ 苏格拉底：著名古希腊哲学家，他和他的学生柏拉图及柏拉图的学生亚里士多德被后人合称为"希腊三贤"。
④ 柏拉图：不仅是古希腊，也是整个西方最伟大的哲学家和思想家之一。

亚里士多德（Aristotle[①]，前384—前322）最为著名。他们共同为西方哲学奠定了基础，对后世影响深远。哲学家及数学家毕德哥拉斯（Pythagoras[②]，前560—前480）认为"数是一切事物的本质，而宇宙的组织在其规定中总是数及其关系的和谐的体系"。他指出美就是和谐，并且探求将美的比例关系加以量化，提出了"黄金分割"（Golden Ratio）理论。亚里士多德则十分强调美的整体性。在他的美学思想中，和谐的概念建立在有机整体的概念上。比例与尺度的原则，为西方古典主义美学思想打下了坚实的基础。

希腊是多神论国家，神与人的生活极为融洽，神是人类理想的化身。希腊神话是世界文学宝库中的瑰宝，主要分成三个部分：世界起源、神的故事和英雄传说。希腊神话中的人物和故事已成为西方艺术创作的重要题材和源泉，是人们文化生活的一部分。古希腊的哲学家、史学家、文学家和艺术家都以希腊神话作为创作素材，从中直接产生了著名的《荷马史诗》（Homeric Epic）[③]和希腊戏剧，对整个欧洲文化的影响极大。

在古希腊的伯罗奔尼撒半岛，有一个叫阿卡迪亚（Arkadia）的地区，人们在这里安居乐业。在希腊原文中，"ark"意为躲避、避开，后指为方舟；adia是指阎王，合在一起就是指躲避灾难的意思。后世的西方人视阿卡迪亚为"世外桃源"，并在园中兴建洞府，表现牧羊人的快乐生活场景，作为园主的日常隐居之地。

宗教在希腊人的生活中占有相当重要的地位，对希腊在拜占庭时代之后的文化和社会发展有重要影响。为了祭祀活动的需要，古希腊建造了很多庙宇。在祭祀的同时，往往还有音乐、戏剧表演、诗歌朗诵及演说等活动。希腊人信仰东正教（Eastern Orthodoxy）[④]，教士和宗教职业者受到普遍尊重，修道院是教会最高精神生活所在地。

体育健身活动的广泛开展，大量群众性集会活动等，也促进了公共建筑，如竞技场、剧场的发展。这些对古希腊园林的产生和发展都具有很大的影响。

2.3.2 古希腊园林概况

公元前12世纪以后，随着东方文明对希腊的影响日增，希腊人开始向往东方人豪华奢侈的生活方式。据说公元前10世纪前后希腊贵族已开始营造花园，在当时的文学作品中也有关于园林的描写。然而，当时的希腊园林还以实用园为主，园内大量种植果木、蔬菜和药草，并引溪水入园灌溉植物。

到公元前6世纪，希腊也有了像波斯（现今伊朗）那样迷人的花园。但是，希腊城市还不像波斯那般繁华，也缺少大型的王宫别苑，因此，园林的数量与影响也远远不及波斯。公元前6世纪至前5世纪，希腊因在希波战争中大获全胜而国势日强，从此步入鼎盛时代，并产生了光辉灿烂的希腊文化。希腊人开始追求生活上的享受，兴建园林之风也随之而起。不仅庭园的数量增多，并且由昔日的实用性庭园向装饰性和游乐性的花园过渡。

公元前5世纪以后，从波斯回来的旅行者不仅带回了植物标本，也有对乐园的描述：如采用整形栽植、具有田园风光和异国情调的、设置竞技器具的树林。随后，受益于植物栽培技术的进步，希腊人首先在私家宅院中种植葡萄和柳、榆、柏等植物。以后渐渐用花木作装饰，并布置成花圃形式，以成片的月季和夹竹桃最为常见。希腊人还喜欢在花园内收集植物品种。

可惜，有案可稽的希腊园林文献资料只能上溯到公元前4世纪。从史籍记载和考古发现来看，

[①] 亚里士多德：古希腊斯吉塔拉人，是世界古代史上最伟大的哲学家、科学家和教育家之一。
[②] 毕德哥拉斯：人类数学学科的鼻祖之一，将数字与艺术结合在一起，发现了著名的勾股定理。
[③] 《荷马史诗》相传是由盲诗人荷马写就，实际上它是许多民间行吟歌手的集体口头创作。史诗包括《伊利亚特》和《奥德赛》两部分。由这两部史诗组成的《荷马史诗》，语言简练、情节生动、形象鲜明、结构严密，是古代世界一部著名的杰作。
[④] 东正教：与天主教、新教并立的基督教三大派别之一，亦称正教。又因为它由流行于罗马帝国东部希腊语地区的教会发展而来，故亦称希腊正教。

希腊园林布局采用规则的几何形式。花园里设有神龛用于供奉祭拜神灵,常见的有象征丰产和植物死而复生之神"阿多尼斯"(Adonis),并且祭祀阿多尼斯的仪式活动逐渐演变出建造在屋顶上的庭园形式。当时,一些著名的学者开辟供户外讲学的园地,内设祭坛、雕像、纪念碑,也有凉亭、花架、林荫道、座椅等。哲学家柏拉图、亚里士多德和泰奥弗拉斯托斯(Theophrastus[①],约前372—前287)办的学校就在园林中,称为"阿卡德米亚"(Academia),译为"学园"。受其影响,后世的欧洲高等学府大多有优美宁静的校园。伊壁鸠鲁(Epicurus[②],前341—前270)还把他的规整形花园遗赠给雅典城,向公众开放。在倡导奴隶制民主政治和自由论争的风气影响下,古希腊创西方园林之先河,开始兴建公共园林。

2.3.3　古希腊园林类型及实例

在漫漫历史长河中,希腊园林不断发展,出现了各种园林类型和形式,并成为后世欧洲园林的雏形,对欧洲园林的发展与成熟产生了极为深远的影响。就类型而言,希腊园林主要有宫廷庭园、住宅庭园、公共园林和文人学园等;就形式而言主要有柱廊园、屋顶花园、圣林和竞技场等。

2.3.3.1　宫廷庭园

希腊人在汲取东方文化的基础上,逐渐形成其独特的建筑形式与装饰风格。无论是在和平安定的克里特时期,还是在战火连绵的迈锡尼时期,宫廷庭园的建造始终有所发展。但是,克里特文化和迈锡尼文化因地理条件和社会状况的不同而导致建筑风格的差异。根据遗址发现,克里特的宫殿是开敞的独栋府邸形式,显示出和平时代的特点;相反,迈锡尼的宫殿则是封闭的城寨式,各室围绕庭院布置,并向中庭敞开,整体是封闭性的。

在有关迷宫的传说中,克里特时期克诺索斯的米诺斯王将宫殿(Palace of Minos, Knossos)[③]建造在冬季能避寒风袭击、夏季能迎凉风送爽的斜坡上(图2-11)。可以想象,宫殿中从国王的寝宫到嫔妃的后宫,以及文武百官的休息室等都建造得尽善尽美,附属的庭园也与建筑物相得益彰。

在迈锡尼时期,王宫庭园依然建造得十分壮观,从《奥德赛》(Odyssey[①])中描述的阿尔喀诺俄斯王的宫殿庭园(Palace of Alcinoas)中可见一斑。那是一个用绿篱围起来的大庭园,园中种满了梨、石榴、苹果、无花果、橄榄、葡萄等果木,四季花果不断。规则齐整的花园位于庭园的尽端,园中有两个喷泉,一个喷泉涌出的泉水流入四周的园子;另一个喷泉涌出的泉水则穿过庭园流出宫殿,供城里的人们饮用。可见,由于水资源的宝贵,当时水的利用是有统一规划的。史诗中列举了月桂树、桃金娘、杜荆等观赏树木,但是并无花卉方面的任何记载。实际上,当时的房屋装饰以及服饰上几乎都不用花卉图案。由此推断,当时尚未顾及到花卉的园艺栽培,花园只不过是种植蔬菜的菜圃而已。因此,尽管这个宫苑中也有喷泉之类的装饰物,但庭园本身依然属于以种植果木和蔬菜为主要目的的实用园。绿篱的应用也是以植物材料来代替建筑材料,起到隔离作用。此外,在园林历史上首次出现了喷泉的记载,说明古希腊早期园林在追求实用性的同时,也具有一定程度的装饰性、观赏性和娱乐性。

受东方文明的影响,虽然到公元前6世纪希腊出现了一些王宫庭园,但是在数量上和影响上都还很有限,此时还是一个私人住宅庭园发展的时代。

2.3.3.2　住宅庭园

希腊的住宅庭园有列柱廊式中庭,又称柱廊园,以及称为"阿多尼斯花园"(Garden of Adonis)的屋顶庭园两种形式。

在克里特时期,由于地理环境和社会条件相对优越,与开敞的建筑形式相适应的是相当进步

[①] 泰奥弗拉斯托斯:古希腊哲学家和科学家,先后受教于柏拉图和亚里士多德,后来接替亚里士多德领导其学派。
[②] 伊壁鸠鲁:古希腊唯物主义者和无神论哲学家。
[③] 米诺斯王将宫殿:传说此宫殿由米诺斯国王(King Minos)建于4000年前。

图 2-11 克诺索斯王宫遗址

的庭园文化。在餐具、瓶饰、壁画的图案上都表现出人们对植物的钟爱。相反，在战火连绵的迈锡尼时期，庭院还处于极不成熟的阶段，仅在起居室的大厅中央放置火炉，中庭面向远离街道的居室，在其一侧并排着柱廊。

到前5世纪，希腊人兴建园林之风盛行。起居室被横置一侧，形成宽敞的大厅，中庭则成了所谓的列柱廊式中庭（Peristylium）②，作为住宅的中心。这种柱廊中庭的地面最初仅略事铺砌，因为没有栽花种草，所以代之以赤陶雕像、盆栽及大理石的喷泉等。随着生活水平的提高和植物栽培技术的进步，人们在中庭内种上了各种各样的植物，不仅有葡萄，还有柳树、榆树和柏树，花卉也渐渐流行，而且布置成花圃形式。月季到处可见，还有成片种植的夹竹桃。并且人们喜爱在园内收集植物品种，成为华丽的柱廊中庭。不过，当时花卉的种类极少，仅有蔷薇、紫花地丁、荷兰芹、罂粟、百合、番红花、风信子等，人们尤其喜爱种植芳香类植物。柱廊式庭园不仅盛行于古希腊城市，而且在其后的罗马帝国得到了继承和发展，并对欧洲中世纪寺庙园林的形式有着显著的影响。

此外，还有一种称为阿多尼斯园的屋顶庭园，起源于祭祀阿多尼斯的风俗。相传阿多尼斯是希腊神话中的美少年，因狩猎不幸死于野猪之口。钟爱他的爱和美之神阿佛洛狄忒（Aphrodite）③感动了冥王哈得斯（Hades）④，阿多尼斯被允许每年中有半年时间回到光明的大地与爱人相聚。这一脍炙人口的神话故事世代相传，每到春季，雅典妇女都要聚会，庆祝阿多尼斯的到来。届时，要在屋顶上竖起阿多尼斯塑像，周围环以土钵，种有已发芽的莴苣、茴香、大麦、小麦等。葱绿的小苗好似花环一般围绕着阿多尼斯塑像，表达人们的敬爱之情。这种类型的屋顶庭园就叫作阿多尼斯花园，此传统一直延续到古罗马时代。以后，这种装饰形式被保留下来，不仅用在节日里，平时也大量出现。塑像也不仅放在屋

---

① 《奥德赛》：《伊利亚特》故事情节的延续，以倒叙形式记录了希腊战士奥德赛在特洛伊战争后于海上漂流十年奋斗返家的故事。
② 列柱廊式中庭：在庭院内的四周有柱廊围绕的中庭。
③ 阿佛洛狄忒：希腊神话中的爱与美之神，与罗马神话中的维纳斯（Venus）为同一个神。
④ 哈得斯：希腊神话中的奥林匹斯十二主神之一，掌管冥府。

顶上，而且还出现在花园中，四周环绕着四季盛开的鲜花。后世西方园林中在雕像周围配置花坛的习惯或许由此而来。

2.3.3.3 公共园林

古希腊由于倡导奴隶制民主政治和自由论争的风气，公共聚会及各种社交活动十分频繁。因此，除私人建造庭园外，供市民开展社交活动的公共性园林也更为辉煌。从圣林到体育场，再到公共园林，以至后来的文人园，公共园林的发展是一个循序渐进的历史过程，是当时社会、经济、人文等方面发展的必然趋势。并且后一种形式都是在前面形式的基础上发展形成的。

（1）圣林

圣林在古埃及和古巴比伦时期就已经盛行。荷马时代的圣林只是作为围墙的一部分，布置在祭坛的四周，以后才逐渐带有神苑的性质。圣林包括草地、树林、生产用地以及供野餐和狩猎的小山丘，与中世纪的寺院相似。众多的岛屿、珍贵的水源、稀少的森林，使古希腊人对树木怀有崇敬的感情。希腊的神殿建筑以石材雕凿而成，有着震撼人心的外观，但内部空间狭窄，并不适宜开展公共活动。在炎热的气候条件下，在圣林中举行祭祀活动也比在神庙中更加舒适方便，因而备受重视。以后圣林甚至被当作宗教礼拜的主要场所。圣林中栽植的树木不同于庭园中的树木，不选用有经济效益的果树，而多用冠大荫浓的树木，便于形成神秘的空间氛围和树下活动空间，主要有棕榈、槲栎和悬铃木等。利用果木装饰神庙的习俗出现较晚。最常见的是象征神祇的植物种类，如象征阿波罗（Apollo）①追求达芙妮（Daphne）②的月桂树。

在祭祀的同时，往往还有音乐、戏剧表演、诗歌朗诵及演说等活动。圣林中的竞技场所四周有大片浓荫覆被的绿地，布置有散步道、柱廊、凉亭和座椅等设施。因此，圣林既是祭祀的场所，又是祭奠活动之余人们休憩活动的地方。

在雅典著名的阿波罗神庙（Temple of Apollo Epicurius at Bassae）③周围有宽60~100m的裸露地，确信是圣林的遗迹（图2-12）。在奥林匹亚（Olympia）④附近，环抱着宙斯神庙（Olympeum）⑤的圣林中，除有许多神殿祭坛外，在一些地方还并排放置了许多雕像、石翁等，称为"铜像与大理石像之林"。这里每四年举行一次祭祀活动，还举办运动竞赛，并将优胜者塑像立于圣林中，既是装饰，也是荣耀和激励。这是古希腊最早创建的竞技场，后来在各地陆续兴建了大量的竞赛场地。

（2）竞技场

由于古希腊战乱频繁，要求士兵有强壮的体魄。宗教信仰也要求国民有良好的身体素质，并将劳动生产与体格锻炼相结合。为了促进青年们健身运动热情的持续高涨，还经常组织运动竞赛。因此，锻炼身体和运动竞赛的要求，推动了希腊体育运动的发展和运动场地的修建。

公元前776年，在希腊的奥林匹亚举行了首次竞技运动会，以后每隔四年举行一次，杰出的运动员被誉为民族英雄。这就极大地推动了国民的体育运动热潮，体育运动的训练场地和竞技场地纷纷出现。最初的竞技场是仅供训练的裸露场地，周围并无一树。后来，雅典著名政治家西蒙（Simon，前510—前450）建议在竞技场周围种植悬铃木以形成绿荫，既可供竞技者休息，又为观众提供良好的观赏环境。以后这里又有了进一步的发展和完善，除林荫道之外，还布置有祭坛、

---

① 阿波罗：希腊神话中的太阳神，为奥林匹斯十二主神之一，掌管预言与光明，深受希腊人喜爱，希腊各地均有供奉他的阿波罗神庙。
② 达芙妮：希腊神话中最美的女神之一，相传为拒绝阿波罗的求爱变成月桂树，成为月桂女神。
③ 阿波罗神庙：位于希腊的巴赛。是前6世纪暴君里格达米斯（Lygdami）所建立的全希腊最大、最壮观的神庙，但由于工程太过浩大艰巨，直至现在无法完成。
④ 奥林匹亚：遗址在伯罗奔尼撒半岛西部的山谷里，距首都雅典以西约190km，是古希腊的圣地。遗址内有宙斯神庙和宙斯之妻赫拉的神庙，周围有竞技运动场、健身房、角斗学校和圣火坛等与运动会有关的建筑。
⑤ 宙斯神庙：古希腊的宗教中心。神殿位于希腊雅典卫城东南面，依里索斯河畔一处广阔平地的正中央。

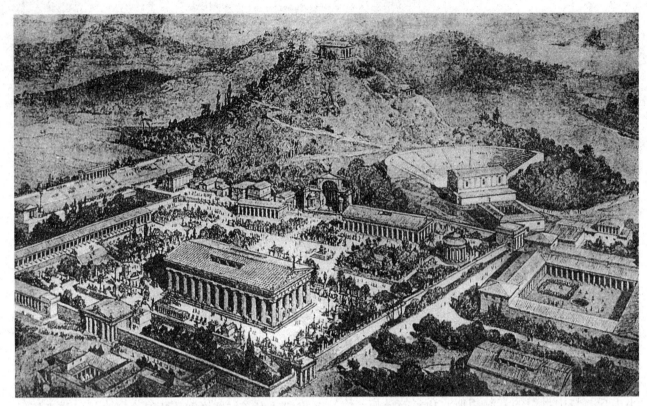

图 2-12 奥林匹亚祭祀场的复原图

凉亭、柱廊及座椅等设施。于是，体育场就成为人们散步和集会的场所，并最终发展为向公众开放的园林。

这种类似后世体育公园的竞技场，一般都与神庙结合在一起，主要是由于竞技场和圣林一样，往往与祭祀活动相联系，竞技比赛也是祭典活动的主要内容之一。竞技场常常建造在山坡上，巧妙地利用地形布置成观众的看台。当时，在雅典、斯巴达、科林斯（Collins）等城市内外，盛行开辟竞技场，多数设在水源丰沛的风景胜地。城郊的规模更大，甚至成为吸引游人的游览胜地。

雅典近郊阿卡德米（Academy, Athens）竞技场是由哲学家柏拉图兴建的，也是从举行竞技比赛以祭祀英雄阿卡德莫斯（Academos）的圣地变化而来的。场内有梧桐林荫树以及夹在灌木之间，名为"哲学家之路"的小径，殿堂、祭坛、柱廊、凉亭、座凳遍布各处，还有用大理石镶边的长椭圆形跑道。

德尔斐城（Delphi）阿波罗神殿旁的竞技场，建造在陡峭的山坡上，规模不大，分成上、下两个台层。上层有宽阔的练习场地，下层为漂亮的圆形游泳池。佩尔加蒙城（Pegamon）的季纳西姆（Gymnasium）竞技场是古希腊最大的体育场，建造在山坡上，全场由高大的墙体和上层的大柱廊围着，墙体下部供奉布满壁龛的塑像（图2-13）。内有三层大台地，高差达12~14m，有高大的挡土墙，墙上也有供奉神像的壁龛。上层台地有柱廊中庭，周围是住房和寝室，中庭园林设施华丽；中间台地为美丽的庭园台层；下层是游泳池。体育场周围有大片森林，林中放置了众多神像及其他雕塑、瓶饰等。

（3）哲学家的学园——文人园

古希腊哲学家，如柏拉图和亚里士多德等人，常常在露天公开讲学，尤其喜爱在优美的公园里聚众演讲，表明当时的文人对以树木、水体为主体的自然环境的酷爱。如公元前390年，柏拉图

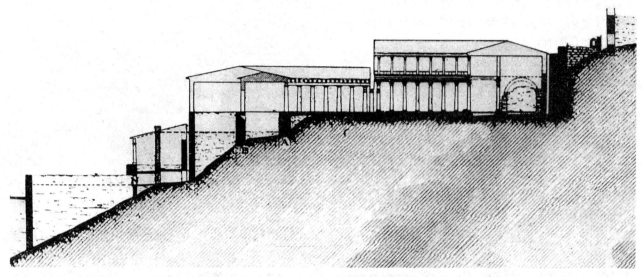

图 2-13 佩尔加蒙城的季纳西姆竞技场剖面图

在雅典城内的阿卡德莫斯园地开设学堂。演说家李库尔格（Lycurgue of Athens，约前390—前324）在阿波罗神庙周围的园地聚众讲学，到了公元前330年，亚里士多德学堂又常在此聚会。

随着体育场逐步发展成公园性质，成为人声鼎沸、喧闹非常的场所，哲学家开始感到不满，希望拥有自己的庭园供讲学。柏拉图便将学园移至自己的庭园中，伊壁鸠鲁、泰奥弗拉斯托斯也步其后尘。学园中设有神殿、祭坛、纪念碑、雕像等，以及供散步的林荫道和休憩座椅。园内种有悬铃木、油橄榄、榆树等树木，还有藤蔓覆被的凉亭。

关于伊壁鸠鲁的庭园，大普林尼（Gaius Plinius Secundus[①]，23—79）说道："享乐主义者伊壁鸠鲁是第一个在雅典城筑造庭园的人。在他之前的那些时代，尚无在城市中拥有田园者。"由此看来，伊壁鸠鲁的庭园规模宏大，充满田园情趣。泰奥弗拉斯托斯的庭园位于雅典伊利兹斯河畔的利西乌姆（Lyceum）附近，所以也叫"利西乌姆园"。园内遍植树木花草，点缀亭、廊等建筑小品。他去世后遵其遗嘱，将该园赠与他的学校，供友人们"举行聚会，畅谈哲理"。庭园中有公元前9世纪斯巴达政治家莱库古（Lykourgos，前900—前800）种植的树木，有泰奥弗拉斯托斯及雅典政治家、历史学家德米特里建造的博物馆，还有缪斯的神庙、亚里士多德的塑像等。

2.3.4 古希腊园林特征

古希腊园林受当时的文化思想和生活习俗的深刻影响。

首先，美学、数学和几何学的发展，影响到希腊园林的布局形式。古希腊美学把美看作是有秩序和规律的、合乎比例并且协调的整体。因此，只有均衡稳定的规则式构图，才能确保园林美感的产生。园林是人工营造的空间，是建筑空间在室外的延续，属于建筑整体的一部分。由于建筑是几何形的空间，因此，园林的布局形式也采用规则式样以求与建筑相协调。可以说，从古希腊开始就奠定了西方规则式园林的基础。

其次，古希腊人丰富的文化和社交活动，也使得园林的类型多种多样。虽然在形式上还处于初始阶段，元素也比较简单。但是它们作为后世

[①] 大普林尼（加伊乌斯·普林尼·塞坤杜斯，拉丁文：Plinius Maior）：又称为老普林尼，古罗马作家、科学家，以《自然志》（Naturalis Historia）一书留名后世。

欧洲园林的雏形，其影响是十分深远的。在后世的体育公园、校园、寺院园林等园林类型中，都留有古希腊园林的痕迹。

此外，受地中海地区炎热气候的影响，古希腊人对影响小环境舒适性的气候因子也十分关注。在他们看来，适宜的小气候环境比园林形式更加重要。著名政治家西蒙建议在雅典街道上种植悬铃木作为行道树以庇荫，这是欧洲有关行道树的最早记载。古希腊的文学作品也常常涉及园林，其中主要记载了常见的树木花卉。文人们对哪些树木的阴影更宜人，哪些样式的小溪更令人感到凉爽等都有细致的描述，可见人们对园林改善小气候环境的重视程度。

大量的文献史料记载了古希腊的园艺发展和园林中的植物应用情况。亚里士多德的著作中有关于芽接法繁殖蔷薇的记载。泰奥弗拉斯托斯（Theophrastos，约前371—前288）的《植物研究》（On the Causes of Plants）中也有蔷薇的栽培方法，并记载了500种植物。在园林花卉的运用中，蔷薇最受欢迎，如迎接凯旋的英雄，馈赠恋人，装饰庙宇、殿堂、雕像以及祭祀活动等，都离不开蔷薇。并培育出几个新品种，包括重瓣品种。常见的园林花卉还有桃金娘、山茶、百合、紫罗兰、三色堇、石竹、勿忘我、罂粟、风信子、飞燕草、芍药、鸢尾、金鱼草、水仙、向日葵等。

2.4 古罗马园林

2.4.1 古罗马概况

（1）地理位置

古罗马位于现今意大利中部的台伯河（Tiber River）下游地区，包括北起亚平宁山脉（Appennino），南至意大利半岛南端的地区（图2-14）。台伯河在低山地区缓慢流淌，在沼泽

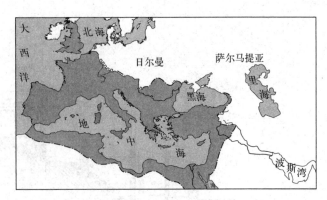

图2-14 古罗马位置图

地带折向海岸线，是从亚平宁山区下来的人们想要定居的理想之地。

（2）自然条件

意大利半岛是个多山的丘陵地区，北部的阿尔卑斯山脉由东向西延伸，亚平宁山脉则由北向南，直至西西里岛（Sicily），只在山峦之间有少量的平缓谷地。典型的地中海气候区，气候温暖，四季鲜明。冬季温和多雨，夏季高温炎热，但是受海洋影响，白昼温差变化较大，而且白天在山坡上就能感受到微风拂面，比较凉爽。这种地理特点和气候条件对古罗马的园林类型、选址与布局产生了较大的影响。

（3）历史概况

公元前1000年前后，印欧语系的埃特鲁斯坎人（Etruscan）渐渐迁入意大利半岛。公元前900年，在阿诺河（Arno River）及台伯河之间兴起了埃特鲁斯坎文化（Etruscan Culture）①。到公元前6世纪，埃特鲁斯坎人已具有相当高的文明程度，却被武力强大的罗马人所征服，所创造的文明也一并被罗马人接收了。

公元前509年，罗马人建立了贵族专政的奴隶制共和国，开始建造罗马城。在其后的数百年间，罗马势力强盛，遍及整个地中海地区。公元前27年，屋大维（Gaius Julius Caesar Octavianus，前63—公元14）成为罗马帝国的第一代皇帝，称

---

① 埃特鲁斯坎文化：埃特鲁斯坎人创造的文化，在公元前8～前3世纪，他们就创造了拱券建筑和具有东方风格的装饰壁画，以及有力而写实的雕刻。

号奥古斯都大帝（Augustus，前27—公元14在位），罗马自此进入了繁荣昌盛的黄金时代。1～2世纪是罗马帝国的鼎盛时期，版图地跨欧、亚、非三大洲，成为与中国的汉朝屹立于东、西方的两大帝国。

自3世纪起，罗马帝国外部受到北方日耳曼（Germani）民族的不断入侵，内部争权夺利，导致内战频繁，国力衰退。395年，罗马帝国分裂为东、西两部，476年，西罗马帝国在日耳曼人入侵的浪潮中灭亡。东罗马建都于拜占庭，随后改变为封建制国家，基督教成为国教，1453年为奥斯曼帝国所灭。

（4）文化艺术

从公元前10世纪初起，在意大利半岛中部兴起的罗马文明，经广泛吸收东方文明和希腊文明的精华后，成为人类文明中的一颗璀璨的明珠。古罗马文明成就震撼人心，遗留下来的各种文化符号为世人所瞩目。

96—180年，是被后世罗马史学家称道的五位贤帝[①]时期，罗马的文化、政治和法律得到广泛的传播。罗马人在帝国范围内积极建设大型城市，并赋予这些城市与罗马人同样的权力。这一时期，与东方的贸易达到了前所未有的兴盛，其贸易通道主要为"丝绸之路"。罗马进行了大规模的建设活动，包括大规模的引水系统建设。罗马城有11条引水渠，可将逾$100 \times 10^4 m^3$水从周边的山区输送到城市中。几乎所有伟大的工程都建造于这一时期。

建筑与雕塑艺术发展迅速，今天的罗马城还随处可见古罗马时代的遗迹。纪元之初的各式广场与竞技场呈现出壮丽的景象，著名的建筑有"哈德良时代"（Hadrianus Period，117—138）在罗马建造的万神庙（Pantheon）[②]，古罗马圆形大竞技场（Roman Colosseum）[③]、君士坦丁凯旋门（Arco di Costantino）[④]、庞贝城（Pompeii）[⑤]。古罗马圆形大竞技场坐落在俄比安丘（Oppiusmons）下，被罗马三大丘陵所包围，占地$7.5hm^2$，可容纳6万名观众，在工程技术上成就卓越。

拉丁文字母成为许多民族创造文字的基础。罗马法和法学对世界各国产生了深远的影响。以凯撒（Gaius Julius Caesar，前102—前44，前49—前44在位）、西塞罗（Marcus Tullius Cicero，前106—前43）等人为代表的拉丁文散文，以维吉尔（Vergilius，Publius V. Maro，前70—前19）、贺拉斯（Quintus Horatius Flaccus，前65—前8）、奥维德（Ovidius，Publius Naso，前43—公元17）等人为代表的罗马诗歌，是世界各国学者研讨的对象。在罗马帝国产生和发展起来的基督教，对整个人类，特别是欧洲文化的发展影响深远。

在哲学文化方面，除罗马的实用哲学外，著名的斯多葛哲学（Stoic）[⑥]、新东方哲学和希腊哲学逐步形成。其中最重要、最有影响的是新柏拉图派哲学（Neo-Platonism），由柏罗丁（Plotinus，204—270）和他的学生普罗克洛斯（Proclus Lycaeus，412—485）在1世纪创建，他们恢复了柏拉图的原始哲学。许多新柏拉图派的思想被当时卓著的基督教理论家融入到基督教理论中，特别是奥古斯丁（Aurelius Augustinus，354—430）把一生大部分心血都用于研究新柏拉图派哲学。

著名历史学家塔西佗（Tacitus，约55—117）著有《编年史》（Annals）《历史》（Histories）《日耳曼尼亚志》（Germania）等不朽著作；李维（Livius

---

① 五位贤帝：涅尔瓦（Marcus Cocceius Nerva，96—98在位），图拉真（Trajan，98—117在位），哈德良（Hadrian，117—138在位），安东尼（Antonia，138—161在位），马可·奥利略（Marcus Aurelius，161—180在位）。
② 万神庙：位于意大利首都罗马圆形广场的北部，是罗马最古老的建筑之一，也是古罗马建筑的代表作。
③ 古罗马圆形大竞技场：位于今天的意大利罗马市中心，是古罗马时期最大的圆形角斗场，建于72—82年间，现仅存遗迹。
④ 君士坦丁凯旋门：建于312年，是罗马城现存的3座凯旋门中年代最晚的一座。它是为庆祝君士坦丁大帝于312年彻底战胜他的强敌马克森提，并统一帝国而建的。
⑤ 庞贝城：维苏威火山的突然爆发，使得古罗马的庞贝城和赫库兰尼姆城消失在熔岩和火山灰中。时隔1600多年之后，这两座被灾难冻结的城市重见天日，成为再现古罗马人社会生活面貌的"活化石"。
⑥ 斯多葛哲学：古希腊的四大哲学学派之一，也是古希腊流行时间最长的哲学学派之一。

Patavinus,前59—前17)著有《罗马史》(*Ab Urbe Condita*)。哲学家卢克莱修(Lucretius Carus,约前99—前55)的著作《论物性》(*De Rerum Natura*)是流传至今唯一阐述古代原子论的著作;著名学者老普林尼所写的《自然志》(*Naturalis Historia*)是研究古罗马科技史的重要文献。

在医学、医药方面,罗马人在1~2世纪取得了显著进步。生活在2世纪末的盖伦(Galen,129—199)是古代世界最伟大的医学家之一,动脉血液循环是他最重要的发现。

2.4.2 古罗马园林概况

罗马人最初的园林是以生产为主要目的的果园、菜园,以及种植香料和调料植物的园地等。果园中以种植苹果、梨、油橄榄、石榴和葡萄为主,也有一些浆果类植物。园中的观赏性、装饰性和娱乐性逐渐增强。

公元前2世纪末,古罗马人在征服希腊之后,全盘接受了希腊文化,在文化、艺术方面表现出明显的希腊化倾向。罗马皇帝掠夺了大量的希腊艺术珍品,仅尼禄王(Nero,54—68在位)从希腊的德尔斐城(Delphi)就搬走了500座青铜雕像。与此同时,罗马还通过希腊、叙利亚的人才外流获得大笔文化财富。许多学者、艺术家、哲学家和能工巧匠纷纷来到罗马,为罗马贵族们复制了大量艺术作品。这不仅对罗马文明的发展起到重要作用,而且增加了后人对希腊艺术的认识和了解。来自东方和希腊的文化艺术,包括园林艺术,都是罗马人取之不尽的源泉。罗马人在学习希腊的建筑、雕塑、园林之后,才逐渐有了真正的造园事业。

古罗马在继承和发展了希腊园林艺术的同时,也吸收了古埃及和西亚等国的造园手法。古罗马还曾出现过类似巴比伦空中花园的作品,人们在高大的拱门上铺设花坛,开辟小径,台地式花园吸收了美索不达米亚地区金字塔台层的做法,有些狩猎园更仿效了巴比伦的猎苑。

自苏拉(Sulla Felix, Lucius Cornelius,约前138—前78)时期起,别墅园林的发展十分迅速。不久,园林建设遍及整个意大利半岛,后又影响到自不列颠到叙利亚的整个罗马世界,甚至东方和伊斯兰国家。不仅如此,古罗马园林还对后世欧洲的园林产生直接的影响,文艺复兴运动(The Renaissance)首先起源于意大利正是古罗马影响的直接反映。

公元79年,维苏威火山(Vesuvius)喷发吞没了许多城市和花园别墅。后世的考古发掘表明罗马园林主要有两种类型,即建造在城市中的住宅庭园和建造在郊野的别墅花园。前者如庞贝遗址中发掘出来的柱廊园,后者如罗马城附近的哈德良山庄(Hardian's Villa, Tivoli)。住宅庭园封闭性较强,以建筑围绕庭园,周围环以柱廊,庭园是住宅的一部分。庭园中起初是硬地或栽植蔬菜、香料的园圃,后来成为以休闲娱乐为主的花园,甚至点缀着喷泉。

别墅花园呈开放式,建筑融入花园,成为景观元素之一;花园成为建筑的一种装饰。小普林尼(Gaius Plinius Caecilius Secundus,62—133)的别墅花园是这一时期的典型实例。早在尼禄王朝时期(Nero Dynasty,54—68),他在湖边建造的黄金屋(Domus Aurea)花园,构成一幅优美的乡村景观,有房子、树林和小规模的牧场,与奥古斯丁时期的绘画和浮雕中的风景相类似。以后哈德良又将这些元素综合到他的山庄之中。罗马风格别墅花园的主要景观特色体现在自然乡野与人工气息并存,人工建筑和自然树木相互掩映,因而显得生机勃勃。自然的价值通过人工的技巧而得以升华。模仿砖石建筑的木格棚架,蔓性月季覆盖的藤架,草地覆被的露台,花台镶嵌的甬道,绿色植物雕刻的装点,是这一时期别墅花园中的主要元素。从文字记载或绘画作品中辨认出的园林植物有93种之多。除了建筑凉亭,罗马园林中还有大量的雕塑,独立或成组布置。用火山岩制作的人工岩洞常常设置在花园的角隅,或替代休憩的亭子,如贺拉斯描写的浪漫聚会之所,或作为理想的沉思冥想之所,如神祇的洞穴结合清泉和抒情诗。

别墅花园是古罗马真正的园林。据记载,自

公元前2世纪末起，就有别墅花园出现。这些别墅花园大多建在罗马城四周的山坡上，以及台伯河的右岸。著名的苹丘（Mons Pincio）①有"园林之山"（Collis Hortulorum）的美誉，在共和时期，最有名的有卢库鲁斯将军（Lucius Lucullus，前118—前56）和萨卢斯特（Sallustius Crispus②，前86—前35）的花园；在帝国时代，私家花园大量涌现，几乎每个贵族家庭都有自己的花园。也有私家花园对公众开放的，如庞贝剧场带圆柱的门廊被用作公众散步场所；在埃斯奎利诺山（Esquilinus Hill）上的莉薇娅柱廊（Porticus Liviae）、凯撒的花园（Horti Caesaris）、在战神广场（Campus Martius）的希律·亚基帕一世（Herod Arippa Ⅰ，37—44在位）的花园等均向公众开放。

古罗马别墅按其结构可分为田园型别墅和城市型别墅。皇帝的别墅大都规模宏大。平民阶级中也有一些大型别墅，其中最著名的是小普林尼的别墅。

对于住宅庭园，我们从庞贝城遗址中可以有所了解。庞贝城内凝灰岩住宅的建造晚于石灰石住宅，明显表现出希腊、埃及的影响，多为富裕市民所有。柱廊庭园遍布庞贝城，维蒂府邸（Casa di Vetti, Pompeii）③是住宅庭园的范例。

共和时代的罗马城还没有统筹规划，建筑鳞次栉比。直到第一代皇帝奥古斯都登基，才开始着手罗马的城市规划，这是前所未有的业绩。

2.4.3　古罗马园林类型及实例

古希腊的园林风貌已经难以考证了，而大量的古罗马园林遗址和文献记载，使后人得以了解罗马园林的面貌。罗马人在山间、海滨等所有风光旖旎的地方，建造了大量的别墅花园。从古罗马园林类型上看大致有庄园、柱廊园和公共园林等。

2.4.3.1　古罗马庄园

罗马人在接受希腊文化的同时，在各个方面都表现出强烈的希腊化倾向。尤其是在富裕阶级中间，竞相效法希腊及东方国度豪华奢侈的生活方式，把奢华当作地位的象征，使昔日的质朴之风消失殆尽。大兴土木建造别墅也导致了园林艺术的发展突飞猛进。由于罗马人具有更为雄厚的财力、物力，而且生活更趋豪华奢侈，促使在郊外建造别墅庄园的风气十分盛行。

（1）宫苑

据罗马史学家李维乌斯的记述，国王塔奎尼乌斯（Tarquinius Superbus，前535—前509在位）宫中的花园是罗马建造最早的园子。花园与宫殿相连，园中虽有百合、蔷薇、罂粟等花卉组成的花台，但是仍以实用为主。

在共和制后期，执政长官马略（Gaius Marius，前157—前86）、凯撒大帝（Julius Caesar，前102—前44）、大将庞培之子马格努斯·庞培（Magnus Pompeius，前67—前35）及尼禄王等人，都纷纷建有自己的庄园。距罗马城不远的蒂沃利（Tivoli）景色优美，成为当时庄园别墅集中的避暑胜地。这些庄园的建造，为文艺复兴时期意大利台地园的形成奠定了基础。可惜的是，在众多的庄园别墅中，只有哈德良皇帝的山庄还残留着较多的遗迹，使后人有可靠的证据对其进行推测复原。

哈德良山庄（Villa Adriana，Tivoli）是为罗马皇帝哈德良（Hadrian，117—138在位）建造的离宫别苑，坐落在罗马城附近风景秀丽的蒂沃利山坡上，占地约18km²。宏伟的宫殿，典雅的园林，丰富的水景和精美的雕像，完全是罗马帝国的繁荣与品位在建筑和园林上的集中表现（图2-15）。

---

① 苹丘：位于古罗马城中心的北端，台伯河右岸。共和时期后半段，许多贵族在这座山的南坡置地建园，"园林之山"的美誉因此而得。
② 萨卢斯特：古罗马著名历史学家，他的萨卢斯特花园（Horti Sallustiani，Rome），原占据古罗马城北面很大一片面积。
③ 维蒂府邸：意大利庞贝城最大的一户豪宅，原为富商维提所有。这处典型的富商豪宅，有被圆柱回廊所环绕的中庭、精美的雕刻。入口处的春宫图是最有名的，其实这是当时辟邪用的护身符。

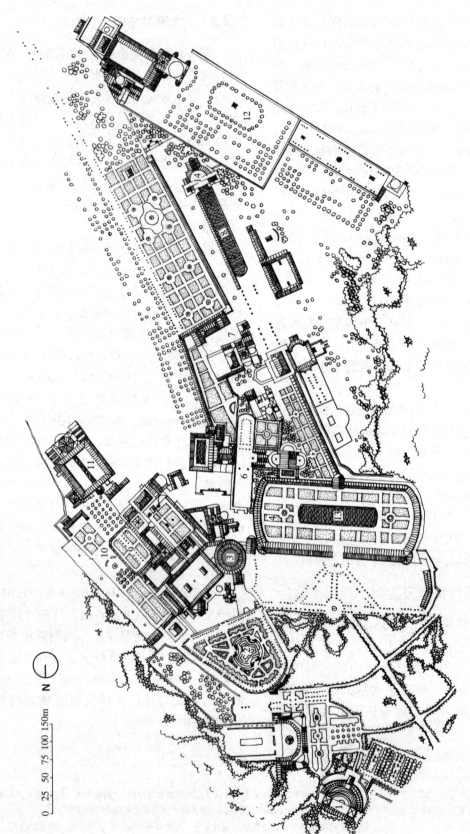

图 2-15　哈德良山庄平面图

1. 小剧场　2. 图书馆花园　3. "海上剧场"　4. 画廊　5. 画廊花园　6. 竞技场　7. 浴室
8. 运河　9. 内庭院　10. 皇宫　11. 黄金广场　12. 哲学园　13. 埃夫里普水池　14. 塞拉皮雍神庙

在罗马帝国的历代皇帝中，哈德良皇帝堪称是文化和修养最高的统治者了。在位期间，他曾多次出巡，前后花了14年时间，足迹遍布罗马帝国。约公元124年，哈德良皇帝开始在蒂沃利大兴土木，最终建成了一座壮丽恢宏的山庄。

蒂沃利此前就是适宜建造庄园别墅的胜地，在共和时期这里就建有一些别墅。在以后的意大利文艺复兴时期，这里再度兴起了一场别墅庄园的建设热潮，成为展示意大利园林艺术最集中、最突出的区域之一。

在山庄的建造过程中，据说哈德良皇帝本人也参与了规划，希望他在出巡中见到，并留下最难忘印象的景点和景物，都汇集在这座山庄之中。因此，古埃及和古希腊的大量历史胜地、寺庙、建筑、雕塑等都在山庄中得到艺术再现，成为一座集先前文化艺术之大成的作品。可惜的是随着罗马帝国的灭亡，这座曾经极度辉煌的宫苑也走向毁灭，大部分现在只剩下一片断墙残垣（图2-16）。

从现存的遗址上可以看出，哈德良山庄坐落在两条狭长山谷之间的山坡上，地形起伏较大，用地极不规则。山庄中除了宏伟的宫殿群之外，还有画廊、图书馆、竞技场、剧场、浴场等大量的生活及娱乐设施，以及祭祀性庙宇等。山庄的总体布局随山就势，并没有明确的统帅全局的轴线。除中心部分相对集中、规整之外，其他部分的布局灵活多变。建筑分散于山庄各处，布局因地制宜，造型变化丰富。在邻近建筑的地方，往往利用地形高差设置观景平台，利用视线加强庄园建筑之间的联系，并有助于借景园外的山水田园。

山庄内园林类型丰富、形式多变、主题鲜明、风格突出，并呈现出意大利文艺复兴时期的一些园林特征。在整体上，园林以各种柱廊园的形式为主，装饰着水池和大量的雕像、柱式；也有环绕建筑四周的花园布局。可以想象，若非古罗马的灭亡和欧洲进入了中世纪，成熟的西方园林应该指日可待。

哈德良山庄的中心是一座巨大的列柱廊式庭园，环绕花园的是9m高的双面回廊，之间的墙面上绘有壁画；一侧回廊的正中有座高大的拱廊门，作为出入口。庭园呈长方形，约100m宽、200m长，高大的回廊围合的封闭性庭园中央是称为埃夫里普（Euripus）①的矩形大水池。

双面回廊是哈德良皇帝按照医生的建议饭后散步的场所，采用双廊的形式是为了便于夏季或冬季使用。这座回廊的总长度约429m，与医生忠告的有利于健康的散步距离相吻合。侧墙上的壁画模仿了斯多葛画派的作品，它是由古希腊最伟大的画家们所创立的画派。

柱廊园的中央是埃夫里普水池。水池的周围处理成环路的形式，据推测可能是非常少见的战车竞技场（图2-17）。

在古罗马时期，沐浴可谓一项重要的文化和社交活动，浴场设计受到高度重视。在哈德良山庄中设有三处综合性浴场，里面有更衣室、桑拿浴室、热水浴室、温水浴室及冷水浴室等。柱廊园东侧有宫殿中最古老的浴室，带有一座太阳房（Heliocaminus）。罗马建筑师非常注重利用太阳能

图2-16 哈德良山庄遗址鸟瞰

---

① 埃夫里普水池：源于希腊著名的埃夫里普海峡，位于希腊第二大岛埃维亚岛（Euboes）和希腊维奥蒂亚（Boeotia）地区之间，这里景色优美，给哈德良皇帝留下了深刻印象。

图 2-17 柱廊园中央中的埃夫里普矩形大水池

采暖，浴室通常都朝向冬季日落的西南方向。太阳房就是利用阳光加热的浴室，大型的圆厅上方覆以穹顶，中央开辟大天窗以利接受阳光，地板下还铺设供热管网。

山庄中还有一处非常独特的环形建筑，采用轻巧的爱奥尼柱的环形柱廊，与环形水壕沟一道，围绕着一座圆形小岛。环形柱廊过去可能还有筒形拱顶，由于在檐壁上发现一些刻有与海洋有关的图案，因此学者们称它为"海上剧场"（Maritime Theater）（见彩图 2）。岛上残留的几个房间，据推测是卧室、小型综合洗浴房和公厕，因此判断这里原先是供皇帝日常隐居的"别墅中的别墅"，当时有木栈道联系小岛内外。

学者们还认为这组建筑具有宇宙的象征意义，中心的圆形小岛代表着地球，环绕它的水壕沟无疑象征着海洋，因此这组呈同心圆的建筑群反映了罗马人对宇宙的认识。

在柱廊园与海上剧场之间，还有被称为"哲学家殿堂"（Philosphers' Chamber）的建筑群。东端高大的宫殿带有半圆形，内设七个放置哲学家雕像的龛座；周围的花园是仿照希腊哲学家学园的阿卡德米园（Academy Garden），园内点缀着凉亭、花架、柱廊等休憩设施，覆盖着攀缘植物；柱廊或与雕像相结合，或本身就是精美的雕塑，成为园中的视觉中心。

在山庄南边的一条狭长山谷中，有仿照埃及坎努帕斯运河（Canopus Canal）的景点（图 2-18），旨在唤起人们对坎努帕斯运河的美丽印象。这条运河是尼罗河的一个分支，位于亚历山大与阿布其尔之间。那里有一座初建于托勒密三世时期的神庙，用于祭祀托勒密王朝时期埃及和希腊人共同信奉的农业及来世守护神塞拉匹斯。那里也是当地埃及人集中居住的地区，常常云集着朝圣者，围着神庙载歌载舞。

哈德良山庄中的塞拉皮雍神庙（Serapeum）是座大型的水神庙，位于"坎努帕斯运河"的南端，是带有半圆形大殿的建筑物，部分嵌入山体，室内侧墙上有八个壁龛形状的人工洞室。令人联想到埃及坎努帕斯的塞拉匹斯神庙（Temple of Serapis, Canopus）。

神庙前还有一个矩形水池，据考证是哈德良皇帝夏日宴请少数贵客的餐园，在神庙北边的园中布置有高台桌及坐榻，地面有浅水槽通至厅内，借助穹顶中的水泵和复杂的循环系统，可在水池中营造小瀑布及流水，并将菜肴美酒置于池中，水帘在就餐者面前落下，凉爽宜人的环境配上清凉的美酒佳肴，令人陶醉。

在"坎努帕斯运河"的最远端还有一座塞拉匹斯祭坛（Sanctuary of Serapis），依山就势布置的

图 2-18 坎努帕斯运河景点遗址

建筑与运河的一端围出一片空地，是山庄中举行祭祀仪式的场所。

这条"坎努帕斯运河"还依稀可见当时的风貌，过去装饰着许多从埃及坎努帕斯掠夺来的雕像，还有一些希腊著名雕像的仿制品。原先的雕像现在收藏于室内，人们看到的只是水泥复制品。

沿着运河布置了一排女神像柱（Carytids），是模仿雅典卫城（Athenian Acropolis）厄瑞克特翁（Erechtheon）神庙中的女神像柱塑造的。厄瑞克特翁是传说中的希腊国王，雅典人的始祖。神庙南面著名的女神柱廊用女神像作柱身，是希腊柱式的一种创新。女神像神情自若，衣裙如流水，使柱廊显得十分轻盈。

山庄中女神柱廊的侧面是"西勒诺斯"（Silenus）雕像，头顶替代了柱头的花篮。有学者推测这些女神像柱和西勒诺斯雕像曾是廊架的支柱，在水面呈现出美丽的柱廊倒影。

"坎努帕斯运河"的北端以带雕像的半圆形柱廊为结束，与塞拉皮雍神庙遥相呼应。柱廊由门楣和门拱交替构成，曲线形造型及复杂的装饰，与后世的巴洛克建筑风格十分相似。柱廊下有战神阿瑞斯（Ares）[①]和两个受伤的亚马孙族[②]女战士（Wounded Amazons）雕像，都是希腊原作的复制品。

战神阿瑞斯头戴高大的头盔。也有学者认为这是赫耳墨斯（Hermes）[③]神像，原因是雕像的右臂上有明显的持蛇杖的痕迹，而蛇杖是赫耳墨斯神的象征。在希腊神话中，赫耳墨斯是宙斯（Zeus）[④]与迈亚（Maia）[⑤]之子，因而也认为这座雕像其实是奉献给上帝的。

两个受伤的亚马逊族女战士像分别是希腊雕刻家波利克里托斯（Polyclitus，前5世纪）的原作和雕塑家菲狄亚斯（Phidias）在艾菲索斯（Ephesus）古城阿尔忒米斯神庙（Temple of Artemis）中的原作的复制品。站立的女战士手挂长矛，支撑着受伤的左腿。

位于现今土耳其境内的艾菲索斯，最早是大约公元前1000年，由居住在安纳托利亚高原西端爱琴海沿岸的爱奥尼亚人（Ionians）兴建的城市，现在到处是古代殿堂的废墟。爱奥尼亚人对希腊文化有过极大的贡献，其中最著名的便是《荷马史诗》。

此外，围绕运河的还有代表尼罗河与台伯河的河神雕像、狮身人面像，以及罗慕路斯和雷穆斯与母狼像等。在这里发现的其他雕像现在遍布意大利和欧洲的博物馆。

传说中罗慕路斯和雷穆斯（Romulus & Remus）兄弟是母狼哺养大的，后来兄弟俩为缔造的新城市的命名和统治权而发生斗争，最后哥哥罗慕路斯杀死了弟弟雷穆斯，成了新城市的最高统治者，并以自己的名字命名这个城市为罗马。

在运河边还有一条鳄鱼雕像，原来是用希普利诺（Cipollino）出产的大理石雕刻的，这种石材的纹理与鳄鱼皮非常接近，使雕像看上去栩栩如生。鳄鱼嘴里还含有铅管，人们猜测它原先是喷泉的一部分。

在山庄的北边还有一座维纳斯神庙，模仿了古希腊尼多斯（Knidos）古城中阿佛洛狄忒神庙（Aphrodite Temple），与塞拉皮雍神庙相呼应。尼多斯古城矗立在地中海与爱琴海交界处的一座半岛尽头，被人们誉为是"在最美的半岛为最美的女神阿佛洛狄忒建造的城市"。在这个爱情女神庙中有雕刻家普拉克西特利斯（Praxiteles，前400—前330）的作品阿佛洛狄忒像，被认为是古希腊最杰出的雕像之一。

哈德良山庄中还有许多宫殿、建筑和花园，

[①] 阿瑞斯：希腊神话中的奥林匹斯十二主神之一，在罗马神话中被称为"马尔斯"（Mars），是力量与权力的象征，也是人类祸灾的化身。
[②] 亚马孙族：希腊神话中发源于小亚细亚的母系氏族，尚武好斗，崇信战神阿瑞斯，相信自己是战神的后代。
[③] 赫耳墨斯：希腊神话中的奥林匹斯十二主神之一，罗马神话中被称为"墨利丘"（Mercury），商业、旅者、小偷和畜牧之神，也是众神的信使。持蛇杖翼靴是他的象征。
[④] 宙斯：希腊神话中的众神之王，奥林匹斯十二主神之首，统治宇宙万物的至高无上的主神，罗马神话中称其为"朱庇特"（Jupiter）。
[⑤] 迈亚：希腊神话中的山岳女神之一，掌管抚育婴儿的神。

无不技艺精湛，美轮美奂，是研究古罗马建筑、雕塑、园林艺术的宝库，为历代西方建筑师和造园家们提供了无尽的创作源泉。尽管在整体布局上似乎不够完美而统一，还缺少意大利文艺复兴时期建筑与园林构成的和谐整体，但是在园林单体布局和装饰处理上，已具备许多文艺复兴盛期意大利庄园的特点了。

（2）贵族庄园

早期的罗马城中几乎没有园林，因此，城外或近郊的别墅庄园成了罗马贵族生活的一部分。罗马贵族们喜爱乡居生活，并以此为时尚。

卢库鲁斯将军是贵族别墅庭园的创始人，他在那不勒斯湾风景优美的山坡上耗费巨资，开山凿石，大兴土木，建造花园，其华丽程度可与东方王侯的宫苑相媲美，他的庭园也为不少人所模仿。希腊盛行的大造体育场之风在罗马并不时兴，因为在希腊末期的哲学家中间，将公共体育场变为私人庭园的已大有人在，步其后尘的西塞罗和其他罗马哲学家也都以此作为设计的蓝本。

著名的政治家及演说家西塞罗曾潜心研究希腊哲学，在传播哲学思想的同时，也向世人介绍了希腊园林的情况，他的造园思想带有明显的希腊化倾向。比如，他提出的别墅花园结构类似希腊的体育竞技场，成为当时别墅园林布局的样板。西塞罗曾经将自然分为原始的第一自然和经过人类耕作的第二自然："我们用灌溉使田野肥沃，用双手劳作来筑坝拦河，创造一种第二自然……"可见，早在古罗马时期，人们就对乡村充满兴趣，并致力于将乡村生活理想化，后来的诗人如维吉尔曾竭力讴歌田园生活。西塞罗所称的"第二自然"（Second Nature）其实指的是文化景观，他为田园风光进入别墅园林奠定了理论基础。后世的西方人还将人工营造的风景称为"第三自然"（Third Nature），并认为在意大利文艺复兴时期才出现真正意义上的园林艺术。

西塞罗是推动古罗马庄园建设的重要人物之一。他极力宣扬人应该有两个居所，一个是供日常生活的家园，另一个就是修身养性的庄园。他本人也身体力行，在家乡阿尔皮诺（Arpino）和罗马城都建有自己的庄园。西塞罗的理论与实践，促进了别墅庄园建设热潮的高涨，并对古罗马及后世西方园林的发展产生积极的影响。

古罗马的庄园内既有供生活起居用的别墅建筑，也有宽敞的园地，通常包含有花园、果园和菜园等部分。花园又可划分为供散步、骑马及狩猎等类型。建筑旁的台地主要供散步之用，有整齐的林荫道和黄杨、月桂形成的装饰性绿篱，还有月季、夹竹桃、素馨、石榴、黄杨等花坛及树坛，以及番红花、晚香玉、三色堇、翠菊、紫罗兰、郁金香、风信子等组成的花池。建筑物前一般不种高大的乔木，以免遮挡视线。供骑马的园子主要是以绿篱围绕着的宽阔林荫道。至于狩猎园则是高墙环绕的大片林地，林中有纵横交错的园路，放养各种供狩猎娱乐之需的动物，类似巴比伦的猎苑。

在那些豪华的庄园中甚至建有温水游泳池，或者有供球类游戏的草地。这时的庄园在观赏性和娱乐性方面都明显增强了。

无论庄园或宅园都采用规则式布局，尤其在建筑物附近，常常是严整对称的。但是，罗马人也很善于利用自然地形，园林选址常在山坡上或海岸边，以便借景。而在远离建筑物的地方则保持自然面貌，植物也不再修剪成型了。

小普林尼在奥斯提（Ostie）东南10km的拉锡奥姆（Latium）山坡上建造的洛朗丹别墅（Villa Laurentin），以及托斯卡那（Toscane）的别墅是这一时期贵族庄园的代表。他在给朋友的信笺中细致地描述了这两座庄园的情形，从中可以了解到当时贵族庄园的情况。

①洛朗丹别墅（Villa Laurentin, Latium）其距离罗马27km，交通十分便利。庄园选址极好，背山面海，自然景观优美（图2-19）。布局充分利用了原址的自然美景，并将景色引入建筑之中。庄园正中是一系列庭园构成的中轴线，从方形的前庭，到半圆形的柱廊园，然后进入大型的列柱廊式庭园。庭园尽头是向海边凸出的大餐厅，从三面窗户中可以从不同角度欣赏到海景，可谓秀色可餐。从餐厅的另一侧透过二进院落和前庭回

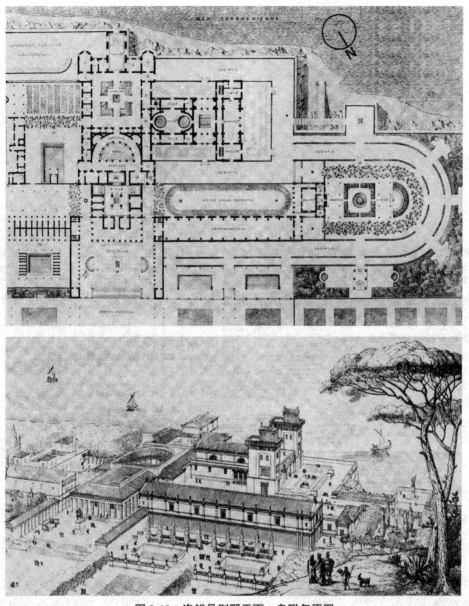

图 2-19 洛朗丹别墅平面、鸟瞰复原图

望,可以瞥见远处的群山。可见,餐厅在罗马庄园别墅中居于核心地位。

花园的布局则相对简单。在别墅附近设有网球场,两侧是二层小楼和观景台。从其中的一座小楼上,可以俯视整个花园。园路周围环绕着小树林,路边种有迷迭香和黄杨篱;花园边还有葡萄棚架,可供驻足休憩;园内地面以柔软的草地为主,可以赤脚漫步、游乐。庄园中还有以无花果和桑树为主的大型果园,园林的实用性依然十分重要。花园中还建有一座厅堂,在这里同样可以欣赏到四周的美景。借景也是罗马庄园布局的主要手法之一。

② 托斯卡那庄园(Villa Pliny, Toscane) 小普林尼的托斯卡那庄园(图 2-20)同样以选址取胜。庄园周围自然环境优美,群山环绕,林木葱茏。依自然地势形成一个巨大的阶梯剧场,从高处俯瞰,远处山丘上的葡萄园和牧场尽收眼底,景色令人陶醉。

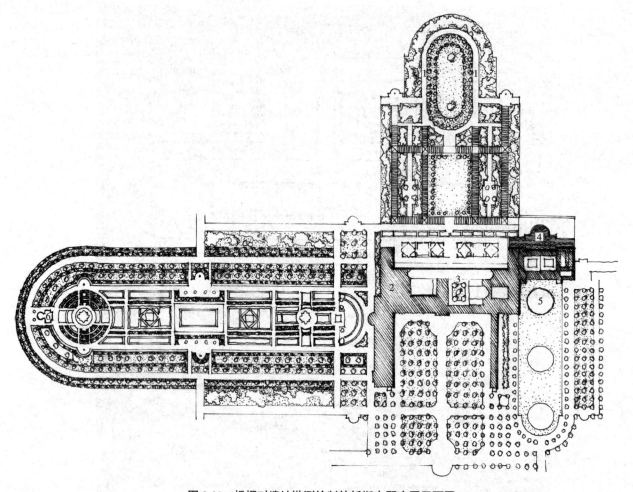

图 2-20 根据对遗址勘测绘制的托斯卡那庄园平面图
1.环形林荫散步道 2.别墅建筑 3.四悬铃木庭园 4.大理石水池 5.球场 6.凉亭

别墅入口处点缀有花坛，园路环绕着花坛布置。路两边以黄杨为篱，园路外侧的斜坡上也以黄杨修建出各种动物造型，间杂着各类花卉，整体上呈现模纹花坛的外貌。花坛边缘的黄杨等绿篱修剪成栅栏等各种形状。与园路相接的是环形的林荫散步道，外形如同运动场，反映出希腊园林的影响痕迹。环形场地中央是黄杨等灌木修剪出的上百种植物造型，周围环以矮墙和黄杨篱。从罗马时代起，黄杨即作为花园的代表性植物而广泛运用，而绿色雕刻也成为园林的特色之一，为园子带来许多趣味性。花园中的草地如绿地毯一般，精心管理。庄园结合果园，以及园外的村庄、田野、牧场等，构成和谐而富有田园气息的整体风貌。

别墅建筑以柱廊为入口。柱廊的一端是宴会厅，厅门对着花坛，透过窗户可以看到田野和牧场。柱廊后面的住宅围合出前庭，硬质铺地结合盆栽点缀，类似中国民居中的天井，称为托斯卡那式（Tuscan）庭院。其后是悬铃木庭园，面积较大，因庭园四角种有四棵冠大荫浓的悬铃木而得名。庭园中央是笼罩在绿荫中的大理石泉池，夏季园内阴凉湿润，十分宜人。悬铃木庭园的一侧是宁静的居室和客厅，客堂也在悬铃木树冠的笼罩之下，无风自凉。室内以大理石板作墙裙，墙壁上绘着葱绿的树林和飞鸟，一幅令人向往的天堂景象。悬铃木庭园的另一侧还有一处小院落，中央点缀着盘式涌泉，欢快的落水声给庭院带来愉悦的气氛。

柱廊的另一端，与宴会厅相对的是一座大厅，从这里可尽情欣赏园中的花坛和远处的牧场。还能看到一处大型水池，池中巨大的喷水像一条白色的缎带，与大理石池壁相呼应。庄园内还有一处充满田园风光的地方，与规则式花园对比强烈。

在花园的尽头，有一座供收获时休憩的凉亭，四根大理石柱支撑着棚架，下面放置着大理石桌凳。桌子中央也有水盆，进餐时主菜放在水盆边，配菜搁在水盆中的船形和水鸟形盘内。可见，在罗马贵族的庄园中，水景同样十分重要，而且具有相当成熟的水工技艺。

2.4.3.2 宅园——柱廊园

公元79年维苏威火山的大爆发将整个庞贝城埋没在火山灰下。经过近代学者对庞贝城遗址的考古发掘，使人们对罗马的城市和住宅有了进一步的了解。罗马的宅园通常由三进院落构成，即用于接待宾客的前庭，通常有简单的屋顶；供家庭成员活动的列柱廊式中庭以及真正的露坛式花园。各个院落之间一般有过渡性空间。潘萨住宅（House of Pansa, Pompeii）是典型的布局。在维蒂住宅（House of the Vettii, Pompeii）中，前庭与列柱廊式中庭是相通的。弗洛尔住宅（Flore）则有两座前庭，并从侧面连接。阿里安住宅（Arian）内有三个庭院，中间是列柱廊式中庭（图2-21）。

维蒂住宅（图2-22）在庞贝城中有一定的代表性，在前庭之后，是一个面积较大、由列柱廊环绕的中庭。院落三面开敞，一面辟门，光线充足。中庭共有18根白色柱子，采用复合柱式。庭园内布置着花坛，有常春藤棚架，地上开着各色山菊花。中央为大理石水盆，内有雕像及12眼喷泉。柱间和角隅处，还有其他小雕像喷泉，喷水落入大理石盆中，水流不很大，但是由精美的柱廊、喷泉和雕像组成的装饰效果简洁、雅致，加上花木、草地的点缀，创造出清凉宜人的生活环境（图2-23）。

与希腊的廊柱园有所不同，在罗马宅园的中庭里往往有水池、水渠，渠上架小桥；木本植物种在很大的陶盆或石盆中，草本植物则种在方形的花池或花坛中；在柱廊的墙面上往往绘有风景画，使人产生错觉，似乎廊外是景色优美的花园，这种处理手法不仅增强了空间的透视效果，而且给人以空间扩大了的感觉。

2.4.3.3 公共园林

罗马人不像希腊人那样爱好体育运动和体育竞赛，也没有大造运动场和体育场的嗜好。他们从希腊接受了竞技场的外形，却没有竞技的目的。这种椭圆形或一端为半圆形的场地，边缘为宽阔的园路，路旁种植悬铃木、月桂，形成绿荫。当中为草地，上有小径，有的甚至设有月季园和几何形的花坛，只是供人休息和散步的地方。

罗马人在城市规划方面创造了前所未有的业绩。第一代皇帝奥古斯都登基后，开始着手调整罗马的城市布局，将城市分区规划，由内向外建筑密度逐渐降低。罗马的公共建筑前都布置有集会广场（Forum），也是城市设计的产物，可以看作是后世城市广场的前身。这种广场是公众集会的场所，也是艺术展览的地方。人们在广场上进行社交活动、娱乐和休息，类似现代城市中的步行广场。从共和时代开始，各地的城市广场建设就十分盛行。

沐浴是罗马人普遍的嗜好，不仅帝王、贵族家庭必备浴室，而且城市中建有很多公共浴室，设有冷水、温水、热水及蒸汽浴。浴场也是非常有特色的建筑物，规模大的浴场内甚至还附设音乐厅、图书馆、体育场，也有相应的室外花园。

罗马的剧场也是十分豪华的。剧场建筑无论在功能和形式上，还是在科学技术和艺术方面都有极高的成就。剧场外也有供休息的绿地。还有一些露天剧场建在山坡上，利用天然地形来巧妙布置观众席。

可以说，城市广场、市场和公共建筑附属花园等部分代替了城市公园的功能，弥补了罗马城市中公共园林的不足。

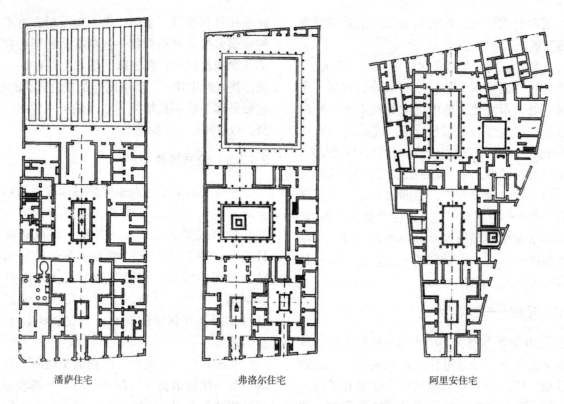

潘萨住宅　　　　　弗洛尔住宅　　　　　阿里安住宅

图 2-21　根据庞贝城遗址绘制的住宅复原平面图

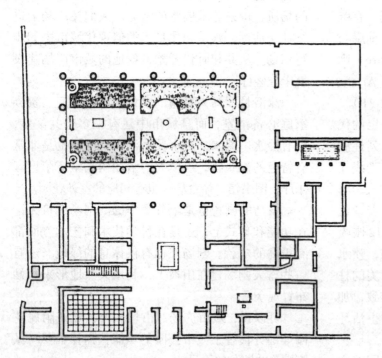

图 2-22　根据庞贝城遗址绘制的维蒂住宅前庭复原平面图

图 2-23　维蒂住宅中由列柱廊环绕的中庭

2.4.4 古罗马园林特征

古罗马园林在历史上的成就非常显著，是西方园林重要的发展时期。园林的数量之多、规模之大都十分惊人。据记载，当罗马帝国崩溃之时，仅罗马城及其郊区就有大小园林180处之多。罗马园林在形式和要素上也日臻完善，对后世的西方园林发展产生了直接的影响。

（1）相地选址

就造园相地而言，由于罗马的地势地貌以丘陵为主，庄园别墅多依山而建。罗马城本身就建在几个山丘上。同时，由于气候的因素，夏季在山坡上较谷地更为宜人。因此，罗马人多在山坡上建园。为便于活动，常常将坡地开辟出数层台地，布置景物。抬头可眺望远景，视野开阔；低头则园内美景尽收眼底。这也为以后文艺复兴时期意大利台地园的发展奠定了基础。

（2）园林布局

在功能上，罗马人将花园视作府邸和住宅在自然中的延续，是户外的厅堂。因此，庄园的设计方法便是用建筑师的眼光来观察自然环境，运用建筑的手法来处理自然地形，山坡上开辟出水平的台层，均衡而稳定，更符合人们的审美情趣。花园中装点着规整的水景，如水池、水渠、喷泉等。有着雄伟的大门、洞府，直线和放射形的园路，两边是整齐的行列树，雕像置于庭荫树下作为装饰。几何形的花坛、花池，修剪的绿篱，以及葡萄架、菜圃、果园等，一切都体现出井然有序的人工美，一般只在花园的边缘地带仍保留原始的自然风貌。罗马园林采用规则形式也是秉承希腊园林传统的结果。

（3）影响因素

在罗马时代，风景绘画和园林艺术都表达了一种对自然的情感，将自然的神秘归之于神灵的操控，将美妙的自然与无所不能的神祇联系在一起。花园既是罗马人寄托感情和喜好的产物，也是神祇的生活场所，是人与神交流的媒介。这就是神殿、洞府、神像以及教堂出现在绘画、浮雕，以及树林繁茂、流水潺潺的花园中的原因。

经过长期的发展，罗马的园林艺术逐渐建立起自身的美学体系。将自然景物，如植物、水系、风景等用于人的修身养性，也被赋予浓厚的宗教、哲学和文学含义。柱廊的频繁使用，目的是在建筑物和自然物之间建立密切的联系。花园大多数建在山坡上，依次形成不同高程的台地，以台阶或缓坡甬道相连，这就将人间与天国联系在一起，使人在不知不觉中进入天堂。同时，远处的乡村田野等远景被巧妙地融于庄园的景观构成之中，使别墅花园拥有宽广而深远的景色。

古罗马学者瓦洛（Marcus Terentius Varro，前116—前27）说，当时的罗马人如果没有柱廊、鸟笼、花架等，"就认为自己没有真正的别墅"。从小普林尼对两座别墅的描写中，我们可以认识到罗马花园别墅的基本特点：具有优美的自然风光是建造花园别墅的必要条件。建筑主体是外向的，尽量将四周的自然风景引入建筑空间。建筑与花园及自然密切联系，并通过绿廊、荫棚、套门等形成过渡，空间相互渗透。泉池、整形树木也是建筑与自然在园林中交汇的产物。壁画是将自然气息带入室内，扩大空间感的有效手段。建筑四周的景色又力求多样化，借助房间的朝向、门窗的安排、树木的掩映等，营造出一幅幅景观画面。花园本身则是封闭而内向的，将人们的视觉焦点留在园内。布局是几何对称的，跟周围的自然景色形成对比，相映成趣。花园别墅追求的是宁静的隐居生活，注重亲切而细腻的情趣。花园因而以精致幽美见长，适宜修身养性，享受田园生活的乐趣。

（4）造园要素

植物和水体是造园艺术的两大要素，也是改变园林小气候的主要因素。丰富多变的植物配置给人以视觉上的愉悦。绿色植物在给人们带来阴凉的同时，也给人以生命的感受。水体的喷射、溅落、流动和水声，或者明洁如镜的水面，都给园林带来活泼的气氛。在罗马的别墅花园中，植物和水体都在很大程度上建筑化了。这几个基本特点都被意大利文艺复兴和巴洛克时期的园林所继承，并使意大利台地园与法国古典主义园林形成鲜明的对比。

罗马园林中很重视植物造型的运用，并有专门的园丁，他们被看作是真正的艺术家。起初只是将一些萌发力强、枝叶茂密的常绿植物修剪成篱，以后则将植物修剪成各种几何形体、文字、图案，甚至一些复杂的牧羊人或动物形体，称为绿色雕塑或植物雕塑（Topiary）。常用的植物为黄杨、紫杉和柏树。植物造型在后世的欧洲园林中得到极大发展，造型变化十分丰富，成为受人喜爱的园林装饰。

早期的罗马人继承了希腊的传统，非常喜爱种植月季。以后渐渐有了水仙、紫罗兰、百合，以及罂粟、秋牡丹、唐菖蒲、鸢尾、银苞菊、番红花等花卉。芳香植物、老鼠簕属（Acanthus）植物和美丽的观叶植物都十分受人喜爱。常春藤、地锦等蔓生植物常用来覆盖墙面或装饰柱廊、凉亭。

花卉在园林中的运用，除了一般的花台、花池等形式之外，开始有了月季专类园（Rosarium）的布置方式。由于罗马帝国疆域辽阔，不少帝王和将领在远征中常常将外地的植物带回罗马种植，这就极大地丰富了罗马的植物品种。专类园也不再限于月季园，常见的有杜鹃花园、鸢尾园、牡丹园等，显示出园艺水平的提高和植物品种的丰富程度。此外，还兴起了"迷园"（Labyrinth）的建造热潮。相传希腊米诺斯的王宫中曾建有迷宫，内部通道十分复杂。罗马园林中的迷园呈圆形、方形、六角或八角形等几何形，内有复杂的小径，往往以绿篱围合，迂回曲折，扑朔迷离。罗马的迷园也是受希腊迷宫的启发而建造的，成为园中的娱乐设施之一。月季园和迷园在以后欧洲的园林中都曾十分流行。

罗马花园中还常采用低矮绿篱围合的几何形花坛，种植花卉。这在后世的欧洲园林很常见。不过，最初的目的并不在于欣赏花朵的姿态和色彩，而是为了采摘花朵，制成花环或花冠，用于装饰。在冬季，喜爱花卉的罗马人一方面从南方地区运来花卉，另一方面在园中建造暖房，使南方植物能够安全越冬。最早的暖房是用云母片铺在窗框上，也是西方最原始的温室。罗马城内还有月季交易所，每年从亚历山大城运来大量的月季，既延长了花期，又丰富了品种。

作家老普林尼在他的《自然志》（12～19卷）中描述了约1000种植物。当时常见的乔、灌木种类主要有悬铃木、白杨、山毛榉、梧桐、槭、地中海柏木（Cupressus sempervirens）、桃金娘、夹竹桃、瑞香、月桂等。诗人维吉尔曾告诫人们种植树木应考虑习性和土壤，如白柳宜种河边，赤杨宜种沼泽地，石山上宜植榉，桃金娘宜种岸边，紫杉可抗严寒的北风……罗马人将遭雷击的树木看作是神木而倍加尊敬。果树也在大量运用，并按五点式、梅花形或"V"形种植，在园中起装饰作用。据记载，当时已运用芽接、裂接等嫁接技术来培育植物，表明园艺水平的提高。

像希腊园林那样，雕塑成为园林中的重要装饰。罗马人还从希腊掠来大量的雕塑作品，有些集中布置在花园中，形成花园博物馆，可谓开当今雕塑公园之先河。雕塑的题材也与希腊一样，多是受人尊敬的神祇。许多希腊神也受到罗马人的崇拜，不过，或许出于文化融入的需要，希腊神话中的神祇在罗马神话中都改名换姓了。雕塑技术的应用也十分普遍，从栏杆、桌椅、柱廊的雕刻，到墙面上的浮雕、圆雕等，为园林增添了细腻耐看的装饰物和艺术文化氛围。

2.5　中世纪西欧园林

2.5.1　中世纪西欧概况

（1）自然状况

在地理上常将欧洲分为南欧、西欧、中欧、北欧和东欧五个地区。西欧是指欧洲西部濒临大西洋的地区和附近岛屿。中世纪时分布于此的国家主要有英格兰、法兰西、德意志、意大利、西班牙等国。其中，英、法两国长期交战，而德国统一的时间不长，便很快分裂成许多由领主控制下的小王国。

自古以来，西欧绝大部分地区气候温和湿

润。其中，阿尔卑斯山（Alps）和比利牛斯山（Pyrénées）将西欧分成两个不同的气候带：地中海（Mediterranean）气候带和大西洋（Atlantic）气候带。前者较为宜人，欧洲古代文明大多起源于此。阿尔卑斯山北部则比较寒冷，时有来自大西洋及海湾温和而潮湿的海风。这里没有严寒与酷热，水网与陆地相互交织，有着适合于园林发展的自然条件。

（2）历史背景

"中世纪"（Middle Ages）一词是15世纪后期人文主义者首先提出的，它不仅包括一个极为广阔的地理区域，而且包括一个时间上的巨大跨度，即从5世纪罗马帝国的瓦解，到14世纪文艺复兴时代开始之前的这段历史时期，历时约1000年。

这一时期，又因欧洲古代文明的光辉泯灭殆尽而被称为"黑暗时期"。在这个动荡不安的岁月中，人们纷纷从宗教中寻求慰藉。欧洲各民族在罗马帝国统治时期就逐渐接受了基督教，而宣扬来世因果报应的基督教思想易于深入人心，很快渗透到人们生活的各个方面，成为各个国家的国教。可以说，中世纪的文明基础主要是基督教文明，并含有希腊、罗马文明的残余。

自3世纪起，罗马帝国外部受到北方日耳曼民族的不断入侵，加之内部争权夺利，导致内战频繁，国力衰退，终于在395年分裂为东、西两部分。东罗马建都于拜占庭，西罗马都城留在罗马。此后，北欧各民族南侵声势日益浩大，直至476年，西罗马灭亡。

基督教也随之分裂为东、西两部分，即东教会（东正教）和西教会（天主教），内部有严格的等级制度。在此后的几百年间，西欧的天主教形成政教合一的局面，教会成为社会的主宰。在极盛之时，教会拥有全欧1/4~1/3的土地；《圣经》成为评判一切思想文化的最高准则。

中世纪最重要的社会集团是贵族。大贵族既是领主，又依附于国王、高级教士或教皇。他们在自己的领地内享有司法、行政和财政权，土地层层分封，形成公、侯、伯、子、男等不同等级。大贵族阶层内也包括神职人员。作为大贵族扈从的骑士们构成小贵族阶层，他们在其领地内享有一定的权利和义务。教会同样等级森严，主教区控制着大量土地，下设若干个小教区，由牧师管理。因此，君主制、领主制和教会构成中世纪复杂的社会结构。

（3）文化艺术

在中世纪，基督教所提倡的神性压制了人性。所有人都是为神服务的，科学、文化、艺术成为宗教的婢女，一切都在基督教修道院制度的控制之下。

在文化教育上，教会垄断文化大权，并采取愚民政策。教会排斥一切世俗文化，包括希腊、罗马的古典文化，甚至视知识为邪恶的源泉，唯有倡导刻苦修行、禁欲主义的基督教义才是真理。因此，欧洲中世纪的平民普遍是文盲，甚至包括一些国王。修士与领主的存在，在客观上保存了西方文明的残余。4世纪，罗马帝国皇帝狄奥多西一世（Theodosius I，347—395，378—395在位）在一次镇压邪教的运动中销毁了大量的希腊、罗马庙宇和雕塑。

在科学技术上，由于中世纪的政治腐化、战争频繁、生产落后、经济穷困，社会因此而动荡不安，严重阻碍着科技的发展。5~11世纪的欧洲在自然科学方面不但没有进步，反而大大落后于希腊、罗马时代。12世纪以后，在阿拉伯文化和古希腊、罗马文明的滋养下，才重新走上科技发展之路。

在美学思想上，中世纪虽然受希腊、罗马的影响极深，但转而使之与宗教紧密联系，把"美"看成是上帝的创造。哲学家圣奥古斯丁（St. Augustine，354—430）一方面继承亚里士多德的观点，认为美是"统一"与"和谐"，物体美在于各部分的适当比例和统一，再加上悦目的颜色；另一方面，他受毕达哥拉斯的影响，把数字绝对化和神秘化，认为现实世界是由上帝按照数学原则创造出来的，所以才显出统一、和谐的秩序。

中世纪在美学思想上基本处于停滞状态，直

到诗人但丁（Dante①，1265—1321）的出现才开始改变。恩格斯（Friedrich Engels②，1820—1895）称，但丁是中世纪的最后一位诗人，也是新时代的第一位诗人。但丁的思想是中世纪到文艺复兴时期，从封建社会到资本主义社会这个过渡阶段的代表。

2.5.2 中世纪西欧园林概况

中世纪西欧园林的发展，受到当时的政治制度、经济水平、文化艺术和美学思想的严重制约。

首先，由于国际事务和商业贸易遭到严重破坏，城市的规模很小，在中世纪国家的经济、文化生活中的作用也很有限。同时，由于这一时期的社会及文明倒退，园林也不可能有很大的发展，保存下来的文献资料也比较有限，对了解这一时期的园林带来许多困难。

其次，基督教势力渗透到人们生活的各个方面，对园林也产生深刻影响。虽然战乱频繁，但附属于教会的寺院较少受到波及，教会人士的生活也相对比较稳定，园林只能在寺院中有所发展。因此，以实用生产为主的寺院庭园就得以出现，为教士们提供了宁静、幽雅的生活环境。然而，由于基督教反对豪华奢侈的生活方式，园林艺术不可能在寺院庭园中得到很大发展。

最后，社会虽有强大而统一的教权，但政权却相对分散而独立。11世纪以后，欧洲大部分地区的官爵都采用世袭制度，封地领主几乎拥有一切公共权利，分封独立。随之而来的是城堡林立，导致国王的权力相对削弱。因此，中世纪的欧洲缺少壮丽的王宫别苑，更多的是王公贵族们简朴的城堡庭园。相反，中国的封建社会拥有强大的中央集权，营造了众多辉煌的帝王宫苑。

2.5.3 中世纪西欧园林类型

就园林类型而言，西欧中世纪园林发展可以分为两个时期：前期是以意大利为中心发展起来的寺院庭园，后期是以法国和英国为中心发展完善的城堡庭园。

（1）寺院庭园

基督教产生于罗马帝国时期，早期受到罗马皇帝的打击与压制，传教活动处于地下状态。因此，修道院多建在人迹罕至的山区，僧侣们依靠外界的施舍，过着清心寡欲的生活。在这种情况下，园林的生长缺乏必要的土壤。随着基督教活动的公开化和修道院下山进入城市，这一局面才逐渐发生变化。

6世纪前后，意大利修道士本尼狄克（Benedictus③，约480—550）率先打破僧侣传统的生存方式。他制定了严格的清规戒律，要求僧侣们的生活必需品全部由寺院生产。为此，修士们在传教之余还要从事农业生产，修道院中随之出现了菜圃和果园。随着卫生保健和医学的发展，庭园中有一部分用来种植草药，出现了药草园。此外，僧侣们还有着用鲜花装点教堂和祭坛的习惯，为了种植花卉他们又修建了具有装饰性质的花园。于是，在西欧的寺院庭园中便产生实用性与装饰性两种不同目的、不同内容的园林性质。

从庭园形式上看，基督教徒们最初是利用罗马时代的一些公共建筑，如法院、市场、大会堂等作为他们宗教活动的场所。之后又效法"巴西利卡"（Basilica）④式长方形大会堂的形式来建造寺院，故称为巴西利卡寺院。其中，建筑物的前面有连拱廊围成的露天庭院，院中央有喷泉或水井，供人们进入教堂时取水净身之用，人们将这

---

① 但丁：但丁·阿利基耶里（Durantedegli Alighieri），意大利诗人，现代意大利语的奠基者，欧洲文艺复兴时代的开拓人物之一，以长诗《神曲》（Divina Commedia）为代表作。
② 恩格斯：德国人，世界著名思想家。科学社会主义的创始人和国际共产主义运动的奠基者，马克思主义的创始人之一。
③ 本尼狄克：又称圣·本尼狄克，天主教隐修制度和本笃会创始人。
④ 巴西利卡：原是古罗马时期的一种公共建筑的形式。其特点是平面呈长方形大厅，纵向的立柱把其分割成数个的长条形空间，中间较宽的是中厅，两侧较窄的是侧廊。这种建筑内部空间疏朗，便于群众聚会，所以被重视群众性意识的教会选中，成为中世纪天主教堂的原型。

种露天庭院称为"前庭"(Atrium)。前庭作为建筑物的一部分，虽然最初只是一片硬质铺地，却是以后寺院庭园的一个雏形。

从布局上看，寺院庭园的主要部分是由教堂及僧侣住房等围合的中庭。中庭四周有一圈柱廊，类似希腊、罗马的中庭式柱廊园。柱廊的墙上绘有各种壁画，内容多是圣经中的故事或圣者的生活写照。稍有不同的是希腊、罗马的中庭柱廊多为楣式，柱子之间均可与中庭相通；而中世纪寺院内的中庭柱廊多采用拱券式，并且柱子架设在矮墙上，如栏杆一样将柱廊与中庭分隔开，只在中庭四边的正中或四角处留出通道，目的是保护柱廊后面的壁画。中庭内仍是由十字形或对角线设置的小径将庭园分成四块，正中放置喷泉、水池或水井等，是僧侣们洗涤有罪的灵魂的象征（图 2-24）。四块园地中以草坪为主，点缀着果树和灌木、花卉等。有的寺院还在院长及高级僧侣的住房边设有私密性的庭园。此外，寺院中还有专设的果园、草药园及菜园等。

图 2-24　寺院中以柱廊环绕的中庭，中间常为水池或喷泉

然而，这一时期的寺院保存至今的已很少，即使有些保留了当时的建筑，而庭园部分，尤其是种植方面往往屡经改动，早已面目全非。现在，人们只能从极少数保存至今的修道院平面图中了解当时寺院庭园的概况了。瑞士的圣·高尔教堂（Abbey of Saint Gall，St. Gallen）和英国的坎特伯雷（Kintbury Abbey，Kintbury）教堂是两个重要的实例。

圣·高尔教堂于 9 世纪初建造在瑞士的康斯坦斯湖（Lake Constance）畔，占地约 $1.7hm^2$。一幅由本尼狄克派僧侣在 820—830 年间绘制的平面图详尽地描绘了修道院当时的情况。这幅图保存在教堂的图书馆中，17 世纪才被重新发现（图 2-25）。

修道院内有僧侣们日常生活所需的一切设施。全院分为三个部分，中心的教堂、僧侣用房、院长室等构成第一部分，中央有柱廊式中庭，十字交叉的园路当中有水池，周围是四块草地；第二部分包括寺院南面和西面，由畜舍、仓库、食堂、厨房及工场、作坊等附属设施构成；第三部分包括北面的医院、僧房、药草园、菜园、果园及墓地等。医院、僧房及客房建筑中也带有小型的中庭园。此外，在医院及医生宿舍旁有草药园，内有 12 个长条形种植畦，种有 16 种草本药用植物。墓地内整齐地种植了 15 种果树，如苹果、梨、李、花楸、桃、山楂、榛子、核桃及月桂等，周围围绕着绿篱；墓地以南的菜园排列着 18 个种植畦，有胡萝卜、土茴香（Anethum graveolens）、糖萝卜、荷兰防风草、香草、卷心菜等蔬菜和香料植物。

圣·高尔教堂规划功能分区明确，布局紧凑，反映出自给自足的寺院特征。由于教会掌握着文化、教育、医疗大权，在寺院里也含有学校、医院、草药园等设施。庭园则附属于各个功能区中的建筑，布局井然有序。

1165 年建造的坎特伯雷教堂反映出英国早期修道院的风貌。保存下来的平面图或许出于水工设施改造的目的，图上有完整的供水系统和配水情况，但是对其他方面的描绘不像圣·高尔教堂那么细致。寺院中也有中庭、草药园、菜园、墓地等。在主要的中庭内有大型水池，供养鱼及灌溉之用，这在英国修道院中是十分重要的。

由于早期修道院建造年代绘制的平面图保存下来的十分罕见，上述资料因而显得更加珍贵。

保存至今的寺院还有一些在布局上留有当年的痕迹，如著名的意大利罗马圣保罗教堂（San Paolo Fuorile Mura，Rome）[①]（见彩图 3），西西

---

① 罗马圣保罗教堂：巴西利卡的典型代表，建于 386 年，19 世纪初被烧毁后按原状重建。教堂主厅前是三面有围墙的方形庭院。

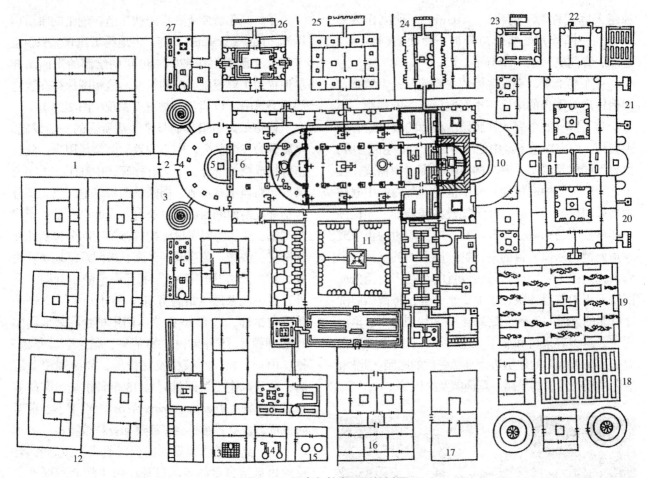

图 2-25　圣高尔教堂平面规划图

1. 公共入口　2. 门廊　3. 塔　4、10. 天堂　5. 圣坛　6、8. 唱诗班　7. 洗礼盆　9. 神坛
11. 修道院庭园　12. 农场建筑　13. 窑房　14. 泥灰房　15. 磨房　16. 作坊　17. 谷仓　18. 花园　19. 公墓
20. 见习修道士集会地　21. 医院　22. 医生房　23. 制药房　24. 居住区　25. 学校　26. 贵宾休息场所　27. 储备及生活用房

里岛蒙里阿尔寺院（Duomodi Monreale, Sicily）[①]，以及圣加特尔（Santi Quattro Coronati, Rome）[②]寺院等。

此外，当时不同教派的寺院在庭园布置上也略有不同。如熙笃会教派（Cistercians）[③]清规戒律最严格，僧侣们过着孤独沉默的生活，因此除中庭外，每处僧侣住房都有单独的小庭院，既是僧侣个人的小天地，又是园艺劳动的场所，克勒尔蒙特修道院是典型实例。与其相似的还有帕维亚修道院（Certosa de Pavia, Lombard）[④]和佛罗伦萨（Florence）附近的瓦尔埃玛修道院（Certosa de Val d'Ema, Ftorence）[⑤]。

---

① 蒙里阿尔寺院：西西里12世纪阿拉伯·诺曼建筑的最高典范，以内部华丽的马赛克装饰而著称。
② 圣加特尔寺院：9世纪初本尼狄克教团在瑞士康斯坦茨湖畔修建的大教堂，于10世纪在教堂的图书馆发现该教堂的平面图。
③ 熙笃会教派：本笃会11世纪以后的分支之一，其修炼以主张喑声而闻名于世，故俗称"哑吧会"。他们剃掉顶发，独身禁欲，粗衣素食，弃绝世间的一切安逸，通过苦修来锤炼自身。
④ 帕维亚修道院：距离意大利帕维亚市区8km，修道院始建于1396年，完工于1465年，至今仍作为修道院使用。它融会了中世纪风格与文艺复兴风格，在意大利众多宗教建筑中堪称佼佼者。
⑤ 瓦尔埃玛修道院：位于佛罗伦萨卡尔特修道院，因该修道院内有收藏五幅蓬托尔莫（Jacopo Carrucci, 1494—1557）耶稣受难布景（现已毁坏得非常严重）而闻名。

（2）城堡庭园

由于基督教提倡禁欲主义，反对追求愉悦和游乐。因此，僧侣们是出于实用的目的，修建修道院庭园并发展园艺事业的。早期的寺院庭园虽已具有装饰性或游乐性花园的胚芽，但是这样的胚芽不可能在修道院环境中找到适合其滋生的土壤，而只能是在王公贵族的庭园中发展壮大。

中世纪初期，由于战乱频繁而导致社会动荡不安。出于安全的目的，王公贵族在庄园内豢养武士，并在府邸周围构筑防御工事，出现了城堡的形式。塔楼（Keep）和雉堞墙（Battlement）[①]构成这个时代的建筑特征。为了便于防守，城堡多建在山顶上，围绕着带有木栅栏的土墙以及内、外干壕沟。主体建筑呈高耸的、带有枪眼的碉堡样式，作为住宅。因山顶用地局促，且时局动荡不安，早期的城堡中不可能有庭园的一席之地。

11世纪诺曼人（Norman）征服英国之后战乱减少了，城堡建设逐渐从山顶转向山坡、平原。石砌城墙代替了木栅栏及土墙，城堡外围挖有护城河，中心的住宅建筑仍然带有防御特征。喜爱园艺的诺曼人开始在城堡内修建实用性的庭园，虽然水平还不如当时的寺院庭园，但却是城堡庭园的萌芽。此后，城堡庭园的装饰性和游乐性逐渐增强。

1096—1291年，历时近200年的十字军对东部地中海沿岸各国的侵略性远征[②]，对城堡庭园的发展变化具有一定的影响作用。去圣地朝拜的欧洲骑士从拜占庭、耶路撒冷（Jerusalem）这些繁华的城市中，感受到精致的东方文化和奢侈的生活方式。东方文化，包括园林情趣，甚至一些园林植物作为战利品被带回欧洲。到12世纪，欧洲出现了一些关于城堡庭园的文字描述和绘画作品。

有关13世纪城堡园林的史料很少。法国人德·洛里斯（Guillaume de Loris，约1200—1240）的寓言长诗《玫瑰传奇》（*Le Roman de la Rose*）的第一部写于1230年，书中大量描述了城堡庭园的布局和欢乐情景，还有一些写实的细密画插图，显得尤其珍贵。从一幅名为《花园墙外的'情人'和奥伊瑟斯公爵夫人》（*The Lover and Dame Oyseuse Qutside a Walled Garden*）的细密画中（见彩图4），可以看出庭园的布局：果园围绕着高大的石墙及壕沟，只有一扇小门出入。园内以木格栅栏分隔空间，充满月季、薄荷清香的小径将人们引到小牧场，草地中央有装饰着铜狮的盘式叠泉。人们在散生着雏菊、天鹅绒般的草地上载歌载舞。修剪整形的果木、花坛，欢快的喷泉、流水，放养的小宠物，营造出田园牧歌般的庭园情趣。

13世纪之后，随着战乱逐渐平息和东方的影响日盛，享乐思想不断增强。城堡的结构发生了显著变化，摒弃了以往沉重抑郁的形式，代之以更加开敞、适宜居住的宅邸。到14世纪末，这种变化更为显著，建筑在结构上更为开放，外观上的庄严性也减弱了。到15世纪末，在建筑形式上虽然还保留着城堡的外观，但功能已是纯粹的住宅了。

城堡的面积也随之扩大，设有宽敞的厩舍、仓库，供骑马射击的赛场、果园及装饰性花园等。外围仍有城墙和护城河，入口处架设吊桥。城堡四周建有角楼，围合出方形或矩形庭院。庭园也不再局限在城堡内修建，而是扩展到周围地带了，但与城堡保持着直接的联系。法国比里城堡（Château Bury, Blois）和蒙达尔纪城堡（Château Montargis, Loiret）图2-26）是这一时期有代表性的城堡庭园。

从布局上看，中世纪城堡庭园结构简单，造园要素有限，面积不大却相当精致。庭园由栅栏或矮墙围护，与外界缺乏联系。园内树木注重遮阴效果，并将乔、灌木修剪成球形或其他几何形体，与古罗马的植物雕刻相似。泉池是不可或缺的要素，营造出欢快的庭园气氛。在那些较大的庭园中还有水池，并放养鱼儿和天鹅。重要的小品有成组的方格形花台，以及三面开敞、铺着草坪的龛座，偶有小格栅、凉亭等。豪华奢侈的庭园中还有鸟笼，豢养的孔雀陪伴着园主们在园中闲庭信步。

[①] 雉堞墙：实墙和空洞有规则地交替出现的女儿墙顶形式，源于防守功能的射垛，后来演变成一种装饰母题。
[②] 十字军东征：于1096—1291年发生的八次宗教性军事行动的总称，是由西欧基督教（天主教）国家对地中海东岸的国家发动的战争。

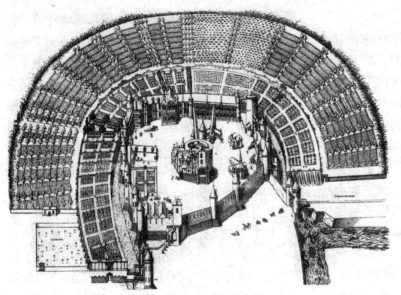

图 2-26　蒙达尔纪城堡

2.5.4　中世纪园林的特征

首先，就园林的类型而言，中世纪欧洲园林的两种主要形式——修道院庭园和城堡庭园，都是以实用性园林作为开端的。以采摘花卉为主的花园，提供水果及干果的果园，为寺院提供时令蔬菜和香草的菜园，以及由医生或药剂师亲自管理的药草园成为不可缺少的部分。一方面这是寺院生活自给自足要求的产物，另一方面也促进了中世纪欧洲园艺事业的发展。

随着时局的日趋稳定和生产力的不断提高，实用性庭园逐渐具有了装饰和游乐的性质。果园中增加了许多树木和花卉，并铺设草坪，以往果园简陋的形象大大改观了，并逐渐成为游乐园（Garden of Pleasure）的类型之一。

此外，还有德意志和法兰西贵族们仿效波斯而建造的猎园，如德意志国王腓特烈一世（Fredrick Ⅰ Barbarossa，约1123—1190，1155—1190在位）于1161年修建的猎园。在高墙围绕的大片土地上植树造林，放养鹿、兔等飞禽走兽，供贵族们狩猎取乐。

其次，就园林要素而言，植物是中世纪乃至后世欧洲园林最重要的元素，植物景观始终是欧洲园林的主体。除了常见的种植形式之外，由于庭园规模不大，要求小巧精致，加之植物修剪技术发达，结园（Knot Garden）和迷园等人工景观设施得到广泛应用，庭园的观赏性和游乐性大大增强了。

结园　是以低矮绿篱组成装饰图案的花坛类型，或为几何图形，或呈鸟兽、纹章等图样。结园分为两种，在绿篱构成的图案中填以各色砂石、土壤、碎砖的称为开放型结园（Open Knot Garden）；在图案中种植花卉的则称为封闭型结园（Closed Knot Garden）。此外，过去的菜畦也逐渐被以采摘花朵为主的花圃取代了，以后花卉的种植密度不断增加，成为以观赏为主的花坛。结园和花圃成为后世欧洲花坛的雏形。此时的花圃已不再强调单枝花朵的形状和色彩，而更加注重整体效果了。不仅形状丰富多变，布置方式也由起初以木条、瓦片或砖块砌筑的高台，逐渐转变为与地面平齐的花坛，视觉效果大大提高，广泛运用在建筑墙隅或庭院广场中。

迷园　是中世纪非常流行的娱乐设施，错综复杂的园路以大理石或草坪铺设，围以修剪整齐的高篱，形成令人难以辨别方向的迷园。迷园的中心作为设计重点，多放置园亭或庭荫树。英国国王亨利二世（Henry Ⅱ Curmantle，1133—1189，1154—1189在位）在牛津附近修建的迷园，中心就是覆满月季的园亭。

水体　是中世纪欧洲园林的另一个要素，多以水池和喷泉的形式出现，成为庭园的视觉中心。喷泉的式样繁多，如同建筑的变迁一样，出现了罗马式[①]、哥特式[②]，以及后来的文艺复兴式[③]等各

---

① 罗马式建筑：以厚重坚实的石造墙壁、高大巍峨的塔楼、半圆形拱穹结构的筒形穹隆和交叉拱穹隆的广泛应用为主要特征。
② 哥特式建筑：11世纪下半叶起源于法国，13～15世纪流行于欧洲的一种建筑风格。其总体特点是：空灵、纤瘦、高耸、尖峭。
③ 文艺复兴式建筑：15世纪产生于意大利，后传播到欧洲其他地区，是一种重新采用了古希腊、罗马时期的柱式构图要素，追求比例和谐的艺术风格。

种样式。形状和颜色或简朴，或华丽。在中世纪庭园中喷泉和水池形式的变化直接受到了东方文化的影响。

最后，就园林空间的分隔元素而言，围墙是中世纪庭园中最常见的元素。防御性的外墙以石料、砖块、灰泥等坚固材料砌筑，而分隔庭园内部的隔墙则多采用编织栅栏、木桩栅栏、栏杆、花格墙、树篱等形式。时常依墙砌筑土台，上铺草坪，作为休息座椅。凉亭和棚架是庭园中最主要的建筑小品，往往与藤本植物结合，起到遮阴和装饰作用。同时，在地上铺设草坪，可以在狭小封闭的空间里增添一些自然的气息，多一些园林情趣。

中世纪对欧洲人而言，既是一个动荡不安的时代，也是一个遥远而神秘的年代。充满田园情趣和生活气息的中世纪园林现在又成为欧洲人造园的样板，菜园、果园以及乡土气息浓厚的园林小品，又开始大量出现在园林中，尤其是私家花园中。

小 结

本章以古代的埃及、巴比伦、希腊和罗马园林以及欧洲中世纪时期的园林为代表，论述了公元15世纪之前西方园林的类型、发展概况和基本特点。

西方园林是以果木园等实用性园圃为雏形逐步发展起来的，在园林的类型和形式上受到自然条件、社会状况、宗教思想及生活习俗的综合影响。早期的园林更加注重小气候环境的改善，将营造阴凉湿润的居住环境作为造园的主要目标。以游乐为目的的园林，如猎苑等则是在自然环境增添一些必要的游乐设施，注重对自然的直接利用。在祭奠神灵的寺庙周围还布置有大片的圣林，一方面烘托出神秘的宗教气氛，另一方面为人们营造了舒适的场所。

在古希腊时期，以实用为主的庭园逐渐向注重装饰性和游乐性的花园过渡。受宗教、神话、哲学、艺术、体育及民主思想的影响，希腊园林的类型和造园要素更加丰富，在艺术理论和造园实践方面为西方园林的发展奠定了基础。罗马人在继承和发展希腊园林艺术的同时，还吸收了古埃及和西亚等国的造园手法，在园林形式和造园要素方面更加成熟，对后世西方园林的发展产生了直接的影响。

这一时期西方园林的发展演进还较为缓慢，尚处在园林艺术的萌芽和发展初期。然而这些功能单一、形式简单、缺乏装饰的园林，却有助于我们对园林本质和造园目的的认识。首先，早期的园林更加注重经济性与实用性，以果木园、菜园、花圃为代表的实用园对后世的园林有着很大影响。其次，受财力和技术的限制，园林在选址上十分注重自然条件，如埃及园林多建造在临近河流的地方，便于自然资源的利用。第三，造园的目的在于创造宜人的小气候环境，以建筑和围墙形成封闭的庭院，以树木和水体营造阴凉湿润的环境；古罗马依山而建的园林，也是为了引入凉爽的海风，形成更加宜人的环境。第四，园林的布局受到建筑的极大影响，庭园成为最重要的园林类型。园林看作是建筑空间在自然中的延续，追求统一和均衡稳定的园林构图。第五，技术进步使得造园技艺不断提高，尤其是农业生产技术在园林中得到大量运用；园艺水平的提高，使得植物种类日趋丰富，园林的装饰性和观赏性逐渐增强。第六，文化艺术的发展也促进了园林的发展，园林的类型和形式不断丰富，如在宗教信仰影响下产生的墓园、圣苑等，带有浓厚的神秘气氛；而在神话传说的影响下，园林中出现了洞府、神像、雕塑等造园要素。

在长达近千年的中世纪，由于封建割据带来的频繁战争，导致社会动荡不安，人们纷纷从宗教中寻求精神慰藉，科技基本处于停滞状态，宗教成为文化艺术唯一的主题，园林也只能在寺院和贵族的庭院中有所发展。

由于基督教提倡清心寡欲的生活方式，游乐性园林退化为以实用为主的园圃，如花圃、果园、菜园、药草园等，成为僧侣们日常劳作或沉思默想的地方。寺院庭园往往与外界隔绝，在教堂附近有大型回廊围合的小花园，布局简单，以十字形或对角线园路划分成四格，种植花草，正中布置泉池等水景，象征着净化心灵的洗礼之处。

早期的城堡出于安全上的考虑大多建造在山上，城堡内也少有花园的布置。随着战乱渐渐平息，城堡建设转移到平原地带，城堡中也出现了一些实用性还很强的庭园，并逐渐发展成以观赏和游乐为主的花园。造型各异的结园、迷宫,以及精巧的喷泉、水景等使庭园显得更加精美,并富有装饰性。

思考题

1. 西方园林的起源和发展受到哪些因素的影响?
2. 早期的西方园林有哪些类型?各有哪些特征?
3. 希腊文化艺术为西方园林的发展奠定了哪些基础?
4. 罗马园林对西方园林的发展产生了哪些直接影响?
5. 宗教神学对中世纪园林发展产生哪些影响作用?
6. 中世纪欧洲园林都有哪些类型?各有哪些特点?

第3章 意大利园林

3.1 自然概况

3.1.1 地理位置（图3-1）

意大利位于欧洲南部，包括亚平宁半岛（Penisola Appenninica）及西西里（Sicily）、撒丁（Sardinia）等岛屿。北以阿尔卑斯山为屏障，与法国、瑞士、奥地利、斯洛文尼亚等国接壤。东、南、西三面分别临地中海的属海、亚得里亚海（Adriatic Sea）、爱奥尼亚海（Ionian Sea）和第勒尼安海（Tyrrhenian Sea）。它不仅是欧洲的南大门，而且是连接欧、亚、非三大洲的通道，地理位置十分重要。

意大利是个三面环海的半岛国家，海域边境线远长于陆地边境线。亚平宁半岛周围的大岛屿有西西里岛和撒丁岛等，在地中海海域中又有着星罗棋布的小岛屿。境内山地、丘陵丰富，占国土面积的80%。河流众多，且四周有肥沃的冲积平原；河网密布，发源于阿尔卑斯山脉的冰雪溶化成的众多小溪，汇集成波河（Po River）后再自西北向东南流入地中海。

3.1.2 自然条件

意大利大部分地区属亚热带地中海气候。由于北有阿尔卑斯山阻挡住寒流对半岛的侵袭，因此气候温和宜人。冬季温暖多雨，夏季凉爽少云，四季温度适中，气温变化较小。但由于国土狭长、境内多山，且位于地中海之中的缘故，南北气候的差异很大。

根据地形和地理位置的差异，全国分为三个气候区，一是南部半岛及岛屿区，典型的地中海

图3-1 意大利地理位置图

气候，大部分地区年降水量在500~1500mm，冬季雨水较多；西西里岛和撒丁岛等地年降水量却在500mm以下。二是马丹平原区，属于亚热带和温带之间的过渡性气候，具有大陆性气候的特点。气压较低，气候潮湿；夏季炎热，冬季寒冷。年降水量600~1000mm，雨季集中在夏季。三是阿尔卑斯山区，是全国气温最低的地区，气候有明显的垂直分布的特点。降水量为全国最大，主要集中在夏季，冬季也多雪。年降水量达1000mm以上，局部地区超过3000mm。这一地区多奇花异草，可种植多种南方作物，如橄榄、葡萄、柑橘等。

独特的自然条件、地形地貌和气候特征，对意大利园林风格的形成与发展有着重要的影响。

3.2 文艺复兴运动概况

文艺复兴运动是指14世纪从意大利开始、15世纪以后遍及西欧，资产阶级在思想文化领域中反封建、反宗教神学的运动，前后历时300多年。它不仅仅是希腊、罗马古典文艺的再生，也不单纯是意识形态领域的运动，更重要的是欧洲社会经济基础的转变，是促使欧洲从中世纪封建社会，向近代资本主义社会转变的一场伟大的思想解放运动，在精神文化、自然科学、政治经济等方面都具有重大而深远的意义。

（1）历史背景

从11世纪末开始，持续近两个世纪的十字军东征，以及新大陆的发现和新航线的开辟带来的航海活动日趋频繁，在客观上促进了东西方贸易的兴盛和工商业的发展。到14世纪，虽然意大利还是一些分散而独立的城市共和国，但得益于优越的地理位置，一些城市已成为欧洲最繁华的地方了。尤其是佛罗伦萨，因交通便利，毛纺织业和银行业发达，成为当时欧洲最著名的手工业、商业和文化中心。以经营航运和港口贸易为主的威尼斯（Venice）、热那亚（Genoa）也是比较发达的城市。

对外贸易促进了对外文化交流，改变了过去闭关自守的状况，提高了探索外部世界的进取心，进而要求脱离中世纪的愚昧落后。随着资本主义在意大利的兴起，要求科技进步的呼声日益高涨，促使科学发展摆脱了教会的桎梏，并重新认识人的价值，以及自然科学对于人类生活的重要性。而资产阶级地位的提高和势力的增强，又要求与之相适应的上层建筑和意识形态，进一步促进了封建制度的瓦解。此外，意大利作为古希腊、古罗马文化的直接继承者，也有着将古典文化作为反封建、反教会的思想文化基础的有利条件。因此，文艺复兴运动得以在意大利兴起并发展到全欧洲。

文艺复兴运动既是资本主义社会和经济发展的需要，也是新兴资产阶级大力提倡的结果。"人文主义"（Humanism）思想是文艺复兴运动的核心。所谓人文主义，指的是14~16世纪在西欧，尤其是意大利进行的一场新思想、新文化运动，形成的基础是对希腊、罗马古典文化的推崇与追求，以及对罗马天主教神学的批判。人文主义先驱都是文艺复兴运动的倡导者，最著名的人物有但丁，弗兰齐斯科·彼特拉克（Petrarch[①]，1304—1374），乔凡尼·薄伽丘（Giovanni Boccaccio，1313—1375）等。

人文主义的积极意义表现在两个方面：一是确立了既有别于传统神学、又有别于新兴自然科学的学科体系，导致了人文学科（Humanities）的产生；二是铸就了以人为价值原点的信念体系，认为人本身是最高价值的体现，也是衡量一切事物的价值尺度。这就使欧洲国家摆脱了封建制度和教会神权的束缚，在生产力和精神上都得到解放。在经济方面，由于资本的积累和工商业的发展，导致新兴资产阶级的势力日益增强，为近代资本主义社会的建立打下了基础；在精神方面，由于自然科学的发展，动摇了基督教的神学基础，把人和自然从宗教统治的神秘色彩中解放出来。在激发了研究自然现象热情的同时，改变了人们

---

① 彼特拉克：意大利诗人，欧洲文艺复兴时期人文主义先驱之一。主要作品有意大利文写的《抒情诗集》。

对世界的认识。

因此，恩格斯称文艺复兴时期是"一次人类从来没有经历过的最伟大的、进步的变革，是一个需要巨人而且产生了巨人——在思维能力、热情和性格方面，在多才多艺和学识渊博方面的巨人的时代"。[①]在这一时期，欧洲伟大的发明如雨后春笋，在地理、天文、数学、力学、机械等方面都取得了辉煌的成就。自然科学的发展，摧毁了中世纪神权思想的权威，也促进了人们自由思想的发挥。

然而，在持续数百年之久的文艺复兴运动中，意大利自始至终贯穿着两种倾向和两个世界的激烈斗争。一方面，代表旧世界封建势力的贵族，为维护自身的特权进行着顽固的抵抗；另一方面，象征新世界的广大民众，为获得更多的自由和经济、政治权利展开不懈的斗争。天主教会扮演着基督教精神领袖和教规守护神的角色，以文明、权力和智慧的创造者自居，同时还充当着一切旧势力的总代表。这个机构庞杂的宗教组织里，教会拥有大量的土地和无数的庄园。教皇建立起独立的神权国家，凌驾于世俗王权之上。但是，随着市场经济的不断发展和金钱万能的思想意识逐渐深入人心，教会的势力也日渐衰退。在15~16世纪，天主教会的衰败和罗马教廷的道德沦丧发展到顶点。

16世纪初期，欧洲的封建制度逐渐解体，资本主义正在兴起，民族国家渐渐形成。人们开始讴歌资产阶级个人主义的世界观，要求摆脱教会对人们思想的束缚，打破作为神学和经院哲学（Scholaticism）[②]基础的一切权威和传统教条，统治西欧近千年的天主教会面临着全面颠覆的挑战。同时，由于一系列重大的地理发现，以及科学领域内取得的显著成就，加上各国之间的交往趋于频繁，旧有的地理界限被彻底打破。随着意大利在欧洲的影响力不断增强，灿烂的文艺复兴文化也在欧洲各国赢得了高度的赞赏和广泛的共鸣。

正当文艺复兴运动遍及西欧之时，意大利的政治局面和经济形势却日见衰败。15世纪后期，随着美洲新大陆的发现和通往印度海上航线的开辟，使海外贸易转向大西洋方向，改变了昔日世界贸易的格局，意大利的地理优势渐渐丧失。加上英国新兴毛纺织业的迅猛发展，佛罗伦萨的主导产业日渐衰退，昔日的繁华不复存在。在美第奇家族的洛伦佐（Lorenzo de Medicis, 1449—1492）去世后，佛罗伦萨的综合实力一落千丈。随着市场的萧条和欧洲北方诸国之间竞争的加剧，意大利城市共和国的君主政治已无力抵御外国军队的入侵。15世纪末，法兰西国王查理八世（Charles Ⅷ，1470—1498，1491—1498在位）入侵佛罗伦萨。16世纪时，意大利大部分地区被西班牙人所控制。

政治上的分裂割据状态和阶级分化日趋严重，导致教会势力不断上升。经济的衰退，又破坏了文化繁荣的基础。战乱与政局的不稳，致使人文主义者纷纷逃离佛罗伦萨。这些都是对人文主义思想的巨大冲击，使之由盛而衰，最终解体。然而，正是在这个风雨飘摇的历史时期，让外来侵略者接触到意大利文艺复兴运动所产生的灿烂文化，并为之惊叹不已，才使得文艺复兴运动迅速传播到欧洲各地。

（2）文化艺术

在中世纪的意大利，古代文化并没有完全泯灭殆尽，成为人们心中潜在的文化意识。到中世纪后期，古罗马维吉尔、西塞罗等人的作品成为意大利人文化教养中的主要部分。从罗马废墟中挖掘出来的古代雕塑作品，首先展示在意大利人面前；并且，意大利本身也曾是古代希腊统治下的一部分，当希腊被罗马帝国灭亡时，曾有大批希腊学者携带古典书籍逃亡到这里。所以，除了

---

① 《马克思恩格斯选集》第三卷第445页。
② 经院哲学：是一种为宗教神学服务的思辨哲学，它运用理性形式通过抽象而烦琐的辩证方法论证基督教信仰。是天主教教会用来在其所设经院中教授的理论。

包含在罗马文化中的希腊部分以外，意大利本身也受到希腊文化绵延不断的影响，以至于15世纪佛罗伦萨的新兴贵族洛伦佐甚至建立一座"柏拉图学园"，专门研究希腊古典文化。

欧洲文艺复兴运动在继承希腊、罗马古典文化的同时，也吸收了阿拉伯、印度、中国的东方文化。如马可·波罗（Marco Polo，1254—1324）游历中国后写的日记，激发了克里斯托弗·哥伦布（Cristoforo Colombo，约1451—1506）从西路航海企图到达东方的雄心壮志，然而却意外地发现了美洲新大陆。中国的罗盘引起了西方航海业的革命，而火药则使欧洲中世纪的封建城堡和壕沟失去了防御意义。

而由人文主义者掀起的新文化高潮，则表现出更加旺盛的创作力，使意大利在建筑、绘画、文学创作，以及新的哲学思想方面率先进入全面繁盛的时期，此后又影响到整个欧洲，在法、英、德、荷兰和西班牙等国先后出现文艺复兴文化热潮。文艺的世俗化和对古典文化的继承，都标志着文艺复兴文化达到了继古希腊、罗马之后，欧洲文明史上的第二座文化高峰。

13世纪后半叶，以意大利中部的佛罗伦萨为中心，出现了新的美术动向，意味着中世纪美术向文艺复兴美术的过渡，佛罗伦萨画派成为新美术运动最主要的流派。14世纪时，伟大的艺术家乔托·迪·邦多纳（Giotto di Bondone①，1267—1337）的艺术创作具有鲜明的现实主义倾向。作品虽属宗教题材，却开始真实地表现世俗生活的情景，注重空间关系与人物的立体表现，杰出地体现了现实主义与人文主义相结合的特点，这也是文艺复兴美术的基本特点。从15世纪开始，意大利文艺复兴美术进入蓬勃发展阶段，佛罗伦萨仍然是最主要的中心，以桑德罗·波提切利（Sandro Botticelli②，1445—1510）为代表，人才辈出，呈现出百花齐放、美不胜收的局面。佛罗伦萨画派共有的特色，在于注重空间透视的表现和人物的坚实造型，以及善于运用线条等。

随着意大利国内政治、经济形势的动荡不安，人们的世界观和民族意识也发生了根本性变化。昔日城市共和国的革命精神，反而比以往任何时候都发挥出更加显著的作用。当时的社会环境为文艺复兴盛期的到来创造了必不可少的条件，意大利文艺复兴盛期的文化便是其历史现实的艺术再现。

3.3　园林发展概况

意大利文艺复兴园林经历了初期的发展、中期的鼎盛和末期的衰落三个阶段，折射出文艺复兴运动在园林艺术领域从兴起到衰落的全过程。

长达千年的中世纪，在封建宗教的禁欲主义思想统治下，意大利园林的发展极为缓慢。然而，一旦长久以来禁锢人们思想和文化的麻痹统治出现衰退，人们在思想和文化上获得释放与新生的愿望便更加迫切。唯物主义哲学，以及古希腊、罗马的思想文化，成为文艺复兴运动在文化领域中反封建、反宗教最有力的武器。在这样一个追求人性和文化复兴的时代，园林艺术也不可避免地出现空前繁荣的局面。

14世纪初，以佛罗伦萨为中心的托斯卡那（Tuscane）地区聚居了大量的新兴富裕阶层，他们夺取政权之后，建立了独立的城市共和国。富豪们以罗马人的后裔自居，醉心于古罗马的一切。西塞罗提倡的乡村别墅生活，以及田园生活情趣，重新成为时尚。随着人们对自然的新认识，开始欣赏自然之美。因此，在财力、物力的充分保障下，富裕阶层开始大兴土木，建造别墅和花园，很快便出现新的园林建设热潮。

在欧洲，园林和园艺是密不可分的，新的造园热潮又带来园艺学的兴盛。古罗马有关园艺学的书籍成为意大利人的主要参考文献，它们不仅传授了园艺知识，也促进了人们对别墅生活的憧

---

① 乔托：意大利文艺复兴时期杰出的雕刻家，画家和建筑师，被认定为是意大利文艺复兴时期的开创者，被誉为"欧洲绘画之父"。
② 波提切利：是15世纪末佛罗伦萨的著名画家。欧洲文艺复兴早期佛罗伦萨画派的最后一位画家，是意大利肖像画的先驱者。

憬，从而加速了别墅建造风气的流行。古罗马时代，瓦罗（Marcus Terentius Varro，前116—前27）的《论农业》（Three Books on Agriculture）一书，既有实用性的农业生产知识，也培养了人们对乡村生活的兴趣。1世纪，作家科鲁迈拉（Lucius Junius Moderatus Columella，4—70）的《论农村》（De Re Rustica）和《论树木》（De Arberitus），主题就在于提高人们对农业和朴素生活的热爱。小普林尼的书信，以及诗人维吉尔的《田园诗》（Georgica），更是成为人们的造园蓝本。

中世纪的庭园论著也对意大利园林的发展产生了一定的影响。13世纪末，博洛尼亚（Bologna）的法学家彼得罗·克雷申齐（Pietro Crescenzi，1233—1320）写过一本名为《乡村艺术之书》（Liber Ruralium Connodorum）的著作，共分12卷，第八卷中描述了三种不同类型的游乐性花园及建造方法。他认为王公贵族的花园面积以20亩①左右为宜，四周设围墙；建筑、花坛、果园、鱼池等用以调剂精神的设施布置在庭园南面，北面设密林、绿篱以阻挡寒风。书中提到一些观赏性花园的植物种类，如荆棘、月季、石榴、核桃、李子等，同时还有"绿色建筑"，指的是以绿色植物，如树木修剪绑扎而成的建筑物，以及可供藤本植物攀缘的构筑物，类似如今的藤架。此外，还有用草皮铺设的座椅和床榻。这种园林要素已出现在古罗马的庭院中，在意大利文艺复兴时期又进一步发展并广为运用。

此后，人文主义启蒙思想者，如但丁、薄伽丘、彼特拉克等人，都热衷于花园别墅生活，对园林的发展起到了极大的推动作用。1300年前后，但丁在菲耶索勒（Fiesole）建有一座别墅，现在叫邦迪别墅（Villa Bondi），可惜15世纪经改建后面目全非。

彼特拉克的《书信集》（Selected Letters）歌颂了悠闲恬静的乡村生活，培养了人们对大自然的无限热爱。彼特拉克不仅是园艺爱好者，对于园林和古代文化都有着巨大的热情。他在法国建有一座别墅，里面有纪念太阳神阿波罗和酒神的小花园。在伏加勒河谷边的阿尔库尔村也有一座小别墅，以自己能够在美好的环境中度过一生而感到十分欣慰。彼特拉克提醒人们，建造花园不应局限于机械地模仿古代园林的物质景观，而是要透过花园来把握在自我世界和自我情感的空间中，培养古人人性的丰富法则。

薄伽丘的名著《十日谈》（Decameron），以简洁流畅的笔触描述了舒适醉人的别墅生活，以及佛罗伦萨郊外的旖旎风光，并详细介绍了一些别墅花园的情况。园中有藤本植物、月季、茉莉等芳香植物，以及众多的草花。园内中央的草地上也盛开鲜花，周围饰以柑橘、柠檬等，花果之香，令人陶醉。草地上还有大理石水盘和雕塑喷泉，水盘中溢出的水以沟渠引至园中各处，再汇集起来，落入山谷之中。《十日谈》中的故事都发生在环境优美的别墅园林之中，而且景色的描写都是写实性的。如第一日序中出现的就是波吉奥别墅（Villa Poggio Gherardo, Fiesole），第三日序中叙述的是帕尔梅里别墅（Villa Palmieri, Fiesole）。

人文主义者的著作与实践，更唤起了人们对别墅生活的向往。虽然这些诗集、小说并未涉足造园领域，但是在当时的社会环境氛围中，他们用唯美的语言为人们展示了对那种以人为本的自我空间的憧憬，同时也表达了对古代先哲完美品质的尊敬与渴望。

佛罗伦萨郊外美丽的风景、肥沃的土壤、郁葱的林木、丰富的水源和宜人的气候，为建造别墅花园提供了理想的场所。由于美第奇家族的带动作用，促使奢华的别墅花园更加流行，文艺复兴初期最著名的庄园都出自美第奇家族，如卡雷吉奥庄园（Villa Careggio, Florence）、卡法吉奥罗庄园（Villa Cafaggiolo, Barberino Di Mugello）、菲耶索勒美第奇庄园（Villa Medici, Fiesole）、卡加诺的波吉奥庄园（Villa Poggio, Cajano），以及萨尔维亚提庄园（Villa Salviati, Florence）等。

在别墅花园建造热潮的影响下，造园理论的

---

① 1亩 = 666.7m²。

研究也逐渐兴起。著名建筑师和建筑理论家阿尔伯蒂·利昂纳·巴蒂斯塔（Leon Battista Alberti①，1404—1472）在《论建筑》（De Re Aedificatoria，1452年完成，1485年出版）一书中，以小普林尼的书信为主要蓝本，对庭园建造进行了系统的论述。他设想的理想庭园由以下要素组成。

① 园地以矩形为佳，以直线形园路进一步划分出整齐的矩形小园，各园以黄杨、夹竹桃或月桂的整形绿篱，围合草地布置；

② 树木应呈行列式种植，排列成一或三行；

③ 园路末端正对着以月桂、圆柏、杜松编织的古典式凉亭；

④ 以圆形石柱支撑平顶藤架，形成绿廊，并架设在园路上起遮阴作用；

⑤ 在园路两侧点缀石制或陶制的瓶饰；

⑥ 花坛中央用整形黄杨组成园主的姓氏；

⑦ 绿篱每隔一段修剪出壁龛造型，内设雕像，其下安放大理石坐凳；在园路的交叉处以月桂修剪成植坛；

⑧ 在庭园中设置迷园；

⑨ 在溪水流下的半山腰，依势修建石灰岩洞，对景为鱼池、牧场、菜园、果园等。

此外，阿尔伯蒂十分强调造园选址，以及比例的协调和尺度的适宜。他认为，庄园应建于可控制佳景的山坡上，建筑与园林应形成一个整体，如建筑内部有圆形或半圆形构图，也应该在园林中有所体现，以获得协调一致的效果。相反，不同于古人推崇的沉重、庄严的园林气氛，他认为园林应尽可能轻松、明快、开朗，除了形成所需的背景以外，尽可能没有阴暗的地方。

阿尔伯蒂被看作是园林理论的先驱者，对文艺复兴时期意大利园林的发展具有十分重大的影响。他提倡的以常绿灌木修剪成篱围绕草地，被称为"植坛"（Parterres）的做法，在意大利园林和后来的规则式园林中十分普遍。在佛罗伦萨的富豪贝纳多·鲁切拉伊（Bernardo Rucellai，1448—1514）建造的库那基庄园（Villa Quaracchi，Florence）中，基本上实现了阿尔伯蒂的理想。

16世纪，继佛罗伦萨之后，罗马成为文艺复兴运动的中心。接受了新思想的教皇尤里乌斯二世（Pope Julius Ⅱ，1443—1513，1503—1513在位）提倡发展文艺事业，支持并保护了一批从佛罗伦萨逃亡来的人文主义者。一时之间，罗马巨匠云集，也带来了文艺复兴文化艺术的鼎盛时期。然而，教皇尤里乌斯二世所倡导的艺术，首先是为了宣扬教会的光辉和权威，艺术大师们的才华，更多体现在宏伟壮丽的教堂建筑和主教们豪华奢侈的花园上。文艺复兴时期卓越的科学家和艺术家米开朗琪罗·博耶罗蒂（Michelangelo Bounaroti，1475—1564）、画家和建筑学家拉斐尔·桑西（Raffaello Sanzio，1483—1520）等人，也是在这一时期离开佛罗伦萨来到罗马，并创作了许多不朽的艺术作品。

为了将收藏的艺术珍品集中到梵蒂冈（Vatican），展示于贝尔威德尼山冈上的望景楼（Belvedere）中，尤里乌斯二世委托多纳托·布拉曼特（Donato Bramante②，1444—1514）设计了一座建筑，并将望景楼与梵蒂冈宫连接起来。布拉曼特被认为是当时最有才华的建筑师和城市设计师，曾设计了卡斯特罗庄园（Villa Castelle，Florence）内的优美柱廊和圣彼得广场（Piazza San Pietro）上的喷泉等。他在山坡上设计了两座长廊型建筑，随山势分别为一至三层，两端分别连接梵蒂冈宫和望景楼。在柱廊之间，他还设计了望景楼花园（Belvedere Courtyard），并结合地势采取了台地的形式。

当时的罗马人对宫殿建筑与周围用地的相互协调、统一规划方面，尚未予以足够的重视，布拉曼特的作品起到很好的示范带头作用。此后，罗马的主教、贵族、富商们纷纷效仿，在丘陵地

---

① 阿尔伯蒂：意大利建筑大师之一，他同时也是音乐家、画家、作家和著名的人文主义者。他在曼图亚、里米尼、佛罗伦萨等地设计过许多古典风格的教堂。

② 布拉曼特：文艺复兴盛期意大利最杰出的建筑师，其在汲取古罗马建筑要素的基础上开创出文艺复兴式建筑风格，对建筑创作的发展具有深远的影响。

上建造台地式花园的做法成为一种时尚。可以说，布拉曼特是罗马台地园的奠基人，并给意大利园林的发展带来了生机。

16世纪40年代以后，意大利庄园的建造以罗马为中心，进入鼎盛时期，具有代表性的作品有：教皇尤里乌斯二世的望景楼花园、拉斐尔建造的玛达玛庄园（Villa Madama, Rome）、建筑师安尼巴尔·里皮（Annibale Lippi）建造的罗马美第奇庄园（Villa Medici, Roma），法尔奈斯庄园（Villa Palazzina Farnese, Tivoli）、埃斯特庄园（Villa d'Este, Tivoli）、兰特庄园（Villa Lante, Bagnaia）、卡斯特罗庄园（Villa Castello, Florence），以及佛罗伦萨的波波里花园（Boboli Garden, Florence）等。其中最著名的是法尔奈斯、埃斯特和兰特这三大庄园。

在艺术发展史上，从画家奇乔凡尼·契马布耶（Giovanni Cimatue, 1240—1302）进行风格改革开始，就标志着中世纪美术开始向文艺复兴美术转化。文艺复兴时期，人文主义者以尊重人性、释放人性、获得思想自由作为文艺创作的准则，开始了人文主义的风格创作。

1517年，德国宗教改革家马丁·路德（Martin Luther, 1483—1546）发表了斥责销售赎罪卷的《九十五条论纲》（95 Thesen），最终使天主教在罗马的信仰遭到质疑。同时，神圣罗马帝国皇帝查理五世（Emperor Charles V, 1500—1588, 1519—1556在位）同法兰西国王弗朗西斯一世（Francis I, 1494—1547, 1515—1547在位）长期对抗，战争频繁，影响着欧洲的局势。1525年弗朗西斯一世失败后，教皇克雷芒七世（Pope Clement Ⅶ, 1478—1534, 1523—1534在位）与亨利八世（Henry Ⅷ, 1491—1547, 1509—1547在位）、弗朗西斯一世和威尼斯人组成了反对查理五世的神圣联盟，导致1527年罗马城被洗劫，教皇克雷芒七世被囚禁。

此时的意大利人沉溺于"幻想的世界"，躲避在"固定的居所"中。因此，一种叫作风格主义（Mannerism）①的设计思潮在意大利兴起。风格主义于1515—1520年间萌发于佛罗伦萨，16世纪中、后期甚为流行。其特点是自如运用古典元素和视幻觉效果，构图为非理性或富于戏剧性。这种风格在建筑上最典型的作品，是米开朗琪罗在佛罗伦萨建造的洛伦佐图书馆（Medicean Leurentian Library, Florence）门厅。风格主义由于追求新奇而走向程序化，最终偏离了文艺复兴美术的现实主义方向。"变形"与"矫饰"的手法，在一定程度上也反映出16世纪经济政治和文化危机，造成人们心理上的不安情绪。

与建筑、绘画等艺术形式有所不同的是，风格主义在园林艺术中的表现还不那么强烈，或者说以更低调的形式出现。与建筑和绘画上表现出来的尺度夸张、比例扭曲的倾向相对应的，是在园林中运用机械装置来引起奇异和惊恐的心理。花园都有高大的围墙，沿墙布置着壁龛和雕像、岩洞和喷泉、流水的洞府。水景在园中起到巨大作用，各种水景、水技巧、水游戏、水装置等，令人应接不暇。同时，还利用水力使机械装置运转。风格主义在园林艺术中最早、最典型的作品是得特宫（Palazzo del Te, Mantua）。

然而，当艺术家们把风格主义发展到极致的时候，便进入了艺术上的"巴洛克"（Barque）时代。这是文艺复兴运动最为辉煌的时刻，随后接踵而来的便是文艺复兴最终的没落与消亡。

16世纪末至17世纪，欧洲的建筑艺术进入巴洛克时代。巴洛克建筑不同于简洁明快、追求整体美的古典主义建筑风格，而倾向于烦琐的细部装饰；喜用曲线的技巧来加强立面效果；爱好以雕塑或浮雕来形成建筑物华丽的装饰。正如文艺复兴是从文化、艺术、建筑开始，随后逐渐波及到园林的那样，当意大利建筑艺术已进入巴洛克时代之时，园林艺术还处于文艺复兴时代的盛期，直至半个世纪以后，才出现了巴洛克式园林

---

① 风格主义：意大利16世纪中后期的美术流派，也被称为后期文艺复兴风格，其美术作品构图紧张和不稳定，以及用色绚丽。代表着盛期文艺复兴渐趋衰落后出现的追求形式的保守倾向。

（Baraque Garden）。

受巴洛克艺术风格的影响，园林在内容和形式上产生了许多新变化。主要特征是反对墨守陈规的僵化形式，追求自由奔放的格调，直至出现一种追新求异、表现手法夸张的倾向。园内建筑物的体量都很大，占据明显的统率地位。林荫道纵横交错，入口处采用城市广场中三叉式林荫道的布置方法，与城市相联系。园中大量充斥着装饰小品，随着植物修剪技术的发展，绿色雕刻形象和绿丛植坛的纹样日益复杂和精细。总之，园林风格从文艺复兴时期的庄重典雅，向巴洛克时期的华丽装饰方向转化。

随着意大利城市的发展，城市规模迅速扩大，街道、住宅显得十分拥挤，在郊外建造别墅花园的风气更加兴盛。这一时期，在罗马、佛罗伦萨、路加、西耶纳、威尼斯等城市的郊外，建造了大批的花园别墅。比较著名的庄园有阿尔多布兰迪尼（Villa Aldobrandini, Frascati）、皮阿（Villa Pia, Lazio）、贝尔奈尔蒂尼（Villa Bernardini, Lucca）、兰斯罗蒂（Villa Lancelotti, Frascati）和伊索拉·贝拉（Isola Bella, Maggiore）等。其中又以阿尔多布兰迪尼庄园和伊索拉·贝拉庄园最具有代表性。

17世纪下半叶，是意大利的园林创作从高潮滑向没落时期。造园愈加矫揉造作，大量繁杂的园林小品充斥着整个园林，同时对植物的强行修剪作为猎奇求异的手段。园林的风格背离了最初文艺复兴的人文主义思想，反映出巴洛克艺术的非理性特征，并最终导致了统治欧洲造园样式长达一个多世纪的意大利文艺复兴式园林的衰落。此后，与巴洛克艺术同期产生的法国古典主义园林艺术登上了历史舞台。

因此，就园林风格而言，意大利文艺复兴时期园林又可分为人文主义园林、风格主义园林和巴洛克园林3种形式。

3.4 园林实例

3.4.1 文艺复兴初期园林实例

（1）卡雷吉奥庄园（Villa Careggi, Florence）

卡雷吉奥庄园位于佛罗伦萨西北约2km处，是美第奇家族建造的第一座庄园，深受园主科西莫·德·美第奇（Cosimo de Medici, 1389—1464）的喜爱。大约在1417年，科西莫委托当时著名的建筑师和雕塑家米开罗佐（Michelozzi Michelozzo, 1396—1472）设计了这座花园别墅。在建筑形式上保留着中世纪城堡建筑的风格，开窗很小，并有雉堞式屋顶，显得封闭而厚重。文艺复兴时期的建筑特点仅仅反映在开敞的走廊处理上。

由于庄园所处的位置较高，即使别墅建筑坐落在平地上，仍然能够从中一览托斯卡纳地区美丽的田园风光。花园布置在别墅建筑的正面，采用几何对称式布局，比较简单。园内装饰有花坛和水池，四周点缀着瓶饰，围绕着高篱形成的绿廊，以及整形黄杨绿篱植坛。园中设有休憩凉亭，内置座椅（图3-2）。

此外，庄园中还设有果园。观赏植物的品种

图3-2 卡雷吉奥庄园中的别墅

数量也很多，但现在人们看到的植物大多是以后逐渐增植的。

（2）菲耶索勒美第奇庄园（Villa Medici, Fiesole）

这座庄园是由米开罗佐为洛伦佐的次子、教皇列奥十世乔凡尼·德·美第奇（Giovanni de Medici, Pope Leo Ⅹ，1475—1521，1513—1521在位）设计的，建于1458—1462年，距离佛罗伦萨老城中心大约5km（图3-3）。

庄园的选址极为巧妙，坐落在海拔250m的阿尔诺（Arno）山腰的一处天然陡坡上。府邸建筑位于陡坡西侧的拐角处，整个庄园坐东北山体，面向西南山谷，依山就势，浑然一体。这里不仅视野开阔、景色优美，而且冬季寒冷的东北风被山体阻隔，夏季清凉的海风自西而来，使庄园内四季如春。

庄园由三级台地构成，受地势所限，各台地均呈窄长条状，上、下两层稍宽，中间更加狭窄。上层台地面积最大，视野最为开阔，极目所至，秀丽的山川尽收眼底。入口便设在上层台地的东端，进门后有小广场，西侧是半扇八角形水池，背景是树木和绿篱组成的植坛。围墙和树团使小广场空间更加完整，导向性十分明确。随后的府邸建筑前庭，是相对开敞的草地植坛，点缀大型盆栽柑橘，是文艺复兴意大利庄园建筑前庭中最常见的手法，便于户外就餐、活动。园路分设两侧，当中形成完整的园地。

在这段长约80m、宽不足20m的狭长地带，通过广场水池、树木植坛、草坪前庭这三个局部的布置，巧妙地利用空间虚实、色彩明暗、高低错落等对比手法，形成既相对独立、又富有变化的庭园整体。府邸建筑的西面还有后花园，是独立而隐蔽的秘园，当中为椭圆形水池，围着四块植坛，同样点缀着盆栽植物。建筑与花园相间布置的方式，既削弱了台地的狭长感，又使建筑被花园所围绕，四周景色各异。

中层台地用地十分局促，仅以4m宽台阶，起到联系上、下台层的作用。再以攀缘植物覆盖的廊架，构成上下起伏的绿廊。

下层台地布置图案式植坛，便于居高临下欣赏（图3-4）。中心有圆形泉池，内有精美的雕塑及水盘，围以4块长方形草坪植坛，东西两侧又有树木植坛，且图案各异。

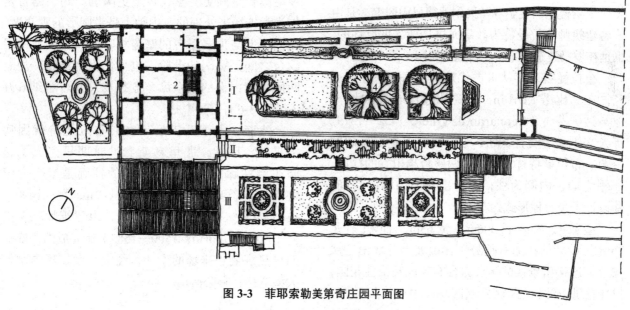

图3-3 菲耶索勒美第奇庄园平面图

Ⅰ.上层台地　Ⅱ.中层台地　Ⅲ.下层台地

1.入口　2.府邸建筑　3.水池　4.树畦　5.廊架　6.绿丛植坛　7.府邸建筑后的秘园

图 3-4　菲耶索勒美第奇庄园中的下层台地

3.4.2　文艺复兴中期园林实例

（1）望景楼花园（Belvedere Garden, Roma）

望景楼花园位于罗马贝尔威德尼山冈上，是由著名建筑师布拉曼特为教皇尤里乌斯二世设计的，也是在罗马建造的第一个台地式花园（图 3-5）。

布拉曼特多年从事古代建筑艺术和遗迹的研究，在乌比诺（Urbino）[①]见识过台地园。此外，他与达·芬奇（Leonardo daVinci，1452—1519）等人文主义者交往甚密，设计深受其造园思想的影响。布拉曼特首先设计了两座跨越山谷的柱廊，外侧为墙，内侧为柱，围合出封闭内向的空间，并设计了呈台地形式的花园。

望景楼花园长 306m，宽 65m，面积不足 2hm²。设计依托原有地势，在山坡上开辟出三层露台。连接望景楼的顶层露台布置成装饰性花园，以十字形园路将露台分成四块，中心饰以喷泉。

在这里凭栏眺望，景色极佳。两侧的柱廊相汇合，在中轴线上形成高大的半圆形壁龛状柱廊，使得顶层露台空间更完整，环境更幽静。底层露台是作为竞技场来处理的，中轴上是半圆形的观众席，在构图上与顶层露台的壁龛相呼应。底层与中层露台之间是宽阔的台阶，也可作为观众席。加上两侧柱廊内设的观众席，竞技场总共可容纳 6 万人（图 3-6）。

然而，由于开工后不久，布拉曼特就因病去世了。因此，尤里乌斯二世时期只完成了花园东侧柱廊的建造。而西侧的柱廊是半个世纪之后，在教皇庇护四世（Pope Pius Ⅳ，1499—1565，1559—1565 在位）时期，由建筑师利戈里奥（Pirro Ligorio，1500—1583）所完成的。庇护四世热衷豪华排场的生活，经常在竞技场内举行大型竞技、宴会活动。

---

① 乌比诺：意大利中部一座墙环绕的古城，其建城史可追溯至古罗马时期，现被列为世界遗产。

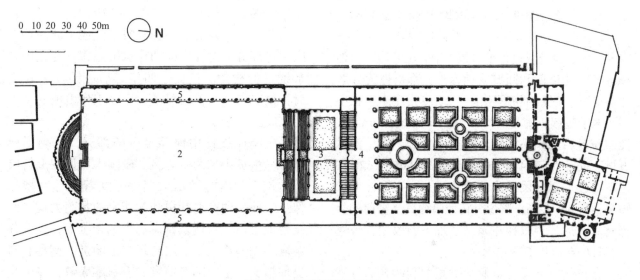

图 3-5　望景楼花园平面图

1.半圆形观众席　2.作为竞技场的底层露台地　3.中层露台　4.顶层露台的装饰性花园　5.柱廊

图 3-6　望景楼花园透视图

随后，教皇庇护五世（Pope Pius V，1504—1572，1566—1572在位）因厌恶热闹奢侈的生活方式，便对竞技场进行了改造，中庭里装饰的河神群像、劳孔群像和阿波罗神像等，都被视为异教的雕塑而被搬到了佛罗伦萨。到16世纪末，在中层台地上建起了梵蒂冈图书馆（Vatican Library），使布拉曼特的作品面目全非。17世纪，教皇保禄五世（Pope Paub V，1552—1621，1605—1621在位）在顶层露台的壁龛前建造了一座青铜松果状喷泉，有3m多高，据说是仿照哈德良皇宫前的装饰物。此后，望景楼花园又经过不断改变，最终使昔日的花园风貌荡然无存。

布拉曼特未竟的事业却对意大利园林的发展产生深远的影响。罗马的主教、贵族、富商们竞相仿效，在丘陵上建造了一个又一个台地式花园。

（2）玛达玛庄园（Villa Madama, Rome）

玛达玛庄园的园主是洛伦佐的孙子朱利奥（Giulio），即教皇克雷芒七世（Pope Clement Ⅶ，1478—1534在位）。设计师是艺术大师拉斐尔，建筑师桑迦洛（Antonio Cordiani da Sangallo，1483—1546）作为助手。

朱里奥继承了美第奇家族对别墅花园的喜好，在马里奥山（Monte Mario）附近挑选了一处水源充沛、景色优美的山坡建造庄园。这里地形起伏变化适宜，近可俯瞰山坡下开阔的山谷、河流，远可眺望四周的山岚，实为理想的造园之地。

拉斐尔是文艺复兴盛期最杰出的艺术家之一，擅长绘画，并从事建筑设计和挂毯、瓷盘等艺术设计。他为梵蒂冈宫绘制过大型装饰壁画，又应教皇列奥十世的要求主持圣彼得大教堂（St. Peter's Basilica, Vatican）的建造。拉斐尔的艺术包含了深邃的人文主义思想，并赋予其无比的表现力。虽然去世时年仅37岁，却给世人留下了许多不朽的作品。桑迦洛作为拉斐尔艺术流派的主要继承人，也是当时罗马杰出的建筑师之一。

庄园建于1516年。同年，拉斐尔在旅行中曾到过蒂沃利，哈德良山庄遗址使其深受启发。拉斐尔的设计将建筑空间的处理手法运用于园林之中，无论是建筑还是花园，都常用圆形、半圆形或椭圆形设计构图，使内外相呼应，从中可以看出阿尔伯蒂观点的影响。同时，他还十分注重花园中各部分与总体之间的比例关系，在变化中寻求统一的构图。然而，四年之后庄园尚未建成时，拉斐尔就与世长辞了，后续工作由他的助手们完成。

庄园原设计中保存至今的部分，只剩下面对着马里奥山的两层露台。庄园入口设在上台层的北端，建有高墙和大门，分立着两尊巨型雕像。门外是种有七叶树和无花果的林荫大道。两层台地沿山坡一侧都砌有高大的挡土墙，其上各镶嵌着三座壁龛。上层台地挡土墙上的壁龛装饰更加精美，中间那座壁龛中有石雕大象，口中吐出的水柱射入下方的矩形水池中，据说是出自画家和建筑师乌迪内·乔凡尼（Giovanni da Udine，1487—1564）之手。两侧的壁龛中分别是希腊神话中创世神和爱神丘比特（Cupid）的雕像。

从复原图上看，拉斐尔设计的庄园东北部顺应地形开辟出三个台层。上层为方形，中央有亭，周围以绿廊分成小区。中层是与上层面积相等的方形，内套圆形构图，中央有喷泉，设计成柑橘园。下层面积稍大，为椭圆形，上有图案各异的树丛植坛，中间是圆形喷泉，两边又对称布置着喷泉。各台层正中都有折线型宽台阶联系上下。

由于克雷芒七世与法兰西国王弗朗西斯一世结盟，与神圣罗马帝国皇帝查理五世进行欧洲霸权争夺战，导致查理五世在1527年5月2日派兵洗劫罗马，放火焚烧了克雷芒七世的庄园。这场灾难不仅使该庄园受到致命的损伤，而且使16世纪初期主教们在罗马建造的庄园几乎毁之殆尽。

1530年，克雷芒七世回到罗马，委托桑迦洛主持庄园的修复工程。拉斐尔设计的一些部分，如圆形剧场的柱廊作为废墟保留下来。教皇去世后，庄园卖给僧侣。皇帝卡尔五世之女玛格丽塔·达·帕尔马夫人（Madama Margherita d' Parma，1522—1586）十分喜爱这座庄园，1538年购为己有。意大利语中，"玛达玛"（Madama）为"夫人"之意，玛达玛庄园由此得名。

（3）美第奇庄园（Villa Medici, Roma）

罗马的美第奇庄园是1540年为红衣主教乔凡尼·里奇（Cardinal Giovanni Ricci de Montepulciano, 1498—1574）建造的，面积不到5hm²。因优良的选址、精心的布局和王宫般的府邸而著称，也是意大利文艺复兴盛期的著名园林之一（图3-7）。

庄园坐落在罗马城边苹丘的山坡上，这里景色优美，是罗马附近著名的别墅胜地。园子邻近古罗马将军卢库鲁斯的旧花园，西北部与苹丘花园（Pincio Garden）相接，称为"看守者"的圆形山丘苹丘一直伸展到城市广场和奥里良城墙（Aurelian Wall）边。东北部有围墙和下沉式环形小径，在小径上可以欣赏到博尔盖塞庄园（Villa Borghese, Roma）最高部分的美景。西南方向面对着美丽的圣彼得大教堂以及城市的北部街区。

府邸建筑是由建筑师里皮（Annibal Lippi）建造的，坐落在顶层台地上，体量较大，立面宽45m，宏伟壮丽。门厅很大，两侧有弧形坡道环绕着水星神像泉池，背景是一系列柱子围成的大拱门。

花园的构图极其简洁，两层主要台地上均以矩形或方形植坛为主。顶层台地呈带状，布局更加简单，只是在别墅建筑前有一片草地植坛和方尖碑泉池。台地面对别墅建筑的一侧是浓荫遮盖的树丛，将视线引向长平台的两端。平台的尽头是围墙和墙外的意大利松（Pinus pinea）树丛，暂时遮挡住园外优美的花园和城市景色。但从台地边缘透过树丛望去，景色十分迷人。

底层台地上是由16块矩形树丛植坛构成的花园，东南部的上方有观景平台，由此经过一片小树林，通向绿荫遮盖的苹丘。登上山丘之巅的观景台，四周景色尽收眼底，波尔盖斯庄园中的凉亭成为视觉焦点（图3-8）。

美第奇庄园的造园要素虽然简单，但尺度却很大，与别墅建筑的尺度相协调。建筑掩饰了地形的起伏变化，并使视线在空间上和层次上富于变化。以意大利松结合绿篱构成的树丛植坛既有人工的构图美，又有浓郁的自然气息。在顶层平台上，越过底层花园树木的树梢和挡墙，可以欣

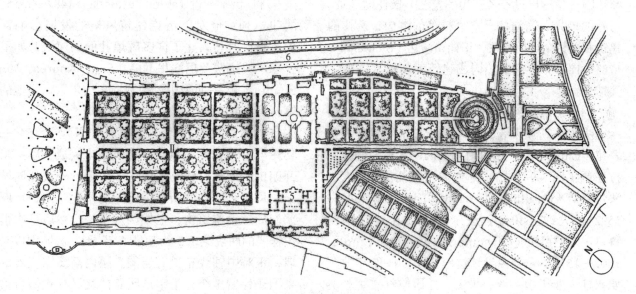

图3-7 美第奇庄园平面图

Ⅰ.顶层台地　Ⅱ.底层台地

1.潘西奥花园　2.矩形树丛植坛　3.草地植坛　4.方尖碑泉池　5.府邸建筑　6.沿古城墙的下沉园路

图3-8 罗马美第奇庄园中的底层台地

赏到300m开外博尔盖塞花园中葱郁的树丛，在视觉上感觉彼此之间浑然一体，互为借景。在这个狭小的用地中创造出如此完美、高雅的王宫府邸花园，显示出设计者高超的技艺。极佳的园址、巧妙的借景、简洁的元素、精美的雕像、宏伟的建筑和极具个性的松树，正如司汤达（Stendhal[①]，1783—1842）所说的，构成建筑美与树木美的完美结合。

（4）法尔奈斯庄园（Villa Farnese, Caprarola）

法尔奈斯庄园位于罗马以北70km的卡普拉罗拉（Caprarola）小镇附近，因此又称卡普拉罗拉庄园（图3-9）。园主是红衣主教亚历山德罗·法尔奈斯（Cardinal Alessandro Farnese，1545—1592），大约1540年，法尔奈斯委托建筑师贾科莫·维尼奥拉（Giacomo Barozzi da Vignola，1507—1573）兄弟俩设计这座庄园，1547年才开始兴建。亚历山德罗去世后，庄园归红衣主教奥托阿尔多·法尔奈斯（Cardinal Odoardo Farnese，1573—1626）所有，他又在庄园内增加了一座建筑和上部的庭园。

维尼奥拉是继米开朗琪罗之后罗马最著名的建筑师，曾在法兰西国王的宫中供职，又做过教皇朱利叶斯三世（Pope Julius Ⅲ，1487—1555）的建筑师。他对巴洛克建筑风格的发展影响甚大，并在罗马兴建了许多辉煌壮丽的建筑，如圣安娜·帕拉费兰尼埃里教堂（Sant' Andrea, Via Flaminia），平面采用了椭圆形。法尔奈斯是他的第一个大型庄园作品。

府邸由建筑师桑迦洛设计，兴建于1547—1558年。桑迦洛去世时，建筑尚未完成，后由米开朗琪罗接替。建筑平面呈五角形，外观如同城堡，是文艺复兴盛期最杰出的别墅建筑之一。府邸四周还设有壕沟，上架两座小桥。然后是中世纪样式的两块花坛，相互呈"V"形。庭园围以高墙，正对中轴线布置有岩洞。园内高篱围绕着的果园还保留至今，十字形园路的交叉处点缀着喷泉。中世纪风格的庭园与城堡般的府邸和谐而显得历史久远。

[①] 司汤达：原名马利-亨利·贝尔（Marie-Henri Beyle），19世纪法国杰出的批判现实主义作家。

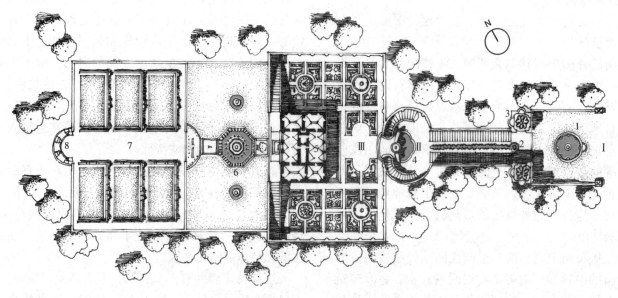

图 3-9　法尔奈斯庄园平面图

Ⅰ.第一层台地　Ⅱ.第二层台地　Ⅲ.第三层台地
1.入口广场及圆形泉池　2.坡道及蜈蚣形跌水　3.洞府　4.第二层台地椭圆形广场及贝壳形水盘
5.主建筑　6.八角形大理石喷泉　7.马赛克甬道　8.半圆形柱廊

在府邸建筑的背后，隔着狭长的壕沟，便是别墅花园的主体。这座后花园自成一体，当中还有一座二层小楼，是红衣主教避闹求静的居所。花园围绕着小楼，用地呈窄长方形，依地势辟为四个台层及坡道。

入口小广场的处理十分简洁，方形草地的中央有圆形泉池，墙外围绕着高大的栗树林。中轴两侧各有一座洞府，外墙以毛石砌筑，似乎是从岩石中开凿而成的。洞内有河神守护的跌泉，洞旁有亭可供小憩，并可欣赏入口小广场中的喷泉。中轴线上是宽大的缓坡，直伸向小楼，两侧有挡土墙夹道。缓坡的两侧分列着甬道，中间是呈蜈蚣形的石砌水台阶，流水潺潺夹带着水花，将人引向花园的第二层台地。两座弧形台阶环抱着椭圆形小广场，中央是贝壳形水盘，上方有巨大的石杯，珠帘式瀑布从中流出，溅落在水盘中。石杯左右各有一河神雕像，手握号角，倚靠石杯，形成水景与小楼的守护神（图 3-10）。

第三层台地布置成游乐性花园，以小楼为中心，周围是四块树丛植坛，两处喷泉结合骏马雕

图 3-10　法尔奈斯庄园中，由第二层台地仰望入口

像，使花园气氛更趋活跃。这一层台地是在山坡上垒起来的，三面设有挡土墙，并伸出地面形成矮墙，既限定了庭园空间，又可用作休憩的坐凳。墙上还有 28 根头顶瓶饰的女神像柱，使花园显得

更加精致耐看。

小楼两侧有台阶伸向顶层台地，扶栏上还有小海豚像与水盆相间的跌水。台阶下方还有小门通向园外的栗树林和葡萄园。小楼的背后是小平台，中央有八角形大理石喷泉，以卵石铺出精致的图案，两侧也有小喷泉。然后是对称布置的三层台地，均围以矮墙，过去的花坛现在改为简单的草地。中轴上是镶嵌马赛克的甬道，通向庄园顶端的半圆形柱廊。平面呈半边六角形设置了四座石碑，下为龛座、坐凳，上有半身神像、雕刻及女神像柱。园外高大的自然树丛，衬托得柱廊更加精美。

从布局上看，法尔奈斯庄园已开始采用贯穿全园的中轴线，将各个台层联系起来。庭园建筑设在较高的台层上，便于借景园外。虽然用地狭长，长宽比达到3:1，但各个空间比例和谐、尺度宜人。台层之间的联系精心处理，平面和空间上的衔接自然巧妙。大量精美的雕刻、石作，既丰富了景致，又活跃了气氛，同时也使花园的节奏更加明确。精雕细凿的局部处理，令人流连忘返。与休憩坐凳结合的矮墙、壁龛，体现出美观与实用相结合的设计原则。

（5）埃斯特庄园（Villa d'Este, Tivoli）

埃斯特庄园位于罗马以东40km的蒂沃利小城附近，坐落在一处面向西北的陡坡上。庄园用地紧凑，是一块面积约4.5hm^{2}的方形场地（图3-11）。

1549年，红衣主教伊波利托·埃斯特（Cardinal Ippolito Este, 1479—1520）竞选教皇失利，随后被保罗三世任命为蒂沃利的守城官。1550年，埃斯特委托维尼奥拉的弟子皮罗·利戈里奥（Pirro Ligorio, 1514—1583）为他建造府邸。建筑师贾科莫·德拉·波尔塔（Giacomo della Porta, 1541—1604），水工技师贺拉斯·奥利维埃里（Orazio Olivieri）也参与了建园工作。

利戈里奥是当时著名的建筑师、画家和园艺师，他吸收了布拉曼特、拉斐尔等人的庄园设计思想，强调以建筑师的眼光，运用几何学与透视学原理，将庄园设计成一个建筑般的整体，并追求均衡与稳定的空间格局。花园作为建筑的延伸与补充，理所当然地采用建筑设计手法。花园通常分为三个段落：相对平坦的底层台地、错落有致的系列台层组成的中层台地和顶层台地，由此引导人们拾阶而上，抵达山坡上的府邸。由于庄园四周景色优美，不宜过分突出某个方向的景色，因此庄园的中轴线并不十分强烈，各个空间与局部的构图都以正方形为基础。这些也是文艺复兴盛期意大利庄园的典型特征。

意大利夏季气候炎热，出于营造相对适宜的小气候环境的目的，花园布局都尽量朝北。为此，利戈里奥将原来朝向西北的地形做了较大改造，将西边的地形垫高，并兴建了高大的挡土墙，使庄园在整体上向北面倾斜。

埃斯特庄园共有六个台层，上下高差近50m。入口设在底层台地上，宽180m、纵深90m的矩形园地以三纵一横的园路划分出八个方块。两侧有四块阔叶树丛林，中间四块是树丛植坛，并在中央布置圆形喷泉，环绕泉池的细水柱在高大的地中海柏木背景下显得十分夺目，构成底层花园的视觉中心和贯穿全园中轴线上的第一个高潮。透过喷泉，在地中海柏木形成的景框中，沿中轴展开了深远的透视线，聚焦在远处高台上的"龙喷泉"（Fontana dei Draghi），汹涌澎湃的水柱形成中轴线上的第二个高潮。在水雾迷蒙的台地顶端上耸立着别墅建筑，仰望之下令人肃然起敬。在文艺复兴盛期，主教们的别墅往往建在庄园的最高处，控制着庄园的中轴线，也是主教们大权在握、高高在上的象征。然而就庄园整体气氛而言，由于大量树丛和喷泉的设置，又于庄严之中带有几分动人的情趣，严格的几何形构图并不显得过分严肃、呆板。而在底层花园的横向空间处理上，从中心部分的树丛植坛，到周边的阔叶丛林，再到园外的茂密山林，有强烈的人工化处理，逐渐向自然过渡，最终融于自然之中。

16世纪的版画显示底层花园的中央有两座十字形绿廊和凉亭，供人们在此驻足休息，欣赏四周美丽的花坛。两侧各有两个迷宫，实际只建成了西南边的两个方格。迷园外侧的数排树木阻挡住人们伸向园外的视线。

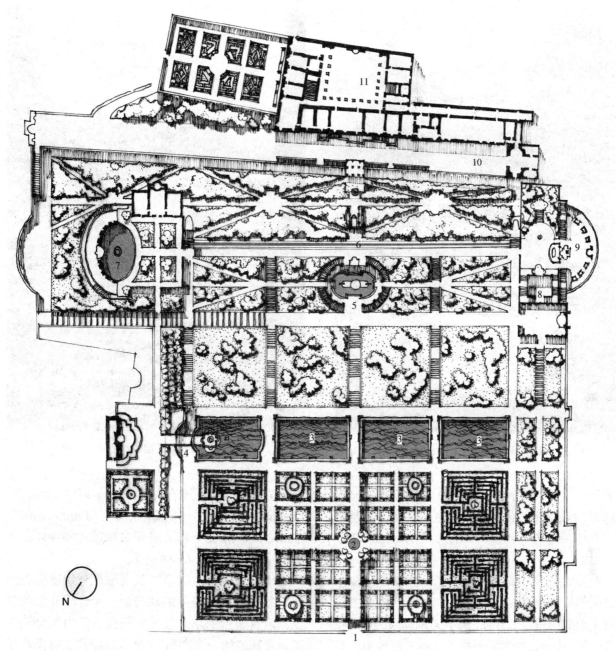

图 3-11 埃斯特庄园平面图

1. 主入口 2. 底层台地上的圆形喷泉 3. 矩形水池（鱼池） 4. 水风琴 5. 龙喷泉
6. 百泉台 7. 水剧场 8. 洞窟 9. 馆舍 10. 顶层台地 11. 府邸建筑

在底层花园的东南面，原设计有四个鱼池，也只建成三个。西侧的山谷边设计了半圆形观景台，强调以鱼池构成的第一条横轴，但最终未能建成。鱼池现在是一排矩形水池，池水如镜，映照出斜坡上树丛的倒影（图3-12）。东北端头呈半圆形，上方有著名的"水风琴"（Fontana dell'Organo），造型类似管风琴，利用流水挤压空气从管道中排出而发出声音，同时还伴随着机械控制的活动小雕像（图3-13）。水风琴的运用，反映出意大利文艺复兴盛期的造园家更加注重水的音

图 3-12 埃斯特庄园中矩形水池形成的横轴

图 3-13 埃斯特庄园中著名的水风琴

响效果，以及精湛的水工技艺和猎奇的设计心理。水风琴的轰鸣声，使庄园气氛更加热烈。这与中国园林中追求自然细腻的声音效果的做法大相径庭，反映出东西方人不同的园林情趣。

鱼池之后是三段平行的台阶，连接两层树木葱茏的斜坡，边缘饰以小水渠。当中台阶在第二层斜坡上形成两段弧形台阶，环抱着椭圆形的"龙喷泉"，构成全园的中心。紧接着的第三层台地上是著名的"百泉台"（Cento Fontane）（图 3-14）。约 150m 长、数米宽的台地上，沿山坡平行辟有三层小水渠。上方洞府内有瀑布直泻而下，落入水渠中，每隔几米就有多个造型各异的小喷泉，如方尖碑、小鹰、小船或百合花等，落入小水渠中。再通过狮头或银鲛头等造型的溢水口，落在下层的小水渠中，整体上形成无数的小喷泉。中轴上有称为"椭圆形喷泉"（Fontana dell' Ovato），边

缘有岩洞及塑像，还有模仿古罗马小镇"罗梅塔"（Rometta）兴建的"罗梅塔喷泉"（Fontana della Rometta）。浓荫下的大量喷泉和雕塑将百泉台装扮得绚丽多彩，令人应接不暇。

由百泉台构成的第二条横轴，与鱼池构成的第一条横轴产生强烈的动与静、闭合与开敞的对比。因百泉台的东北端地形较高，依山就势筑造了水量充沛的"水剧场"，高大的壁龛上有奥勒托莎雕像，中央是以"山林水泽仙女"像为中心的半圆形水池及间有壁龛的柱廊，瀑布水流从柱廊上方倾泻而下。百泉台的另一端也为半圆形水池，其后有柱廊环绕，柱廊前布置了寺院、剧场等各种建筑模型组成的古代罗马市镇的缩影，可惜现已荒废。

顶层台地上别墅建筑前的平台有 12m 宽，凭栏眺望，近可俯瞰庄园全景，远处丘陵上成片的

图 3-14 埃斯特庄园的百泉台

橄榄树林和连绵的群山尽收眼底。

埃斯特庄园以其突出的中轴线，加强了全园的统一感。并且沿着每一条园路前进或返回时，在视线的焦点上都有重点处理。埃斯特庄园还因丰富多彩的水景和音响效果而著称于世。这里有宁静的水池，有产生共鸣的水风琴，有奔腾而下的瀑布，有高耸的喷泉，也有活泼的小喷泉、溢流，还有缕缕水丝等；有动有静，动静结合的水景，在园中形成一曲完美的水的乐章。埃斯特庄园内没有鲜艳的色彩，全园笼罩在一片深浅不同的绿色植物中。这也为各种水景和精美的雕像创造了良好的背景，给人留下极为深刻的印象。

伊波利托去世后，庄园还是埃斯特家族的财产，由红衣主教鲁依基（Carinal Luigid' Este, 1538—1586）传至亚历山德罗名下。家族的最后一位继承人是埃尔科勒三世（Ercole Ⅲ Rinado d' Este, 1727—1803），以后为女儿玛丽娅和她的奥地利籍丈夫费尔南德公爵所有。1865 年起，著名音乐家李斯特（Franz Liszt, 1811—1886）曾在别墅中居住，直至 1886 年去世。第一次世界大战时，埃斯特庄园被意大利政府没收，此后成为国家财产。

（6）兰特庄园（Villa Lante, Bagnaia）

兰特庄园是保存最完整的 16 世纪中期庄园，位于罗马以北 96km 的维特尔博城（Viterbo）附近的巴涅亚（Bagnaia）小镇上（图 3-15）。园址是维特尔博城捐献给圣公会教堂（Epicopal Church）的，后来传给红衣主教乔凡尼·甘巴拉（Cardinal Giovan ni Gambera, 1533—1587），他用了 20 年时间才将庄园大体建成。后来，这座庄园因后租给兰特家族而得名。

1566 年维尼奥拉在建造法尔奈斯庄园的同时，又接受甘巴拉的邀请为他设计了这座夏季别墅，维尼奥拉也因此一举成名。

庄园建造在一处朝北的缓坡上，约 76m 宽、244m 长的矩形用地十分规整，面积仅 1.85hm^2。全园高差近 5m，设有四个台层。入口设在底层台地上，近似方形的露台上有 12 块图案精美的黄杨模纹花坛，环绕着中央石砌的方形水池，池中有圆形小岛和十字形小桥，四块水面中各有一条小石船。岛上又有圆形喷泉和铜像，四青年单手托着主教徽章，顶端是水花四射的巨星。整个台地上无一株大树，空间开敞而明亮（见彩图 5）。

别墅在第二层台地上，两座相同的建筑分列

图 3-15 兰特庄园平面图

Ⅰ.底层台地 Ⅱ.第二层台地 Ⅲ.第三层台地 Ⅳ.顶层台地
1.入口 2.底层台地上的中心水池 3.黄杨模纹花坛 4.圆形喷泉 5.水渠 6.龙虾状水阶梯 7.八角形水池

于中轴两侧，当中是菱形坡道。建筑背后是树阴笼罩的露台，在中轴上有圆形喷泉，与底层水池中的圆形小岛相呼应。两侧的方形庭园中有栗树丛林，挡土墙上有柱廊与建筑相呼应，柱间建有鸟舍。

第三台层的中轴上是长条形石台，中央有水渠穿过，可籍流水漂送杯盘，保持菜肴新鲜，称为餐园（Dining Garden）。这一手法延续了古罗马时期哈德良山庄内餐园的设计思想，与中国的曲水流觞有异曲同工之妙。尽端是三级溢流式半圆形水池，池后壁上有巨大的河神像。由此向上的斜坡上，两侧高篱夹道，当中是龙虾形状的水阶梯。水流顺龙虾的虾身和虾爪落下，汇至第三台层上的半圆形水池中（图 3-16）。

顶层台地的中央还有座八角形泉池，造型优美。四周环抱着庭荫树、绿篱和座椅。全园的终点是居中的洞府，用来存贮山泉，也是全园水景的源头。洞府内有丁香女神雕像，两侧为凉廊，廊外还有覆盖着铁丝网的鸟舍。

兰特庄园以水景序列构成中轴线上的焦点，将山泉汇聚成河、流入大海的过程加以提炼，艺术性地再现于园中。从全园制高点上的洞府开始，将汇集的山泉从八角形泉池中喷出，并顺水阶梯急下，在第三台层上以溢流式水盘的形式出现，

图 3-16 兰特庄园中龙虾形状的水阶梯

流进半圆形水池；餐园中的水渠在第三台层边缘呈帘式瀑布跌落而下，再出现在第二层台地的圆形水池中；最后，在底层台地上以大海的形式出

现，并以圆岛上的喷泉作为高潮而结束。各种形态的水景动静有致、变化多端，又相互呼应，结合阶梯及坡道的变化，使得中轴线上的景色既丰富多彩，又和谐统一，水源和水景被利用得淋漓尽致。别墅建筑分立两侧，也保证了中轴线上水景的完整与连贯。

（7）波波里花园（Boboli Gardens, Florence）

波波里花园位于佛罗伦萨城的西南角（图3-17）。原址属银行家吕卡·彼蒂（Lucca Pitti，1398—1472）所有，彼蒂家族是当时佛罗伦萨唯一能与美第奇家族竞争的大家族。1441年兴建了一座带有花园的府邸，称为"彼蒂宫"（Palazzo Pitti）。到1549年，彼蒂的后裔将府邸及土地出让给科西摩一世（Cosimo I，1519—1574），后者在此为西班牙裔妻子埃蕾奥诺拉·迪托莱多（Eleonola di Toledo，1522—1562）建造了这座庄园。

1550年，迪托莱多委托雕塑家特里波罗（Niccolo Tribolo，1500—1550）改建彼蒂宫后的花园。特里波罗去世时工程尚未完工，由雕塑家及建筑师巴尔托洛梅奥·阿曼纳蒂（Bartolomeo Ammanati，1511—1592）接替，直到建筑师兼舞台设计师贝纳尔多·布翁塔伦蒂（Bernardo Buontalenti，约1536—1608）才得以最终建成这一规模宏大的庄园。至于波波里的名称则来自原地主的姓氏。

波波里花园面积约60hm^2，由东、西两园组成，是美第奇家族拥有的最大、保存最完整的庄园。用地整体上呈楔形，南北短而东西长，并且东端长于西端。东园以彼蒂宫为起点，沿南北向主轴展开；西园的主轴呈东西向，与东园的轴线近乎垂直。

东园中轴以彼蒂宫南侧露台上的三叠八角形盘式涌泉为起点。露台下是洞府，洞内饰以雕塑及跌水。花园在府邸的南面展开，依地势布置成三层台地。底层是呈马蹄形的阶梯剧场，半圆形观众席由六排石凳组成，依地势而建，围合着中

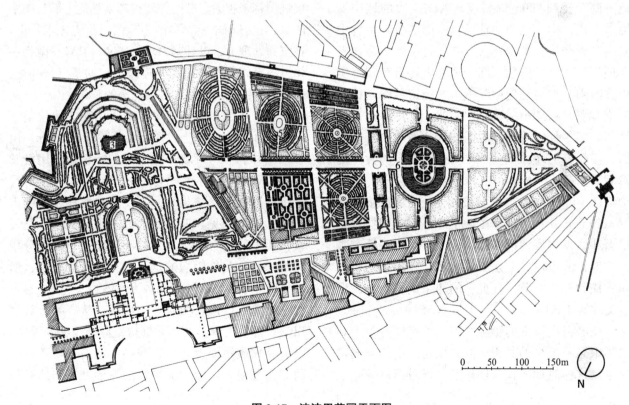

图 3-17　波波里花园平面图

1.府邸建筑　2.阶梯剧场　3.海神尼普顿泉池　4.马蹄形草地斜坡　5.丛林区　6.椭圆形水池

央大型水盘和方尖碑。剧场周边有栏杆，其间的壁龛中饰有雕塑。整形月桂篱和斜坡上的冬青形成阶梯剧场的绿色背景。

从阶梯剧场沿中轴线向南，穿过冬青夹道的斜坡，便是中层台地。中央有海神尼普顿（Neptune）①泉池，铜像是雕塑家詹波隆那（Giambologna②，1529—1608）的作品。四周围以马蹄形草地斜坡，构图与阶梯剧场相呼应。东部花园中轴线的端点是坐落在顶层台地上的大理石女神像，与彼蒂宫露台上的盘式涌泉遥相呼应。

沿女神像右侧拾阶而上，进入"骑士庭园"，中央有猿形铜像喷泉，以黄杨植坛结合高篱构成秘园气氛。东侧建有望景楼，此处因高出彼蒂宫40m，将美丽的佛罗伦萨城市景色尽收眼底。花园的南端便是佛罗伦萨的城墙。

西园因规模较大而坡度平缓，并没有采用台地的形式，而是在丛林间修建一条由东向西逐渐下降，长约800m的斜坡，两侧高大的地中海柏木夹道，构成东西向轴线。两侧的冬青密林中园路纵横交错，类似迷宫，并在每条路口都设有大理石像，便于辨别园路。丛林中还有菜园等实用性园圃。幽暗的地中海柏木林荫道尽端是称为伊索罗托（Isolotto）的柠檬园，使人感觉豁然开朗。在冬青树篱围绕的椭圆形池塘中央有座小岛，矗立着12位提坦神（Titans）之首的大洋神俄刻阿诺斯（Oceanus）；水中有宙斯之子、英雄珀修斯（Perseus）与埃塞俄比亚公主安德洛米达（Andromeda）的雕像；在泉池周围是描述尼罗河、恒河和幼发拉底河的雕像。池中有两座石桥和骑士群像，池边栏杆上摆放着栽植在陶盆中的柑橘和柠檬。开花时节，金黄色的花朵倒映池中，形成美妙的花岛。

在巴洛克风格的影响之下，洞府成为意大利园林中必不可少的景物。波波里花园中的岩洞建筑也是这一时期的代表性作品。正对洞口的是表现爱情主题的大理石雕塑，墙壁上以凝灰岩结合壁画描绘出牧羊人欢乐的生活场景，令人仿佛置身于世外桃源。可见，乡村景观和田园生活是意大利文艺复兴时期园林创作的蓝图之一。

3.4.3　巴洛克时期园林实例

（1）阿尔多布兰迪尼庄园（Villa Aldobrandini, Frascati）

阿尔多布兰迪尼庄园是教皇克雷芒八世的侄子、红衣主教阿尔多布兰迪尼（Cardinal Pietro Aldobrandini，1571—1621）的夏季别墅，庄园因此而得名（图3-18）。起初由建筑师波尔塔（Giacomo della Porta，1533—1602）在1598年开始建造，直到1603年由建筑师多米尼基诺（Domenichino，1581—1641）完成。水景工程由卡尔洛·封塔纳（Giovanni Fontana，1540—1614）和奥利维埃里（Orazio Olivieri）两人负责。

此时，园林艺术已居于各种艺术之首，园林不仅规模越来越大、空间伸展得越来越远，而且园中的景物也日渐丰富，渐渐表现出巴洛克艺术特征。在空间处理上，设计师力求将庄园与其背景融为一体，甚至将外部环境作为庄园设计的基点与补充，以期在构图上形成更加和谐完美的整体。

这座庄园坐落在亚平宁山半山腰的弗拉斯卡迪（Frascati）小镇上，西北距离罗马约20km。由于在山林和乡村环境中，庄园的标识性作用极其重要，府邸建造在山坡上，充分利用了环境特点，既将周围景色尽情借入，又使来自罗马方向的人们远远就能望见。府邸的前庭视野开阔，一览无余，两侧的平台上有迷人的小花园，布局十分华丽而巧妙。此外厨房的烟道移至平台的两侧，形成装饰性小塔楼，与府邸融为一体。

庄园入口设在西北方的广场，从广场上放射出三条林荫大道，两边的栎树修剪成茂密的绿廊。沿着斜坡缓缓而上，尽端的挡土墙前有马赛克饰面的大型喷泉。经两侧平缓的弧形坡道到达第一

---

① 海神尼普顿：希腊神话中尼尼微城的创造者。
② 詹波隆那：16世纪意大利著名风格主义雕塑家，美第奇家族的御用雕塑家，以风格主义的大理石雕刻和青铜雕刻闻名。

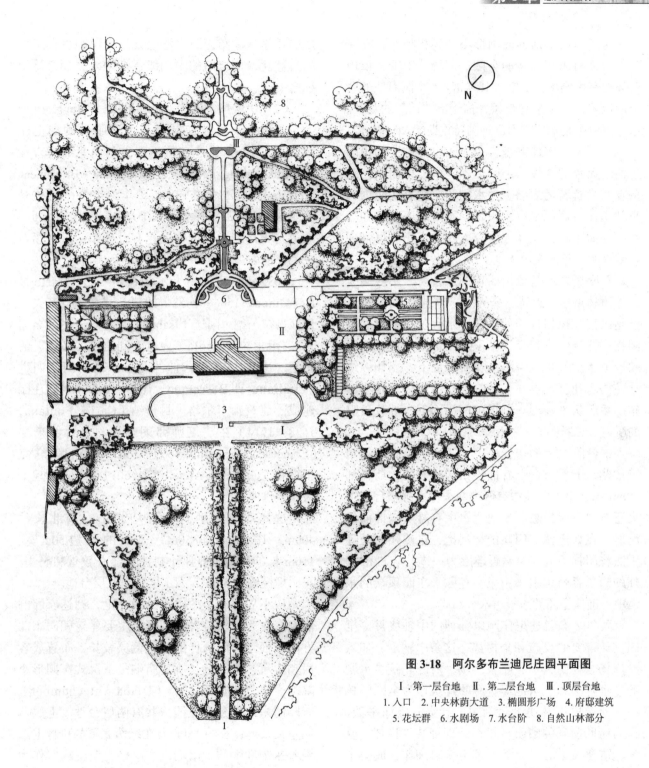

图 3-18 阿尔多布兰迪尼庄园平面图

Ⅰ.第一层台地　Ⅱ.第二层台地　Ⅲ.顶层台地
1.入口　2.中央林荫大道　3.椭圆形广场　4.府邸建筑
5.花坛群　6.水剧场　7.水台阶　8.自然山林部分

台层,沿路点缀着盆栽柑橘和柠檬,外墙上有小型喷泉洞府。再经一对弧形坡道到达第二台层。这两层坡道在府邸前围合出椭圆形广场,地面铺装和石栏杆都非常精美,挡土墙前还有大型洞府和雕像。在府邸两侧过去有花坛群,现只剩下一处,另一处改造成现在悬铃木树丛,呈梅花形种植的古树和绣球花、草地,构成尺度巨大、景色奇特的花台。

为了与府邸前的椭圆形小广场相呼应，在府邸的背面有下沉数步的半圆形广场，中轴上依山就势建有水剧场，装饰极其丰富。5个洞府般的壁龛中以丰富的水景和塑像，描绘出神话般的场景。中央洞府中是双肩捐天巨神阿特拉斯（Atlas）像，一侧的洞府中有潘神像，令人联想到愉快的田园生活。无数的水柱从半圆形水池中喷射而出，跌落在布满青苔的岩石上。水剧场左侧有庄园内的小教堂；右侧原来有水风琴，发出的声响忽如鸟叫，忽似雷鸣，设计之精令人叹为观止。可惜现在因水源缺乏已无声无息了。

水剧场之后是依山而建的水台阶，两侧高大的栎树林夹道，近宽远窄的空间增强了透视效果，这是巴洛克风格惯用的手法。水台阶顶端有两根圆柱，柱身以马赛克拼出家族纹饰，并且盘旋着螺旋形水槽，水流带着水花旋转而下，宛如缠绕立柱的水花环。再在水台阶上跌落出一系列小瀑布，然后从半圆形水剧场中倾泻而下，带着轰鸣的吼声（见彩图6）。

水台阶之后的水景处理同样显示出高超的水工技艺，上层露台上有描绘田园牧歌的帕斯托利（Pastori）泉池，池边有两个农夫像。顶层台地中央还有"乡村野趣"泉池，水中有凝灰岩饰面的洞府，宛如天然。四周山林环抱，自然式的处理手法将园林情调与自然野趣融为一体。从8km之外的阿尔吉特山引来山泉，存贮于庄园顶端的水池中，确保全园的水景用水。

阿尔多布兰迪尼庄园以强烈的中轴线贯穿全园，最重要的设施和景物都在这条中轴上，如入口广场、林荫大道、喷泉广场、府邸建筑、水剧场、水阶梯和贮水池等。府邸建筑作为全园的核心，前半段以林荫大道为主，感觉开敞而平淡，作为府邸前景的喷泉广场在地面铺装、栏杆、壁龛、雕塑及中心喷泉的处理上精雕细作，成为中轴上的一个景观高潮，在林荫道与府邸建筑之间起转承过渡作用。水剧场位于全园纵、横轴线的交汇点，华丽精巧的壁龛、雕像、泉池，结合跌水产生的音响效果，在花草树木的点缀下，产生丰富多变的空间效果，构成全园景色的高潮。随后的跌水、瀑布、贮水池等处理手法则由人工渐趋自然化，使全园的中轴线逐渐融入大片自然山林之中。

（2）伊索拉·贝拉（Isola Bella，Maggiore）

伊索拉·贝拉庄园是意大利唯一的湖上庄园（图3-19），建造在位于意大利西北部马吉奥湖（Lake Maggiore）中波罗米安群岛（Borromean Islands）的第二大岛屿上，离岸约400m，原先是美丽的岩石荒岛。在名为"母亲岛"（Isola Madre）的第一大岛屿上，过去也建有台地园，后来逐渐荒芜并消失。

1632年，庄园由卡尔洛伯爵三世（Carlo Ⅲ Borromeo, 1586—1652）始建，园名源自其夫人伊莎贝拉·德·阿达（Isabella d'Adda）的姓名缩写。"伊索拉"（Isola）为意大利语中"岛屿"的意思。直到1671年，他的儿子维塔利阿诺四世（Vitaliano Ⅵ Borromeo, 1620—1690）才将庄园建成。建筑师卡尔洛·封塔纳（Carlo Fontana, 1638—1714）在建筑师弗朗切斯科·博罗米尼（Francesco Borromini, 1599—1667）和乔万尼·克里维利（Giovanni Angelo Crivelli）建筑的台地上兴建了这座花园。

这座小岛东西最宽处约175m，南北长约400m，庄园长约350m。岛屿的西边50m宽、150m长的用地上有座小村庄，建有教堂和码头。花园规模约为3hm^2，人工堆砌出九层台地。

从小岛西北角的码头拾级而上，到达府邸的前庭。作为夏季避暑的别墅，主要建筑朝向东北方的湖面。向南延伸的建筑侧翼较长，布置成客房和收藏艺术品的长廊，南端是下沉式椭圆形小院，称作"狄安娜前庭"（Diana Antechamber）。府邸的东北侧建有花园，共有两层台地。上层台地呈长条形，长约150m，在绿荫笼罩的草坪上点缀着瓶饰和雕塑，南端以"海格力斯剧场"作为结束。剧场是高大的半圆形挡墙，正中是海格力斯力士像，两侧壁龛中有许多希腊神话中的神像。下层台地是精巧迷人的丛林。丛林和狄安娜前庭中都有台阶通向台地花园。

台地花园的中轴线对应着狄安娜前庭，但与

第 3 章 意大利园林

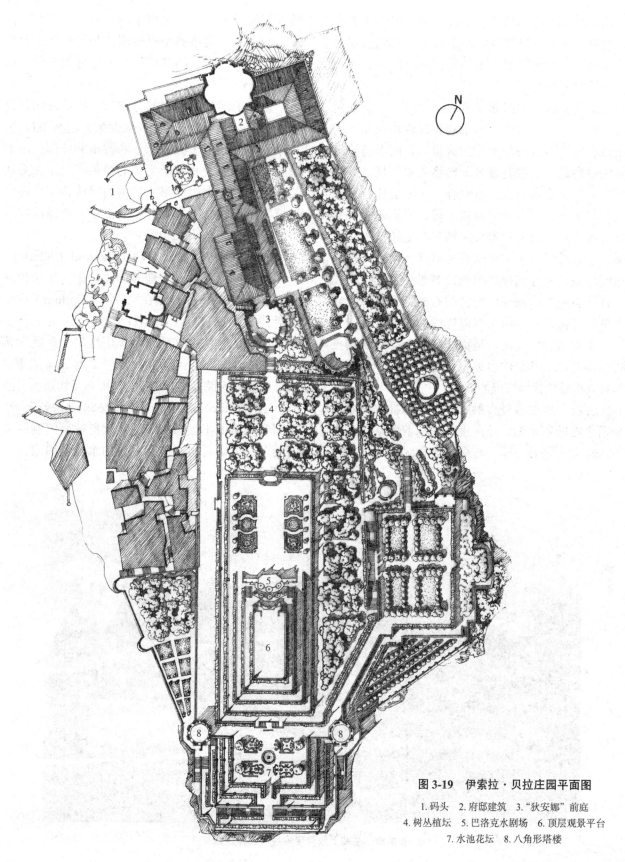

图 3-19 伊索拉·贝拉庄园平面图
1. 码头 2. 府邸建筑 3. "狄安娜"前庭
4. 树丛植坛 5. 巴洛克水剧场 6. 顶层观景平台
7. 水池花坛 8. 八角形塔楼

府邸东北侧的花园轴线呈一定夹角。因此在狄安娜前庭的南侧，以两座半圆形台阶将人们引向上层台地，巧妙地改变了方向感，从而形成全园更加连贯的中轴线。

狄安娜前庭的南面又有两层台阶，上层是树丛植坛。上方的台地上顺轴线布置两块花坛，两侧各有六棵高大的柏木作为背景。再向南是连续的三层台地，北端有著名的巴洛克水剧场，装饰着大量的洞窟和贝壳。石栏杆、角柱上还有形形色色的雕塑，上方矗立着骑士像，两侧是横卧的河神像。水剧场以石雕金字塔和镀金铸铁尖顶结束，十分辉煌壮丽。水剧场两侧有台阶通向顶层花园台地，站在花岗岩铺地的观景平台上，四周的湖光山色尽收眼底。平台的石栏杆上也耸立着大量的雕像。花园的南端以连续的九层台地一直下到湖水边，中间的台地面积稍大，有四块精美的水池花坛。其余的台地呈狭长形，以攀缘植物和盆栽柑橘构成绿宫般的外观。

底层台地中有较大的水池，成为抽取湖水供全园之需的蓄水池。花园南部的东西两端各有一座八角形小塔楼，其一作泵房之用。台地下方有贴近湖面的平台，也可作小码头停泊。花园东南角还有一个三角形的小柑橘园，北边的矩形台地上，沿湖采用精美的铁栏杆，由此可凭栏眺望母亲岛的景色。

置身于湖光山色中的伊索拉·贝拉庄园，充分展示了人工性花园台地和雕像装饰的精湛技艺。与其说是一处用于静心居住和游乐的花园，不如说是一座以建筑和雕塑为主的绿色宫殿。大量的装饰物充分体现出巴洛克艺术的时代特征。在大量植物的掩映之下，远远望去仿佛一座漂浮在湖中的空中花园（图3-20）。

（3）加尔佐尼庄园（Villa Garzoni, Collodi）

1633年前后，爱好建筑的罗马诺·加尔佐尼（Romano Garzoni）计划在柯罗第（Collodi）小城附近建造一座庄园（图3-21），邀请出生于吕卡（Lucca）的人文主义建筑师奥塔维奥·狄奥达蒂（Ottavio Diodati，约1569—？）设计，希望建成一个该地区的代表作。几年后，由弗兰切斯柯·斯巴拉（Francesco Sbarra，1611—1668）完成了台地花园和宽敞的半圆形入口。从狄奥达蒂绘制的平面图上，可以看出园中有大量的水池和喷泉。一

图3-20　在湖上欣赏伊索拉·贝拉庄园

第3章 意大利园林

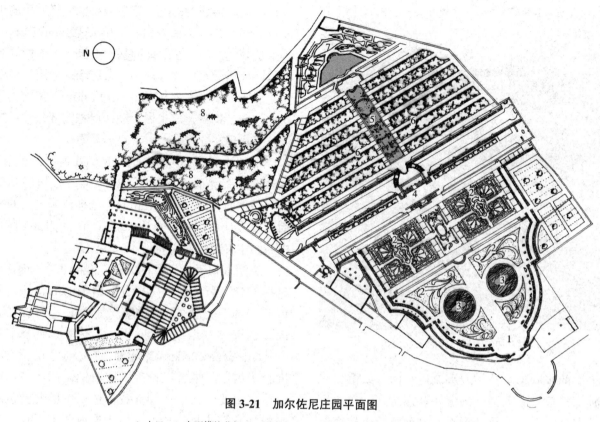

图 3-21　加尔佐尼庄园平面图

1.入口　2.大型模纹花坛　3.圆形水池　4.大台阶　5.带状跌水瀑布　6.甬道
7."法玛"神像及半圆形水池　8.树林

个世纪后，罗马诺的孙子才将花园最终建成，并延续至今。

在庄园的入口外，放置了花神弗洛尔（Flore）和吹奏芦笛的潘神，迎接各方游人。进入花园后，首先看到的是色彩缤纷的大型模纹花坛①。花坛中有两座圆形水池，池中种有睡莲，点缀着天鹅塑像，中央一束水柱高达10m。受当时盛行的法式园林影响，花坛由盛开的鲜花和整形黄杨组成，构图不再强调严格对称，更加注重植物装饰的色彩和形态对比效果，以及芬芳的植物气息。同时，园中处处装饰着以各色卵石镶嵌的图案和以黄杨造型的各种动物，营造出轻松活跃的花园气氛。

第一段花园以大型的三层台阶为结束，两侧布置磴道。体量巨大的三层台阶有着纪念碑式的效果，与水平向的模纹花坛形成强烈对比。在台阶的挡墙上以马赛克形成色彩丰富的花丛装饰图案，壁龛中点缀红色陶土人像。护栏的图形也很复杂，色彩对比强烈。第一级台阶是棕榈树笼罩的小径；第二级台阶两侧的小径旁点缀大量的雕像，一端有花园保护神波莫娜（Pomona）雕像，另一端是树荫笼罩下的小剧场（图3-22）。

这三层台阶处在花园纵、横轴线的交汇点，在整体构图中起主导作用。然而，大台阶并非将人们引向别墅建筑，而是沿着花园中轴布置了带状的跌水瀑布。中轴的顶端是象征罗马城的法玛神像（Fama），一束水柱从号角中喷薄而出，跌落

---

① 模纹花坛：此种花坛是以色彩鲜艳的各种矮生性、多花性的草花或观叶草本为主，在一个平面上栽种出种种图案来，看去犹如地毯，又称毛毡花坛。

图 3-22 加尔佐尼庄园的三层台阶

在下方的半圆形水池中。水流逐渐向下跌落，在中轴上形成一系列涌动的瀑布和小水帘。在法玛像的背后过去建有惊奇喷泉，以细小的水柱突然射向宾客，取悦于人。这一部分花园现已荒弃，但是在迷园中还保留着这种喷水游戏。

花园的上半部有片树林，中轴上仿佛是从天而降的瀑布，两边是等距离排列的水平甬道。林中有两条园路通向府邸，一条穿过竹林，另一条从迷园中穿过。竹林中有座跨越山谷的小桥，这里景色幽静迷人，桥栏上有马赛克镶嵌的图案和高大的景窗，构成一幅幅美丽的画卷。

加尔佐尼庄园设计将四周的乡村景色、文艺复兴时期佛罗伦萨地区的吕卡式花园风格，以及渐渐兴盛的巴洛克风格三者相融汇，造园手法非常独特。简洁的结构和质朴的空间是意大利园林的经典手法；四季花开不断的盛花花坛，起着重要的装饰作用；在造园要素和细部处理方面，都表现出巴洛克风格的影响，在一定程度上反映出轻浮暧昧，甚至矫揉造作的时代特征。

（4）冈贝里亚庄园（Villa Gamberaia, Settignano）

冈贝里亚庄园位于佛罗伦萨以东的塞梯涅阿诺小村附近。14世纪之前，这里原有一处修道院的小农场。1618年，富商查诺比·拉彼（Zanobi Lapi）购下这处地产后，在原址的基础上修建了典型的佛罗伦萨风格的小庄园，规则式布局均衡稳定。一个世纪后，卡波尼家族（Capponi Family）家族买下这座庄园，别墅建筑未做大动，但花园部分经过扩大，形成现在的规模（图3-23）。

第二次世界大战期间，庄园遭到严重毁坏，以致渐渐荒芜而面目全非。1954年，建筑师马赛洛·马尔西（Macello Marchi）依据庄园过去的平面图及设计草稿加以重建，前后用了六年的时间。以后园主又对别墅建筑做了一些改动。

庄园入口设在别墅的北侧，稍稍偏离中轴线，显得十分隐蔽。别墅南边有一组美丽的花坛。而17世纪的平面图显示，这里原是鲜花盛开的果园。现在的模纹花坛是19世纪末由罗马尼亚公主吉卡（Giovanna Ghyka）重建的。精心修剪的黄杨篱围合成植坛，结合以精美的卵石铺砌的小径，构成全园主要的景观空间。黄杨植坛中盛开着色彩鲜艳的月季花丛，与黄杨植坛形成强烈对比。花坛围绕着四个矩形水池布置，点缀着盆栽柠檬树，整体上形成既有装饰性，又有着宁静气氛的空间效果。庄园中轴线的顶端是小型绿荫剧场，舞台处是半圆形睡莲池，侧幕由高大的整形柏树构成。柏树篱遮挡住人们伸向园外的视线，后来的园主在树篱上开出数个拱门，形成框景，从中望去，壮观的托斯卡纳丘陵景色尽收眼底。

花园东侧有条逾10m宽、300m长的带状草坪，贯穿全园，一端伸向庄园边的观景台，可眺望四周漫山遍野的油橄榄林和葡萄园，在视觉上将庄园内外连成整体。

草坪带的另一端是称为帕拉托庭园（Prato's Garden）的花园，过去是由柏树围合的庭园。现在的庭园空间，一面是别墅的侧墙，另一面有饰以各种圆雕图案的高大挡墙，极富装饰性和韵律感。庭园完全是在山坡上开挖的、类似洞府的空间，地面是精美的卵石铺装，点缀着大量卵石、页岩镶嵌或陶制的塑像，以及以春夏季为主的各色花卉装饰，还有小喷泉带来的动感和湿润，将原来的

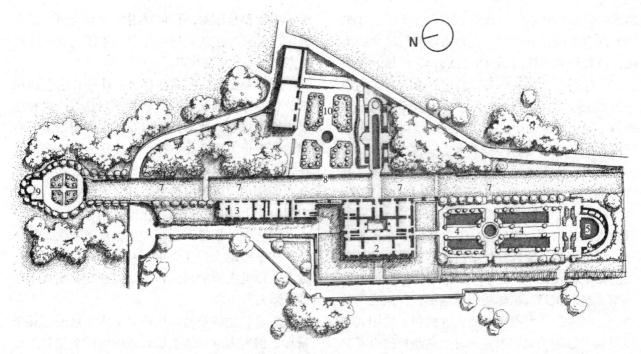

图 3-23　冈贝里亚庄园平面图
1.入口　2.别墅建筑　3.附属建筑　4.矩形水池　5.半圆形睡莲池　6.绿荫剧场
7.带状草坪　8.挡墙　9.喷泉　10.柑橘园

建筑死角，营造成精美而富有活力的小庭园。

小庭园两侧有台阶，拾阶而上进入一片栎树林。这片树林既是庭园的背景和控制点，又为小花园带来一些自然气息。与栎树林相邻的是柑橘园，园中点缀着许多盆栽柠檬和柑橘，配以夏季盛开的花卉和芳香植物。柑橘园边又有一片栎树林作背景，穿过树林便是帕拉托庭园的尽头，平面呈卵圆形，末端有座小岩洞，洞顶矗立着海神尼普顿雕像，周围古柏参天，挺拔的树姿与水平的草地形成强烈对比，将人们的视线引向辽阔的天空。

冈贝里亚庄园规模不大，以布局巧妙、尺度宜人、气氛亲切、光影变换的效果为特色。采用含蓄的而富有象征性的手法，全园构图简洁而均衡，并形成一系列视线深远的景观画面，因而成为托斯卡纳地区具有代表性的花园之一。

3.5 意大利式园林特征

意大利台地园的产生受到其独特的气候条件、地理景观、文化艺术和生活方式等方面的巨大影响。

文艺复兴时期的人文主义者，向往罗马人的生活方式，渴望西塞罗所倡导的田园生活情趣。他们纷纷涌向自然风景秀丽、环境舒适宜人、生活条件便利的城郊乡村，营造别墅庄园。意大利文艺复兴园林的特征，就是从这些别墅庄园中产生的。

3.5.1 相地选址

16世纪后半叶的意大利庄园多建在郊外的丘陵坡地上，在府邸前留有开阔、可供眺望的远景。为了营造出稳定而均衡的庭园空间，园林顺山势辟成多个台层。连续几层台地的格局，形成意大利式园林的结构特点，并被形象地称为意大利台地园。随着时代的发展，意大利台地园在内容和形式上也在不断演变，但在布局上始终保持着一贯的特色。

意大利园林显得与自然非常近，犹如伸进自

然景色之中的建筑阳台或观景平台。庄园设计采用严谨对称的几何构图，并利用过渡与渐变的手法，使整形式园林与园外的自然相互渗透，逐渐过渡，达到对立统一的艺术高度。由于意大利庄园的规模通常不是很大，有必要引入园外的自然景色。通过借景的手法，起到开阔视野、扩大空间感的作用。

意大利造园家偏爱地形起伏很大的园址，并善于利用地形的变化，创造出激动人心的效果。台地的布局与地形紧密结合，花园覆盖在山坡上，就像大地的衣服一样贴切。不仅庄园中重要轴线和视线的安排，而且台地的设置和规模，甚至花坛的布置和坡道的形状等，都受到原地形的制约。别墅建筑的布局，也要兼顾与地形、台地之间的吻合。同时，巨大的地形变化也削弱了规则式花园单调呆板的感觉。因此，意大利园林的设计方法，从一开始便要求将平面布局与竖向设计结合起来，做到统筹兼顾。

3.5.2 庄园布局

意大利人喜爱户外生活，建造庄园的目的是获得景色优美、安宁静谧、有益健康的宜居环境。在庄园中，除了必要的居住建筑外，还要有满足户外活动的各种设施。因此，意大利园林的突出特点之一，就是注重使用功能。哪怕是再小的庭园空间，也有其存在的合理性及必要性，适合某个时刻或季节，娱乐、休憩或散步。

花园是作为别墅建筑的室外延续部分来建造的，是户外的厅堂。庄园的设计者多为建筑师，他们善于以建筑的眼光来看待自然，用建筑的手法来处理花园，用几何形体来塑造庭园空间。因此，意大利庄园是运用台地、植物、水体、雕塑和建筑等造园要素，以形成一个协调的建筑式整体。

在总体布局上，意大利庄园大多采取中轴对称的形式，显得均衡稳定、主次分明、变化统一、尺度和谐，完美地体现出古典美学原则。自毕达哥拉斯和亚里士多德以来，美就是比例的和谐的观点在欧洲占据统治地位，和谐的内部结构是对称、均衡和有序的，是可以用数学和几何关系来确定的。只有建筑式庄园布局，才能完整地体现出意大利人的审美观点。

府邸是庄园内的主体建筑，往往作为全园构图的核心，也是观赏四周景色的制高点。根据庄园用地的规模、地形条件以及园主的身份等，府邸的位置也有所变化。在教皇的庄园中，府邸往往位于庄园的最高处，显得雄伟壮观，起到控制全园的作用，体现出教皇至高无上的权力；置于中间台层上的府邸，前后花园环抱，建筑易于融入花园之中，显得亲近随和；在规模较大，且地形比较平缓的大型庄园中，府邸往往设在底层台地上，接近庄园的出入口，交通便捷，临近城市的庄园大多如此。

花园的总体布局，往往自下而上地展开逐个景点，引人入胜；从上层台地中可回头俯视下层台地的景色；及至顶层台地，放眼望去，近处花园景色历历在目，远处山峦田野、城市风光尽收眼底，令人心旷神怡。借景是意大利园林重要的布局手法之一，不仅起到扩大空间的作用，而且将园外的自然景色引入庄园，使府邸建筑、规则式花园向自然景色逐渐过渡，使人工与自然完美地结合。甚至为了强调花园向自然的过渡，并起到扩大花园空间感的作用，设计师往往利用视觉原理，营造出空间更加深邃的透视效果。后期的意大利园林在巴洛克风格的影响下，往往在细部装饰、雕塑小品、水工技艺等方面刻意求新，使其绚丽夺目，但也导致整体效果的明显下降。

在平面布局上，意大利园林采用严谨对称的手法，以纵横交错的轴线进行空间划分。通常有一条明显的主轴线，形成主次分明的空间格局。府邸建筑大多位于中轴线上，或对称排列在中轴两侧，也有位于庄园横轴上的。早期的庄园中还没有贯穿各台层的轴线；中期的庄园开始出现一条明显的主轴线，贯穿全园；后期的巴洛克式庄园中轴线的感觉更加强烈，并出现放射状的轴线形式。

中轴线上的景观也渐趋丰富，变化多端。园

内的主要景物，如喷泉、水渠、跌水、水池等水景，以及雕塑、台阶、挡土墙、壁龛、宝坎等石作，主要集中在中轴线上。水景通常成为联系全园的纽带，兰特庄园就是以一系列的水景，形成全园中轴线上的主景，并贯穿各个空间的佳例。

由不同类型的景点构成的不同景观轴线，使花园具有多层次的变化效果。埃斯特庄园有两条平行的横轴与中轴线相垂直，底层花坛台地的横轴以平静的水池构成，百泉台构成以喷泉为主的另一条水景轴，两者既变化又统一，丰富了庄园的层次；兰特庄园以一条轴线纵贯全园，景点完全集中在中轴线上；相反，罗马的美第奇庄园建筑轴线与花园的轴线是相互独立的，纵横各有三条轴线是相互交织，缺乏明显的主轴线，显得比较平淡。而波波里花园因用地不规则，以两条近乎垂直的主轴线将东西两园串联起来；西园布局围绕着主轴线对称布局，以花坛、泉池、露台为面，园路、阶梯、瀑布为线；泉池、园亭、雕塑品为点，点线面结合，强化了全园的对称性结构。

3.5.3 造园要素

在意大利庄园中，植物、水体和石作堪称造园的三大要素，以此在别墅建筑与周围的景色之间建立一系列的过渡空间，将人工与自然融合在一起。

（1）植物

西方园林中对植物材料的运用主要有三种目的：一是出于生产，如实用性菜园、果园和花园等；二是出于造景，注重植物的观赏特性；三是作为建筑材料，以植物塑造空间。早期的花园大多作为栽培植物的场所，如柱廊园和花园绿洲。即使是在古希腊园林中，植物塑造空间的用途也很重要。随着园林艺术的发展，欧洲人逐渐将园林作为一个整体，而不是孤立地对待园林中的植物。

在意大利园林中，植物主要是作为建筑材料来使用的，将植物塑造的空间作为建筑空间的附属或延伸，以求庄园与周围环境相结合。由于夏季气候炎热，园林色彩不宜强烈，故以常绿植物为主，沿园路和围墙密植，并修剪成绿廊或绿墙；台地上满是整形黄杨或柏树围合的方格形植坛。以大果柏木（*Cupressus macrocarpa*）和冬青栎（*Quercus ilex*）为材料的高大树篱，显得紧实匀称，通常作为雕塑和喷泉的背景，偶尔也用于衬托色彩鲜艳的盛花花坛。

园中边缘往往有树丛（Bosco），常以地中海柏木（*Cupressus sempervirens*）与意大利松（*Pinus pinea*）为主，既作为别墅和花园的背景，又成为人工花园与园外自然的过渡空间，并构成优美的花园的轮廓线。在巴洛克时期，庄园中盛行开辟林荫大道，两侧列植高大的乔木；笔直挺拔的中轴路，将庄园与自然连接起来。在道路的交叉点设有雕像或喷泉，既突出了节点景观，又标识出几何形路网的严谨性。

① 植物造型（Opus Topiarum，或 Topiary）将植物修剪成人工形状的植物造型艺术起源于古罗马，在西方园林中十分盛行。它不仅是基本的园艺修剪技术，而且是有装饰性和象征性的艺术。古罗马人就已在庭园内设置露天剧场，一般以草坪为舞台，用整形树篱作背景，称为绿荫剧场。随后发展为将植物修剪成锥体、柱状或螺旋状等几何形体，作为庭园的装饰；并逐渐发展到组成园主或设计师的名字、各种人物及动物造型等，甚至构成狩猎或船队等复杂形体。

从中世纪到文艺复兴，植物造型艺术在西方园林中盛行不衰。18世纪将其形象地称为"树木理发艺术"，园艺师则更喜欢称之为"树木石工"或"树木雕塑艺术"。植物雕刻在石雕价格相对低廉的意大利，以及法国的皇家园林里并不普遍，相反在植物繁茂、石工昂贵的荷兰和英国则更加普及，尤其是在17世纪末至18世纪初的英国园林中盛极一时，这也是后来风景式园林倡导者主要的攻击和挖苦对象。

适宜作为植物造型材料的植物种类有欧洲黄杨、紫杉、迷迭香、冬青和柏树等。意大利园林往往将树木从根到梢都修剪成各种形体，现存的实例大多是整形紫杉，因其生长缓慢，一旦成形便长久不变。也有水蜡、欧洲黄杨和迷迭香等作为整形材料的，最为流行的是孔雀造型。

②丛林（Bosco） 来自于将自然中神秘的树林世俗化，并设计为庄园一部分的思想。在意大利文艺复兴时期的园林中，树木是打破几何形园林构图的机械呆板感觉、形成花园与自然融合的重要元素。丛林通常是由一种常绿树木构成的林地，林间浓荫蔽日，树干、枝叶的形状以及地面的投影，都不断变幻，神秘莫测。典型的例子是佛罗伦萨附近的冈贝利亚庄园靠近别墅建筑的丛林。丛林后来在法国式园林得到进一步发展，成为园林中重要的游乐部分，在构图上也与花园融为一体。

③绿廊（Arbour） 是指植物修剪整形而成的凉亭、游廊（Gallery）等。中世纪庭园中，整形植物构成的栅栏、围墙等逐渐发展衍生，形成意大利园林中长长的游廊或绿色隧道。在15世纪末至16世纪初的庭园中，常常以游廊将庭园的三面围合起来，或是将庭园纵横分割成4块园地。绿廊的处理手法多种多样，形式变化丰富。既有直线形，也有曲线形的；或高或低；绿墙上开窗或完全封闭的；配以一棵或几棵树，根据庭园的规模和在园中的位置而定。

④迷园（Labirenthe） 以植物营造迷宫的手法始于古罗马，最初是一条最终通向中心点的简易曲径。在中世纪的寺院和教会的大理石铺地上，常嵌有迷宫图案；在草坪上也常描绘有迷宫的图形。植物迷园是最常见的形式。虽然在阿尔伯蒂的《建筑十书》中并没有提到它，但是在文艺复兴式样的园林中，迷园几乎是不可或缺的附属物。意大利文艺复兴时期建筑师菲拉雷特（Antonio Arerlino dittoil Filarete，1400—1469）在《建筑论》（Trattato di Architectura，1451—1464）一书中提及，他在佐加里亚（Zogalia）国王的花园中设计了一座迷宫，成为第一个在设计中采用迷宫的建筑师。16世纪，术语"迷园"和"迷宫"差不多才可以互换，并真正确立其在花园中的地位。表面看来，曲折而复杂的迷园是玩弄运气的游戏，追求设计上标新立异等外在特性；实际上，迷园反映的经过反复摸索才能走入正道的观念，是设计者有意识地将花园的组成部分转变成追求时代精神的呼吁，这正是文艺复兴时期享乐主义者园林所追求的休闲乐趣的真正意义。

⑤盆栽 在意大利园林中，盆栽植物是作为装饰材料来使用的。种植在大型陶盆中的柑橘、柠檬等果树，摆放在花园的角隅或园路两旁。柑橘园是意大利园林中常见的局部，绿色的枝叶和金黄的果实，以及富有装饰性的陶盆，都起到点缀园景的作用。由于柑橘类植物通常不能露地越冬，因此在柑橘园内往往伴有温室建筑。

（2）水体

虽然自然中的水体是变化无定型的，然而在西方园林中，由于总体布局呈几何形格局，池泉与水景亦大多采用整形式设计，以取得与整体的协调。水池的形状一般呈方形、矩形、圆形、椭圆形、多角形等，位于庭园中心，或正对主体建筑、庄园入口等。水流从山坡上奔泻而下，顺着水槽、水台阶、水渠逐级落下，在石阶的边缘形成厚薄均匀的水帘；或者通过水工机械使水柱从水面中喷薄而出，形成壮观的喷泉。

在意大利园林中，水是独立的造园要素。水景之间彼此联系，形成变化有致的整体。由于建造在山坡上，动水因而成为意大利园林水景的主要形态。法国古典主义造园家布瓦索认为："水既可在干旱时灌溉植物，也是营造庭园的凉爽不可或缺的。特别是流水，在庭园的装饰上起了重要作用。唯有生动活泼的流水，才是生气勃勃的庭园的灵魂。"奔腾的流水给花园带来了动感及活力，闪烁的光影和变幻的声响，如同园林的血脉，在园林中营造出勃勃生机。

喷泉是西方园林中最常见的水景。在中世纪庭园中，喷泉的形式与色彩已经相当丰富，成为庭园的中心装饰物。喷泉的样式完全随着建筑样式的变化而改变，逐渐由罗马式发展到哥特式，再到文艺复兴样式。在文艺复兴时期，喷泉成为庄园中最重要的景观元素，甚至可以说，喷泉就是意大利式园林的象征。喷泉设计也完全从装饰效果出发，并在喷泉上饰以雕像，或进行雕刻，形成雕塑喷泉。喷泉与雕像相结合，更加烘托出亦真亦幻的效果。

常见的类型为支柱承托一至数个圆形或多边形水盘，整体呈塔形的盘式喷泉，最上层水盘中喷出水柱，笼罩着雕像；也有不做水盘的群像喷泉。罗马城就以众多的巴洛克风格的喷泉而著称。喷泉都采用石材，喷头装上青铜的雕像。题材多为神话中的神、英雄或动物，并根据雕像来命名喷泉。

安装在挡土墙上的壁泉也是意大利园林中常用的喷泉形式。既有凸出于挡土墙上的各种面具喷水口，也有从挡土墙凹进去的壁龛内的喷水。壁龛中也设置雕像，水从雕像中喷出。

瀑布是指一系列的小跌水，水流漫过岩石或砾石而下。既有天然形成的，也有人工营造的。通常利用天然的水流和斜坡，往往选择在溪流处；也有利用水泵提水、模仿天然形态的瀑布。具有天然小瀑布的地方，往往是造园时的首选之地。蒂沃利的埃斯特庄园便利用阿涅内河的瀑布营造的。园林中的小瀑布常常采用阶梯的形式，称为"水阶梯"或"水台阶"，如卡普拉罗拉的法尔奈斯庄园中的水阶梯。

巴洛克时期的设计师，特别喜爱玩弄水技巧，想方设法营造所谓的"水魔术"（Water Magic），令人有耳目一新之感。常见的有水剧场、水风琴、"惊奇喷泉"（Surprise Fountain）等形式。

水剧场是利用水力表现各种戏剧性效果的水景设施，从挡土墙开挖进去形成壁龛，里面有水工装置，能利用落水发出风雨声、雷鸣声或鸟兽的鸣叫声；水风琴是利用水流通过管道，发出类似管风琴般音响效果的水工装置；惊奇喷泉平常不喷水，只有当人靠近时，水柱会突然喷出并淋人一身，使人感觉惊奇而有趣。还有秘密喷泉是将喷水口隐藏起来，但能使人感到周围透出的凉意，而不是淋人的游戏性设施。

（3）石作雕塑

文艺复兴时期的园林，以及后来更加精致的巴洛克式园林和洛可可式园林，都有着精巧的石制泉池。在文艺复兴式花园和17世纪的整形式园林中，都有大量的石作和石刻作品，可以找到精湛的石工、喷泉和雕塑等石作范例。

① 石作　西方园林在总体设计上，始终以建筑为中心，花草树木、水体雕塑等景物，都是依附于建筑的。无论西亚花园，还是希腊柱廊园，建筑轴线都是园林设计的主要依据。

西方的古典园林设计大都出自建筑师之手，他们把花园看作是建筑的延伸，并以园林艺术来加强建筑艺术。不但用建筑引出的主轴线，或者从建筑派生出来的次轴线左右着花园的布局，甚至整个花园都以"建筑"的原则来营造。按照建筑手法，把树木、花卉布置成几何图案，甚至把树冠修剪成几何形体，高度发展了树木造型艺术，以此作为主体建筑与周围自然的过渡，求得艺术与自然的和谐。这就是所谓"几何式"或"建筑式"园林的由来。

在花园中，不光植物要"建筑化"，而且所有的花坛、园路、水池、喷泉等，都要依轴线而定。园林艺术实际上成了建筑艺术的直接延伸。此外，还把一些建筑要素渗透到花园里，将府邸建筑与花园"锁合"在一起。这些园林小品除了洞府、雕塑、喷泉、水池外，还包括台阶、平台、挡土墙、花盆、栏杆、廊或亭子等，统称为石作。

园林中的石作在功能上大体可以分为三类。

第一类是园中的构筑物，如台地、台阶、铺地、园门、围墙、栏杆等，构成花园的基本地形或围护设施，像台地就是设置建筑物、喷泉、水池和树林的场所。在意大利文艺复兴时期，由于多在郊外的山坡上建园，首先就得修建台地，形成著名的台地园式样。台地往往是欣赏下面花坛和园外自然景色的观景台，与开敞明亮、鲜艳多彩的花坛相反，是由苍翠茂盛的树木覆盖着的清凉蔽日的场所。

意大利人善于运用各种大理石，形成很有特色的园路铺地。通常在建筑附近使用硬质铺地材料，而在较远的地方使用柔软的草地，舒适宜人。

第二类是点景的小品，如岩洞、雕塑、壁龛、石柱、柱廊、喷泉、水池等，构成花园局部的中心景物，以此来模糊府邸与花园这两种内外生活空间上的区别。园中除石柱和雕像以外，置放雕像的壁龛是最常见的石作。它从墙上开挖进去，用以陈列雕像、瓶饰、洗礼盆等物品。在意大利文艺复兴时期，以及后来的古典主义时期，园中多采用半圆形的壁龛，顶部饰有贝壳状的凹槽。

15世纪时，洞府成为意大利园林中主要的景观元素之一。洞府通常布置在花园边缘最富野趣的地方，意味着以人工为核心的花园向自然风景过渡的转折点。典型的布局手法，是经过整形绿篱构成的迷宫，然后到达洞府。洞府象征着神灵活动的场所，也是花园中最神秘、最核心的部分，就像内心深处的心脏一样。

这种使人畏惧的洞府环境，通常有意识地运用张开大嘴的怪兽塑像来加以渲染。在这一时期，出现了各种稀奇古怪的惯用手法，如用贝壳、矿物、水晶和奇形怪状的石头，对洞府的墙壁进行装饰，将整个洞府变成一个幽暗的、有魔力的海底景观。洞府的墙壁上装有镜子，以便将阳光或火把的亮光反射到洞府幽暗的纵深处。在布满青苔的墙壁上，有水滴缓慢滴入地面上的水池里，发出清脆的水声。

在意大利文艺复兴式花园以及巴洛克花园里，这些使人感到神秘、甚至恐惧的洞府，却是自然景观的象征，在花园体现的精神上有着重要意义。到18世纪初，洞府逐渐失去那些恐惧的形象，成为纯粹的装饰性元素。其中部分原因在于当时的花园时尚转向田园风光，采用古代的雕塑、庙宇、墓碑和遗址等来装饰园林。

第三类是游乐性建筑，如洞府、娱乐宫、宴会厅、塔楼、园亭等。娱乐宫（Casino）是庄园中的主体建筑之一，供家庭成员和宾客休息、娱乐之用。也有一些娱乐宫则从主人的兴趣出发，以艺术品的收藏、展示为目的，特别用于收集从古代遗址中发掘出的艺术品。因此娱乐宫本身一般规模宏大，十分华丽，成为园中主景。保存下来的娱乐宫有不少作为美术馆对外开放。

宴会厅、塔楼和园亭等常有同样的作用，用石头砌筑，华丽而坚固，建于台地的一角或围有河渠的庭园一角。塔楼是具有凉亭的形式，又可眺望四周景色的建筑物。

② 雕塑　意大利文艺复兴时期的庄园大多坐落在山坡上，向周围的乡村炫耀着美景。一方面花园的规模扩大了许多，另一方面地形变化复杂，设计师运用连续的石作台地、大理石喷泉和石台阶组成花园对称有序的格局。以岩石构成的硬质景观，既满足了砌墙造台的工程技术要求，也成为花园中适宜展示雕像的背景，从而使散布在意大利风景里的古代遗迹和古典雕塑，在花园中得以复活。

欧洲古代的雕刻以石雕为主，并且与建筑的关系密不可分。因此，在建筑主宰一切的西方园林中，雕塑的地位十分突出。不仅用于装饰花园中的建筑，而且常常或与喷泉相结合，或独立地布置于花园中，形成局部景点的构图中心。文艺复兴时期，雕塑已成为意大利园林的重要组成部分。这一时期最早的一些园林就是为展示雕塑而设计的，并且雕塑的陈列方式对花园的结构产生一定的影响。

虽然雕塑在园林中的运用有多种方式，但是它所表现的形象主要是人体，或者是拟人化的神像。一方面，西方自古希腊以来就有着崇尚人体美的艺术传统；另一方面，借助神像和神话传说，可以表达人类渴望的超自然神力。因此，人始终是雕塑要表达的主题思想。为了创造出人与神合一的天堂乐园，雕塑在西方园林中广为布置，或者置于小广场中央作为景观构图的中心；或者放在园路的交叉路口；或者放在喷泉水池之中。

文艺复兴时期的意大利园林表现出这一时代特有的意大利人的精神和意识。园林是一种以自然材料，如植物、水体、山石等创作的艺术品，同时又是户外的沙龙，供人们在此交际、娱乐、避暑、休养、沉思。造园的目的就是为人们创造优美的生活环境。

小　结

到中世纪末期，随着工场手工业和商品经济的发展，在封建制度内部逐渐形成了资本主义生产关系，封建制度逐渐分崩离析。随着资本主义的发展，新兴的资产阶级要求与之相适应的政治思想和文化艺术，因此，以重振古代文明雄风，再现希腊、罗马文化艺术为宗旨的文艺复兴运动在欧洲蓬勃兴起，开辟了一个对人们的知识和精神空前解放与创造的新时代。文艺复兴运动也促使西方人的自然观再次产生变革，人们开始摒弃宗教的经院哲学，并歌颂自然美和人的精神价值，将人作为世界的中心和主人。

文艺复兴时期的意大利人像他们的祖先古罗马人那样，将造园看作是享受自然风景和开展户外活动的乐事。他们将庄园建造在风景秀丽的乡村或自然环境之中，视园林为宅邸在自然中的延伸，是人工美向自然美的过渡。因此，他们一方面将自然要素引入庄园；另一方面使庄园中的自然要素人工化，形成建筑、花园、山林、田野或城市之间的巧妙过渡。

由于地理位置和自然条件的影响，意大利庄园大多建造在丘陵山坡上，一方面便于因借四周的美景；另一方面利用清凉的海风形成宜人的园林环境。依附于山坡的台地式园林是文艺复兴时期意大利庄园的典型形式，并在社会变革和艺术发展的影响下产生了人文主义、风格主义和巴洛克式等园林风格。在新的艺术思想冲击下，意大利文艺复兴园林由盛而衰，并最终走向没落。

意大利文艺复兴园林揭开了西方近代园林艺术发展的序幕，是规则式园林运用于丘陵山地的典型样式，将依山而建的地形特点和对称严谨的美学思想相结合，使人工营造的园林景色与周围的自然美景相互渗透，层层过渡，达到对立统一的艺术高度。在意大利庄园中，植物、水体、石作等造园要素巧妙结合，构造出舒适宜人的"户外厅堂"。随着文艺复兴运动遍及整个欧洲，意大利园林艺术在欧洲各国产生了广泛而深刻的影响，成为16世纪上半叶至17世纪上半叶统帅整个欧洲的造园样式。

思考题

1. 意大利台地式的产生受到哪些因素的影响？
2. 意大利文艺复兴园林的发展分为几个时期？
3. 在各个时期有哪些代表人物及作品？这些作品有哪些不同特点？
4. 以埃斯特庄园和兰特庄园为例，分析台地园的布局和空间特色。
5. 意大利文艺复兴园林有哪些造园要素？在不同时期有哪些变化？
6. 借助意大利园林谈谈自己对人工美和自然美的认识。

第4章 法国园林

4.1 法国概况

4.1.1 地理位置（图 4-1）

法国位于欧洲西部，国土近似六边形，濒临北海、英吉利海峡、大西洋和地中海四大海域。东北与卢森堡和比利时接壤；西北隔英吉利海峡与英国相望；西濒大西洋和比斯开湾；南临西班牙、安道尔和地中海，地中海上的科西嘉岛（Corse）是法国最大岛屿；东与意大利、瑞士和德国交界。边境线总长度为5695km，其中海岸线为2700km，陆地线为2800km，内河线为195km。国土面积551 602km², 人口6140万人。

4.1.2 自然条件

法国全境分为三大地质区：即海西地块带，包括阿登山地、孚日山脉（Les Vosges）、中央高原和阿摩里卡丘陵（Armorican Massif）；北部与西部平原，包括巴黎盆地、卢瓦尔平原、阿基坦盆地和阿尔萨斯平原；南部和东南部山地，包括比利牛斯山脉、汝拉山脉（Jura）和阿尔卑斯山脉，以及临近狭长的索恩河（Saone River）和罗纳河（Rhone River）平原。

高度在300m以下的低海拔地区约占国土面

图 4-1 法国地理位置图

积的2/3。巴黎盆地位于中央高原以北和西北，有塞纳河及其支流流经。比利牛斯山脉绵亘450km，形成法国和西班牙两国之间的天然屏障。汝拉山脉伸入瑞士境内，最高峰内日峰（Piton des Neiges）高1723m，位于法国境内。阿尔卑斯山脉的勃朗峰高4807m，是欧洲的最高峰。位于这些山脉之间的是索恩河和罗纳河盆地，向南延伸到罗纳河三角洲。

法国的水系由东北的孚日山脉南段，向南部中央高原延伸的大分水岭所决定。多数向西流的河水，包括塞纳河（776km）和卢瓦尔河（Loire River，1010km），均起源于这个分水岭。

受大西洋气候、地中海气候和大陆性气候的影响，气候温和。除山区和东北部的阿尔萨斯外，冬季一般温暖。西北地区的气候特点是各月温差变化较小，湿度极大，雨量适中（1900mm）且常有大风。巴黎盆地的气候受海洋性和大陆性气候的交叉影响，年平均气温约11℃，年平均降水量约585mm。东南部地区为海洋性气候，其特点是冬季温和，春秋季多雨，夏季干旱，冬季刮强劲干冷的北风。地中海之滨的尼斯，1月平均气温8℃，只有几天的霜冻期。全国平均降水量从西北往东南由600mm递增至1000mm以上。

法国约60%的土地适于耕种，有着世界上最好的谷物种植区，全国可耕地的一半用于种植谷物，主要为小麦和玉米。中北部地区是谷物、油料、蔬菜、甜菜的主产区；西部和山区为饲料作物主产区；地中海沿岸和西南部地区为多年生作物（葡萄等水果）的主产区，占地虽有限，但在农业总产值中却占20%以上。森林约占土地面积的1/4。在树种分布上，北部以栎树、山毛榉为主；中部以松、白桦和杨树为多；而南部则多种无花果、橄榄、柑橘等。

开阔的平原、众多的河流和大片的森林不仅构成法国国土景观的特色，也对其园林风格的形成具有很大的影响。

4.1.3 历史概况

约公元前200年，主要为凯尔特族（The Celts）[①]的高卢（Gaul）[②]人，从莱茵河谷开始向南和西南迁移，进入今天的法国和意大利北部。公元前121年，罗马人开始对高卢进行征服。公元前58—前50年，凯撒大帝完成了此项功业，高卢从此在罗马统治下达到完全罗马化。

罗马的衰落使高卢沦为日耳曼人侵略的对象。到5世纪末，撒利法兰克人（Francs Saliens）占领了卢瓦尔河以北地区；西哥特人（Visigoth）[③]攫取了阿基坦和普罗旺斯（Provence）地区，而罗纳河谷地区则被勃艮第人（Baurgogne）所控制。6世纪时，撒利法兰克人在墨洛温王朝（Merovingian Dynasty[④]，481—751）统治下，在高卢大部分地区取得了霸主地位。至8世纪，大权落入加洛林王朝（Carolingian Dynasty[⑤]，752—987）之手，其最伟大的人物是查理曼（Carolus Le Grand，742—814）。9世纪初，查理曼帝国已统治西欧大部地区，但在他死后帝国即陷于分裂。843年后，查理曼帝国最西部的土地成为西法兰克王国（Francie Occidentale）。987年加洛林王朝的最后一位国王去世，于格·卡佩（Hugues Capet，941—996，987—996在位）成为西法兰克王国国王。

卡佩王朝（Dynastie des Capétiens）[⑥]虽然一开始表现软弱无力，却能一直延续至1328年，王室领地包括除佛兰德、布列塔尼、勃艮第和阿基坦以外的法国绝大部分疆土。腓力二世（Philippe Ⅱ Auguste，1165—1223，1180—1223在位）统

---

① 凯尔特族：第一批为盖尔人，是苏格兰、爱尔兰人的祖先，使用盖尔语。第二批为属凯尔特人的不列颠人，是威尔士人的祖先。不列颠遂成为联合王国国名的主体部分。
② 高卢：古代西欧地区名，分为两大地区：山南高卢，或称内高卢，即阿尔卑斯山以南到卢比孔河流域之间的意大利北部地区；山北高卢，或称外高卢，即阿尔卑斯山经地中海北岸，连接比利牛斯山以北广大地区，相当于法国、比利时以及荷兰、卢森堡、瑞士和德国的一部分，这一地区通常也泛称高卢。公元前6世纪时，高卢的主要居民为凯尔特人，罗马人称之为高卢人。
③ 西哥特人：欧洲古代民族，4世纪后期受匈人压迫移居罗马帝国境内，后起义反对罗马帝国。
④ 墨洛温王朝：统治法兰克王国的第一个王朝。相传以创立者克洛维祖父法兰克人酋长墨洛维的名字命名。
⑤ 加洛林王朝：是自751年统治法兰克王国的王朝。在此之前，其王朝成员以宫相的身份涉理王国朝政。在751年，加洛林家族取代墨洛温家族，正式坐上法兰克王国的王位。
⑥ 卡佩王朝：法国封建王朝。因建立者于格·卡佩而得名。其历代国王通过扩大和巩固王权，为法兰西民族国家奠定了基础。

治时期，国王的权力得以加强，封建制度得到巩固，并从英国人手中夺回了诺曼底。这时，手工业和商业也得到相应的发展，城市产生了新的活力，都城巴黎的市政设施也有所改善。路易九世（Louis Ⅸ，1214—1270，1226—1270 在位）是卡佩王朝时期最著名的统治者，他以基督统治者自居，维持城乡秩序、统一币制。从 13 世纪始，法国人口不断增长，城市工商业繁荣，文化也有了较大发展。

1328 年，王位落入瓦卢瓦的腓力六世（Philippe Ⅵ，1293—1350，1328—1350 在位）之手，随后发生了英法之间的"百年战争"（Guerre de Cent Ans，1337—1453 年），其间还夹杂着内乱及鼠疫危害。战后瓦卢瓦王朝（Valois Dynasty①，1328—1589）在法国的统治地位愈加巩固，英国则除加来（Calais）外，失去在法国的全部领土。至 15 世纪末，勃艮第和布列塔尼均纳入瓦卢瓦王朝版图，疆界已大体与现代法国相同。

15 世纪末，法国又开始了与意大利之间历时半个世纪的交战，最后失败而归。但是，1494—1495 年查理八世的"拿波里远征"（Campagne d'Éggpte），虽然在军事上无所建树，但在文化方面却硕果累累，法国人由此接触到意大利的文艺复兴运动。15 世纪后期，路易十一（Louis Ⅺ，1423—1483，1461—1483 在位）建立了比较稳定的军防，王权有所加强。弗朗西斯一世远征意大利并取得胜利，受到教皇在博洛尼亚的迎接，并献给他拉斐尔所绘的圣母像。一时之间，国王宫廷辉煌灿烂，群贤毕至，使法国进入文艺复兴盛期。

16 世纪时，基督教新教传遍整个法国，引起若干次宗教战争（1562—1594）和内战。新教徒（胡格诺派，Huguenot）与天主教徒之间的战争，终于酿成 1572 年 3000 名胡格诺派教徒惨遭屠杀的悲剧。在以后的动乱中，波旁王朝（Dyrastie des Bourbons）纳瓦拉（Navarre）的亨利四世（Henri Ⅳ，1553—1610，1589—1610 在位）取得王位。亨利四世是一名新教徒，最终为实现和平，皈依了天主教。他于 1598 年颁布的《南特敕令》（Édit de Nantes），给胡格诺派教徒以相当大的宽容。至此才基本结束了宗教冲突，稳定经济，使法国再度复兴。

17 世纪的欧洲，是一个动荡和变革的时代。法国正经历着国家统一和加强王权的阵痛，整个欧洲也是战火纷飞。路易十三（Louis ⅩⅢ，1601—1643，1610—1643 在位）统治时期，在首相黎塞留（Cardinal Richelieu，1585—1642）的辅佐下励精图治。黎塞留担任首相达八年之久，他加强了军队建设，协助国王平定多次贵族叛乱，使政局趋向于稳定。同时大力发展经济，使国力日益强盛。不但使法国在欧洲复杂的势力角逐中获得了优势地位，而且通过抑制国内显贵和促进商业发展而走向国家统一的道路。

1643 年，年仅五岁的路易十四（Louis ⅩⅣ，1638—1715，1643—1715 在位）继承王位，开始了其长达 72 年的执政历程，将其父辈奠定的基业进一步推向辉煌。

路易十四执政初期，由太后安娜（Anne d'Autriche，1601—1666）摄政，由前任首相黎塞留推荐的马扎然（Jules Mazarin，1602—1661）掌控了大权。马扎然出生于意大利，37 岁时加入法国籍，此时却身兼红衣主教、首相、国王的教父和太后的情人。马扎然致力于集中权力的做法引起巴黎高等法院的不满，后者要求实行君主立宪政治，削弱国王和首相的权力。在遭到皇后镇压后，激起了更大规模的群众运动，史称"第一次投石党之乱"（First Fronde，1648—1649）。路易十四被迫与母后一起逃往圣日耳曼昂莱（Saint Germain en Laye）。在国家岌岌可危之时，幸亏孔代亲王②率军护驾，才使国王和太后度过危机。

不久，居功自傲的孔代亲王因与马扎然争夺

---

① 瓦卢瓦王朝：14～16 世纪统治法国的封建王朝。1328 年法王查理四世死后，因卡佩家族嫡系无男嗣，由卡佩家族的旁支瓦卢瓦伯爵查理之子腓力六世继承王位，建立瓦卢瓦王朝。
② 孔代亲王：法国波旁王朝时期的贵族称号。这一称号仅为孔代家族所专有。从血缘上讲，孔代家族是波旁家族的旁系。

地位而再度起兵反叛，爆发了"第二次投石党之乱"（Second Fronde，1650—1653）。孔代占领巴黎后，路易十四和太后再次逃亡。后因孔代无法收拾残局而失去信任，国王和太后才得以再度入主巴黎。两次暴乱和流亡生活给年少的路易十四留下了很深的心理阴影，促使他日后把掌握绝对权力视为政策的中心。

1653年，投石党叛乱结束后，路易十四亲掌大权，并重新召回了马扎然。马扎然帮助路易十四确立了法国的强大地位，并成为法国历史上最能干的首相。临终前，马扎然建议路易十四不再设立首相，实行国王大权独揽的政策。1661年，马扎然去世后，路易十四开始真正的亲政。他吸取投石党之乱的教训并接受马扎然的建议，逐渐树立了绝对君主的权威。

在政治上，路易十四宣布废除巴黎和地方高等法院讨论国王敕令的权力，并停止召开全国三级会议，通过把各地贵族集中到凡尔赛宫（Château de Versailles）的做法，削弱地方权贵势力，任命中产阶级领袖担任政府重要官职。他亲自主持国务会议、政务会议和财政会议，并掌握最终政策的决定权。

财政方面，路易十四以贪污腐化之名，惩治了马扎然任命的财政大臣福凯（Nicolas Fouquet, 1615—1680），任命科贝尔（Jean-Baptiste Colbert, 1619—1683）为财政总监。后者实行一系列经济改革，为法国确立了现代国家的基本格局。

在军事上，路易十四重整军队，并开始扩张。当时的目标是夺取西班牙属地以及与英国、荷兰、德国和西班牙组成的联盟对抗，在争夺地盘的同时，确立法国在欧洲的中心地位。通过这些战争，法国获得了前所未有的地盘和实力，路易十四也在1680年被巴黎高等法院正式宣布为"大帝"（Le Grand），成为名副其实的"太阳王"（Le Roi Soleil）。

通过对内加强王权，对外显示军力，路易十四奠定了法国君主集权与王国相统一的政治格局，从此法国左右了欧洲政治走向和势力均衡。

4.2 法国文艺复兴园林概况

法国人在接触意大利文艺复兴运动之前，园林还处于寺院或贵族庄园高大的墙垣及壕沟的包围之中，规模狭小、空间封闭、形式简单。典型的布局方式是以十字形园路或水渠将园地等分成四块，中心及园路端点布置水池、喷泉或雕像。植物造型艺术在庭园中十分流行，修剪成几何形，甚至鸟兽形象的常绿植物，成为庭园重要的装饰物。园中常设有葡萄架、绿廊、凉亭、栅栏、墙垣等小品，起到分隔空间、美化庭园的作用。

据记载，国王查理五世（Charles V，1338—1380，1364—1380在位）在圣保罗宫（Château de Saint-Paul）的花园，周边建有绿廊，并在四角形成凉亭。园内以绿廊、矮墙将园地分隔成数个方格形草坪，有凉亭遮盖的水井和圆形泉池等装饰物，还有动物角、回纹形迷宫等游乐设施。

此时，园中的观赏植物种类日渐丰富，常见的花卉有鸢尾、百合、月季，观赏树木有梨、李、月桂、核桃等，还有各种芳香植物。

15世纪，身世显赫的勒内一世（Rene I，1409—1480，兼普罗旺斯和皮埃蒙特伯爵、巴尔及安茹公爵等爵位，1435—1442年为那不勒斯名义上的国王，1431—1453年为洛林公爵）建造了几座花园。由于他曾几度陷入囹圄，深感人世浮沉，最后退隐田园。因此在造园中追求超凡脱俗的境界，成为欧洲中世纪园林的特例。

勒内一世在安茹（Anjou）的拉伯梅特（La Baumette）园建造在一处高地上，四周景色尽收眼底。这座花园一反规则式传统，采用自然式布局。园内是大片林地和盛开的缀花草地，只是沿着主园路种有行列树。从美因河引水在园中形成喷泉和鱼池，并浇灌树木花草。园中有来自东方的香石竹，并在槛中圈养小动物。自然野趣和借景园外使这座花园独具特色。

勒内一世在普罗旺斯的加尔达纳（Gardanne）建造的花园坐落在山坡上，采用了台地形式，以笔直的林荫道伸向台地上方的府邸。园内也有河流、泉池、各种动物和大量的植物。从府邸中俯视周围的山河田野，令人心旷神怡。

15世纪末，当法国园林还在谨小慎微的摸索中发展之时，意大利文艺复兴园林经过近1个世纪的发展，已经欣欣向荣，有着较高的艺术成就了。随着文艺复兴运动逐渐遍及整个欧洲，意大利园林也渐渐对欧洲各国产生潜移默化的影响。

史学家将1494—1495年法国军队入侵意大利的拿波里远征，看作是法国文艺复兴运动的开端。在这场战争中，法国虽然在军事上遭到惨败，但在文化艺术方面却收获丰硕。入侵意大利的查理八世和随员们，为意大利的文化艺术品，尤其是王公贵族美丽的府邸花园所深深地折服了。尽管意大利园林尚未发展到极盛时代，但是与法国相比，这些花园规模更大，更富有生活情趣，足以令法国贵族心驰神往。查理八世难以抑制对意大利花园的喜爱之情："园中充满了新奇美好的东西，如果有亚当和夏娃，那简直就成人间天堂了。"

查理八世不仅从意大利收罗了大量的文化艺术品，而且带回了22位意大利工匠，将他们安置在都城安布瓦兹（Amboise），其中有造园师迈柯利阿诺（Pacello da Mercoliano，1455—1534），他随后为查理八世在宫殿边修建了一座由方格形花坛组成的花园。

路易十二（Louis XII，1462—1515，1498—1515在位）登基后将都城迁至布卢瓦（Blois）。1500—1510年，迈柯利阿诺为路易十二在宫殿的西面修建了一座花园，有三层台地，各由高墙围绕，十分封闭，互相之间缺乏联系。只有中层台地为纯观赏性的，十格花坛成对布置，以花卉和药草作图案。台地边缘建有绿廊，中间突出穹顶木凉亭，亭下是三层大理石水盘。

1501—1510年，红衣主教安布瓦兹（Cardinal Amboise，1460—1510）在盖甬（Gaillon）建造的府邸花园，也是由迈柯利阿诺设计的。花园同样是高墙围合，共有三层露地，分别是菜园、花园和大型果园。游乐性花园设在中层台地上，由方格形花坛组成。其中两格做成迷宫，其余为绣花纹样，以碎瓷片和页岩为底，十分精致；中央有栅格式凉亭，装点着盘式涌泉。

16世纪初期的法国文艺复兴式花园，虽然出自意大利造园师之手，可是在整体构图上逊色于意大利花园。一方面是由于法国人接触意大利文化不久，理解得还很肤浅；另一方面带回的意大利造园师水平也不很高。因此，在法国文艺复兴初期的园林并没有显著的进展，由或大或小的封闭庭园所组成的花园，在构图上不仅与府邸之间毫无联系，而且各台层之间也缺乏联系，还没有意大利式花园中著称的台阶和坡道。加之法国花园的地形变化也平缓很多，台地高差不大，效果不很显著。

此时，法国人对意大利文艺复兴运动的热情不断高涨。许多意大利造园师到法国从事造园活动，同时有更多的法国人去意大利学习。然而，崇尚独创精神的法国人并未全盘接受意大利花园，意大利的影响主要表现在造园要素和手法上。

首先，园中建筑元素的装饰作用受到重视，由建筑师设计的石作，如凉亭、长廊、栏杆、棚架等，代替了过去由园丁制作的简陋木格子小品，偶尔也用雕塑作装点；其次，园中出现了模纹花坛（Parterres de broderie），但图案比较简洁；最后，意大利园林中常见的洞府、壁龛也传入法国，大多是因借地形，从挡土墙开挖进去。洞府常正对园路端点布置，作为园路的对景，内设雕塑或神像，洞口饰以拱券或柱式。也有以天然岩石堆叠而成的洞府，里面装饰着钟乳石、石笋等。或者洞内壁泉潺潺落下，或者洞前小溪缓缓流过，充满寂静神秘的气氛。与洞府类似的还有隐居所（Hermitage），实际是用于祈祷的小礼拜堂，往往设置在幽静的花园深处。

在建筑风格上，还保留着中世纪城堡的角楼、高屋面和内庭院的形式。花园仍然处在建筑围合的庭院中，亲密而简朴。城堡四周也保留着水壕沟的做法，不过水面提高了，装饰性也随之增强，成为法国园林中典型的水体处理手法，并与水渠、运河等水系相结合，形成壮观的水镜面般的水景。

弗朗西斯一世统治时期，法国步入文艺复兴盛期，建筑和园林艺术得到极大发展。许多意大利著名的建筑师，如维尼奥拉（Giacomo Barozzi da Vignola, 1507—1573）、罗素（Rosso Fiorentino, 1495—1540）、普里马蒂乔（Francesco Primaticcio, 1504—1570）、塞里奥（Sebastiano Serlio, 1475—1554）等应邀来到法国，对法国建筑师如皮埃尔·莱斯科（Pierre Lescot, 约1515—1578）、德劳姆（Philibert de l'Orme, 1500—1570），以及雕塑家古戎（Jean Goujon, 1510—1568）等人产生了深刻的影响。这一时期的代表作是弗朗西斯一世的两座大型宫苑：始建于1524年的尚蒂伊宫苑（Les Jardin du Château de Chantilly）和始建于1528年的枫丹白露宫苑（Le Jardin du Château de Fontainebleau）。

16世纪上半叶，法国园林仍然没能完全摆脱中世纪的痕迹。表现在构图上，花园与府邸之间缺乏整体感。府邸大都位于花园的角隅，位置很随意；花园的空间分隔也显得呆板。不过在水景和植物造景方面，逐渐形成一定的样式；而且花园养护良好，显得很精致。

16世纪中叶，随着专制王权得到进一步加强，在艺术上要求有与中央集权的君主政体相适应的审美观点。此时，意大利园林已发展成熟，许多著名的庄园业已建成，对法国园林的演进起到更强的示范作用。因此，随着一批杰出的意大利设计师来到法国，以及在意大利学习的法国设计师结业回国，意大利园林的影响显得更加广泛而深刻。不仅体现在花园的局部处理及造园要素上，而且在庄园的布局上，要求将花园与府邸作为一个整体来设计。

府邸不再采用平面不规则的封闭式堡垒形式，而是将主楼、两厢和倒座（指住宅建筑群中最前边，一进院落与正房相对而立的建筑物，通常坐南朝北）围绕方形内院布置。主厅布置在主楼的二层中央。主次分明，中轴对称，采用柱式，建筑风格趋于庄重。花园纯粹是观赏性的了，通常布置在府邸的后面，从主楼的脚下开始展开。花园的中轴线与府邸的中轴线相重合，采用对称式布局。为了取得整体效果的统一，府邸和花园常常由建筑师统一设计。

1550年，留意归来的建筑师德劳姆，为亨利二世（Henri Ⅱ, 1519—1559, 1547—1559在位）的情人狄安娜·德·普瓦捷（Diana de Poitiers, 1499—1566）兴建的阿奈府邸花园（Château d'Anet），是第一个将府邸与花园结为一体的设计作品。虽然府邸周围仍有水壕沟环绕，但是宽阔的水面上产生清晰的倒影，将花园景色拉进府邸。在视觉上建筑与园林非但没有被隔断，相反是更好地结合在一起了，突出了水面的造景和联系作用。由德劳姆设计的花园中，有24格种植花卉、蔬菜和香料植物的园地，环绕建筑回廊，起到遮阴避雨作用。周边各有两座白色大理石喷泉。花园以后由埃蒂安·杜贝拉克（Etienne du Perac, 1535—1604）、雅克·莫莱（Jacques Mollet, ?—1595）和克洛德·莫莱（Claude Mollet, 1563—1650）进行改造。

杜塞尔索（Du Cerceau）一家三代都是著名的建筑师，在16~17世纪中叶的近百年当中，在法国享有盛誉，对法国的建筑及园林都有相当的影响。雅克·安德鲁埃·杜塞尔索（Jacques Androuet du Cerceau, 1515—1585）是建筑师、装饰艺术师和版画家，曾在意大利学习、旅行，深受意大利的影响。1560年，他为费拉拉公爵夫人勒内（Renée du France, 1510—1575）建造了蒙塔邱庄园（Le Jardin du Château de Montargis）。

1560年，杜塞尔索在卢瓦兹（L'Oise）河谷的山坡上兴建的凡尔诺伊（Verneuil）庄园，采用了中轴对称式构图，意大利式园林的特点更加明显。府邸建在庄园的最高处，前庭还以起装饰作用的雉堞墙围合，从府邸中引伸出花园的中轴线。花园分成高低两部分：依坡而建的台地上有16格图案各异的盛花花坛，使府邸建筑一览无余；府邸与两侧的林荫道从三面围合着花园，在视线上使庄园的构图更加完整。坐落在山坡下的花园被水渠分割成三座岛屿，构成美丽宜人的临水空间。最大的岛上有一对方格花坛，两端是杜塞尔索惯用的树丛；另两座长堤状岛屿笼罩在林木之中，中央建有木凉亭等建筑小品。此外，还有几个相对独立的庭园，共同构成一个规模较大、变化丰富的庄园整体。由于受地形的限制,尽管采用了中轴对称的布局手法,但是凡尔诺伊庄园尚未完全形成沿中轴线布置序列庭园的格局。

杜塞尔索的儿子让·巴蒂斯特(Jean Baptiste du Cerceau,1545—1590)是查理九世(Charles IX,1550—1574,1560—1574在位)的夏尔勒瓦尔(Charleval)宫苑的总设计师,1578年设计的"新桥"(Pont Neuf,巴黎塞纳河年代最久远的桥,位于西岱岛西侧)是他留下的唯一作品。其子让·杜塞尔索(Jean Androuet du Cerceau,1585—1650)是17世纪著名的住宅建筑设计师,曾参与了枫丹白露宫苑的建造,被尊为皇室荣誉建筑师。

夏尔勒瓦尔宫苑采用了更加庄重的构图,显得气势恢宏。全园以水壕沟划分成三个大岛。邻近入口的是矩形前庭。中间的方形岛屿边长逾300m,呈四合院布局的倒"品"字形宫殿群雄伟壮观;主楼居中,两边伴有花园;在林荫道和临水的柱廊之间,有方形盛花花坛,庭园呈现封闭的秘园形式,避免一览无余。

第三座矩形岛屿面积比中间的略小,完全布置成大花园。由林荫大道构成的中轴线,以及由水渠构成的轴横,将花园等分成4块园地,布置上图案各异的盛花花坛,这一处理手法与埃斯特庄园的处理手法十分相似。花坛的外侧有平行于中轴的树丛,将花坛与柱廊、水壕沟分隔开,形成更加完整、美观的庭园空间。花园中轴的尽端扩大成椭圆形小广场,至此中轴线的长度就达300m。然而,这才是查理九世设想的庄园的一半,他的计划是以椭圆形广场作为全园的中心。因此,杜塞尔索敢于声称:"如果这座宫苑建成的话,在法国将是无与伦比的。"

虽然夏尔勒瓦尔宫苑因查理九世的去世,最终未能建成,但是它和凡尔诺伊庄园的出现,标志着法国园林艺术新时代的到来。

16世纪下半叶,法国造园理论家和设计师纷纷著书立说,在借鉴中世纪和意大利文艺复兴园林的同时,努力探索真正的法国式园林。造园先驱者的著作与实践,对法国园林的发展作出了巨大的贡献,起到了重要的承上启下作用。

陶器专家帕利西(Bernard Palissy,约1510—1589)以洞府设计而著称,曾在杜勒里(Tuileries)宫苑中为亨利二世的王后凯瑟琳·德·美第奇(Catherine de Medici,1519—1589)建造了一个大岩洞,洞内以陶土制作出大量的花卉和动物形象,描绘出世外桃源般的景致。1871年,这座洞府与杜勒里宫一同被焚毁了。

帕利西认为,法国丰富的文化艺术在园林中尚未得到充分表现;在现有的4万多所府邸中,因缺少游憩设施,而未能成为理想的居所。他的论著《真正的接纳》(Récepte Véritable)于1563年出版,第二卷以"愉快的庭园"为题,介绍了园林实例及设计要点。帕利西建议:造园相地应首选水源充沛的丘陵地形;洞府应建造在向阳的坡地上;台地边设置护栏,配以栽植在陶盆中的月季、三色堇及芳香植物。受巴洛克风格的影响,他建议在洞府中设置各种惊奇喷水等水游戏,愉悦游人。此外,书中还详细介绍了以植物造型构筑凉亭的方法。

1600年,奥利维埃·德·塞尔(Olivier de Serre,1539—1619)出版了论著《农业的舞台》(Le Théâtre d'Agriculture),对园林也产生了很大的影响。他认为,大型园林应该由菜园、果园、药草园和花园四部分组成,并且每个园地的重要性应与其产出成正比。就是说,菜园和果园等实用园能产生比游乐园更大的经济价值,因而在园林中应拥有更大的空间。显然,塞尔仍未完全摆脱中世纪实用性园林观点的影响。花坛是游乐园的主体,应以常绿植物镶边,选矮生、匍匐、花密、色艳的花卉,如三色堇、桂竹香、铃兰、石竹等作图案,突出俯瞰的效果。在花卉组成的图案间,或植以草皮,或填以色土;在花坛的角隅上,以整形的意大利柏树作点缀。塞尔被认为是法国第一个重视花卉运用,强调以花卉作为花园主体的园艺师。

在花园的布局上,塞尔认为:花园四周应环以整形树木覆盖的林荫道,既突出了花坛,又便于人们散步、观赏,同时使视线得以延伸到花园之外。首先要追求花园的整体感,为此最好能够从高处，如附近的建筑或高地上，俯视整个花园。从透视效果出发，塞尔要求将近处的景物处理得细致一些，而远处的景物尺度则要稍大一些。

塞尔还十分明智地建议，作为花园中的观赏主体，模纹花坛宜用矮黄杨作图案，既耐久又经济，而且不受季节的影响。至于植物雕刻艺术，因始终受到人们的喜爱，塞尔提倡修剪成条凳、座椅、金字塔、人物及动物等造型，或者将黄杨修剪成凉亭，作为座椅的屏障等；在地形平缓之地，有时也可用土堆出小山丘，并在土堆下设置洞府。

埃蒂安·杜贝拉克也曾在意大利学习，1582年出版了《蒂沃利花园的景观》（Vues perspectives des jardins de Tivoli）一书，为法国设计师深刻理解意大利园林作出了贡献。尽管他十分热衷于意大利园林艺术，但又强调要与法国的本土条件相结合。杜贝拉克采用园路将模纹花坛分割为对称的两大块的做法，更加适用于法国平原地区的大规模花园，形成典型的法国风格。在花坛图案设计上，他将几何图形与阿拉伯式纹样相结合，更加富有变化和装饰效果。作为奥马尔公爵的总建筑师，以及亨利四世的建筑师，杜贝拉克曾参与了阿奈、枫丹白露、杜勒里等庄园建设工作。克洛德·莫莱在其著作《植物与园艺的舞台》（Le Théâtre des Plantes et du Jardinage）中认为，阿奈庄园在法国率先超越方格网园路围绕花坛的形式，而采用几个方格形花坛合并成一个刺绣图案的做法。这就为法国式花坛的出现奠定了基础。

从16世纪下半叶起，在意大利园林的巨大影响下，尤其是在法国设计师的积极努力下，法国的文艺复兴园林取得了长足的进步。不仅意大利的造园手法运用得更加娴熟，而且尝试根据法国的本土特点进行创新。以至于到16世纪末，法国相继出现了一批倡导园林艺术更新的造园先驱，使法国园林的发展逐渐进入到古典主义时期。

4.3 法国文艺复兴园林实例

法国文艺复兴时期的花园，大多在后世经过改造，完整保留下来的极少。从一些改建后的作品中，还能依稀看出文艺复兴时期的痕迹。

（1）谢农索庄园（Le Jardin du Château de Chenonceaux）

谢农索庄园位于西北部安德尔－卢瓦尔省（Indre-et-Loire），坐落在卢瓦尔河的支流谢尔（le Cher）河畔，位置十分优越。府邸建筑跨越谢尔河，形成独特的廊桥形式，被认为是法国最美丽的城堡建筑之一（图4-2）。

11世纪末，这里只有一座小村庄。1230年，纪尧姆·德·马尔克（Guillaume de Marques）在河床上打桩垒石，砌筑了一座中世纪小城堡，环绕着护城河。直到15世纪，这里一直是马尔克家族的地产。1411年，国王查理六世（Charles Ⅵ, 1368—1422, 1380—1422在位）因让·德·马尔克（Jean de Marques）煽动叛乱而下令拆毁了小城堡。1432年，让·德·马尔克在小城堡旧址上重建了一座城堡和带有防御工事的磨坊。1460年，其子皮埃尔（Pierre de Marques）继承了这座庄园。后因债务缠身，1499年将庄园卖给了富有的金融家托马斯·伯耶（Thomas Bohier, 1465—1524），但又被马尔克家族的女继承人行使赎回权而收回。此时，托马斯已购下庄园周围的土地，并于1512年再次收购了谢农索庄园。

1515年，托马斯·伯耶拆毁了城堡和磨坊，只留下城堡的小塔楼，并改造成文艺复兴样式，又对护城河做了改动。随后，他在磨坊的石基上兴建了一座方形主楼，并将府邸建筑向谢尔河延伸。

然而，府邸尚未完工，伯耶就去世了，最终由他的遗孀凯瑟琳·布里索娜（Catherine Briçonnet, 1494—1526）和儿子完成。布里索娜对府邸工程的影响很大，希望形成新的建筑样式，体现出优雅和方便的特点。平直的宽楼梯和高大明亮的厨房，在法国都属首创。塔楼的形式和巨大的建筑出入口，也来自布里索娜的设想。

1522年，府邸竣工后，开始进行花园设计。谢农索城堡已成为王国等知名之士频频光顾的地方。1535年，弗朗西斯一世要求以谢农索庄园抵偿债务。这座庄园后来归弗朗西斯一世的儿子亨

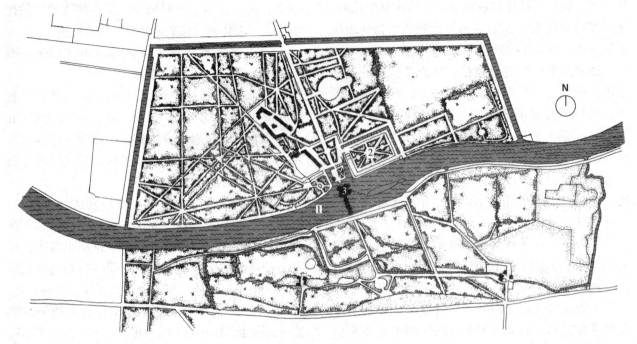

图 4-2 谢农索庄园平面图
1.谢尔河　2.狄安娜花坛　3.廊桥式城堡

利二世（Henri Ⅱ，1519—1559，1547—1559 在位）所有。从 14 岁起，亨利二世就迷恋上比他大 20 岁的狄安娜·德·普瓦捷（Diana de Poitiers，1499—1566），以后将庄园送给这位瓦伦提诺公爵夫人（Duchesse de Valentinois）。她曾设想建一座桥梁横跨谢尔河，扩大庄园的规模。

1551 年始，普瓦捷在谢尔河北岸一块长 110m、宽 70m 的台地上兴建花园，周围环以水渠。由于防洪的需要，花园高出水面很多，以石块砌筑高大的挡土墙。园中种有大量的果树、蔬菜和珍稀花卉；中心是喷泉，以卵石筑池底，并在 15cm 大小的卵石上钻出 4cm 的孔洞，再插入木塞，从孔隙中喷出的水束高达 6m，十分壮观。19 世纪，花园改建成草坪花坛，装饰着花卉纹样，点缀整形紫杉球，称为狄安娜花园（Le Jardin de Diane）（图 4-3）。

1558 年，14 岁的王储与玛丽·斯图尔特（Mary Stuart，1542—1587）在谢农索城堡完婚。一年后，亨利二世去世，王储加冕为弗朗西斯二世（Francis Ⅱ，1544—1560，1559—1560 在位），

图 4-3 谢农索庄园中的"狄安娜花坛"

王太后凯瑟琳·德·美第奇（Catherine de Medici, 1519—1589）摄政。她非常喜爱这座城堡，遂以肖蒙府邸（Residance de Chaumont）做交换，从普瓦捷手中强取了谢农索城堡。随后，王太后要求建筑师德劳姆设计一座带有画廊的桥梁，最终形成这座美丽的廊桥，并命名为"贵妇之屋"（Batiment des Dames）。从此，谢农索城堡成为王太后最喜爱的住所之一。法国多位贵妇与谢农索城堡结下的不解之缘，也为这座城堡增添了许多故事。

王太后后来在城堡前庭的西侧，以及谢尔河南岸各建了一处花园。现只留下前庭西侧的花坛，构图十分简洁，十字形园路中心有圆水池，典型的意大利文艺复兴时期样式。

谢农索城堡花园有着很浓的法国味，其中水景起到巨大作用。采用水渠包围府邸前庭、花坛的布局，以及跨越河流的廊桥建筑，不仅突出了园址的自然特征，而且创造出令人亲近的空间气氛。近处的花园、周围的树林、潺潺的流水，产生了极大的魅力，构成独特的整体。尽管花园面积不大，视线也伸展得不远，却有着非常亲切宁静的效果。

（2）枫丹白露宫苑（Le Jardin du Château de Fontainebleau, Fontainebleau）

枫丹白露宫苑位于巴黎南边50km处的塞纳-马恩省（Seine-et-Marine），周围是广袤的大森林，面积逾17 000hm²（图4-4）。湖泊、岩石和森林构成枫丹白露独特的自然景观，宫苑就建造在密林深处一片沼泽地上。从12世纪起，这里就是法国历代君王喜爱的狩猎场所，几乎历代君王都曾在这里居住或狩猎，许多重大事件也在这里发生。作为法国历史的见证，枫丹白露宫苑有着非同寻常的神秘色彩。

然而，对于枫丹白露城堡，在法国也是仁者

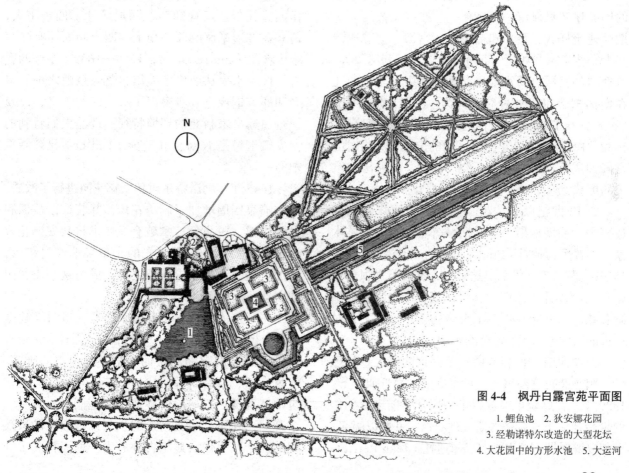

图4-4 枫丹白露宫苑平面图
1. 鲤鱼池　2. 狄安娜花园
3. 经勒诺特尔改造的大型花坛
4. 大花园中的方形水池　5. 大运河

见仁、智者见智，褒贬不一。欧洲批判现实主义文学的奠基人司汤达认为："枫丹白露城堡选址极差，位于密林深处，它犹如一部建筑全书，什么都有但毫不动人。枫丹白露的岩石荒诞可笑。"而法国著名历史学家米歇莱（Jules Michele, 1798—1874）却说："当你痛苦时，需要寻找一处场所，以接受自然的慰藉的话，去枫丹白露吧。当你愉快时，去枫丹白露吧。"

1169年，坎特伯雷大主教（l'archevique de Canterbury, St Thomas Becket, 1118—1170）将枫丹白露庄园里的小教堂，献给了路易七世（Louis Ⅶ, 1120—1180, 1137—1180在位）。自此这里成为历代君王狩猎的行宫。15世纪时，由于英国入侵，王宫迁往卢瓦尔河谷地区，枫丹白露行宫一度遭到废弃。直到弗朗西斯一世统治时期，法国宫廷又迁回巴黎附近，枫丹白露又成为酷爱狩猎的君王们常来常往之地。

1528年，弗朗西斯一世拆除了12世纪兴建的旧城堡，只保留一座塔楼，并按照文艺复兴初期的建筑样式，重新建造了一座宫殿。他曾邀请意大利艺术家，如达·芬奇和雕塑家切利尼等人，改造他的宫殿。新宫殿坐北朝南，由主座和两厢在南面围合出一处庭院，称为"喷泉庭院"（La Cour de la Fontaine）；西边的厢房前也有座庭院，称为"白马庭院"，正对着庄园的出入口。当时的宫殿四周，也有水壕沟环绕。此后，随着历代君王的更替，这座宫殿也不断得到改建和修缮。

自12世纪以来，花园处在不断的修建和改造之中。弗朗西斯一世时期最著名的意大利艺术家，如普里马蒂斯（Francesco Primatice, 1504—1570）、塞利奥、维尼奥拉等人，都参与过枫丹白露宫苑的设计，他们为宫殿建筑、室内装饰、壁画、雕塑、庭园等创造了大量的艺术珍品，并对后世的法国艺术产生深远的影响。

弗朗西斯一世还从佛罗伦萨订购了大量的雕像，用于装扮这座宫苑。喷泉庭院平面近似方形，1529年，在庭院中央放置了一座米开朗琪罗创作的希腊神话英雄海格力斯大理石像，并配以喷泉。王朝复辟时期，这里被改成佩迪托（Jean Petitot, 1756—1812）塑造的希腊英雄尤利西斯（Ulysse）雕像。

喷泉庭院的南面，是13世纪开挖的"鲤鱼池"（L'Etang des Carpes），平面大致呈梯形，成为新宫殿喷泉庭院的景观焦点。从喷泉庭院望去，宽阔的水池在远处树木的映衬下，景色秀丽，视野开阔而深远。鲤鱼池中有座小岛，亨利四世时期在岛上修建了一座宴会亭，使水景层次更加丰富。

新宫殿的北面原先有个封闭的庭园，因园中有狩猎保护神狄安娜（Diana）的大理石像，故称作狄安娜花园（Le Jardin de Diane）。雕像的基座有两层，上圆下方，手牵鹿头的狄安娜站立在顶端。弗朗西斯一世时期，狄安娜花园改造成由方格形黄杨植坛组成的秘园，称为"黄杨园"。建筑师维尼奥拉又在园中增加了几座青铜像。

1602年，亨利四世将狄安娜大理石像移到城堡中妥善保存，雕塑家普里欧（Barthélemy Prieur, 1536—1611）在原址上安放了一尊仿照原作的青铜像。工程师弗兰西尼设计了四条猎犬，蹲立在方形基座的四个角上，四个侧面还有雕塑家皮埃尔（Pierre Biard, 1559—1609）制作的鹿首铜像，水束从鹿口中喷出，落入泉池之中。猎犬和鹿首铜像进一步突出了狄安娜的含义，以及枫丹白露皇家猎苑的环境特征。现在人们看到的狄安娜铜像是1684年由克莱（Keller）兄弟俩重塑的。

1645年，勒诺特尔对狄安娜花园进行了改造，他在喷泉四周增加了刺绣花坛，并装饰以雕像和盆栽柑橘。19世纪，拿破仑又要求将狄安娜花园改造成英国风景园。原先的小型泉池经过扩大，增加大理石池壁和青铜像之后，成为这个小花园的主景，并保留到现在。

在鲤鱼池的西面，有弗朗西斯一世时期建造的"松树园"（La Grotte des Pins），因种有大量来自普罗旺斯的欧洲赤松而著称。园内空间幽暗、气氛静谧、富有野趣。1543—1545年，意大利建筑师塞利奥在松树园中建造了一座洞府，共有三个开间，外面是毛石砌筑的拱门，镶嵌着砂岩雕刻的四个巨人像，显得古朴有力。里面挂满了钟乳石，富有野趣，是典型的意大利文艺复兴风格。这也是在法国建造最早的岩洞。亨利四世时期，松树园的规模有所扩大，增添了一个精美的黄杨模纹花坛，并补种了雪松等观赏树木，其中有一棵在当时的庭园中还很少见的悬铃木。

松树园于1713年改建成法式风格的花园。1809—1812年，拿破仑要求皇家建筑师于尔托尔（Maximilien Joseph Hurtault，1765—1824）在此兴建英国式花园，面积扩大到10hm²，因收集了大量外来珍稀树木而著称，如槐树、马褂木、柏树等，形成富有自然气氛的疏林草地。

在鲤鱼池的东面还有一个大花园，正中是巨大的方形花坛，与围绕"卵形庭院"（La Cour Ovale）的宫殿厢房相邻。1600年，工程师弗兰西尼对这座大花园做过一些改造，以水渠将花坛分隔为三角形的四大块，当中有座大型泉池，中心是以意大利台伯河（Tibre）命名的青铜像，称为"台伯河花坛"。1664年，勒诺特尔主要对狄伯尔花坛进行改造，他将花坛四周的甬道抬高，并增加了整形黄杨模纹，加强了大花坛的整体感，并创造出广袤辽阔的空间效果。台伯河铜像也被移到另一座圆形水池中，并在法国大革命（Révolution Francaise）期间被熔化了。

现在的大花坛又简化了许多，仅是尺度巨大的草坪花坛。周围的林荫道高出花坛地面1～2m，围合出边长250m的方格，里面是4块镶有花边的草地。草坪花坛的中央有方形泉池，装饰着造型简洁的盘式涌泉。大花园中的视线非常深远，沿着勒诺特尔开挖的大运河（Le Grand Canal），一直可以望见远处的岩石山（图4-5）。花园边缘的挡土墙也处理成数层叠水，下方有泉池，形成大运河的起点。勒诺特尔重新利用了弗兰西尼设计的水工设施，并处理成一系列喷泉景观，可惜现在大部分已遭到毁坏。

不同时期兴建的水景，包括大运河、鲤鱼池，以及一系列泉池等，是枫丹白露宫苑中最突出的景色，并给游人留下了深刻的印象。

图4-5　枫丹白露宫苑中的大运河

（3）维兰德里庄园（Le Jardin du Château de Villandry, Villandry）

维兰德里庄园最早建于弗郎西斯一世统治时期。现在人们看到的花园则是20世纪初，园主按照法国文艺复兴时期园林的特点而重新建造的。虽然是仿古作品，却完整地反映出16世纪上半叶法国园林的风貌（图4-6）。

维兰德里庄园过去的园主是当时的财政部长布莱通（Jean Le Brêton, ? —1556）。他曾担任法国驻意大利大使，对建筑和园林艺术兴趣浓厚。在意大利任职期间，他曾潜心研究过意大利建筑和园林。1532年，他在一座旧城堡的基础上，以法国16世纪初期的庄园风格建造了维兰德里庄园。

18世纪，当英国自然风景式园林风靡欧洲大陆之时，维兰德里庄园也被改建成风景园。1906年，西班牙医生卡尔瓦洛（Joachim Carvallo, 1869—1936）成为园主之后，开始对这座长期以来逐渐荒芜的庄园进行整治。他首先着手对庄园进行考古性挖掘，使过去的台地等遗迹得以重见天日。负责庄园重建的西班牙园林师罗扎诺（Jose Antonio Lozano），根据文献及版画中描绘的法国文艺复兴时期园林特点，重新设计了这座花园，使其与城堡的建筑风格更加协调。

维兰德里庄园坐落在临近谢尔河汇合处的一座山坡上。沿着庄园北侧开挖出东西向的水壕沟，长约150m，分隔庄园内外空间。庄园出入口为半圆形小广场，再经小桥进入水壕沟环绕的庭院，东、西两边分列着附属建筑和家禽饲养场；南边的城堡建于40m见方的台地上，并抬高了十多级踏步，地位更加突出。城堡建筑坐南朝北，以主楼和两厢围合出方形庭院，是典型的文艺复兴时期风格。作为全园的制高点和主要的观

Ⅰ．底层台地
Ⅱ．中层台地
Ⅲ．顶层台地
1. 前庭
2. 城堡庭院
3. 爱情花园
4. 菜园
5. 游乐园
6. 装饰性花园
7. 药草园
8. 大型水池
9. 牧场
10. 迷园
11. 附属设施
12. 果园
13. 山坡

图4-6 维兰德里庄园平面图

景点之一，从城堡中望去，视野开阔，花园尽收眼底。

花园在城堡的西、南两侧展开，并因山就势，开辟出三层台地。在城堡西侧，再以水渠贯穿南北，将庄园南端顶层台地上的大型水池与北边的水壕沟贯通。顶层台地中的主景便是大型水池，处理成水镜面的形式，天空、城堡与花园景色在平静的水面上相映成趣；在功能上，大水池作为全园水景和浇灌用水的蓄水池。水镜面两边是自然简朴的草地花坛，并以斜坡式草地和林荫树围合，整体上显得十分朴实、宁静。顶层台地的角隅处，有一座植物迷宫，作为全园的娱乐景点，在法国文艺复兴园林中是不可或缺的。

中层台地与城堡建筑的基座平齐，平面呈"L"形。作为全园的景观核心，罗扎诺设计了装饰园、游乐园和药草园三部分。药草园布置在台地的短边上，以整形绿篱分隔出数个小园圃，种植各种药草。游乐园由三块方形花坛组成，中间在小喷泉、黄杨构成的图案中镶嵌各色花卉，美观而精致，完全是16世纪文艺复兴样式。装饰园布置在城堡的南边，又称为哥特式花坛，分为两组：远离城堡的是菱形和三角形花坛，构图与坡道相协调，中央以三组十字勋章为图案；著名的"爱情花园"（Les Jardins d'Amour）就在城堡眼前，它以黄杨和鲜花组成的四个图案，隐含着四个爱情故事，成为游人最喜爱的景点（图4-7）。以心形和面具为图案的花坛，称作"温柔的爱"（Amour Tendre），表现情侣在化装舞会上的相遇；激动的心形构图，表示的是"疯狂的爱"（Amour Passionné）；图案为笔架和信笺形状的花坛，隐喻鸿雁传书，那是"不忠的爱"（Amour Volage）；而匕首与红花组成的花坛，则表示一段爱情以鲜血为代价，称为"悲惨的爱"（Amour Tragique）。

底层台地为正方形，面积约1hm^2，是完全按照16世纪杜塞尔索的版画而建的菜园，非常独特，并具有很强的观赏性。井字形园路将全园划分成九个方块，并以矮生黄杨组成图案各异的菜畦，以应时蔬菜、香料和调料植物为主的菜圃，色彩缤纷，十分诱人。美观鲜嫩的蔬菜还向游客

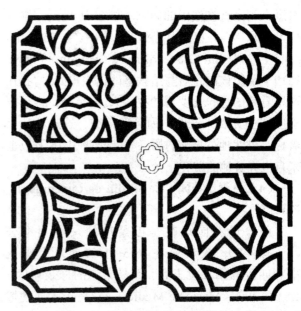

图4-7 "爱情花园"平面图

出售，为庄园带来可观的经济效益。园路的交点上有4个小泉池，贴近地面，中心喷出一缕水丝。泉池既有装饰性作用，又便于就近取水浇灌；四周设有木格栅拱架，覆盖着盛开的蔷薇和迎春，在拱架下的座椅上，鸟语花香和涓涓水声，使人感受到中世纪花园浓浓的田园情趣。

奥利维埃·德·塞尔认为："最好能够从邻近的建筑中，或者从花坛边的高台地上，从上往下俯瞰花园。"根据这一设计原则，三层台地花园周围的园路均高出地面，并覆盖着整形椴树或葡萄凉架，既作为台地花园的背景，又为游人起到遮阴作用。

就整体而言，这座花园采用集中布置的手法，结构十分紧凑。花园四周景色各异，东面的山坡上是绿荫笼罩的观景台，高出花园50m，成为园中俯瞰全园景色的制高点；西面的小村庄和教堂，与城堡遥相呼应，突出了中世纪环境气氛；北面是家禽饲养场的高墙，抵御了冬季吹向菜园的寒风；南面山坡上的大型果园，作为花园与田野之间的过渡，也使整个庄园布局更加完整。

维兰德里庄园在整体布局上，以及府邸与花园的结合方式上，尤其是在喷泉、石作、花架、盛花花坛、香料植物的运用等方面，都明显反映

出意大利园林在法国的影响。早在16世纪，维兰德里庄园就因其菜园而著称（见彩图7）。1570年，红衣主教阿拉贡（Le Cardinal d'Aragon, 1475—1519）游历该园之后写给教皇的信中提到："我在这里看到的色拉比罗马的更诱人。"至今，维兰德里庄园仍为私人产业，因管理精细、景观独特而著称。虽然地处偏僻村野，每年仍吸引15万以上来自世界各地的游客。

（4）卢森堡花园（Le Jardin de Luxembourg, Paris）

卢森堡花园现在是巴黎市的一座大型公园（图4-8），最早是在1615—1627年，为国王亨利四世的第二位王后、路易十三的母亲玛丽·德·美第奇（Marie de Medici, 1573—1642）建造的，建筑师是萨罗门·德·布鲁斯（Salomon de Brosse, 1571—1626）。其父让·德·布鲁斯（Jean de Brosse）曾继承舅舅小杜塞尔索（Jacques II Androuet Du Cerceau[①], 1550—1614）的职位，成为玛丽·德·美第奇的建筑师。

1610年，亨利四世被狂热的天主教徒刺杀，路易十三继位。由于国王年幼，玛丽·德·美第奇遂摄政。她从彼内-卢森堡公爵（le Duc Pinei-Luxembourg）手中购买下这处地产，为自己建造府邸。宫殿建成后还按照地产原主人的名字，称为卢森堡宫殿。

玛丽王后在法国生活的十多年中，始终十分怀念故乡佛罗伦萨美丽的风景与庄园。她在彼蒂宫中度过了童年，留下美好的记忆，因此要求建筑师仿照彼蒂宫建造这座府邸，并希望花园也按照意大利花园风格兴建。从构图上可以看出，卢森堡花园的格局与波波利花园有许多相似之处。

花园最早是在1612年由德冈（De Camp）设计建造的，后来经萨罗门·德·布鲁斯改建，最终形成中心是斜坡式草地围合的半圆形大花坛。园中有花圃、喷泉、水池、小水渠等景物，以及整形紫杉和黄杨组成的花坛，在宫殿附近还有一部分花坛保留至今。

虽然园址的地形十分平缓，设计师还是在园中兴建了十多级踏步的斜坡式草地和台地；中心的八角形水池规模巨大，十分壮观，两侧有精美的刺绣花坛。在中心花园西边的台地后方，则是整齐的丛林和林荫大道，行道树下点缀许多雕像。

正对林荫道的西端，布鲁斯建造了一座泉池，中间是四根石柱和大型壁龛构成的洞府。壁龛中央的石座上有出浴仙女像，壁龛上还有浮雕和钟乳石作装饰，做工十分精致。在石柱顶端的柱盘上，还有河神和水神雕像，水流从盘中落下，形成水幕。这组建筑小品中原有一段山墙，正中是法国军队与美第奇家族会合的群雕。19世纪花园改建时，这座洞府被移到现在的位置，出浴仙女像也被搬走，改成现在人们看到的被独眼巨人波利菲墨（Polyphème）惊吓的牧羊人阿西斯（Acis）和海洋女神加拉忒（Galatée）这个悲剧式雕塑作品的一部分。

在法国园林中，卢森堡花园的中部是最接近意大利文艺复兴时期大型庄园风格的作品。18世纪英国风景园兴盛时，卢森堡花园也有很大一部分被改造，自然式草地、树丛和孤植树，映衬着大理石雕像。其余的也逐渐变成一些由林荫道围合的方格形小园，面积大小不一，园中是简单的活动或景观设施，或者是单纯的草地。但是，留下来的水渠园路、美丽的泉池、构图简洁的大花坛，以及两个半圆形台地，使卢森堡花园至今尚存一些法国文艺复兴时期园林的风貌。

18世纪末，建筑师夏尔格兰（Jean François Chalgrin, 1739—1811）对花园中心的花坛、斜坡式草地及水池作了较大的改造；同时将卢森堡花园与观象台连接起来。西面的街道也抬高了，与花园的地面标高相同。1811年种植了四排行道树，形成壮观的林荫大道。

19世纪中期，又将卢森堡宫殿扩建用作参议院，从而缩小了花坛的面积，并对刺绣花坛做了改动。19世纪后期，在花园周围又扩建了几条城市干道，卢森堡花园成为对大众开放的公园，此

[①] 小杜塞尔索：法国著名建筑师，杜塞尔索的次子，让·巴蒂斯特的弟弟。

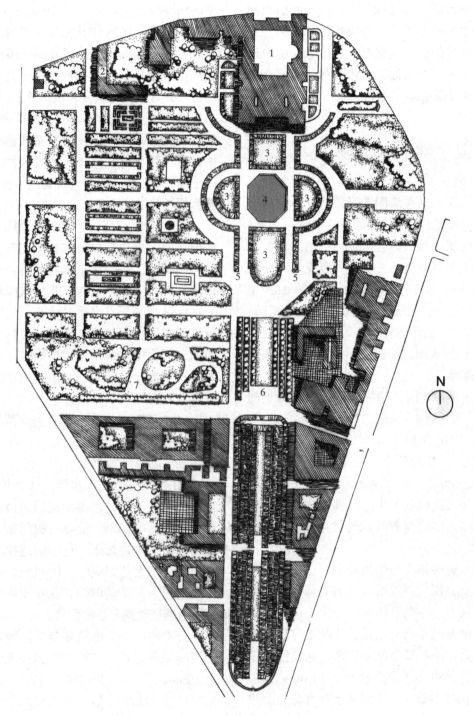

图 4-8 卢森堡花园平面图

1. 卢森堡参议院 2. 博物馆 3. 镶有花带的大草坪 4. 中央八角形水池
5. 斜坡式草地 6. 壮观的林荫道 7. 自然式小花园及其中的名人雕像

后一直是巴黎市民最喜爱的公园之一。大面积的草坪，配以宽阔的花带，色彩明快，对比强烈；造型丰富而精致的雕塑点缀在台地边缘、林荫道旁和草地上。古老的泉池、宏伟的林荫道、众多名人雕像，令人在花园中流连忘返。

4.4 法国古典主义园林概况

从16世纪下半叶起，在意大利园林更加深入的影响之下，尤其是在法国造园师坚持不懈的努力之下，法国园林取得了长足的进步。16世纪末，法国相继出现了一批园林艺术更新的倡导者，其中最杰出的人物是克洛德·莫莱和雅克·布瓦索（Jacques Boyceau de la Barauderie，1560—1633）。他们的理论与实践，已属于早期古典主义的范畴，在17世纪上半叶逐渐形成并日臻完善。最终促使17世纪中叶法国式园林的出现，并攀上规则式园林发展的最高峰。

克洛德·莫莱出身于造园世家，家族为亨利二世到路易十五（Louis XV，1710—1714，1715—1774在位）的历代国王工作过，几乎代表着一个造园时代。其父雅克·莫莱是奥马尔公爵（Charles de Lorraine，duc d'Aumale，1526—1573）的园艺师，为公爵收集了许多珍稀植物，以后成为皇家造园师。1582年曾与杜贝拉克合作，改造了阿奈庄园。

克洛德·莫莱作为父亲的助手，也参与了阿奈花园的改造，深感建筑师应与园艺师合作，才能创建出巨大而统一的整体。作为第一位皇家造园师，克洛德参与了枫丹白露、杜勒里等庄园的建造，尤其是在圣日耳曼昂莱庄园，他设计兴建了一些花坛。1639年，受路易十三（Louis XIII，1610—1643在位）委托，负责凡尔赛宫苑的改建工程。

克洛德·莫莱是真正的刺绣花坛的开创者，他以绿篱和花草为材料，像刺绣一样在大地上描绘各种图案。17世纪初，以刺绣作为服饰的时尚从西班牙传入法国，十分流行。克洛德模仿服装上的刺绣花边来设计花坛。为此，他时常向国王的绣花匠皮埃尔·瓦莱（Pierre Vallet，1575—1650）请教。1608年，瓦莱在巴黎出版了《皇家花园》(*Le Jardin du tres Chrestien Henry IV*)，93幅图画细致地描绘了植物的特征，是重要的植物学画册，并对后世的画家和植物学家产生影响。

由于过去的花坛多以花草形成图案的纹样，既不耐久，又难管理。因此，克洛德率先采用黄杨做花纹，除保留花卉外，还大胆使用彩色页岩或砂子作底衬，装饰效果更加强烈。雅克·布瓦索将刺绣花坛看作是"摩尔式"或"阿拉伯式"装饰。

花坛是法国花园中最重要的构成要素之一。从把花园简单地划分成方格形花坛，到把花园当作整幅构图，按图案来布置刺绣花坛，形成与宏伟的宫殿相匹配的气魄，是法国园林艺术上的一个重大进步。从克洛德时代起，法国园林彻底摆脱了实用园林的单调与乏味。虽然还保留着原先的几何形构图，却使之成为更富于变化、更有想象力和创造性的艺术，并出现追求壮丽、灿烂的古典主义倾向。

1652年，克洛德·莫莱去世两年后，他的著作《植物与园艺的舞台》(*Le Théâtre des Plantes et du Jardinage*)才由他的儿子安德烈·莫莱（André Mollet，1600—1665）出版。这本书主要是针对园林师的技术手册，也提到花园的构图与布局，还有一些花坛的实例。值得一提的是，克洛德已考虑到园路的透视效果。科学的透视法是文艺复兴时期才在意大利完成的，17世纪的巴洛克艺术家将之当作一种新的时尚，在花园中广为运用，甚至制造透视特别深远的假象。

安德烈·莫莱也是著名的造园家，曾是路易十三的花园主管。1630年应邀去英国为詹姆斯一世（James I，1566—1625，1603—1625英格兰国王，1567—1625苏格兰国王詹姆斯六世）的宫廷服务，1661年作为皇家园林师在圣·詹姆斯花园（St. Jame's Park）工作，为法国园林的对外传播作出了贡献。安德烈是花境（Border）的创始者，他将一年生和多年生花卉成片混植，四季开花不断，此起彼落。花境常以绿篱或墙面作背景，对比强烈，突出了花卉的效果。他喜爱用编织、修剪的方法，以植物形成门窗、拱柱、篱垣等造型。

1651年，安德烈·莫莱出版了《愉快的花园》（*Le Jardin de Plaisir*）一书，完善了其父在花园总体布局上的设想，更接近路易十四的"伟大风格"。安德烈认为：宫殿须建造在突出的位置上。首先在宫殿前以2~3排行道树构成壮观的林荫大道，出入口是宽阔的半圆形或方形广场，然后在宫殿后面布置刺绣花坛，以便从宫中欣赏到花坛的全貌。

此外，安德烈还提出一条递减的原则：随着离宫殿的远去，花园中景物的重要性和装饰性应逐渐减弱。体现了花园是建筑与自然之间过渡部分的思想。他也十分注重透视手法的运用，但是与盛行的意大利巴洛克风格不同，他并不刻意地去追求更加深远的透视幻觉，而是寻求视线上景物之间比例的和谐，这也是古典主义与巴洛克风格的差异之一。

雅克·布瓦索原是国王内廷的贵族，后来成为路易十三的花园总管，与他的外甥雅克·德·曼努尔（Jacques de Menours，1591—1637）一起，兴建了凡尔赛最早的花园，并曾在王后的卢森堡花园，以及杜勒里和圣日耳曼昂莱花园工作。1638年，他出版了论著《依据自然和艺术的原则造园》（*Traité du Jardinage Selon les Raisons de la Nature et de l'art*），共分三卷，不仅包含了大量的刺绣花坛样式，而且论述了17世纪园林艺术的实践与理论基础。

雅克·布瓦索是即将到来的法国园林艺术最辉煌时代的真正的开创者，其作品体现了新的美学观点。花园的构图成为均衡统一、比例和谐的巨大整体，各部分都从属于整体；花坛由连续的台地围绕，以便从高处更好地观赏。同时，布瓦索为园林师地位的提高，开展园林师的教育作出了很大贡献。他认为园林师应了解土壤、植物等科学知识与设计手法，由建筑师设计园林无疑是不合适的。

布瓦索强调花园的丰富性和多样性，包括地形、布局和植物的多样性，以及形式与色彩的丰富性。但是，变化应井然有序，均衡稳定，彼此之间完美地配合起来。"如果不加以调理和安排协调的话，那么，人们所能找到的最完美的东西都是有缺陷的。"这是古典主义美学的核心，即人工美高于自然美，而人工美的基本原则是变化的统一。

布瓦索非常重视园林的选址。由于法国花园的主要景物是图案式花坛，因此他偏爱"平坦而完整的地形"，优点是视线能够向外扩展，直到"足力难以企及的远方"。同时，他也认为起伏变化的地形有利于从高处俯视花坛，景色尽收眼底。为了达到"从高处欣赏整个花园布局"的目的，最好是将平坦的地形与起伏的地形相结合，哪怕为此而大动土方。法国花园与意大利的相似，园中设有较高的观赏点，通常是在建筑物的楼上。布瓦索强调从高处欣赏花园和府邸的全景，表明在构图上已将花园和府邸视为统一的整体。

17世纪上半叶，随着几何学和透视学的发展，花园中出现追求空间深远感的倾向，导致花园的中轴线愈伸愈远。因此，布瓦索认为："方形或矩形都由直线构成，会使园路既长且美，形成令人兴奋的透视效果；随着距离变远，视力渐渐下降，景物逐渐变小，最终向一点消失。这种景色看上去令人更加愉悦。"同时，从变化统一的观点出发，布瓦索建议在方形或矩形构图中，应结合圆形和弧形的运用，表现出古典主义中具有的巴洛克倾向：追求更丰富的变化，而不满足于文艺复兴花园的单调与重复。为此，布瓦索十分赞赏克洛德·莫莱首创的刺绣花坛，提倡在花园中大量运用。

在花园的构图中，作为古典主义艺术家，布瓦索非常强调各种景物之间比例关系的重要性，并试图以数量关系加以确定。如绿墙的高度，取园路宽度的2/3为宜；园路长度达到600~800m时，宽度以14~16m为宜等。作为设计经验的总结，对后世的园林师有极大的启发。

在造园要素的作用与做法方面，布瓦索更加强调植物和水体的运用。他注重将植物材料作为建筑材料来使用，通过修剪，形成各种绿篱、绿墙、绿色建筑物等造型。表明古典主义造园家是把花园作为建筑空间来看待的,以期花园与建筑的统一。花园的建筑化,不仅表现在花园的平面构成,以及花坛、水池等要素的几何图形上,而且表现在植物材料的修剪整形上。就水景而言,布瓦索强调了动水的重要作用:"河里的流水和盘式涌泉中的喷水所带来的运动和活力,是花园中最有生气的灵魂。"

17世纪,在欧洲大陆的哲学领域中盛行理性主义(Rationalism)哲学,其代表人物有法国哲学家和数学家、近代哲学之父笛卡儿(Rene Descartes,1596—1650),荷兰哲学家和神学家斯宾诺莎(Baruch Spinoza,1632—1677)以及德国哲学家和数学家莱布尼兹(Gottfried Wilhelm Leibniz,1646—1716)等人。理性主义哲学认为,一切科学都是一个归纳系统,依照欧几里得(Euclid,公元前4世纪至前3世纪希腊数学家)几何学的模式,反映出自然界没有偶然性这一事实。各种公理就是人们自身固有的概念,而且原因必须与其结果相呼应。理性主义哲学是古典主义园林的理论基础,因此,在园林中一切都经过仔细研究和推敲,尽可能避免偶然性景物或出乎意料的效果。

17世纪下半叶,西欧几个大国正处在一个多事之秋。意大利在内乱中耗尽了精力;西班牙因战争而元气大伤,在低谷中徘徊;英国人忙于经商和传教,无暇他顾;德国也被内战洗劫一空,似乎对一切失去了感觉和理解。相反,法国绝对君权专制政体的建立及资本主义的发展,导致社会安定,经济和文化都达到辉煌的峰巅,世界的艺术中心也从意大利转移到法国。这些为法国园林艺术提供了最适宜的成长环境。

路易十四统治时期,绝对君权专制统治也发展到顶峰,古典主义成为御用思想与文化。古典主义文化体现出理性主义的哲学思想,而理性主义哲学则反映着自然科学的进步,以及资产阶级渴望建立合乎理性的社会秩序的要求。所谓合乎理性的秩序,即由国王统一全国,抑制豪强,建立和平安定,有利于资本主义发展的社会秩序。君主被看作是理性的化身,一切文学艺术,都以颂扬君主为中心任务。

在这样的背景下,一位极有天赋的造园家,安德烈·勒诺特尔(André Le Nôtre,1613—1700)得以脱颖而出。他在前人创造的基础上,使古典主义造园艺术在沃勒维贡特庄园(Vaux Le Vicomte)中得到充分的体现。这标志着法国园林艺术的真正成熟和古典主义造园时代的到来,并取代了意大利文艺复兴式花园,成为风靡整个欧洲造园界的一大样式。

勒诺特尔出生于巴黎的一个造园世家。祖父是宫廷园林师,在16世纪下半叶为杜勒里宫苑设计过花坛。其父让·勒诺特尔(Jean Le Nôtre)是路易十三的园林师,曾与克洛德·莫莱合作,在圣日耳曼昂莱工作;1658年以后成为杜勒里宫苑的首席园林师,去世前是路易十四的园林师。

勒诺特尔13岁进入西蒙·伍埃(Simon Vouet[①],1590—1649)的画室学习。这段经历使他受益匪浅,有幸结识了许多美术、雕塑等艺术大师,其中画家夏尔·勒布朗(Charles Le Brun[②],1615—1690)和建筑师弗朗西斯科·芒萨尔(François Mansart,1598—1666)对他的影响最大。在离开伍埃的画室之后,勒诺特尔跟随他的父亲,在杜勒里花园里工作。勒诺特尔学过建筑、透视法和视觉原理,受古典主义者影响,研究过数学家笛卡尔的机械主义哲学。

1635年,勒诺特尔成为路易十四之弟、奥尔良公爵(Philippe d' Orleans,1640—1701)的首席园林师,1643年获得皇家花园的设计资格,两年后成为国王的首席园林师。建筑师芒萨尔转给他大量的设计委托,使其1653年获得皇家建造师的称号。

---

① 伍埃:17世纪上半叶法国画家,是路易十四的皇家首席宫廷画师。其作品受米开朗琪罗的影响,发展出了巴洛克和古典主义的折衷风格,极大影响了法国人的艺术趣味,在法国的声望非常之高。

② 勒布朗:17世纪上半叶法国画家,后接替伍埃成为路易十四的首席画师。

1656年，勒诺特尔开始建造的沃勒维贡特庄园，采用了前所未有的样式，成为法国园林艺术史上一个划时代的作品，也是古典主义园林的杰出代表。路易十四看到沃勒维贡特庄园之后，羡慕、嫉妒之余，激起他要建造更加宏伟壮观的宫苑的想法。大约从1661年开始，勒诺特尔便投身于凡尔赛宫苑的建造之中，直到1700年去世，作为路易十四的皇家造园师长达40年，被誉为"王之造园师与造园师之王"（The Gardner of Kings, The King of Gardners）。

勒诺特尔一生设计并改造了大量的府邸花园，充分表现出其高超的艺术才能，并形成了风靡欧洲长达一个世纪之久的勒诺特尔样式（Style Le Nôtre）。主要作品除沃勒维贡特庄园和凡尔赛宫苑之外，还有枫丹白露（Fontainebleau, 1660）、圣日尔曼（St Germain, 1663）、圣克洛（Saint Claud, 1665）、尚蒂伊（Chantilly, 1665）、杜勒里（Tuileries, 1669）、索园（Sceaux, 1673）、克拉涅（Clagny, 1676）、默东（Meudon, 1679）等地的庄园。

不仅如此，勒诺特尔杰出的才能和巨大的成就，也为他赢得了极高的荣誉和地位。路易十四本人对勒诺特尔十分赞赏，一向喜欢与他见面、交谈，认为他"具有坦率、真诚和正直的性格，因而受到所有人的爱戴"。去世前一个月，勒诺特尔被路易十四请到凡尔赛花园中。由于年事已高，国王特意为他制作了一副轿子，由人抬着参观花园，令勒诺特尔十分感动，他说道："啊，我可怜的父亲，要是您还活着，亲眼看到您儿子这个卑微的园丁，坐在轿子上伴随着世上最伟大的君王，我的快乐就完美无缺了。"

法国古典主义园林的发展，在最初的巴洛克时代，由克洛德·莫莱和雅克·布瓦索等人奠定了坚实基础；并在路易十四统治的伟大时代，由勒诺特尔进行尝试并形成伟大的风格；直到1709年，绘画与雕塑皇家院士让·勒布隆（Jean Le Blond, 约1635—1709）协助阿尔让韦尔（Antoine-Joseph Dezallier d'Argenville, 1732—1796）在巴黎出版了《造园理论与实践》（*La Théorie et la Pratique du Jardinage*）一书，被看作是"造园艺术的圣经"，才标志着法国古典主义园林艺术理论的完全建立。

4.5 法国古典主义园林实例

（1）沃勒维贡特庄园（Le Jardin du Château de Vaux le Vicomte, Maincy）

沃勒维贡特庄园是勒诺特尔最有代表性的设计作品之一，标志着法国古典主义园林艺术走向成熟（图4-9、图4-10）。它既使得设计师勒诺特尔一举成名，又使得园主尼古拉·福凯（Nicolas Fouquet, 1615—1680）走向深渊。

1615年，福凯出身于巴黎一个显赫而富有的家庭，13岁就获得巴黎最高法院的律师资格；16岁时得到黎塞留的青睐，作为参事进入梅斯（Metz）最高法院；20岁成为审查官。1642年，黎塞留去世后，福凯追随马扎然。1650年得到许可，出资买下巴黎高级法院总检察长的要职。同年，在福凯的要求下，皇后安娜任他为普通财政总监，1653年马扎然又推荐他为特别财政总监。1659年，资深财政总监塞尔维安（Abel Servien, 1593—1659）去世后，福凯成为仅次于马扎然的要臣。

福凯初任财政总监之时，法国经历了30年战争（1618—1648）、对西班牙战争和投石党之乱不久，皇家金库几乎耗尽，不得已动用国家地产作抵押，由指定的国库官员发行债券。福凯利用自己的财产和名望，在为宫廷增加资金的同时，营私舞弊，为自己和马扎然聚敛横财，并借机向国家放高利贷，使其财产与日俱增。

福凯生活奢侈，喜欢游乐，爱好文化艺术，周围汇聚了一群极有天赋的作家和艺术家，如寓言诗人拉封丹（Jean de La Fontaine, 1621—1695），剧作家莫里哀（Molière, 1622—1673）等人。

在巴黎南面约55km，靠近默论（Melun）东北侧的曼西（Maincy）地方，有一个名叫"沃"（Vaux）的小村庄。17世纪初，这里原有一座小城堡，位于两条小河的合流处。1641年，福凯收

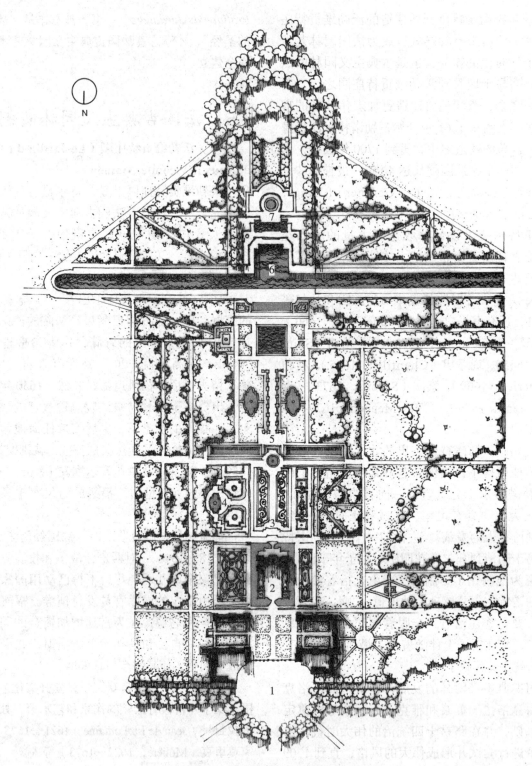

图 4-9 沃勒维贡特庄园平面图
1. 入口广场 2. 府邸建筑及平台 3. 刺绣花坛 4. 王冠喷泉
5. 花坛群台地 6. 大运河 7. 内卧河神像的洞府

第4章 法国园林

图 4-10 沃勒维贡特庄园鸟瞰图

购了这座小城堡,并逐步购置地产,期望在此建造一座巨大的庄园。1653年,新城堡的基础开始动工兴建。1656年,著名的巴洛克建筑师勒沃(Louis Le Vau,1612—1670)开始负责城堡的建设,担任室内外装饰及雕塑设计的是勒布朗。

勒布朗是古典主义画家和艺术理论家,早年在伍埃的画室习画,与勒诺特尔交往甚密。1642年去罗马跟随巴洛克画家普桑(Nicolas Poussin,1594—1665)习画,1646年回到巴黎。勒布朗十分欣赏勒诺特尔在装饰上丰富的想象力和扎实的造园功底,因此推荐给福凯负责花园设计。至此,一位理智的、具有修养和想象力的庄园主,和极有天赋的艺术家们汇聚在一起,共同开创了一部不朽之作。

1657年开始的庄园建设工程,不惜拆毁了三座小村庄,最终形成一个600m宽、1200m长,面积达72hm²的大型庄园。为了保证全园的用水,将安格耶(River Angueil)河流改道。前后动用了18 000多名劳工,直到1661年才建成。不仅府邸建筑富丽堂皇,而且丰富与广袤的花园也是前所未有的。

府邸位于庄园的北部,坐北朝南;建筑基座呈龛座形,略微抬高,四周环绕水壕沟,围以石栏杆,是中世纪城堡设计手法的延续。建筑为古典主义样式,严谨对称;正中是覆盖着椭圆形大厅的饱满穹顶,从中引伸出全园的中轴线。

庄园出入口在府邸的北面,从椭圆形广场中放射出数条林荫大道。进入庄园后,首先是矩形的前院,两侧是马厩、家禽饲养场、菜园等庄园的附属部分。

花园在府邸的南面展开,并由北向南逐渐延伸。从府邸中望去,中轴上是长约1km的透视线,空间深远;两侧是顺向布置的矩形花坛,宽度在逐渐收缩。花坛的外侧是茂密的丛林,高大树木衬托着平坦而开阔的中心花园,并在南端围合成半圆形剧场。地形从北向南,先是缓缓下降,过了大运河之后又逐渐上升,形成一面缓坡。整体布局十分紧凑,一气呵成;各种景物依次展开,井然有序。

　　花园在中轴上划分成三个段落（见彩图8）。第一段花园的中心是一对刺绣花坛，宽约200m；红色砂石衬托着黄杨纹样，图案更加清晰，色彩对比强烈；角隅处点缀着紫杉造型及各种瓶饰。刺绣花坛及府邸的两侧，各有一组花坛，东侧的略宽，当中有三座喷泉，其中以"王冠喷泉"（Foutaine des La Couronne）最为耀眼。东侧地形原先略低于西侧，勒诺特尔有意识地抬高了东边台地的园路，使得中轴左右保持平衡。由此望过去，府邸建筑完全处在水平面上，更加稳定。

　　第一段花园以圆形水池作为结束。台地下方有东西向小水渠，长约120m。它与园路一起，形成花园中第一条重要的横轴，将人们的视线引向花园的两侧。横轴的东头原是一座小山丘，依山就势修筑了三层台地，正中是宽大的台阶；上层台地的两边对列着雕像喷泉；台地的挡土墙上装饰着高浮雕群像、壁泉、跌水和层层下溢的水渠等。

　　第二段花园中轴路的两侧，勒诺特尔的原设计是顺向布置的小水渠，将前面的小运河与将要出现的大运河联系起来；小水渠中密布着大量的小喷泉，水束相互交织成栅栏般，故称为"水晶栅栏"（Barrière de Cristaux）。现在以两条草地代替了水渠，齿状整形黄杨镶边，中间点缀一排花钵。中轴两边各有一块草坪花坛，中央是矩形抹角的泉池。

　　外侧园路在丛林树木的笼罩之下，形成适宜散步观景的甬道；尽端各有一处观景台，下方利用地形开挖进去，是用于祈祷的小洞府。规则式花园从侧面观赏，构图显得不那么呆板，景色也显得更加自然活泼。

　　第二段花园以称为"水镜面"的方形水池为结束，南边的洞府或北边的府邸倒映在水面上，起到承上启下作用。由此南望，250m开外的洞府近在眼前，使二、三段落花园之间衔接得更紧密。

　　走到第二段花园的边缘，一条壮观的大运河突现在眼前。从安格耶河引来的河水，在这里形成长近1000m、宽40m的大运河，两岸是开阔的草地和高大的丛林，使运河空间显得更加宽阔。

以大运河作为全园主轴之一的做法，是勒诺特尔的首创，并成为法国古典主义园林中最典型的水景要素。大运河上未架桥梁，以保证水面的完整性；中轴上水面向南扩展成方形水池，既便于游船调头，又形成南北两岸夹峙的水空间。这一处理手法不仅突出了全园的中轴线，而且使大运河在向东西两边伸展的同时，又将南北两岸联系起来；大运河本身的景观也更加丰富。

　　大运河将全园一分为二。北半部花园以壮观的飞瀑结束，并使得台地花园向大运河巧妙过渡；飞瀑是利用挡土墙形成的几台喷泉水盘和壁泉，饰以石墙和浮雕。南半部花园沿河是一排依山兴建的洞府，共有七个开间，内有横卧的河神像，洞前几束水柱激起层层水花。南北两段挡土墙处理得完整而大气，既与大运河的尺度相协调，又加强了水空间的完整性。

　　第三段花园在洞府背后的山坡上展开，并在山脚开辟出数层大台阶，中轴上的圆形泉池简洁朴实，花篮造型的喷泉在绿草的映衬下，更加晶莹剔透，光彩夺目。随后是宽阔的斜坡草地，伴随着高大的树林，在坡顶上形成半圆形绿荫剧场。正中耸立着镀金的大力神海格力斯雕像，作为全园的端点（见彩图9）。在此向北眺望，府邸与花园景色尽收眼底。半圆形的绿荫剧场与府邸的穹顶，遥相呼应。

　　花园的三大段落各具鲜明的特色，既统一又富于变化。第一段围绕着府邸，以刺绣花坛为主，强调景物的人工性与装饰性；第二段以草坪花坛结合水景，重点是喷泉和水镜面等水景；第三段以树林草地为主，点缀喷泉与雕像，自然情趣浓郁，使花园得以延伸。

　　三个段落之间的处理循序渐进，过渡巧妙，独具匠心。第一段以圆形泉池结束，下方是120m长的小运河，它与大运河相呼应，加强了花园的横轴变化。第二段以方形水镜面结束，预示着大运河即将到来。大运河北岸的飞瀑，与大运河形成动与静的对比。南岸的洞府以河神像和喷泉隐喻着水的源头，更进一步活跃了水景的空间气氛。

　　在围绕花园的林园中，也以几何图形园路划

分空间，并与花园的构图相协调，表明了勒诺特尔是将花园与林园作为一体来考虑的。同时，封闭的林园空间与开放的花园空间形成强烈对比。高大的林木形成了花园的背景，构成向南延伸的开敞空间；最后在花园的南端围合出半圆形的绿荫剧场，加强了花园的纵深感。花园与林园之间庇荫的园路，是更加宜人的散步道，花园景色更加赏心悦目。由于气候的原因，法国园林的色彩更加丰富，鲜艳夺目。

在全园的横向空间处理上，也是由低渐高，逐步过渡。花园中没有一棵大树，以低矮的整形植物和花草构成的图案，空间开朗明亮；花园边抬高的园路和绿篱、绿墙，形成尺度更加宜人的散步和休憩空间；高大的林木形成的荫蔽空间，是相对亲切私密的游乐场所。

沃勒维贡特庄园的独到之处，在于处处显得宽敞辽阔，又并非巨大无垠。空间划分和各个花园的变化统一，精确得当，使庄园成为一个不可分割的整体。造园要素的布置井然有序，避免了互相冲突与干扰。刺绣花坛占地很大，配以富丽堂皇的喷泉，在花园的中轴上具有突出的主导作用。地形处理精心，形成不易察觉的变化。水景起着联系与贯穿全园的作用，并在中轴上依次展开，甚至围绕花园的绿墙，也布置得美观大方。序列、尺度、规则，这些伟大时代形成的特征，经过勒诺特尔的处理，已经达到不可逾越的高度。

然而，沃勒维贡特庄园辉煌的历史，仅仅是昙花一现。福凯本打算在此庄园度过幸福的余生，不曾想却为他带来了牢狱之灾。

1661年，马扎然去世，路易十四亲政。失去马扎然保护的福凯还做着首相的美梦，路易十四却宣布取消首相一职。其实，马扎然既对福凯的政治野心和非法交易不满，又需要福凯为他谋利。而成了路易十四亲信的科贝尔一心要扳倒福凯，取而代之。他收集了福凯的大量罪证，指责福凯是种种灾难甚至阴谋推翻王国的罪魁祸首。这是一心要大权独揽的路易十四所难以忍受的，他决定不考虑教父马扎然的因素，下决心逮捕福凯，但必须等待福凯承诺的资金进入皇家金库。同时，还要等待福凯出卖巴黎高级法院总检察长一职，因为它使福凯享有不同于其他重臣的一切司法豁免权。

然而，福凯犯下的两个错误，加速了他的被捕。一是他与国王的情人瓦利埃尔（Louise De la Valière，1644—1710）纠缠不清；再就是在沃勒维贡特庄园奉献给国王的豪华盛会。

1661年夏，当沃勒维贡特庄园基本建成之时，福凯在园中举行了一次庆祝会。当时宾客盈门，盛况空前。花园中还上演了莫里哀新创作的喜剧《丈夫学堂》（L'École desmaris）。路易十四虽然未能亲临现场，但听到种种传闻，便要求福凯为他举行一次盛会。

同年8月17日，福凯在沃勒维贡特庄园举行了名为"国王的消遣"的联欢。这一天国王、太后及王室成员，在众多贵族的陪同下，由皇家卫队护送来到了沃园。为组织好这次盛典，福凯竭尽全力。招待国王的宴会非常豪华，共有80张餐桌、30张餐台、6000个菜盘和400套银质餐盘，而国王餐桌上的全套餐具都由纯金打造。宴会结束后，花园中还有各种娱乐活动。1200束喷水柱营造出欢快的气氛，有音乐会、水上比武表演，以及人人有奖的摸彩等；并上演了莫里哀的另一部喜剧《胡搅蛮缠》（Les Précieuses Ridicules）。当夜幕降临时，五彩缤纷的焰火将晚会的气氛推向高潮。

这次盛会并不是逮捕福凯的主要原因，但起到了促进作用。作为一个臣民向国王如此炫耀财富，必将激起23岁国王的愤恨与嫉妒。1661年9月5日，福凯被火枪手们逮捕。

国王任命了一个主要由福凯的死对头们组成的特别法庭，诉讼持续了三年；最终因账目不清、投机倒把等罪名，判福凯终身监禁。围绕福凯的文艺界名流也曾替福凯辩护，但最终未能改变他的命运。福凯在狱中度过了19个年头后，死于皮涅罗尔要塞（Forteresse de Pignerol）监狱。

福凯被捕后不久，路易十四就开始筹划凡尔赛宫苑的建造了。负责庄园建造的三位艺术家，也被邀请到凡尔赛宫苑的建设中来。花园中大量的雕塑，开创了法国园林装饰的先河，以及数千盆柑橘，都被路易十四据为己有，搬运到凡尔赛宫了。

（2）凡尔赛宫苑（Le Jardin du Château de Versailles）

真正使勒诺特尔名垂青史的作品，是路易十四的凡尔赛宫苑（图4-11）。它规模宏大，风格突出，内容丰富，手法多变，最完美地体现出古典主义艺术的造园原则。

路易十四在继承王位之初经历了几次动乱后，培养出唯我独尊的坚强意志。1661年夏天，福凯在沃勒维贡特庄园举行的豪华盛会，被刚刚亲政、年仅23岁的国王看作是一种挑战。为此，他要不惜一切代价，营造适宜举行前所未有的盛大庆典的场所。可以说，在讲究排场上，福凯始终是路易十四效法的榜样。

路易十四选择的凡尔赛，位于巴黎西南23km。17世纪初，亨利四世买下这处地产时，这里还是一座小村庄。1624年，路易十三兴建了简朴的用于狩猎时休憩的小屋，为躲避宫廷生活时在此隐居。1631年，巴黎大主教贡蒂（Jean-François de Gondi, Archevêque de Paris, 1613—1679）将他在凡尔赛的领地转让给国王路易十三，国王被这里的魅力所折服，1631—1634年，建筑师勒华（Philibert Le Roy）将狩猎的小屋改造成小城堡，砖砌的小城堡四角有亭，围以壕沟。此外，皇家园林师布瓦索协助他的外甥曼努尔设计了最早的花园。

1651年，13岁的路易十四第一次来到凡尔赛。由于1648—1653年发生的投石党之乱，使路易十四在巴黎缺少安全感，暴徒们曾经攻到了年幼的国王在王宫（Palais-Royal）中的卧室。1661年路易十四亲政后离开巴黎在凡尔赛居住，并于1682年5月6日将整个宫廷搬到了凡尔赛，这里作为首都直到1789年法国大革命爆发。

路易十四处心积虑地加强其绝对权力，削弱地方权贵势力，将他们集中到凡尔赛宫，为他的个人福利服务，而不赋予他们政治权力。无所事事的贵族们沉湎于舞会、晚宴及各种盛会。这一时期，凡尔赛宫中有1000多朝臣和4000多仆人，但是居住条件不尽如人意，既不能取暖，卫生设备也很糟糕。

作家圣西门公爵（Louis de Rouvroy, Duc de Saint-Simon, 1675—1755）在1752年出版的《回忆录》中形容凡尔赛是"无景、无水、无树，最荒凉的不毛之地"。选择在这里建造大型宫苑并不适宜。因此，在建设初期，科贝尔曾经竭力反对，并希望对杜勒里宫苑进行改造，吸引国王回到巴黎。然而，路易十四的决定不容更改。他在回忆录中还十分得意地写道："正是在这种十分困难的条件下，才能证明我们的能力"，很有一种人定胜天的气概。

从1661年起，国王不断要求对宫殿进行修复和扩建。为此，他将当时最优秀的艺术家请到了宫中，包括杰出的建筑师勒沃、天才的园林师勒诺特尔、最有天赋的画家勒布朗。此外，这一时期法国最杰出的建筑师、园林师、雕塑家、画家和水利工程师，都曾在凡尔赛工作过。所以，凡尔赛宫苑的建造，代表着当时法国在文化艺术和工程技术上的最高成就。路易十四本人也以极大的热情，关注着凡尔赛的建设。在1678年的法荷战争（Franco-Dutch War, 1672—1678）之后，更是全身心地投入到凡尔赛。圣西门公爵说，这位征服者要在凡尔赛领略"征服自然的乐趣"。

凡尔赛宫兴建之初，路易十四不想完全拆毁父王的旧城堡。建筑师勒沃对城堡的扩建局限在水壕沟内，将长度仅50m的旧城堡"包裹"起来。然而，勒诺特尔预见到，这座象征伟大君王的宫苑，必将突破旧城堡的束缚，最终代之以雄伟壮丽的宫殿。从一开始，勒诺特尔规划的园林，就具有非凡的气势。直到1668年，勒沃改建的宫殿实在难以满足国王举行盛会的需要，又与花园的规模确实不协调之时，才由著名建筑师芒萨尔的侄子小芒萨尔（Jules Hardouin Mansart, 1646—1708）对宫殿进行第二次扩建。他填平了水壕沟，将建筑长度扩大到400m，使宫殿与花园形成珠联璧合、比例协调的整体。可见，勒诺特尔确有先见之明，他设计的广袤花园促进了宏伟宫殿的产生。

凡尔赛宫苑规模巨大，规划面积有1600hm^2，

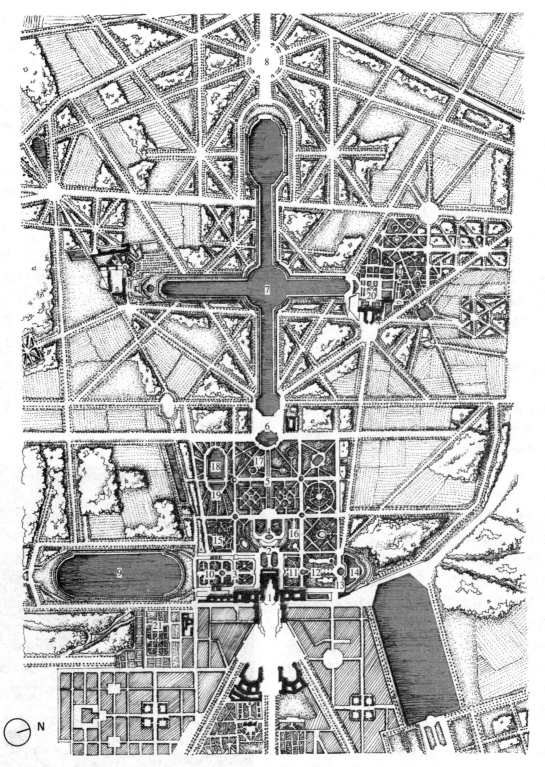

图 4-11 凡尔赛宫苑平面图

1. 宫殿建筑 2. 水花坛 3. 南花坛 4. 拉通娜泉池及拉通娜花坛 5. 国王林荫道 6. 阿波罗泉池 7. 大运河
8. 皇家广场 9. 瑞士人湖 10. 柑橘园 11. 北花坛 12. 水光林荫道 13. 龙泉池 14. 尼普顿泉池
15. 迷宫丛林 16. 阿波罗浴场丛林 17. 柱廊丛林 18. 帝王岛丛林 19. 水镜丛林 20. 特里阿农区 21. 国王菜地

仅花园面积就达100hm²。如包括外围的大林园，占地面积逾6000hm²，围墙长4km，设有22个出入口。宫苑的东西向主轴线长约3km，如包括伸向外围及城市的林荫道，总长则有14km。园林经过三个阶段的扩建，从1662年动工兴建，到1689年大体建成，历时27年之久。其间边建边改，有些地方甚至反复多次，力求精益求精，最终成为欧洲历史上最大、最卓越的宫苑之一。

凡尔赛宫的主体建筑坐东朝西，建造在人工堆起的高地上；南北长400m，中部向西凸出90m，长100m。从宫殿中引伸出的中轴线，向东、西两边伸展，形成统领全园的主轴线。宫殿在东面以主座和厢房围合出前庭，正中是骑在马背上的路易十四雕像，面对着东方。前庭向东是宫殿的主入口，称为"军队广场"（Grille d'Honneur），从中放射出三条林荫大道。花园布置在宫殿的西面，并以高大的林园围绕。

在主楼二层正中朝东的位置是国王的起居室，象征着路易十四从这里统治巴黎，统治法国，直至统治欧洲的雄心壮志。朝西的位置原来是观景平台，后改为著名的"镜廊"（Galerie des Glaces），有如伸进花园中的半岛，作为花园中轴上的视觉焦点。由此处眺望全园，空间极其深远，视线循轴线可达8km之外的地平线。如此恢宏气势，足以令人俯首称臣。

园中最先兴建的，是宫殿西面的一对刺绣花坛，后改为"水花坛"（Water Parterre）。勒诺特尔的原设计有五座泉池，打算以五彩缤纷的水束，组成花坛般的景象，最终未能实现；建成的是一对矩形抹角的大型水镜面，仍称作"水花坛"。来自意大利的大理石作池壁，装点着爱神（Eros）、山林水泽女神（Nymph）、河神（Achelous）的青铜像。为了与平展的水花坛相协调，青铜像都采用卧姿。从宫中望去，倒映着天空的水花坛，与远处明亮的大运河交相辉映。

由水花坛前西望，壮观的中轴线尽收眼底。两侧有茂密的丛林，高大的树木修剪齐整，增强了中轴线的立体感和空间变化。这条中轴线以拉通娜泉池（Latona Fountain）、"国王林荫道"（Allée Royalle）、"阿波罗泉池"（Le Bassin d'Apollon）和大运河为造园要素，以太阳神为隐喻符号，以绝对君权为艺术主题，实际是为了歌颂"太阳王"路易十四。由于地形处理巧妙，远处的大运河呈现为斜面，仿佛一条银河从天而降。

"拉通娜泉池"位于水花坛西侧大台阶的下方，南北两边以环形坡道围合，并点缀着各种神像。圆形水池中央是四层大理石圆台，拉通娜站立在顶端，手牵年幼的阿波罗（Apollo）和阿耳忒弥斯（Artemis），无助地望着西方（图4-12）。下方有四层乌龟、癞蛤蟆和半人半蛙塑像，从他们口中喷水的水柱笼罩着拉通娜。在希腊神话中，孪生兄妹太阳神阿波罗和月亮神阿耳忒弥斯是拉通娜与天神朱庇特（Jupiter）的私生子，乌龟、癞蛤蟆等是那些曾对她有所不恭、对她唾骂的村民受天神惩罚而变成的。这令人联想到幼年的路易十四随母亲逃亡时所受的屈辱。

图4-12 凡尔赛宫苑中的拉通娜泉池

拉通娜泉池的南北两侧，有一对草坪花坛，称为拉通娜花坛。高大的水柱从花坛中的圆形泉池中喷射而出，与拉通娜泉池相呼应。环形坡道、草坪花坛，与拉通娜泉池形成和谐完整的广场空间。这与意大利台地园的处理手法十分接近，只是尺度更大，可见意大利园林对法国的深刻影响。

从拉通娜泉池向西是一条长 330m、宽 45m 的大道，称为国王林荫道，大革命时改名为绿地毯。10m 宽的甬道分列两侧，中间是 25m 宽的草坪带。24 座大理石雕像与瓶饰间隔 30m，交替排列在林荫大道的两侧，在高大的欧洲七叶树及绿墙的衬托下，显得典雅而肃静。

国王林荫道的西端，便是阿波罗泉池（见彩图 10）。近似卵形的水池中，阿波罗驾着巡天车，迎着朝阳破水而出。紧握缰绳的太阳神、欢跃奔腾的马匹塑像，都栩栩如生。喷水时，池中水花四溅，波涛汹涌，整个塑像笼罩在朦胧的云雾中。夕阳西下之时，太阳在西方的天空中渐渐隐没，水面上的太阳神镀金像放射出万道光芒。天上的太阳与地上的君王在此重叠。

围绕阿波罗泉池的半圆形园路上，排列着 12 尊大理石神像，同样以树木和绿墙作背景，既装点了阿波罗泉池广场，又是国王林荫道布置手法的延续。

阿波罗泉池之后，便是凡尔赛宫苑中最壮观的景色——大运河，它是为解决沼泽地的排水而设计的，也是全园水景用水的蓄水池，同时延长了花园中轴的透视线。大运河平面呈十字形，中轴长 1650m，宽 62m，横臂长 1013m；并在十字形交点上拓宽成轮廓优美的水池。路易十四喜欢乘坐御舟，在广阔的水面上与群臣欢宴。大运河的西端是皇家广场，作为宫苑的尽端。从中放射出 10 条林荫大道，向四周的密林深处延伸。

凡尔赛宫苑不仅有壮观的中轴线，而且横向轴线，尤其是宫殿西侧的南北向横轴的处理，也十分精心。一南一北、一开一合的空间处理，表现出统一中求变化的古典主义手法。

水花坛的两边有一对花坛，分别称为南花坛和北花坛。南花坛台地略低于宫殿的台基，实际是建在"柑橘园"（Orangerie Parterre）温室上的屋顶花园。它由两块刺绣花坛组成，中心各有一座泉池。从南花坛台地边向南望去，低处是柑橘园花坛，远处是"瑞士人湖"（Pièce d'Eau des Suisses）和林木繁茂的萨托里（Satori）山冈（见彩图 11）。瑞士人湖面积有 13hm^2，也是矩形抹角的大型水镜面；由瑞士籍雇佣军承担开挖任务，并因许多士兵死于疫病而得名。这里原是一片沼泽，地势低洼，排水困难，故就势挖湖，并在南边形成以湖光山色为基调的外向性开放空间。

由于路易十四非常喜爱柑橘树，建筑师勒沃起初在旧城堡的南边兴建了一处柑橘园，园内 1250 多盆柑橘完全来自福凯的花园。建筑师小芒萨尔在扩建宫殿的南翼时，将勒沃的柑橘园拆毁，建造了"新柑橘园"，面积也扩大了一倍。园内摆放着大量的盆栽柑橘、石榴、棕榈等，有着强烈的亚热带情调。新柑橘园比南花坛台地低了 13m，利用高差开挖进建造了一座温室，共有 12 座拱门，可以容纳 3000 盆植物越冬。两侧的大阶梯逾 20m 宽、100 级踏步，尺度惊人，非常壮观。

北花坛处理成内向性的封闭空间，与南花坛形成鲜明对照。北花坛台地地势较低，由建筑和丛林包围着一对刺绣花坛和泉池，显得十分幽静。北面的一系列水景因构思巧妙、相互连贯而著称，它以金字塔泉池为起点，经山林水泽仙女泉池，穿过水光林荫道到达龙泉池，末端是半圆形的海神尼普顿泉池，一座座泉池引人入胜。

金字塔泉池是以雕像支承的四层水盘，外轮廓呈金字塔形；山林水泽仙女泉池表现了罗马神话中月亮女神狄安娜（Diana）与山林水泽仙女嬉戏的情景；水光林荫道是丛林夹峙的坡道，两边排列着 22 座，由三个可爱的儿童托举的水盘；圆形的龙泉池中是被展翅欲飞的巨龙吓得四条到处逃窜的怪鱼，骑着天鹅的四个天使正拉弓放箭，与巨龙展开搏斗；尼普顿泉池虽不似瑞士人湖那么辽阔，但是在一系列幽暗、狭窄的空间衬托下，显得非常壮观。池壁和水面有大量的雕像和喷泉，水束或抛向池中，或直冲云霄，或从各种动物的口中喷吐而出；水柱或粗或细、纵横交错，伴以喧嚣的水声，令人目不暇接。以动为主的尼普顿泉池和以静为主的瑞士人湖，在横轴的两端遥相呼应，形成强烈对比。

由于花园是作为路易十四的纪念碑来兴建的，气氛因此难免流于严肃、刻板。为此，路易十四要求制作大量的儿童雕像，"散置在所有的地方"，使花园的气氛活泼一些。但是，由于花园太大，总体上难以达到预期的效果。

无论在平面构图上，或是在身临其境的视觉效果上，凡尔赛花园都似乎显得宏伟有余而丰富不足，高度统一却缺少变化。

实际上，凡尔赛花园又是作为露天的客厅和娱乐场来建造的，是宫殿的延续，展示了高超的开辟广袤空间的艺术手法。在建园之初，路易十四就要求能够在园中举行盛大豪华的宫廷庆会，同时容纳7000人活动。因此，在没有大量游人活动的情况下，空间难免流于空旷。在花园兴建不久的1664年，以及花园初步建成的1668年，国王举行过两次盛大的联欢会。最著名的是1674年夏天举行的名为"凡尔赛的消遣"的狂欢，一连持续了六个夜晚，极尽豪华奢侈之能事。

此外，一当人们进入到丛林之中，就会发现隐藏在大片林地之中的小林园，完全是另一个世界。小林园是凡尔赛宫苑中最独特、最可爱的部分，是真正的娱乐场所。由于空间尺度较小，林木笼罩，显得亲切宜人。在小林园的设计与兴建上，勒诺特尔倾注了更多的心血。因为国王的喜好与想法不断变化，对设计师不断产生新的要求，使得小林园的内容及形式也在改来改去，不断变化。

全园共有14座小林园，两座对列在水光林荫道两侧，其余排列在中轴线两边；以"井"字形园路分成面积相等的12个方格，交点上布置四座泉池，分别是代表春、秋两季的花、谷女神，以及代表夏、冬两季的农神和酒神，象征着四季更替，周而复始。小林园有着不同的题材、巧妙的构思和鲜明的风格，充分反映出统一中求变化的手法。路易十四非常喜欢邀请外国使节来凡尔赛，重点便是参观小林园，并亲自作讲解。然而，在路易十四去世后，许多小林园都改变了原来的题材和风格。

"迷宫丛林"是勒诺特尔构思最巧妙的小林园之一，取材于希腊作家伊索（Aesop，约公元前6世纪）的寓言故事。迷宫的入口对立着伊索和厄洛斯（Eros）雕像，在荷马史诗中他是代表肉欲的抽象力量，这里用来暗示受厄洛斯引诱误入迷宫的人，能在伊索的引导下走出迷宫。在错综复杂的园路路口，有40多座铅铸着色的动物塑像，隐含着寓言故事，并以四行诗作注解。迷宫本是中世纪欧洲流行的游乐设施，勒诺特尔以伊索寓言为主题，赋予它新的内涵，使之更富有情趣。1775年，"迷宫丛林"被毁后改成"王后丛林"。

"沼泽丛林"也十分精彩，在方形水池的中央立着一株铜铸的大树，挂满了锡制的叶片，从枝叶的尖端向外喷水；从树下的金属芦苇叶片中喷出的水束抛向水池；四角还有小天鹅塑像，也向水池喷出水花；纵横交错的水柱，使人眼花缭乱，目不暇接。此外，在水池两侧的台地上，还有长条形水渠形成的水餐园，水中有水罐、酒杯、酒瓶为造型的涌泉；还有一个果盘也在向外喷水，简直是一处水景荟萃之地。

"沼泽丛林"后来被小芒萨尔改成"阿波罗浴场丛林"，以一座完全模仿自然山岩的洞府为主景，挂满层层叠落的瀑布。洞府上有三座大岩洞，主洞称作海神洞，有巡天回来的阿波罗与众仙女的雕像。两个副洞中有太阳神的马匹雕像。这组雕像原来安放在"忒提斯岩洞"（Grotte de Thetis）中，它也是献给太阳神的岩洞，构造奇妙，富于想象，由水工专家、意大利人弗兰西尼兄弟（François Francini，1617—1688；Pierre Francini，1621—1686）设计建造。洞顶上还建造了蓄水池，在洞壁上泻出许多水流。三个拱形洞门上有长条形浮雕，描绘太阳神来到岩洞时受到沼泽女神迎接的场景。忒提斯岩洞是路易十四钟爱的欣赏音乐演奏的场所，1682年小芒萨尔扩建宫殿的北翼时，忒提斯岩洞被毁，雕像被移至"阿波罗浴场丛林"，1776—1778 年，这座小林园又被改成浪漫式风景园。

"水剧场丛林"也是备受人们赞赏的小林园，它在椭圆形的园地上，流淌着三个小瀑布，还有 200 多眼喷水，可以形成 10 种不同的跌落组合，在植物的衬托下跳跃升腾，恰似优美的舞台景象。观众席环绕舞台呈半圆形布置，并逐层向后升起，上面铺着柔软的草坪。可惜，"水剧场丛林"毁于 18 世纪中叶，后来在此兴建了缺乏含义的"绿环丛林"。

"水镜丛林"建于 1672 年，水池造型简洁，平静的水面倒映着树梢上的蓝天白云。水面的高度与驳岸平齐，很自然地过渡到斜坡式草地，与西边的"帝王岛丛林"，也称作"爱情岛丛林"合为一体。路易十八（Louis XVIII，1755—1824，1814—1824 在位）在位期间，"帝王岛丛林"被改成英国式花园，称为"国王花园"。

"昂塞克拉德丛林"是勒诺特尔 1675—1677 年建造的，描绘了巨人首领对抗朱庇特（Jupiter），铅铸上色的雕像是马希（Gaspard Massy）的杰作。

勒诺特尔设计的"穹地丛林中"有两座青铜花环装饰的大理石小亭。周边环绕的石栏杆上装点着 44 个浅浮雕作品，代表着不同民族的军队。

勒诺特尔设计的最后一个丛林是"舞厅丛林"，又称"假山丛林"，建于 1678—1682 年。这里是举行晚会和舞会的场所，场所中央早先有座水渠环绕的小舞台，舞蹈演员在舞台上翩翩起舞，演奏者们站立在瀑布的上方。

"柱廊丛林"是由树林环绕的大理石环形柱廊，共 32 开间（图 4-13）。粉红色大理石柱纤细轻巧，柱间有白色大理石水盘，喷出的水柱高达数米。当中为直径 32m 的露天演奏厅，中央原先放置着雕塑家吉拉东（François Girardon，1628—1715）的杰作："普鲁东抢劫普洛赛宾娜"，坐落在高大基座上的雕像，形成空间的核心。"柱廊丛林"是凡尔赛宫苑中最美的建筑小品之一，是 1684 年由小芒萨尔建造的。勒诺特尔当时在意大利考察，回来之后，路易十四带他来这里参观，

图 4-13 凡尔赛宫苑中的"柱廊丛林"

并再三征求他的意见。勒诺特尔说："陛下把一个泥瓦匠培养成了园林师，他给陛下做了一道拿手菜。"言外之意，以建筑小品为核心的柱廊园，和勒诺特尔以园林要素为主体的小林园设计思想背道而驰。

17 世纪下半叶，在路易十四统治时期，法国成为欧洲最强大的国家，国王也是继古罗马皇帝之后，欧洲最强有力的君主。凡尔赛宫苑，就是强大的国家和强大的君主的纪念碑。正如 1665 年秋，大臣科贝尔写给路易十四的信中所说的那样："除了战争，唯有大型工程才能更好地体现出伟大君王的精神与价值。"

不仅宫苑的规划体现了皇权至上的主题思想，而且宫苑的建造过程也处处反映出强大的中央集权的统治力量。这项工程之大，耗资之巨，非举一国之力确实难以承受。这也是欧洲其他国家的宫廷虽模仿凡尔赛建造了许多宫苑作品，但无论在规模上，还是在精致程度上，都难以出凡尔赛

之右的原因之一。

在长期的建设过程中，始终有数以千计的工匠、马匹劳作于地形、水利、建筑和种植工程。丹若侯爵（Marguis de Dangeau，1638—1720）在1684—1720年写的凡尔赛回忆录中记载：1685年5月31日，在工地上有3600名工人。甚至当时最先进的科学技术，也首先运用于造园之中。为了营造出欢快的气氛，大量的水景是必不可少的，水利工程因而十分艰巨。凡尔赛的水源难以满足大运河和1400多个喷泉的用水量，为此设计了多种引水方案。欧尔河（l'Eure）引水工程始于路易十三时期，后来又计划将河流改道，最终未能实现。并设想了建造23个蓄水池，存储逾 $800 \times 10^4 m^3$ 雨水的方案，实际建成的只能储水 $22 \times 10^4 m^3$。17世纪80年代，又在马尔利（Marly）兴建了巨大的水工机械，以14个水轮泵抬高塞纳河河水，再以渡槽引到凡尔赛，堪称当时的工程奇迹。引水工程的总工程师是弗兰西尼兄弟，喷泉技术的主要负责人是克洛德·德尼（Claude Denis）。

为了使树木尽快成林，从附近的森林中用大车运来参天大树，为此还发明了由滑轮车和杠杆构成专门的移树机械。用来自森林里的大树，一天就能营造出一条林荫大道，当时被誉为奇迹，"与大自然经历了两三个世纪才产生的效果相差无几"。1688年，仅从阿尔托瓦（Artois）一地就运来25 000多棵大树。由于大树移植的成活率很低，还需要及时补种，因而浪费惊人。

此外，建造凡尔赛宫苑所用的石料，也是来自全国各地。因此有人认为，仅仅从树木和石头上就可以看出，凡尔赛是统一强大的法兰西的象征。然而，劳工们的生活却十分艰苦，以致大量死于疾病。女作家塞维尼夫人（Mme de Sevigné，1626—1696）1670年10月12日在给女儿的信中写道：每天晚上都有许多车辆满载着劳工的尸体拉走。

凡尔赛花园中可谓雕塑林立，主题与艺术风格十分统一。除了有画家勒布朗的统一规划外，还于1666年在罗马的美第奇庄园中专门设立了法兰西艺术学院，培养了一大批优秀雕塑家，他们在勒布朗的统一指挥下完成了全园的雕塑创作。为此，作家贡布斯（S. Combes）曾强调说，这一时期的法国，在建筑、雕塑、绘画、造园、喷泉技术及输水道的建造等方面，均已超出意大利及其他欧洲国家的水平，并且认为，凡尔赛的建造就是为给法国带来永久的光荣。

凡尔赛宫苑的建成，对当时整个欧洲的造园产生了极大的影响，成为各国君主梦寐以求的人间天堂。德国、奥地利、荷兰、俄罗斯和英国的宫廷，都相继建造自己的"凡尔赛宫"，然而，无论在规模上还是艺术水平上，都未能超出凡尔赛。

1715年路易十四去世后，凡尔赛宫苑几经沧桑，渐渐失去17世纪时的整体风貌。园林的规模也从当时的逾 $1600 hm^2$，减少到现在的逾 $800 hm^2$。虽然园林的主要部分还保留着原来的样子，却难以反映出鼎盛时期的全貌了。

（3）特里阿农宫苑（Les Jardins du Grand et Petit Trianon）

1678年，法荷战争结束后，路易十四全身心地投入到凡尔赛宫苑的建设之中。在举行了那次盛大的庆会之后，宫苑的进展已难以满足路易十四举行大型盛会的要求了。不久，小芒萨尔开始扩建勒沃建造的宫殿了。

早在1663年，路易十四就在凡尔赛宫苑大运河横臂的北端附近，买下了特里阿农（Trianon）的地产，以便扩大路易十三的猎苑。当时，特里阿农是由教堂和几座民房组成的小农庄。路易十四买下后就将小农庄拆除得只剩下教堂，1668年又将教堂拆毁了。

1670年，国王决定在特里阿农建造"一座建筑形式非凡的小宫殿，适合炎热的夏天在这里度过一些时光"。实际上是国王与情妇蒙特斯庞侯爵夫人（Marquise de Montespan，Françoise Athenaïs de Rochechouart，1641—1707）幽会的地方（图4-14）。建筑师勒沃建造了由五座亭阁组成的宫殿，围绕卵圆形庭院布置，国王占据了正中最大的亭阁。

这座小型宫殿采用多面斜坡屋顶，布满了花

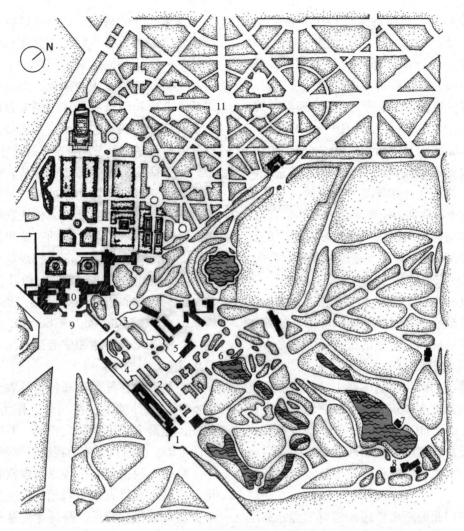

图 4-14 特里阿农宫苑平面图
1. 小特里阿农宫入口 2. 小特里阿农宫 3. 过桥 4. 花园与法国亭 5. 王后剧场 6. 王后小村庄
7. 岩石山、望景台、小湖面 8. 爱神庙 9. 大特里阿农宫入口 10. 大特里阿农宫 11. 大特里阿农宫花园

瓶、小鸟和儿童彩色塑像，大概是采用铅制着色的方法，模仿瓷器的效果。由于建筑的屋顶和内室完全由瓷砖覆盖，因此称为"特里阿农瓷宫"。由于传教士带回的中国工艺品，尤其是瓷器，在法国大受欢迎，形成一股中国热。特里阿农瓷宫便是受中国和东方影响的产物。路易十四喜欢说："凡尔赛是为我的宫廷兴建的，马尔利是为我的朋友建造的，特里阿农是为我自己的乐趣修建的。"表明他对异国情趣的热衷。

花园是与特里阿农瓷宫同期建造的，由园林师勒布都（Michel Le Bouteux，1623—1700）负责设计。同时开挖了大运河的横臂，方便国王乘御舟来这里，并就着宫殿与大运河之间的高差，兴建了一座马蹄形泉池。

勒布都设计的花园有一对花坛及泉池，并在工程技术上创造性地运用可拆装的温室，保护露地栽植的柑橘安全越冬。花园完全用于种植各种奇花异草，如西班牙茉莉、晚香玉、风信子、君士坦丁的水仙等，丰富了花坛景色。最名贵的花卉保存在名为"香亭"的亭阁内。

园中还以大量的瓷花钵配合花坛，增强装饰效果。勒布都还在园中引种了欧洲七叶树，当时尚未在园林中运用。花园的整体构图非常简单，以棋盘式园路划分空间，并收集了许多植物品种。

然而，这座怪诞的宫殿存世不到20年，就因维护费用过高而被拆毁了。1687年，国王要求小芒萨尔在特里阿农瓷宫原址上兴建一座新宫殿，让取代蒙特斯庞侯爵夫人的曼特农夫人（Françoise d'Aubigné, Marquise de Maintenon, 1635—1719）在此居住。起初还想保留这座瓷宫，并将它融入新建筑之中，然而瓷宫建筑奇特的平面，尤其是长廊与新建筑难以协调。小芒萨尔建造的新宫殿，立面、柱子和壁柱完全以法国朗格多克出产的粉红大理石和意大利的坎帕尼亚的绿色大理石饰面，故称为"特里阿农大理石宫"。

在建设过程中，工地在不断变化，许多原定的设计想法被抛弃，如路易十四反对增加斜坡屋顶，并提出建造柱廊式中庭的想法。国王专心致志地关注工程的进展，一切都要听从他的意见。路易十四还乘小芒萨尔生病不在工地的机会，要求他的助手皇家首席建筑师、小芒萨尔的妹夫德科特（Robert de Cotte, 1656—1735）设计柱廊式中庭。中庭最初在庭院一侧用玻璃窗封闭，后来又取消了这一做法，以加强庭院与花园之间的通透效果。

由于国王如此近距离地跟踪建设工程，甚至于建筑上的错误在完工前就被纠正了。圣西门公爵曾提到一件有关窗户的轶事：有一天路易十四巡视工地时发现一个窗洞比其他的要小些。国防大臣卢瓦侯爵（François Michel le Tellier, Marquis de Louvois, 1641—1691）认为不可能出现这样的工程错误，便否认国王的看法。国王要求勒诺特尔做裁判，他测量了窗户的尺寸，还是国王说得对。卢瓦便向国王赔罪。

宫殿的建设工程很快就完成了，国王1688年1月就开始来此居住。四周曾装饰着大量瓶饰和雕像，形成庄重肃穆的气氛，可惜现已无存。

新宫殿的布局有利于保留大部分曾经勒诺特尔美化的旧花园，他设计的几座泉池，以及位于宫殿走廊一侧新的小林园——"源泉丛林"，如今也无影无踪了。

源泉丛林的兴建，也是勒诺特尔对小芒萨尔的报复，因为后者曾将凡尔赛园林中同样名称和主题的一座小林园拆毁了。园中一系列蜿蜒的甬道和小桥，跨越交织的溪流，形成甬道与溪流的对话。这座构图奇特的林园用来打破法式园林方格形构图和古典式的均衡。勒诺特尔在园中引入混乱的和无序的形态，与古典的秩序形成对比。

小芒萨尔拆毁这座小林园后，将装饰中央泉池的铅制塑像交给阿尔蒂修复，并用来装点在特里阿农新建的泉池。此外，他还在特里阿农开辟了一些透视线和轴线，此前，这里以局促的空间为主，缺乏纵深感。第一条轴线从柱廊中庭的中心引伸出来，尽端是18世纪初开挖的"平底泉池"（Bassin du Plat Fond）。第二条轴线始于马蹄铁泉池（Bassin du Fer à Cheval），端点是同期兴建的，由花坛、台地和中心泉池组成的小型绿荫剧场。

小芒萨尔在凡尔赛和特里阿农大量栽植欧洲七叶树；并种植了一些丛林，作为雕像的背景。此外，他最大限度地扩大空间，并有意识地在宫苑的围墙上开窗口，使透视线延伸到园外。

路易十四去世后，特里阿农宫苑出现很大变化。路易十五将大理石宫殿送给王后，但她并不十分喜欢这里。相反，路易十五从小就对特里阿农情有独钟，认为不像凡尔赛那样豪华，更适宜居住。凡尔赛完全是供人参观的"客厅"，不是舒适的住所。圣西门公爵写道："国王和王后的居室都有许多不便之处，与两侧厢房的办公室可以互视。里面的寝室又是最阴暗、最闭塞和最难闻的地方。1740—1750年，路易十五常搬到特里阿农小住两三天，消除在凡尔赛宫中单调乏味的感觉。"

路易十五对植物学兴趣浓厚，一部分花园被改造成植物园，并开展了外来植物的引种驯化工作。源泉丛林再次被拆毁，现在只留下一片树林草地。1750年，国王的首席建筑师加伯里埃尔（Anges-Jacques Gabriel, 1698—1782）对特里阿农花园进行了改造，并在西面建造了一处动物园，不过是在一处低洼的庭院和简易牲畜棚中，养着许多小宠物。周围是广阔的引种驯化田，加伯里埃尔设计了一座"法国亭"。最初这个仅仅为了满足路易十五的爱好和消遣的地方，如今却成为法国重要的科研中心。1759年在此建立植物园，兴建了大型温室，收集了许多观赏植物。1764年以后成为主要收集观赏乔木的树木园。1830年以后，园中奇特的新品种和美丽的外来树种在不断增加。

1762—1768年，路易十五在法国亭前面兴建了一处静谧的府邸，称为"小特里阿农宫"，周围的小花园采用法式园林布局，一直延伸到大特里阿农宫。路易十六的王后又在这里建造了一座小城堡，随后就对花园进行了全面改造，最终形成典型的"英中式园林"（Le Jardin Arglo-Chinois）。由于国王与王后光顾大特里阿农的机会越来越少，花园也在18世纪被不断简化。

19世纪时，由于拿破仑一世和三世曾经喜欢来此居住，大特里阿农宫和花园得到不断的修复。此后大部分时间处于放任的状况。

1999年12月26日，一场暴风雨摧毁了凡尔赛和特里阿农的逾万棵树木。几个世纪以来，丛林中的树木原本生长状况就很差，借此良机，将丛林的树木尽数砍伐，重新栽植，逐渐恢复历史风貌。并根据小芒萨尔原先的设计，重新开辟园路和视景线，以及几座小林园。

（4）尚蒂伊庄园（Les Jardins du Château de Chantilly, Chantilly）

尚蒂伊庄园位于巴黎以北42km处（图4-15）。1524年，弗朗西斯一世在一座旧城堡的基址上，建造了这座宫殿，是16世纪上半叶城堡建筑的代表性作品。1643年，波旁王族中年幼的分支——孔代家族（les Condés）买下尚蒂伊庄园，当时周围还是一片水网交织的沼泽地。

16~17世纪期间，孔代家族在法国历代王朝政治中起到过重要作用。"孔代亲王"共传10代，最突出的是波旁的路易二世，人称"大孔代"（Louis Ⅱ de Bourbon, Prince de Condé, 1621—1686）。他在30年战争期间，曾于1643、1648年两次打败西班牙人，1645—1646年打败巴伐利亚人，并帮助年幼的路易十四宫廷同投石党达成协议，后因居功自傲遭到囚禁，释放后加入了叛军。1658年在敦刻尔克附近的沙丘战役中失利，后被赦免，成为路易十四最杰出的将领之一。1668年在佛朗什-孔泰（Franche-Comté）打败西班牙人，1674年在瑟内夫打败后来的威廉三世（William Ⅲ，1650—1702，1689—1702 大不列颠国王）。1675年莱茵战役后，大孔代因健康的原因退隐尚蒂伊庄园，直至去世。

沃勒维贡特庄园的建成，也引起了大孔代的关注。1663年，他委托勒诺特尔将散乱无序的花园改造成统一的整体。参与设计建造的还有建筑师居塔尔（Daniel Guitard）、造园家拉甘蒂尼（Jean-Baptiste La Quintinie，1624—1691）、水工师勒芒斯（Le Manse）等人。

这座16世纪上半叶兴建的城堡，还带有中世纪的建筑痕迹，平面布局极不规则，缺乏明确的方向感，花园在构图上难以与之相协调。

因此，勒诺特尔的设计并没有将城堡作为花园中轴线的起点，而是巧妙地另起炉灶，选择城堡东侧的台地为基点，设置一条南北向的纵贯花园的主轴线。随后，建筑师居塔尔将台地改建成壮观的大台阶，宽大的平台正中是一座献给水神的雕像，以此作为花园中轴线上的焦点。在庄园的总体布局上，城堡并非作为控制花园的实体，相反成为花园景色的构成要素之一。宽阔的水面环绕着城堡，与园中的水景交相辉映（图4-16）。

由于尚蒂伊水系纵横，水量充沛，勒诺特尔首先关注的是水景工程，希望营造出以水景为特色的花园风格。他将名为"农奈特"（Nonete）的河流引到园中，并汇聚成一条横向的大运河，长逾1500m，宽约60m，东端扩大成六角形水池，并接一个圆形泉池为结束。在花园的中轴线上又形成一段纵向的运河，长约300m。这条大运河与沃勒维贡特庄园中的大运河相比，更加宏伟壮观，构成一座巨型的水镜面。

中轴两侧是一对与泉池结合的花坛，称为"水花坛"；既是花园的构图中心，又与大运河相互应。花园的中轴线一直延伸到运河的对岸，并以巨大的绿荫剧场作结束，半圆形的斜坡草地

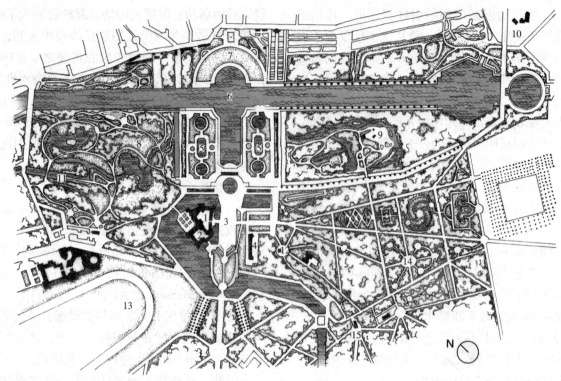

图 4-15 尚蒂伊庄园平面图

1. 城堡　2. 小城堡　3. 大台阶　4. 安吉安城堡　5. 水花坛　6. 大运河　7. 半圆形斜坡草地　8. 英国式花园
9. 小村庄　10. 农奈特城堡　11. 爱情岛　12. 小教堂　13. 跑马场　14. 西尔维林园　15. 西尔维城堡

图 4-16 尚蒂伊庄园的城堡

（Vertugadin）与府邸边的大台阶相对应。

在中心花园的西边，位于府邸与后来兴建的马厩之间，还有一系列法式花园和丛林，景色优美，装饰着大量的雕像与鲜花。1682年，小芒萨尔在这里兴建了一处柑橘园。这些规则式花园都因英国风景园的流行而被拆毁了。

经过勒诺特尔改建后的花园，完全体现出法式园林的布局特点。虽然不像其他古典主义园林作品那样规整，但是经过勒诺特尔大手笔的处理，使庄园具有恢宏的气势。几乎处于同一个水平面上的台地和水池，显得平坦而舒展。花园中着重强调了人工趣味，尤其是大运河的开辟，给人以强烈的震撼。此外，水花坛和水镜面的处理也非常适宜，既突出了原址的景观特征，又使花园独具魅力，艺术地再现了地域景观风貌。

尚蒂伊庄园以后又经历了多次改建。18世纪时，大孔代的重孙、路易十五的大臣，孔代亲王第七代（Louis-Henri, 7th Prince de Condé, Duc de Bourbon, 1692—1740）将大台阶东侧的小林园改建成绿荫厅堂，由园林师索塞（Louis Saussay, ?—1747）和布莱特耶（Breteuil）设计。

他的儿子路易·约瑟夫（Louis-Joseph, 8th Prince de Condé, 1736—1818）又在水花坛之外建造了英国式花园，里面有建筑师勒华（Jean-François Leroy）建造的"小村庄"。

（5）杜勒里宫苑（Les Jardins du Château des Tuileries, Paris）

杜勒里花园占地面积约25hm^2，是在巴黎建造的最早的大型花园之一（图4-17）。从路易十三统治时期开始，这座花园就定期对巴黎市民开放，因此被看作是历史上第一个"公共园林"。

1519年，弗朗西斯一世选择在这里为他的母亲路易斯·德·萨瓦（Louise de Savoie, 1476—1531）建造一座府邸和花园。由于原址上过去有几座房瓦（Tuiles）加工厂，因此得名杜勒里（Tuileries）。1546年，弗朗西斯一世又在杜勒里的东面兴建了王宫——卢浮宫。

查理九世（Charles Ⅸ, 1550—1574, 1560—1574在位）是亨利二世和凯瑟琳·德·美迪奇的二儿子，他登基时尚幼，王太后凯瑟琳·德·美第奇大权在握。1564年，她要求建筑师德劳姆在杜勒里兴建宫殿。1570年德劳姆去世，由建筑师

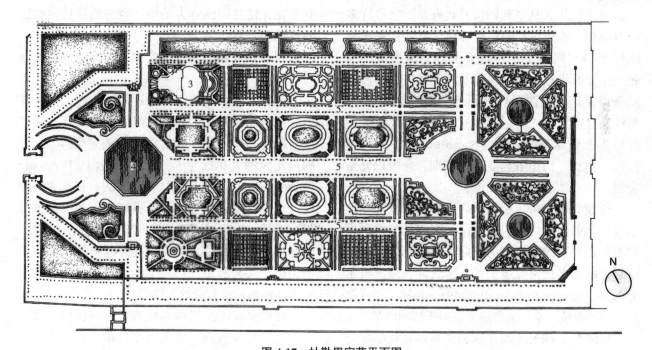

图4-17 杜勒里宫苑平面图
1.大型刺绣花坛 2.中轴线上的圆形水池 3.绿荫剧场 4.中轴线上的八角形水池 5.林荫道

让·布兰（Jean Bullant，1515—1578）继续，前后用了近10年的时间才将宫殿建成。

杜勒里宫坐东朝西，与南边的塞纳河相垂直，中央有高大的穹顶大厅。宫苑的西边以弧形的回音壁为结束。花园为意大利佛罗伦萨样式，园中还有陶器专家帕利西设计的岩洞，以陶土制作出大量的花卉和动物形象，描绘出世外桃源般的景致。

杜勒里花园建造之初，西面还是一片开阔的乡村。由园林师塔尔甘（Tarquin）协助卡鲁斯基（Caruessequi）负责全园的种植工程。从1578年由小杜赛尔索，以及1652年由贡布斯（Jacques Gomboust）绘制的平面图来看，花园的构图十分简单，以路网将全园划分成面积近似相等的方格形园地，布置花坛和丛林。丛林分为两类：一类是修剪成方块的树丛，形成密实的林下空间；另一类是以梅花形种植形式构成的树木回廊，内部种植各种花灌木或草地，类似一个个小林园，是相对私密的活动空间。花坛布置在宫殿前面，共由八个方格组成。庄园整体上体现出意大利文艺复兴时期的园林特征。

16世纪末，从亨利四世时代开始，就有许多规划设想，希望将杜勒里宫与卢浮宫连接起来形成巨大的宫殿群，并开始着手计划的实施。为此，一方面将杜勒里宫向南北两侧延伸；另一方面在卢浮宫南北两端兴建厢房，逐渐向西延伸，与杜勒里宫汇合。但是，这一宏伟的计划直到19纪后半叶的拿破仑三世（Napoleon III，1808—1873，1852—1870在位）统治时期，才得以完全实现。

17世纪下半叶，路易十四全身心地投入到凡尔赛宫苑的建设之中。作为国王府邸总监的科贝尔利用卢浮宫改建进行的国际方案招标之际，邀请意大利著名巴洛克雕刻家、建筑师和画家贝尔尼尼（Gianlorenzo Bernini，1598—1680）对杜勒里宫进行改造，希望借此能吸引国王回到巴黎。

1664年，路易十四要求勒诺特尔对杜勒里花园进行全面改造。勒诺特尔首先在构图上将花园与宫殿统一起来，将宫殿前面原有的八块花坛，整合成一对大型刺绣花坛，图案更加丰富细致，在建筑前方营造出一个开敞空间。与刺绣花坛形成强烈对比的，是作为花坛背景的丛林，由16个茂密的方格形小林园组成，布置在宽阔的中轴两侧。小林园中仍然以草坪和花灌木为主，其中一处做成绿荫剧场。

为了在园中形成更加欢快的气氛，勒诺特尔建造了一些泉池，重点是中轴两端的圆形和八角形大水池。这两座泉池的处理，也反映出勒诺特尔对视觉效果的细心追求。他根据距离变化产生的变形效果，而将中轴东侧的圆形水池加以调整，使圆形水池的尺度只有中轴西侧八角形水池的一半，但从宫殿一侧看去，这两座泉池的体量几乎相等，视觉效果更加稳定。

在竖向变化上，勒诺特尔将花园的南北两侧、平行于塞纳河的散步道抬高，形成夹峙着花园的两条林荫大道。高台地在花园的西端汇合，并在中轴线的端点上围合成马蹄形的环形坡道，进一步强调了中轴景观的重要性，并增加了视点在高度上的变化。高起的林荫道与环形坡道的兴建，增强了花园地形的变化效果，平面布局也富有变化，使花园的魅力倍增。经过勒诺特尔改造的杜勒里花园，在统一性、丰富性和序列性上，都得到很大改善，成为古典主义园林的优秀作品之一。

此后，杜勒里花园虽经过几次改造，但大体上保留着勒诺特尔的布局。然而，1871年，杜勒里宫殿被大火烧毁，并在1883年被完全拆除。杜勒里花园的大花坛与卡鲁塞尔凯旋门（l'Arc du Carrousel）广场连成一体。花园的面积也大大增加，与卢浮宫连在一起。19世纪进行的巴黎城市扩建工程，为花园增添了伸向园外壮丽的中轴线，它向东延伸到卢浮宫庭院，向西延伸到协和广场中央的方尖碑和星辰广场上的凯旋门，以后又进一步延伸到拉德芳斯的大拱门。

杜勒里花园从宫苑到城市公园的转变，为各个时期的城市贵族、商人和文化精英们提供了一个公共社交场所。这一功能上富有现代感的变化，使其从18世纪起就成为欧洲公园的一种象征和模仿的对象。无论是其使用功能,还是数条平行的、明暗结合、适合不同季节的园路的布局,都被看作是一种样板,在欧洲留下一些模仿它的实例。

1828年,英国著名的造园家和理论家卢顿(John Claudius Loudon,1783—1843)参观了巴黎的园林之后,在他创刊并主笔的《园林师杂志》(*The Gardener's Magazine*)中记叙了观感:"杜勒里花园,过去称为皇家花园,或许是世界上最有意义的公园……杜勒里花园是无法比拟的,它位于巴黎市中心,而且始终对公众开放。花园中有开敞的适宜冬季散步的园路,有庇荫的适宜夏季散步的园路。因为天天浇灌花坛中花开不断。还有喷泉,尽管不常喷水。此外,还有一系列精美的雕像令人流连。"

(6)索园(Parc de Sceaux, Sceaux)

索园也是勒诺特尔的代表性作品之一,位于巴黎以南11km的上塞纳省(Hauts-de-Seine)。它的规模宏大,鼎盛时期园林面积逾400hm²,现在缩减到约150hm²(图4-18)。

1454年,路易十一的好友、最高法院顾问巴耶(Jehan Baillet,1400—1477)在这里购买下3

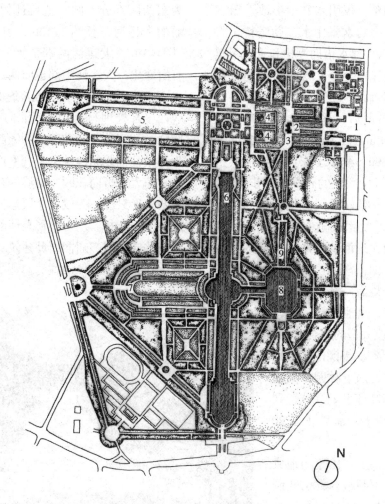

图4-18 索园平面图
1.入口 2.树木林荫道 3.府邸建筑 4.刺绣花坛及圆形泉池
5.大草坪 6.大运河 7.绿荫剧场 8.八角形泉池 9.大型跌水

块封地，合并成一个大型领地。1597年，由吉斯伍莱（Poitier de Gesvres）家族在领地上兴建了一座城堡。1670年，路易十四的财政大臣科贝尔收购了领地，并进一步扩大地产，随后邀请当时最著名的艺术家，如勒诺特尔、建筑师佩洛兄弟（Claude Perrault，1613—1688；Charles Perrault，1628—1703）、勒波特尔（Antoine Lepautre，1621—1682）、勒布朗、雕塑家吉拉东和科伊斯伍克斯（Antoine Coysevox，1640—1720）等人，扩建这座旧城堡，形成与其地位相适应的府邸。

花园大约始建于1671年。由于原地形高低起伏，变化较大，而且低洼处是一片沼泽，因此给建园带来了很大的困难，仅引水和地形改造就工程巨大。为了确保全园的水景用水，勒诺特尔将奥奈河（River Aulnay）河水借助渡槽和管道引至园中，引水设施一直保留至今。仅在府邸前开辟纵横相交的两条轴线，就需要挖土逾10 000m³。

1683年科贝尔去世后，他的长子、海军大臣塞涅莱侯爵（Jean-Baptiste Colbert, marquis de Seignelay，1651—1690）继承了家产。他再次扩大了领地，并将其父开始兴建的园林进一步扩大，"绿地毯"和大运河等部分都是由他完成的。此外，他还在园中种植了大量的榆树。

为了形成壮观的大运河，将两条小河的河水经水渠引至园中低洼的沼泽地。各个台地和府邸前的花坛也经过重新整治，将四层缓坡台地与一对刺绣花坛、泉池相接。大运河上方的露台上是一座大型的组合花坛，随后是壮观的"绿地毯"。果园的规模也加以扩大，并在园中增加了林园，兴建牧场风光。索园从1671年开始兴建，到1691年大运河工程竣工，前后花了20年的时间。

在庄园的总体布局上，由于用地紧凑，平面近似方形，不利于开辟法式园林中特有的空间纵深感。因此，勒诺特尔采取数条轴线纵横交织、依次出现的布局手法。他以坐东朝西的府邸建筑为中心，引伸出一条东西向贯穿城市与花园的主轴线。在府邸东侧，依次是两排整形树木林荫道夹峙的中轴路，由附属建筑围合的入口庭院，以及贯穿城市的林荫大道。在府邸西侧，首先是连续的三层草地围合的一对刺绣花坛，并装饰有圆形泉池；由东向西，地势层层下降；直到环绕着花坛的圆形大水池。由此继续向西，是类似凡尔赛国王林荫道的开阔草地，并以半圆形绿荫剧场为结束。这一部分处理构图之简洁、尺度之巨大、空间之开阔、视线之深远，都大大超过了凡尔赛。

从东西向主轴线中部的圆形大水池中，又引伸出一条南北向的主轴线，它将全园一分为二，分为东西两部分。圆水池台地的下方，便是宏伟壮丽的大运河，长约1140m，有着振奋人心的效果（图4-19）。大运河两端扩大成池，使其在构图上有所变化；大运河中部也向两边凸出，形成椭圆形水面，从中引伸出全园第二条东西向轴线。这条轴线西半部处理与第一条南北向轴线的西半部相似，同样是开阔的草场和巨大的绿荫剧场，两边以林园为背景，轴线的西端是半圆形广场，从中放射出三条林荫大道折向花园；轴线的东半部中心有座巨大的八角形泉池，并以一小段运河与大运河相连，四周环绕着丛林。从八角形泉池的中心，引伸出第二条南北向轴线，通向府邸建筑。这条轴线北部地形变化较大，因此依山就势修建了著名的"大瀑布"，

图4-19　索园中的大运河

连续的大型跌水在两侧的整形树篱夹峙下，十分壮观（见彩图12）。这条轴线在府邸西侧穿过，一直延伸到庄园北端的小花园。这座小园以整形树木为构架，点缀着草地和鲜花，形成封闭而亲密的活动空间；细微而精致的处理手法，与全园粗放大气的效果形成强烈对比。

园中还有小芒萨尔设计的柑橘园，1685年建成时路易十四出席了竣工典礼。索园随后便卖给路易十四的私生子马恩公爵（Louis-Auguste de Bourbon, Duc du Maine, 1670—1736）。府邸北面的小花园，便是公爵夫人追随当时的美学精神而设置的"文学园"，伏尔泰（Voltaire, 1694—1778）尤其喜欢名为"索园之夜"的社交活动。她重新装修了居室，并在庄园的北面离城堡不远的地方兴建了一座"动物园亭"，环绕着花园。

在索园的设计中，最突出的是各种尺度的水景处理，尤其是利用低洼地形开辟的大运河以及巨大的水镜面，完全可以和凡尔赛宫苑相媲美。大运河两岸列植的意大利杨，以高大挺拔的树姿与水平的大运河形成强烈的对比。汹涌澎湃的大瀑布，又使得全园的水景动静有致，变化丰富，给人们留下了深刻的印象。

1789年法国大革命时期，索园被没收，成为国家财产，随后卖给圣马洛的批发商勒贡特（M. Lecomte）。在作为领事馆时期，城堡被拆毁了，然而，晨曦亭（le Pavillon de l'Aurore）、柑橘园、马厩、管家房屋、农庄、入口岗亭等被保留下来。林园一度荒弃而成为农田。1856年摩尔迪埃元帅（Maréchal Mortier, 1768—1835）的儿子泰维斯公爵（Le duc de Trévise）娶了勒贡特的女儿，从而成了索园的继承人。他修复了林园、柑橘园和晨曦亭等，并要求建筑师甘迪奈（Augustin Théophile Quantinet, 1795—1867）和苏法歇（Joseph-Michel le Soufaché, 1804—1887）建造一座新城堡，并保留至今。

4.6 法国风景式园林概况

18世纪初，在路易十四统治的末期，法国绝对君权统治的鼎盛时代就一去不复返了。在文化艺术方面，古典主义思想的禁锢作用渐渐失去，自然主义思想的影响开始出现。1702年，在马尔利兴建皇家犬舍（Chenil Royale de Marly）中占地7000m^{2}的花园时，甚至路易十四本人也提出要"模仿自然"，让富有变化的树种在园中自由地生长。

路易十四大兴土木，以及晚年在欧洲争霸战争中的失利，给法国遗留了混乱的财政和普遍的衰落。路易十四去世后，他的重孙，年仅五岁的路易十五（Louis XV, 1715—1774在位）继位。由于他软弱和无效的统治，导致了法国封建王朝趋于衰弱和资产阶级革命的趋向高潮。虽然路易十五也意识到反君主政治力量在威胁他的家族统治，但却没有办法来阻止它。他甚至预言："在我们之后，洪水滔天（Après nous, le déluge）。"

路易十五从路易十四那里继承了卢浮宫、凡尔赛宫以及枫丹白露、马尔利等数座皇宫和庄园。因此，他一生中没有像路易十四那样大兴土木，为自己建造新的宫苑。但是在装饰艺术方面，路易十五带领贵族阶层进行了一场轰轰烈烈的浪漫主义革命运动，使法国上层社会在艺术欣赏和生活方式方面，从推崇古希腊、古罗马古典主义转变为追求带东方情调的浪漫主义。

正是这一时期，法国产生了对后世影响极大的浪漫主义的"洛可可"风格（Style Rococo）。洛可可含有"螺壳"的意思，指在造型艺术中善用蜷曲的线条和繁复装饰的风格。洛可可风格不同于古典主义庄重典雅、对称均衡和秩序严谨的特点，追求轻巧纤细、艳丽柔媚和变化生动的形式。洛可可艺术家藐视古典主义者的权威，标榜借鉴自然的创作手法。

洛可可风格对造园的影响，最初只停留在园林装饰风格的变化上。总体布局依然采用勒诺特尔式样，但由各色花草组成的花坛图案更加精美，显得生动活泼。花坛的图案设计常常以卷草为题材，纹样复杂纤细、造型回旋盘绕。花坛的色彩也更加鲜艳夺目，色调对比强烈，并在局部出现了不对称式构图。

洛可可风格的花坛流行的时间很短，随后被

英国式草坪花坛取代了。做法是在平整精致的草地边缘，用各色花带作装饰，显得更加朴实、亲切。园中也不再建造大量的喷泉和盘式涌泉，甚至原有的泉池也有不少被改成平静的水面。树木也不做整形修剪，花园中少了许多人工雕琢的痕迹。

洛可可艺术家喜好新颖奇特的构思，追求扑朔迷离的幻想，并且对异国情调抱有浓厚的兴趣。随着海外贸易和军事扩张的不断发展，大量外国商品和异域文化传入欧洲。自17世纪下半叶以来，中国的丝绸、器皿、绘画及工艺品深受法国人喜爱。中国商品上描绘的人物、山水、建筑和园林等形象，也影响到法国建筑与园林的装饰风格。凡是采用中国题材，带有中国风格的东西，都被法国人统称为"中国古玩"（Chinoiserie）。虽然这个词汇如今含有"复杂、怪诞、不可理喻"等贬义，但在18世纪上半叶的法国盛行一时。"中国古玩"取代了一度流行的"土耳其古玩"（Turquerie），并渗透到洛可可艺术的各个方面，绘画和壁纸中都有许多中国式的山水、花鸟等形象，花园中也出现用白瓷花盆作为装饰物的情况，甚至点缀着造型稀奇古怪的中国瓷人。

到过中国及在中国生活过的欧洲商人和传教士写回了大量报告，使法国人对中国建筑和园林有所了解。融自然与建筑为一体的中国园林，以及诗歌与绘画相结合的园林情趣，迎合了喜欢新奇刺激、迷恋异国情调、标榜借鉴自然的法国人的口味。于是，在风景画中被画家们称作"构筑物"（Fabrique）的点缀性小建筑开始在花园中出现了，并渐渐取代规则式园林中常见的雕像。所谓"构筑物"，原本是由画家杜撰的、用来点缀画面的建筑形象，以后成为风景式园林中重要的点景物，并被赋予深刻的哲学思想和文化内涵。可见风景画此时对造园艺术的影响。浪漫主义风景园又称为绘画式（Pittoresque，如画的）风景园，同样借用了画家的术语。

但是，法国人对中国园林的了解还很肤浅，而且想象多于实际；对中国园林文化的理解也是断章取义，为我所用的。因此，中国园林的影响，多体现在局部的装饰性要素方面。相反，唯理主义哲学在法国根深蒂固，古典主义园林艺术经过几个世纪的发展，也取得了极高的成就。在法国人心目中，勒诺特尔依然是民族的骄傲。仅仅凭着中国园林带来的异国情调，难以撼动勒诺特尔式园林的权威性地位。唯有从思想上彻底摆脱唯理主义的束缚，才能推动园林风格的根本性转变。

18世纪上半叶，法国的造园风格，依旧在整体上延续勒诺特尔的手法，但已无力营造规模宏大的庄园了。随着园林规模和景物尺度的缩小，使得相对局促的园林空间更加具有人性。同时装饰手法上的丰富与细腻，也使园林看上去更加富有人情味。洛可可风格的轻柔飘逸，渐渐代替了古典主义风格的庄重典雅。

18世纪初期产生于英国的启蒙运动，不久就在法国传播，为思想运动带来了更强有力的冲击。到18世纪中叶，由启蒙思想家、法学家孟德斯鸠（Charles Louis Montesquieu，1689—1755）、著名思想家及文学家伏尔泰等人发起的启蒙运动影响到整个法国。他们都曾去过英国，仔细研究过英国的社会制度和文化思想，并大力宣扬英国在宗教、政治、文学中追求的自由精神，激起了法国人要求社会变革的极大愿望，形成了凡事以英国为上的社会倾向。在这样的社会背景下，英国风景式造园理论和作品通过各种形式介绍到法国。一方面有大量的法国建筑师和造园家到英国考察；另一方面有一些英国建筑师和造园家被邀请到法国工作。法英之间的交流不断深入，有效地促进了法国人在造园思想上的转变。

从18世纪中叶开始，勒诺特尔式园林的权威性地位开始动摇了。1752年，法国建筑理论家布隆戴尔（Jean-François Blondel，1705—1774）指责凡尔赛宫苑"只适合炫耀一位伟大君主的威严，而不适合在里面悠闲地散步、隐居或思考哲学问题"，表明人们对园林的使用功能有了新的要求。他认为在凡尔赛和特里阿农，只有艺术在闪光，它们的"好东西"只代表"人们精神上的努力，而不是大自然的美丽和纯朴"。

哲学家卢梭（Jean Jacques Rousseau，1712—

1778）为英国风景式造园理论在法国的传播做好了充分的准备。1761年，卢梭发表了小说《新爱洛绮丝》（*La Nouvelle Helôise*），获得了极大的成功，被称为轰击法国古典主义园林艺术的霹雳。卢梭在小说中杜撰了一个名为"克拉伦的爱丽舍"（l'Elysée de Clarens）花园。在这个自然式花园中，绿草如茵，野花飘香，只有乡土植物。园路布局蜿蜒而不规则，"或沿着清澈的小河，或穿河而过。忽而是难以觉察的涓涓细流，忽而又汇聚成小溪，在卵石滩上面流淌"。园中"完全看不到行列树，也没有台地；完全没有拉墨线的痕迹，自然中是完全不会根据种植绳来种树的；曲折迂回的小径，有意识地采用不规则式，经过巧妙的安排，以延长散步的距离，并掩盖小岛的护岸，既让人感觉面积扩大了，但又避免了不甚方便的转折和过分频繁的徘徊"。

卢梭因仇恨封建贵族统治的腐朽社会，而仇恨所有的规则式花园。他主张放弃人类文明，回到纯朴的自然状态中，因而发出了"回归大自然"的呐喊。他认为只有在原始的自然状态中，才会有真挚纯洁的感情。

作家和哲学家狄德罗（Denis Diderot，1713—1784）曾担任启蒙时代重要著作《百科全书》（*Encyclopedie*）的主编。他在《论绘画》（*Essai sur la peinture*，1765）一书的开头写道："凡是自然造出来的东西没有不正确的"，与古典主义"凡是自然造出来的都是有缺陷的"观点针锋相对。他提倡模仿自然，"模仿得愈完善……我们就会愈觉得满意"。同时，他要求文艺必须表现强烈的情感。

一方面渴望感情的解放，另一方面号召回归大自然，两方面相结合，于是启蒙主义思想家主张在造园艺术上进行彻底的改革。

吉拉丹侯爵（Marquis Louis-René de Girardin, Vicomte d'Ermenonville，1735—1808）认为："只有新奇才能激动人心，而最新奇的就是自然"。他指责"勒诺特尔屠杀了自然。他发明的那种艺术，就是花费巨资把自己包裹在令人厌烦的环境里"。

法国风景式造园的倡导者们建议向英国和中国学习，一方面要介绍中国园林艺术，另一方面要学习英国风景式造园。这导致大量介绍中国园林的书籍和文章的出版，一些英国人重要的造园著作，很快被译成法文，在法国掀起了一场研究风景式造园的热潮。18世纪70年代以后，法国又涌现出一批新的风景式造园艺术的倡导者，他们纷纷著书立说，致力于将风景式造园理论深入细致化。

英国政治家和作家蕙特利（Thomas Whately，1726—1772）1770年出版的《近代造园图解》（*Observations Modern Gardening Illustrated by Descriptions*），翌年即被译成法文出版。钱伯斯（William Chambers，1723—1796）1772年出版的《东方造园论》（*Dissertation on Oriental Gardening*）随后也传到法国，他认为，真正激动人心的园林景色，还应该有强烈的对比和变化；并且造园不仅仅是改造自然，而且还应使其成为高雅的、供人娱乐休憩的地方，应体现出渊博的文化素养和艺术情操。这些观点对法国风景式造园风格产生了极大的影响。

1774年，法国人阿尔古尔公爵（François-Henri d'Harcourt, le duc d'Harcourt，1726—1802）发表了《室外、花园和林园的装饰》（*Decoration des Dehors, des Jardins et des Parcs*）一书。他认为："装饰一座花园，就是打扮自然。就是要在一小块土地上创造出近似于在广阔的空间里具有的美。"他进一步指出，艺术的真谛在于要使人看不出艺术。

原为地理工程师和建筑师的莫莱尔（Jean-Marie Morel，1728—1810）后成为风景式造园家，1800年前后曾负责将阿塞洛城堡（Le Château d'Arcelot）的规则式花园改造成风景式园林。1776年，他出版了《园林理论》（*Théorie des Jardins*）一书，认为"造园艺术的目的并不在于人工地再现自然，而是根据美丽的自然所显示的规律来布置花园"。他指出，艺术家研究自然的目的，并不是为了学会去模仿自然，而是为了去促成园林。

吉拉丹侯爵是一位大旅行家，也是公认的卢

梭思想的追随者。他赞同人类情感的本性是善良的，并且自然环境对人的行为具有教诲作用的观点，并将之付诸行动，提出要"美化自然"的观点。1766—1776年，他在埃尔姆农维尔子爵领地上，按照卢梭设想的克拉伦爱丽舍园，兴建了一座风景式园林。这个作品标志着法国浪漫主义风景式造园时代的真正到来。

1777年，吉拉丹在瑞士日内瓦发表了论文《论风景的组成，或美化住所周围自然的手段，愉快与实用相结合》(*De la Composition des Paysages, ou Des Moyens d'Embelir la Nature autour des Habitations, en Joignant l'Agréable à l'Utile*)，立刻引起极大的反响，人们评价该论文显示出作者在造园"品味上的开明和富有经验的巧妙手法"。

吉拉丹完全抛弃了规则式造园手法，认为它是"懒惰和虚荣的产物"。同时，他也指责竭力模仿中国园林的做法，不赞成在园林中加入大量的建筑元素。他强调，"既不应以园艺师的方式，也不应以建筑师的方式，而应以肯特①的方式，即画家和诗人的方式，来构建风景"。他认为在关注细部处理之前，不应失去对整体效果的注意力。他还要求处理好作为园林背景的周围环境，就像画家对背景的处理那样，应避免过于开阔的地平线，最好是入画的和视距有限的背景。

此外，吉拉丹还表现出造园要尽可能地接近自然的观点。他认为应该注重树丛的形状和高低植物的搭配，而不必去关注树叶的不同色调，因为自然本身会作出安排。由于原产地很远的外来树种难以与当地的风景整体相和谐，因此在造园中应以当地的乡土树种为主。水体要布置在林木之前，并以树林为背景，因为在自然中就是这样安排的。

虽然法国风景式造园先驱们的观念和论著与启蒙主义者的思想相比较，在社会中的影响微不足道。但是，他们的观点对风景式园林具体形式的产生，却有着决定性作用。在他们的带领下，法国的造园思想出现了三个方面的倾向，首先是在造园品味上的变革，以及强烈要求富有变化的设计手法；其次是厌倦并彻底抛弃了长期以来不得不忍受的勒诺特尔造园风格；最后是造园要回到自然中去，而且是要回归自然本身。

18世纪下半叶，法国紧随英国之后，渐渐走上了浪漫主义风景式造园之路。就园林形式而言，绘画式风景园可以说是在英国和法国几乎同时出现的。不仅如此，由于在造园思想和造园理论上两国之间的相互影响和相互推动，使得绘画式风景园在两国的发展也几乎是齐头并进、平行发展的。

然而，由于这场深刻的园林艺术改革运动在英、法两国产生的背景不完全相同，使得各自的园林特点也有所差异。在英国，这场造园艺术中的革命，总让人觉得带有一些"天真"的成分。英国人更关心的是怎样用较少的投入来创造一个美丽的花园，追求更适合散步和休憩的理想场所。英国贵族改造规则式花园的目的，也不是为了批判它们所代表的那个时代，甚至没有可供指责的统治者。相反，在法国，人们竭力利用风景式造园来对抗过去的各种思潮。法国人将规则式花园与君权统治联系在一起。仅仅出于对曾经喜爱规则式园林之人的憎恨，就足以导致人们对规则式花园的憎恨了。

同时，贵族们也厌倦了在路易十四死后还持续了半个世纪的豪华与庄重、适度与比例、秩序和规则的造园风格。为了表明他们在思想意识和艺术品位上的独立性，他们也必须与过去流行的各种时尚背道而驰。这样一来，暂且不说秩序和适度的造园原则了，就连过去人们习以为常的直线也开始发生弯曲。曾经作为一个伟大时代精神支柱的封建等级制度，也开始遭到追求自由、平等、博爱的人们的广泛质疑。立足于为宫廷服务的古典主义艺术，是不会考虑广大公众的要求的，更不可能出现以农民为题材的艺术创作。而法国的一些风景画家却敢于突破古典主义绘画对题材的限制，他们卓越的作品表现出令人愉快的自然

---

① 威廉·肯特（William Kent, 1686—1748）：英国自然式风景园的开拓者，详见第四章。

风景，甚至田园风光。受其影响，原始的大自然和带有"小村庄"的田园风光，成为法国风景式造园的主要景色，自然要素与建筑要素在体现乡土风貌和历史文化的观点指引下，在园林中相互结合。

风景式造园在法国流行的根源，还在于人们对大自然的强烈向往。崇尚自然的特征，在园林的每一个角落都有展示。就表现方法而言，法国的风景式造园较之英国显得更加丰富多彩。英国的风景式造园，最初只是展现了英国的牧场风光，而法国风景式造园的发展，是与英国绘画式园林同时期的。因此，即便同样是田园情趣，但表现方法却大相径庭。法国风景式造园倾向于用建筑来增加园林的生气，表现田园风光也常常采用乡野常见的各种建筑物，园林外观与小村落很相似。风景式园林中的建筑，是为了增加园林美感而设置的添景物，同时也是制造各种气氛或调动情绪的要素，这类园林也因此被称为浪漫主义或伤感主义园林。

受钱伯斯著作的影响，法国的绘画式风景园较多地受到了中国园林的影响，也是称其为"英中式园林"（Le Jardin Anglo-Chinois）的原因。实际上，法国英中式园林中显现出来的，与其说是对东方园林造景的模仿，不如说是"中国式"建筑物的滥用。中国情调虽然渗透到了法国风景式造园中，但也仅限于体现在作为添景物的建筑物上，对园林的整体布局没有产生多大影响。尽管在法国风景园中，各种建筑物的数量要少于钱伯斯的作品，但仍然强调以塔、桥、亭、阁之类的建筑物构成如画般的景致。后来随着社会的动荡不安，即便园林遗存下来，园中的建筑物也基本损毁殆尽了。

不仅是中国情趣的建筑，而且东方和欧洲古代的建筑，也与植物群落精心布置在一起。这些装饰性小建筑构成全园的视觉焦点，有些建筑物具有一定的实用功能，如冰窖、住所、奶制品场等等，而大多是毫无功能的装饰之物。古代的建筑废墟也常常成为造园模仿的对象。为了达到唤起人们情感的目的，营造富有浪漫主义色彩的园林氛围，点缀着一些"令人惊奇的"景点，布置

供人沉思的散步道等等。园林的大布局通常比较简洁，景点有模仿自然形态的人工假山、叠石和岩洞等，代替了过去流行的洞府；园路和河流迂回曲折，穿行于山冈与丛林之间；湖泊都采用不规则的形状，驳岸处理成土坡、草地并间置着天然石块，水中种有大量的水生植物。

法国的英中式园林大多兴建于18世纪70年代之后，其中最著名的作品有埃尔姆农维尔园（Ermenonville，1766—1776）、莱兹荒漠园（Désert de Retz，1774）和麦莱维尔园（Méréville，1784）等。此外，尚蒂伊的风景园（1772）、小特里阿农的王后花园（1775）、巴黎的蒙梭园（Monceau，1775）和巴加特尔园（Bagatelle，1778）都有一定的知名度。伊斯·亚达姆（Isle Adam）附近的卡森园（Cassen）也有一定的影响力。

此时，在欧洲也形成一股建造英中式园林的热潮，为此还出版了一些设计资料集，起到了交流各国经验、促进潮流进一步发展的作用。其中最重要的是由法国水工和制图专家勒鲁氏（Georges Louis Le Rouge，1722—1778）编撰的《英中式园林》（*Le Jardin Anglo-Chinois*）一书。该书于1775—1789年陆续出版，内容十分庞杂，搜罗了英国和欧洲大陆各国大量的英中式园林实例和园中的建筑要素，共有21册之多。此外还有建筑师庞瑟龙（Plerre Panseron，1736—1787）编撰的《园林汇编》（*Récueil de Jardinage*），共有四卷，1783年出版。稍后还有卡夫特（Jean-Charles Krafft，1764—1833）于1809年出版的二卷本《法、英和德三国最美的绘画式园林平面图集》（*Plans des Plus Beaux Jardins Pittoresques de France, d'Angleterre et d'Allemagne*）。

1789年，法国爆发了资产阶级大革命。随后又发生了拿破仑争夺欧洲霸权的战争，在法国引起了剧烈的社会变动，并带来了更强有力的新思潮。因此，到18世纪末，曾经盛行一时的英中式园林很快就不再流行了。

1808年，古董收藏家拉波尔德（Alexandre de Laborde，1773—1842）在巴黎出版了《法国新园林和城堡论述》（*Description des Nouveaux Jardins* de la France et de ses Chateaux）一书。他写道："人们突然对乡村的方方面面发生了兴趣，仿佛在一夜之间发现了乡村的美丽。这种狂热感染了人们，在他们心中产生了幼稚的迷恋，促使他们去发现自然中原本不存在的东西，就像人们在艺术家的作品中所看到的、实际并不曾存在过的那样。造园家也浸透着同样的思想，在他们的园林中汇集着所有可以造出来的景致。当场地不允许布置变化丰富的景点时，他们便强行添加一些小型建筑物，目的是使人们在园中幻想，在园中留恋，在园中感动……"园中布置了"唤起人们责任和情感的散步道；述说着感人故事的岩石，隐含着远古时代纯洁而充满情感格言的树木……"。然而，我们看到"园林被赋予的这些含义并非总是能收到预期的效果：一些漫不经心的人，还有一些轻佻的小妇人，在埋着贤人墓穴的山谷中开怀大笑；在象征着友谊的坐凳上惊呼争吵；在简朴小屋的草檐下大肆赌钱等。就像在昏暗的穹顶下，或者幽静的寺院中，并不总能唤起人们的宗教思想那样"。拉波尔德的观点可以看作是对一度流行的英中式园林作出的最精辟总结。

在法国风景式园林鼎盛时期，全国各地兴建了许多风景式园林作品。其中，小特里阿农的王后花园因邻近凡尔赛宫苑的原因，是法国广为人知的风景式园林；埃尔姆农维尔园由于纪念卢梭的原因而著名。但就造园水准而言，拉波尔德的麦莱维尔园是最好的作品。然而随着时代的变迁，法国的风景式园林大多荒弃，即便留存下来的作品，园中的建筑物也大都损毁，难以看出鼎盛时期的完整风貌。

4.7　法国风景式园林实例

（1）埃尔姆农维尔园（Parc d'Ermenonville, Paris）

园址长期以来就是埃尔姆农维尔子爵的庄园，前后经过了数次改造。1763年，吉拉丹侯爵购置了这片领地。他在英国考察了自然式造园之后，从1765年起，在此兴建这座浪漫主义风格的风景园。工程持续了十余年，直到1775年才大体建成，几乎投入了他的毕生精力和财力。清理河道、整治地形和植物种植等工程浩大，投资不菲，大量的植物和丰富的水景使园林显得生机勃勃，充满活力。吉拉丹试图将他的偶像卢梭的自然观，以及古代哲学中的道德观运用于造园。造园家莫莱尔，1765年从罗马归来的洛可可画家休伯特·罗伯特（Hubert Robert, 1733—1808），德里尔神父（Jacques Delille, 1738—1813）和被称为法国的"万能布朗"的苏格兰园林师布莱基（Thomas Blaikie, 1751—1838）都曾参与了这个公认的原创性作品的建造。

城堡位于全园的中部，四周环绕水面。园林布置在城堡的南、北两侧，总面积逾100hm^2。进入城堡，尤其是在南北两园环抱的大厅当中，才能真正领略园林构图强烈的震撼力，这在当时只有庄园主和贵客们才能感受得到。

吉拉丹以英国自然式园林为样板，采用大片的林地构成全园的框架。园内地形起伏、景物对比强烈，形成河流与牧场、丛林与森林、丘陵砂地与山冈林地等各种自然地貌景色。大规模的种植，营造出富于变化的植物空间。洛奈特（La Launette）河谷自南向北贯穿全园，构成园中主要的景观轴。洛奈特河原本就有数条自然分叉，一连串沼泽池塘被整治成溪流和湖泊。50多座富有哲理性的主题性建筑物，既有浪漫主义风格，也有其他寓意的建筑形式，为全园带来了强烈的浪漫情调。布置巧妙的园路，使游人从每一个转折处都可以观赏到河流景观。在这个充满幻想的花园中有着步移景异的效果，令过往游人赞叹不已。

在绘画式风景园中，点缀性建筑物的造景作用十分重要。然而在功能主义者看来，园中的这些毫无用途的小型纪念建筑完全是非理性的产物。为了表明其存在的必要性，风景式造园家通常将亭子、庙宇等建筑与园中的附属设施相结合，并在建筑外观的处理上力求使人产生幻觉或怀旧情感。

在埃尔姆农维尔，吉拉丹或赋予建筑物以哲学含义，如名为"哲学"的金字塔献给"自然的歌颂者"；或以其唤起人们对古代的追忆及浪漫的情感，如护卫亭、农场、啤酒作坊和磨坊等；

甚至希望借此帮助人们回归"祖先高尚的道德情操",如"老年人坐凳""母亲的桌子""梦幻的祭坛""现代哲学之庙"等。还有一座造型优美的加伯里埃尔(Gabrielle)塔,吉拉丹希望在"纯洁的环境中,引入一个历史上高卢式的乐符",唤起人们对古代的回忆。在主要建筑物的附近,都有铭刻着哲学名言或诗句的石块,点出建筑的主题。由于选址巧妙,制作精湛,园中的建筑物获得了极大的成功。吉拉丹的造园学说,就是要将建筑要素或人工创造的自然要素融合在风景之中。

城堡北边的园子包括西部的"荒漠"、中部的一些池塘与河道以及在东部的丘地"刻意布置"的农田景区。"荒漠"其实是一片富有自然野趣的开阔场地,种着许多树木,以刺柏为主,是最受游人欣赏的满足人们好奇心的地方。北园占地约$60hm^2$,那些点缀性建筑物主要集中在农业景区的河流、大型池塘附近,以及"荒漠"一侧的高地上。

南边的园子现在保存尚好,也是唯一向公众开放的地方。园中有罗伯特的杰作"现代哲学之庙"(Temple de la Philosophie Moderne)(见彩图13),他借鉴了蒂沃利的西比勒庙宇(Temple de la Sibylle),成为南园的核心,也是人们最喜爱的景点之一。这座庙宇是献给散文家蒙田(Michel de Montaigne, 1533—1592)的,因为"他说出了一切";门梁上引用了维吉尔(Virgile, 1808—1876)的名言"发现万物根源"。六根石柱上刻着六位哲人的名字和拉丁词汇概括的特征,其中有牛顿(Isaac Newton, 1643—1727)——启蒙之人,笛卡尔(René Descartes, 1595—1650)——不过是空洞的暗示,伏尔泰——嘲讽之人,卢梭(Rousseau, 1712—1778)——自然之人,宾(William Penn, 1644—1718)——人道之人,孟德斯鸠(Montesquieu, 1689—1755)——公义之人等。这座建筑物刻意未建完,借以表明哲学是在不断发展的,地面上有意摆放着粗糙的石块,其中一块立石的一面刻着挑战性话语:谁来将废墟建完?另一面刻的是:它不应为错误打下基础。

1778年,吉拉丹又在南园的一个僻静之处,按照卢梭描写的克拉伦爱丽舍园兴建了一个园子,以示对卢梭的敬仰。吉拉丹的投入很快就得到了最美妙的回报:园子建成不久,这位吉拉丹的哲学启示者和偶像就来到这里,仅仅六周后也就是1778年7月2日在此与世长辞,并安葬在一座"杨树岛"上。开始只建了一个临时性陵墓来陈殓卢梭的尸骨。1780年,由画家罗伯特设计了一座仿照古代衣冠冢的陵墓,墓碑上刻有"这儿安息着属于自然和真实之人"。由于卢梭的知名度如此之大,以至于陵墓成为瞻仰卢梭的圣地,后来竟成为园中最主要的景点,并将这里称作"卢梭园"。1794年,卢梭的遗体被重新安葬在巴黎的先贤祠。

出乎人们意料的是,这座园林的建造不仅从卢梭的哲学思想中汲取了众多灵感,而且将卢梭本人的陵墓也作为园中的点缀性建筑。不仅如此,在浪漫主义的风景园中兴建名人陵墓的做法,以后渐渐成为一种纪念性园林的模式大量出现。这种新的园林趣味表明人们在园林中对于浪漫情感的过分追求。吉拉丹还有一个更有趣的构思,就是要在园中放置"陈殓一对真挚情人尸骨的古瓶",意思是要在园中设立墓碑、陵墓、衣冠冢、垂柳或残断的石柱等古代墓园中的要素,藉此使人追忆过去,缅怀逝去的贤人。在吉拉丹看来,园林是最严肃不过的供人思考的场所了,在园中漫步时不应有任何轻浮的念头。园中有一座"祭坛",上面最初刻有伏尔泰的四句诗和两句意大利诗文,由于卢梭喜欢在这里歇脚,并说"它促使人沉思",吉拉丹也急忙将原先的六句诗词换成卢梭的这段题词。

在埃尔姆农维尔风景园中,吉拉丹以"荒漠"代替了英国造园家追求的"野趣"。它不仅风景优美,而且空间开阔,虽然有大量的建筑物,但分布在大规模的园林中,丝毫没有拥挤和闭塞之感。"人们只需稍许放任情感的流露……在可爱的山丘上,在起伏崎岖的'荒漠'中,便可以度过许多最美好、最悠闲的时光。"

埃尔姆农维尔园不仅是法国最典型的风景式园林作品之一,而且在全欧洲得到了广泛的赞赏。这首先得益于构成的风景和点缀性建筑,其次是作为浪漫主义精神和纪念卢梭的圣地。

尽管吉拉丹侯爵是法国大革命真诚的拥护者，甚至是狂热的参与者，但是在1793年5月至1794年7月法国资产阶级革命时期的"恐怖时代"，他还是被认作可疑分子，并被监视居住，所幸的是没有被送上断头台。由于对大众的忘恩负义感到失望，吉拉丹在恐怖时代后期永久地离开了埃尔姆农维尔园，搬到维尔努耶（Vernouillet）与他的朋友们为邻，1808年去世后就埋葬在那里。临终前，吉拉丹将埃尔姆农维尔园分给了他的几个儿子。在他离开后，庄园一直由他的长子斯塔尼斯拉斯（Stanislas）打理。直到1874年，埃尔姆农维尔园始终归吉拉尔丹侯爵的后裔所有。后来他的重孙为了清偿债务，将庄园分割成城堡和"荒漠"地块分别出售，就此造成这片领地产权的分裂。

（2）莱兹荒漠园（Le Désert de Retz, Chambourcy）

由法国贵族蒙维尔（François Nicolas Henri Racine de Monville，1734—1797）在1774—1789年兴建的莱兹荒漠园，是当时最著名的风景式园林之一。在一片整体上十分平淡的小山谷中，蒙维尔兴建了一些娱乐性的亭台和造型奇特的建筑物，受到人们的高度赞赏。当时有很多重要人物来过这里，不过现在人们已无法想象，这座园林曾经拥有的知名度以及给人感觉的完美程度（图4-20）。

1774年，蒙维尔在马尔利森林中购置了占地13hm^{2}的莱兹小村庄（Retz）和教堂，并着手在一片废墟上兴建风景式园林，同时还一点点地购置周边土地，1792年时面积扩大到40hm^2。像吉拉丹一样，蒙维尔既是园主又是造园家，他亲自绘制园林平面和建筑设计草图，并雇佣年轻的建筑师巴尔比埃尔（François Barbier）将他的设计意图绘制成准确的施工图。

蒙维尔将这座荒漠园看作是乡村中的游乐场，在园内种植了许多珍稀树木。庄园入口兴建了一座岩洞，穿过幽暗的隧道，进入到"梦幻般的"园林之中。到1785年建成的17座造型怪异却极富象征意义的建筑物，掩映在高大的树木之下。园中的第一座建筑物是献给牧神潘的庙宇（图4-21），随后是中国亭，中国式木结构厅堂的外立面排列着仿照竹子的立柱。1776年"毁坏的柱廊"建成后，蒙维尔就开始在此居住。还有金字塔造型的"冰窖"、埃及的方尖碑、还愿的祭坛等。这些建筑物设计独特而新颖，是充满各种思想的当时社会的完美缩影。尤其以作为府邸的"毁坏的柱廊"最具特色，是反映18世纪建筑观点的罕见实例之一。此外，园中还有一个草本花园、几道小山谷、一个池塘和精心布置的"幸福岛"，以及菜园和配套温室。

蒙维尔在全园的建设中倾注了极大的心血，力求使植物与建筑物相和谐，既有精心设置的透视线，又有不经意的发现带来的惊喜。在一个视点上，原则上只能看到一座建筑物，随着游人的逐个发现，感觉空间因此显得比实际更大。为了

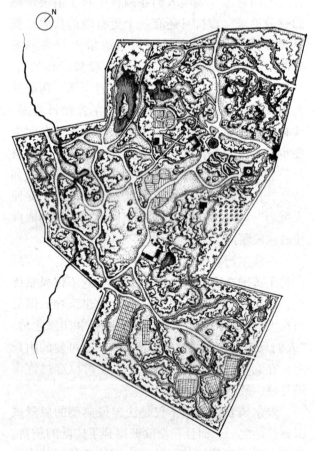

图4-20　莱兹荒漠园平面图

扩大空间感,蒙维尔还在庄园与约扬瓦尔修道院(le Prieuré de Joyenval)之间设置了"哈－哈"墙。只有进入府邸"毁坏的柱廊"的顶层,才能欣赏到园中开阔的环境。

庄园东部的英中式园林,是全园最精美、最迷人的地方,点缀着亭子和庙宇,还有一些珍稀树木和露天剧场。园子的西部是农业景区,有"佃农小屋"、乳品场等建筑物,穿过一片荒野的丛林,还有方尖碑、隐居所和一座陵墓。

莱兹荒漠园是一座巨大的折中主义作品,体现了园主试图将埃及、罗马、希腊和中国等文明融为一体的创作思想。园中有富于变化、动感、起伏而不规则的园林景观,有能够激发游人情感和感觉的蜿蜒园路,还有园路沿线令人应接不暇的各种景观,这些手法导致这座园林与追求中心论和方向感的古典主义园林完全对立。从建成之日起,这座独特的园林就吸引了众多的宾客和游人,普通百姓当时也可以买票参观园林。勒鲁氏在他编撰的《英中式园林》中用了一整册的篇幅来介绍这座园林。

然而,这座18世纪最著名的英中式园林,却在人们的眼皮底下渐渐荒废了。在法国大革命的"恐怖时代",蒙维尔被投进监狱。莱兹荒漠园先是转让给英国人菲特谢(Disney Fytche,1738—1822),后来被查封,园内的一些设施和盆栽的珍稀树木散落到各处。虽然罗伯斯庇尔的倒台,使蒙维尔幸免被送上断头台,但是政体的转变,使蒙维尔再也无法回到昔日奢侈的生活中。

在随后的几十年当中,莱兹荒漠园基本保持着原样,1856年被帕西家族(La Famille Passy)购买并维持了近1个世纪之久,此间一位成员还在园中种植了落叶松、槭树、红杉等树木。但是随着维护资金的缺乏,莱兹荒漠园也逐渐陷入困境。

直到20世纪70年代,这座园林才逐渐得到修复,珍稀树木受到保护,设置了地表排水设施,园林渐渐恢复了生机。但是西部农业景区中的建筑物被完全毁坏了,后来用于兴建高尔夫球场。几乎有

图4-21 莱兹荒漠园中的潘神庙

一半建筑物完全消失了,残存下来的也大多所剩无几,能够修缮的被一点点地修复了。许多树龄在150～450年的乡土树木幸存下来了,有些在庄园兴建之前就种在那里了,形成非凡的植物景观。

(3)麦莱维尔园(Parc de Méréville, Essome)

1784年,宫廷金融家拉波尔德侯爵(Jean Joseph, Marquis de Laborde,1724—1794)购置了位于法兰西岛最南端埃松省(Essonne)的麦莱维尔地产,并着手兴建这座园林。由于兴建得较晚,使拉波尔德侯爵能够充分汲取前面几个园子的经验教训,并巧妙地体现在麦莱维尔园中。

正像古董收藏家A·拉波尔德所说的那样:"许多景物在自然中是很美的,因为它们处在广阔的空间里;而在小空间中,这些景物的效果则会很荒唐,因为它们无法形成一个动态的整体。"就是说要考虑园林的空间尺度,不能完全模仿自然中的景物。水是自然的灵魂,但又不能不分场合

地滥用,"越是容易产生效果的装饰,越要谨慎地运用以形成高雅的品位"。至于园中的点缀性建筑物,"如果它们不能与所在的环境相协调,那就不是点缀,而成为粗俗之物了"。他强调要赋予园中的建筑物哪怕是似是而非的功能。

为了设计好园中的建筑物,拉波尔德侯爵慕名请来画家罗伯特。罗伯特和其他画家们在这里创作了许多绘画作品,既是描绘园林景色的风景画作,也是园林师和建筑师造园的蓝本。可见这座园林其实是画家们创作的作品,从园林中也可以看出绘画作品留下的痕迹。

自1786年起,罗伯特将附近的汝安河(le Juien)河水引入园中,营造出河流、湖泊,以及壮观的瀑布等水景,这些景色体现出"瑞士和比利牛斯山区最美丽的风景特征。瀑布景色和在山谷中回荡的水流声具有强烈的诱惑力,唤起人们对那些不同凡响的风景的回忆。而且不必像在山区中那样,要经过艰苦的跋涉和四处寻找,才能获得短暂的喜悦之情"。

麦莱维尔风景园中兴建了许多独具匠心的建筑物,除了建筑师贝朗热(François-Joseph Bélanger,1744—1818)设计的"磨坊""冰窖",以及纪念建筑学院奖的图拉真(Trajan)柱之外,路易十六风格的开创者之一、建筑师巴莱(Jean Benoît Vincent Barré,1732—1824)也在这里与罗伯特合作,设计了一些著名的建筑作品和一些建筑物的内部装饰,如库克衣冠冢、海战纪念柱、孝心殿(Temple de la Piété Filiale)、哥特塔、废墟桥等。库克衣冠冢、海战纪念柱、孝心殿和乳品场是园中最重要的4座建筑物。

海战纪念柱名义上是为了纪念伟大的航海家德拉贝鲁兹(Jean-François de la Perouse,1741—1788)而兴建的,实际是借此表达拉波尔德侯爵对自己在海战中失踪的两个儿子的思念。海战柱模仿古罗马战舰的"喙形舰首柱"造型,在蓝色的大理石柱身上镶嵌着青铜的喙形舰首。这个造型一方面受到古代文明的影响,另一方面影响到以后帝国时期的纪念柱式样。

拉波尔德追随吉拉丹提出的在园中兴建名人陵墓的时尚,为英国航海家詹姆·库克(James Cook,1728—1779)兴建了一座衣冠冢。库克在1776—1779年的第三次航海中,被夏威夷土人所杀,因此纪念碑由探险家的半身像和几个野人的形象构成,四周布置着沉重的陶立克式柱式。

"乳品场"坐落在池塘的尽头,造型简洁大方,屋顶呈马鞍形,正立面还有六根石柱支撑的半球形穹顶,覆盖着页岩打制的鱼鳞瓦(图4-22),坐落在岩洞基座上。

"孝心殿"模仿了蒂沃利的女巫西比勒庙宇,环形建筑由18棵科林斯式柱子支撑着大理石穹顶。像它的原型一样坐落在一座小型岩石山上。

法国大革命时期,拉波尔德作为保皇派被送上了断头台,使这座著名的风景园迅速走向衰败。1895年,圣莱昂公爵(le Comte de Saint-Leon)收购了麦莱维尔园中最著名的几座建筑物,如庙宇、库克墓穴、海战纪念柱等,将它们拆散后运到25km开外的若尔园中重新组装起来。剩下的建筑物或者完全毁坏了,或者只留下一片废墟。雄伟

图4-22 麦莱维尔园中的"乳品厂"

壮观的图拉真柱，现在孤零零地矗立在园外。后来许多著名的纪念柱，如旺多姆柱和布劳涅柱等，都是以它为样板设计的。

（4）小特里阿农王后花园（Le Jardin de la Reine du Petit Trianon, Versailles）

1774年路易十五病死后，由其20岁的孙子继承了王位，成为路易十六（Louis Ⅵ，1754—1793，1774—1793在位）。他的王后玛丽·安托瓦内特（Josephe Jeanne Marie Antoinette，1775—1793）偏爱小特里阿农，国王便作为登基的礼物送给了19岁的王后。出于对风景式园林的偏爱，王后不久就对花园进行了全面改造，最终成为一座典型的风景式园林作品（图4-23）。

1750—1795年，理查德父子（Claude Richard，1705—1784；Antoine Richard，1734—1807）担任皇家园林师，王后要求小理查德提交一个设计方案。他谙熟植物，对英国园林颇为了解，但似乎并不擅长设计。在不足4hm^{2}的场地上，他设置了大量的景点，曲折的园路和小溪交织在几乎等宽的弧形条带中。1774年7月，王后在看了造园爱好者卡拉曼伯爵（Maurice de Riquet, Comte de Caraman，1727—1807）的园子后非常高兴，要求卡拉曼伯爵提交一个草案。

这个园子分成两部分。首先是由建筑师米克（Richard Mique，1728—1794）在画家卡尔蒙特尔（Louis de Carmontelle，1771—1806）协助下，根据卡拉曼伯爵的草图兴建了一座自然风景式园林。

原有的小特里阿农宫是场地中的主要元素，园林围绕它来布置。画家罗伯特也参与了建筑物的设计，尤其是建筑选址和造型以及堆叠假山。

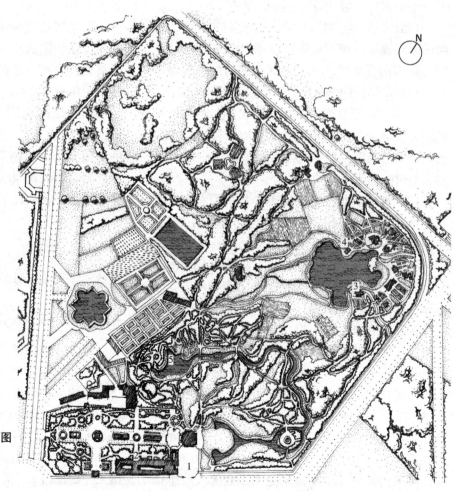

图4-23 小特里阿农王后花园平面图
1.入口 2.小特里阿农宫 3.爱神庙
4.观景台 5.王后小村庄

花园的改建耗资不菲，然而很快就形成了优美的景色。原先的台地被改造成一系列小山丘和缓坡草地，还营造了一段悬崖峭壁，设计巧妙，几可乱真。从假山上流出一股瀑布汇入山下的小湖中，假山内有座"王后岩洞"出自罗伯特之手。由于人们对点缀性建筑物的设置意见不一，王后要求先建造一座圆亭和假山岩洞上的观景台。

由米克设计的圆亭坐落在溪流环抱的小岛上，与小特里阿农宫东立面相对，以便从宫内欣赏这一美景。在1776—1778年建成，以12根科林斯式石柱支撑着穹顶的圆亭，正中是雕塑家布歇尔东（Edme Bouchardon，1698—1762）1750年制作的雕像："正在大力士狼牙棒上削弓的爱神"（l'Amour se taillant un arc dans la massue d'Hercule），因此称作"爱神庙"（见彩图14）。

在小特里阿农和湖泊之间，过去还有按照中国风格装饰的"游戏场"，但现已无存。

1781年又与小特里阿农的北立面相对应，在假山上兴建了一座"观景台"，作为音乐厅。这座极其优雅的古典式小亭子坐落在湖泊的尽端假山上，与装点湖景的幽暗而陡峭的假山不很和谐。

1780年，王后参观了埃尔姆农维尔等几个风景园，尤其对莱兹荒漠园大为赞叹。随后，王后要求在园中兴建一座像尚蒂伊那样的装饰性农庄，迎合当时的潮流。

1782年，在园子西北部离小特里阿农宫数百米的地方兴建小村庄，围绕着池塘布置了10座乡居建筑。东岸有几座住屋，相对的是西岸的乳品厂（Laiterie）和象征渔场的马尔伯勒塔（Tour de Marlborough）。背后是一座农场，几个精致的菜园分布在那些住屋和乳品厂周围。从池塘中引出了一条溪流，在溪边建有磨坊、小客厅、王后小屋和厨房；在池塘的西岸除乳品厂之外，还有鸟笼、警卫小屋等。

这些建筑物的目的是唤起人们"更加敏感而细腻的情感"。小村庄的美丽动人之处，在于极为细腻的内部装饰。尤其是小客厅、中国式小阁楼等建筑物，外观简朴，内部精美。轻巧的砖石结构，抹灰的墙面上绘有效果逼真，能使人产生错觉的图画。

磨坊也是外观简洁，独具魅力的小建筑，模仿了诺曼底的乡间茅屋，在园中起到很好的点景作用。小客厅同样是茅草屋顶，外观轻盈，室内舒适宜人，王后白天喜欢在此休憩。首层架空，视线可穿过稀疏的树林伸向远处。

王后小屋是座两层小楼，外观也很简朴，爬藤缠绕的木柱支撑着茅屋顶。在各种野花的点缀下极富乡间气息。为了装点这座建筑，还从洛兰订制了1200多个白瓷花盆。王后小屋表明，小村庄"用少量的花费以形成最具画意和杰出的装饰，给人们留下最强烈印象"的设计初衷。

与王后小屋隔桥相对的是家禽饲养场，用栅栏围合出几组封闭小院落，里面有珍稀小动物和笼舍。每座建筑周围都有小庭院，布置着花坛、菜畦或果园，小径两侧还有绿篱，感觉是在真正的乡村中。

乳品厂是凉爽的厅堂，王后喜欢在此举行冷餐会。在法国的历史教科书上，曾提到王后装扮成挤奶的农妇，她的儿子与侄子、后来的国王路易十七和十八装扮成牧羊人，在乳品厂嬉戏。

小特里阿农园建成于1784年，王后不惜代价，广泛收罗各种美丽珍稀之物来装点它。之后的法国大革命将国王与王后先后送上断头台，这座充满幻想的花园的鼎盛时代也从此一去不复返。所幸的是，它和凡尔赛宫苑一样没有被完全摧毁，并保留至今。

4.8 法国园林特征

4.8.1 法国古典主义园林特征

从17世纪下半叶开始成熟的法国古典主义园林，以均衡稳定的构图和庄重典雅的风格，迎合了当时建立以君主为中心的封建等级制度的要求，成为绝对君权专制政体的象征。因此，它能够在路易十四统治时期发展到不可逾越的顶峰。

路易十四是欧洲君主专制政体中最有权势的国王，他提出了"君权神授"（Droit Divin）之说，自称为"太阳王"。在其统治期间，对内以法兰西学院来控制思想文化，对外以侵略战争掠夺他国财富，使法国在政治、军事、经济、文化等方面都走在欧洲各国的前列。

在路易十四时期，法国艺术家们不再满足于模仿意大利文艺复兴艺术，而是要创造出能与意大利文艺复兴艺术相媲美的作品。

虽然法国古典主义园林的构图原则和造园要素在勒诺特尔之前就基本成型，但是勒诺特尔不仅把原则运用得更彻底，将要素组织得更协调，使构图显得更完美，而且在他的作品中体现出一种庄重典雅的风格，这种风格便是路易十四时代崇尚的"伟大风格"，同时也是古典主义的灵魂。勒诺特尔把这一灵魂充分体现在他的艺术中，使作品鲜明地反映出这个辉煌时代的特征。这是意大利文艺复兴期贵族、主教们的别墅庄园所望尘莫及的。园林因此而成为路易十四时代最具代表性的文化艺术。

第一，勒诺特尔成功地以园林艺术的形式，表现了皇权至上的主题思想。

东西方统治者有着共同的追求，企图以华丽的宫苑，体现出皇权的尊贵。中国自秦汉以来，均以豪华、壮丽的宫苑表现皇帝至高无上的统治权力，法国的凡尔赛宫苑亦如此，位于放射线林荫大道焦点上的宫殿，以及宫苑中延伸数千米的宏伟轴线，都强烈地表现出唯我独尊、皇权浩荡的主题思想。

中国的君王以天子自诩，路易十四自喻为天神宙斯之子——太阳神阿波罗。在贯穿凡尔赛宫苑的主轴线上，除了阿波罗，只有其母亲拉通娜的雕像；宫苑的中轴线采取东西布置，宫殿的主要起居室和驾着马车、从海上冉冉升起的阿波罗神像，均面对着太阳升起的东方；当夕阳西下时，逐渐沉没在大运河西边的尽头。它以日复一日的太阳运行轨迹，象征周而复始、永恒不变的君主统治。

第二，在勒诺特尔式园林的总体布局上，府邸总是全园的中心，通常建造在地势的最高处，起着统率作用。

府邸的前庭与城市的林荫大道相接，花园在府邸的后面展开，并且花园的规模、尺度和形式，都必须服从于府邸建筑。府邸前后的花园中，都不能有高大的树木，目的是在花园里处处可以看到壮观的府邸建筑。而且从府邸中望去，整个花园构图也尽收眼底。同时，从府邸到花园及林园，设计手法的人工性及装饰性都在逐渐减弱。林园既是花园的背景，又是花园的延续，形成人工花园向园外自然的过渡。

在花园的构图上，也体现出等级森严的专制政体特征。贯穿全园的中轴线，是全园的艺术中心。最美的刺绣花坛、雕像、泉池等都集中布置在中轴线上。横轴和一些次要轴线都对称布置在中轴两侧，小径和甬道的布置，也以均衡和适度为基本原则。整个园林编织在条理清晰、结构严谨、主从分明、秩序井然的几何网格之中。各个节点上的装饰物，进一步突出了几何形构图的节点，形成空间的节奏感。中央集权的政体得到合乎理性的体现。

第三，法国古典主义园林要着重表现的，是君主统治下严谨的社会秩序，是庄重典雅的贵族气势，是人定胜天的艺术风格。

古典主义园林的这一特征，完全与路易十四时代文化艺术所推崇的"伟大风格"相吻合。体现在园林的规模与空间的尺度上，广袤无疑是法国古典主义园林最大的特点。艺术家极力追求视线深远的空间，突出空间的外向性特征。因此，尽管园中设有大量的瓶饰、雕像、泉池等景物，但并不密集，丝毫没有堆砌的感觉，相反却具有简洁明快，庄重典雅的效果。

第四，在使用功能上，法国古典主义园林是作为府邸的"露天客厅"来建造的。

在凡尔赛宫苑中，路易十四要求能够容纳7000人狂欢娱乐。因此，兴建法国古典主义园林作品，首先需要巨大的场地，而且要求地形平坦或略有起伏。在平坦的园址上，也有利于在中轴的两侧形成对称的视觉效果。即使设计者根据设计意图的需要而创造的起伏地形，高差一般也不是很大。因此，园林在整体上有着平缓而舒展的视觉效果。

第五，在造园要素的运用方面，勒诺特尔艺术地再现了法国国土典型的领土景观。

首先，在水景创作上，他将法国平原上常见

的湖泊、河流、运河等形式引入园林，并形成以水镜面般的效果为主的园林水景。除了用形形色色的喷泉，烘托出花园的活泼热烈气氛之外，园中较少运用动水水景，偶尔依山就势在坡地上营造一些跌水。大量的静态水景，从护城河或水壕沟，到水渠或大运河，水景的规模和重要性在逐渐增强。园中虽然没有意大利园林利用巨大高差形成的壮观的水台阶、跌水、瀑布等动态景观，但是却以辽阔、平静、深远的气势取胜。尤其是大运河的运用，成为勒诺特尔式园林中不可或缺的组成部分。

第六，在植物方面，勒诺特尔大量采用本土丰富的落叶阔叶乔木，如椴树、欧洲七叶树、山毛榉、鹅耳枥等，集中种植在林园中，形成茂密的丛林。

丛林式的种植完全是法国平原上大片森林的缩影，只是边缘经过修剪，又被直线型道路限定范围，从而形成整齐的外观。同时，丛林所展现的是一个由众多树木枝叶所构成的整体形象，其中每棵树木都失去其原有的个性特征。这与以孤立树为主的意大利园林完全不同，而且使园林有着明显的四季变化。丛林的尺度也与法国花园中巨大的宫殿和花坛相协调，产生完整而统一的艺术效果。在丛林内部，再开辟出丰富多彩的活动空间，这也是勒诺特尔在统一中求变化、又使变化融于统一之中的伟大创举。

此外，与意大利造园家一样，勒诺特尔也擅长将树木作为建筑要素来处理，或修剪成高大的绿墙，或构成绿色的长廊，或围合成圆形的"天井"，或似成排的"立柱"，使全园在整体上宛如一座绿色的宫殿。

第七，由于法国园林中的地形比较平缓，因此布置在府邸前的刺绣花坛有着举足轻重的作用，成为全园构图的核心。

在意大利，因为夏季气候炎热，阳光灿烂，作为避暑休憩的别墅，园中多采用以绿篱组成图案的植坛，避免色彩艳丽的花卉使人产生炎热感。相反，法国温和湿润的气候条件下，需要运用以鲜花为主的大型刺绣花坛，形成更加欢快热烈的效果。即使运用低矮的黄杨篱构成图案，也常常

用彩色的砂石或碎砖作底衬，色彩对比强烈，更加富有装饰性，犹如图案精美的地毯，形成从花园核心向四周渐渐过渡的景观画面。

第八，在园路景观的处理上，勒诺特尔通常以水池、喷泉、雕塑及小品等装饰在路边或园路的交叉口，犹如一串项链上的粒粒珍珠。虽不似自然式园林中步移景异的效果，却也有着引人入胜的作用，令人目不暇接。在凡尔赛宫苑的小林园中，这种感受尤为突出。

4.8.2 法国风景式园林特征

18世纪上半叶，源于英国的启蒙运动风靡了法国整个思想界，为英国自然风景式园林在法国的传播扫清了道路。同时，法国贵族们也渐渐厌倦了已经流行一个多世纪的古典主义造园风格，园林艺术的革新势在必行。到18世纪下半叶，法国的造园风格发生了翻天覆地的变化，逐渐走上了充满浪漫主义气息的风景式造园之路。由于法国的风景式园林在整体布局上受到英国风景式园林的巨大影响，同时在装饰性小品方面又带有很多中国园林的影响痕迹，因此被称之为英中式园林。尤其是1775—1790年，英中式园林风格在法国及欧洲大陆的其他国家盛极一时，不仅营造了大量的英中式园林作品，还出版了许多造园书籍，形成一场轰轰烈烈的浪漫主义造园运动。

在启蒙运动的深刻影响下，法国人彻底抛弃了根深蒂固的笛卡儿主义思想，带有东方情调的浪漫主义美学代替了传统的古典主义美学，越接近自然则越美的思想，代替了艺术美高于自然美的传统造园思想。出于对大自然的向往，将自然带入园林，并展示在园林的每一个角落，反映出法国风景式造园崇尚自然的特征。园中有着如画般的自然风景，装饰着起点景作用的建筑物，形成对比强烈、变化丰富、激动人心的园林景色。

在自然的表现方法上，法国风景式园林比英国自然式风景园更加丰富多彩，在自然风景和田园风光的表现方面也大相径庭。自然荒野和田园情趣成为法国风景园的景观主体，深山峡谷、荒原沙漠、河流湖泊、草原林地、乡村农舍，甚至

名人墓穴，都成为园林中重要的景点。

园林的整体布局通常非常简洁，在密林、湖泊构成的园林空间中，点缀着模仿自然形态的假山、叠石和岩洞等；曲折迂回的园路和河流，穿行于山冈和树丛之间；湖泊都采用蜿蜒的流线型，水中种有大量的水生植物；驳岸以草地、土坡为主，间置着天然岩石。

受肯特作品的影响，法国的风景式造园运用建筑物形成园中的视觉焦点，强调建筑物给园林带来的哲学思想和文化气息，把园林看作是严肃的思考哲学问题的场所。田园风光也表现为各种乡野建筑，形成一个个小村落。这类园林中由于带有增加园林美感、制造各种气氛、调动游人情绪的点景性建筑物，因而被称为浪漫主义或伤感主义园林风格。

受钱伯斯著作的影响，法国风景式园林中还有许多中国式亭台楼阁、假山小桥等建筑小品，以其构成如画般的景致，从而使园林带有强烈的中国情趣。但是，由于法国人对中国园林的了解十分肤浅，中国园林的影响仅限于作为添景物的建筑小品上，而对园林的整体布局的影响不大，使得法国英中式园林中显现出来的中国情趣，后来遭到人们的指责。

一些东方和欧洲古代的建筑物在园中也很常见。为了使大量的建筑物具有存在的必要性，常赋予其某种实用功能，甚至作为水泵的泵房，但大多数是缺乏功能的纯装饰物。为了唤起情感，或引起人们的深思，古代的墓穴、废墟也成为园林的景点，甚至仿制古代的遗物，营造出极富浪漫主义色彩的园林气氛。

小　结

法国文艺复兴运动始于查理八世的"拿波里远征"，军事上的失利被文化艺术上丰硕成果所弥补。

从16世纪起，法国园林就在意大利的影响下逐渐发展成熟。16世纪上半叶，法国园林几乎是在单纯模仿意大利园林的造园要素和布局形式；到16世纪中叶，在造园要素、造园手法和整体布局方面都取得了长足进步。自16世纪后半叶至17世纪中叶的近一个世纪当中，法国园林已不再满足于对意大利园林的模仿，而是在学习意大利造园手法的基础上不断创新，以求形成适合法国本土特点的造园样式，并且在造园要素的更新方面取得了可喜的进步。

17世纪上半叶，路易十四在法国建立了强大的绝对君权统治地位，逐渐使法国成为欧洲首屈一指的强国。到17世纪下半叶法国勒诺特尔式园林的出现，标志着法国模仿意大利园林时代的结束和古典主义造园时代的来临。

法国古典主义园林是规则式园林运用于平原地区的典型样式，也是规则式园林发展的顶峰，在18世纪中叶之前成为统帅整个欧洲的造园样式。法国古典主义园林在欧洲大陆的盛行，是唯理主义哲学思想的反映，表现在艺术中，强调理性的重要地位，认为自然本身是不完美的，需要艺术的加工和提炼。法国式园林中遵循的规则与秩序，也是当时法国社会经济发展的需要，是绝对君权统治地位的象征。

勒诺特尔在总体布局、设计手法和造园要素方面，将均衡稳定和庄重典雅的古典主义风格发挥到极致，并通过造园，艺术性地再现了法国典型的国土风貌和地理景观。他独创性地运用水镜面、大水渠、花坛、丛林、雕像等要素，在宫殿前方开辟出直至地平线的深远透视线，展现出意大利园林中不曾见到的恢弘场面，迎合了统治者试图称霸世界的愿望，为君权至上的统治思想歌功颂德。

到18世纪上半叶，随着绝对君权统治走向没落，启蒙运动在英国如火如荼，英国率先在园林艺术中发生彻底的变革，导致自然风景式园林的出现。到18世纪下半叶，在启蒙主义思潮的影响下，法国资产阶级革命正在酝酿之中，同时人们也厌倦了已流行一个世纪的勒诺特尔式园林风格，造园艺术逐渐从推崇古典主义风格，转变为追求朴实、亲切的自然主义风格和具有东方情调的浪漫主义风格，产生了追求自然情趣的绘画式风景园林。由于在这种充满浪漫气息的园林中既有英国风景园的格局，也有中国式建筑小品的装点，因而被人们称作英中式园林。但是这种追新求异胜过追求本质的造园风格，终因各种装饰物的滥用而导致人们的批判，在盛行一时之后便走向衰落。

思考题

1. 法国国土景观有哪些特点？对法国园林风格的形成

有哪些影响？

2. 法国文艺复兴园林与意大利园林在造园手法上有哪些联系与区别？

3. 法国古典主义园林产生的历史背景以及与之前的园林有哪些联系？

4. 为什么说沃勒维贡特庄园标志着法国古典主义园林艺术走向成熟？

5. 以凡尔赛宫苑为例分析法国古典主义园林的造园要素及造园手法。

6. 法国古典主义园林有哪些历史功绩？如何看待西方的规则式园林？

7. 18世纪下半叶法国风景式园林有哪些特点？对我们有哪些启示？

第5章 英国园林

5.1 英国概况

5.1.1 地理位置

英国位于欧洲西部，由大西洋中的不列颠群岛组成，包括英格兰（England）、苏格兰（Scotland）、威尔士（Wales）以及爱尔兰岛北部（North Ireland）和附近许多小岛，有时称"英伦三岛"。隔北海（North Sea）、多佛尔海峡（Strait of Dover）、英吉利海峡（English Channel）与欧洲大陆相望；陆界与爱尔兰共和国接壤（图5-1）。

英国的国土面积为 $24.4 \times 10^4 km^2$，总人口逾5800万人。位于大不列颠岛南半部的英格兰面积为 $13.357 \times 10^4 km^2$，人口约4900万人，是英国面积最大、人口最多、文化发展最早、经济最繁荣的地区。

5.1.2 自然条件

英国的东南部为平原，土地肥沃，适于耕种；北部和西部多山地和丘陵；北爱尔兰大部分为高地。全境河流密布，全长346km的泰晤士河（Thames River）是英国最重要的河流，它自西向东经伦敦平原注入北海，水位稳定，终年不冻。全境湖泊众多，其海岸线在西欧国家中是最长的，

图5-1 英国地理位置图

也是世界海岸线最长、最曲折的国家之一。

英国属海洋性温带阔叶林气候，纬度较高，但全年气候温和。年均降水量1100mm，北部和西部山区的年降水量超过2000mm，中部和东部则

少于800mm。冬季温暖，夏季凉爽。多雨多雾是英国的气候特点，尤其是秋冬季节。充沛的雨量、温和的气候，为植物生长提供了良好条件。

15世纪以前，英国曾是一个森林资源丰富、木材足以自给的国家。18世纪中叶产业革命以后，由于滥垦滥伐、毁林放牧等使森林资源几乎丧失殆尽。第一、二次世界大战后，英国通过立法鼓励人工造林，制订了恢复森林资源的长远规划，才逐渐使森林覆盖率恢复到8%的水平。

英国的耕地面积占国土面积的1/4。从16世纪的"圈地运动"发展起来的畜牧业，是英国农业的重要产业，其产值约占农业总产值的2/3，重要性超过了种植业。英国现有永久性牧场约占耕地面积的45%；为畜牧业服务的饲料种植面积又占了全国耕地面积的一半，大片耕地用来种植饲草、饲用甜菜和饲用芜菁等。地形起伏、河流密布、森林稀少，以牧场为主的英国国土景观，在很大程度上影响到英国园林的特色。

5.1.3 历史概况

公元1~5世纪，大不列颠岛东南部为罗马帝国统治。罗马军队撤走后，欧洲北部的盎格鲁人（the Angles）、撒克逊人（the Saxons）、朱特人（the Jutes）相继入侵并定居。6世纪基督教传入不列颠；7世纪开始形成封建制度，许多小国合并成七个王国，群雄争霸长达200年之久，史称"盎格鲁-撒克逊时代"。8~9世纪遭受北欧海盗的不断侵袭。

埃格伯特（Egbert，约775—839，802—839在位）自802年成为韦塞克斯（Wessex）国王，于825年打败麦西亚人之后君临英格兰南部。838年打败维京人与不列颠人联军，随后统一了南英格兰，建立起最强大的韦塞克斯王朝（House of Wessex）。其后经英王短暂统治，在1016—1042年不列颠为丹麦海盗帝国的一部分。

1066年，诺曼底公爵威廉渡海征服英格兰，成为英格兰的第一位诺曼人国王，称号威廉一世（William I The Conquerer，1027—1087，1066—1087在位）。他于1072年入侵苏格兰，1081年入侵威尔士。威廉一世晚年长期住在诺曼底，并将英格兰的朝政交给老友，坎特伯雷大主教兰弗朗克（l'archbishop of Canterbury，Lanfranc of Bec，1010—1089）掌管。在此期间，英格兰处于被征服的地位，政权掌握在亲法派手中。

金雀花王朝（House of Plantagenet）于1154—1485年期间统治英格兰。1338—1453年，英法两国进行的"百年战争"（Hundred Year's War），英国先胜后败。此后的都铎王朝（House of Tudor，1485—1603）在伊丽莎白一世（Elizabeth I，1533—1603，1558—1603在位）时代国力强盛，开始了一系列对外扩张，1588年击败西班牙"无敌舰队"后，树立了英国的海上霸权地位。

1603年詹姆斯一世（James I，1566—1625，1603—1625在位）即位后建立了斯图亚特王朝（House of Stuart）。查理一世（Charles I，1600—1649，1625—1649在位）统治时期，由于政局不稳，导致1640年英国在全球第一个爆发了资产阶级革命。1649年查理一世被处死后，他的儿子威尔士亲王继承王位，1651年加冕，称号查理二世（Charles II，1630—1685，1660—1685在位），但并未得到许多政权的认可。1649年，查理二世曾率领乌合之众的军队进入英格兰，遭到惨败，以后被迫流亡欧洲大陆。

1649—1660年，英国由克伦威尔（Oliver Cromwell，1599—1658）父子统治。克伦威尔从对内和对外两个方面采取措施，巩固其统治地位，对资本主义的发展起到了一定的作用。但是，克伦威尔逐渐擅权专断，好大喜功，1653年他被宣布为"护国主"，并先后多次解散议会，成为军事独裁者。

克伦威尔死后，政局混乱。其子查理（Charles Cromwell，1626—1712）曾继任护国主，但缺乏其父的威望与才干，于1659年被迫下台，流亡法国。由于高级将领都想独揽大权，明争暗斗使英国政局极为混乱。为了维护和巩固统治秩序，资产阶级和新贵族因担心军事独裁的复活，不得不对恢复君主制的势力采取妥协态度，1660年查理二世返回伦敦，登上王位，就此斯图亚特王朝复辟。

查理二世执政后实行反攻倒算的政策，残暴的统治使政治斗争又趋于尖锐，英国政坛发生分化，政党开始形成，出现了代表不同利益集团的政党——辉格党（Whigs）和托利党（Tories）。辉格党代表金融资本家、大商人、新贵族等的利益，托利党代表贵族地主和英国国教上层教徒的利益。

詹姆士二世（James II，1633—1701，1685—1688在位）即位后，不仅大力压制反对派，而且企图在英国恢复天主教。这样一来，詹姆士二世在议会中不仅引起了辉格党人的反对，也遭到一部分托利党人反对。从而发生了在英国历史上的一场政变，即1688年的"光荣革命"（Glorious Revolution）。

此后，资产阶级和新贵族为了限制王权，在议会中通过了一系列法案，其中影响最为深远的是1689年通过的《权利法案》。它以明确的条文，限制国王的权力，约束国王的行为。议会的权力日益超过国王的权力，国王逐渐处于"统而不治"的地位。君主立宪制在英国逐渐形成和发展起来。

1707年英格兰与苏格兰合并，正式形成大不列颠王国；1801年又与爱尔兰合并，建立了大不列颠及爱尔兰联合王国。18世纪后半叶至19世纪上半叶，成为世界上第一个完成工业革命的国家。19世纪，大英帝国进入全盛时期。

5.2　18世纪前的英国园林

都铎王朝时期，由于加强了对外联系，英国不仅经济实力有所增强，并且随着与欧洲大陆的交往不断加深，自身的活力和文化艺术都得到提高。

此时，英国的住宅建筑发生了很大变化。国家政策的改变，导致新的土地所有者产生，庄园府邸大量出现。过去那些僧侣们兴建的农庄，完全不能适应新兴土地所有者的精神与生活需求；壁垒森严的中世纪城堡，也逐渐被改造成适宜居住的住宅。

都铎王朝初期的庭园还处在深壕高墙的包围中，面积不大，只能布置花圃、药草园、菜园等小型实用园，采用方格网构图，集中布置在建筑周围；大型的果园、葡萄园等多设在水壕沟之外。都铎王朝的君主们出于对花卉和庭园的兴趣，在宫殿四周兴建大量的庭园，鲜艳的花卉装点着庭园，非常美丽。

此时，英国园林的发展，主要来自意大利文艺复兴园林的影响，在造园要素和手法方面出现了一些革新措施。但是，由于亨利八世（Henry VIII，1491—1547，1509—1547在位）1533年与罗马教皇的决裂，使英国逐渐远离意大利，并与法国亲近，法国文艺复兴园林便成为英国人的造园样板。随着人们在园中举行庆会、游乐、接待等活动的不断频繁，庭园的重要性日益显现，使英国园林出现发展的趋势。豪华奢侈的花园成为君主们炫耀之物，他们相互攀比，大兴土木，建造宫苑。亨利八世与弗朗西斯一世之间的竞争，促使了汉普顿宫苑（Hampton Court Palace，London）、怀特庄园（Palace of Whitehall，London）、农萨其宫（Nonesuch Palace，Surrey）等花园的改造或兴建。

伊丽莎白一世时代，尤其是其在位的后15年，英国呈现出一派繁荣昌盛的景象。涌现出如诗人埃德蒙·斯宾塞（Edmund Spenser，1552—1599），戏剧大师克里斯托弗·马洛（Christopher Marlowe，1564—1593），戏剧家、诗人和作家莎士比亚（William Shakespeare，1564—1616），哲学家和政治家培根（Francis Bacon，Viscount St. Albans，1561—1626）等文化巨匠。由于女王本人对造园不是很热衷，因此英国园林的进展不大，基本上延续着中世纪以来的造园手法。此前，绿色雕刻艺术已在英国盛行，植物迷宫也深受人们喜爱。受意大利风格主义园林的影响，此时的英国人也十分喜好各种水景，喷泉、水池、水技巧和水魔术等在园中大量出现，农萨其花园中的水魔术在当时已十分著称。

农萨其仍然是这一时期最重要的花园之一，它的新园主约翰·兰利（Lord John Lumley，1534—1609）对花园进行了改造，绿色雕刻在园中得到运用。兰利将灌木修剪成鹿、马、狗、兔等动物造型，并模拟出狩猎的场景，以示对狄安娜女神和伊丽莎白女王的敬仰。园中还有整形黄杨组成的迷宫，高大的绿篱能将人完全掩藏起来。

16世纪，英国造园家逐渐摆脱了城墙和壕沟的束缚，追求更为宽阔的园林空间，并尝试将意大利、法国的园林风格与英国的造园传统相结合。这一时期的园林，都是英国本土设计师的作品，主要是在模仿欧洲大陆的造园样式，因此在布局上与意大利或法国园林没有太大差别。英国人的革新，只是对花卉装饰的兴趣更加浓厚。由于英国阴雨霏霏的天气频繁，因此人们更希望园中有鲜艳明快的色调。草地是英国传统的造园要素，但是由草地、五色土、沙砾、雕塑、瓶饰等组成的庭园还不能让人满足，还需要以绚丽的花卉来弥补气候的不足。

都铎王朝时期出版的一些造园指导书，反映了当时英国园林的发展状况及造园趣味。1540年，安德烈·波尔德（Andrew Boorde，1490—1549）出版的《住宅建筑指导书》（The Book for to Learn A Man to be Wise in Building of His House）也谈到庭园设计，主要是借鉴意大利园林的手法和要素；托马斯·希尔（Thomas Hill）于1557年出版了《园林的迷宫》（The Garden's Labyrinth）和另一本《造园艺术》（The Art of Gardening），都是关于庭园设计要素的介绍。还有一些意大利及法国造园书籍也传到英国，对园林的发展起到一定的促进作用。

航海家罗利（Sir Walter Raleigh，1552—1618）及卡文迪什（Sir Thomas Cavendish，1555—1592）从海外带回了大量的植物和标本，引起英国人对植物学研究的兴趣，并邀请一些国外植物学家赴英国研究交流，1597年还出版了《植物志》（History of Plants）。到17世纪，随着一系列的海外扩张，英国人致力于收集各种外来植物。为此，詹姆斯一世（James Ⅰ，1566—1625，1603—1625在位）时期，英国出现了最早的植物园——牛津植物园。植物种类的增加和园艺水平的提高，也使得英国园林更加丰富起来。

17世纪上半叶，意大利园林风格在英国的影响不断深入。1607年，建筑师伊尼戈·琼斯（Inigo Johns，1573—1652）将帕拉第奥（Andrea Palladio，1508—1580）的著作《建筑四书》（Quattro Libri de l'Architettura，1570）介绍到英国。以古罗马为典范的帕拉第奥建筑风格，成为英国近代建筑的开创者。在查理一世时代，细腻精致的意大利园林在英国处于统治地位。1617年，罗宋（William Lawson，? —1635）出版了《乡村主妇的庭园》（The Country Housewife's Garden），是第一本满足家庭主妇的园艺兴趣的造园指导书，他主张将庭园布置在便于从建筑窗口中欣赏的地方，并用绿篱、围墙来限定庭园的范围，都是意大利文艺复兴园林的做法。次年出版的《新型果园和花园》（A New Orchard and Garden）表明，果园仍然是庭园的重要组成部分，并认为是"北国"典型的庭园样式。

法国园林在英国的影响也在不断加强。1623年，查理一世迎娶了法国公主亨丽埃塔·玛丽亚（Henrietta Maria，1609—1669），使英国的朝廷，乃至全国对法国兴趣浓厚，法国园林也随之传到英国。查理一世为亨丽埃塔公主购买的温布尔顿宫，将府邸的改建与装饰交给了建筑师伊尼戈·琼斯，而花园设计却委托法国著名造园家克洛德·莫莱的儿子安德烈·莫莱。

但是由于政局不稳，查理一世时期英国园林的发展受到限制。此后的共和制时期，不仅政治动乱频繁，而且清教徒（Puritan）①们排斥生活上的享乐主义，甚至视栽培观赏花卉为奢侈浪费，仅从实用角度出发建造庭园，主要是用于植物栽培的实用园。因此，这一时期几乎没能建成一个游乐性花园。非但如此，1642—1648年的共和战争时期（英国资产阶级革命时期第一次内战），都铎王朝时期建造的优秀作品几乎全都毁于战火，农萨其宫苑被出让，唯有汉普敦宫苑侥幸保留下来。

16世纪上半叶的法国园林，同样深受意大利

---

① 清教徒：是指要求清除英国国教中天主教残余的改革派。该词于16世纪60年代开始使用，源于拉丁文的Purus，意为清洁。

风格主义园林的影响,亨利四世在圣日耳曼昂莱建造了一座意大利式台地园。在这座新建的城堡中,路易十四度过了他的童年和孩提时代,此后查理二世和詹姆斯二世(James Ⅱ,1633—1701,1685—1688 在位)也曾在那里避难。斯图亚特王朝的复辟,使英国园林的发展难免受到法国的巨大影响。

1660 年,查理二世回到英国即位之时,正是法国园林蓬勃发展之际。查理二世对路易十四时期法国园林的情况十分了解,他十分欣赏勒诺特尔的设计作品。但由于勒诺特尔忙于凡尔赛宫苑的建造,查理二世便将克洛德·莫莱的儿子安德烈请到伦敦,任命为宫廷造园师。安德烈此前曾在英国建造了温布尔顿花园,后来去荷兰和瑞典工作,并于 1651 年在那里出版了他的著作《游乐性花园》。勒诺特尔外甥的儿子克洛德·德戈(Claude Desgots,1655—1732)也来到英国参与造园。

此外,查理二世还派人去法国学习,学成回国的造园师以约翰·罗斯(John Rose,1629—1677)最为著名,他在凡尔赛跟随勒诺特尔学习。1665 年安德烈·莫莱去世,次年罗斯被任命为圣詹姆斯宫苑(St. James Park, London)的负责人。罗斯后来经营过一个园林设计公司,在英国各地建造过不少宅园,如肯特郡(Kent)的克鲁姆园(Croome)以及德比郡(Derbyshire)墨尔本庄园(Melbourne Hall)等,但都是一些小规模的勒诺特尔式花园。罗斯因将法国园林介绍到英国而闻名,并写了一些有关葡萄园和果树的书籍,但作品未能保留下来。

法国园林师设计的规则式园林,满足了当时英国人的造园趣味,为英国园林的发展作出了巨大贡献。经过克洛德·莫莱革新的新型花坛,也传到英国,改变了英国花坛以草本植物混植的传统,改用黄杨作图案。

斯图亚特王朝花园的修复,完全采用了古典主义园林样式,正像安德烈·莫莱在《游乐性花园》中所倡导的那样,"由花坛、野趣园、精心配置的花草、栅栏、小径和散步道组成,还有喷泉、洞窟、雕像、透视线和各种装饰物,缺少这些就不完美。"喷泉是必不可少的,规则式园林在雕像的映衬下,显得壮观而细腻。花园本身的装饰要素,如刺绣花坛、草地结园、露台式小径或平台等,都遵循着轴线和对称的布局要求。各个造园要素都按照英国独特的方式进行安排,例如,汉普顿宫苑中,将轴线与放射线相结合,放射形园路穿过半圆形大花园;或者像乔治·伦敦(George London,1640—1714)和亨利·怀斯(Henry Wise,1653—1738)为威姆斯爵士(Lord Weymouth)设计的威特郡(Wiltshire)郎特利庄园(Longleat)那样,轴线分列在园中,并将林园划分成 10 块优美的星形。此外,刺绣花坛也经英国人的简化,变成简单的花边式草坪,或花坛构图的草地。

这一时期,英国最重要的设计师是乔治·伦敦和亨利·怀斯。伦敦于 1666 年开始跟随罗斯在圣詹姆斯宫学习造园,因在造园上具有天赋,1672 年被送往法国学习,并且是路易十四在凡尔赛御用的 300 多位造园家之一,回英国后成为皇家造园师,曾参与了肯辛顿园(Kensington, London)及汉普顿宫苑的改造工作。1685 年,伦敦曾去荷兰旅行,并在那里研究德国园林。怀斯先是跟随伦敦学习造园,1681 年二人合作成立了园林设计公司,并在许多项目中合作,成为英国的规则式造园大师。此外,他们还翻译出版了一些造园著作,如 1669 年翻译的《全面的园林师》(Complete Gardener),原作者是路易十四时代凡尔赛宫苑的管理者拉·卡诺雷利(La Kanoleli);1706 年出版了《退休的园林师》(The Retired Gardener)和《孤独的园林师》(The Solitary Gardner),以园林师与客户对答的形式表达了作者有关造园的见解。

1688 年的光荣革命,迫使詹姆斯二世流亡。次年,英国人从荷兰迎来了国王威廉三世(William Ⅲ,1650—1702,1689—1702 大不列颠国王)。威廉三世出生于海牙,执政后热衷于造园,并将荷兰的造园风格带到英国。园中的装饰要素更加复杂,法式风格的人工性进一步加强,喷泉也大量增加,灌木修剪更加精细,绿色雕刻艺术发展到怪诞的程度,园中充斥着用灌木修剪成的各种动物和器具等造型。

直到 18 世纪初,法国风格的整形式园林仍然深受英国人的喜爱。1709 年,阿尔让维尔在巴黎出版的著作《造园理论与实践》传到英国。1712年约翰·詹姆斯（John James，1673—1746）将该书翻译出版，并且最后一次再版是1743年。由此可见，18世纪中叶，英国还有一些整形式园林的拥戴者，经过英国人的细微调整，规则式园林仍然具有特殊的魅力。

遗憾的是英国规则式园林大多毁于后来的自然风景式造园运动，即使幸存下来，也多经过删繁就简，难以反映其盛期的风貌。由伦敦和怀斯合作设计的德贝郡墨尔本庄园可以说是个幸运儿，花园虽经几个世纪的改造，基本上还保留着法式园林的格局。

即使在伦敦和怀斯等法式造园大师的地位每况愈下，并且怪诞的绿色雕刻艺术热潮过时，甚至在威廉三世统治结束之后，勒诺特尔式园林的严谨与庄重仍然是一时难以撼动的造园样板，1700年勒诺特尔去世后的情况也依然如此。

5.3 英国规则式园林实例

（1）汉普顿宫苑（Hampton Court Palace Garden）

汉普顿宫是都铎王朝时期最重要的宫殿，位于伦敦西南约20km处，坐落在泰晤士河北岸的河湾平坦地，占地约810hm²。1515—1521年，红衣主教、政治家托马斯·沃尔西（Cardinal Thomas Wolsey，1475—1530）将这里的一座中世纪小城堡，改建成当时被看作是最好的庄园（图5-2）。

汉普顿庄园的建成，在英国具有划时代的意义。此前，英国人还不曾设想在郊外建造大型庄园。沃尔西希望在一个自然景色优美、环境利于健康的地方，建造一座用于修身养性的庄园，因

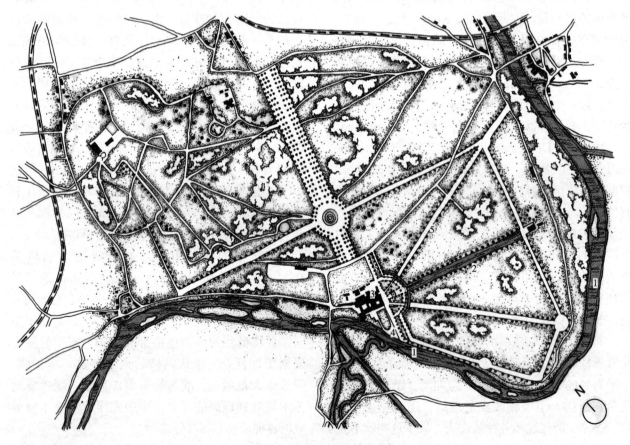

图5-2 汉普顿宫苑平面图
1.泰晤士河 2.运河 3.宫殿 4.池园和秘园 5.放射状林荫道

此选择了这个位于泰晤士河畔,又离伦敦不远的园址。府邸建筑于1516年初步建成,同年,沃尔西在这里接待了国王亨利八世。

汉普顿园由游乐园和实用园两部分组成。花园布置在府邸西南的一块三角地上,紧邻泰晤士河,由一系列花坛组成,十分精致。庄园的北边是林园,东边有菜园和果木园等实用园。庄园建成之后,沃尔西经常在园中举行盛大的派对,尤其是亨利八世喜爱的化装舞会。然而,这也激起了国王的觊觎之心,1525年,亨利八世曾要求沃尔西将这座庄园让给自己,但未能如愿。

虽然沃尔西在汉普顿庄园居住到1529年,此后该园才归亨利八世所有。但在此之前,国王已至少用了十年时间对它进行改建和增建。

随着沃尔西的失宠并去世,他的庄园也被亨利八世改得面目全非。此后的200多年,汉普顿宫苑成为英国君主喜爱的住地。直到1851年维多利亚女王(Queen Alexandrina Victoria,1819—1901,1837—1901在位)宣布将它对大众开放。

亨利八世扩大了宫殿前面花园的规模,并在园中修建了网球游戏场。1533年又新建了封闭宁静的"秘园"(Privity Garden)(图5-3),在整形划分的地块上有小型结园,绿篱图案中填满各色花卉,铺有彩色沙砾园路。表明意大利园林的影响。还有

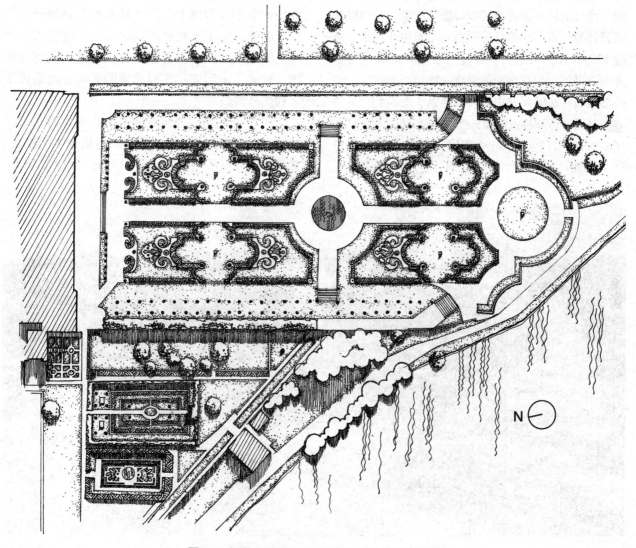

图5-3 汉普顿宫苑中"秘园"和"池园"平面图

一个小园是以圆形泉池为中心，两边也是图案精美的结园。秘园的一端接"池园"（Pool Garden），这是园中现存的最古老的庭园，布置成下沉式，周边逐步上升并形成三个低矮的台层，外围有绿篱及砖墙。矩形园地中以"申"字形园路分隔空间，中心为泉池，中轴正对着一座维纳斯大理石像，以整形紫杉做成的半圆形壁龛为背景。池园的一角还有亨利八世兴建的宴会厅（见彩图15）。

1649—1660年，英格兰在克伦威尔父子统治下，都铎王朝大量的宫苑遭到毁坏。由于克伦威尔父子居住在汉普顿宫，才使得这座大型皇家园林幸免于难。

查理二世复辟之后，汉普顿宫苑归其所有。查理二世对宏伟壮丽的法式园林极为欣赏，希望以法式园林为蓝本，改造汉普顿宫苑。园中开挖出一条逾1200m长的大运河，修建了放射状的林荫道；查理二世还设想在宫殿前修建一座半圆形花坛。这些都是当时法国园林中的典型要素（图5-4）。

1689—1694年，威廉三世和玛丽二世（Mary Ⅱ，1662—1694，1688—1694在位）对汉普顿宫苑进行了扩建。1690年，著名建筑师克里斯托弗·瓦伦爵士（Sir Cristopher Wren，1632—1723）将原来的都铎王宫扩大了一倍，采用了帕拉第奥建筑样式。

同时，威廉三世任命乔治·伦敦为宫廷造园师，负责汉普顿宫苑的改扩建工程。参加建造宫苑的还有亨利·怀斯和斯蒂芬·斯威泽尔（Stephen Switzer，1682—1745），他们完全遵循了勒诺特尔的设计思想，形成以平坦、华丽见长的新汉普顿宫苑。宫殿的主轴线正对着林荫道和大运河，宫殿前是占地3.8hm^{2}的半圆形刺绣花坛，装饰有13座喷泉和雕像，边缘是整形椴树回廊。

虽然凡尔赛宫苑是威廉三世改建汉普顿宫苑的蓝本，但是无论在宏伟的气势上，还是在细部的华丽和丰富程度上，汉普顿宫苑都显得逊色不少。此外，由于气候更加温和湿润，英国人不太追求树木的遮阴，汉普顿宫苑中也缺少茂盛的林园。威廉三世后来将宫殿北面的果园也改造成意大利式丛林。

1732年前后，当风景园浪潮兴起之时，汉普顿宫苑的一部分又被肯特改造，他取消了大花坛、林荫道等法式园林要素。尽管如此，17世纪的汉

图5-4　汉普顿宫苑中的放射状林荫道

普顿宫苑大体上被保存下来，不失为一座壮观而精美的大型皇家园林。

（2）农萨其宫苑（Nonesuch Palace Garden）

"Nonesuch"意为"举世无双"，可见这座宫苑的建造者亨利八世的雄心壮志。1529年，当亨利八世得到汉普顿宫时，他已经拥有当时欧洲最大的宫殿了，但他并没有因此而满足。16世纪30年代，他在英国南部的萨里郡（Surrey）不顾当地居民的反对，铲平了一座村庄，建造巨大的农萨其宫。

宫殿始建于1538年，最终成为16世纪英国规模最大、最富丽堂皇的宫殿。围绕着宫殿布置了两个庭园，离宫殿较远的庭园用砖、石砌筑，宫苑入口处是塔楼造型的门楼，这在当时都是很平常的做法。

1547年亨利八世去世之后，农萨其宫苑几经转手，直到1556年，被阿伦德尔公爵12世费札兰（Henry Fitzalan, 12th Earl of Arundel，约1511—1580）购买，他完成了宫殿和花园的建造工程。

1580年阿伦德尔公爵去世后，农萨其留给了女婿约翰·兰利，他对花园进行了改造，使其成为伊丽莎白一世时代英国最重要的花园之一。根据当时的时尚，兰利在园中运用绿色雕刻的手法，再现了狩猎的场景。园中还有一座整形黄杨篱构成的迷园，高大的绿篱完全能将人掩藏其中。后来，农萨其宫苑为伊丽莎白女王所有。

1603年女王去世后，詹姆斯一世继承了农萨其宫苑，此后一直是皇家财产。1642—1648年的内战之后，议会决定将农萨其宫苑出售。1660年查理二世复辟后，农萨其归还皇太后玛丽亚（Henrietta Maria，1609—1669）。1682年，这座宫殿被拆除，占地405hm^{2}的大园子和逾270hm^{2}的小园子也被陆续出让。到18世纪初，这里只剩下一座塔楼了。

1591年，德国律师亨兹耐尔（Paul Hentzner，1558—1623）到访过农萨其宫苑。据他的《英国旅行》（*Travels in England*）记载，该园有一个放养鹿的大林苑，园中设置了大理石柱、金字塔喷泉等人工景物，喷泉顶上有小鸟造型，并从鸟嘴中流出水束；园内还设有"魔法喷泉"，将喷水的机关布置在隐蔽处，当人们走近时，出乎意料的喷水将人们淋湿，以此博得一笑。所有这些都随着宫殿的拆毁而渐渐消失了。

（3）牛津大学植物园（Botanic Garden, University of Oxford）

该植物园位于牛津大学中心城的东南角，坐落在查韦尔河（Cherwell）河畔，是在英国创建最早的植物园（见彩图16）。

1621年，丹比伯爵一世（Henry Danvers, 1st Earl Danby，1573—1644）捐赠给学校一块约2hm^{2}的土地，用于鼓励医药和植物研究。这里原先是犹太人的墓地，随后便兴建了药园，园门由建筑师伊尼戈·琼斯设计。1642年，植物学家波巴尔特（Jacob Bobart，1599—1680）担任第一任园长，现在园中最古老的树木，就是他在1645年种的一棵欧洲红豆杉。他还运来了4000车熟土用于改良土壤，并将园地抬高到查韦尔河洪水位线以上，同时引进约3000种植物。1680年他去世时，遗产中有这座药园的第一部植物名录，并获得英国最佳园林师的荣誉。

现在这座植物园已经扩大，有8000多个植物品种，并由三个部分组成，即最早兴建并以老围墙包围的老园、北面的新园以及温室。老园内呈规则式布局，植物根据其原产地、科属和经济价值进行分类种植。大部分植物以科为分类单位，种植在矩形种植床内，这是1884年根据边沁和虎克（George Bentham，1800—1884; Sir Joseph Dalton Hooker，1817—1911）的植物分类系统进行布置的。同时，在种植床内的植物配置上，也力求将植物学要求和艺术效果相结合。

新园采用更为自然的布局方式，比老园更注重园艺的展示性，有水生园、岩石园等景点。古朴的睡莲池建在了园路的中央，莲池两边是岩石园，最早建于1926年，几经改造，现在看到的是20世纪末重新改造的。园路东面和西面分别展示着欧洲及其他地区的高山植物。穿过果园，植物园最北端为水生植物园。在西北古老城墙的外侧，是由多种宿根草本植物组成的花径，即使在盛夏时节，这里也有着多年生草本植物带来的视觉愉悦。

这座植物园拥有温室的历史超过400年。最早的温室建于1675年，也是英国最早的温室。老

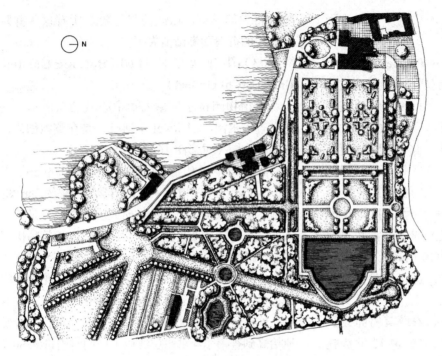

图 5-5　墨尔本庄园平面图

园的西面就是温室区，由七个分区组成，北部由一条狭长的走道相互连接，每个分区内分别展示着高山植物、蕨类植物、睡莲及王莲等水生植物、食虫植物、仙人掌等旱生植物，而最大的棕榈温室收集了各种热带经济植物。

牛津大学植物园不仅历史悠久，而且景色优美，植物种类丰富。每年都有学生在此进行生物学和植物学的学习和研究。作为植物园公众教育和培训的计划之一，每年有6500名儿童前来参观，饶有兴致地在温室中寻找椰子、柑橘、香蕉、可可等。此外，还有5000名成人参加关于植物学、园艺及造园方面的知识培训。这座古老的植物园依然焕发着蓬勃、富有朝气的生命力。

（4）墨尔本庄园（Melboure Hall Garden）

墨尔本庄园位于德比市（Derby）以南约12km处，这里原先归诺曼底教区教会（Norman Parish Church）所有，1628年成为航海家约翰·库克（Sir John Coke，1563—1644）的住所，以后一直是库克家族的财产（图5-5）。

1696年，托马斯·库克（Rt.Hon. Thomas Coke，1674—1727）继承了这份遗产，并设想建造一座花园。1704年，花园开始兴建，设计师为当时最著名造园大师乔治·伦敦和亨利·怀斯，采用了古典主义样式，并借鉴了法国和德国的造园风格，规整的几何空间，再现了经过艺术加工的自然景观。

府邸建造在高处，起到控制全园的作用。一系列台地在府邸前展开，从建筑前面望去，深远的透视效果，令人愉悦。中轴线两边原先是刺绣花坛，以矮生黄杨修剪成阿拉伯式纹样，并填满五颜六色的花卉，非常美观，现在已简化成草坪花坛。下方的台地中是称为"大泉池"的水面，中间有喷泉。花园中轴路的尽头是一座铸铁凉亭，立面呈齿形，十分优美，称为"鸟笼"。花园之后是一片疏林，穿过树林便是园外开阔的牧场。与中轴园路相切的一系列次园路将游人引向花园两侧。园路边点缀着雕像、瓶饰，以及喷泉等，使花园景色更加丰富（图5-6）。

5.4　英国规则式园林特征

英国规则式园林的发展，完全跟随着欧洲大陆园林的演进。虽然也作出一些调整，有些"英国化"的手法，但是未能形成自己的造园风格，也未能反映出英国本土的景观特征和文化内涵。可以说，英国人的造园天赋，并没有在规则式造园中体现出来。

意大利园林对英国的影响，主要体现在园林水景和绿色雕刻的运用上。水景在英国园林中的作用，虽然不如意大利和法国园林那么重要，但各种形式的水景，在英国规则式园林中也十分常见，成为园中最赏心悦目的景物。英国人很喜欢趣味性很强的水技巧、水魔术，甚至以其作为庭园设计的亮点。如汉普顿宫苑就有一些惊奇喷泉，从隐蔽处突然喷出水来，捉弄毫无防备的游人。

源于古罗马的绿色雕刻艺术，受到英国人的追捧。从都铎王朝开始，直到18世纪初，绿色雕刻在英国整整风靡了两个世纪，成为园中最主要的装饰元素之一。妙趣横生的植物造型，无疑能够活跃庭园气氛。一旦发展到泛滥的程度，就难免给人以怪诞的感觉，结果便是走向没落。因此，绿色雕刻后来成为风景式造园倡导者们攻击、挖苦的对象，并大部分毁于风景式造园运动之中。适宜造型的植物材料主要有紫杉、黄杨等；形体多种多样，既有动物造型和几何形体，也有篱笆、墙垣、拱门、壁龛、门柱等建筑小品，还可以作为雕塑的背景、露天剧场的侧幕等。

图 5-6　墨尔本庄园的雕塑

植物迷宫、柑橘园也是意大利园林影响的产物，成为英国园林中不可或缺的景物。迷园常以高大的绿篱，构成错综复杂的园路，外轮廓呈矩形或圆形，中心一般有圆亭或奇异的植物造型。从威廉三世时代起，英国的大型庄园中常有柑橘园。汉普顿宫苑中的柑橘园后改成"野趣园"（Wild Garden）；温泽园和查兹沃斯园（Chatsworth House, Derbyshire）都保存着大型的柑橘园。

17世纪下半叶，英国受到勒诺特尔式造园热潮的巨大冲击，出现追求宏伟壮丽的造园倾向。不过相对欧洲大陆的国家而言，英国所受到的影响程度还是比较小的，园林的奢华程度也相对逊色。园内缺乏大量的水镜面和大片的丛林，空间因而显得比较平淡。尽管也以雕像、喷泉等作装点，然而并没有过分追求理水技巧，整体效果也显得比较朴素。

在荷兰园林的影响下，英国园林变得更加精巧细致。庭院的空间分隔进一步增多，形成一个个亲切宜人的小园子；绿色雕刻艺术更加精湛，造型丰富而且惟妙惟肖，甚至营造主题性的场景；花坛也更加小巧，以观赏盛开的鲜花为主。

"英国式"的处理手法，主要体现在局部构图以及造园要素的运用上。结园、花坛和草坪中的园路，都是设计的重点之一。设计手法的革新包括花床的运用，以砖、石砌筑矮墙，上有木格栅栏，围绕着花丛，既便于观赏，又利于排水。

假山在英国园林中可能起源甚早，也很常见，主要堆在地形平坦处，便于登高望远，欣赏园内及四周景色。到18世纪风景式造园时期，假山更加风靡一时。

在园林建筑小品方面，英国园林中常见的有回廊（Gallery）和园亭（Garden House）。回廊始于都铎王朝，大多布置在庭园的四周，用来连接各建筑物。园主们很乐意在园内建造美观坚固的圆亭，不仅有装饰作用，而且也能抵御英国变化无常的天气。园亭一般位于园路的尽头，或设在高台上便于远眺。主要有两种类型：一是用来挡住观看庭园的视线；二是设置在草地或中庭的一隅。圆亭基座通常高出地面2~3级踏步，周围是逐渐低下的缓坡草地。有些园亭以装饰华丽著称，如蒙塔邱特园（Montacute）中的亭子；也有用茅草铺顶的亭子；

有的亭中还有可供冬季生火取暖的设施。

园路上还常有类似回廊的拱架，并爬满藤本植物，称为"覆盖的散步道"（Covered Walk）；或以成排的树木枝条编织成高篱，成为树木廊架。汉普顿宫苑中有一条爬满金链花（*Laburnum anagyroides*）的长拱廊，花开时节一片金黄，行走其间生趣盎然。

日晷在英国园林中是除雕像和瓶饰之外最重要的点景之物，比欧洲大陆的园林更加常见，尤其是在18世纪的庭园中。日晷取代了气候温暖地区园中常见的喷泉，既可展示庭园的主题，也有自身的实用功能；同时，制作精良的日晷具有很强的装饰作用。既有与雕塑结合的日晷，如林肯郡贝尔顿园中有爱神丘比特托举的日晷；也有纪念性的日晷，如荷利伍德（Holywood）宫苑中设在三层底座上的多面体日晷，有20个不同的雕刻面，饰以彩色的纹章。随着时代的变迁，尽管有些花园被改造得面目全非，但日晷常常能保留下来，并组织到新的景色当中，体现出园林的时代烙印。

门柱或许是英国园林中最独特的要素，柱顶部多饰有家族的族徽、吉祥物或石球造型。直到17世纪末，铁艺大门在园门中还很少见。可惜许多精美的铁艺大门后来也在自然风景式造园运动中被毁。

此外，在一些大型的庄园中，还常常利用园中大片的草地，设置球戏场或射箭场等游乐场所，供园主开展户外活动。在花园的草地上举行马球、射击等竞技比赛，甚至成为皇家和贵族花园中一道靓丽的风景线。

5.5 英国自然风景式园林

英国自然风景式园林的出现，是欧洲造园领域里一场极为深刻的革命。它一反近千年来欧洲园林由规则式统治的传统，开创了欧洲不规则式造园的新时尚。不仅标志着欧洲园林的发展进入了一个新的历史时期，而且对后世园林的发展产生巨大的影响。

5.5.1 自然风景式园林的成因

自然风景式园林的产生，有着错综复杂的原因。不仅涉及英国的政治体制及经济发展等社会因素，而且深入到哲学思想及美学观点等文化反思，同时还有气候条件和国土景观等自然因素，以及英国人追求的生活时尚等因素的影响。此外，中国园林既是英国自然风景式园林的样板，也是英国人攻击规则式园林的利器。

然而，真正起主导作用的还是英国的自然条件、政治经济和文化艺术等本土因素的影响。每个国家、各个民族都有其适应本土自然景观和地域文化的园林传统，外来因素的影响唯有经过筛选、消化、吸收，并融入到本土固有的园林精神之中，才能得到发扬光大。

（1）哲学思想的影响

17世纪后期，与欧洲大陆哲学领域里盛行的理性主义（Rationalism）不同，英国在自然科学的影响下，产生了建立在秩序与和谐思想上的牛顿宇宙观（Newtons World View），以及建立在感觉经验基础上的洛克（John Locke，1632—1704）经验主义（Empiricism）。经验主义通常与理性主义相对立，主张一切知识或大多数知识来自感觉经验。

在美学观点上，经验主义也与理性主义针锋相对。欧洲大陆自古希腊就认为"美就是比例的和谐"，这是规则式园林的立足之本。笛卡尔主义者也认为美体现在空间的"几何性"方面。因此，在规则式园林中，一切都经过仔细研究和推敲，排除了偶然性或出乎意料的效果。

英国哲学家培根则认为："凡是高度的美在比例上都显得有点古怪"。他曾预言自然式园林终将出现，为实现其理想还亲自造园。在培根的著作《训示》（*Sermons*[①]，1615—1631）中，他呼吁人们抛弃"对称、树木整形和一潭死水"的设计手法，提倡像英国传统那样，用草地而非花坛环绕

[①] 此书部分内容在培根去世后出版。

在亭台等建筑周围。他尤其强调园中要有富有野趣的荒原部分，使人们得到"接近自然花园的纯粹荒野和乡土植被的感受"。

随后，英国清教徒诗人弥尔顿（John Milton，1608—1674）在1641年起构思、1663年后陆续出版的《失乐园》（*Paradise Lost*）中，批判君主专制政体，将伊甸园描绘成一片自然风光。弥尔顿有关自然和花园的认识，对后世的诗人约瑟夫·艾迪生（Joseph Addison，1672—1719）等人产生了重大影响，并被后人看作自然风景式造园的先驱。

经验主义者还运用经验论方法来代替理性思维方法。牛顿学派从现象观察和试验方法出发，寻找事物的发展演变规律。经验主义者对理性方法的批判，有利于形成"非几何化"的自然形象。同时，经验主义强调的感觉与想象，也为自然式园林的出现奠定了美学基础。

此外，17世纪的科学革命及洛克与牛顿的哲学思想，也是18世纪欧洲启蒙运动（Enlightenment）产生的根源。启蒙思想家的基本信念是崇尚理智，认为理智是一切知识和人类事物的指针。领导启蒙运动的哲学家们反对旧政权，维护理性标准，由此产生了进步思想并对传统基督教发出了挑战。启蒙思想家大多崇尚自然主义，如法国哲学家卢梭认为"文明是对人的自由和自然生活的奴役"，而自然状态优于文明。因此他主张要"回到自然中去"，而且是原始的自然之中。

自然主义在艺术中的反映，是要求忠实地模仿自然状态，不求"改善"或美化自然主体。自然主义思想对园林的影响，就是反对园中一切不自然的元素，如反对将几何形式强加于自然地形之上；反对将树木修剪成几何形体并抑制其自由生长；反对用压力强迫水柱喷向天空等。自然主义者批判规则式造园手法在"戕害天性"，提出要将自由、平等、博爱思想体现在花草树木上。他们认为规则式园林是对自然的歪曲，而自然式园林才是人们情感的真实流露。

要抛弃规则式园林，首先就要拆除作为规则式园林坚实基础的君权思想。一提到凡尔赛园林，就让人联想到绝对君权难以抗拒的意愿。在英国人看来，以城堡建筑控制全园，并将园林及周围环境微缩成放射状轴线，以及宫殿四周排列直线的手法，就是服从以皇家为权力中心、体现君权统治的空间表现形式；而几何式构图、以轴线构成透视效果，以及笔直的园路、对称的体量、刺绣花坛、比例与尺度等，所有这些经过仔细推敲的园林特征，都是为了高高在上的君主，无须下到花园就能够一览无余，展现在君主面前的其实是君主强权自恋自大的形象。

（2）政治体制的转变

在牛顿学说和洛克经验主义的影响下，英国人在信念上开始出现了乐观主义思想，企图将自然科学定律引入精神生活法则之中。他们强调所有人都是受自然规律支配的、平等的组成部分，进而寻求安身知命并服从自然秩序支配的理想生活模式。1688年的光荣革命之后，英国人在精神和政治生活方面都希望获得心灵上的解放。在政治方面，辉格党人提出了和平、宽容、和谐、平衡与公平的政治口号，反映出新兴阶层对精神和政治生活理想的追求，并导致了英国君主立宪制（Constitutional Monarchies）政体的建立。

君主立宪制的建立，使君王的政治权力大多成为一种形式。作为绝对君权象征的法国宫廷文化，在英国失去了强大的政治基础，古典主义园林也势必随之遭到抛弃。

1722—1742年，沃波尔（Sir Robert Walpole, 1st Earl of Orford，1676—1745）担任乔治一世（George Ⅰ，1660—1727，1701—1727在位）和二世（George Ⅱ，1683—1760，1727—1760在位）的首相长达20年。为了实现本土的稳定与繁荣、外部的和平与安宁，沃波尔建立起以少数政客为核心的执政小圈子，并采取有利于富人的政策。一方面通过低税收体系保护了有钱人的财富；另一方面避免发生战争从而确保富人们的人身与财产安全。在沃波尔政府执政期间，英国社会处在一个稳定的发展时期。

17世纪的宗教狂热，曾使英国社会蒙受了巨大损失；18世纪后期的阶级斗争，也使英国社会一度动荡不安。因此在沃波尔执政的这个和平时期尽管十分短暂，但也足以让英国人感到欢欣鼓舞。

在宫廷方面，安妮女王（Queen Anne，1665—1714，1702—1707在位）之后即位的乔治一世出生在德国汉诺威，他不懂英语，喜欢在汉诺威生活，很少过问英国的国事。乔治二世虽然会说英语，但浓重的口音常常遭到英国漫画家的嘲笑。乔治二世对艺术缺乏兴趣，对治理英国国事的投入也很有限。

因此，英国18世纪的园林艺术已不再是君主和贵族阶层拥有的特权了。无论是辉格党人，还是托利党人，以及有文化的庄园主，都纷纷离开城市去乡间隐居，并耗费巨资整治庄园。那些资产阶级代表人物也在追求权力的同时，把过去供奢侈的贵族阶层享用的园林，作为自身崛起的象征；另外还有一些没落贵族通过与新兴资本家的联姻，一方面使贵族重新振作起来，另一方面帮助资本家获得庄园建设用地。像亨利·霍尔（Henry Hoare Ⅱ，1705—1785）这样的金融家们，也得以在乡村环境中建造庄园，满足他们追求理想风景的愿望。亨利·霍尔36岁时继承其父的斯图海德庄园（Stourhead Park，Wiltshire），随后运用丰富的想象力兴建了一个风景园林艺术杰作，也是英国自然风景园中最具代表性的作品之一。

贵族们的大型庄园不仅是身份和地位的象征，而且在某种程度上成为分散国王权力的中转站。有些贵族甚至在庄园中另立政府，与宫廷政府相抗衡。由于英国君主的统治地位远不如欧洲大陆国家那么牢固，因此英国受法国古典主义文化的影响，与欧洲大陆国家相比，也相对要小一些。

（3）民族主义艺术观

与哲学思想和政治体制方面表现出来的民族倾向相一致，18世纪的英国造园家们也在努力摆脱欧洲大陆的影响。他们不再以国外的园林作品为样板，转而寻求体现英国自身的园林特点。光荣革命之后，英国人的民族主义思想日益高涨，这对英国造园风格的转变也有较大的影响作用。在此之前，凡尔赛宫苑是英国人无法抗拒的造园样板。查理二世回到英国登基之后，雇用了一批法国造园家，负责圣詹姆斯园和汉普顿宫苑的修建工作。勒诺特尔本人则因凡尔赛建设工程而无暇他顾，所以未能来到英国指导造园。在威廉国王和玛丽王后统治时期，融入了荷兰人精细手法的绿色雕刻艺术，在英国园林中一度掀起了植物造型狂潮。直到18世纪初的安妮女王统治时期，规则式园林仍然深受英国人的喜爱。

在随后的汉诺威王朝统治时期，英国发生了巨大变化。语言上的障碍，极大地削弱了国王在英国的影响力，这一结果必然导致贵族们远离宫廷，不再追随宫廷的各种时尚，也不再模仿过去的园林形象。

因此，荷兰园林不再是英国人刻意追求的造园样板了；而法国园林的处境则更加糟糕，在英国人眼中成为代表暴君的艺术象征。英国人不仅在政治上要排斥法国人的统治地位，而且在艺术文化方面也要排斥法国人的领导地位，这就促使他们要在造园趣味上尽快地，而且是彻底地摆脱各种外来因素的制约作用。虽然意大利与荷兰的风景画还在一定程度上得到英国人的赏识，但是对于两国的园林和建筑，英国人同样采取了抵制的态度。在文化艺术上，英国本民族所具有的优于欧洲大陆国家的方方面面，都会令英国人欢呼雀跃。对于崇尚均衡与秩序的法国人来说，英国人的激情、好热闹甚至无纪律是难以接受的；相反，英国人强调自由和宽容的难能可贵，他们呼吁要将艺术才华留给法国人，而召唤属于英国本民族的天才，以及符合本民族的艺术规范。追求民族主义思想，也是18世纪英国园林出现变革的重要原因之一。

（4）社会经济的影响

17世纪，英国政治社会上的一系列动荡，以及引发的社会经济上的各种变化，也在一定程度上导致了造园艺术的彻底变革。尤其是17世纪后期，由于爆发内战以及王朝复辟后的残酷暴政，使英国的乡村和森林遭到了摧毁。到18世纪初，田野和森林亟待更新，混乱的农林业生产亟待重新组织。随后颁布了一系列有利于农业发展的法律和政策，使新型农业技术得到推广，阻止了土地生产力的进一步退化，并逐渐使英国的乡村风貌得到了改观。

但是在18世纪上半叶，英国的国土面貌还没有出现显著的变化。1750年之前，英国有关"圈地"方面的法律还不是很多，虽然出现了一些由栅栏围合的圈地取代了开放的田野，但是整体乡村风貌并没有很大的改观。此时的人们还无法预计英国的自然和社会结构未来发生的变化程度。1760年之后，英国有关圈地问题的法律和政策大量涌现，英国的乡村景观也随之出现了巨大变化。实际上，人们现在看到的英国乡村风貌是在1780年之后才逐渐形成的。

18世纪下半叶，大规模的圈地运动，使英国过去开阔的田野被分割成一块块各自封闭的田地，牲畜被放养在由栅栏围合的小型牧场上。由于各个农庄采取独立经营的模式，这就大大提高了农场主运用先进农业技术的积极性，改变了此前公共牧场管理粗放的经营方式。法律上的这一改变，深受大地主和富裕开发者的拥护，他们有充足的财力来提高土壤的肥力，并采用更加现代化的生产方式，最终也使他们的收益能够成倍增加。

大范围的圈地放牧，以及为保持土壤肥力而采用的牧草与农作物轮作制度，引起了18世纪英国农业制度的进一步变革，使英国的乡村风貌发生了巨大变化，逐渐形成由斑块状小树林、下沉式道路和独立小村庄组成的田园风光。乡村风貌的改观，又对那些厌倦了城市生活的权贵和富豪们产生了极大的吸引力，使得在乡村建造大型庄园的风气日盛，同时，乡村景观也对庄园中的园林风格变化产生了巨大的影响。

此外，出于航海以及争夺海上霸权的目的，需要大量的木材来建造船只和军舰；同时为了修缮遭到战争毁坏的房屋，也急需大量的木料和建材，从而造成英国木材的严重匮乏，林业生产亟待更新。18世纪起，英国开展了大规模的植树造林运动，而且为了使人工林地尽快成林并替代过去遭到砍伐的橡树林，人们甚至种植树龄达一二百年的成年大树。

不仅由于木料匮乏需要大量植树造林，而且正在兴起的大型庄园美化热潮也需要种植树木，这又导致了英国苗木供应的匮缺，为此英国人从海外引进了大量的外来树种。本土的苗木商们纷纷致力于外来树种的引进、繁育和推广工作，如欧洲七叶树、桑树、柏树、欧洲夹竹桃、黎巴嫩雪松等，包括现在人们习以为常的悬铃木、椴树、埃及无花果、美洲核桃等树种，都是当时从海外引种到英国的。英国人还从科西嘉岛、加拿大、佐治亚和新英格兰等地引进了各种松树，并从北欧和北美引进了冷杉和云杉等杉木，使得英国针叶树的种类也极大地丰富起来。针叶树种类的增加又大大丰富了植物的色调，改变了英国过去以酸性植物为主导的植物景观类型，使得植物景观的色彩变化更加和谐。大量的树种和丰富的色调，也使得英国园林师在种植设计方面游刃有余，他们在园林景观的构图中娴熟地运用各种植物，构成丰富多变的植物群落类型。

此时，在英国出现了一场真正意义上的园艺热潮，并且整个18世纪都长盛不衰，迷恋园艺的结果，必然影响到英国园林艺术的表现形式。18世纪的英国贵族们，喜欢在自己的庄园中隐居，享受莳花弄草的园艺乐趣，并借此来逃避社会政治生活中的枯燥乏味。

此外，英国的自然地貌以丘陵为主，如果要兴建以规模宏大、地形平缓、空间开阔和视野深远而见长的法式园林，势必要对自然地形进行大规模改造；英国多雨阴湿的气候条件也十分有利于树木花草的自然生长，如果要修建整形式园林，仅仅是植物整形工作就得耗费大量的劳动力。法式园林巨大的建造和养护费用，对英国人来说也是一个重要的制约因素。因此，英国人无论是在造园意愿上，还是在造园成本上，都要努力超越法式园林的限制。英国的贵族们希望以最少的造园投入，获得最佳的园林效果。为此，他们要整治河流与湖泊以活跃园林景观，用简洁的草坪代替昂贵的刺绣花坛，甚至希望用羊群来替代剪草机，所以人们看到庄园主们要在府邸周围都铺上草地。

（5）回归自然的思想

有关自然的主题，成为18世纪英国艺术家、诗人和文人们谈论的焦点，他们希望在乡村中再现属于自己的，并与自然和谐的环境，借以缓解社会和日常生活中的焦虑情绪，满足自己对美好生活的憧憬。那些身为诗人、哲学家或艺术家的庄园主们更加坚信，快乐生活就隐藏在自然之中。为了得到使心灵愉悦的风景，他们不惜耗费巨资对庄园重新进行整治。在启蒙运动的影响下，风景式造园成为阐释自然观念最为直接，同时也是最能令人感触到的艺术表现形式。因此，依据人们期待的理想形象，营造经过提炼的自然风景，成为这一时期英国造园的指导思想。

当时的许多政治家、作家和艺术家都在引述、介绍、阐释回归自然，或者说回归某种自然观念的思想。早在1685年，外交家和散文家威廉·坦普尔（William Temple，1628—1699）就发表了《论伊壁鸠鲁的花园》（Upon the Garden of Epicurus），认为中国艺术运用更自然和更自由的方式来表现美。"以前我只知道最好的花园样式都是规则式的；不知道还有完全不规则的式样，却比别的式样更美……我在某些地方看到，但更多是听到长期生活在中国的人说到这样的花园……在我们的花园中，建筑美和植物美主要体现在比例、对称或均衡方面；步道和树木彼此呼应并等距离地排成一排，中国人会蔑视这一种植方式……中国人运用巨大的想象力来营造最美的形象，并且极具视觉冲击力，但是毫无习以为常和显而易见的布置景物的秩序……从长袍精湛的刺绣上，或美妙的屏风、瓷器的绘画上，谁都能发现这种无秩序的美。"坦普尔以中国园林无秩序的美，来对抗规则式园林的秩序美，被后人誉为"英国自然风景式造园的先驱"。

1711年，政治家和哲学家沙夫茨伯里伯爵三世（Anthony Ashley Cooper Shaftesbury Ⅲ，1671—1713）也表达了他对过去那些司空见惯园林的厌倦之情，并倡导人们进行造园品味上的变革。他指责规则式园林违背了自然的秩序，因此是拙劣的及可笑的。自然曾经是完美无缺的，表现出神圣的秩序；艺术家应模仿神圣而完美的自然，改造经过人类破坏的自然状态，并回到自然最初的原始状态。沙夫茨伯里的观点与17世纪尼古拉·普桑（Nicdas Poussin，1594—1665）、克洛德·洛兰（Claude Lorrain，1600—1682）等风景画家的作品中表现出来的自然观相类似。

从18世纪初开始，规则式园林成为英国人抨击和嘲笑的对象。英国随笔作家、诗人约瑟夫·艾迪生曾在《闲谈者》（Tatler）杂志上写道，罗马乡村风景画描绘的广袤的圆形剧场般的平原和弯曲的河流，是寄托自由梦想的理想之地（Tatler，1710，第161期），表现出逃避现实的愿望。1712年，艾迪生在自己创办的《旁观者》（Spectator）杂志第412期上，发表了一篇不乏幽默却充满教诲意义的文章，再次颂扬了洛兰风景画所表现的自然，并希望改变人们的造园趣味："在我的住宅周围，有几英亩土地，我还不能称其为花园，即便是经验再丰富的园林师也不知该叫它什么，因为它像厨房一样混乱，花坛、果园和花圃相互混杂。如果不了解我们国家又是初次来访的外国人，一进到我的园子，还以为是一片天然的荒地呢，是我们国家未经开垦的土地呢。"

艾迪生其实是以幽默的语言，强调了多样性、杂乱化及混合性园林的魅力。随后，他又拾起沙夫茨伯里的观点，批评法国与荷兰园林的人工化和僵化，并含蓄地劝导人们放弃人工性的规则式园林。他责问："为什么不能将常见植物构成的花园引入整个庄园呢？人类应该营建属于自己的美妙风景。"他还向人们描绘了不规则式园林的巨大魅力。为此他进一步说明："花园中有块地方生长着繁茂的花卉"，外人进入园中"会惊喜地看到由数千朵各色花卉组成的几个大花圃"。实际上，艾迪生的主要观点就是要营造自由奔放而且无拘无束的花园。"……植物应不规则地种植，要尽可能像自然那样荒野"。他还将自然与人工、简洁粗放与丰富精致的造园观点对立起来："我始终认为，一个厨房式花园的视觉效果比精致的柑橘园或人工温室更能令人愉快。"虽然艾迪生提倡的花园与将要出现的英国式园林风格并不相符，甚至有点像寺院庭园里的花圃，只不过尺度更大一些而已。但是艾迪生提出的造园观点，却成为风景式园林理论重要的美学原则。

1713年9月29日，诗人亚历山大·波普（Alex-ander Pope，1688—1744）在《卫报》上继承艾迪生有关自然的观点，向世人发出了著名的呼吁："首先要追随自然"，并讥讽当时还很盛行的绿色雕刻艺术热潮，猛烈抨击园中充斥着绿色雕刻的外来设计手法。

随后，波普在给伯林顿伯爵三世（Richard Boyle，3rd Earl of Burlington，1694—1753）的诗信中再次提到："无论如何不能忘却自然"，并发出了要解放自然的呼吁。到1731年波普写给伯灵顿的第四封诗信中，他又抨击了完全对称布置的花园缺少了神秘感。

社会名流与文化巨匠具有极大的社会影响力，他们的呼吁，对园林艺术的变革，起到了巨大的推动作用。

诗人威廉·梅森（William Mason，1724—1797）在《英国园林》（The English Garden，1772—1783）一书的开头中写道："为你，神圣的简洁！"他提出：要以流畅的线型与和谐的不对称手法，取代规则式园林的对称与直线；要以简洁的草坪、树丛和蜿蜒的小径，代替严谨的花坛和林荫大道；要追求瀑布、蜿蜒的河流或平静的湖泊等自由水体所产生的幻觉，代替人工性泉池的奢华与张扬。他最后强调：园林最重要的是回归自然，而不仅仅是住宅的附属部分。为此，梅森认为，不应将人工性延伸到自然，并以人力统治自然，而是要让自然包围我们的住所；不应再远离、征服、控制、组织自然，而是要亲近美妙的自然，并使自然回归到裸露而不加修饰的、田园牧歌般的、充满魅力并令人欣喜的状态。

在回归自然的思潮影响下，人们希望在乡村中，再现与大地的精神相和谐的风景，营造出纯洁的、能缓解人们焦虑情绪的环境，尽可能接近"天堂"的形象。人们认为幸福就蕴藏在自然的景观结构之中；为了更有把握地找到能够让灵魂愉悦的景色，人们重新塑造风景，以满足诗人、哲学家或艺术家的想象力。风景式园林为人们阐释自然观念提供了更为直接的例子。在整个18世纪当中，营造一些可供人们在园中构建一个自我小世界的园林，是人们心目中期盼的形象。

（6）追求更大的自由

从18世纪起，英国有关哲学和美学方面的论文大量涌现。自由是18世纪另一个伟大发明。原本属于造型艺术与文化范畴的造园活动，此时在英国已成为一种"特殊的自由意识的体现"。尤其是在18世纪初，英国经过未流血的革命，建立了议会制度，并分散了君主的权力之后，人们更加认识到自由的伟大意义。英国也成为世界上第一个能够让人们感受到自由气息的国度。

英国政体从君主制和平过渡到君主立宪制，几乎是一个自然而然的变化过程；然而在园林艺术的变革方面，却出现了翻天覆地的变化。英国造园家不再遵循以城堡为核心向四周辐射，并以轴线控制风景，以及在绿篱镶边的台地上点缀着雕像，装饰以图案复杂的刺绣花坛等平面构图原则；也不再坚持以笔直的园路或运河切割矩形平面，或以人工性的空间构建园林边界的造园手法；同时以行道树或整形绿墙夹峙的林荫道，构成漫长透视线，以城堡为中心向四周辐射，一直伸向远方地平线上，并以雕像、拱券或方尖碑作为视觉焦点的手法，同样遭到了英国人的抛弃；水体既不再引向规则式泉池，也不再约束成像查兹沃斯园中那样垂直喷射，或逐级跌落的人工性喷泉；不仅如此，自古以来就神圣不可侵犯的对称原则，最终也遭到了英国人的批判。

实际上，法国古典主义园林是将建筑形式引入自然，要营造一座没有屋顶的厅堂，为热衷于上流社会生活的贵族和骑士们提供了一个适宜交往的空间；植物其实是作为建筑材料来运用的，刺绣花坛则与奢华的厅堂中华丽的地毯相呼应。但是，这种生活方式与18世纪英国人所追求的无拘无束的生活时尚有着很大的不同，这必然导致园林风格发生变革。

（7）视野观念的扩大

在规则式造园时期，英国的大型园林四周都设有高大的围墙。它具有多种功能：①使园主在家中具有归属感；②限定整形式园林的范围；③区分庄园与周围的乡村；④遮掩园外荒凉凌乱的自然景观；⑤防止牲畜进入园中造成破坏。中型园林也有用绿篱、栅栏等围栏作围护的，但是以围墙为主。那些大型园林中的绿墙有时高达数米，如凡尔赛宫苑中由鹅耳枥修剪整齐的绿墙，完全遮住了宽阔的林荫大道两侧的视线。就像波普所说："无论从哪个方向看过去，都有身处绿墙背后的感觉"。实际上，这些整齐的绿篱和绿墙，在规则式园林中是完美的统一体，它们在园林的建造和养护中，都起到非常重要的参照物的作用。阿尔让维尔在《造园的理论与实践》一书中，运用大量的实例来说明各种装饰性绿墙的营建方法，并建议采用榆树、鹅耳枥等作为绿墙的材料，因为这些树木的叶片干枯后还残留在枝条上，做成的绿墙景观效果持续的时间更长。在法式园林中，常以绿色栅栏，取代16世纪意大利园林中用植物覆盖的拱形凉棚，或长条形廊架。在园林中各种形式绿墙的功能，一是分隔出附属于住宅的封闭性庭园；二是形成建筑式园林构图，将无拘无束的自然排斥在花园之外。

荷兰画家穆谢荣（Isaac Moucheron, 1667—1744）描绘乌特勒支省（Utrecht）黑姆斯泰德园（Heemsted）的水彩画中有用树木做围栏的例子。该园建于1680年之后，借鉴了巴黎杜勒里花园的做法，围绕中轴线布置一些彼此独立的小庭园，并以厚实的绿墙、树障和河堤，分隔出园林和乡村。高大整齐的绿墙与铸铁栅栏、石头柱式等建筑元素相间布置，并以植物修剪成的壁龛为结束。布置在城堡附近的花园完全被绿墙所围绕，形成封闭的庭园，非人工化的自然难以渗透进来。从这个实例中，能很好地理解绿墙的重要作用，以及围合出的空间的封闭程度。

到了18世纪初，人们纷纷抛弃类似寺院庭园的封闭性小花园，转而寻求在法式园林中，精心布置在中轴线上的开阔的全景和无际的地平线。要想充分接纳自然，并将自然引入园林之中，首先就必须推倒包围着园林的高大围墙，让四周乡村中的树林、湖泊、教堂、遗迹和牛羊等进到庄园中来，与园主一道分享田园生活的乐趣。如果有必要的话，园主们也情愿花费更大的代价，拆除有碍观瞻或遮挡视线的村庄，并在庄园中视野之外的远方再造一座村庄。如1699年范布勒（John Vanbrugh, 1664—1726）在约克郡建造霍华德庄园时，查理·霍华德（Charles Howard, 3rd Earl of Carlisle, 1669—1738）就将城堡前方的小村庄"搬"到其他地方去了，并形成一片广袤的缓坡草地、树林和湖泊风景。在这片辽阔的场地上，唯有范布勒建造的"四风亭"和建筑师霍克斯穆尔（Nicholas Hawksmoor, 1661—1736）建造的纪念堂等几座大型园林建筑，起到控制风景的作用，一眼望过去是一派空旷的田园风光。

既要拆除园林的围墙，又要防止牲畜进入园中或过分接近住所，同时也不希望在庄园与乡村化的自然之间出现视觉上的障碍，人们便运用称为"哈-哈"（Ha-Ha Wall）的界沟来替代围墙，也就是带有墙体或篱笆的壕沟，法国人更加形象地称之为"狼沟"（Saut-de-Loup）。英国著名园林史学家霍拉斯·沃波尔（Horace Walpole, 1717—1797）将这个有如神来之笔的处理手法，看作是对规则式园林的"致命一击"，因为它使得造园家的眼界前所未有地扩大了。他注意到"肯特越过围栏，发现整个自然就是一座园林"。这就为英国园林中的林园进入花园，并最终取消花园进行了铺垫。由于沃波尔的这个评论非常经典而且流传很广，以至于人们常常错误地认为是肯特发明了"哈-哈"。学者们大多认为布里奇曼（Charles Bridgeman, 1690—1738）是"哈-哈"的原创者，并由斯威泽尔推荐给范布勒（《乡野平面图法》，*Ichnographia Rustica*, 1718）。实际上，界沟的做法很有可能借鉴了法国军事工程师沃邦（Sebastien le Prestre de Vauban, 1633—1707）修筑堡垒的工程做法，从1667—1688年的10多年间，他把法国变成了一个堡垒之国。另外，小芒萨尔在兴建大特里阿农时，也运用法国式界沟作为庄园的围护体系。

从1709年起，阿尔让维尔就在《造园的理论与实践》一书中介绍了界沟的运用方法，通常是将壕沟与围墙相结合，布置在园路的尽头，围墙上还开辟窗洞，可以望见园外景色。这种布置在游人脚下的壕沟式围栏，其实与英国的"哈-哈"如出一辙，只是叫法不同而已。利用围墙上开辟的漏窗，可以有选择地借取墙外乡村风景的片断，就像一幅图画那样将自然景观纳入咫尺之中，形成有趣的画面。阿尔让维尔解释道：当游人走到园路尽头时，才会突然发现眼皮底下的壕沟，由于大大出乎意料，大家都会情不自禁地发出"哈-哈"的惊喜声，界沟因此而得名"哈-哈"。但是也有学者强调指出：阿尔让维尔将界沟布置在园路尽头的建议，尤其是采用溪流或运河形式的界沟时，实际阻挡了人们的前进方向，因而也限制了界沟的广泛运用。萨科尔博士（Christopher Thacker）在《园林史》（The History of Gardens，1985）一书中指出，第一个最接近"哈-哈"的实例，是在白金汉郡的西尔斯顿庄园（Hillesdown Hause），1664年修建的防御工事包围了整个花园，在园中视线能够越过防御工事，看见远处的乡村；相反，在西维贡伯（West Wycombe）、锡戎（Syon）或维克斯（Wakes）等园中，将壁龛、铁链和花钵等小品与"哈-哈"相结合的手法，其实违背了运用"哈-哈"的初衷。

直到17世纪，模仿军用防御工事而筑造的界沟，大多还是为了遮挡视线，避免园外不和谐的景物干扰园林景色。考古学家斯图克利（William Stukeley，1687—1765）曾经走遍了英国的乡村，寻找有价值的遗迹，他记述了1712年布伦海姆园（Blenheim Palace Park，Oxfordshire）中，正在兴建类似"哈-哈"的构筑物时的情况，当时还没有出现"哈-哈"这个名称："花园……虽然已经与林园分隔开，但是彼此在视觉上还是一体的，外墙下开挖的壕沟，使人们还能望见四周景色，并清除了视野中有碍观瞻和遮挡视线的败景。"此外，布里奇曼1713年在斯陀园建造的"哈-哈"也保存至今。优秀的"哈-哈"实例，还有牛津郡（Oxfordshire）的卢沙姆园（Rousham）、维特郡（Wiltshire）的波伍德园（Bowood）、罕布夏郡（Hampshire）的摩提斯封修道院（Mottisfont Abbey）庭园，以及18世纪末，在格洛斯特郡（Gloucestershire）兴建的塞辛柯特园（Sezincote）。

到18世纪，"哈-哈"的主要功能，一方面是使园林融入四周风景，另一方面"哈-哈"本身成为园林与风景之间的统一者与协调者。在此之前，后者仅仅是作为"哈-哈"的附加功能出现的，或者像阿尔让维尔介绍的那样，只是园中功能非常有限的一个局部。因此，"哈-哈"真正的功绩，在于使人们的兴奋点转向园外开阔的自然风景。就此而言，它如同17世纪发明的望远镜一样，使人们能够观察到遥远的太空，结果扩大了人类的视野。洛克在《人类理智论》（Essay Concerning Human Understanding，1690）中认为，"一切知识基于和仅来自感觉……或感知"，也就是说人的想法，来自人开始产生新概念的那一刻。因此，视觉世界也是人们想象力的实验地，通过解读自然之谜，就能够理解并再现自然创造者的伟大与智慧。18世纪初的英国人坚信，园林艺术实际上是有关自然的美学、哲学和宗教思想的艺术表现形式，并且认为这是人类崭新的，而且是不容置疑的收获。

（8）文学绘画的影响

尽管政治家、哲学家和文学家的广泛呼吁，为园林艺术的变革起到了积极的推动作用，但是阅历丰富、知识面广的造园家，才是产生风景式园林杰作的根本保证。英国的造园家都曾在法国和意大利学习、居住或旅行过一段时间，对典型的西方艺术有着浓厚的兴趣。17世纪法国和意大利风景画家的作品深受英国人的喜爱，大量描绘罗马乡村的作品被介绍到英国。法国风景画家洛兰、尼古拉·普桑、意大利画家加斯帕尔·普桑（Guaspre Poussin，1615—1675），以及萨尔瓦多·罗萨（Salvador Rosa，1615—1673）等人创作的风景画，成为英国诗人和造园家学习的楷模。1712年起，威廉·肯特（William Kent，1686—1748）在罗马学习并受益匪浅，他在那里遇见了温特沃斯（Sir William Wentworth，4th Bart of Bretton，1686—1763）、马辛伯德（Burrell Massingberd，1666—？）和切斯特（Sir John Chester）等人，后来都成为他的重要客户；尤其是1716年，他在罗马结识了著名的建筑和艺术支持者伯林顿伯爵三世，并在其影响下于1719年回到伦敦，因此才有机会与布里奇曼、范布勒、兰斯洛特·布朗（Lancelot Brown，1715—1783）和詹姆斯·吉布斯（James Gibbs，1682—1754）等人一起，成为英国18世纪上半叶最重要的造园家。肯特曾以罗萨的风景画为蓝本，设计了白金汉郡的斯陀园；不仅如此，肯特还受到罗萨艺术思想的深刻影响，甚至在肯辛顿（Kensington）花园中种植了几株枯树。

诗歌与绘画的相互结合与补充，给英国的造园家们以巨大的创作灵感。沃波尔认为：弥尔顿在《失乐园》中描写的伊甸园，后来成为利特尔顿的海格利园，以及小亨利在维特郡（Wiltshine）的斯图海德园（Stourhead Park）最初的造园蓝本。斯陀园、海格利园和斯图海德园都是英国18世纪最重要的风景式园林作品。在沃波尔看来，诗人弥尔顿和画家洛兰才是英国风景式造园运动真正的启蒙者；园林也因此成为艺术与自然之间巧妙的协调者。造园的目的不是简单地整治自然，而是要创造出美学与伦理相结合的理想美，就像沙夫茨伯里在《卫道士》（The Moraliste，1710）一书中所提出的那样，应体现美与善的完美结合。

许多文人不仅是园林艺术理论变革的倡导者，也是积极进行新型园林艺术实践的先行者。他们纷纷在自己的住所或庄园建造自然式园林，极大地推动了自然风景式园林的产生。如威廉·坦普尔曾设计了莫尔园（Moor Park）的花坛；艾迪生在比尔顿园（Bilton）、波普在威根海姆园（Twickenham）运用自己的理论指导造园实践。此后，诗人申斯通（William Shenstone，1714—1763）在家乡乌斯特郡的里骚斯（Leasowes）亲自造园；政治家利特尔顿（George Lyttelton，1st Baron Lyttelton，1709—1773）在海格利主持造园工程。霍拉斯·沃波尔在斯托伯利山（Strawberry Hill）的新哥特式庄园中写下了《现代造园论》（Essay On Modern Gardening，1771）。此外，自然诗《四季》（The Seasons，1730）的作者汤姆逊（James Thomson，1700—1748）、格雷（Thomas Gray，1716—1771）等人在利特尔顿主持造园时提出了很多有益的建议和意见；威廉·梅森（William Mason，1724—1797）为海库尔特（Lord Harcourt）在侬汉姆（Nuneham Courtenay）建造了花圃园，后来还出版了《英国园林》一书，用于指导园林爱好者造园，提醒人们要避免在造园趣味上出现失误。

这一时期，造园成为深受人们关注的社会现象和交谈的话题。不仅文人们，而且造园家也发表了大量的论著，帮助人们正确理解园林艺术，努力将园林提高到与绘画、建筑或雕塑同等重要的地位。斯威泽尔1715年出版的《贵族、绅士和园林师的娱乐》（The Nobleman's，Gentleman's，and Gardener's Recreation）一书获得了巨大的成功；三年后又出版了《乡野平面图法》（1718），丰富了前一本书的内容。1728年贝蒂·兰利（Batty Langley，1696—1751）出版了为园林爱好者写作的《造园新原则》（New Principles on Gardening）；1770年惠特利（Thomas Whately，1726—1772）出版了《现代造园图解》（Observations on Modern Gardening Illustrated by Descriptions）。在18世纪的英国著名造园家当中，只有布朗没有留下有关园林的论著。

作家格雷夫斯（Richard Graves，1715—1804）在他的小说中，运用了大量的篇幅描绘当时那些园林的情况。在《堂吉诃德的精神》（Spiritual Quixote，1773）和《居士的苦恼》（Columella, or, the Distressed Anchoret，1779）中，他对当时引起贵族阶层狂热的园林艺术，作出了十分中肯的评价。格雷夫斯与申斯通交往颇深，曾对后者在里骚斯"美化的庄园"中兴建的风景式园林的含意做了恰如其分的评价，并因此而成为关于18世纪造园这一社会现象最好的评论家之一。他以生动细腻的语言描写了这一艺术现象，重点论述了风景式园林浪潮席卷英国的原因。格雷夫斯不像许多理论家那样夸夸其谈，而是善于像造园家那样阐述丰富的造园经验。申斯通后来在里骚斯造园时，也欣然接受了格雷夫斯的建议和称赞。从格雷夫斯描绘的著名园林的文学作品中，人们可以了解到许多园林作品当时的状况，从而了解到它们后来的改建情况。如斯图海德园当时还没有非常迷人的、在"五旬节"（5月20日前后）期间怒放的杜鹃花丛；还有一些园子后来因艺术潮流的变化而被抛弃了，重新回到原来的自然荒芜状态，如申斯通在里骚斯建造的园子，格雷夫斯的描写十分翔实而细致。

在后来的布朗造园时代，英国园林艺术又发生了很大的变化，使人们的园林趣味趋向一致。因此格雷夫斯对当时园林作品评论与欣赏相结合的描写，使现代人能够了解到当时的造园观点以及对园林的评判。格雷夫斯的见证对于18世纪的英国风景与园林的研究是十分珍贵的参考文献。

5.5.2 自然风景园的发展

英国自然风景式园林产生于18世纪初期，到18世纪中期几近成熟，并在随后的百余年间成为领导欧洲造园潮流的新样式。就英国自然风景园的发展而言，从18世纪初到19世纪中期，大致可以分为五个阶段，每个阶段又有各自的代表性人物和作品，包括园林理论家、园林师及其代表著作和代表作品。到了19世纪后期，欧洲的造园风格出现了一些转变，又有一些新思潮和新观念。

（1）不规则造园时期

不规则造园（Irregular Gardening）时期包括18世纪前20年。此时，由于艺术中流行洛可可风格，因此又称作洛可可园林时期。

不规则造园阶段其实也是自然式园林的孕育时期，它是许多英国哲学家、思想家、诗人和园林理论家共同努力的结果，并由造园师在实践中加以运用。

沙夫茨伯里伯爵三世的思想是英国造园新思潮产生的重要支柱，他也是最早对自然风景园的产生形成直接影响的理论家。受柏拉图主义的影响，他认为人们对于未经人类玷污的自然有一种崇高的爱，与规则式园林的景色相比，自然风景要美得多。即便是皇家园林中人工创造的美景，也难以同大自然中粗糙的岩石、布满青苔的洞穴和瀑布的魅力相比拟。沙夫茨伯里伯爵三世的自然观，对英国以及法、意等国的思想界，都有巨大的影响，并且更加难能可贵的是，他将对自然美的歌颂与对园林的欣赏和评论相结合，更有利于造园趣味和样式的变革。

约瑟夫·艾迪生1712年发表了《论庭园的愉悦》（*An Essay on the Pleasure of the Garden*），认为大自然的雄伟壮观是造园所难以企及的，由此引伸出园林越接近自然则越美的观点：只有与自然融为一体，园林才能获得最完美的效果。艾迪生批评英国的造园趣味不是力求与自然的融合，而是采取了远离自然的态度。他赞赏埃斯特庄园中任由丝杉自由生长而不加修剪的景色，由此可见艾迪生对于园林自然美的认识。艾迪生提出的造园应以自然作为理想目标的观点，为自然风景园在英国的兴起打下了坚实的理论基础。

18世纪初期的造园家对原有的英国园林十分熟悉，他们一方面沿用传统的造园手法，同时又积极追随思想家和理论家的造园观点，热衷于改造旧园子和建造新园林。其中斯蒂芬·斯威泽尔和贝蒂·兰利是率先响应艾迪生有关自然的造园理论的实践者。斯威泽尔早年追随伦敦和怀斯学习造园，1715年出版的《贵族、绅士及园林师的娱乐》，被看作是为规则式园林敲响的丧钟。他批评英国园林中过分人工化的做法，抨击植物整形修剪和几何式小花坛；尤其令他反感的是将四周包围起来的几何形小块园地。在斯威泽尔看来，最重要的造园要素应该是大片的树林、起伏的草地、潺潺的流水和林荫下的小径。

1728年，兰利在《造园的新原则，或花坛设计与种植》中，提出了有关造园的28条方针，如在建筑物前要有美丽的草坪空间并饰以雕塑，周围是呈行列式种植的树木；园路的尽头要有树林、岩石、峭壁和遗迹，或以大型建筑作为端点；花坛中绝不能有整形修剪的常绿树；草坪上的花坛不应用绿篱镶边，也不宜用模纹花坛；所有的园子都应具有宏伟开阔的特点，体现出一种自然之美；在景色欠佳之处，可用土丘、山谷作为障景以弥补其不足；园路的交叉路口可设置雕塑等。虽然兰利的观点距离风景式园林还很遥远，但毕竟从过去严谨的规则式园林中迈出了不规则化的一大步。

18世纪初期,英国风景式园林还在孕育之中,范布勒和布里奇曼的观点及作品对它的诞生起到了不可低估的推动作用。范布勒的作品在霍华德庄园(Castle Howard Gardens, Yorkshire)和布伦海姆宫苑(Blenheim Palace Park, Oxfordshire)现在还有迹可寻。霍华德庄园中保留至今的一些树丛和整体布局,表明了设计师有意识地摆脱几何对称式造园的努力。规则式造园家从建筑的角度来考虑园林布局,把园林当作建筑空间的延伸;而范布勒已开始从风景画的角度出发来考虑园林造景了,这就跳出了古典主义园林划定的圈子,是具有本质意义的观念革新。

布里奇曼早年曾从事宫廷园林的管理工作,是乔治·伦敦和亨利·怀斯的继任者。他与斯威泽尔一样,也是艾迪生和波普造园思想的追随者,并积极尝试造园手法上的革新,成为自然风景式园林的开创者之一,在实践方面留下了一些园林作品,其中最著名的就是斯陀园(Stowe)了。虽然布里奇曼尚未完全摆脱规则式园林布局的影响,但是已经从对称原则的束缚中解脱出来了。他首次在园中运用了非行列式、不对称的植树方式,抛弃了当时还很盛行的绿色雕刻。斯陀园作为当时整形式园林向自然式过渡的代表作品,被称为不规则式园林。

布里奇曼首创的界沟,使得园林与周围的自然或乡村景色连成一片,在视觉上园林内外毫无阻隔之感,将园外的山丘、田野、树林、牧场,甚至羊群等借入园中,从而扩大了园林的空间感。此外,布里奇曼还善于利用园中原有的植物或设施,并不是一概摒弃。他设计的不规则园路也得到当时人们的称赞。1724年,大臣宾塞·珀西瓦尔(Spencer Perceval, 1762—1812)在游历了斯陀园之后,认为园路设计之巧妙,使得斯陀园给人的感觉要比实际面积大三倍,28hm²的园子(当时还没有向东扩展)需要两小时才能游遍。可见布里奇曼在扩大园林空间感方面是下了很大工夫的,这对于看惯了规则式园林的英国人来说,无疑有

着耳目一新的感受。

霍拉斯·沃波尔是当时著名的文人、美术收藏家与鉴赏家,在建筑和园林方面造诣颇深。1770年,他在著作《现代造园论》中对布里奇曼首创的界沟作了很高的评价。沃波尔曾在自己的住处造园,园中有田野和树林,并得到当时人们的好评。

虽然范布勒和布里奇曼的作品与古典主义园林相比已经有了较大突破,但还远远谈不上自然式园林,只不过是在整体几何形布局的框架下搞一点变化,设置如波浪般扭曲的小径。但是,由他们开创的那些不规则造园手法和要素,为真正风景式园林的出现开辟了道路。因此,不规则造园阶段才被看作是自然风景式造园时期的前奏。

(2)自然式风景园时期

18世纪30年代末到50年代,是自然风景园真正形成的时期,最重要的造园理论家是亚历山大·波普,最活跃的造园家是威廉·肯特。

亚历山大·波普是18世纪前期著名的讽刺诗人,曾翻译过《荷马史诗》。自1719年起,他在泰晤士河畔的威肯汉姆(Twickenham, London)别墅居住,在此招待名流,以文会友,并整治花园。此间,他发表了一些有关建筑和园林审美观的文章。在《论绿色雕塑》(*Essay on Verdant Sculpture*)一文中,他对植物造型艺术进行了深刻的批评,认为应该唾弃这种违背自然的做法,而且这种技艺在古罗马已具有很高水准,并非英国人的发明创造。波普在诗中发出了他那著名的呐喊:"总之,让自然永远不被忘却。"他对中国文化艺术也有着强烈的兴趣,并在作品中提到过孔子和长城。由于波普的社会地位及在知识界的知名度,使其造园应立足于自然的观点有着巨大的影响力,有力地促进了英国自然风景园的形成。

威廉·肯特早年在罗马学习,他在伯林顿伯爵的影响下回国后,先是负责伯爵宅邸的装饰工作。肯特作为一位建筑师、室内设计师和画家,为肯辛顿宫做过室内装饰,以后成为皇室的肖像画家,同时也从事造园工作,是艾迪生和波普自然造园思想的实践者。肯特的设计比布里奇曼更进了一步,开始真正摆脱规则式造园的影响。

肯特后来对斯陀园进行了全面的改造。他十分欣赏布里奇曼在园中运用的界沟，并进一步将直线形的界沟改成曲线形的水沟，同时将水沟旁的行列式种植改造成自然植物群落，使水沟与园林周围的自然风景更好地融合在一起。府邸前方原有的八角形水池也被肯特改造成轮廓自然的池塘。这些在当时都是极富开创性的举措，因而得到了人们的高度评价。

肯特是一位善于从不完善的体系中发现问题，并最终将体系完善化的天才。虽然他初期的作品尚未完全摆脱布里奇曼的手法，可是不久就完全脱离了旧的造园模式，彻底抛弃了规则式园林的观点与手法，成为真正的自然式风景园林的创始人。肯特的作品摈弃了绿篱、笔直的园路、行列树和喷泉等规则式造园要素，他的名言就是"自然厌恶直线"。肯特以洛兰、普桑等人的风景画为蓝本，并十分重视富有野趣的自然风景的营造。他擅长以十分细腻的手法来处理地形，经他设计的山坡和谷地起伏舒缓、错落有致，令人难以觉察人工雕琢的痕迹。同时他还非常欣赏树冠开展、树姿优雅的孤植树和小树丛。肯特认为自然风景园的和谐与优美，是整形式园林所无法体现的，他的造园核心思想就是要完全模仿自然并再现自然，模仿得越像越好。

肯特的造园思想，对自然风景园的产生和兴起具有极为深刻的影响，他的造园手法也成为后世造园家的楷模。他本人也留下了一些园林和建筑作品，除斯陀园之外，还有牛津郊外的卢谢姆宅园（Rousham House, Oxfordshire），这里还有古典风格的小建筑、雕像和瀑布，以及 $12hm^2$ 的自然式的树林。斯图海德公园（Stourhead Park, Wiltshire）中的纪念塔和邱园（Kew Gardens, London）中的邱宫（Kew House）也是肯特的作品。

肯特在造园中还喜欢运用各种小型建筑，赋予园林浓厚的哲理和文化气息，但是常常因园中的小建筑太多，导致园林整体显得有些杂乱。在他设计的斯陀园中，至少有 38 座小型建筑，而且式样和风格多变，为此也受到当时很多理论家和造园家的批评，其中包括法国著名的思想家卢梭。

实际上，肯特在风景园中运用小建筑，营造文化氛围的手法，既受到风景画家的影响，也为后世绘画式风景园的出现做了铺垫。

在肯特活跃的造园时期，英国的庄园美化运动形成了一股热潮，许多庄园主也因此而成为水平很高的造园爱好者或理论家，其中的代表人物有诗人申斯通。从 18 世纪 40 年代起，他就着手将自己的里骚斯庄园（Leasowes, Halesowen）整治成一座大园林，并成为 18 世纪中叶英国造园艺术的中心。申斯通的许多朋友都曾慕名来里骚斯庄园参观学习，其中有一些是英国文化史上举足轻重的人物。这些园林艺术爱好者在理论与实践上相互切磋，不仅促进了造园艺术的进步，而且扩大了自然风景园在英国的影响。申斯通本人的著作《造园艺术断想》（*Unconcerted Thoughts of Gardening*）对 18 世纪上半叶的英国园林艺术进行了总结，对英国自然风景园的发展具有深远的影响。

（3）牧场式风景园时期

在肯特造园时期，英国有关圈地方面的法律还不是很多，虽然出现了一些由栅栏围合的圈地，取代了开放的田野，但是乡村风貌并没有很大改观，国土面貌也没有出现显著变化。因此，风景画家描绘的自然和田园风光，以及英国本土还很荒野的自然和乡村风貌，成为肯特等造园家的造园蓝本。

1760 年之后，英国自然乡村风貌的改观，对那些厌倦了城市生活的权贵和富豪们产生极大的吸引力，使得在乡村建造大型庄园的风气更加兴盛。同时，自然山河与乡村景观的改善，也对庄园中的园林风格产生了巨大的影响，造园家们开始以牧场化的乡村风貌作为造园蓝本。

从 1760—1780 年的这个时期，是英国庄园园林化的大发展时期，也是英国自然风景式造园的成熟时期。这一时期的代表人物是造园家朗斯洛特·布朗，他的作品标志着自然风景式园林的成熟，他本人也被誉为"自然风景式造园之王"，在造园史中的地位不亚于"规则式造园之王"勒诺特尔。

布朗早年学习蔬菜园艺，后来到伦敦改学建

筑，再转而从事造园。起初他跟随肯特在斯陀园从事一些低微的设计工作，直到1741年被任命为首席造园师。1748年肯特去世后，布朗全面负责斯陀园的整治工作，直至1751年才离去，成为斯陀园的最终完成者。斯陀园中"古代道德庙宇"（Temple of Ancient Virtue）、"友谊殿"（Temple of Friendship）和帕拉第奥桥周围的景色，都是经布朗改造后才形成的。布朗还曾担任过格拉夫顿公爵的首席造园师，并因其在水景处理方面显示了出众的才能，受到公爵的欣赏。加上斯陀园主科布汉姆子爵（Richard Temple，1675—1749）的推荐，后来担任汉普顿宫苑的宫廷造园师，他当年栽种的一棵葡萄还保留至今。

布朗成名的时代，正是英国风景式造园最为兴盛之际，过去那些规则的皇家宫苑和贵族花园，为了迎合潮流纷纷要改造成自然式园林，布朗因此成为时代的宠儿。在他从事造园的40年当中，经他设计建造或参与改造的风景式园林有200多处。主要作品有布伦海姆宫风景园，斯陀园、查兹沃斯园（Chatsworth House, Derbyshire）和克鲁姆府邸花园（Croome Court）等，前三个都是旧园改建项目。不仅如此，布朗对任何立地条件下建造风景园都表现得很有把握，他常对客户说的一句话就是："It had great capabilities"，意思是说"有很大的潜力"成为风景园林杰作，为此人送绰号"潜能布朗"（Capability Brown）。

布朗是第一位经过专业训练的职业造园家，他的造园手法基本上延续了肯特造园风格。但是，他对田园文学和风景绘画中表现出来的古典式风景兴趣不大，相反对自然要素直接产生的情感效果兴趣浓厚，在平淡中处处显示出高雅悠远的园林意境；他也较少追求风景式园林的象征意义，而是追求辽阔深远的风景构图，并在追求变化和自然野趣之间寻找平衡点。他对园中建筑要素的运用十分谨慎，不像肯特那样在园中建造许多小型建筑。

布朗彻底抛弃了规则式造园手法，完全消除了花园和林园的区别，认为自然风景园应该与周围的自然风景毫无过渡地融合在一起。庄园的主入口通道不再是正对府邸大门的笔直的大道，而是采用弧形巨大的园路与建筑相切。他充分利用自然起伏的地形，以大片缓和的疏林草地作为风景园林的主体，而且要将"草地铺到门前"，在巴洛克或帕拉第奥式府邸建筑面前，展示一道亮丽的自然风景。

布朗擅长处理园林中的水景，他所创建的风景，总是以蜿蜒的蛇形湖面和非常自然的护岸而独具特色。布朗的成名作就是为格拉夫顿公爵奥古斯都·菲茨·罗伊（Augustus Fitz Roy，1735—1811）设计的自然式水池，以后又在布伦海姆宫苑改建中大显身手。此园原是亨利·怀斯在18世纪初建造的勒诺特尔式园林，后来经布朗改造成自然风景园，成为他最有影响的作品之一，并形成他改造规则式花园林的惯用手法：首先要拆除围墙，采用界沟的手法形成庄园边界，在此方面，他比布里奇曼和肯特更加得心应手；然后将规则式台地恢复成自然的缓坡草地，将规则式水池和水渠恢复成自然式护岸，并利用水渠上游的堤坝营造自然式瀑布；再在河湖岸边设置线形流畅、曲线平缓的蛇行路。

在植物种植方面，布朗借鉴了肯特和申斯通处理成片树丛的手法，巨大的树团与开敞的草地相得益彰，并形成从草地、孤植树、树丛到树林的自然层次变化。

在造园风格上，布朗追求极度纯净的园林景色，甚至不惜为此而牺牲功能。在他设计的园林中，庄园内外视力所及的范围内，不允许有村庄、农舍等影响景观的不和谐之物，为此一些园主不得不花费巨大代价，搬迁原有的农舍村庄。他也不允许在府邸旁边有菜园、杂物院、仆人房、马厩等，要求将它们建在远离府邸的地方，并用树丛加以遮挡。还有一些服务性房间被设在地下，而且出入口往往远离府邸，要经过长长的隧道才能到达。布朗对造园形式上的过分追求，常常导致使用上的不便。有人就抱怨进入庄园后一下马车，便踩到湿漉漉的草地上了。

在布朗设计的作品中，1751年建造的伍斯特郡（Worcestershire）的克鲁姆园也有一定的知名度，并深得园主的赞赏，认为布朗善于在原本不理想的平地上，出色地创造了美丽的自然风景园。卢顿·胡园（Luton Hoo，Bedfordshire）原是宰相托马斯·胡（Thomas Hoo，1396—1455）买下的旧园，1763年由布朗经改建。他在河流的下游建坝，从而汇聚成有260hm²的自然式湖泊，湖中有岛和树丛，湖岸上是茂密的树林，并采用界沟的手法以扩大空间感。布朗对布朗洛伯爵九世（Brownlow Cecil，9th Earl of Exeter，1725—1793）的伯利园（Burley）也进行了改造，并在这里工作了很长一段时间。由他建造的温室、水池和树林等保留至今，但是很多地方又经后人的改造，现在已难以辨认当年的风貌了。特伦萨姆的努哈姆园（Nuneham）和戈瓦公爵的花园等布朗的作品，现在也难以找到当时的痕迹了。

随着庄园园林化运动的不断深入，布朗的作品如雨后春笋般出现在英国的大地上，甚至爱尔兰、法国、德国等国都有人委托布朗进行设计，人们尊称他为"大地的改造者"。当时有许多著名文人和作家，如著名评论家沃尔顿·约瑟夫（Warton Joseph，1722—1800）等，对布朗的作品大加褒赞，将他的作品誉之为另一种类型的"诗歌、绘画或乐曲"。布朗和他的前辈肯特一样，都被人们看作是对英国国土的人性化作出了巨大贡献的造园家。

许多名不见经传的园林师或园林爱好者追随着布朗的足迹，创作了一些杰出的风景园作品，最有代表性的是本布洛克侯爵（Henry Herbert，9th Earl of Pembroke，6th Earl of Mentgomery，1693—1749）的威尔顿园（Wilton House，Wiltshire），以及亨利·霍尔的斯图海德园。在布朗的追随者中，最杰出的人物是造园家胡弗莱·雷普顿（Humphry Repton，1752—1818），他开创了一个风景造园的新时代。

然而，也有一些人反对布朗大刀阔斧、破旧立新的做法，以威廉·吉尔平（William Gilpin，1724—1804）和普赖斯（Sir Uvedale Price，1747—1829）为代表，认为布朗毫不尊重历史遗产，也不顾及人们的感情，几乎改造了一切历史上留下的规则式园林。普赖斯尤其反对布朗毁坏园主们钟爱的浓荫蔽日、古木参天的林荫道；吉尔平则认为林荫道和花坛是与建筑协调的传统布置方式，而布朗对伯利园的改造与古建筑的风格完全不相适应。抨击布朗是以一种狭隘偏激的情绪，来改造旧园林的。还有人甚至开玩笑说要在布朗之前死去，看看未经布朗改造的天堂是什么模样。

（4）绘画式风景园时期

正当布朗致力于将自然风景式园林的景观牧场化之时，早年追随肯特的一些造园家，仍在继续完善肯特开创的更加野趣、更富变化，也更能激发人们想象力的造园思想，并使之渐渐得到加强。因此，从18世纪80年代起，英国风景式造园又开始了一个新时期：即绘画式（或如画的）风景园时期。

在这一时期，英国文学中从18世纪中叶便开始兴起的先浪漫主义思想，对园林风格的变化产生了一定的影响。先浪漫主义文学的特点，就是强调对情感和自然的崇拜，倾向于未经人类改造的自然状态，并否定人类文明，把中世纪宗教制度下的田园生活理想化，喜欢抒发个人对生与死、黑夜与孤独的哀思，作品中往往充满怜悯和悲观的情调。沃波尔便是先浪漫主义作家中的代表人物。受其影响，与布朗几乎同时代的威廉·钱伯斯（William Chambers，1723—1796）开辟了英国绘画式风景造园时期。

钱伯斯的父母是苏格兰人，父亲在瑞典经商。他曾在英格兰求学，1739年随父亲从商，在瑞典的东印度公司工作，有机会周游很多国家，曾到过广州。然而，钱伯斯对经商并不热衷，相反却对建筑艺术有着浓厚的兴趣。1749年，钱伯斯辞去公司职务，专心研究建筑，并在巴黎学了五年建筑，随后去罗马留学。1755年回到英国，随后担任威尔士王子、后来的乔治三世（George Ⅲ，1738—1820，1760—1820在位）的建筑家教，逐渐成为声名显赫的人物。1757年，钱伯斯在伦敦出版了《中国的建筑、家具、服饰、机械和器皿的设计》（*Designs of Chinese Buildings, Furniture, Dresses,*

Machines and Utensils)一书，将中国建筑园林等艺术的典型要素、营造手法等介绍到英国。

此后，钱伯斯在邱园中工作了六年，在园中留下了一些中国风格的小建筑，如1761年建造的中国宝塔（Great Pagoda）和孔子之家（House of Confucius），成为中国园林趣味在英国风景式造园中曾经风靡一时的历史写照。此外，钱伯斯还在园中建造了岩洞、清真寺、希腊神庙和罗马废墟等景点。中国宝塔和罗马废墟至今仍然是邱园中最引人注目的景点。孔子之家和清真寺等如今已荡然无存。

1763年，乔治三世动用宫中经费，由钱伯斯领导出版了《邱园园林与建筑的平面、立面、局部和透视图集》（Plans, Elevation, Section and Perspective Views of the Gardens and Buildings at Kew）。该书的问世，使邱园备受人们的关注。

1772年，正当布朗的造园风格在英国盛行之时，钱伯斯又及时地出版了《东方造园论》（Dissertation on Oriental Gardening），把批评的矛头直指布朗。他认为布朗所创造的风景园，只不过是原来的田园风光而已。中国人虽然不惜耗费大量金钱，对园林精心加工和美化，却创造出源于自然而高于自然的园林。而英国人耗费巨资，却把庄园建造得跟牧场一样。他认为，中国的造园家都是一些知识渊博的文人、画家和建筑师，相反，英国人却把园林交给像布朗这样的蔬菜园艺师来建造。

钱伯斯写道："尽管自然是中国艺术家们的巨大原型，但是他们并不拘泥于自然的原型，而且艺术也绝不能以自然的原型出现；相反，他们认为大胆地展示自己的设计是非常必要的。按照中国人的说法，自然并没有向我们提供太多可供使用的材料。土地、水体和植物，这就是自然的产物。实际上，这些元素的布局和形式可以千变万化，但是自然本身所具有的激动人心的变化却很少。因此要用艺术来弥补自然之不足，艺术用来产生变化，并进一步产生新颖和效果。"

他认为，造园家应努力使园林中的自然元素多样化，园林应提供比自然的原始状态更加丰富的情感。真正激动人心的园林景色，应该有强烈的对比和变化，他批评布朗式园林平淡无奇，不能给人带来丰富的游览体验。强调造园不仅要改善自然，还要创造出高雅的游乐场所，体现出渊博的文化素养和艺术情操，不能一味地模仿自然。钱伯斯开创的绘画式园林风格，将人们的注意力引向了更加奇特、更加激动人心的园林景致。

作为造园家，钱伯斯反对的主要是布朗作品中过于平淡的自然，把园林当作天然牧场来对待，只是对自然稍加改造而已，没有体现出造园者的创造力和想象力，甚至不能称之为设计，反映出人们对园林设计的不同追求与理解。在钱伯斯看来，园林是源于自然而高于自然的艺术创作，要用艺术来弥补自然之不足。真正的园林应带来丰富多变的、新颖奇特的并且是激动人心的游览体验，是适合人们休闲娱乐的场所。

钱伯斯的学术思想和园林作品，在英国开创了"绘画式"风景园林的新风格，促进了英中式园林在欧洲大陆盛行一时，不仅为中国园林艺术在欧洲的传播做出了极大贡献，而且对自然式造园运动的发展起到了积极的推动作用，丰富了风景园林的功能与内涵，并对西方人形成在自然中游乐的传统做出了一定的贡献。

当布朗和钱伯斯这对竞争对手相继去世之后，在英国造园界掀起了一场有关造园与绘画之间关系的大争论，被称为造园界的自然派（Natural）与绘画派（Picturesque）之争。自然派追随布朗的造园思想，因此也叫作布朗派（Brownist），代表人物有胡弗莱·雷普顿和马歇尔·威廉（Marshal William）等人；绘画派则大体继承了钱伯斯的绘画式造园思想，代表人物有美术评论家普赖斯、奈特（Richard Payne Knight，1750—1824）以及森林美学家吉尔平等人。不过两派在各自的论著中，都曾对布朗和钱伯斯提出过一些批评。

自然派与绘画派之间争论的焦点，主要集中在两个方面。焦点之一是造园与绘画之间的关系，造园家是否要模仿画家的问题。雷普顿主张造园家不应模仿画家的作品，因为辽阔的自然和多变的光影是造园难以比拟的。他批评肯特一味模仿洛兰绘画的手法，并认为矫揉造作的曲线和直线一样是不自然的。而绘画派则主张造园应该向绘画学习，要创造出富有画意的园林作品。普赖斯批评肯特和布朗的造园思想，"与风景画的原则格格不入，与所有最杰出的大师们的实践相抵触"。

争论焦点之二是在于究竟是使用功能重要，还是造园画意重要。雷普顿倾向于使用功能，认为实用、方便、舒适的园林空间才是最重要的；而普赖斯和奈特等人则主张造园要以追求画意为主，要富有感情色彩和浪漫情调。

实际上，自然派与绘画派之间的争论，促进了英国风景式造园的进一步发展。因此，双方都主张英国的造园艺术需要变革。

雷普顿是继布朗之后，18世纪后期英国最著名的风景造园家。他有着良好的文学艺术修养，喜爱文学和音乐，也是一位业余水彩画家，在风景绘画中注重树木、水体和建筑之间的关系。他与植物学家约瑟夫·班克斯（Sir Joseph Banks，1743—1820）、树木学家罗伯特·马尔夏（Robert Marsham，1707—1797）交往甚密。直到1788年，雷普顿36岁时才开始从事造园事业。

雷普顿对布朗留下的设计图和文字说明进行了深入细致的分析研究，并扬长避短地形成自己独到的见解。他认为，在自然式园林中，既应尽量避免直线型园路，但也应反对毫无目的、任意弯曲的线型；他不像肯特和布朗那样排斥一切直线，而主张在建筑附近保留平台、栏杆、台阶、整形式花坛、草坪，以及通向建筑的直线型林荫道，在建筑与周围的自然式园林之间形成和谐的过渡，越远离建筑，则越与自然相融合。在植物种植方面，雷普顿惯于采用散点式布置，并强调应由不同树龄的树木组成树丛，更接近自然生长中的状态；不同树种组成的树丛，应符合各个树种的生态习性要求。雷普顿还强调，园林与绘画一样，应注重光影变化而产生的效果。

虽然是业余水彩画家，但是雷普顿善于从绘画与造园的关系中汲取设计灵感。他既承认绘画与造园之间具有共性，也强调两者之间存在的差异。他认为，绘画与造园之间存在着四点差异：首先，绘画的视点是固定的，而造园则要使人在活动中纵观全园，应设计不同的视点和视角，也就是要强调动态构图；其次，园林中的视野远比绘画中更为开阔；第三，绘画反映的光影和色彩是固定的，是瞬间留下的印象；而园林则随着季节和天气、时间的不同，景象变化万千；第四，画家可以根据构图的需要，对风景进行任意取舍，而造园家面对的却是现实的自然，同时，园林不仅是一种艺术欣赏，还要满足实用功能。雷普顿的观点，对于当时处于激烈争论之中的风景造园的发展具有重要意义，对现在风景园林设计手法也具有启示作用。

在实践中，雷普顿首创了一种称为"幻灯片"（Slide）的表现方法。他在设计之初先绘制一幅场地现状透视图，并在此基础上用透明纸画出设计透视图，两者重叠后相比较，使设计的前后效果一目了然。对于向他征求改造建议的业主，他也采用这种方式作答。文特沃斯园（Wentworth Woodhouse, Yorkshire）就是用这种方法建造的。后来，卢顿将雷普顿所做的设计、文字说明，以及别人征求他对于造园的意见等，统统收集在一个红色封面的书本里，称为《红书》（Red Book），并于1840年出版。书中共有200余个设计方案，400多份资料；图纸两张一套，分别是现状和设计效果，印在透明纸上可以叠加对比，成为一部集风景式造园理论和实践之大成的设计图集。

雷普顿在理论方面也造诣颇深，出版了一些造园著作，如《风景式造园的速写和要点》（*Sketches and Hints on Landscape Gardening*，1795）、《风景造园的理论与实践考查》（*Observation on the Theory and Practice of Landscape Gardening*，1803）、《对风景造园中变革的调查》（*An Enquiry into the Changes in Landscape Gardening*，1806）、《论印度建筑与造园》（*On the Introduction of Indian Architecture and Gardening*，1808）、《论藤本与树木的设计效果》（*On the Supposed Effects of Ivy and Trees*，1810）和《风景式造园的理论与实践简集》（*Fragments on the Theory and Practice of Landscape Gardening*，1816）等。前两本是雷普顿的代表性著作，由此确立了他在造园界的地位。在《风景式造园的速写和要点》的序言中，雷普顿对风景造园的概念进行了阐述。他在考察了英国的国土景观之后提出，造园

应从改善一个国家的国土景观,研究并发扬国土景观美的角度出发,而不应局限于某些园林形式。他认为:"造园"(Gardening)一词容易和"园艺"(Horticulture)一词相混淆;而"风景式造园"(Landscape Gardening)则是需要运用画家和造园家的技艺来完成的创作。《风景造园的理论与实践考查》一书,则是雷普顿毕生从事造园的心血提高到造园理论上的结晶。

雷普顿留下的作品主要有白金汉郡的西怀科姆比园(West Wycombe Park, Buckinghamshire),园主是弗朗西斯男爵,建于1739年。最早是由布朗设计建造的,后来经过了雷普顿的改造。园中有湖面,并在湖中岛上建有音乐厅(Temple of Music),以茂密的树林为背景。此外,还有风神庙(Temple of Winds)和以前被用来斗鸡的"阿波罗神庙"(Temple of Apollo)。1943年,该园归全国名胜古迹托管协会所有。

在雷普顿的著作与实践中,都明显地反映出他将实用与美观相结合的造园思想。在强调园林自然美的同时,十分重视园林的实用功能,并且认为实用有时比美观更重要;尤其是在建筑周围,便利往往比画意更为实际。实际上,雷普顿的造园思想已经不像他的前辈,如肯特和布朗那样,追求纯净的风景式园林,而是带有明显的折中主义观点和实用主义倾向,这一观点也对19世纪产生的折中主义园林有着极大的影响。虽然雷普顿对英国风景式造园的发展作出了巨大贡献,也对风景式造园手法做了不少的改进,但是仍有些人认为他改造得还不够彻底。

从1720—1820年的一个世纪当中,自然式风景园林风靡英国,并对整个欧洲造园界产生了巨大的影响。在这一时期最杰出的造园家当中,人们普遍认为,最早的肯特造园作品虽少但影响最大,是自然风景园的创始人;随后的布朗在长达40年的职业生涯中,设计的作品遍及英国,经他的手有数千公顷的草地、沼泽被改造成景色宜人的风景园;雷普顿是这一时代三个最杰出人物中的最后一个,也是自然风景园的完成者。此外,布里奇曼和钱伯斯等人也对自然风景园的发展起到了一定的推动作用。

(5)园艺式风景园时期

英国的自然风景园形成于18世纪中叶,盛行于18世纪下半叶。由于当时社会上有很多思想家和文人参与其中,加上造园家的学识也很渊博,他们将园林创作看作是自己的生活态度和政治观念的体现,使得本为大地上的造型艺术成为表现其哲学观和审美观的媒介。因此,造园艺术成为18世纪下半叶英国的代表性艺术,并对整个欧洲造园界产生极大的影响,完全取代古典主义园林,成为统帅整个欧洲的造园新样式。

然而,到18世纪末期,人们已不再将造园同政治思想联系在一起了,造园又重新成为职业造园家的事情。其实,在雷普顿身上已经表现出这类造园家的特点:没有审美理想、折中主义倾向和商业气息浓厚的工作作风。于是,造园艺术便不可避免地出现衰落。

在雷普顿之后,19世纪的英国造园艺术又转变了方向。自然风景园的基本风格和大体布局经过半个多世纪的发展,已经走向成熟并基本定型,没有特殊的历史条件是很难突破的,就像自然风景园代替古典主义园林那样。因此,英国造园家们已不再追求园林形式本身的变革了,而是将兴趣转向树木花草的培植上;在园林布局上也强调植物造景所起的作用。结果从整体上来看,造园艺术的水平有所下降,但是植物造景的水平得到提高,园林的景色也更加丰富多彩了。

同时,随着19世纪英国海外贸易的拓展和殖民地的迅速扩大,大量的美洲和亚洲树木花草被引种到英国,使得英国的植物种类大大增加,并且温室技术的成熟,为各种奇花异草的展示,以及花木的反季节盛开提供了条件。园林中开始流行起各种造型的温室,其中盛开的绚丽花木,成为园林中最耀眼的装饰,同时给生活在冬季漫长,且寒冷湿润的英国人带来新的造园乐趣。造园的主要内容也从原来的创造风景,转变成陈列奇花异草和珍贵树木。这类园林成为了19世纪英国造园的主要流派,卢顿称之为"风景式花园派"(Gardenesque School of Landscape),这种造园风格的产生，很大程度上在于园艺家和造园爱好者希望最大限度地展示各类奇花异草的思想。

5.6 自然风景式园林实例

（1）霍华德城堡园林（Castle Howard Gardens, York）

距约克市北面约40km的霍华德城堡是建筑师约翰·范布勒（John Vanbrough，1664—1726）爵士为卡尔利斯尔伯爵三世查理·霍华德设计的，大部分建于1699—1712年（图5-7）。范布勒1726年去世时，巨大的城堡建筑西翼尚未建成，但是已初步形成一座杰出的整体城堡，开创了城堡建设的新时代。范布勒因此成为继克里斯托弗·瓦伦之后最著名的巴洛克建筑师，也是英国最伟大的建筑师之一。范布勒率先将巨大的穹顶运用在世俗建筑物上，十分突出；并以大量的瓶饰、雕塑、半身像和通风道等装饰城堡建筑；花园中也装点着精美的小型建筑。在英国的庄园建设中，这些都属于开创性手法。

不仅城堡建筑采用了晚期巴洛克风格，而且在造园样式上也表现出与古典主义分裂的迹象。

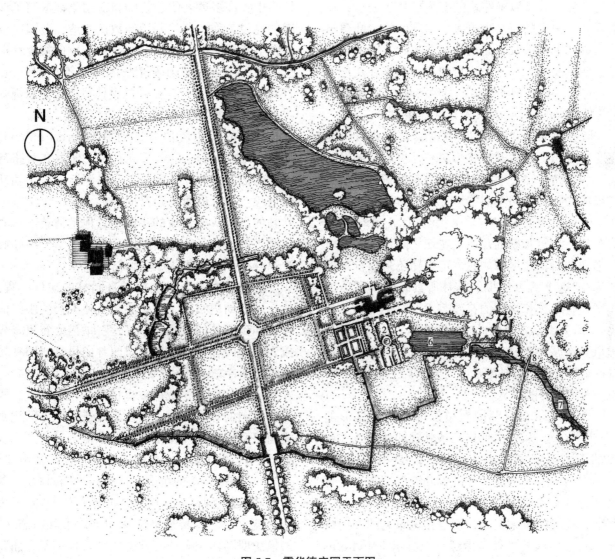

图5-7 霍华德庄园平面图

1.霍华德城堡 2.南花坛 3."阿特拉斯"喷泉 4.树林 5.几何式花坛 6.人工湖 7.河流 8.罗马桥 9."四风神"庙宇

霍华德城堡园林和斯陀园一样，都是17世纪末规则式园林向风景式园林演变的代表性作品，这正是这类园林在艺术史中的重要意义。像范布勒、伦敦和斯威泽尔这样的造园家，以及霍华德这样的爱好者，都是追求园林崇高美的造园先驱。他们反对由单调的园路，构成贫乏而僵硬的轴线，转而寻求空间的丰富性；远离法式造园准则的目的，并不完全是追求造园艺术上的变革，而是寻求更加灵活自由、却又不是毫无章法的园林样式。

霍华德城堡园林面积超过2000hm^2，地形自然起伏，变化较大。在很多方面都显示出造园形式上的演变，其中以南花坛的变化最具代表性，在造园艺术史中的意义也更大。在巨大的府邸建筑前的草坪上，由数米高的植物方尖碑、拱架及黄杨造型组成的花坛群建于1710年；后来在花坛中央建造了一座壮观的喷泉，其中有来自19世纪末世界博览会的阿特拉斯（Atlas）雕像。

园林由风景式造园理论家斯威泽尔设计，他在府邸的东面设置了带状小树林，称为"放射丛林"（Ray Wood），由流线型园路和浓荫蔽日的小径组成的路网伸向林间空地，其中布置有环形廊架、喷泉和瀑布等。直到18世纪初，这个"自然式"丛林与范布勒的几何式花坛之间还存在着极其强烈的对比。尽管如此，范布勒还是很自豪地认为："这个无可比拟的丛林所具有的崇高美的程度，是自然和柔媚的花园艺术绝对不可能达到的"。后人将斯威泽尔设计的这个小丛林看作是英国风景造园史上具有决定意义的转变。但是丛林中的雕塑大部分都被搬走了，1970年，"放射丛林"也被改造成杜鹃花丛。

斯威泽尔在府邸的南边开辟出一处弧形的"散步平台"，从中引伸出几条壮观的透视线。台地的下方开挖了一处人工湖，1732—1734年又从湖中引出一条河流，并沿着几座雕塑杰作一直流到范布勒设计的"四风神"（Four Winds）庙宇前，这座帕拉第奥式建筑也是范布勒的关门之作。园中最远的景点是由郝克斯莫尔（Nicholas Hawksmoor，1661—1736）1728—1729年设计建造的纪念堂。在向南的山谷中有座丹尼尔·加莱特（Daniel Garrett，？—1753）建造的"罗马式桥梁"。在广袤的地平线上，还可以看到郝克斯莫尔建造的金字塔，在一片开阔的牧场中显得十分壮丽。虽然霍华德庄园后来曾遭到了一些粗暴的毁坏，但是在整体上仍然具有强烈的艺术感染力（见彩图17）。

（2）斯陀园（Stowe Landscape Gardens，Buckingham）

斯陀园最初的总体布局采用了17世纪80年代的规则式造园样式（图5-8），使花园与府邸在形式和构图上保持一致。但是，在随后的一个世纪当中，许多著名的建筑师和造园家都参与了该园的建设工作，斯陀园历经数次改造，造园风格也在不断演变。从1715年始，斯陀园的规模在迅速扩大，园中也装点着豪华的庙宇等小型建筑。直到1730年之前，斯陀园的整体风格还是以规则式为主，似乎还想与凡尔赛宫苑相媲美。

随后的园主考伯海姆勋爵（Lord Cobham，1699—1749）是一位辉格党官员，他曾在对路易十四的战争中建立功勋，后来又渐渐失去了朝廷的信赖。在考伯海姆勋爵周围形成了一个由雄心勃勃的青年政客组成的小圈子，他邀请英国当时最激进的设计师改造斯陀园，形成一个反映其政治观点和哲学思想的风景园林作品。

造园家布里奇曼最初负责园林的建设工程，他在园地周边布置了一条界沟，使人们的视线能够延伸到园外的风景之中。这一举措使布里奇曼成为英国园林艺术由规则式园林向风景式园林转变的开创者之一（图5-9）。

1730年前后，威廉·肯特代替布里奇曼，成为斯陀园的总设计师。他逐渐改造了原先的规则式园路和甬道，并在主轴线的东侧，以洛兰和普桑的风景画为蓝本，兴建了称为"爱丽舍田园"（Elysian Fields）的小山谷。从山谷中流淌出一条称为"斯狄克斯"（Styx）的河流，传说是地狱中的河流之一。肯特还在河流边兴建了几座庙宇，如模仿罗马西比勒庙宇建造的"古代道德之庙"，在河水中倒影成趣（图5-10）。他还在园中布置了许多古希腊的名人雕像，如荷马、苏格拉底、里

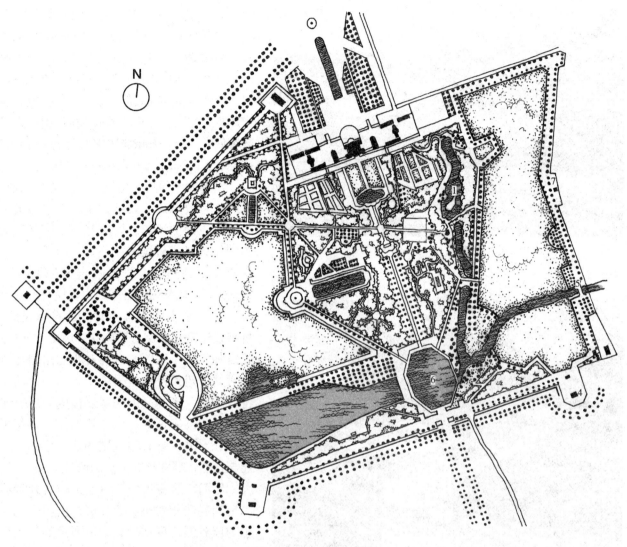

图 5-8 斯陀园平面图

1. 斯狄克斯河 2. 古代道德之庙 3. 英国贵族光荣之庙 4. 友谊之庙 5. 帕拉第奥式桥梁 6. 八边形水池 7. 哥特式庙宇

库尔格（Lycurgue①，约前 396—前 363）和埃帕米农达（Epaminondas②，约前 410—前 362）等人。肯特还建造了一座废墟式的建筑，称为"新道德之庙"（Temple of Virtue），借此批评当代人在精神上的堕落。与"新道德之庙"相对应，他又在河流对岸仿照罗马墓穴，兴建了一座半圆形的纪念碑，称为"英国贵族光荣之庙"（Temple of British Worthies），上有 14 座小壁龛，放置了 14 个英国道德典范人物的胸像，其中有伊丽莎白女王一世（Elizabeth Ⅰ，1533—1603，1558—1603 在位）和威廉三世等政治人物，有哲学家培根和洛克等思想家，有诗人莎士比亚和弥尔顿等文人，还有牛顿等科学家。

斯陀园的东区在景色处理上显得更加自然、荒野。连绵起伏的小山丘，构成一系列独立的空间，既避免了景色一览无余，又使得各个建筑景点相互

---

① 里库尔格：公元前 8 世纪斯巴达的国王及著名的立法者。
② 埃帕米农达：古希腊城邦底比斯的统帅，政治家。

图 5-9　斯陀园中的隐垣

图 5-10　斯陀园中的"古代道德之庙"

独立，减少干扰。在"爱丽舍山谷"的上方，由建筑师吉伯斯（James Gibbes，1682—1754）建造了一座"友谊庙"（Temple of Friendship），圆形建筑设计细腻，立体感很强，仿佛是极其逼真的风景画一般，成为后来风景式造园的样板。考伯海姆勋爵和青年政客们常常在"友谊庙"中聚会，探讨如何推翻君王的统治，展望国家的未来。

斯陀园中原有一座巨大的八角形水池，后经肯特改造成流线型护岸，从中引出一条向东流淌的溪流，横跨着一座造型优美的帕拉第奥式桥梁。在一座小山丘上，还有吉伯斯建造的"哥特式庙宇"（Gothic Temple）。在英国人看来，古代撒克逊人是与当时的法国统治者相对立的自由民族，哥特式建筑是撒克逊民族光辉历史的象征。建筑师们为了表明与严谨对称的法国建筑相对立，建筑设计也采用了更加自由的哥特式风格，不同高度的角楼构成的庙宇建筑，形成不完全对称的建筑形体。在英国造园家看来，只有不规则的建筑形式，才能与自然式园林布局更加和谐。

然而，这座曾经被看作是与宫廷贵族的造园趣味相对抗，象征着自由与平民思想的风景园，现在却成为一所贵族学校校园的一部分，旁边还建有一座高尔夫球场。

（3）斯图海德园（Stourhead Garden, Wiltshire）

18世纪中叶，在富有革新精神和文化修养的贵族与富豪当中，造园又成为一种时尚。一些富裕的庄园主不仅是园林爱好者，甚至成为高水平的造园师。一批影响重大的园林作品都出自他们之手，或者是在建筑师和造园家的协助下完成的。这些庄园主不仅从意大利古典文化中吸取了大量的创作灵感，而且将造园艺术移植到自己的庄园中。其中有影响的作品如沃邦农庄（Woburn Farm, Surrey），松树山丘（Pains Hill）和诗人申斯通的里骚斯庄园等。位于威尔特郡的斯图海德园是这类园林中最杰出的代表。

斯图海德园坐落在索尔斯伯里平原西南角的沃姆斯特（Warminster），其东北方向距离伦敦约170km（图5-11）。1717年，金融家老亨利·霍尔（Henri Hoare Ⅰ，1677—1725）购置下这处地产。1724年，建筑师弗利特卡夫特（Henry Flitcroft，1697—1769）建造了庄园中的府邸，采用了帕拉第奥建筑样式。到1793年，府邸又得到扩大并增建了两翼；但是在1902年中间部分被烧毁，现在的府邸是后来重新修复的。在老亨利时代尚未建园，直到1741年，老亨利的儿子小亨利·霍尔（Henri Hoare Ⅱ，1705—1785）才开始创建这座风景园，并倾注了他的毕生精力。

小亨利·霍尔首先将流经庄园的斯图尔河（River Stour）截流，并在园中形成一连串的湖泊。湖心岛和堤坝划分出丰富的空间层次，周围是小山丘和舒缓的山坡；沿岸的植被或是茂密的树丛，或是伸入水中的草地；环湖布置的园路与湖面若即若离；水系或宽如湖面，或窄如溪流，或从假山洞中缓缓流出；水面忽水平如镜，忽湍流悬瀑，动静结合，变化万千。沿岸还设置了各类园林建筑，如亭台、庙宇、桥梁、洞府和雕像等，布置在沿湖的视线焦点上并互为对景，既在风景中起到画龙点睛的点景作用，又能引导游人逐一欣赏环湖景致。

斯图海德风景园兴建之时，圆明园四十景图咏已传入英国，小亨利·霍尔无疑借鉴了圆明园的布局手法，如采用环形园路和建筑景点题铭等，沿湖开辟的一系列风景画面，产生步移景异的动态景观效果。维吉尔（Publius Vergiliusmaro，前70—前119）的史诗《埃涅伊德》（Aeneid）中的诗句作为各种庙宇、建筑的题铭。从府邸前方向西北望去，可见以密林为背景、布置在水边的"花神庙"（Temple of Flora），白色建筑掩映在花

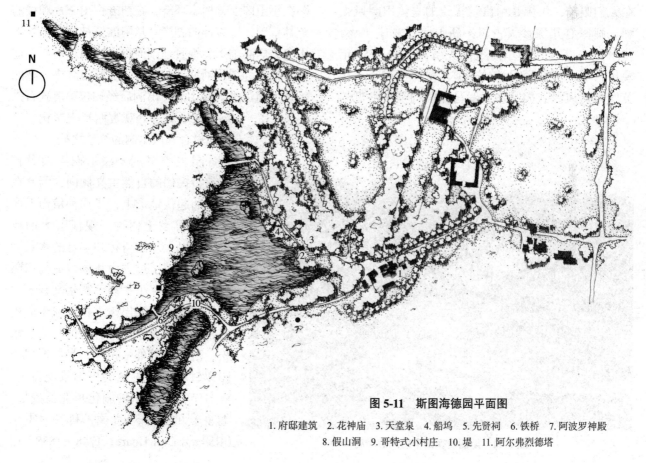

图5-11 斯图海德园平面图

1.府邸建筑 2.花神庙 3.天堂泉 4.船坞 5.先贤祠 6.铁桥 7.阿波罗神殿 8.假山洞 9.哥特式小村庄 10.堤 11.阿尔弗烈德塔

丛之中。尤其是杜鹃花盛开时节，花团锦簇，美不胜收，湖水的倒影又增添了许多情趣。花神庙背后的土丘上方有处泉水，名曰"天堂泉"，幽静深邃的环境气氛与花神庙两侧的绚丽色调形成强烈对比。经过"船坞"（Boath House）向西北渐行，水系渐渐狭窄，远景中有座修道院和"阿尔弗烈德塔"（King Alfred's Tower）。从湖的西岸南望，水中有两座树木葱茏的小岛，空间深远，层次丰富，步移景异（图5-12）。

在湖泊西岸的最北端有座假山洞，是1748年由皮帕尔（Pieper）设计建造的，后经改造，打破了原先的对称感。假山洞面对湖水，将湖光反射进洞中天地；从洞中望出去，参差的岩石形成的框景聚焦于湖光山色。山洞中有大理石台和水妖卧像，石台上流下的水帘形成一汪水池。山洞中还有一座河神雕像，风格和姿态都有着古希腊的遗风。

从假山洞南行，到达哥特式建筑组成的小村庄。由此向湖泊方向望去，一幅天然图画展现在人们眼前，仿佛是由洛兰描绘的立体田园风光画。湖岸有几株参天古树，湖中散置数座小岛，背景是坐落在一座小岛上的先贤祠，是1754年模仿古罗马先贤祠设计的，但体量有所缩小。在英国自然风景式园林中，罗马先贤祠是很常见的点景建筑，在肯特为伯灵顿兴建的奇斯威克园（Chiswick，London）就有一座。先贤祠作为罗马建筑中唯一幸存下来的建筑遗物，被后人看作是古罗马精神的象征。

由此再向南行，有座1860年架设的铁桥，桥的两侧景色迥异，东边是开阔的湖面，西边是潺潺的小溪。过铁桥、上堤坝，南面的湖泊尺度稍小，空间幽静；对岸有瀑布和古老的水车；远处是由缓坡草地、参天大树、茂密的树丛和成群的牛羊构成的牧场风光，十分恬静。堤坝的东端连接一座四孔石拱桥，向北望去，水系最为狭长，视线最为深远。视线越过石拱桥眺望湖泊岛屿，可见对岸东侧的花神庙和西侧的哥特式村舍及假山洞，成为全园的景色最佳处。石拱桥构成了前景，中景是湖泊、水禽和绿岛，湖岸的树丛构成画面的背景，点缀的阿尔弗烈德塔、先贤祠等建筑勾勒出丰富的天际线（见彩图18）。

阿波罗神殿也是全园最重要的景点之一，坐落在小山冈上，树木环绕，在前方留出一片和缓的疏林草地，一直伸向湖岸。从阿波罗神殿眺望湖光山色，居高临下，视野辽阔而深远。而从对岸看过来，抬头仰望，阿波罗神殿耸立在林海之中。在此经地下通道进入假山洞，出洞后经帕拉第奥式石拱桥，又形成一处观赏西岸先贤祠、哥特式村舍和假山洞的绝佳之处。

园主小亨利·霍尔推崇伯灵顿和肯特提倡的自然主义倾向，为此在重塑的起伏地形上，成片种植山毛榉和冷杉等乡土树种。规模宏大的风景园，以大片的树林和丰富的水景为特色，代替了过去由牧场构成的田园风光。以后，小亨利·霍尔又在园中种植了大量的黎巴嫩雪松、地中海柏木，以及瑞典或英国各地的杜松、水松、落叶松等外来树种，最终形成全园以针叶树为主调的植物景观特色。随着英国植物引种驯化事业的发展，老亨利的孙子理查德·科特·霍尔（Richard Cort Hoare，1758—1838）后

图5-12 斯图海德园中的湖心小岛

来将南洋杉、红松、铁杉等引入园中。他还为府邸增建了两翼，但是园林的总体布局始终未曾改变。

霍尔家族的最后一位继承人是理查德·科特的孙子亨利·胡奇（Henri Huge Hoare，1894—1947）。他修复了被大火烧毁的府邸建筑，还在园中种植了大量的石楠和杜鹃花，在"五旬节"盛开的杜鹃花景色，成为现在斯图海德园最著名的景色。亨利·胡奇的独生子在第一次世界大战中阵亡后，1946年斯图海德园交给"全国名胜古迹托管协会"（National Trust）管理，成为对公众开放的著名风景园之一。

（4）查兹沃斯园（Chatsworth Garden, Derbyshire）

查兹沃斯园以丰富的园景和长达四个世纪的造园变迁史而著称。自1570年以来，各种园林艺术风格接踵而至，各种样式都曾在这里一展风姿，竞相媲美。经过不断的调整和改造，形成查兹沃斯园多样性的园林特征，也是园林史上最著名和最迷人的作品之一（图5-13）。

查兹沃斯庄园最早兴建于15~16世纪，1570年兴建的林荫道，以及建有"玛丽王后凉亭"的露台保留至今。1685年，由于法式园林在英国的巨大影响，查兹沃斯园开始进行大规模改造，将规则式花园扩大到48.6hm²（图5-14）。在建造乡村式住宅的同时，还在河边的山坡上兴建了花园。造园家伦敦和怀斯参与了该园的建造，兴建了花坛、斜坡式草地、温室、泉池、数千米长的整形树篱和黄杨造型。花园中装点着大量的雕塑，令人浮想联翩，流连忘返。其中最著名的是丹麦雕塑家西伯（Caius Gabriel Cibber，1630—1700）

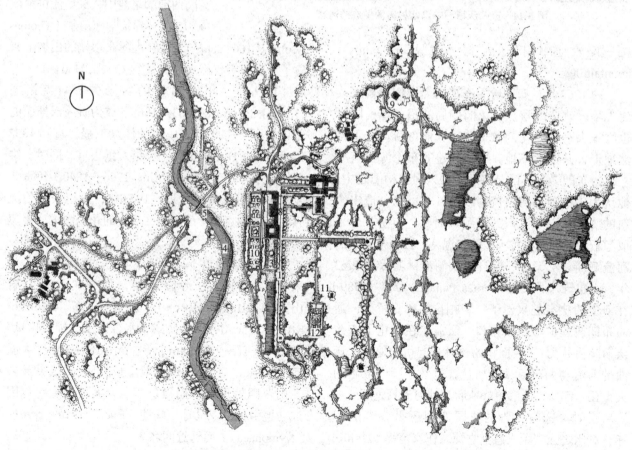

图5-13 查兹沃斯园平面图

1.林荫道 2.玛丽王后凉亭 3.海马喷泉 4.德尔温特河流 5.帕拉第奥式桥梁 6.大瀑布 7.浴室
8.府邸建筑 9.亨廷塔 10.西侧花坛 11.威灵通岩石山 12.迷园

图 5-14　查兹沃斯园中以紫杉树篱做成的迷宫

在一座水池中制作的"海马喷泉"（Seahorse Fountain）。

约1760年，布朗着手查兹沃斯园的风景式改建工程，改造的重点是花园四周的沼泽地；同时也将很大一部分花园做了改动。他重新塑造了自然地形，并铺上草地。与他改建的布伦海姆宫苑一样，布朗最关心的是将河流融入风景构图之中。他认为借助地形与河流的改造，就可以创造出全新的"天然图画"般的景致。因此，布朗首先采取隐蔽的堤坝，将称为"德尔温特"（Derwent）的河流截断，汇聚成一段自然式湖泊；随后在1763年，由建筑师潘奈斯（James Paines，1717—1789）在河道的狭窄处兴建了一座帕拉第奥式桥梁，通向布朗改建的城堡新入口。沃波尔在游览了查兹沃斯园后认为："大面积的树林、起伏的地形、弯曲的河流与两岸巨大的树丛，以及在园中堆出的大土丘，都使人能够更好地欣赏到河流景色。"

当时，这座典雅的花园四周还是荒野的沼泽，对比之强烈令人感到吃惊。作家德福（Daniel Defoe，1660—1731）曾描绘这个地区充满"幽深恐怖的山谷和难以接近的沼泽，荒草丛生，一望无际"。在这里，可以同时欣赏到"最奇妙的山谷和最令人愉快的花园，一句话，是世界上最美丽的地方"。但是，自18世纪后半叶起，随着"潜能布朗"的到来，这里处处都留下了他的印记，强烈对比已不复存在了。

值得庆幸的是，布朗并没有完全毁掉过去的巴洛克景点。勒诺特尔的弟子格里叶（Grillet）在1694—1695年兴建的"大瀑布"（Cascade），大体完整地保留下来。这条瀑布的每一台层，都因地形的变化而在高度或宽度上有所不同，水流跌落的声响因而也富于变化（见彩图19）。落水经地下管道引至"海马喷泉"，然后再引导到花园西部的泉池中，最后流进河流中。1703年建筑师阿切尔（Thomas Archer，1668—1743）又在大瀑布顶端的山坡上兴建了一座庙宇，称为"浴室"（Casade House）。

1826年，年仅23岁的约瑟夫·帕克斯通（Joseph Paxton，1803—1865）成为查兹沃斯园的总设计师，主要负责庄园的修复工程，直到1858年德封郡（Devonshire）公爵六世去世。同时，维亚特维尔（Jeffry Wyatville，1766—1840）负责修复府邸西侧下方的台地。1963年，这里按照伯灵顿的奇斯维克园（Chiswick）中的花坛图案，重建了一座花坛。

帕克斯通在园中兴建了一些新景点，多采用"绘画式"造园风格，如"威灵通岩石山"（Wellington Rock）、"强盗石瀑布"（Robber Stone Cascade）、废墟式引水渠以及"柳树喷泉"（Willow Tree Fountain）等，此外还有一座"大温室"（Great Stove）现已改造成迷园。"威灵通岩石山"因处理巧妙而极负盛名；大玻璃温室也因成功地引种'亚马孙'睡莲（*Eucharis amazonica* 'Nymphaea'）而远近闻名。

（5）布伦海姆宫苑（Blenheim Palace, Woodstock）

布伦海姆宫苑是1705年起，由范布勒为马尔勒波鲁公爵一世（John Chuichill, Duke of Marlborough，1650—1722）建造的杰作（图5-15）。奇特的建筑造型，开始显露出远离古典主义建筑样式的倾向。但是，最初由亨利·怀斯设计的花园，仍然延续了勒诺特尔的造园风格。他在宫殿前面的山坡上，建造了巨大的几何形花坛，面积超过31hm²，以黄杨制作的纹样，与碎砖和大理石碎石构成的底衬，对比十分强烈。此外，园中还有包裹在高大的砖墙内的方形菜园。

范布勒还设计了一座巨大的帕拉第奥式桥梁，成为他在园中的第二个杰作。由于府邸正前方横穿着一条宽阔的山谷，山谷间是格利姆河（Glyme）的支流汇聚成的沼泽地。山谷边原先有抬高的道路，以及跨越山谷的小桥。但是范布勒希望在这里兴建一座欧洲最美丽的桥梁，使沼泽地成为园中的景色之一。虽然建筑师瓦伦也提出了一个更简朴的桥梁方案，但因观赏性较弱，园主最终采纳了范布勒的方案。但是桥梁建成之后，与山谷、河流相比，感觉尺度明显超大。

公爵去世后不久，公爵夫人就要求庄园总工程师阿姆斯特朗（John Armstrong）重新整治河道。虽然范布勒曾设想在这里开挖一座大湖，但是阿姆斯特朗还是将格利姆河整治成了人工运河，并在西边筑堤截流，形成水面。新整治的运河水系发挥出应有的作用，虽然将河水引到了花园的东边，但是景观效果却有所下降。

1764年，布朗承接了布伦海姆宫苑的风景式改建任务。他首先改造了花坛台地的地形，并在园中广泛种植草坪。他按照将"草地铺到门前"的惯用手法，将草地一直延伸到巴洛克式宫殿的前面。随后，布朗重点改造了范布勒建造的桥梁两侧的格利姆河河段，并取得了令人惊喜的

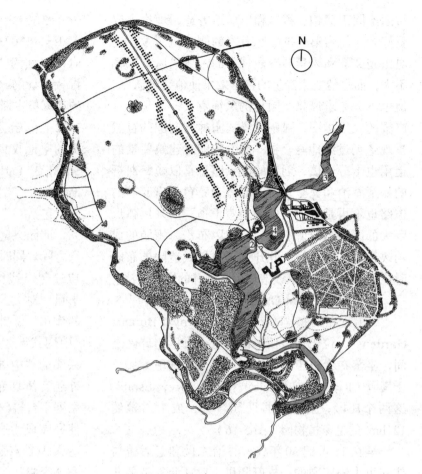

图5-15 布伦海姆宫苑平面图
1.宫殿 2.帕拉第奥式桥梁 3.格利姆河 4.伊丽莎白岛 5.堤坝

景观效果。他只保留了现在被称为"伊丽莎白岛"（Elizabeth's Island）的那一小块坡地，拆除了山谷两侧抬高的园路，并在桥西兴建了一条堤坝，从而在桥梁的东西两侧形成开阔的水面（见彩图20）。原先的沼泽地被水淹没了，展现在人们眼前的是两处蜿蜒的湖泊，并在范布勒建造的大桥下汇合。由于水面被抬高并将大部分桥墩淹没，改变了桥梁原先过于高大的感觉，与水面的尺度更加协调。布朗对格利姆河的成功改造，不仅营造出更加优美的河流景色，而且使自然风景园得到人们更多的欣赏和赞美。布朗本人也因此而在英国一举成名。

布朗在布伦海姆风景园的改建中，还借鉴了肯特处理树丛的手法，在开阔的草地上布置体量巨大的树团或树丛，形成舒缓优美的疏林草地。

布朗不同于蒲柏、霍尔和申斯通等造园理论家或爱好者，作为第一位训练有素的职业造园家，他对田园文学和风景画中表现出的古典式风景兴趣不大，而自然要素产生的情感效果使他兴趣浓厚。他也不大追求风景式园林的象征意义，而是追求广阔的风景构图，强调风景式园林与周围的自然景观毫无过渡地融合在一起。布朗对建筑要素的运用也十分谨慎，创建的风景园总是以蜿蜒曲折的蛇形湖泊和完全自然的驳岸为特色。府邸前的道路也不再是正对大门的笔直甬道，而采用弧形巨大的园路与府邸相切。布朗因布伦海姆园的成功改造而名声大振，并开创了风景式造园的布朗时代，同时也形成其改造规则式园林的惯用手法。

（6）邱园（Kew Gardens, Queens）

邱园现在又称"皇家植物园"（Royal Botanic Gardens），位于伦敦西南部的里士满区与邱区之间，坐落在泰晤士河的南岸。早先，这里分属里士满园（Richmond Estate）和邱园（Kew Estate）这两个庄园，后来才将两园合并，成为占地约121hm² 的皇家植物园（图5-16）。

早在18世纪30年代，乔治二世和王后曾居住在里士满庄园的一栋府邸里。1731年，他的儿子、威尔士亲王弗雷德里克（Frederick, Prince of Wales, 1707—1751）在邻近的邱园中兴建了一座府邸，称为"邱宫"（Kew House），是由威廉·肯特设计的。1751年弗雷德里克王子去世后，他的遗孀奥古斯塔公主（Princess Augusta, 1719—1772）由于喜好植物和园艺，于是利用府邸周围的空地收集植物品种。随后在皮特伯爵（John Stuart, 3rd Earl of Bute, 1713—1792）和威廉·钱伯斯的协助下，兴建了一座占地约3.6 hm² 的植物园，包括一座由钱伯斯设计的柑橘园。

邱园兴建之时，正值英国自然风景式造园盛行之际。同时，中国情趣也在英国形成一股热潮。1757年，钱伯斯出版的有关中国建筑和工艺的书籍，对英国当时流行的中国热起到了推波助澜的作用。受此影响，钱伯斯在邱园中建造了一些"中国式"建筑物（见彩图21），其中以1761年兴建的"中国塔"和"孔子之家"最为著名。此外还有清真寺、洞府和"废墟"等景点，以及一系列亭台楼阁。钱伯斯前后在邱园中工作了六年，使邱园成为这一时期的代表性作品之一。但是这些人工景点后来大多被毁掉了，唯有"中国塔"和"废墟"保存至今。

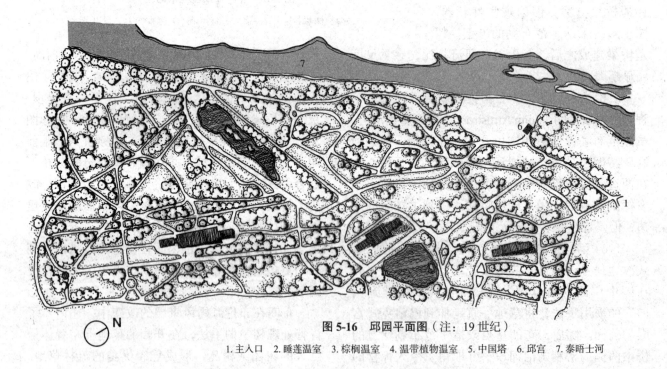

图5-16　邱园平面图（注：19世纪）
1.主入口　2.睡莲温室　3.棕榈温室　4.温带植物温室　5.中国塔　6.邱宫　7.泰晤士河

1760年，还是王储的乔治三世继承了里士满庄园，随后请来了当时正名声大噪的"潜能布朗"，将里士满庄园改造成自然式风景园。到1772年，乔治三世在其母去世后又继承了邱园。1763年，乔治三世动用宫内经费，由威廉·钱伯斯领导出版了《邱园庭园、建筑的平面、立面、局部和透视图》，从此使邱园的名声大振。

作为一个崇尚新古典主义的建筑师，钱伯斯所提倡的对自然进行艺术加工，并不同于古典主义造园家眼中的艺术，也不是要回到直线或规则的处理手法上来。出于对古典主义园林风格的厌倦，英国的造园家们完全排斥对自然进行任何艺术加工，甚至提出了把艺术留给法国人，把自然留给自己的口号，"自然式"风景园一味地模仿自然。钱伯斯对此心怀疑虑，他希望英国园林能够像中国园林那样，走出一条自然与艺术相和谐的道路来。在邱园的改造中，钱伯斯对自然山水的提炼以及对园林建筑的运用，无不反映出他对源于自然而高于自然的认识。

然而，邱园中形态各异的园林建筑，在当时的人们看来也褒贬不一。批评者认为，钱伯斯本人并没有掌握到中国园林的思想精髓，在他所标榜的吸收中国园林艺术的作品中，只不过点缀了一些中国式样的亭、塔、廊、桥等而已。实际上，钱伯斯的观点，在一定程度上反映出人们对园林功能的转变要求，从适合社交的古典主义园林，到适合散步、运动的自然式风景园，钱伯斯追求的是适合游乐的风景园。经过钱伯斯改造的邱园，无论是自然景致还是人工景点，确实给当时的人们带来了新的游览体验。可以说，18世纪中国园林对西方园林发展的贡献之一，就是从此形成了西方人在自然中游乐的园林传统。在此方面，钱伯斯发挥了重要作用。

（7）尼曼斯花园（Nymans Garden, West Sussex）

尼曼斯花园兴建于19世纪末期，园主梅塞尔（Ludwig Messel, 1847—1915）是一位园林爱好者，喜欢收集植物品种。1890年，他购置下这片土地后，同园林设计师康贝尔（James Comber, 1866—1953）一道，设计建造了这座花园。

梅塞尔首先进行地形改造和土壤改良工作，随后在园内种植了一些大树，形成浓密的阴影。由于土壤偏酸性，因此种植了大量喜酸性的花木种类，如玉兰、山茶和杜鹃花，以及密藏花植物。园内还种植有大量的珍稀树木，如云杉、珙桐等。

在布局上，尼曼斯花园将古典式园林构图与园林植物栽培相结合。全园划分为一个开放性大花园和几个封闭性主题小花园，如墙园、沉床园、石楠园、松树园、月季园和杜鹃花园等。其中最引人入胜的是墙园，中央布置一座意大利式样的大理石盘式涌泉，环以四座巨型紫杉植物造型，强调了墙园的中心。由此引出的四条园路，将全园分为面积相等的四个部分，路边饰以花境，在常绿植物的背景前显得十分耀眼，打破了几何形构图的单调与乏味。园内还有一些芳香植物，如野茉莉等，随风送来阵阵花香，令人陶醉。

园中有座都铎时代的府邸，在第二次世界大战中被战火烧毁了。现在这座遗址的残垣断壁被保留下来，灰暗的墙面上爬满了紫藤、月季和忍冬等藤本植物，围绕遗址的整形绿篱和庭荫树突出了遗址的肃穆气氛，完全是浪漫主义风景园崇尚的造园情趣。

尼曼斯花园是19世纪英国造园风格的典型代表。表现在构图上的折中主义风格，它将规则式花园与自然式园林结合在同一个园林之中（图5-17）；同时，园中的植物品种十分丰富，植物配置得当，群落层次丰富，花木色彩艳丽，而且管理十分精细。园主梅塞尔还与他的园丁们一道，在花园中进行植物栽培研究，著名的尼曼香花木（*Eucryphia×nymansensis*）就是在尼曼斯花园中培育出来的，极耐酸性土壤，在许多园林中都得到运用。

尼曼斯花园不仅是植物学家和园艺爱好者喜爱的场所，也是深受游人欢迎的富有诗情画意的园林作品。

图 5-17　尼曼斯花园

5.7　中国园林艺术对西方的影响

从 17 世纪末到 18 世纪末的百余年间，欧洲出现了一股前所未有的"中国热"。来自中国的商品成为王侯贵族追逐的奢侈品，中国的政治制度得到思想家的热捧，中国的艺术风格和生活习俗受到人们的模仿，一种称为"中国情调"（Chinoiserie）的时尚渗透到人们生活的方方面面。

"中国情调"迎合了 18 世纪初欧洲出现的洛可可风格（Rococo Style），动摇了古典主义艺术在欧洲的统治地位。在经验主义哲学的影响下，崇尚自然思想的英国人以中国园林为利器对抗古典主义园林，在 18 世纪中叶产生了自然主义风格的风景式园林（Landscape Garden）。到 18 世纪下半叶，中国皇家园林被传教士们介绍到欧洲，迅速掀起了一场模仿中国园林的造园热潮，产生了浪漫主义风格的绘画式园林（Picturesque Garden），又称英中式园林（Jardin anglo-chinois）。它在 18 世纪末风靡了整个欧洲，影响波及法、英、德、俄及瑞典等欧洲主要国家，对欧洲人造园观念的转变及后世西方园林的发展产生了深远的影响。

5.7.1　17 世纪上半叶之前的东西方文化交流

早在英国造园家从中国园林中汲取灵感之前，东方文化，尤其是中国文化就激发了欧洲人丰富的想象力。到 18 世纪，只要一提到东方，人们马上就会想到远东，就会联想到那些细腻精湛的手工艺品。

13 世纪末，威尼斯著名商人和旅行家马可·波罗（Marco Polo，1254—1324）在狱中口述的《马可·波罗游记》（Il Milione）记述了他在中国的见闻，激起欧洲人对东方的热烈向往。在当时的西方人心目中，东方就是"异域的福地"，那里有四季如春的气候，丰产繁荣的农业，"无限富足"的物产和高度发达的文明，在开明君主的统治下，人民安居乐业，幸福生活。西方人不去验证就沉醉于这种远东的乌托邦幻想之中。

15 世纪末，葡萄牙航海家达·伽马（Vasco da Gama，1469—1524）开辟了欧洲经好望角到印度的海上航线，使东西方贸易得到极大的发展。在此后的一个世纪，东西方贸易基本为葡萄牙、西班牙两个海上强国所垄断。到 17 世纪初英国东印度公司成立后，英国人开始从东西方贸易中获得巨大的利益。随后，荷兰、丹麦、瑞典、法国等当时的欧洲强国也相继成立了东印度公司。

来自中国的丝绸、瓷器、漆器、茶叶等，成为 17 世纪欧洲上流社会热衷追逐的奢侈品。瓷器最受王侯贵族的珍爱，被誉为"东方的魔玻璃"。漆器、壁纸、扇子，乃至轿子都一度进入上流社会生活，甚至开中国式宴会、看中国皮影戏、养中国金鱼都成为一种时尚，被看作是品位高雅的象征。

16 世纪中叶起，耶稣会（Societas Iesu）开始派遣传教士前往中国。明万历十一年（1583 年），精通天文和数学的意大利传教士利玛窦（Matteo Ricci，1552—1610）获准进入中国大陆，他一边研读儒家经典，一边向中国官员传授科学知识，得以在中国长期居留，并在北京觐见到万历皇帝，开创了中西方文明交流的新阶段。1601 年，利玛窦出版了《利玛窦中国札记》（De Christiana Expeditione apud Sinas Suscepta ab Societate Iesu），向欧洲人全面介绍中国的道德伦理和宗教思想。

1665 年，荷兰东印度公司驻华使节纽霍夫（Jean Nieuhoff, 1618—1672）根据传教士们的资料，出版了《在联合省的东印度公司出使中国鞑靼大汗皇帝朝廷》（An Embassy from the East-India Company of the United Provinces, to the Grand Tartar Cham Emperor of China）。这本书介绍了中国的工艺、陶瓷、漆器等，并配有 150 幅铜版画插图，制造了一个充满异国情调的中国形象，因此它在很长一段时间里影响着欧洲人心目中的中国印象。即使到 18 世纪末西方人掌握了中国更详细的第一手材料后，仍然会一再提到纽霍夫。

早期来华的传教士以葡萄牙人居多，但领导权却掌握在意大利、德国、比利时的传教士手中。到 17 世纪中叶法国取代葡萄牙、西班牙成为欧洲强国时，路易十四极欲改变法国在远东的弱势地位，开辟与远东的经济贸易，于是决定直接向中国派遣传教士。1685 年，经过精心挑选的六名"国王的科学家"带着科学仪器、礼品和国王"改进科学和艺术"的敕令前往中国，并于 1688 年到达北京。这些由国王派遣的法国传教士与之前零散来华的传教士不同，能够真正开展各种有组织的活动，并得以在北京建造了一所教堂。

从 1702 年起，以这些法国来华传教士的书信为主，在巴黎陆续出版了《书简集》（Lettres Edifiantes），共有 34 册之多，是当时西方人了解中国最重要的文献。其中第 9~24 册的主编杜赫德（Jean-Baptiste Du Halde, 1674—1743）还根据传教士寄回的资料，1735 年出版了四卷本的《中国全志》（Description géographique, historique, chronologique, politique et physique de l'empire de la Chine et de la Tartarie chinoise），把中国全面细致地介绍给欧洲读者。

由于英国、荷兰商人主要与中国的中下层阶级接触，因此在他们的记述中呈现了一部分较为负面的中国形象。而来华传教士们往往地位特殊，主要接触的对象为清朝的宫廷，因此在他们的书信中呈现出一个中国上流社会优雅的形象。同时，来华传教士们大都醉心于中国文化，常常不自觉地过度褒扬中国的政治、伦理、文化、艺术，并因敬慕中国的皇帝而不惜奉上太过其实的赞美之辞，在一定程度上加剧了欧洲人对中国的向往。

5.7.2 "中国热"的产生与发展

17 世纪下半叶起，"中国热"开始影响到欧洲的建筑装饰风格。1670—1671 年，路易十四出于对中国帝王神秘后宫的好奇，在凡尔赛兴建了带有"中国情调"的"特里阿农瓷宫"（Trianon de Porcelaine），由布置在椭圆形庭院北侧的五座亭阁组成。为了表明自己在财富、权力和品位上都优于中国帝王，路易十四要求建筑结构采用欧洲式样，只是在屋顶和内室装饰蓝白色瓷砖。这座"瓷宫"1687 年就被路易十四本人拆毁了，尽管存世还不到 20 年，但是国王的喜好无疑会影响到社会流行的时尚。

1688 年英国爆发了"光荣革命"，第二年从荷兰迎来了新国王，并把欧洲大陆流行的"中国热"带到英国。1685 年，散文家威廉·坦普尔爵士在《论伊壁鸠鲁的花园》中称赞中国园林如同是自然的一部分，表现出自然丰富的创造力。他认为中国人从模仿自然中发现了"无序美"，并杜撰了一个词，叫作"Sharawadgi"。虽然几百年来人们无法解释清楚这个词的确切含义，但它却是 18 世纪英国造园最重要的原则。

威廉·坦普尔爵士并没有来过中国，他的观点主要来自英国、荷兰商人们的旅行游记，也可能参考了纽霍夫著作中的插图和中国工艺品描绘的园林形象。他以中国园林崇尚的"无序美"，对抗古典主义园林追求的"秩序美"，为英国自然式园林的出现奠定了理论基础。钱钟书（1910—1998）称威廉·坦普尔爵士是"第一个论述中国园林的英国人"，"到了威廉·坦普尔爵士，英国人的中国热达到了顶峰"。他认为"Sharawadgi"一词是中文字不大准确的译音，由"散乱"或"疏落"与"位置"加在一起的合成词，含义是指中国园林艺术不重人为设计而重自然意趣的美，是那种"故意凌乱而显得趣味盎然、活泼可爱的空间"。

然而，由于当时欧洲人掌握的中国园林信息

还很少，仅有的一些资料又渲染了中国园林的稀罕性和奇特性，反而刺激了欧洲人对中国园林的好奇心。但是欧洲人对中国园林的了解却很不够，往往想象多于实际，对中国园林文化的理解也是断章取义、为我所用的。因此，中国园林在欧洲的影响还很肤浅，大多体现在一些局部性的装饰要素方面。

18世纪初，法国开始了一场声势浩大的启蒙运动，导致古典主义思想的禁锢作用渐渐丧失，自然主义思想的影响开始出现。随后，在法国的装饰艺术中，率先产生了浪漫主义的洛可可风格。洛可可艺术家标榜借鉴自然的创作手法，喜好新颖奇特的构思，追求扑朔迷离的幻想，对异国情调抱有浓厚的兴趣。17世纪下半叶以来欧洲出现的"中国热"迎合了洛可可艺术家的口味，中国工艺品上描绘的山水、园林、建筑和人物形象，影响到法国装饰风格。

这一时期，凡是采用中国题材，带有中国风格的商品、技术、文化、艺术等，统统被法国人称为"中国情调"。虽然这个词现在含有"复杂、怪诞、不可理喻"等贬义，但在18世纪的欧洲却盛极一时，并取代欧洲一度流行的"土耳其情调"（Turquerie），渗透到洛可可艺术潮流的方方面面。在绘画、壁纸、家具、器皿中都出现了中国式样的山水、建筑、人物、花鸟等形象，园林中也装饰起白瓷花盆或古里古怪的中国小瓷人。

这种怪诞的装饰风格，难免遭到崇尚秩序和简洁的古典主义艺术支持者的反对。英国哲学家和作家，第三代沙夫茨伯里伯爵（Anthony Ashley Cooper, 3rd Earl of Shaftesbury, 1671—1713）就在1711年出版的《人的性格、态度、观点和时代》（*Characteristics of Men, Manners, Opinions, Times*）中指责当时英国流行的"中国情调"。他认为，研究文艺复兴时期大师们的作品，有利于人们发展高雅的品位；而欣赏远东的大众艺术，却导致人们低俗的品位。

虽然洛可可风格追求的"中国情调"一再被人们批评为荒谬、浮浅和非理性的表现，但它却为自然主义思想战胜古典主义思想提供了有力的

武器。欧洲的园林风格开始出现一些细微的变化，首先是园中曲线的运用增加了，花坛的图案更生动了，局部构图也不完全对称了；随后是园林中的人工性做法减少了，植物也不大修剪整形了，园林少了许多人工雕琢的痕迹；再往后缓坡草地渐渐代替了台地花坛，平静的水面代替了人工的泉池，自然式树丛代替了整形的树团，弯曲的园路代替了笔直的甬道，园中的自然气息大大增强了；直到英国造园家肯特能够像风景画家那样在大地上创作，使反映浪漫主义造园手法的"诗心画眼"最终战胜了体现古典主义造园原则的"建筑眼光"。此时，中国园林对西方园林发展作出的最大贡献，在于使自然风景式园林的出现显得有理有据。

18世纪中叶之前，欧洲人介绍中国的资料还不够详细、全面。因此，在18世纪上半叶兴建的风景式园林中，还没有出现大量的中国园林的典型要素。一些零星出现的中国式样的建筑，主要来自纽霍夫等人著作中的插图，以及来自中国的工艺品描绘的形象，中国园林在欧洲的影响既不够具体，也不够深入。但是自下半叶起，有关中国的文章书籍就越来越多，内容也越来越广泛。以至于当时有人写道：欧洲人对中国的了解甚至"超过了欧洲的一些省份"。这一时期，随着论述中国园林的文献著作大量问世，有关风景式园林的造园原则、方法、风格、样式等方面的争论也愈演愈烈。人们开始大量援引中国园林的例子，呼吁欧洲人向中国人学习造园。

但是18世纪上半叶来华的传教士们无疑已经感受到欧洲人对自然式园林的兴趣，以及对中国园林的热情。在他们发回的报告、书信中开始更多地谈及中国的园林艺术。由于来华传教士们在中国地位独特，与清朝宫廷接触频繁，甚至能够进出皇家园林，因而掌握着珍贵的有关中国皇家园林的独家资料，在欧洲流行模仿中国园林的热潮中受到人们的追捧。

法国传教士王致诚（Jean-Denis Attiret, 1702—1768）为中国园林在西方的传播作出了极大贡献。他从小在里昂习画，后来留学罗马，擅

长油画人物肖像。清乾隆三年（1738年）来到中国，成为宫中的御用画师。开始他的画作并不为皇帝赏识，后来学习中国画法并参酌中西画风才受到重视。作为宫廷画师，王致诚可以在圆明园中自由往来，仔细揣摩这座"中国的凡尔赛宫"。

1743年，王致诚在给友人的书信中详细描绘了圆明园，称赞圆明园景色"由自然天成"，并誉之为"万园之园""无上之园"。他认为中国人"要表现的是天然朴素的乡村，并非严谨对称和尺度和谐原则指导下的宫殿"；中国园林的特点在于不规则的构图和柔和的曲线，蜿蜒曲折的园路，变化无穷的池岸，都不同于齐整划一和严格对称的法国式园林风格。王致诚的这封书信1749年收入《书简集》中公开发表，题为《中国皇家园林特记》（*Un Recit Particulier des Jardins de l'Empereur De Chine*），同年译成英文，因供不应求又于1752年再版，在整个欧洲尤其是英国产生了极大的反响，并在欧洲人模仿中国造园的热潮中发挥了至关重要的作用。

此外，王致诚还通过书信回答了欧洲园林爱好者们关心的中国园林问题，他未发表的书信后来经过重新整理，收入到法国传教士韩国英（Pierre-Martial Cibot，1727—1780）编撰的《中国人杂记》（*Mémoires Concernant les Chinois*）中，1782年出版，对中国园林艺术和历史作了更广泛、翔实的介绍。

法国传教士蒋友仁（Michel Benoist，1715—1774）原是一位天文学家，精通数学、物理，1744年来到北京，两年后就被任命为圆明园"大水法"的设计师，并参与了"西洋楼"的设计工作。蒋友仁描绘的圆明园一眼望去"景色层出不穷，更新迭异，人游其中，从无厌倦之时，因其中面积，广袤长短，均有比例"。他认为在中国园林里，眼睛绝不会感到疲倦："游人既见其中各种景色，惊叹赞美，迷恋不已，但行不数武，复有新奇之景物，呈现于前，而使人油然新兴爱慕之感觉也。"

1772年，英国造园家钱伯斯出版了《东方造园论》，这本书与王致诚的书信被认为是18世纪欧洲有关中国园林最重要的著作。它的问世，对欧洲人模仿中国园林的造园热潮起到了极大的推动作用，促进了风景式园林向绘画式园林的转变。随着中国园林的典型要素和造园手法在欧洲园林中大量出现，中国园林在欧洲的影响变得更加具体。

在《东方造园论》中，虽然钱伯斯只字未提王致诚的书信，但是大量细节表明钱伯斯引用了那封书信的内容。他提到的中国园林景致让人想到王致诚描述的圆明园中的小山谷景色，这是仅仅到过广州的钱伯斯不可能注意到的。因此，钱伯斯有关中国园林的观点，应该来自他对传教士书信内容的概括。1772年钱伯斯出版著名的《东方造园论》，这本书的主要目的不是介绍中国园林，而是同他的竞争对手"万能布朗"针锋相对。钱伯斯保留了前一本书的大纲，但在赞颂中国园林的幌子下加进了一些自己的观点。他认为真正激动人心的园景在于强烈的对比和变化，影射布朗的牧场式风景园平淡无奇；他强调造园不仅是改造自然，还要创造高雅的游憩场所，体现出渊博的文化素养和艺术情操，讽刺布朗是一个缺乏艺术修养的蔬菜园艺师。

王致诚的书信和钱伯斯的著作，在法国掀起了一场模仿中国园林的造园热潮。法国元帅克罗伊公爵（Emmanuel, duc de Croÿ-Solre，1718—1784）的《日记》（*Journal Inédit du Duc de Cröy*）见证了这段历史。1775年，克罗伊公爵参观了阿蒂希（Attichy）小镇上的新园林后写道："大约三十年前，中国园林的情趣开始影响到荷兰，尤其是英国。这个有思想、重情感、向往大自然的民族完全沉浸于新情趣之中。直到1763年战争结束后，去英国旅行的法国团体才带回来这种新情趣，由于无须任何变动就很适合我们，使我们诚心诚意地照搬照抄，充满热情地学习模仿中国的英国园林情趣，因而建得哪儿都是。"

关于中国园林情调的流行，克罗伊公爵认为："虽然人们不必过分强调，只有了解中国才能学会模仿自然；然而奇怪的是中国对我们吸引力之大，而我们却不能吸引他们，以至于在很多方面，我们必须从他们那里学习好品位。"

类似克罗伊公爵这种开明的园林爱好者的记载，说明中国园林对18世纪欧洲新园林的出现发挥了重要作用。这种新的造园手法被看作是"有品位地模仿自然"，克罗伊公爵认为西方人模仿了中国人发明的造园技艺。这种"模仿之模仿"的艺术很快就形成一股独特的热潮，并在18世纪末的法国发展到前所未有的高度，随后影响到其他欧洲国家。

18世纪70年代起，法国成为欧洲模仿中国园林的造园艺术中心。究其原因，首先是中国的皇家园林迎合了法国王侯贵族们的喜好。德国造园家和作家耶格尔（Hermann Jäger，1815—1890）认为："法国风景园既不像英国那样表现出对大自然的热爱和高雅的品位，也缺乏德国风景园对大自然的深刻观察和理解，它不过是一种徒劳无益地效法中国的光怪陆离的东西而已。总之，它是法国国民性的反映，是追求无穷变幻的贵族趣味的产物。"

其次，由于法国传教士们对中国园林在欧洲传播起到的重要作用，使法国人认为自己比别人更清楚怎样模仿并改进"中国园林"。在法国人看来，中国园林融建筑与自然于一体的形式，集诗歌与绘画于一身的情趣，都是园林的新颖性和奇特性之所在。最后，英国人完全抛弃法国古典主义园林的做法，也使法国人在风景式造园热潮中必须努力保持法国不同于英国的独立性。

然而，这些18世纪的新园林却被法国人称为英中式园林，原因并不在于这些园林的设计灵感来自英国和中国，而是英国作家惠特利1770出版的《近代造园图解》和钱伯斯1772年出版的《东方造园论》几乎同时传到法国，让法国人分不清英国园林和中国园林之间的区别，因此笼统地称为英中式园林。

5.7.3 中式造园要素——"构筑物"

在18世纪欧洲模仿中国园林的造园热潮中，欧洲人究竟模仿了哪些中国的造园手法呢？在模仿中国造园手法兴建的中式园林中，有哪些典型的中国园林要素呢？这些中式园林的典型要素与真正的中国园林要素相比较，又有多大程度上的一致性呢？

有关欧洲18世纪园林艺术史的研究，重点在于那些被称为"构筑物"（Fabrique）的园林小建筑。它原本是指由画家们杜撰的、用来点缀风景画面的建筑形象，后用来指园中的点缀性小建筑。由于这些小建筑很惹人注目，又易于用文字或图画描绘，而且无需特殊的维护管理就能保存下来，因此在大量的研究资料和幸存下来的实物中，小建筑都是最常见和最有特色的要素。甚至一提起18世纪的欧洲园林，人们首先想到的便是园中的各种小建筑。

1738年前后，在英格兰白金汉郡斯陀园中兴建的"中国之家"（Chinese House）是西方园林中最早出现的中式建筑。这座木制中式凉亭尺度并不大，一面敞开，三面围合，墙壁上镶有漏窗及装饰壁画。园中的小建筑还有1741年兴建的"哥特庙"（Gothic Temple）和1747—1763年兴建的"协和庙"（Temple of Concord and Victory）等。

1752年，建筑师哈夫蓬尼父子（William Halfpenny & John Halfpenny）出版了《中国式和哥特式建筑适当的装饰》（Chinese and Gothic Architecture Properly Ornamented）一书，建议人们在园中综合摩尔式、中国式、土耳其式等式样的装饰元素，兴建一些诸如中式村舍，或其他中东及远东装饰风格的小建筑。

1757—1763年，钱伯斯作为宫廷建筑师负责邱园的改建，此时园中已有一座摩尔式建筑，他又陆续增添了26座小建筑，其中包括称为"孔子之家"的中式阁楼和著名的"中国塔"，及1761年兴建的土耳其清真寺和哥特式教堂。邱园的中式塔建于1762年，这座宝塔高约50m，九层八角，砖砌的塔身最初贴满了瓷砖，各层大屋顶的屋脊上装饰着巨大的漆金木龙，堪称这一时期欧洲出现的最地道的中式建筑。但由于纽霍夫在介绍大报恩寺琉璃塔时，按照西方人的习惯说这座塔有十层，"误导"中国人一直在讥笑这座宝塔的层数不符合中国的习惯，并以此佐证当时的欧洲人对中国的了解之肤浅。实际上，邱园宝塔的层数与江南大报恩寺琉璃塔完全一致，只不过中国人未将底层称为"副阶"的部分算在塔的层数之内，纽霍夫不懂得而已。承德永佑寺的舍利塔也是仿造江南大报恩寺琉璃塔兴建的，层数与邱园的塔完全一致，中国人称其为九层八角，便是佐证。

在英国园林中幸存下来的中式建筑当中，著名的有钱伯斯1772年在威尔特郡阿姆斯伯里宫（Amesbury Hall, Wiltshire）兴建的"中国亭"，因临水而建，景色更加迷人。此外有建筑师霍兰德（Henry Holland, 1745—1806）1787年在沃邦修道院（Woburn Abbey）兴建的"中国乳品场"（Chinese Dairy），同样临湖而建，造型优美，红色柱子在湖水的映衬下更加夺目。1817年前后，建筑师阿布拉汗姆（Robert Abraham, 1774—1850）在湖中增添了一座中式三层阁楼，称为"阿尔通塔"（Alton Tower），在水中的倒影也很吸引人。

出于对异国情调的迷恋，这一时期的建筑师不仅模仿外来建筑样式，而且从奇特的外来水果中吸取设计灵感。最著名的例子是苏格兰斯特林郡邓莫尔园（Dunmore Park, Stirling）中的名叫"邓莫尔菠萝亭"（Dunmoro Pineapple）的双层凉亭，建于1761年，底层是纯粹的古典建筑式样，上层却是造型逼真的菠萝。在松树山园（Painshill Park）中，还有一座称为"鞑靼人帐篷"（Tente Tartare）的土耳其式帐篷。18世纪中期，在北安普敦郡的布格通园（Boughton Park, Northamptonshire）有座木结构的中式帐篷，不用时可以拆卸并折叠起来储藏。这些充满异国情调的小建筑，配合人们在园中举行各种活动时使用，甚至还有用彩色硬纸板临时搭建的简易建筑，足见人们对园中小建筑的喜爱。

在德国园林中最早出现的中式建筑是无忧宫（Schloss Sanssouci, Potsdam）的"中国茶亭"（Chinese Teahouse），建于1754—1757年，也是欧洲最著名的中式建筑之一。这座两层圆亭式建筑外形酷似蒙古包，落地圆柱覆以伞状盖顶，绿色屋顶、墙面上点缀金黄色纹饰、柱式，显得雍容华贵。亭内摆放着中式家具，亭前还设有一座中式香炉。无忧宫还有一座中式建筑，称为"龙宫"（Dragon House）或"龙塔"，建于1770—1772年，底座是封闭的八角亭，上面是开敞的三层八角塔，戗脊上饰有16条中国龙，明显受到钱伯斯邱园塔的影响。

此外，在奥哈尼恩鲍姆园（Oranienbaum, Wittenberg）的小山丘上，1795—1797年兴建了一座五层八角红砖塔，每层的檐角悬挂风铃，各面设一小窗。在慕尼黑的"英国园"，1804年起兴建了一座木结构"中国塔"，五层十二角，高25m。塔的每一层都处理成开敞式阁楼，外檐装饰镂花木格，显得空灵通透，造型舒展。这两座塔的造型都模仿了钱伯斯的邱园塔，其建造年代也表明中式建筑到19世纪初依然在德国流行。

法国虽然最早受到"中国情调"的影响，但园林中出现中式小建筑的年代稍晚于英、德两国，表明当时古典主义艺术的影响还很强大。1771年，在尚蒂伊庄园兴建的"中国亭"，是法国的第一座中式建筑。但最有名的还属小城安布瓦兹（Amboise）附近的尚特鲁塔（Pagode de Chanteloup）（图5-18），这座七层八角石塔高约37m，建于1775—1778年，造型模仿了大报恩寺琉璃塔，并结合了多立克柱式等西方建筑细部。而最有特色的是在小城利勒亚当（Isle-Adam）的卡桑园（Parc de Cassan）中18世纪80年代兴建的"中国亭"（Pavillon Chinois）（图5-19）。这座双层木结构凉亭四面环水，坐落在大型石基座上，内为欧式凉室，还有调节池塘水位的水闸。此外，1776年莱兹荒漠园中兴建的"中国之家"（Maison Chinoise）因经常出现在各种造园书籍中而名声大振，可惜后来毁掉了。

这些园林小建筑给当时的人们带来了极大的惊喜，中式宝塔、亭阁、小桥、假山等，与欧洲古典式庙宇、哥特式废墟、摩尔式清真寺和埃及式金字塔、方尖碑等融于"如画的"风景之中，使人们在园中游览仿佛是穿越时空的环球之旅。这是园中不仅有中式建筑，还有埃及、土耳其、哥特、摩尔等式样建筑的原因。而在同一时期的中国皇家园林中，我们也看到类似的情况出

图 5-18　尚特鲁塔

图 5-19　卡桑园中的"中国亭"

现。1747—1759 年，为了满足了乾隆皇帝对欧洲的好奇心，来华传教士们在圆明园兴建了"西洋楼"和"大水法"等欧式宫殿和花园。

这些在欧洲园林中出现的中式小建筑，起初完全是"中国情调"的产物，第一个例子就是路易十四 1670 年在凡尔赛兴建的"特里阿农瓷宫"。它们后来在欧洲园林中大量出现，也表明欧洲人对"中国情调"这种装饰风格的喜爱程度。但是这些园林小建筑由于缺乏实用功能，因而遭到欧洲功能主义者的指责。德国美学家苏尔策（Juan Jorge Sulzer，1720—1779）在 1771—1774 年出版的《美的艺术通论》（*Allgemeine Theorie der Shönen Künste*）中批判钱伯斯的造园观点，并反对钱伯斯在邱园中大量添置小建筑的做法。

缺乏理性的中式小建筑，还招致了人们对中国园林的排斥。德国造园理论家赫希菲尔德（Christian Cajus Laurenz Hirschfeld，1742—1792）强调："模仿稀罕的和奇特的外来建筑样式的做法，与本土的气候和自然风貌相抵触。"并指责中式小建筑为毫无意义的幻觉："一座宝塔、小桥或小船仿佛把我们带到了亚洲，但周围的风景、树木和天空却时时提醒我们，让我们确信自己仍站在德国的土地上。这种错位无疑使风景陷入混乱。"

由于当时的欧洲人还缺乏中国建筑的详细资料，只能从一些著作的插图中以及中国工艺品中找到一些直观的建筑形象。然而这些插图和工艺品的写实程度有限，导致以其为样板设计的中式建筑大多十分怪异，在比例、尺度、色彩、结构上都与真正的中国建筑相去甚远。即使真正了解中国建筑的欧洲人，也会对中式建筑的地道程度感到失望。因此，这些比例失调、造型怪诞的中式小建筑难免遭到各种非议，甚至认为追求中式小建筑的做法，恰恰说明失去了中国园林的真谛。

然而在园林布局上，这些小建筑与真正的中国园林建筑所起的作用大致相同：它们在园中既是重要的观景点，又是吸引人的景物，同时引导人们游遍全园，发现和欣赏一个个精心安排的景点和惊喜。并且就造园手法而言，中式小建筑无疑是体现"中国特色"最简便和最有效的造园要素了，它们很自然地拉近了欧洲的中式园林与"中国园林"之间的距离。反过来说，在欧洲兴建的中式园林中，也确实找不到比中式建筑更有说服力的"中国"元素了。

中式小建筑无疑在中式园林中起到重要作用，虽然园中还有其他式样的小建筑，但是无论从数量上，还是从选址上都能反映出中式建筑的主导地位。那么，当 18 世纪的欧洲人称这一时期的园林为"中国园林"的原因，完全在于园中的这些中式小建筑吗？或者说这些与"中国情调"紧密联系在一起的中式小建筑，是否能让人联想到身在中国园林之中呢？

实际上，第一座带有"中国情调"的建筑出现在凡尔赛宫这座纯粹的古典主义园林中，英国的斯陀园和德国的无忧宫都没有被人们视为"中国园林"。1771 年在尚蒂伊庄园兴建的"中国亭"，出现在一座迷园的中心，也是纯粹的法国园林。同一时期，人们在尚蒂伊庄园的另一片林地中兴建了一个"中国园林"。称其为"中国园林"的原因，既不完全是因为园中的中式小建筑，也不是因为其他与"中国情调"有关的装饰风格，而是出现了类似中国园林的造园手法。它迎合了人们变革造园趣味的要求，并产生了一种全新的园林风格。

5.7.4　山、水、石、植物要素的借鉴

在欧洲人营造的中式园林中，除了那些中式小建筑，还有哪些来自中国园林的造园要素和手法呢？在这些造园要素和手法的运用上，欧洲的中式园林与真正的中国园林又是否一致呢？中国园林对欧洲人造园观念的转变和造园思想的发展又产生了怎样的影响呢？

人们知道，地形和水是中国风景的两个重要组成部分，中文"山水"一词就是由山和水组成的，意味着风景。

（1）理水

水在中国园林中是极为特殊的造园要素，使园林富有生气。瑞典艺术史学家希伦（Osvald

Sirén, 1879—1966）就在《中国园林》(Gardens of China, 1949) 一书中强调：一个没有水的中国园林几乎毫无生气。因此，中国人要根据水源条件精心选择园址；园中蜿蜒的溪流与曲折的园路或游步道相结合，局部水系扩大成一至数个池塘，围绕着主水面的四周布置景点。王致诚无疑注意到了中国园林这一基本特征，他在书信中详细叙述了中国园林的水体布局手法。

其实西方园林也有着重视水景的传统，造园师大多擅长理水技巧，对他们来说模仿中国园林的理水手法并不困难。1728年，英国的卡罗琳皇后就在伦敦的肯辛顿园将一条"威斯布恩"的小河截流，从而在园中形成一座"蛇形湖"。这是欧洲园林中最早出现的曲线形人工湖。法国水工和制图专家勒鲁氏在《英中式园林》中介绍了巴黎的布丹花园府邸（Folie Boutin, Tivoli），首先提到的也是"蛇形湖"：蜿蜒的河流与弯曲的园路若即若离，人们或沿河行走，或跨桥过河。布丹园建于1766年，也是法国最早兴建的自然式园林之一。当时的欧洲人普遍把园中的自然式河流视为"新颖"的造园手法，甚至是一种"奇迹"：人们只需确定水系的源头，剩下来的似乎就可以交给自然完成了。

吉拉尔丹侯爵（Marquis Louis-René de Girardin, 1735—1808）于1766—1776年在自己的地产上兴建了著名的埃尔姆农维尔园，他巧妙地将洛奈特河改道，在园中形成自然式河流，并在两侧极其出色地塑造了自然河谷地形。克罗伊公爵在《日记》中提到尚蒂伊庄园的"小村庄"旁边的自然式池塘，充沛的水体和丰富的水景令人向往。在塞纳河畔的讷伊（Neuilly-sur-Seine）小镇兴建的圣詹姆斯花园府邸（Folie Saint-James）中，人们抽取塞纳河河水，在园内形成一条循环水系，从精心布置的视点中望去，塞纳河谷似乎顺着园林延伸过来。

然而也有一些园主们一味追逐时尚，或盲目攀比，不顾场地条件挖湖堆山，结果山丘高不过3m，河流几乎干枯无水。奥尔良公爵（Louis Philippe Joceph d' Orléans, 1747—1793）1773—1778年在巴黎南部平原上兴建的蒙梭园（Parc Monceau, Paris）就因缺乏水源，不惜抽取井水营造河流景色。原以为井水是取之不尽的，谁知几个小时后水井被抽干了，河床才略微有点湿润。

（2）掇山叠石

王致诚在书信中还详细描述了中国园林的掇山手法，他描绘的圆明园小山谷激起了欧洲人效法中国皇家园林的愿望，即使在平原地区也要努力塑造起伏的山丘。蒙梭园和1778年兴建的巴黎巴加特尔园（Bagatelle）都是在平地上人工堆出起伏地形的例子。有人还提到建造圣詹姆斯花园府邸时运送土石的车队，让人联想到王致诚描述的华北平原上建造皇家园林的情景。在中国皇家园林的影响下，欧洲人完全抛弃了场地周边原先平常的自然景观，致力于在园中再现风景如画的自然片断。只不过中国皇帝偏爱诗人和画家描绘的江南山水，而欧洲人则钟情于普桑、洛兰、阿尔巴尼或罗萨等画家笔下的阿卡迪亚、阿尔卑斯山等山景。

欧洲人从纽霍夫著作的插图中，或者中国工艺品描绘的园林中，都不难发现中国人对石头有着特殊的嗜好，喜欢在园中堆叠出造型独特的假山，或将奇石置于园中孤赏。其实，假山在早期的英国园林中就很常见，主要供游人登高望远。到17世纪英国人拆除高大的园墙后，假山更是风靡一时。法国人在18世纪初也开始在园中堆假山，到30年代这股风气更盛，枫丹白露森林中的自然岩石山成为人们喜爱的造园样板。在《英中式园林》这本书中，勒鲁氏以大量篇幅介绍了18世纪30年代以来欧洲出现的假山，说明在模仿中国园林的造园热潮出现之前，欧洲人就对假山兴趣浓厚了。虽然中国园林并不是因为假山才引起欧洲人注意的，但是这股"中国园林"热潮确实也迎合了欧洲人的一些造园传统。我们可以想象一下，当欧洲人在中国园林中发现自己熟知的要素时所产生的那种亲切感和自豪感。

（3）植物配置

由于植物要素往往在中国园林中起辅助作用，因此欧洲人对中国园林的植物造景手法了解不多，只知道垂柳、竹子、漆树等寥寥几种中国园林的常用植物。为了营造与中国园林一致的植物景观，人们只好仿照中国瓷器、漆器等工艺品上描绘的园林景致，在园中布置一些园林植物小景，最常见的是在园亭中欣赏垂柳的倒影，或与奇石融为一体的竹子。

实际上，18世纪欧洲的自然植被明显不同于中国的植物群落，因此在欧洲兴建的园林中，植物景观肯定会与中国园林的植物景观大相径庭。只是到了19世纪下半叶，苏格兰植物学家和冒险家福琼（Robert Fortune，1812—1880）把中国植物大量盗取并引种到欧洲之后，欧洲人才真正了解到中国植物区系的特点。福琼受英国皇家园艺协会的派遣，曾在1839—1860年先后四次来华调查及引种植物。此后，原产于中国的植物大举进入欧洲园林，人们在园中以收藏来自中国的珍稀植物为乐趣。丰富的植物资源从此也为中国赢得了"世界园林之母"的称号。

（4）造园思想

不仅在造园要素和造园技艺上，而且在造园思想上，欧洲人也深受中国园林的影响，从而在造园观念上出现了巨大的转变。尤其是法国造园家们也像中国的造园家那样，把园林看作是整个世界的缩影，试图把整个自然浓缩在一个园林中。由此表明英国人和法国人在自然式造园思想中存在的主要分歧。在英国，由于以"万能布朗"为代表的造园思想占据了主导地位，人们倾向于完善原有的自然景观；但在法国，人们更希望在有限的园林空间中创造丰富多变的景致，完全不同于原有的自然景观。

蒙梭园的设计师、剧作家和画家卡蒙泰尔（Louis Carrogib de Carmontelle，1717—1806）在介绍蒙梭园时写道："自然因气候而变化。要让气候变化，使我们忘却身在何处。要让园林景致像戏剧布景那样富于变幻，要使人在园林中看到最娴熟的画家创造的装饰效果，每个角落、每时每刻都令人陶醉。"正如卡蒙泰尔所说的那样，法国人醉心于在园林中再现那些富有变化的、多种多样的、优美迷人的自然景观。

蒙梭园就是以卡蒙泰尔创作的舞台背景为样板建造的三维空间，它就像是充满奇景的梦幻小屋，置身其中既能观赏，又可游览。或者像中国人所说的那样，在园林中可居、可游。与西方传统园林不同的是，中国园林非常强调"步移景异"的动态视觉效果，当时欧洲人设计的中式园林同样重视"步移"给人带来的各种"惊喜"。设计师往往花费大量精力设计错综复杂的游览线，既要延长人们在园中的游览时间，又要创造大量迷人的景点。

由于当时欧洲人接触到的是以圆明园为代表的中国皇家园林，中国帝王在造园时往往更加注重景物的奇特性和极度的吸引力，完全不同于文人山水园崇尚的朴实与精巧。受其影响，欧洲人营造的中式园林也往往被看作是追逐时尚的游乐场所，园主们造园的目的就是为了展示甚至炫耀自己的财富、品位，认为造园最重要的一点就是要"取悦"于人。

中国的帝王常常把园林看作是其统治下的帝国的缩影，园中汇聚了来自全国各地的美景。欧洲园主们追随中国帝王的造园意愿，也把园林看作是集中展示全世界形象的地方。王致诚在书信中就描述了中国皇帝如何热衷在园林中"耕作"的情景："园中有田野、牧场、房屋、农舍等，还有牛、犁等一应农具。人们在园中播种小麦、水稻、蔬菜等农作物；收获庄稼，采摘水果。总之，在园中能找到乡村中的一切，极尽细致地模仿简朴的乡村生活的方方面面……人们想在园中表现的就是质朴、自然的乡村。"

就在王致诚的书信公开发表的第二年，路易十五的岳父、逊位的波兰国王斯坦尼斯拉斯（Stanislas Leczinski，1677—1766）就在自己位于洛林（Lorraine）的法式园林中，围绕一片自然岩石兴建了一座"村舍"，有风车、水车，还有奶牛、洗衣妇、吹风笛的牧羊人，甚至洞穴中的隐士。这是根据传教士的书信在园中兴建的第一座"小村庄"。值得一提的是吉拉尔丹侯爵此时就在洛林为波兰国王效力，他后来在埃尔姆农维尔园中重新拾起了乡间小村庄的想法，并把卢梭当作真正的隐士，安葬在这座园林中。

有很长一段时间，建筑师贝朗热（François-Joseph Bélanger, 1744—1818）在尚蒂伊庄园兴建的"鞑靼人的村庄"都是法国最著名的小村庄，名称应该来自纽霍夫的著作。在贝尔维尤（Bellevue）庄园建筑师米克（Richard Mique, 1728—1794）设计的园林中，路易十五的女儿们1775年又兴建了一座小村庄。1783—1786年，米克作为玛丽皇后（Marie Antoinette, 1755—1793）的建筑和园林总监，以尚蒂伊的小村庄为样板，在小特里阿农园中也兴建了一座小村庄（图5-20）。此外，玛丽皇后的宫廷总管庞提埃弗尔公爵（Louis-Jean-Marie De Bourbon, duc de Penthièvre, 1725—1793）还在朗布耶（Rambouillet）庄园兴建了一座小村庄。通过这些小村庄作品，中法两国的皇家园林紧紧联系在一起。从王致诚描写的圆明园，到波兰国王的洛林村舍，再到玛丽皇后的特里阿农小村庄，构成了一条清晰的发展脉络。

受法国的影响，在园中兴建小村庄的热潮还流传到欧洲其他国家的皇家园林。腓特烈二世（Friedrich II von Preuben, der Grobe, 1712—1786）1782—1785年在威廉山（Wilhelmshohe）兴建了一座"示范村"，还取了个纯正的中文名称，叫"木兰寨"。这座村庄坐落在小溪边，中心是中式重檐凉亭，四周布置着中式农舍、小桥等。1784年起，俄国女皇叶卡捷琳娜二世（Catherine II, 1729—1796，1762—1796在位）也在圣彼得堡附近的沙皇村（Tsarskoïe-Sels）中兴建了著名的"中国村庄"，包括宝塔、戏楼、桥梁等中式建筑。

从这些小村庄中，我们还能发现一个奇特的现象：即使是在模仿乡村生活方面，18世纪的欧洲人也不希望以真实的乡村为样板，不去直接模仿乡村生活本身，而是从别人的作品中，或从著作的描述中，或从书籍的插图中寻找设计样板。这也可以用来解释18世纪的欧洲人不去直接模仿自然，而是模仿中国园林的重要原因。克罗伊公爵认为中国的造园手法就是"有品位地模仿自然"，关键之处不是"自然"，而是"品位"，因此人们模仿中国园林，就是要模仿中国人的"好品位"。

因此，英国诗人申斯通的利索尔斯园（Leasowes），卢梭在《新爱洛绮丝》中描写的克拉伦园（Verger de Clarens），与来华传教士们描写的中国皇家园林交织在一起，成为18世纪的欧洲人乐于借鉴的造园蓝本。人们无疑在申斯通、卢梭和中国皇帝身上发现了值得模仿的"品位"。由此可见，18世纪欧洲流行的模仿中国园林造园热潮或许产生于思想家、文学家和艺术家们所描绘的一种幻想，一种对于过去的模糊的回忆。无论事实如何，有一点却是肯定的，那就是18世纪的自然式园林开创了西方人喜好在自然中休闲娱乐的传统习惯。

实际上，中国古典园林表现的对象和主题也大多来自山水诗和山水画，中国造园家并不去直接模仿大自然，而是追求比现实中的自然更加真

图5-20 小特里阿农园中的小村庄

实的理想化自然，从而使园林作品具有更强的艺术表现力。在传统的道家求仙思想影响下，中国人视园林如人间天堂，由此发展出一整套造园体系。虽然18世纪的欧洲人几乎完全忽视了中国的道家学说，但是自古巴比伦以来，西方人也有着类似的造园传统。王致诚描绘的圆明园是"一个真正的人间天堂"，其实阐明了东西方人共同追求的造园含义。

在中国园林的影响下，18世纪欧洲人最重要的造园指导思想就是要寻回"失去的乐园"，或者说重新与自然和谐共存。人们为此而在园林中努力创造各种令人惊喜的景物，实现卡蒙泰尔的"每个角落，每时每刻都令人陶醉"的愿望。从园中的小建筑身上，我们也能够发现18世纪欧洲人赋予造园的深刻哲理和思想内涵。寻回失去的乐园的思想，反映在人们对"起源"问题的关心。在巴加特尔园中兴建了一座"根源之家"，它以四株活树的树干为支柱，表现出对自然的依赖。对于人类未知的"未来"，则表现在呈现"未完成状态"的小建筑上，比如埃尔姆农维尔园中的"哲学殿堂"，表明人类的思想永无止境。最著名的是莱兹荒漠园中呈半废墟状的圆柱形塔楼，象征着人类文明是"破碎的记忆"与"未完的壮举"的结合。

5.8 英国自然风景式园林的特征

18世纪上半叶，英国自然风景式园林的出现，表明自然主义思想在文化艺术领域中居于统治地位。它使自然摆脱了几何形式的束缚，以更具活力的形式出现在人们面前。造园已不再是利用自然要素美化人工环境，也不是以人工方式美化自然，而是要利用自然要素美化自然本身。

英国自然风景式园林的重要特征，就是要借助自然的形式美，加深人们对自然的喜爱之情，并促使人们以新的视角，重新审视人与自然的关系，将表现自然美作为造园的最高境界。随着时代的发展，人们对自然美的认识也在不断变化，在原有的自然观中又出现了各种新思潮和新观念，

使得英国风景式园林在表现手法上有所不同，并形成了各具特色的风景式园林风格。然而，这些园林风格都有一个共同的特点，就是对自然美的不懈追求，表达了相同的热爱自然、回归自然的愿望。

5.8.1 相地选址

英国自然风景式园林大多是由过去皇家或贵族的规则式园林改造而成的，如霍华德庄园、布伦海姆风景园等。造园家将整形的台地、林荫道、树丛、水池，改造成自然式缓坡地形、树团、池塘等，在府邸的附近形成大片开阔的疏林草地，并将园外的自然或田园风光引至府邸。园林四周的自然风貌或田园风光，成为造园的基础，造园注重对场地自然美的发掘，并力求使自然富有人情味。

英国的国土景观十分优美，似乎整个自然就是一个大园林，稍加整治，就是一片开阔宜人的园林景观。而且自然起伏的丘陵，一望无际的牧场，与园中的水面、草地、树丛、森林等自然景观融为一体。自然风景有助于扩大园林的视野，而园林又有助于形成人性化的自然景观，两者珠联璧合，往往使人难以分清内外。

5.8.2 园林布局

风景如画的国土景观，使英国人对自然风景之美产生了深厚的感情，返璞归真、融入自然成为人们追求的造园原则。在园林布局上，也尽可能地避免与自然的冲突，更多是运用弯曲的园路、自然式的树丛和草地、蜿蜒的河流，形成与园外的自然相融合的园林空间，彻底消除园林内外之间的景观界限。

在英国风景式园林中，大片的缓坡草地成为园林的主体，并一直延伸到府邸的周围。园内利用自然起伏的地形，一方面阻隔视线，另一方面形成各具特色的景区。在总体布局中，建筑不再起主导作用，而是与自然风景相融合。全园没有明显的轴线或规则对称的构图，失去了规则式园林的宏伟壮丽，换来的是亲切宜人的自然气息。

水体设计以湖泊、池塘、小河、溪流为主，常为蜿蜒的自然式驳岸，构成缓缓流动的河流或平静如水镜面的水景效果。园路设计以平缓的蛇行路为主，虽有分级，但无论主次，基本都是自然流畅的曲线，给人以轻松愉快的感觉。植物配置模仿自然，并按照自然式种植方式，形成孤植树、树团、树林等渐变层次，一方面与宽敞明亮的草地相得益彰，另一方面使得园林与周围的自然风景更好地结合在一起。

5.8.3 造园要素

虽然地形、水体、植物、建筑仍然是英国自然风景式园林最主要的造园要素，但是由于自然观的变化，使这些造园要素的表现形式，与意大利、法国等规则式园林相比，又有极大的差异。

（1）"哈-哈"墙

"哈-哈"墙又称为隐垣或界沟，是由布里奇曼率先采用的。它以环绕园林的宽壕深沟，代替了环绕花园的高大围墙。"哈-哈"的运用，除了界定园林的范围、区别园林内外、防止牲畜进入园内造成破坏之外，还使得园林的视野得到前所未有的扩大，使园林与周围广袤的自然风景融为一体，完全取消了园林与自然之间的界限。在园林中，人们极目所至，园外的丘陵、树丛、牧场、羊群等，尽收眼底，统统成为园林极妙的借景。"哈-哈"的运用，更胜于中国园林中的借景，是英国自然风景式园林中独具匠心的造园要素。

（2）植物要素

英国人对植物研究的兴趣由来已久，随着植物种类不断丰富，植物景观和园林风貌都出现了巨大变化。到18世纪末，植物景观更是造园家追求的主要方面，是园林景色多样性和丰富性的重要体现。

受国土风貌和自然气候的影响，疏林草地成为英国自然风景园中最具特色的植物景观。英国农业以畜牧业为主，大片的牧场在英国人眼中，就是富有诗情画意的田园风光。因此，绿毯般的缓坡草地，在园林中得到大量运用。在英国这个高纬度国家，倾斜的阳光将修长的树影投到绿茵茵的草地上，并且随着光线的变化，草地上的树影形成变幻多端的明暗和层次变化，给人们带来极大的视觉享受，同时也便于人们在园中开展各种娱乐和游戏活动。这也说明了树木配置在疏林草地中的重要性。

在英国自然风景式园林中，除了一些通向建筑物的林荫大道外，树木不再采用规则式种植形式。为了体现与自然相融合的原则，树木采取不规则的孤植、丛植、片植等形式，并根据树木的习性，结合自然的植物群落特征，进行树木配置。乔木、灌木与草地的结合，以及自由的林缘线，使得整个园林如同一幅优美的自然风景画。此外，除了作为建筑的前景或背景外，植物还常常起到隔景、障景的作用，以增加景色的层次与变化，营造更加生动活泼的景观效果。

在多雨的气候和灰暗的天空背景下，英国人不会满足于园中的绿色，而希望以色彩明快、艳丽的彩叶树和花木，创造欢快的园林气氛。彩叶树、花木或花卉是英国园林中不可缺少的植物材料，英国人对花木的喜爱，也达到了如醉如痴的程度。

在自然风景式园林中，花卉的运用主要有两种形式。一是在府邸周围建有小型的花园，并将花卉种植在花池中，四周围以灌木；二是在小径两侧，时常饰以带状种植的花卉，有时也撒播成野花组合，营造接近自然的野趣效果，称为花境。

此外，在池塘、湖泊、河流、小溪等水体边，常以各种水生植物作为最重要的造景材料，既美化并生动了水景，也增加了水体的层次和灵性，与栖息的各种水禽、水鸟一起，构成一幅幅更加和谐的自然风景画。

（3）水体要素

英国自然风景式园林中少有动水景观，而是以自然形态的水池，构成水镜面般的静水效果，较之规则式园林中的喷泉、跌水，有着淡泊宁静的景观特点。其原因在于英国园林面积较大，地形平缓，难以创造出意大利园林那般激动人心的动水景观。

同时，自然式的河道、溪流也经过一些必要

的处理，使不多的流水形式更加优美，更适合观赏。蜿蜒流淌的小溪，也给园林增添了变化与灵性。园中规模较大的水体，常是在地势低凹之处蓄积的湖水，护岸或绿草如茵或林木森森，水面波光粼粼，远处雁声阵阵，带给人无限的想象和惬意。

在府邸周围比较醒目的位置，也运用一些几何式水池、喷泉做装饰，表明在理水方面，自然式园林并没有完全摒弃规则式水景的应用。

（4）建筑要素

自然风景式造园家在将风景画作为造园蓝本的同时，也将画家们杜撰的点缀性建筑物引入园林。这些模仿希腊、罗马等古代庙宇，以及其他外来式样的纪念性小建筑，代替了规则式园林中常见的雕像，作为园林景点的主题。肯特就喜欢在园中运用各种表现哲理和文化的小建筑，但常因园中的小建筑太多，导致园林整体景色显得杂乱。在斯陀园中，至少有38座形式和风格各异的小建筑。卢梭也曾对斯陀园中堆砌的建筑物表示遗憾。

这些小建筑大多是毫无实用功能的装饰物，也有的可供人们在园中小憩，主要是用来形成园内的视线焦点，构筑浪漫的古代情怀或异国情调。尤其是在浪漫式风景园中，建筑在园林中所占的比例之大，几乎到了有园必有庙的程度。以中国风格为代表的异国情调，也成为园中建筑的主题。中国式样的亭台楼阁，是园中在数量上仅次于古代神庙的小建筑，往往布置在地势较高处，由数根圆柱相围，顶部设一个半球形穹顶，中央多安放一尊大理石雕像。此外，帕拉第奥式和哥特式建筑风格，也是风景园中常见的建筑样式。

园林中愈演愈烈的点缀性建筑物，表明当时的造园家们将怪诞的想象力发挥到了极致。卢梭认为英国园林除了自然风景之外，几乎一无是处。他指责，"人们口口声声是在美化自然，而在我看来其实是在歪曲自然"。

斯塔罗宾斯基（Jean Starobinsky, 1920—？）认为，英国园林是"一个追忆过去的地方"。园中的小建筑是英国人高举的爱情、道德和哲学思想纪念碑；墓穴、铭文、庙宇等小品，也是为了建立对"逝者"深切的怀念。从造园手法出发，又发现这些园林是"相同的、向天空敞开的空间，结合一些令人好奇的小建筑"。他总结出这些完美的园林，仿佛将人们置于现实生活之外，与其说是为了生者的欢聚，不如说是为了缅怀逝者的功绩。

在英国风景园中，常用岩石假山代替规则式园林中常见的洞府，内置雕像，或构成阴凉的洞中天地。园桥也是自然风景式园林中常见的构筑物，有连拱桥和亭桥（或廊桥）等形式，常架设在溪流或小河之上，既有交通功能，又起到观景和造景作用。连拱桥一般较为低矮，三五孔不等；廊桥则采用高大的帕拉第奥式样，是长廊与小桥的完美结合。这类廊桥造型生动，装饰精美，是英国自然风景式园林的独创。

除此之外，英国园林中还常常设有石碑、石栏杆、园门、壁龛等建筑小品。与过去园林不同的是，壁龛中陈列的不再是神话中的英雄或神祇，而是先哲们的雕像。

小　结

英国是大西洋中的岛国，在哲学思想和文化艺术方面受欧洲大陆的影响相对较少。由于气候温和湿润，有利于牧场的发展，如茵的草地与丘陵地貌和树丛相结合，形成英国独特的国土风貌，为英国本土园林风格的产生奠定了基础。

早期的英国园林以规则式造园为主，受到欧洲大陆的意大利、法国、荷兰及德国等国艺术风格的极大影响，其中又以意大利风格主义园林和巴洛克园林，以及法国古典主义园林的影响为甚。这一时期，英国园林完全追随着欧洲大陆园林的发展演进，在布局和要素方面都是欧洲大陆造园样式的翻版，鲜有适合英国国土风貌或文化特征的创新。

18世纪初，英国造园家们开始努力摆脱欧洲大陆的影响。他们不再以外来的园林形式为样板，转而寻求体现英国自身特点的造园样式。在政治体制上英国率先建立了君主立宪制，使象征绝对君权的法国古典主义园林遭到猛烈的抨击。在哲学思想上英国盛行经验主义，它与欧洲大陆盛行的理性主义针锋相对,否认"美是比例的和谐"这一理性主义奉行的美学原则,认为艺术的真谛在于情感的流露。在启蒙思想的影响下,人们对自然本身产生浓厚的兴趣,在造园中强调自然带来的活力和变化。在造园手法上,他们以风景画为蓝本,营造如画般的园林景色。在英国社会、政治、经济、文化、艺术等因素的综合影响下,英国园林经过不规则化阶段,产生了自然风景式园林样式,并在近一个世纪当中,经历了自然式、牧场式、绘画式和园艺式等各个发展阶段,最终取代古典主义园林,成为统帅欧洲造园艺术的新样式。

在18世纪的英国造园家当中,肯特被看作是自然风景式园林的开创者。他以洛兰等画家的风景画为蓝本,创造出富有自然野趣的风景式园林风格,并借助哲理性的园林建筑,形成说教式的园林文化。随后的布朗抛弃了肯特式的说教,并以牧场代替了肯特的野趣,形成极度纯净的自然风景式园林风格。与布朗同时代的钱伯斯,反对布朗式园林中平淡的自然,提倡向中国园林那样,对自然进行艺术加工。由钱伯斯等开创的"如画的"(Picturesque)风景园风格,将英国风景式园林的发展推向奇特和荒诞的极致,并导致英国造园界随后出现了"自然派"与"绘画派"之间的争论。到18世纪末,商业化设计风气的盛行,使雷普顿等人不再追求纯净的园林风格,而是利用日益丰富的植物,营造更加悦目的园林景色,开创了自然风景式园林中的园艺派风格。

英国自然风景式园林的出现,是欧洲园林艺术领域里一场深刻的革命,它一反自古以来欧洲以规则式为主导的造园传统,彻底颠覆了西方传统的古典主义美学思想,

将自然美视为园林艺术美的最高境界。自然成为园林的主体,造园从利用自然之物来美化人工环境,转变为利用自然之物美化自然本身,使欧洲人对待自然的态度发生了根本性的转变。风景式园林的产生,也为西方人开辟了一种新的造园样式,使西方园林从此沿着规则式和不规则式两个方向发展。并且随着这两种形式之间从相互对立走向相互补充,使得西方园林艺术体系的发展更加成熟,并走向多元化。

思考题

1. 英国规则式园林有哪些基本特点?受到哪些国家园林形式的影响?
2. 英国风景式园林产生的原因有哪些?受到中国园林的影响有哪些?
3. 英国风景式园林的发展分为哪几个阶段?各个阶段又有哪些特点?
4. 为什么说布里奇曼首创的"哈-哈"是风景式园林产生"决定性的一招"?它对风景式园林的产生和发展起到什么关键作用?
5. 英国风景式造园时期有哪些代表人物及作品?
6. 结合斯陀园的几次改造,分析肯特与布朗的造园手法有哪些不同?
7. 结合邱园分析中国山水园与英国风景园有哪些共同点和不同之处?
8. 自然式风景园与绘画式风景园有哪些不同?自然式与绘画式争论的焦点在哪里?

第6章

欧洲其他几国园林概况

在欧洲园林艺术发展史上，意大利文艺复兴园林、法国古典主义园林和英国风景式园林是最重要的三大造园样式。从15世纪开始的文艺复兴时期，到18世纪开始的工业革命时期，欧洲造园艺术是分别在意大利、法国和英国园林的统率下不断发展的，其他国家的园林都是这三大造园样式影响下的产物。这些国家在充分汲取意大利、法国和英国造园样式的基础上，结合本国的自然条件，以及政治经济和社会文化背景，对上述三大造园样式进行了适应性的变革。尽管未能自成一体，但是对欧洲园林的发展也起到一定程度的推动作用。

早在古罗马时期，欧洲各民族就受到古罗马文明的直接影响，大部分国家至今还保留着古罗马的建筑遗址。到15世纪初期，当欧洲各国的园林还在修道院和城堡中进行谨慎的变革时，意大利园林已经经过近一个世纪的发展，有着较高的艺术成就了。在文艺复兴时期，欧洲各国都不同程度地受到意大利园林的影响，其中以法国尤甚。

法国文艺复兴初期，最早兴建的园林都是意大利人迈柯利阿诺的作品。到弗朗西斯一世时期，一些意大利著名的建筑师，如维尼奥拉、普里马蒂乔、塞里奥等人都曾应邀来到法国指导造园，对法国园林的发展产生了巨大影响。在西班牙、德国、荷兰和英国，也留下了大量意大利园林影响的痕迹。

法国古典主义园林形成于巴洛克时代初期（约1660—1770），并给巴洛克艺术带来了高贵典雅的风格。17世纪下半叶，由勒诺特尔开创的古典主义园林风格迎合了教皇、君主及贵族们的喜好，随着巴洛克艺术的流行，以及法国文化艺术的影响迅速传遍欧洲。从西班牙到俄罗斯，从英吉利到意大利，人们纷纷效仿。一时之间，法国造园家也身价倍增，纷纷应邀到欧洲各国参与造园。勒诺特尔本人去过意大利和英国指导造园；克洛德·莫莱的两个儿子先后为瑞典和英国的宫廷服务；勒布隆在圣彼得堡参与园林和城市的建造。法国古典主义园林在欧洲造园界的统率地位一直延续到18世纪中叶，而在有些国家延续的时间甚至更长。

欧洲受勒诺特尔式园林影响较大，形成自己的特色并留下重要作品的国家，主要有意大利、荷兰、德国、奥地利、西班牙、俄罗斯和英国等。从地域上看，欧洲北部国家由于地理特征与法国相似，因而更多地保留了勒诺特尔式园林的总体风貌，空间处理上虽然不那么富于变化，但与辽阔的平原景观十分协调。欧洲南部多为山地国家，造园通常依山就势，很难形成勒诺特尔式园林广袤的空间和深远的透视效果。为了扩大园林的空间感，中轴线的处理往往将视线引向天空，而不像意大利文艺复兴园林那样将视线引向花坛。在花坛、园路、水池等造园要素方面，尺度也比意大利台地园放大许多，台地的层数减少了，但面积扩大许多。

英国自然风景式园林的出现，使欧洲摆脱了规则式园林的束缚，造园手法更加丰富多变。欧洲园林受英国风景式园林的影响更加广泛而深刻，在法国形成了英中式园林，并一度风靡全欧洲；在德国的影响是产生了"德国式"自然风景园。随着风景式造园时尚向东扩展，俄国的叶卡捷琳娜二世（CatherineⅡ，1729—1796，1762—1796在位）受其影响，将沙皇村中（Tsarskoye Selo）的园林全都"英国化"了。并且整个欧洲都在发展珍稀品种栽培技术。不仅私家园林，而且公共园林在植物整治中，也十分关注美丽的树种和柔和的线型。

图 6-1　西班牙地理位置图

6.1　西班牙园林概况

像欧洲许多国家那样，西班牙尽管有着独特的自然地理与气候条件，人们也十分喜爱造园，然而在园林艺术上，西班牙人却未能开创出属于本民族的造园样式，始终在照搬别国的造园模式（图6-1）。

罗马人的统治，在这里留下了大量罗马文明的印记。罗马人遗留下来的庄园，成为后世西班牙人造园的范本，园林的布局、要素和工程做法等，都受到古罗马园林的巨大影响。甚至有些西班牙人庄园的建筑材料，就是直接从古罗马建筑物上拆下来的。

西班牙是一个山地国家，平原十分稀缺，庄园通常都建造在山坡上。同时由于气候炎热又濒临海峡，在山坡上不仅能欣赏到开阔的风景，而且能享受到微风带来的清凉，山坡因而成为更加理想的造园胜地。典型的造园手法，就是在山坡上开辟一系列平整的台地，由于山坡大多地势陡峭，台地通常呈狭长的带状，并围以高墙，形成封闭且内向的庭园空间。沿着墙边再种上高大挺拔的柏木树带，或

代之以果木，加强了庭园的私密性氛围。每一层台地上通常布置有水景，种植树木，创造出舒适宜人的小环境。整体上又形成郁郁葱葱、富有层次的山林景色。为了便于在山坡上眺望远景，园中常设有各类观景台，或代之以府邸建筑。

在中世纪时期，占领西班牙的摩尔人一方面继承了罗马人的造园传统，另一方面又融入了阿拉伯人的造园手法，在西班牙留下了许多精美的伊斯兰式园林作品。到文艺复兴时期，西班牙的王宫别苑建设开始大量借鉴意大利和法国的造园手法。到了18世纪上半叶，西班牙人建造的皇家园林，又明显地成为模仿法国勒诺特尔式园林的产物。各种外来园林样式与西班牙的地理、气候和文化相结合，虽然未能产生西班牙园林样式，却有其独特的艺术魅力。

6.1.1　西班牙概况

西班牙位于欧洲西南部的伊比利亚半岛（Iberia，又称比利牛斯半岛），东北与法国和安道尔（Andorra）接壤，西邻葡萄牙；东及东

南临地中海，南端隔直布罗陀海峡（Estrecho de Gibraltar）与摩洛哥相望，西南为加的斯湾（Golfo de Cádiz）；西部一角濒临大西洋，北为比斯开湾（Bay of Biscay）。国土面积约 $50.6 \times 10^4 km^2$，海岸线长约6800km。境内多山，是欧洲主要的高山国家之一，平原仅占11%。全国35%的地区海拔在1000m以上，主要山脉有坎塔布连（Cantabrian Mountains）、比利牛斯（Pyrenees）等。河流有埃布罗河（Ebro River）、杜罗河（Duero River）、塔霍河（Tajo River）、瓜达尔基维尔河（Guadalquivir River）等。中部高原属大陆性气候，北部和西北部沿海属海洋性温带气候，南部和东南部属地中海型亚热带气候。

公元前9世纪，凯尔特人陆续从中欧迁入伊比利亚半岛。从公元前8世纪起，这里不断遭到外族的入侵。在公元前218—公元414年，这里又被罗马人所征服；到415—711年又被西哥特人所占领；自711年起处于阿拉伯人的统治之下。

1492年，西班牙人取得"光复运动"的胜利，建立了欧洲最早的统一中央王权国家。同年10月，哥伦布发现了西印度群岛。此后，西班牙逐渐成为海上强国，在欧、美、非、亚均有其殖民地。1588年，西班牙的"无敌舰队"被英国击溃，此后开始走向衰落。1873年，西班牙爆发了资产阶级革命，建立了第一共和国。1874年12月王朝复辟。在1898年的西美战争中，西班牙失去了在美洲和亚太地区的最后几块殖民地。

6.1.2 西班牙伊斯兰园林

西班牙伊斯兰园林又称摩尔式园林，是指在西班牙境内由摩尔人（Moors[①]）所创造的、以伊斯兰风格为特征的园林样式。

6.1.2.1 伊斯兰园林概况

在世界园林艺术史上，伊斯兰园林占有十分重要的地位，与东、西方园林并称世界三大园林体系。伊斯兰园林又以波斯伊斯兰园林、西班牙伊斯兰园林和印度伊斯兰园林为代表。

早期的阿拉伯人生活在炎热干燥的沙漠地带，以游牧为生，分布比较分散。由先知穆罕默德（The Prophet Muhammad[②]，570—632）创立的伊斯兰教，统一了整个阿拉伯半岛。随后，阿拉伯人不断对外扩张，建立起强大的阿拉伯帝国。到7~8世纪时，阿拉伯帝国的疆域非常广阔，从西欧的比利牛斯山脉起，经西班牙，横跨北非，又经叙利亚、亚美尼亚、美索不达米亚和波斯，再经中亚，一直延伸到印度和中国的边界。

阿拉伯人大量吸收了被征服民族的文明成就，经过长期的融会贯通，创造出独具一格的伊斯兰文明。在被征服的民族当中，波斯人对伊斯兰文化艺术的发展产生了极大的影响。阿拉伯人的建筑与园林艺术，也首先是以波斯为榜样的，称为波斯伊斯兰式样，并影响到整个伊斯兰教统治地区，形成统一的伊斯兰样式。

6.1.2.2 波斯伊斯兰园林概况

（1）自然概况

波斯人生活的本土，自古以来便是巨大的阿拉伯半岛，它拥有广袤的沙漠，而狭窄的海湾是仅有的肥沃地带。波斯（Persia，现今伊朗）是一个高原和山地相间的国家，国土大部分位于伊朗高原上，平均海拔达1200m。除里海（Caspian Sea）和波斯湾（Persian Gulf）沿岸一带为冲积平原外，其他地区多为山地和沙漠，且常年气候炎热，干旱少雨。恶劣的自然环境，对波斯人的生存提出了严峻的挑战。建立良好的引水灌溉系统，是他们开垦种植的先决条件。

（2）历史背景

波斯曾是举世闻名的东方强国之一。公元前6世纪，波斯人兴起于伊朗西部高原，建立了波斯

[①] 摩尔人：中世纪伊比利亚半岛（今西班牙和葡萄牙）、马格里布和西非的穆斯林居民。历史上，摩尔人主要指在欧洲的伊斯兰征服者。

[②] 穆罕默德：穆斯林公认的伊斯兰教的先知，是伊斯兰教的创始人，约570年出生于麦加，632年6月8日逝世于麦地那。此外，他还统一了阿拉伯的各部落，并以此奠定了后来阿拉伯帝国的基础。

帝国，占领了小亚细亚、两河流域及叙利亚广大地区。公元前538年，波斯人攻克了巴比伦、埃及北部以及印度旁遮普（Punjabi），建立了从尼罗河到印度河的庞大帝国。波斯文明也在这一时期发展到顶峰，在绘画、建筑、制毯、烧瓷等方面具有很高的水平。直到7世纪初，波斯帝国被阿拉伯人所灭，波斯文化也被阿拉伯人全盘接受。

（3）园林概况

波斯园林同古希腊园林一样，都曾有过辉煌的历史。也像后来的意大利、法国和英国园林那样，是生活环境和文化发展的产物。波斯园林的产生与发展，受到其自然环境、宗教思想和生活习俗的巨大影响。波斯地处荒芜的高原地区，且气候炎热，干旱少雨，波斯园林是波斯人适应自然环境，并在恶劣的生存环境中，追求适宜的人居环境的产物。在辽阔却又十分贫瘠的土地上，波斯人渴望创造一个与周围环境隔绝，有着丰硕果实和鲜花的庭园；在干旱炎热的条件下，他们渴望拥有一片浓荫蔽日、凉爽湿润的绿洲；在四周茫茫沙漠的不毛之地上，营造一个安宁和谐、舒适怡人的胜境。

首先，在波斯恶劣的气候条件下，水是十分珍贵的，水体因此成为园林中最重要的造园要素，在灌溉植物、改善小气候环境、组织空间和营造景观方面发挥出巨大作用。由于水源的匮乏，波斯人开始利用高山上的常年积雪，通过地下隧道，将清凉的雪水引入城市和村庄，并在需要的地方从地面打井提水。这一独特的引水方式沿用了数千年，大大减少了因地表蒸发而丧失宝贵的水资源。我国新疆地区的坎儿井[①]就是受其影响的产物。

其次，宗教思想对波斯园林的形式和要素也产生了极大的影响。古波斯人信奉的拜火教（Zoroastrianism）[②]认为，天国中有金碧辉煌的园路、丰硕的果实和盛开的鲜花，还有钻石和珍珠镶嵌的凉亭。这些都反映在古波斯人的庭园中。当阿拉伯人统治波斯之时，伊斯兰教宣扬的天堂，本身就是一个巨大无比的庭园，并按照古兰经中所描述的天堂建造庭园。于是，波斯人在庭院中栽培大量的果树，装饰着各种花木，设置供人休憩的凉亭，还将数个小庭园连接起来布置，体现出上述宗教思想的影响。

最后，波斯人喜欢在庭园中种植庭荫树，通常密植在高大的土墙内侧，以获得一种占领感并防御外敌，这是波斯国民性的最好体现。高大厚重的土墙、密植的庭荫树、狭窄的空间和大量的水体，形成干旱炎热环境中相对舒适宜人的小气候环境条件，为开展户外活动提供了便利。

（4）波斯伊斯兰园林特征

波斯伊斯兰园林的特征主要体现在水体的运用、空间布局、植物配置、装饰风格等方面。

水是波斯伊斯兰园林的灵魂，得到了广泛而精心地利用，蓄水池、水渠、喷泉等各种引水设施和理水手法，支配着庭园的布局。在干旱炎热的气候条件下，要使园林植物得以正常生长，必须每天浇灌植物两三次，特殊的引水系统和灌溉方式，成为波斯伊斯兰园林的一大特点。在灌溉方面，波斯人一改其他地区常见的、自上而下的浇灌方式，而是利用沟渠等，定时地将水体直接引到植物的根部，从而避免了在烈日下因叶片上的水珠蒸发而受到灼伤。同时，植物种植在设有防水层的巨大种植池里，确保水分能被植物根系慢慢吸收，避免渗漏。

水体具有增加空气湿度，降低气温的功能，尤其是在炎热干旱的夏季，水能给人体带来清凉的感受，结合庭荫树的阴凉，令人感到仿佛置身天堂。水还能形成各种水景，活跃庭园气氛。由于波斯伊斯兰园林的面积不大，水又十分珍贵，为了避免大量蒸发所造成的浪费，水景自然不会采用大型的泉池或跌水，而往往采用盘式涌泉的方式，几乎是一滴滴地跌落。在小水池之间，通常以狭窄的明渠连接，水渠坡度很小，偶尔溅起小小的水花，显得十分精细。

[①] 坎儿井：其结构大体上是由竖井、地下渠道、地面渠道和"涝坝"（小型蓄水池）四部分组成，主要利用春夏时节的大量积雪融水和雨水储存于山谷。坎儿井与万里长城、京杭大运河并称为中国古代三大工程。
[②] 拜火教：又称琐罗亚斯德教，是在基督教诞生之前中东最有影响的宗教，是古代波斯帝国的国教。

在植物材料的选择和运用上，同样受到气候条件的影响。波斯人对植物，特别是庭荫树情有独钟，同时对四季常绿的针叶树，以及各种果树也偏爱有加。悬铃木自古以来就被波斯人当作避瘟疫之物，松树能为波斯人实现"永远常青的绿色庭园"，因而成为常用的园林植物。月季是波斯伊斯兰园林中运用最为广泛的花卉。在种植形式上，高大的乔木一般成行列式栽植，果树则成片种植，花卉一般栽种在花床中。在并列的小庭园中，各个庭园内种植的树木，也尽可能采用相同的树种和规格，以便获得稳定的构图。

在庭园装饰方面，由于受伊斯兰教的影响，不允许以人或动物的形象作为装饰图案。因此，各种几何图案，构成建筑和园林装饰的主要题材。阿拉伯人十分喜爱人工图案的装饰效果，甚至胜于对花卉装饰的喜爱，认为人工装饰图案更能表达人的意愿。所以，黄杨植坛和卵石铺地组成的图案在庭园中比比皆是。

此外，彩色陶瓷马赛克在波斯伊斯兰园林与住宅建筑中的运用也非常广泛，形成别具一格的伊斯兰园林色彩和图案风格。贴在水渠和水盘底部的马赛克，在流水的作用下动感十足，在清澈的水池下则如镜面般熠熠闪光。水池的池壁、铺地的边线、台阶的踢脚和坡道、围墙的墙裙，甚至坐凳的凳面，都大量使用马赛克，效果更胜于大理石。有时凉亭内从上到下，贴满了色彩丰富、对比强烈的马赛克，形成造价不高，又极富特色的装饰效果。彩色陶瓷马赛克成为伊斯兰园林经久不变的装饰材料。

在庭园空间的布局上，波斯伊斯兰园林因面积较小显得比较封闭，类似建筑围合出的中庭，但与人的尺度非常协调。庭园大多呈矩形，用地比较规整，布局方式会根据庭园性质、功能的不同而略有变化。最典型的布局方式便是以十字形园路，将庭园分成面积相等的四块。园路略高于种植地，路中央设有灌溉用的小水渠，并在园路交叉处汇集成一个较大的浅水池，有时水池中设有喷泉；园路两侧种有树木，并栽植花卉。建筑物通常位于庭园的一侧，或从三面、四面环绕在庭园的周围。若园林用地很大，也常由一系列相类似的小院落组成，之间只有小门相通。有时也通过隔墙上的栅格和花窗，让人隐约看到相邻院落中的景致，以此引导人们从一个院落走向另一个院落。园内的装饰物很少，仅限于小型水盆和几条坐凳，体量都不大，与空间的尺度相适宜。

波斯伊斯兰园林也存在墓园的形式，通常面积较大，四周建有高大的围墙。墓室通常建在庭园中央，建筑规模与墓主社会地位的尊卑、财富的多少相关。园路以建筑为中心向四面辐射，并在两旁栽种常绿树木。水渠中的水也随路而行，流向四方。这对以后印度陵墓的布局产生较大的影响。

此外，游乐园一般建在地势起伏，有茂密树林的地方，且规模较大，以供王室贵族骑马射箭，狩猎行乐。

6.1.2.3 西班牙伊斯兰园林概况

7世纪初，伊斯兰教势力在阿拉伯半岛迅速崛起，并席卷了欧、亚、非三大洲，建立起庞大的伊斯兰帝国。在地域上，它继承了古波斯王国的绝大部分版图，疆土之辽阔，足以傲视马其顿亚历山大帝国和古罗马帝国。此时的欧洲大陆，在经历了辉煌的古希腊和古罗马文明之后，陷入了黑暗的中世纪，残酷的宗教统治阻挡了文明前进的脚步。伊斯兰帝国事实上成了当时西方文化的集大成者，其成就只有同期处在东亚文明之巅峰的大唐帝国可以匹敌。

8世纪初，信奉伊斯兰教的北非摩尔人从直布罗陀海峡攻入西班牙，占领伊比利亚半岛，平定了半岛的大部分地区，从此开始了对西班牙长达700多年的统治。在此期间，伊比利亚半岛始终处于信奉基督教的西班牙人和信奉伊斯兰教的摩尔人的割据战之中。伴随着伊斯兰帝国的逐渐解体，摩尔王朝也在西班牙迅速失势。基督教文明的兴盛，同时标志着伊斯兰文明的衰落。到了13世纪，摩尔人在西班牙已只能偏安一隅了。

摩尔人主要占据着伊比利亚半岛南部的北纬38°地带，这里属地中海气候，有着类似于北非的自然风光，比欧洲大陆的景色更富于变化。大部分国土都是贫瘠的荒芜之地，唯有沿海一带和沿江河流域的地区，才能见到植被繁茂的沃土。尽管受到连绵不断的战火干扰，摩尔人依然在统治区创造了高度的人类文明，城市经济得到了迅猛发展，人口剧增。当时欧洲最文明的都市，正是摩尔人统治下的科尔多瓦（Cordoba）。摩尔人在这里大力移植西亚的文化艺术，尤其是波斯、叙利亚的伊斯兰文化，并在建筑与造园艺术上，创造了富有东方情趣的西班牙伊斯兰样式。

摩尔人的造园水平，大大超过了当时的欧洲人，使得摩尔式园林在西欧一度盛行，并对西欧中世纪的造园风格产生了很大影响。不仅如此，后世的欧洲园林在造园要素和装饰风格方面也受到过伊斯兰园林的影响，如17世纪的欧洲花坛曾经流行摩尔式装饰风格。

在安达鲁西亚地区，摩尔人在内华达（Nevada）山脚下的一片大平原上兴建了都城科尔多瓦，它在摩尔王朝中始终占有举足轻重的地位和作用。自8世纪下半叶起，摩尔人统治者阿卜德·拉赫曼一世（Abdar-Rahman Ⅰ，731—788，750—788在位）就以祖父在叙利亚首都大马士革的宫苑为蓝本，在科尔多瓦大兴土木，建造宫殿和园林。他还派人从印度、土耳其和叙利亚等地引进了大量的造园植物，石榴、黄月季、茉莉等，都是这时从东方引入欧洲的。

继拉赫曼一世之后的摩尔人统治者同样热衷于建造宫苑，尽情享受园林情趣带来的各种愉悦。到10世纪时，都城科尔多瓦已成为欧洲当时规模最大、文明程度最高的城市之一，人口高达百万。据记载，科尔多瓦的大小园林竟有5000座之多，如繁星一般点缀在城市内外。一些宫殿和园林有幸保存至今，成为著名的旅游景点。在其他城市，摩尔人同样建造了许多宏伟壮丽、带有强烈伊斯兰艺术色彩的清真寺、宫殿和园林。

6.1.2.4 西班牙伊斯兰园林实例

摩尔人在西班牙建造的伊斯兰园林作品大多毁于战乱，幸存下来并保留至今的并不多见。其中，最著名的有格拉纳达城（Granada）的阿尔罕布拉宫（Alhambra）和格内拉里弗园（Generalife），以及塞维利亚城（Seville）的阿尔卡萨尔宫（Alcazar）等作品。

（1）阿尔罕布拉宫（Alhambra, Granada）

阿尔罕布拉宫是摩尔人国王的王宫城堡，于13~14世纪，建造在格拉纳达的内华达山余脉上。因其宫墙为红土夯成，并且周围的山丘也是红土，故在阿拉伯语中称为红宫。这是伊斯兰建筑、园林艺术在西班牙最具有代表性的作品。

阿尔罕布拉宫的雏形是一座军事堡垒，始建于公元9世纪。据说格拉纳达省早期的一些国王，也曾将城堡和宫殿建在拉萨比冈的军用工事上，但后来都销声匿迹了。阿尔罕布拉宫是在原来的军事堡垒的基础上，经过多次修葺和扩建而成的，落成之后因壮丽而神秘的气质无与伦比，成为格拉纳达城的象征。但是一直到13世纪40年代，它主要被用作军事城堡，并不是国王的住所。

最早将阿尔罕布拉堡垒改建成王室宫殿的君主，是那斯里德王朝（Nasrid Dynasty, 1238—1492）的创立者穆罕默德一世（Muhammad Ⅰ，1195—1273，1232—1273在位），后经几位摩尔人国王，以及后来基督教王室的扩建，形成伊斯兰文化和基督教文化交相辉映的宫殿群。既有阿拉伯人以蓝色为主调的穹顶建筑，又有欧洲文艺复兴时期的罗马式建筑。

1238年，驻守在阿尔卡萨巴的摩尔人贵族阿赫迈德（Muhammad Ibn al-Ahmar）打败了北方的基督教军队，建立了那斯里德王朝，称号穆罕默德一世，都城设在格拉纳达。这里平均海拔720m，8世纪时摩尔人就开始在此建立了村落。几年后，穆罕默德一世与基督教国王达成协议，成为后者名义上的封国。由此换来了该地区长期稳定与繁荣发展的大好形势，并为伊比利亚半岛南部地区带来了大量的财富。格拉纳达作为摩尔人的最后一个军事据点，直到1492年，被卡斯提尔女王伊莎贝拉一世（Isabella Ⅰ，1451—1504，1474—1504在位）和阿拉贡国王斐迪南五世（Ferdinand，1452—1516，1479—1516在位）率领的基督教军队打败，结束了摩尔人在西班牙长达700余年的统治。

1248年起，穆罕默德一世在阿尔罕布拉堡垒上大兴土木，建造宫殿。一个世纪后，约瑟夫一世（Yusef Ⅰ，1318—1354，1325—1354在位）和他的儿子穆罕默德五世（Muhammad Ⅴ，1338—1391，1362—1391在位）又修建了大量的宫殿、厅堂和庭园，完成了阿尔罕布拉宫的核心部分。著名的"桃金娘庭院"（Patio de los Arrayanes）和"狮子庭园"（Patio de los Leones）就是这个时期兴建的。

阿尔罕布拉宫占地约130hm^2，四周由3500m长的红墙包围，设有30个坚固的城堡要塞。外表看上去仿佛一个敦实方正的城堡，实际上，它的内部错综复杂，由建筑围合出一座座庭园，宛如迷宫一般。

穿过现在的公共入口，是一个长方形小庭园，称作"库阿托多拉多"（Cuarto Drado），地面铺着大理石。庭园南侧有墙，以瓷砖和灰泥构成图案复杂的装饰纹样，其余几面以高篱围合，中央有八角形的下沉式平台，当中有个圆形喷水池，利用圆形池壁将中心涌出的水波反推回去，形成富于变化的水浪。庭园的出口通向著名的桃金娘宫庭园。

桃金娘庭园是用作朝见大臣的地方，建于1350年。南北向院落宽约33m，长约47m，面积仅有1550m^2。庭园布置极其简洁，一条7m宽、45m长的南北向水池纵贯庭园的中央，两侧各有一道3m宽的桃金娘整形绿篱。水面几乎与路面平齐，显得开阔而亲切，平静的水面将清澈的天空和四周建筑映入庭园。南、北两端的小型涌泉与池水形成静与动、横与竖的对比。桃金娘绿篱为建筑气息浓厚的庭园增添了少许自然生气，人工化的处理手法又与庭园整体十分协调。庭园的东、西两侧是低矮的住屋，与南、北两端的柱廊相连接，构图简洁明快。南面的柱廊为两层，突出中心，在统一中又有变化。这里原是庭园的主入口，从拱形门券中可以看到庭园的全貌；北面柱廊采用单层，越过屋脊可以看到高耸的科马莱斯宫的塔楼（Tower of the Comares），使庭园内外产生联系。桃金娘庭园虽然是以建筑为主的封闭空间，但并不令人感到闭塞和压抑，显得简洁而端庄、宁静而幽雅，充满了空灵的感受（图6-2）。

狮子庭园过去是后妃们出入的地方，因而最是奢华精美，建于1377年。东西向庭园长29m、宽16m，是宫内仅次于桃金娘宫庭园的第二大庭园。北面有两姐妹厅，南面是阿本塞拉杰厅，东、西分别是穆克纳斯厅和审判厅。四周以124根大理石圆柱围合成纤丽精巧的游廊，东西两端凸出成两座方亭。柱间的拱券以精美的透雕，构成椰树的叶片形状，整个柱廊则如同椰林一般。十字形的水渠将庭园四等分，中心就是狮子喷泉，圆形大理石水盘的四周，雕有12头象征力量的大理石狮子，造型雄劲，气势夺人，狮子庭园因此得名。大理石椰林透雕和石狮喷泉是按照《古兰经》描述的"清泉亭下流"的意境布置的，令人联想到沙漠中的绿洲。轻灵的圆形屋顶，饰有金银丝镶嵌的图案，造工精美。灰泥墙面上镶以蓝黄两色相间的马赛克，上下还有靛蓝和金黄两色瓷釉的饰边，加上地面也是用彩砖铺砌的，金碧辉煌的游廊，让人感受到一种强烈而不安定的光影变幻。

图6-2 阿尔罕布拉宫中的桃金娘庭园

图6-3 阿尔罕布拉宫中的夏宫花园

姐妹厅（Sala de dos Hermanas）内有多达5000个小而凹陷、形态各异的蜂窝状屋顶，是摩尔人运用钟乳石营造穹顶的代表作。庭园北侧是后妃们的卧室，室外有一个小花园。从山上引来的泉水被分成多路，流经各个卧室，用以炎夏消暑，最后汇入园中长池。

在宫殿的东部，还有古木和水池相映成趣的花园，一直延伸到坐落在地势较高处的夏宫（图6-3）。这里花木扶疏，掩映着回廊凉亭，景致优美，完全是一处人间天堂，是历代摩尔人国王避暑消夏之处。

在西班牙人收复了格拉纳达城之后，历代统治者都意识到，被征服民族所创造的高度文明，对征服者文化艺术的发展，也能产生积极而有益的影响。因此，西班牙人并没有将摩尔人完全赶出西班牙，阿尔罕布拉宫原有的建筑也被保留下来。16世纪时，神圣罗马帝国皇帝查理五世拆毁了阿尔罕布拉宫的部分宫殿，另建了文艺复兴风格的宫殿，所幸的是许多具有伊斯兰风格的大厅和庭园保留下来。19世纪拿破仑征战欧洲之际，法国军队曾经驻扎在阿尔罕布拉山上，宫中因此又增加了一些带有法国风格的庭园。

与欧洲宫苑不同的是，阿尔罕布拉宫并非以规模宏大、气势雄伟而著称，相反是以曲折有致的庭园空间见长。狭长的游廊连接着一个又一个或宽敞华丽、或幽静质朴的庭园，给人以不断的悬念和惊喜。伊斯兰建筑的最大特点之一，就在于它那色彩鲜艳，细致入微而又变化多端的线条装饰。由于伊斯兰教禁止崇拜偶像，因此植物藤蔓及几何纹样构成阿拉伯人主要的装饰图案。阿尔罕布拉宫中有些厅中装饰着伊斯兰建筑中难得一见的人物镶嵌画，应该是皈依伊斯兰教的基督教徒工匠所为。

作为摩尔人艺术的巅峰之作，阿尔罕布拉宫是一个洋溢着神话色彩的殿堂。它那出奇的精致与匀称之美，是摩尔人超凡的想象力与艺术的缩影，也是一种精致文化具体入微的表现。这种基本结构极其简单，整体上却纷繁复杂的装饰令人感到震撼。有人认为，古代摩尔人一定崇拜一种类似混沌的哲学，这使他们能不胜其烦地运用最基本的元素，制作这些最复杂的装饰。当阳光投射在这些镂空和雕琢的装饰上时，总能给人一种舒适和敬仰的感觉。

在阿拉伯帝国时代，伊斯兰文明远远先进于当时的欧洲文明。阿拉伯人不仅在数学、天文学上有着巨大贡献，而且在物理、化学、冶炼术、药物学和医学上也卓有成就。他们喜欢制造香水，发明化妆品。这些都直接或间接地体现在阿尔罕布拉宫的建筑文化中。后宫是整个建筑群中最神秘的部分，装饰也极尽奢华。鬼斧神工的雕饰，满墙刻画的古阿拉伯文可兰经，幔帐重帘，奇花异草，无不透出一种令人窒息的美。透过隐蔽的深窗，可以窥见宫外的热闹，而外界却无法得见屋内的旖旎香艳。

来自北非大漠的摩尔人有一种与生俱来的对水的崇拜。利用古老的输水技术从内华达山上引来的雪水，在阿尔罕布拉宫中形成众多的水景。对水的巧妙运用，使得宫内处处浮现出一种妩媚灵动的风格。池水中映射的光与影，旖旋神奇，使整个建筑极富变幻，仿佛天方夜谭中描述的阿拉伯神殿。庭园内遍植草木，如月季、桂树和桃金娘等，傍依青山，愈显整体环境宁静而清新。

建造阿尔罕布拉宫时，摩尔人在伊比利亚半岛的统治已岌岌可危，阿尔罕布拉宫的整体风格，似乎也因此而缺乏在罗马建筑中常见的那种霸气。那斯里德王朝时期的摩尔人不思进取，贪于享乐，在阿尔罕布拉宫中制造出一种歌舞升平的气氛；对外则委曲求全，以换苟安，这些都深刻地反映在阿尔罕布拉宫的布局和装饰上。然而文明的没落终是无可挽回的事，整个伊斯兰世界在内部纷争、十字军东征和蒙古铁骑的三重打击下，渐渐失去了昔日的辉煌。摩尔人王朝在格拉纳达喘息了百余年之后，伊斯兰统治欧洲的历史也正式宣告结束。

（2）格内拉里弗园（Generalife, Granada）

格内拉里弗宫苑坐落在格拉纳达城名叫"太阳山"（Cerro del Sol）的山坡上，居高临下可眺望全城和格尼尔（Genil）与达洛（Darro）河流山谷的景色（图6-4）。对于格内拉里弗的含义有着多

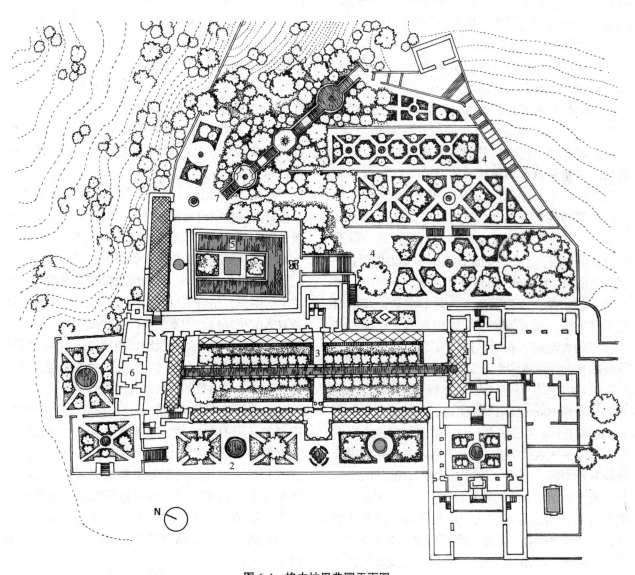

图6-4　格内拉里弗园平面图

1.入口　2.低处台层　3.水渠中庭　4.上台层　5."U"形水渠　6.府邸建筑　7.跌水

种解读，如总督的花园、建筑师的花园（Alarife）、吉卜赛庆典组织（the Gypsy Festivity Organiser）的菜园等。13世纪时，这里就建有一座摩尔人王宫别苑，也是在格拉纳达城兴建最早的宫苑之一。1319年春，伊斯迈尔（Ismail I，1279—1325，1314—1325在位）开始将这座旧宫苑改造成自己的夏宫，以后成为历代摩尔人国王们摆脱宫廷事务，休闲娱乐的场所。

格内拉里弗宫隔着一条山谷与阿尔罕布拉宫相望，建成的时间早于阿尔罕布拉宫的主体科马莱斯宫（Comares Palace）。这两座宫殿之间距离很近，有着密切的联系，但在功能上，格内拉里弗宫被看作是城外的游乐性宫苑。

由于格内拉里弗宫在伊斯兰时期经过多次改造和重建，在摩尔人统治后期，以及后来的基督教国王时代，因管理不善而逐渐荒弃，经过后世的改造和修缮，改变了原来的设计原则和特点，现在很难了解这座宫苑的原貌究竟如何了。如今的格内拉里弗宫由两组建筑组成，并以一座"排水渠庭院"（Patio de la Acequia）相连接。

花园的规模并不大，空间布局充分利用了山地特征，在原先的坡地上开辟出七层台地，以不同的主题构成景色各异的庭园空间。临近的斯拉·德·摩洛河（Silla del Moro）河水被引到园中，利用充沛的水源在园内营造了大量的水景，并借助地形高差形成流水和喷泉，园中充满了欢快的水声。秘园、丛林、花坛等造园要素的处理手法与后世的意大利台地园十分相像。

园林的总体布局反映出台地园的共同特征。首先是一条逾300m长柏木林荫道，伴随着围墙，将人们引向花园。穿过一道门厅和拱廊，便进入园中的主庭园——水渠中庭，三面建筑和一侧拱廊围合出狭长形空间，当中一条约2m宽、40m长的水渠贯穿整个庭园。水渠两端各有一座莲花形水盘，两侧原先只种有高大的柏木，后又补种了许多花灌木，形成更加封闭的绿廊。水渠两侧后来又增加了一排旱喷泉，喷出的细细水柱在半空中交织成拱架形式，再落入平静的水渠之中（图6-5）。

从水渠中庭西侧的敞廊向西南方向眺望，可见150m开外阿尔罕布拉宫中科马莱斯宫的塔楼。在下方的底层台地上，有矮黄杨构成的图案式植坛，中间有座小型礼拜堂。水渠中庭的北侧精巧的拱廊背后是朴素的府邸，从西南侧的开窗中也能望见阿尔罕布拉宫。府邸抬高了数米，下方有10m²的小庭园，米字形甬道的中央有座圆形喷泉，四周种满月季。周围的高墙上开有拱窗。

由府邸前庭的东侧上几级踏步，再经过一段柱廊，进入共有两层台地的秘园。第一层是以高大的院墙围合出的私密性庭园；进入对面的小门再上几级踏步，便是以绿荫植坛为主的第二层秘园，呈"U"形的水渠宽约2m，中间的长方形半岛上还有方形小水池。这种植坛与水渠相结合的布局形式非常奇特，与后世的水花坛相类似，原本是炎热气候下，追求阴凉湿润小环境的产物。"U"形水渠的两岸也排列着整齐旱喷泉，将细细的水柱抛入渠中。方形池的两侧，有花灌木结合黄杨构成的植坛，沿墙又有高大的柏木，庭园在树影的笼罩下显得宁静宜人。

早期的平面图显示，花园南部的斜坡上是一片树林，后来被改建成台地园。整体呈梯形的四层狭长形台地，底边只有13m长，顶边仅6m。台地上布置有黄杨植坛，图案和大小因台层而异，护栏上还点缀着盆栽植物。台地园周围的高大树木投下浓重的阴影，结合喷泉的点缀，形成阴凉湿润、舒适宜人的小环境。图案绚丽的马赛克铺地，结合狭小却精致的空间布局，反映出典型的伊斯兰园林风格。台地园的制高点上建有一座白色的望楼，居高临下，远处的山景和近处的花园尽收眼底。

台地园的南北两侧各有一条蹬道与望楼相接，南侧的还设有葡萄架，北侧蹬道有50余级踏步，并以树枝构成自然的绿荫廊架，中间有三层圆形或八角形小广场，点缀着小型盘式涌泉。两侧的护栏上有小水槽，湍急的水流为幽暗的廊道带来了宜人的清凉、动感和水声。蹬道下方是造型简洁的八角形水池，饰以盆栽花卉，简单的元素构成了细腻的装饰。

格内拉里弗宫不仅在功能上有别于阿尔罕布拉宫，而且在建筑和园林风格上也有很大差别。

图 6-5　格内拉里弗园中著名的水渠中庭

所有的建筑物都相当坚实，但外观与阿尔罕布拉宫相比显得相当简陋，毫无过分的装饰或兴奋点，仅有一些灰泥板镶嵌的装饰图案，变化不是太多，却非常精美和得体。表明摩尔人国王希望在格内拉里弗宫营造一种亲切祥和的气氛，以便于他们在花园里隐居、休憩、娱乐。

因此，格内拉里弗宫的花园与阿尔罕布拉宫的庭园相比，空间更加灵活，景物更加丰富。园中有浓密的丛林带来的阴凉，有珍稀植物带来的妖娆，还有柑橘带来的花香与硕果。各种图案的植坛，与树木花草相结合，加上色彩艳丽的装饰材料，使花园极具个性。园中虽没有华丽的饰物和高贵的材料，做工也显得简洁与质朴，但是细腻的空间处理、独特的景物安排，显示出高超的造园技艺。全园仅仅由几层台地组成，但是各个空间特点明显，既彼此独立，又构成统一的整体。

以柱廊、漏窗、门洞、植物等构成的框景，使各个空间既互相渗透，又彼此联系。水景处理也多种多样，并且如脉络一般遍及全园，起到联系并统一空间的作用。

（3）阿尔卡萨尔宫（Alcázar Palace, Seville）

阿尔卡萨尔宫坐落在南部安达卢西亚地区的塞维利亚城（Sevilla），711—1248年摩尔人国王统治时期，塞维利亚曾经是西班牙最富裕的城市，也是摩尔人的文化中心，留下了许多精美的伊斯兰式建筑和园林。摩尔人工匠创造了后世著名的"穆德加尔"（Mudejar，阿拉伯文意为"获准滞留"）风格，即使是在基督教夺回塞维利亚之后，摩尔人文化的影响力尤在。

913年，摩尔人国王拉曼三世（Abd Al Ramán Ⅲ，889—961，912—961在位）最早在这里兴建了一座堡垒。1181年，国王约瑟夫在堡垒的基础上兴建了一座小城堡。约1350年，彼得一世（Pedro Ⅰ，1320—1369，1350—1369在位）在小城堡旧址上扩建了宫殿，成为塞维利亚最重要的伊斯兰建筑之一。以后的许多君主都将这座美轮美奂的宫殿作为自己的府邸。

阿尔卡萨尔宫苑是欧洲规模最大的中世纪晚期园林作品，典型的东方式庭园环绕着拱廊，隐藏在高墙之后，装点着喷泉和亭阁，躲避拥挤和嘈杂的城市。最早的庭院布置在宫内和四周，有着波光粼粼的水池、喷泉和休息坐椅，装饰性格栅丰富了庭院的视觉效果。在下沉式种植穴中种有棕榈、柏木、桃金娘、桑树、玉兰、柑橘和柠檬等树木。

这座宫苑现在保留下来的最古老的部分，是14世纪中叶几个古老的庭园遗物。"狩猎庭园"（Patio de la Montería）是国王在狩猎之前举行宫廷会议的场所，宫殿立面是彼得一世时期"穆德加尔"式样留下的孤例。还有一座灰泥庭园（Patio del Yeso）也是12世纪阿尔摩哈德王朝（Almohade）的建筑样式，大量的花木和水景构成优美华丽的庭园。

花园的规模非常大，大部分经过后世的改造，宫殿周围的庭园至今保留着伊斯兰园林的典型格局，连续的封闭性院落和巧妙分隔的庭园空间，结合美丽的植物和喷泉，有着引人入胜的效果。

主入口在宫苑的东北角，地势最高。入园后有个简洁的小庭园，高出地面的台地几乎被一座长方形水池所占满，18世纪初被腓力五世（Philip Ⅴ，1683—1746，1700—1746在位）当作鱼池。庭院东侧有150m长、2.5m宽的城墙，顶上架设柱廊，成为欣赏园景的观景长廊。

鱼池以西，20余级踏步下方，平行于宫殿的方向上布置有三个庭园，宽度从15～25m不等。三个庭园的南侧也有一段2m宽、数米高的城墙，将这三个庭园与其他庭园分隔开。城墙上同样设有拱廊，成为眺望花园东南部景色的观景台。

在这三个庭园中，以玛丽娅·帕迪娅（Marie Padilla）庭园最为美妙，面积不大却非常精致。园路是深色的地砖，其间镶嵌着蓝色釉面小瓷砖。庭园中心是六角形大理石浅水池，四周装点着盆栽植物，围以图案式黄杨植坛。由黄杨篱围出的格子里种着棕榈、玉兰等树木，树下的坐凳以色彩艳丽的马赛克贴面。树荫、花坛、水池构成阴凉湿润的宜人环境，深色背景上点缀的花草、瓷砖等明亮色块更加夺目。

宫殿西南角的两个小庭园也是典型的伊斯兰风格。少女庭院（Maiden's Patio）据说是由格拉纳达最好的建筑师所装饰的庭园；玩具庭院（Dolls Patio）带有卧室和拱廊，也是宫殿的核心，拱顶有两张小脸作装饰。这些空间小巧精致，尺度适宜，手法简洁，与宫殿建筑浑然一体，釉面及无釉瓷砖，形成建筑与庭院的装饰要素。

阿尔卡萨尔宫苑经过后世的改造和修缮，形成了现在丰富多变的宫苑景色。从伊斯兰式样到新古典主义风格的众多大厅、房间和庭院，在这里争奇斗艳。园中既有小巧精致的伊斯兰庭园，也有大型开敞的文艺复兴花坛，还有20世纪初兴建的各种庭园，使这座宫苑存在着局部处理精细而整体不够协调的缺憾。

6.1.2.5　西班牙伊斯兰园林特征

摩尔人在继承罗马人造园要素和造园手法的

基础上，引入了伊斯兰传统的建筑与园林文化，并使之与西班牙的自然条件相结合，从而创造出独具一格的西班牙伊斯兰园林样式。其特征主要体现在庭园的空间布局、装饰风格、水的运用和植物配置等造园手法方面。

在这个欧洲南部的多山地区，摩尔人像先前的罗马人那样，将宫苑建造在陡峭的山坡之上，在坡地上开辟出一系列狭长的露台。台地上常设有亭廊或观景台，以便在山坡上眺望风景。像早期的古希腊和古罗马宅园那样，伊斯兰园林主要是一些利用建筑围合的庭院。而庭院的布局像大多数东方园林那样，随山就势，不拘一格。庭园大多隐藏在高大的院墙之后，封闭性空间一方面满足了伊斯兰人讲究私密性的生活习俗要求，就像蒙着黑纱的阿拉伯妇女那样，只能为家人所欣赏；另一方面高大的围墙也遮挡了外界的酷热与喧嚣，成为退隐休憩的理想之地。

这些狭小的庭园由于与人的尺度非常协调，易于形成亲切宜人的环境气氛，而且封闭的内向型空间也便于将人的注意力吸引到精雕细凿的装饰物上。此外，狭长形的庭园空间也使得景物不至于一览无余，产生小中见大的效果。环绕庭园的柱廊、厅堂成为装饰的重点，镂空的拱券产生梦幻般的光影变化，灰泥墙面镶嵌着色彩艳丽的瓷砖图案，成为庭园中最吸引人的地方。庭园内的景物很少，树木花草、喷泉水池结合几条坐凳，构成空灵静谧的休憩空间。在围合庭院的围墙上常开辟漏窗，院内的人们可以窥见院外的景色，将外围的景物借入园中，起到了扩大空间的效果。

在庭园装饰方面，繁复的几何形图案和艳丽的马赛克瓷砖是最常见的主题和材料，由此形成的装饰效果，在阿拉伯人看来更胜于花卉装饰。这些手法由于造价不高，特色鲜明，因而在庭园中得到最为广泛的运用。水池的池壁、铺地的边线、台阶的踢脚和坡道、围墙的墙裙，甚至坐凳的凳面上，到处都是彩釉或无釉的马赛克瓷砖贴面，显得十分华丽。在清澈的流水下，马赛克贴面产生动感十足的幻影，更加引人注目。

在干旱炎热的地区，水带给人的清凉感受是其他要素无法比拟的。阿拉伯人对水有着天然的崇拜心理，摩尔人同样将水作为园林的灵魂。来自远处的雪山或附近的河流的水源，在园内形成大量的水景。水系成为划分并组织空间的主要手段之一，运河、水渠或水池往往成为庭园的主景。在伊斯兰园林中自然不会有大型的喷泉或跌水，那些细小的喷泉、水池和水渠处理得十分精细，突出了水的价值，形成更加引人入胜的水景效果。

在植物材料的运用上，西班牙伊斯兰园林也有着与后世欧洲园林不同的特点。受气候条件的影响，造园非常注重树木的遮阴效果。在庭园的边缘、植坛的内部、水渠的两侧，都种有高大的庭荫树，浓荫蔽日的庭园空间不仅更加舒适宜人，而且可以减少水池中的水分蒸发。常绿树木多用在花园的入口处以形成框景；黄杨、月桂、桃金娘等常绿灌木多修剪成篱，用以组成图案或分隔空间，形成数个局部庭园。摩尔人喜爱在庭园中大量运用芳香植物，不仅可以消除庭院中的异味，而且使花园夜晚的气氛更加令人陶醉。此外，常春藤、葡萄、迎春等攀缘植物也常与建筑小品结合，或覆盖墙面、或爬满棚架，使花园笼罩在绿荫之中。在西班牙伊斯兰园林中，常见的植物有松树、柏木等大乔木，夹竹桃、桃金娘、月桂、黄杨等灌木，以及柠檬、柑橘、月季、鸢尾、薰衣草、紫罗兰、薄荷、百里香等花草和芳香植物。

6.1.3 西班牙文艺复兴园林

15世纪，文艺复兴运动席卷西班牙。一方面，长达数百年的反抗阿拉伯人的斗争逐渐取得了胜利，为西班牙文艺复兴艺术的产生提供了有利的环境；另一方面，意大利和尼德兰（Netherlands）[①]文艺复兴艺术的发展，对西班牙产生了较大的影响。

1492年，伊萨贝拉一世和斐迪南五世率领的基督教军队收复了格拉纳达，将摩尔人军队彻底

---

① 尼德兰：意为低地，指中世纪欧洲西北部的历史地区（今比利时、荷兰、卢森堡和法国的东北部）。

赶出了西班牙。在他们的统治时期，西班牙保持了民族的团结和强大，奠定了帝国的权威。哥伦布发现美洲大陆后，西班牙的国势开始强盛起来。

1556年，腓力二世（Philip Ⅱ，1527—1598，1556—1598在位）继位。早在1554年，他就与英国女王玛丽一世（Mary Ⅰ，1516—1558，1553—1558在位）结婚，并共同统治英国。在玛丽一世死前，腓力二世继承了哈布斯堡王朝（Hapsburg Dynasty）在意大利、荷兰、西班牙和海外的领地。然而，随着1588年西班牙无敌舰队的覆灭和继之而起的尼德兰起义，加之国内经济问题和不停的骚乱，使腓力二世的统治逐渐走向衰落。

早在13世纪后期，在西班牙沿地中海的一些经济较发达地区，文化艺术就得到较大的发展。14～15世纪是西班牙文艺复兴美术的早期，并产生于加泰罗尼亚（Catalunya）和瓦伦西亚（Valencia）两个主要的画派。

进入15世纪，西班牙的绘画艺术得到了很大的发展，逐渐摆脱了中世纪绘画的束缚，意大利的影响也在不断加深。

16世纪上半叶，在查理五世执政期间，有许多西班牙艺术家赴意大利学习，意大利文艺复兴运动和人文主义思想给西班牙带来巨大的冲击。到16世纪下半叶，当政的腓力二世与其父不同，他不大喜欢人文主义的思想和艺术，一心想借助艺术来维护西班牙帝国的权威。由于腓力二世的艺术趣味比较保守，一心提倡严肃的宫廷艺术，于是在西班牙宫廷里流行起罗马主义艺术。

此时，除宫廷的罗马主义艺术外，在地方上也出现了风格主义（Mannerism）的艺术。虽然西班牙的风格主义艺术受到意大利的影响，但是两者也有些区别，西班牙的风格主义艺术更多地带有宗教神秘主义的色彩。

查理五世统治时期，摩尔人遗留下来的一些宫苑受到改造和扩建。阿尔罕布拉宫的部分宫殿遭到拆毁，并兴建了文艺复兴样式的新宫殿。新庭园在保留伊斯兰风格的基础上，融入了意大利文艺复兴的园林风格。建于16世纪中期的"柏木庭园"（Patio De La Reja）是一座10m²的小院落，四周是简洁的灰泥墙面，北侧有座两层游廊，既丰富了庭院的空间层次，又可在上层眺望四周景色。种植非常精简，四株挺拔的地中海柏木种在庭院的角隅，突破了庭院的围合感，起到某种标识性作用。铺地是以黑白镶嵌的卵石构成简洁图案，既有伊斯兰遗风，又如文艺复兴时期的花坛，中心点缀着八角形水盘。还有一座穆斯林闺房中的"女眷庭院"（Harem Court）也经过改造，仍然是以建筑环绕的封闭性院落，中心喷泉改造成文艺复兴的样式，过去以规则形式种植了地中海柏木和柑橘植物，现在已成为自然散生状态。

阿尔卡萨尔宫苑在查理五世和腓力二世统治时期，经过了重大改造。查理五世的起居室和大厅中，不再采用摩尔人常用的灰泥镶嵌瓷砖的手法，而是用16世纪的挂毯结合瓷砖。宫中新建的花园也采取文艺复兴的样式，如"蓄水池园"（Jardin de la Alcubilla）中的静水面尺度远远超过摩尔人的做法。

1543年，查理五世的造园师在宫苑的南部以夹竹桃为绿篱，兴建了一座文艺复兴风格的迷宫。腓力二世时期改建成大花坛，由图案各异的八块方形植坛组成，也是文艺复兴时期的样式。花坛的中央有座浅水池，植坛中也种有高大的棕榈，将整个花坛笼罩在一片树荫之中。这个大型开敞空间现在成为全园的中心，南边有一个叫作"新花园"的庭园，透过南边的景墙漏窗，隐约可见"新花园"中的景物。大花坛的西边还有一个庭园，中央是长方形水池和洞府，整体上富有自然情趣。

"新花园"有四块方形树丛植坛，树木五棵一组，呈梅花桩形种植。地面铺以红砖，边缘镶嵌黄绿色相间的瓷砖，园路的交点口布置一座泉池，同样是彩釉瓷砖贴面。新花园中轴线的南端有座精美的凉亭，是1540年为查理五世建造的，白色的建筑在深色的树木背景映衬下，非常显眼。凉亭外围环以柱廊，中间是方形的大厅。建筑造型简洁，但外墙面的装饰却十分丰富，带有伊斯兰建筑的遗风。方形大厅的内饰也以彩色釉面马赛克为主，以雪松木精雕细刻的镀金木橡构成宏伟的穹顶，称作"大使厅"（Salon de los

Embajadores）。凉亭的西边还有一座长方形水池，四周设有铁艺围栏，尽端有一座圆顶凉亭。

伊斯兰风格和文艺复兴样式相结合，构成阿尔卡萨尔宫苑丰富多变的景色，也成为西班牙的造园传统。

精心设计的维加·英克兰庭园（Jardin de la Vega Inclan），从大马士人那里吸取了造园灵感，但是不像原型那么精致。园内以甬道和泉池划分出20个近方形的花卉植床，明显带有伊斯兰文化和文艺复兴时期的园林特征。

欧洲文艺复兴园林是以中世纪城堡花园为基础，经过几个阶段的发展而逐渐形成的。中世纪晚期，随着经济的发展和社会的稳定，使人们感觉不必再到山顶上建造城堡，在堡垒般的别墅中生活，就能够感受到安全与宁静。别墅空间的扩大，也使得观赏性庭园的营造成为可能。园林重新成为权贵们日常生活中的必需品，妇女们在园中享受着阳光和新鲜空气，园主们在园中隐居或娱乐会友。古代的造园手法得到了重新认识，并在此基础上不断尝试，开辟造园的新思路。

由于园林作为社会性游乐场所的意义再次显现，园中便出现了一些小广场和方块形的"地毯花园"，即花坛。为了像在天堂中那样，从居室的窗户中就能够看见美妙的景色，花坛便布置在房屋的附近，在建筑物中就能够感受到花坛的统一性、秩序感和规律性。花坛的图案设计从编织的地毯中得到了启发，产生了后来著名的"结园"（Knot Gardens）。然而，与东方的造园样式所不同的是，西班牙文艺复兴时期的花园还没有形成与堡垒式宫殿之间特殊的几何关系，这在文艺复兴盛期的意大利庄园中是非常重要的。

6.1.4 西班牙勒诺特尔式园林

6.1.4.1 概况

1701—1716年，西班牙王位继承战争以波旁家族（Bourbons）夺取政权而告结束。西班牙波旁王朝的第一位国王腓力五世（Philip V，1683—1746，1700—1746在位）生于凡尔赛，是路易十四与莎德蕾的孙子，西班牙腓力四世（Philip IV，1605—1665，1621—1665在位）的曾孙。他经过长期的西班牙哈布斯堡（Habsburgs）王位争夺后战胜对手，1713年缔结的《乌特勒支和约》（Treaty of Ultrecht）使他得到王位，但丧失了西班牙在西属荷兰和意大利的领地。

由于波旁家族与法国宫廷的血缘关系，使西班牙在政治文化等方面受到法国的巨大影响。这一时期的西班牙建筑与园林，都明显地表现出法国的影响，典型实例就是在马德里（Madrid）西北部圣伊尔德丰索（San Ildefonso）建造的拉·格兰贾庄园（La Granja），宫殿和园林都是在腓力五世统治时期建造的。虽然腓力五世的第二位王后是意大利法尔奈斯家族的伊丽莎白（Elisabeth Farnese，1692—1766），而且国王在政治上受其左右，但是腓力五世并没有选用意大利人来建造宫苑，而是特地聘用了法国设计师卡尔蒂埃（Cartier）和布特赖（Boutelet）。腓力五世对他的出生地凡尔赛情有独钟，因此他凭借着自己印象和想象中的凡尔赛宫苑，来建造拉·格兰贾庄园。

6.1.4.2 实例

（1）阿兰胡埃斯宫苑（Aranjuez Royae Palace, Madrid）

阿兰胡埃斯宫苑位于马德里以南50km处，坐落在太加斯河（Tagus）与加拉马河（Jarama）交汇的肥沃平原上。在17～18世纪，这里是西班牙君主们喜爱的休闲度假胜地。

早在14世纪80年代，这里就建有一座宫殿。16世纪60年代，腓力二世重建了阿兰胡埃斯宫，并雇佣德国人兴建了一座意大利文艺复兴式花园，他的法国妻子还请求她的母亲凯瑟琳·德·美第奇从巴黎派遣一名造园师。此后，这座花园不断得到改善。17世纪时，宫殿曾两度遭受火灾，现在人们看到的宫殿是由腓力五世从1715年开始建造的，他还在园中增添了一些工程，形成今天人们看到的巴洛克园林。

围绕宫殿的花园空间尺度巨大，艺术与自然的融汇形成和谐优美的景致，是一个令人追思的地方。大量的喷泉、雕像和参天大树，无不在向人们传递出西班牙君主们昔日的辉煌。全园由几个花园构成，包括"王子花园"（Jardin del Principe）、"岛花园"（Jardin dela lsla）和"花坛园"（Jardin del Parterre）。其中以"岛花园"和"王子花园"最为出色，坐落在太加斯河的两岸，以石桥相接，在空间上两园融为一体，构成绝妙的整体。

岛花园最早是腓力二世建造的，是16世纪哈斯布堡王朝时期最重要、最典型的园林作品（图6-6）。花园坐落在太加斯河与里亚运河（Ria Canal）之间的一座人工岛上，隔太加斯河与阿兰胡埃斯宫遥相呼应。平静的太加斯河水，为岛花园增添了无尽的妩媚。

黄杨模纹花坛和泉池构成了岛花园的主要特色。花坛图案精美并富有动感，而花卉的装饰效果并不像法国园林那么显著。由于这里夏季干旱炎热，园中的水和绿荫显得更加珍贵，因此在模纹花坛中还种有一些庭荫树，其中有从英国引种，并最早种植在西班牙半岛上的榆树。这种树木与花坛相结合的布置方式，完全是干旱炎热的特殊气候条件的产物，形成岛花园与众不同的特征。

岛花园的中央有著名画家委拉斯盖兹（Diego Velazquez，1599—1660）制作的泉池，巴洛克式喷泉和雕像笼罩在树荫之下。花园边缘还有巨大的拱架和环形小瀑布，水体结合绿荫形成更加凉爽宜人的庭院小环境。

在通向果园的台阶旁，装饰着白色大理石的仙女雕像，是伊莎贝拉女王二世（Isabel Ⅱ de Borbón，1830—1904，1833—1868在位）喜欢的散步场所。网格形小径结合清香四溢的黄杨篱，在长年不断的泉池和小瀑布潺潺流水声的伴随下，令人十分愉悦。园中还有一条散步道将游人引向花园的各个角落，沿线装点着讲述神话故事的雕像，进一步装扮了这个令人遐思的岛花园（图6-7）。

穿过一个小栅栏门，可以进到宫殿前方的花坛庭园。园内按照当时法国园林的造园准则，在甬道两侧布置严格对称的整形绿篱，构成园路上深远的视线。园中还有数条小径穿过。园内装点着大量的大理石瓶饰，以及色彩艳丽的花卉和精美的泉池，池中有反映古代文明的"海格力斯"大力神和谷神雕像。

王子花园建于19世纪，是按照18世纪英国风景园样式兴建的浪漫式园林，园内既有过去用作狩猎的开阔空间和宽广的散步道，也有全等形成的私密而有趣的小园子，让游人在此伴随着乌鸦和山鸡的鸣叫声独坐沉思，形成强烈对比。富于变化的树木、泉池、池塘和纪念性建筑物，如称作"耕作者之屋"，营造出王子花园景色秀丽、环境祥和的整体风景。伴随着太加斯河长年不断的潺潺流水，近150hm² 的园地简直就是一个人间天堂。尤其是秋

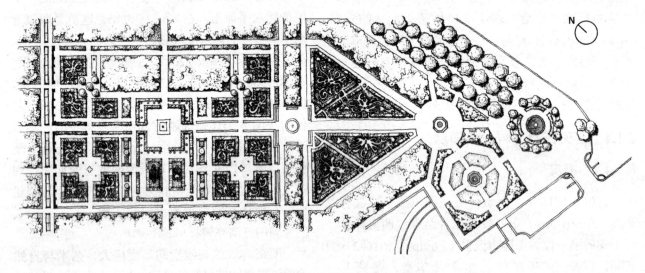

图6-6 阿兰胡埃斯园的"岛花园"平面图

图6-7 阿兰胡埃斯园中的岛花园

天,黄褐色落叶如同在园路上铺上了一层地毯,在园中漫步能使人在心灵上得到慰藉。

(2)拉·格兰贾宫苑(Garden of La Granja Palace, Segovia)

拉·格兰贾宫苑位于马德里西北部圣伊尔德丰索(San Ildefonso)辖下的一座小镇上,距塞歌维亚(Segovia)约10km,总占地面积约146hm², 是西班牙最宏伟和最豪华的皇家园林之一(图6-8)。

这片皇家领地的历史可以上溯到1450年,园址景色十分优美,位于山坡的西北面并朝向一处湖泊。是历代国王建造宫殿的理想之地。18世纪初,腓力五世也非常喜欢这里,并希望仿照他出生并生活过的凡尔赛宫苑,兴建一座有着浓厚的法国宫廷品味的大型宫苑。为此,腓力五世特地聘用了法国设计师。雕塑家卡尔蒂埃,在造园师布特赖的协助下,主持宫苑的总体规划设计。此外,装饰要素的制作也完全交给了法国艺术家,其中有蒂埃里(Thierry)、弗莱明(Fremin)、杜曼德莱(Dumandre)兄弟以及彼迪埃(Pitue)等人。

宫苑始建于1720年。在国王的督促下,工程进展很快,仅用了三年时间就建成了宫殿的主体部分和穹顶大厅,并在称为"新瀑布"的区域也兴建了一座花园。不久,腓力五世又购置了一片新领地,包括一块林地和一座水坝,充沛的水源确保了在园中兴建大量的水景。

这座宫苑最初大概是为年轻的国王们退位后隐居而兴建的,因此显得朴实并具有较强的私密性。可是当腓力五世的儿子路易一世(LuisⅠ)夭折,他重新执掌王位后,这座宫苑的性质发生了变化。腓力五世已成为欧洲最强有力的君主之一,因此要求有一座与他的地位相匹配的豪华宫苑。为此,腓力五世继续兴建这座大型宫苑,前后历时20多年才初步建成。腓力五世去世后,这座宫殿被用做纪念他的万神庙。直到卡洛斯三世(CarlosⅢ,1716—1788,1759—1788在位)统治时期还继续在宫苑中造园。

就腓力五世的造园初衷而言,要在海拔逾1200m的山地上,建造典型的勒诺特尔式园林,是极其困难的。宫苑的原地形是东南和西南较高,形成向东北方向急剧下降的阴坡。尽管设计师们尽了最大的努力,最终也难以形成真正的法式园林作品。这座宫苑不仅在用地规模上远远小于凡尔赛宫苑,其规则式园林部分占地面积仅约80hm²,加之在山坡上也无法开辟出法式园林特有的平坦而开阔的台地,难以形成广袤而深远的视觉效果。因此,这座宫苑的最大弊病,在于腓力

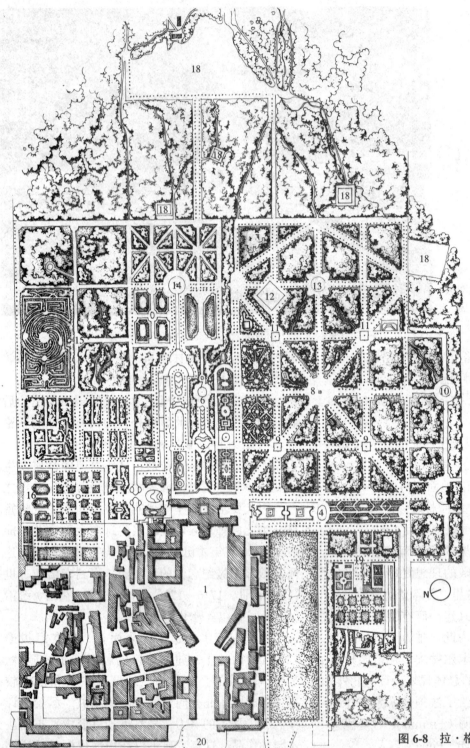

图 6-8 拉·格兰贾宫苑平面图
1.宫殿广场 2.阶梯式瀑布与花坛 3."狄安娜浴场"泉池 4.信息女神喷泉 5.信息女神花坛 6.希腊三贤泉池 7.授予亭 8.八叉园路 9.龙泉池 10.拉通娜泉池 11.浅水盘泉池 12.王后泉池 13.花瓶泉池 14.安德罗迈德泉池 15.迷园 16.花卉园 17.塞尔瓦水池 18.水库 19.古隐居所 20.主入口

五世忽视了因地制宜的造园原则，在一个原本不适宜的地方兴建一座法式园林。

不仅如此，在这个高海拔地区，虽然有着充足的水源，但是为了向大量的泉池供水，需要铺设数百米的管线。而且由于冬季漫长而寒冷，有时积雪厚达1m，为了避免冬季积雪结冰而对泉池造成毁坏，必须在冬季来临之前就把池水排干，并在池中堆满树枝。因此，这个装饰着大量雕像、花卉和水景的园林不仅造价十分高昂，而且后期的养护管理也非常困难。

园林的主体部分构图十分简洁，中轴线上是一座大理石铺砌的阶梯式瀑布，镶嵌着造型优美的双贝壳型喷泉，瀑布下方有半圆形水池，将平地上的花坛一分为二。山坡上的称为"狄安娜浴场"（Diana's Bath）的泉池中有水流出，并在山坡上形成一系列喷泉和小瀑布，随后流入半圆形水池（见彩图22）。

从园林的平面设计上，似乎很难想象出来园址是一片地形起伏巨大的山地。比如边长200m的星形丛林中央，有座名为"奥科卡尔"（Ocho Calles）的圆形广场，半径逾40m，由于斜坡的原因而显得缺乏稳定感。

由于园中的丛林大多距离宫殿不远，最近的离窗户仅约有20m，并且宫殿坐落在较低的台层上，因此宫中的视线十分闭塞。从宫殿以及与其平行的一系列台地中，引伸出宫苑的三条主轴线，也使得全园在整体上难以获得统一的效果。给人留下深刻印象的，是不断出现的一系列细部处理，缺乏合理有序的整体组织。各景区的景点多少显得有些雷同，构图也不够清晰明了。

园中喷泉的处理却十分精湛，喷水形成的景致也比凡尔赛宫苑的喷泉更加美妙，富有变化与动感。在各个花园中共有26座宏伟壮丽的泉池，都带有梦幻般的喷水，并以神话人物和故事作为各个泉池的主题。

在圆形广场的中央泉池中，有座墨丘利（Mercury）①怀抱塞基（Psyché）②的雕像。广场周围还环绕着其他八座泉池，分别是尼普顿（Neptune）③、胜利女神（Victoire）、马尔斯（Mars）④、西柏里（Cybèle）⑤、萨图恩（Saturn）⑥、米涅尔瓦（Minerva）⑦、海格力斯和谷神（Cérès）等泉池。

称作"法玛"（Fama）的花坛中，有座阿波罗泉池，池中的雕像描绘了阿波罗（Apollon）追逐达芙尼的情景。

"青蛙泉池"（Fuente de las Ranas）描绘的是女神拉通娜的故事，拒绝给她送水的农民们被惩罚变成了青蛙。阿波罗和拉通娜泉池与凡尔赛宫苑中的两座泉池有着相同的主题，反映出凡尔赛宫苑对拉·格兰贾宫苑的影响。

此外，园中还有"安德洛米达泉池"（Fontaine des Andromeda），喷泉和装饰性群雕都十分精美。在希腊神话中，安德洛米达（Andromeda）是埃塞俄比亚国王克普斯（Cepheus）与卡西俄皮亚（Cassiopeia）之女，为了平息波塞东（Poseiden）的怒气而被绑在海边的岩石上，献给海怪（Cetus）。英雄珀修斯（Perseus）用戈耳工（Gorgon）的头颅使妖怪变成石头，把安德洛米达救下。

宫苑中大量的水景处理手法，同时也是西班牙传统造园风格的反映。但是在布局上，似乎显得各水景之间缺乏必要的联系，整体效果也缺乏应有的节奏感，法式园林强调的统一均衡的原则，似乎未能得到西班牙勒诺特尔式园林充分体现。

---

① 墨丘利：罗马神话中主司商业的神。
② 塞基：希腊神话中的灵魂，常被描绘成蝴蝶。
③ 尼普顿：罗马神话中的海神。
④ 马尔斯：罗马神话中的战神。
⑤ 西柏里：希腊神话中的母亲女神，是野生万物之母。
⑥ 萨图恩：罗马神话中的农业之神。
⑦ 米涅尔瓦：罗马的手工艺女神，与希腊神话的雅典娜一体。

6.1.4.3 特征

西班牙本身的气候条件和地理特征，本不适宜营造以平原景观见长的勒诺特尔式园林。然而，深受法国宫廷影响的西班牙君主们，又实在难以摆脱法国时尚的影响。

西班牙是一个山地国家，尤其是中部地区，不仅海拔较高，岩石丛生，而且夏季气候干旱炎热，冬季又十分寒冷。一方面，在地形起伏的山坡上，很难开辟出法式园林典型的平缓舒展空间，缺少广袤而深远的透视线；另一方面，高海拔的自然条件，也给法式园林的养护管理带来极大的困难。因此，园林史学家大多反对这类无视自然地理差异的模仿性作品，虽然从平面构图上来看，西班牙勒诺特尔式园林与法国勒诺特尔式园林十分相像，但是就立面效果而言，两者之间的空间特点就大相径庭了，似乎西班牙造园师在创作这些园林时，忽视了等高线的存在。

此外，由于使用者的不同，对西班牙的城市和宫苑的评价也会有所差异。在大量的外来游客看来，狭窄的街道尺度似乎很不协调。但是在本地居民看来，这些街道不仅背阴、凉爽，而且具有浓烈的居家氛围。如果不是用来组织像法国宫廷那样盛大气派的化装舞会的话，街道和宫苑已足够宽敞，与少量使用者的尺度更加和谐。

然而，就局部处理而言，西班牙勒诺特尔式园林也有其与众不同的特征。园址中起伏的地形和充沛的水源，加上西班牙造园传统中高超的水景处理技艺，使园中的水景丰富多彩，由此也带来空间的极大变化。大量的喷泉、瀑布、跌水和水台阶产生的流水景观和声响效果，不仅给园林带来了凉爽和活力，而且是西班牙本土园林的特色和魅力之一。

在干旱炎热的气候下，西班牙人喜欢采用花坛与乔木相结合的布置方式，与意大利文艺复兴园林中的树丛植坛有一些相似之处，然而黄杨模纹与庭荫树的结合显得更加精美。在意大利和法国的勒诺特尔式园林中，花园中种植乔木是十分罕见的，这可以看作是西班牙造园师，在借鉴外来手法时，根据自身条件所作出的改进。笼罩在树木阴影之下的花坛、泉池、雕像等，形成更加私密的园林气氛，加上大量的动水水景带来的清凉湿润，营造出更加宜人的休闲游乐空间。

在造园材料上，尤其是铺装处理上，西班牙勒诺特尔式园林依然保留着一些历史园林的传统做法，比如彩色马赛克的大量运用，是西班牙伊斯兰园林传统做法的延续，不仅为园林增色许多，而且有助于形成地方特色浓郁的西班牙园林的整体可识别性特征。

6.2 荷兰园林概况

6.2.1 荷兰概况

荷兰是欧洲西部的一个小国，东面与德国为邻，南接比利时，西、北濒临北海。地处莱茵河（Rhine）、马斯河（Meuse）和斯凯尔特（Scheldt）河三角洲，国土面积41 528km^2，海岸线长1075km（图6-9）。

图6-9　荷兰位置图

荷兰因其地势低洼而闻名于世。西部沿海为低地，东部是波状平原，中部和东南部为高原，最高峰海拔321m。"荷兰"在日耳曼语中叫尼德兰，意为"低地之国"，因其国土有一半以上低于海平面，1/3的面积仅高出海平面1m而得名。

国土中水网稠密，河流纵横。西北濒海处有荷兰第一大湖泊艾瑟尔湖（Ijsselmeer），是荷兰人围海造田的产物。由于河流密布，水路四通八达，素有"北方威尼斯"之称的首都阿姆斯特丹（Amsterdam）有大小水道160多条，桥梁1000多座。

荷兰属海洋性温带阔叶林气候区，但天然植被十分贫乏。气候凉爽而温和。全年降水量均匀，平均降水量超过700mm。

为了生存和发展，荷兰人竭力保护原本不大的国土，避免在海水涨潮时遭受"灭顶之灾"。他们长期与大海搏斗，围海造田。早在1229年，荷兰人就发明了风车，筑堤坝拦海水后再用风车抽干围堰内的积水。最多的时候，全国有9000座风车。几百年来，荷兰修筑的拦海堤坝长达1800km，增加土地面积逾 $60 \times 10^4 hm^2$。如今荷兰国土的20%是人工填海造出来的。

荷兰的农业非常发达，是世界第三大农产品出口国。荷兰人利用不适于耕种的土地发展畜牧业，跻身于世界畜牧业最发达国家的行列。花卉是荷兰的支柱性产业，全国共有 $1.1 \times 10^8 m^2$ 的温室用于种植鲜花和蔬菜，因而享有"欧洲花园"的美称。

4世纪之前，这里受罗马帝国的统治。4~8世纪成为法兰克王国的一部分，后来并入神圣罗马帝国。16世纪以前，荷兰长期处于封建割据状态。1555年腓力二世继承西班牙及尼德兰王位遂领有此地。1568年，荷兰爆发了延续80年的反抗西班牙统治的战争。1581年北部七省宣布独立，成立尼德兰联合共和国。1609年西班牙跟荷兰签订12年停战协定，事实上承认了荷兰的独立，而南部佛兰德斯（Flanders）地区则仍归自西班牙统治。1648年西班牙正式承认荷兰独立。

荷兰是最早走上资本主义道路的国家。16世纪的尼德兰革命，是历史上第一次成功的资产阶级革命。在欧洲还普遍处于封建专制制度统治的时期，荷兰共和国的独立具有重要的历史意义，为北方资本主义发展开辟了道路。

17世纪，荷兰一度成为海上殖民强国。荷兰人很会做生意，被称为海上搬运夫。最有名是荷兰东印度公司，以后其他许多国家都成立了东印度公司。18世纪时，荷兰已成为一个工业很发达的国家。18世纪后，荷兰殖民体系逐渐瓦解。1795年法军入侵荷兰。1806年，拿破仑之弟任国王时，荷兰被封为王国。1810年并入法国。1814年荷兰脱离法国，翌年与比利时联合，建立荷兰王国。1830年，比利时脱离荷兰独立。1848年成为君主立宪国。

17世纪前期，荷兰经济繁荣、文化昌盛，有着比较广泛的言论自由与信仰自由。其他国家被迫害的异教徒，纷纷逃到荷兰避难，许多学者到荷兰著书立说。至1645年，荷兰已有六所著名的大学，在荷兰最早出现定期刊物，报纸也逐渐普及，科学技术十分发达。新的文化气氛培养了杰出的思想家、科学家和艺术家。

在这样的社会背景下产生的荷兰画派，继承了15~16世纪尼德兰民族艺术传统，它以写实、纯朴为其特点，较少受到当时流行于欧洲的巴洛克风格的影响。他们把目光投向多彩的现实世界，用画笔描绘周围的日常生活和熟悉的各阶层人物，以及美丽的自然景色。

荷兰画家勇敢地挣脱了千余年来神话和宗教题材的束缚，把现实生活作为艺术创作的源泉，绝大多数画家都以现实生活为题材，新兴的资产阶级和中下层平民，开始成为绘画中的重要角色。绘画艺术反映现实生活的深度和广度大为增加，这是他们对现实主义艺术的一大贡献。但是，新兴的资产阶级与市民阶层既有追求进取的一面，也有易于满足现状、追求安乐的另一面。荷兰小画派的某些作品，就过多地描绘了生活琐事与闲情逸致。

荷兰艺术由于写实而受到市民的欢迎，因此油画变成商品，大量进入市场。这一时期，肖像画、风俗画都获得了极大发展；风景画、静物画也成为独立的绘画科目。各类体裁之间的分工已达到专门化的程度，出现了肖像画家、风俗画家、静物画家、动物画家、风景画家等。

6.2.2 荷兰文艺复兴园林概况

荷兰人素来以喜欢栽花种草而闻名欧洲。据记载，早在15世纪末，荷兰就出现了小游园和城市住宅中的庭园。比如阿姆斯特丹有位叫谢里夫·本宁（Sheriff Benning）的人就在别墅中建有庭园。这类园子布局非常简单，规模也不大，通常有几个庭园，适合家庭成员开展各种活动。

16世纪初，荷兰受意大利文艺复兴运动的影响，园林有了较大的发展。法国艺术评论家查尔斯·埃蒂安纳（Charles Estienne，1504—1564）1554年出版著作《乡村田园》（*Praedium Rusticum*）大约30年后，于1582年在安特卫普（Antwerpen）翻译出版。从这本书中可以看出，当时的庭园主要是用来栽种蔬菜的实用性园林，其中的药草园是最令人愉悦的地方。像当时一般的园艺著作那样，这类造园书籍中也记载了庭园中的植物种类，以及药草的疗效和使用方法。

16世纪的荷兰造园家当中，最著名的要算1527年出身于吕伐登（Leeuwarden）的画家德弗里斯（Hans Vredeman de Vries，1527—1606），被誉为荷兰的杜塞尔索。1583年，他在安特卫普出版了十卷本的著作《花园图案全集》（*Hortorum Viridariorumque*），书中还有喷泉和洞府的设计图集。德弗里斯的设计图与同时代的法国造园家的设计图一样，反映出他们对城堡生活的深入洞察。

德弗里斯的著作和埃蒂安纳的译著，成为了解当时荷兰造园手法最完整的资料。德弗里斯还在他的版画中，仿照建筑样式的分类方法，对庭园样式进行分类。虽然根据德弗里斯的设计图而实施的庭园为数甚少，但是由他创造的庭园形式，以后渐渐成为一种造园样式，甚至这类荷兰新型庭园，还曾经在英国和德国流行一时。

荷兰城堡集中的地区，历来都是欧洲战争的主战场。在动荡不定的岁月中，拥有城堡的贵族们大多因革命而没落了，他们的城堡也常常被洗劫一空，或付之一炬，其结果是17世纪之前的荷兰城堡，几乎无一能够幸免，围绕城堡四周的庭园，也不可能完整地保留下来。从那些庭园遗址中，以及布满青苔的泉池中，人们依稀能够感受到，荷兰庭园曾经有过的奢华，但已无法了解荷兰庭园的整体布局和造园手法。要了解荷兰17世纪前半叶的城堡庭园情况，只能借助于霍拉（Wenceslaus Hollar，1607—1677）、彼特斯（Clara Peeters，1594—1640）、布鲁因（Cornelis van Bruyn，1652—1726）、凡·维尔登（van Weerden）等画家杰出的版画作品了。其中最重要的著作是桑德鲁斯（Antonius Sanderus，1586—1664）的《佛兰德斯插图》（*Flandria Illustrata*，1641—1644）和《布拉奔西亚神圣与亵渎》（*Brabantia Sacra et Profana*），以及较早以前艾辛格（Michael Aitsinger，1530—1598）的著作《比利时的莱昂》（*De Leone Belgico*，1585）和《布拉奔西亚贵族的城堡与庄园》（*Castellorum et Praediorum Nobilium Brabantiae*）。在最后这本书中，载有鲁汶（Leuven）、布鲁塞尔（Brussels）、安特卫普（Antiverpen）等地的城堡及庭园鸟瞰图，将古代荷兰以及佛兰德斯贵族的庄园展现在人们眼前。从这些书籍的图画中，人们对当时的荷兰贵族美化城堡周围环境的方式，以及荷兰园林对16~17世纪英国、德国、奥地利等国的影响情况有所了解。

荷兰的城堡建筑绝大多数采用砖结构，饰有各种形式的山墙、塔楼、烟道和精致的风标向等。雅致的庭园围绕着城堡布置，形成景色优美并舒适宜人的居住环境，丝毫没有后世庄园中，令人敬而远之的矫饰与豪华。城堡中的主体建筑环绕中庭布置，形成主要的活动空间之一。

城堡外围环绕着壕沟，一般经由架设在壕沟上的吊桥进入城堡。带有铁栅门（Portcullis）的塔楼，上层设有鸽子窝（Dovecote），信鸽是当时对外联系的主要方式。为城堡生活服务的家禽饲养场，一般就近设置在城堡附近，并常常与马厩、农舍、谷仓等附属设施相结合，更加便利。由于地势低洼，水源充沛，荷兰城堡中常常利用水渠，划分出一排排的小型台地，作为果园、菜园、药草园等实用性庭园及游乐性花园用地，各个庭园之间以小桥联系。出于城堡规模的制约和安全上的考虑，庭园与城堡建筑较少布置在同一座岛上。

在城堡庭园中，花坛是最主要的观赏要素，设计自然也就十分精心。以欧洲黄杨作为花坛造型的主要材料，修剪成各式各样的图案，再在其中种植各色花卉，布置得十分精美。1614年，小范·德·帕斯（Crispin van de Passe the Younger，1590—1664）在莱茵河畔的小城阿纳姆（Arnhem），出版了《园艺花卉》（*Hortus Floridus*）一书，并以一幅名为"春园"（Spring Garden）的插图作封面。这个庭院的四周环绕着回廊（Gallery），与杜塞尔索所描绘的16世纪法国文艺复兴园林十分相像。荷兰人对花草情有独钟，常以色彩鲜艳的花卉来弥补园内景色的单调。庭园当中是图案精美的花坛，四个花床中种有郁金香，其余的种上风信子等鲜花，廊架上爬满盛开的蔷薇。画面的前方有一倚栏欣赏花园的骑士，园中一位妇女正在采摘郁金香。

由意大利人设计的用彩色砂石作底衬的花坛更富装饰性，在荷兰多雨的气候条件下也更有观赏性，因而在荷兰比传统的荷兰花坛更加受人欢迎。庭园中的园路和林荫道，时常以砂砾或大理石碎粒作路面，也有用砖块、瓷砖或石板铺砌的做法。那些大型花坛通常以小水渠再分割成四个部分。喷泉也是设计的重点，泉池采用青铜、大理石或铅等材料精心构筑而成，往往成为庭园中的视觉中心。

从那些流传下来的版画中，还常常见到供鹳雀栖息的鸟巢，布置在离地面6～9m高的地方。在荷兰人的习俗中，人们认为如果谁家的鸟巢中没有鸟儿栖息，谁家将会遭遇不幸。如今在荷兰的一些乡村住宅中，还能见到古画中描绘的鸟巢。此外，在乡村住宅中，鱼池是主要的附属设施，占地面积很大。为了防止水流静止而变质，鱼池都设有围堰、水车、水闸等设施，潺潺的流水往往成为荷兰庭园中引人入胜的景色。为了形成不同高度的水位，就需要精心设置堤坝和水渠。此外，调节水深也是防止水质恶化的措施之一，有助于防止杂草丛生，蚊蝇肆虐。同时，堤坝的材料、工艺和构筑方式也非常重要，维护与修复的工程较大。从荷兰人传统的治水技术中，可以看出许多现代人所推崇的生态化、自然化措施。

荷兰庭园中的园亭和凉亭等构筑物的设计也很有特色，造型丰富多彩，妙趣横生的屋顶、镀金的风向标和色彩艳丽的百叶门窗，都为这些小品建筑增添了无穷的魅力。重要的园亭都采用砖、瓦、石等坚固耐久的材料，形成能遮风避雨的舒适场所。休憩性凉亭则采用木材构筑，或将树木修剪整形而成。花坛的四周常常环绕着整形绿篱构筑的绿廊，衬托着花坛和泉池。

由于荷兰境内绝大部分为低洼平原，因此在荷兰园林中极少构筑意大利或法国文艺复兴园林中常见的台地。即使是在丘陵地区，也因坡度平缓而难以兴建富有立体感的台地。于是，人们在荷兰庭园中所见到的突出之物，往往是位于迷宫中心的假山，成为眺望风景的观景台。在法国的文艺复兴园林中，常常利用台地高度的细小变化，来突出地形的变化效果。而在荷兰庭院中，因庭园狭小，往往以五彩缤纷的花卉来弥补立面变化上的不足，充分体现出荷兰人在花卉栽培方面的天赋。如果庭园规模很大，又缺少地形和水位高度变化的话，景色将是单调乏味的。

坎蒂隆（Philippe de Cantillon）1770年在阿姆斯特丹出版的著作《可笑的布拉邦》（*Vermakelykheden van Brabant*），对荷兰园林做了详尽的描述，书中还收进了各种庭园设计的版画鸟瞰图。从中可以看出，直到此时，荷兰庭园的特征丝毫没有发生变化，法国勒诺特尔式园林的影响尚未出现。坎蒂隆的另一本书叫作《布拉邦的乐事》（*Les Délices de Brabant*），是在1759年出版的，书中的版画揭示了当时荷兰的城堡荒芜的情形。

6.2.3 荷兰勒诺特尔式园林

6.2.3.1 概况

勒诺特尔式园林传播到荷兰的时间较晚，凡尔赛宫苑的全盛时代过去25年后，在荷兰出版的造园书籍中，尚未介绍勒诺特尔所采用的造园新式样。究其原因，一方面是因为荷兰的人口稠密，领地狭小，且都掌握在中产阶级手中，虽然在阿姆斯特丹的富商中，有能力兴建大型庄园的人不在少数，但是富商们崇尚的民主精神，使他们无法以法国宫廷推崇的造园样式为样板。另一方面，法式园林的典型特征，很大程度上在于对丛林、树林等林地的处理方式，而荷兰的大部分地区，由于强风和地势低洼的影响，难于形成根深叶茂的森林，营造法式园林确实有一定的难度。

小范围模仿法式园林的营造活动，始于17世纪末威廉三世（Williams Ⅲ, 1650—1702, 1688—1702在位）统治时期。威廉三世生于海牙（Hague），是奥兰治威廉二世（William Ⅱ, 1626—1650, 1647—1650在位）与英格兰查理一世（Charles Ⅰ, 1600—1649, 1625—1649在位）长女玛丽（Mary Henrietta Stuart, 1631—1660）之子。自1672年始担任尼德兰联合省执政，1688年英国政局动荡，他应邀率领英、荷联军在托贝（Torbay）登陆，迫使詹姆斯二世出走，1689年登基成为大不列颠国王。威廉三世在荷兰兴建赫特·洛（Het Loo）宫苑时，采用了勒诺特尔造园样式。此后法式园林才开始在荷兰渐渐盛行起来。有传说勒诺特尔曾经参与了赫特·洛宫苑的设计工作，但是并没有足够的证据。

安吉恩公爵（Louis Ⅳ Henri, Duke of Enghien, 1692—1710）的庄园，是这一时期佛兰德斯地区最迷人的园林之一，坐落在距布鲁塞尔约30km的地方，不幸的是在法国大革命时期被毁，从罗曼·德·胡奇（Romain de Hooghe, 1645—1708）的版画中，人们得以了解该园当时的状况。这座园子由于伏尔泰和夏特莱侯爵夫人（Gabrielle émilie, Marquise du Chatelet, 1706—1749）1739年曾在此旅居而名噪一时。从德·胡奇的版画中可看出一条宽阔的林荫大道，从城郭一直通向城堡。城堡建筑有7座棱形碉堡，从中可以眺望射击场。图中还有一座称为"帕尔纳斯"（Parnassus）①的假山，高有三层，各层间以树篱夹峙的坡道相连接。城堡附近有片鱼池，池中有座称为"泥土块"（La Motte）的方形岛屿，岛中央有座巨大的喷泉，四周围绕着树篱。园中还有一条长约270m的林荫道，两侧是高大的树墙，尽端有园亭和喷泉。林荫道两侧还有稍稍高起的步道，人们可以在步道上观赏林荫道中举行的各种竞技活动。迷宫、柑橘园和岛上装置巧妙的机械，为这座庄园增添了极大魅力。

当时的荷兰造园家以西蒙·辛伍埃（Simon Schynvoet, 1652—1727）、丹尼·马洛（Daniel Marot, 1661—1752）和雅各布·罗曼（Jacob Roman, 1640—1716）等人为代表，他们忠实地秉承了勒诺特尔的造园风格。辛伍埃设计了索克伦的花园，也为宫廷设计过花园，还建造了海牙附近的那些主要花园，以及阿姆斯特（Amster）与威赫特两河沿岸的许多别墅花园。马洛是出生在法国的建筑师和雕塑家，作为一名新教徒，在1685年的南特赦令取消剥夺法国新教徒的宗教和公民权利后，他被迫离开法国移居荷兰，成为威廉三世的造园师。以后又跟随威廉三世到英国伦敦，据说参与了汉普敦宫苑的兴建。马洛还发表了许多有关花格子墙和庭园装饰方面的设计构思和方案图。他除在海牙造园外，主要作品有威廉三世的休斯特·迪尔伦园（Huiste Dieren）和阿尔贝马尔公爵（Albemarle）在兹特芬附近的伏尔斯特园（Voorst）。罗曼最重要的作品，就是为威廉三世建造的著名的赫特·洛宫苑。

此外，当时著名的造园家还有让·范·科尔（Jan Van Call, 1656—1703），他在海牙附近设计的克林根达尔园以及其他作品也采用了勒诺特尔的造园风格。

1670年，范·德·格伦（Jan van der Groen, 1635—1672）在阿姆斯特丹出版了《荷兰造园家》（*Den Nederlandtsen Hovenier*）一书，该书用法、德两种语言出版，直到18世纪中叶，仍被看作是最通俗的造园理论书籍。书中描绘了海牙附近的里斯维克（Gardens of Ryswick, Ryswick）、昂斯

---

① 帕尔纳斯：希腊中部山峰名，希腊神话中阿波罗和缪斯的居所。

莱尔达克（Hous Honslaerdyk, Hague）和豪斯登堡（Huis ten Bosch, Hague）等园子，书中的版画插图还显示出这些园子在改造成法式园林之前的状况。范·德·格伦在书中论及了常见的地方生活方式，喷泉制作技术，以及花卉、树木、葡萄和柑橘的栽培方式等，还有简单的花坛设计和花格墙的构造。他通过收集到的方尖碑、园门、回廊和园亭等珍贵的设计资料，对花格墙的结构作了说明。最后还向读者介绍了日晷、树木造型指针，用黄杨修剪成数字造型等罕见的实例。

1676年，高斯（Hendrik Gause，1648—1699）在阿姆斯特丹出版了《宫廷造园家》（De Koninglycke Hovenier）一书，内容更为丰富，记载了很多花坛的种类。全书将两部分合为一卷，前一部分介绍了果树和花卉的栽培技术，后一部分谈及园林设计。这本书在英国极受欢迎，17世纪很多杰出的英国规则式庭园无疑借鉴了该书。

由于陆路旅行既不够安全，又不很方便，而在阿姆斯特和威赫特这两条河流上运营的快艇运输，则是十分便利的。因此，荷兰的大部分别墅都位于阿姆斯特丹、海牙、哈勒姆（Haarlem）、莱登（Leiden）和乌特勒支（Utrecht）等城市附近，在乌特勒支和阿姆斯特丹之间形成了一条园林密布的地带。

1763年出版的英国女作家玛丽·沃特利·蒙塔古（Lady Mary Wortley Montague，1689—1762）文集中，记述了她在荷兰游历后的感受："我们接连不断地穿过花园，其中有迷园、花坛及各种造型奇特的树篱。花园或者用小河渠，或者以狭窄的田地划分景区。（游艇）行驶了一个多小时，直到布伦凯尔姆，沿岸鳞次栉比的花园令人目不暇接，又过了几个小时，继续行驶了数英里，沿途依然如此。"

从哈勒姆到阿姆斯特丹，沿途分布着数不胜数的大小别墅花园；从阿尔克马尔（Alkmaar）到海牙，各种宅园星罗棋布，宛如一幅连绵不断的庭园画卷。将花园以版画的形式记录下来，永久保存，或许也是园主们梦寐以求的心愿。这类版画一方面是低湿地带排水状况的测绘图，另一方面向后人展示了当时荷兰北部别墅花园的翔实情况。

1732年，莱德马克（Abraham Rademaker，1677—1735）出版了一本精美的荷兰住宅版画集，书名就叫《娱乐性住宅》（Maison de Plaisance）。版画显示那些住宅都围以河渠，其上架设着千姿百态的小桥，并以大型门柱为分界。前庭一般直接通向简朴肃穆的砖结构住宅，或以椴树林荫道代替前庭。宅园中建有造型古雅的园亭，尤其是屋顶形式丰富多彩。为了便于观赏周围的景色，环绕住宅四周的树篱都修剪得很低矮。从色彩艳丽的游艇甲板上，举目远望河渠两岸漫长的别墅花园全景，令人心旷神怡。

哈勒姆以北有个名叫肯讷梅尔朗特（Kennemerlant）的地方，在18世纪的繁荣时期，阿姆斯特丹的巨贾富商们在此兴建了许多别墅庄园。虽然大部分还残留至今，但花园都遭受过19世纪的大掠夺，幸免于难的寥寥无几。尽管受场地的极大限制，这些别墅庄园的规模不很大，但是大体上仍采用了勒诺特尔的造园样式。亨德里克·德·勒什（Hendrik de Leth，1692—1759）后来在阿姆斯特丹出版了这些别墅花园的设计图和精美的小版画图集。肯讷梅尔朗特地区的别墅花园虽然规模都不大，但装饰得非常典雅。作为园主的夏季避暑之地，花园中充满欢乐安宁的气息。在这些别墅中，依然随处可见那些林荫道的遗迹、前庭以及尚未完全毁坏的园亭和柑橘园。在距哈勒姆不到两千米的芒帕尔也有一些非常典型的小别墅。沿着梅花桩式栽植的椴树林荫道，可以很方便地到达这里的别墅，林荫道两侧还散置着一些房屋，一侧用作牲畜饲养房，另一侧布置柑橘园。方形宅邸被宽阔的壕沟所环绕，前方布置有花坛，壕沟上架设装饰性小桥作为出入口。

6.2.3.2 实例

（1）赫特·洛宫苑（Gardens of Het Loo Palace, Apeldoorn）

赫特·洛宫苑位于阿培尔顿（Apeldoorn）附近，始建于17世纪下半叶。当时还是亲王的威廉三世在维吕渥（Veluwe）拥有一座猎苑，为了方便经常来此狩猎，亲王购置下猎苑附近名叫赫特·

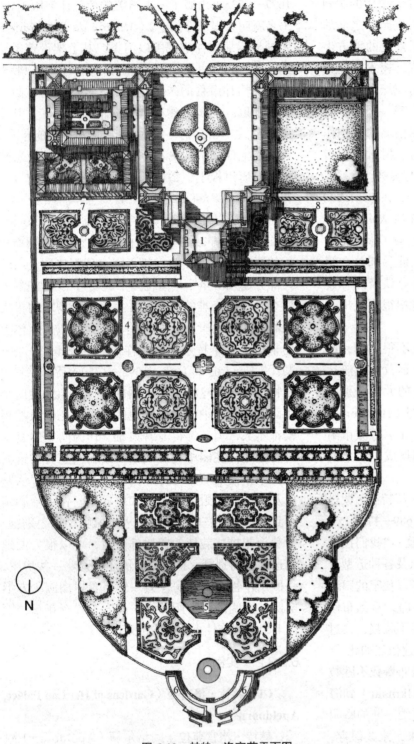

图 6-10 赫特·洛宫苑平面图
1. 宫殿 2. 宫殿前庭 3. 维纳斯泉池 4. 大型模纹花坛
5. 国王泉池 6. 花园顶端的柱廊 7. 王后花园 8. 国王花园

洛的地产,并在 1684 年兴建了一座供狩猎时下榻的行宫(图 6-10)。荷兰建筑师罗曼负责建造这座宫殿,设计最初启用了巴黎建筑学院的方案,后来又采用了建筑师马洛的设计方案,宫殿旁的花园也是由马洛设计的。

宫殿由正殿建筑和围合着庭园的两组侧翼组成,围绕着正殿形成四个庭园。宫殿前方有前庭,后有大花园;两侧各有一个侧翼围合的方形庭园,一侧称为"国王花园"(Konings-twin),另一侧称为"王后花园"(Koninginne-twin)(图 6-11)。约 1690 年,又在宫殿的背后增建了一座花园,称"上层花园"。

最初的宫苑设计完全反映出 17 世纪的美学思想,以对称和均衡的原则统率全局。从前庭起,强烈的中轴线穿过宫殿和花园,一直延伸到上层花园顶端的柱廊以外,再经过数千米长的榆树林荫道,最终延伸到树林中的方尖碑上。壮观的中轴线将全园分为东西两部分,中轴两侧对称布置,甚至两边的细部处理都彼此呼应。

宫殿的前方是三条呈放射状的林荫大道,当中一条正对着铸铁镀金的宫门。前庭布局十分简单,当中有圆形花坛和泉池。后花园四周是高台地和树篱围合的大型花园,当中是对称布置的方格形花坛,八块模纹花坛以当中四块的纹样最为精美,在园中格外引人注

图 6-11　赫特·洛宫苑中的模纹花坛

目。中央大道以及两侧甬道的交叉点上，都布置着造型各异的泉池，以希腊神话中的神像做主题。其中最壮观和最精美的，是中央大道上的"维纳斯泉池"（图 6-12）和"邱庇特泉池"，高大的喷水柱在平坦而开阔的园地上十分突出，在竖向上与水平向的花坛形成强烈对比。在中央大道的两侧还有小水渠，作为引水渠道，将水流输送到园中的各个水景点。

王后花园布置在宫殿的东侧，园内以方格网形的拱架绿廊围合花园，构成花园很强的私密性特征。中央有座泉池和铅制镀金的"绿荫小屋"。布置百合花、耧斗菜等富有"女性色彩"特征的花卉种类，象征着它是献给纯洁的圣女玛丽亚的花园。这个园子后来遭到荒弃，现在只是局部得到恢复。

为威廉三世建造的国王花园布置在宫殿的西侧，沿着院墙种植修剪成绿篱的果树，当中是一对刺绣花坛，花卉以红、蓝两色为主，是荷兰王

图 6-12　赫特·洛宫苑中的"维纳斯泉池"

室的专用色彩,突出了作为亲王的宫苑特征。园中还有斜坡式草地,以及用低矮的黄杨篱围成的草坪滚球游戏场,附近还有一座迷园。

在上层花园中有方格形树丛植坛,当中一条大道一直伸向壮丽奢华的"国王泉池",从平面呈八角形、直径32m的泉池当中,喷出一股高约13m的巨大水柱,四周环绕着小型喷水柱,景象十分壮观,成为全园的视觉焦点。

上层花园中的喷泉,水源来自数千米之外的高地,再以陶土输水管引入园中;而下层花园中的水景,水源则来自林园中的一些池塘,其独特之处是清澈的水体,由于循环往复而涌动着气泡,即使在园中的泉池里,水泡也在不断上升,如地下泉水一般,使池水显得更加清澈凉爽。上层花园与下层花园的四周,均有挡墙及柱廊。在院墙之外的林园中,还有设置娱乐设施的小林园,如呈五角形构图的丛林、鸟笼丛林和迷宫丛林等。此外,林园中还设置了一处非常独特的水景,它用几条小水渠拼出国王与王后姓氏的字母图案,水渠中隐含着细细的水管,每当游人靠近时,一股股水流出其不意地喷射在游人身上,令人惊奇不已。

威廉三世作为亲王并居住在赫特·洛宫时,园内还有一座当时名气很大的柑橘园,并曾向汉普敦宫苑提供了很多植物。

1699年,哈里斯博士(Walter Harris, 1647—1732)在《国王在洛的皇家宫苑记述》(A Description of the King's Royal Palace and Gardens at Loo)中写道:"树篱的材料主要是荷兰榆树,而林荫道树种则以橡树、榆树和心叶椴为主。乔灌木大多修剪成金字塔形。借助墙上的壁画,将人引向林中的各个游乐场。在通向王后花园中凉亭的甬道上安放了坐凳,透过对面的窗口可见园中的喷泉、雕像和其他景致。王后花园内的花坛四周,围以约1.2m高的荷兰榆树篱。圆亭内的所有坐凳、立柱,以及果园中甬道旁的花格墙,都涂成绿色。在砾石甬道的两侧,以及中心泉池的四周,都点缀着栽种在可移动木箱中的柑橘树和柠檬树,容器的四周还摆放着盆栽花卉。"

威廉三世的继任者们后来又在园中增添了一些设施,有用于收集外来植物的温室,还有茶室、浴室等点景性建筑物。然而不久之后,由于宫苑的维护费用高昂而资金匮缺,致使花园管理不善。后来再经几位园主的改造,到18世纪末,赫特·洛局部被改造成风景式园林,使全园在整体上失去了原先的统一感。此后,这座著名的宫苑长期处于荒芜的状态。直到1970年赫特·洛宫苑成为国立博物馆之后,人们逐渐拆除了自19和20世纪以来对宫苑所作的改造,并依据历史遗留下来的版画及游记等,对宫苑进行修复重建,以期再现这座宫苑的历史本来面目。

(2) 海牙皇宫花园(Gardens of Royal Palace, Hague)

17世纪兴建的皇宫花园,是海牙最重要的园林之一,可惜这座勒诺特尔式园林后来经过改建,如今已面目全非了,规则式鱼池也被改造成英国自然风景园式湖泊。现在人们从雷米埃(Jacob de Remier)绘制的版画中,还能看出这个园子在改造之前花坛的盛况,堪称为王室建造的城市园林杰作。

在海牙附近,一些重要的宫殿都拥有大规模的花园,如里斯维克(Ryswick)、鸿斯勒尔戴克(Honslaerdyk)、索格乌勒特(Sorghvliet)和森林之家(Huis ten Bosch)等。可惜除了森林之家外,其他的宫苑已全部被毁。

(3) 里斯维克花园(Gardens of Ryswick, Ryswick)

里斯维克花园归勃艮第贵族那绍家族(Nassau)所有,这座宫殿因1697年在此签订了《里斯维克条约》(The Treaty of Ryswick)而闻名。花园采用规则式布局,以河渠围合出长方形空间,格局使人联想到汉诺威的海伦豪森宫苑(Herrenhausen, Hannover)。宫殿后来被法国人摧毁,部分花园残留至今。

(4) 鸿斯勒尔戴克花园(Gardens of Huis Honselaarsdijk, Westland)

鸿斯勒尔戴克园位于海牙与孚克之间,曾经是威廉三世钟爱的宫苑,也是荷兰最美丽的宅邸之一。威廉三世在一座旧庄园府邸的基础上,将宫殿建造得美轮美奂。在宫殿的背面,有一大片整齐划一的巨大丛林，对面建有动物园，园中饲养着许多来自各国的珍禽异兽。从1670年范·德·格伦出版的《荷兰造园家》一书的版画插图中，人们还能够欣赏到这个园子17世纪时的壮丽景象。17世纪因绘制世界地图而著称的版画家维斯切尔（Nicholas Visscher，1649—1702）也曾经描绘过这个花园。现在，这座花园只有部分附属建筑存在。

（5）索格乌勒特城堡花园（Gardens of Sorghvliet, Hague）

索格乌勒特城堡位于通往谢维宁根（Scheveningen）的路上，是海牙附近的另一座重要庄园。这里最早是荷兰作家和政治家雅各布·凯斯（Jacob Cats，1577—1660）的地产，凯斯的宅邸（Catshuis, Hague）位于中央，是一座狭长的白色建筑物，如今成为荷兰首相的官邸。后来的园主是威廉三世的赫特·洛地产以及英国皇家园林的总管波特兰公爵（Hans Willem Bentinck, Earl of Portland，1649—1709），他后来改建并扩大了这座庄园。

花园设计按照凡尔赛宫苑的风格，建造得极富装饰性。排列有序的一行行绿色雕刻和树木，与整形修剪的树篱相结合，形成几何对称的园林布局。园中最为壮观的景点，是一处呈半圆形的巨大柑橘园，中央和两端都建有凉亭，还有一座称为"帕尔纳斯"的假山，以岩石堆砌出洞府、小瀑布、半圆形穹顶，配以鱼池、迷园、养鹤场等。此外还有一组喷泉，这在荷兰园林中并不多见。

威廉三世与玛丽王后（Mary Ⅱ，1662—1694）曾多次造访这座庄园。18世纪初，在庄园中还举行过多次重大的庆典活动。这座庄园如今只残留下一些低矮的建筑物，原先的大部分景物，随着漫长的岁月而逐渐消失了。1780年前后，这座庄园曾经历了改造，并将园子的一部分，改建成当时盛行的英国风景式园林。

（6）豪斯登堡（Huis ten Bosch, Hague）

豪斯登堡是荷兰王室位于海牙的众多宫苑之一，由于建造在荷兰最古老的森林（Haagse Bos）之中，所以称作豪斯登堡，意为"森林之家"。

这座奥兰治家族的大型庄园，最初是作为尼德兰联合省执政奥兰治亲王亨德里克（Frederik Hendrik, Prince of Orange，1584—1647）和王妃亚美莉娅（Amalia van Solms，1602—1675）的夏宫而兴建的。由于王妃亚美莉娅不满足在海牙和里斯维克的官邸，执意要在旧官邸的北侧、正对海牙入市口的美丽森林中建造一座宫殿。或许受法国王后玛丽·德·美第奇兴建卢森堡花园的影响，王妃一心要将这座宫殿兴建成奥兰治家族的标志性建筑，在建造过程中也格外关心工程的进展情况。

1645年9月2日，由波希米亚前王后伊丽莎白（Elizabeth, the Queen of Bohemia，1596—1662）为工程奠基。宫殿由荷兰建筑师、画家和版画家普斯特（Pieter Post，1608—1669）设计，其作品还有海牙的莫瑞泰斯府邸（Mauritshuis, Hague）、荷兰国会大厦（Binnenhof, Hague，现参议院大厦）和伍德霍夫宫（Oude Hof），后者现称诺尔登堡宫（Noordeinde Palace）。

当亨德里克1647年去世后，他的遗孀将豪斯登堡夏宫改造成丈夫的纪念堂。在画家和建筑师雅克布·范·坎彭（Jacob van Campen，1595—1657）的监督下，中央的房间改造成奥兰治纪念馆（Oranjezaal），专门用来展示亲王的生活与工作情况。房间中最大、最吸引人的画作是由乔登斯（Jacob Jordaens，1593—1678）在1652年创作的作品，描绘了亨德里克一生的辉煌。

从1675年亚美莉娅去世到1795年间，这座宫殿先后更换过四位主人，最后归还仍为亲王的威廉四世（Willians Ⅳ，1711—1751，1711—1751在位）所有。他对宫苑进行了大规模修缮，并由建筑师马洛增建了宫殿的两翼。1795—1813年的法国占领期间，豪斯登堡成为国家财产。

此后，这里成为荷兰王国的皇家夏宫。1981年10月10日，荷兰女王碧雅翠丝（Beatrix of Orange）将豪斯登堡作为她的官邸，直至今日。

许多版画记录下16～18世纪这座宫苑的情形，从1715年建筑师皮埃尔·波斯特出版，1758年再由贝斯科特（Bescot）出版的设计图中，可以看出那时的宫苑在构图上已出现了巨大变化。版画显示这座宫苑坐落在林中的一片开阔地上，四周围以壕沟。这道壕沟成为这座古代宫苑残存至今唯一的遗留物，其他都被改造得面目全非，几乎没有留下任何当初的痕迹。

6.2.3.3 荷兰勒诺特尔式园林特征

17世纪末和18世纪的荷兰住宅，与同时期的英国平民住宅十分相像，都是坚固耐久的砖结构建筑，极少使用石材，采用古典风格的造型，外观上缺乏变化。其实，这也是德国和佛兰德斯城堡的建筑特征。在勒诺特尔去世之后，勒诺特尔式园林才在荷兰流行起来，不仅是王宫贵族，而且富商巨贾们的庄园也采用了勒诺特尔式造园风格。

由于荷兰国土较小，人口稠密，尤其是在北部的那些小城市中，房屋鳞次栉比，因此园林的规模受到很大的局限。再加上地形平缓，造园难以获得纵深效果，因此荷兰的勒诺特尔式园林少有以深远的中轴线取胜的作品。相反，园林的规模不大，易于形成十分紧凑的空间布局，使得荷兰园林往往以小巧精致取胜。园路很狭窄，常常只能供人们步行通过。园亭的尺度也很小，与人的尺度十分和谐。

直到19世纪初，荷兰的宅邸四周都还围绕着深壕沟，同时兼作鱼池。造园依然延续着马洛时代初期的法式园林风格，采用整形对称的布局。园子的四周围以壕沟，以吊桥连接园林内外，表明荷兰人注重城堡领地归属感的意识，比英国人更加强烈。连接城堡的小桥或是固定的栈桥，或是构思巧妙、造型别致的悬臂桥、旋转桥等。小桥还常常被涂上绿、黑、白等颜色，构成一道靓丽的风景线。

由于荷兰水网稠密，水量充沛，造园家往往喜欢用细长的水渠来分隔或组织庭园空间。因此，水渠构成荷兰勒诺特尔式园林的典型特征之一。荷兰园林中的水渠虽然不像勒诺特尔的水渠那么壮观，但长长的水渠和庭园包围水渠的做法，同样有着镜面般的效果，将蓝天白云映入园中。

法式园林中的刺绣花坛很容易被荷兰人接受，同时，由于荷兰人对花卉的酷爱，使他们通常放弃华丽的刺绣花坛，而采用图案简洁，却种满鲜花的方格形花坛。园路上也常常铺设彩色砂石，形成荷兰园林色彩艳丽的装饰效果。

在设计手法上，这些小园子大多构思巧妙，富有趣味性，好像是为孩子们兴建的。造型植物的运用在荷兰十分盛行，并且形状更加复杂，造型更加丰富，修剪得也很精致，庭园和房屋都被各种造型奇妙的树木所环绕，追求奇特的园主们，甚至会把树干涂成蓝色和白色。园内的植物材料多以荷兰的乡土植物为主。

荷兰的勒诺特尔式园林中常见的要素有丛林、林荫道、河渠等，但是园中点缀的雕像或雕刻作品数量较少，体量也比法国园林中的要小。在荷兰、英国等国家，由于精美的石雕价格昂贵，在园中较少运用，这也是这些国家盛行绿色雕刻的原因之一。在其他造园要素的运用方面，荷兰人常常有着自己的独创或改进：

漏景墙（Clairvoye）完全是荷兰人的独创，在荷兰园林中运用很广，往往布置在林荫道的尽头。由嵌着装饰性铁格子的两根或多根砖柱构成，透过铁格子可借景园外的田园、教堂尖塔等景物，起到扩大园景的作用，与中国传统园林中的漏窗颇为相似。

凉亭（Zomerhuis）以及观赏性的鸟笼，也是园林中重要的小品设施。凉亭又称观景楼（Gazebo），是荷兰园林中颇具特色的小建筑物，造型千姿百态，多用砖或石建造，并贴有木墙围板，有的凉亭中还设有冬天取暖的火炉。这些小建筑完全是荷兰所独有的，门楣上书写着主人喜爱或祝福平安的古雅诗句与格言等。在早期的荷兰园林中，尚未出现家庭的观赏鸟笼，约17世纪，这种装饰性的附属建筑才在园林中出现。18世纪初期，威斯特霍夫（Westerhof）园中有设置在下沉式方形庭园中的八角形鸟笼，并且装饰得比较华丽。到风景式造园时期，荷兰园林中出现了各式各样的鸟笼，外形取自古代的庙宇、中国宝塔、哥特式废墟、土耳其寺庙等，有别于17世纪流行的样式。

在植物栽培方面，自17～18世纪就在荷兰广泛栽培柑橘树，重要园林中都辟有柑橘园。据说荷兰柑橘的栽培法十分先进，生产的柑橘并不亚于西班牙。庄园中的果园都用砖墙围合，为了便于果树的生长，砖墙还设计成一排凹凸不平的曲线。温室建筑也被引入荷兰的园林中，现在还残存着一些带有暖房装置的早期温室实例。

此外，郁金香的栽培很早就成为荷兰的重要产业。据卢顿的文献资料显示，荷兰12世纪就开始栽培郁金香。1756年，罗特尔（Lotel）在著作《植物史》（*Histoire des Plantes*）的序言中记载，在十字军时期和巴冈迪公爵时代，对植物兴趣浓厚的佛兰德斯人，就将勒旺特地区（包括地中海东部、叙利亚、小亚细亚、埃及等沿海地区）及荷属东、西印度地区的植物引进国内，在荷兰栽种的外来植物比其他任何国家都多。在16世纪的内乱期间，许多荷兰园林杰作都遭受或遗弃或毁灭的厄运，但保留下来的作品仍然比欧洲其他国家都多。起初栽培风信子和郁金香的目的，只是用来装饰餐桌和房间，现在人们在宫内还能看到这样的做法，为了突出这些美妙的花卉，还特意配上英国德比郡生产的瓷花瓶；而且在当时的纺织品和家具上，以花卉为主题的装饰十分常见。这种对花卉的喜爱，同样反映在英国和法国的造园艺术中，但是荷兰人尤其突出。因此，法式花坛并未得到荷兰人的垂青，他们更欣赏展示花卉本身的简单的方形花圃，而不是以图案取胜的刺绣花坛。

植物造型艺术源自古罗马，荷兰人使得这种古代技艺重新流行起来。植物造型先是从意大利传到法国，法国人帕里西在1564年，奥利维埃·德·塞尔在1604年都提到了有关植物造型的问题。麦利安（Merian）还在1631年留下了一些有关植物造型的图纸，并将法国和英国（尤其提到了汉普顿宫苑）推为植物造型最盛行的国家。到18世纪时，植物造型虽然已不像过去那样泛滥，但依然很流行。荷兰人为了强调花坛的边缘，常将黄杨及迷迭香等修剪成各种富有奇思遐想的造型，并点缀金字塔造型植物来突出整个花坛。

在荷兰园林中，树篱一般以鹅耳枥为材料，适宜在荷兰的轻质砂壤中生长。像凡尔赛宫苑那样，树篱都被修剪得十分齐整，有时也做成各种奇特的造型。

荷兰人普遍喜爱林荫道，常常要穿过种植着心叶椴的林荫道，才能进入宅邸。有的林荫道像塔弗勒特园那样，将树木种植得很密，形成一条长长的绿色走廊。在哈勒姆附近的马尔库埃特还残留着一些过去的林荫道，城堡则建在由巨大的壕沟包围的岛上。门斯丁的宅邸大多用三道壕沟包围。威尔森附近的沃塔兰德庄园内几乎没有花坛，花园的整体效果体现在中央开阔的水景方面，从中延伸出一条心叶椴林荫道，伸向凉亭或寺院。

绿荫剧场源自意大利文艺复兴园林，在荷兰园林中也是常见的园林小品。如威斯特威克园中的绿荫剧场十分豪华，有侧幕是鹅耳枥整形修剪成的大型拱券的舞台，舞台后还有下沉式椭圆形演奏场，设有管弦乐队的坐席，舞台两侧是茂密的整形树篱，作为排成一列的铅制塑像的背景。舞台的背景则采用坚固的建筑结构。绿荫剧场还常常采用木条形成的花格架来制作，简便易行但不耐久，因此现在难得一见。

6.3 德国园林概况

6.3.1 德国概况

德国位于欧洲中部，是东、西欧的交界地带。东邻波兰、捷克，南接奥地利、瑞士，西界荷兰、比利时、卢森堡、法国，北与丹麦相连并临北海和波罗的海（Baltic Sea），是欧洲邻国最多的国家。国土面积约为 $35.7 \times 10^4 \text{km}^2$（图6-13）。

地势北低南高，可分为四个地形区：北德平原，平均海拔不到100m；中德山地，由东西走向的高地块构成；西南部莱茵断裂谷地区，两旁是山地，谷壁陡峭；南部的巴伐利亚高原和阿尔卑斯山区。

境内河流众多，水量丰富，植被覆盖率较高。主要河流有莱茵河（流经境内865km）、易北河（Elbe）、威悉河（Weser）、奥得河（Oder）、

图6-13 德国位置图

多瑙河（Danube）等。较大湖泊有博登湖（Bodensee）、基姆湖（Chiemsee）、阿莫尔湖、里次湖。气候也是由西欧的温带海洋性气候，向东欧的温带大陆性气候过渡的地带。西北部海洋性气候较明显，往东、南部逐渐向大陆性气候过渡。年降水量500~1000mm，山地更多。

德意志民族的祖先是古代日耳曼人。从3世纪起，日耳曼人部落开始结成部落联盟，为日耳曼民族的形成奠定了基础。4世纪，受匈奴人和其他外族的驱逐，日耳曼人开始涌向南部的西罗马帝国。476年，西罗马帝国宣告灭亡，日耳曼人在原帝国的领土上建立了许多王国。日耳曼人向罗马人学到了许多先进的生产和文化知识，并逐渐接受了基督教，开始向文明社会过渡。

在众多的日耳曼王国中，以法兰克王国（Frankish Kingdom，486—911）对欧洲大陆的影响为甚。481年，法兰克人建立了法兰克王国，史称墨洛温王朝（Merovingian Dynasty，481—751）。在教会的支持下，法兰克王国不断对外扩张。至6世纪，其领土已扩展到包括今天的法国、卢森堡、比利时、荷兰以及莱茵河以东的部分地区，成为当时欧洲最强大的国家。

751年开始的加洛林王朝（Carlovingian Kingdom，751—911）的第二位国王，是历史上著名的卡尔大帝（Karl der Groβe，742—814，768—814在位），他先后占领了意大利的大部分地区以及西班牙的一部分领土，并征服了萨克森（Sachsen），把领土扩展到易北河和萨勒河（Saale）流域。至9世纪初，法兰克王国的版图大为扩展，东起易北河和萨勒河，西至比利牛斯山，南起意大利北部，北至北海，成为法兰克帝国。

卡尔大帝去世后，法兰克帝国开始分裂。843年签订的《凡尔登条约》（Treaty of Verdun）和870年的《墨尔森条约》（Treaty of Meerssen），使法兰克帝国一分为三：位于莱茵河左岸、以拉丁语为母语的西法兰克王国，位于莱茵河右岸、以日耳曼语为母语的东法兰克王国以及南部的意大利王国。法兰克帝国的分裂，为以后法国、德国和意大利等民族国家的建立奠定了基础。911年，加洛林王朝的最后一位君主去世，康拉德（Konrad，911—918在位）被推选为国王。从这时起，东法兰克王国被看作德意志国家，康拉德一世也被看作第一任德意志国王。

东法兰克王国大致包括今天的荷兰、德国的西部和中部、瑞士和奥地利。919年，萨克森公爵海因里希一世（Heinrich Ⅰ，876—936，919—936在位）正式建立了德意志王国，开始了萨克森王朝（Saxon Dynasty，亦称奥托王朝，919—1024）在德意志的统治。其后奥托一世（Otto Ⅰ，936—973在位）继位，并于962年由罗马教皇加冕为皇帝。

在此期间，由于罗马天主教教皇拥有给德国皇帝加冕的特权，导致皇帝和教皇争夺授圣职权的斗争持续了数百年。在海因里希三世（Heinrich Ⅲ，1017—1056，1039—1056在位）统治时期，德意志王室的权力达到最高峰。此后的海因里希四世（Heinrich Ⅳ，1050—1106，1056—1106在位）1077年的卡诺沙忏悔之行，成为历史上世俗权力屈服于教会权力的象征。罗马天主教教皇和德国皇帝之间的权力斗争，是德国长期陷于分裂的重要原因。

在随后萨克森王朝、法兰克王朝（Salian Dynasty，亦称萨利安王朝，1024—1125）和霍亨斯陶芬王朝（Hohenstaufen Dynasty，1138—1254）统治的300多年间，德意志皇权比较巩固和强大，特别是在霍亨斯陶芬王朝时期，皇权达到顶峰。自13世纪后半叶起，皇权开始衰落。1273年，哈布斯堡伯爵鲁道夫（Rudolf Ⅰ，1218—1291，1273—1291在位）当选为德意志国王。1356年，神圣罗马帝国皇帝卡尔四世（Karl Ⅳ，1316—1378，1355—1378在位）颁布"黄金诏书"，承认七个选帝侯①有选举皇帝的权力。

1273年后，各邦君主为争夺皇位而争斗不休。其中最重要的有奥地利的哈布斯堡家族（Habsburger）、巴伐利亚（Bavaria）的魏特尔斯巴赫家族（Wittelsbacher）、波希米亚的卢森堡家族（Luxemburger）以及后来居上的普鲁士霍亨索伦家族（Hohenzollern）。自1438年起，帝国的皇位转入哈布斯堡家族手中。哈布斯堡家族成员既是奥地利国王，又是帝国的皇帝，直到1806年帝国灭亡。

在1096—1291年的两个世纪内，教皇和欧洲各国封建主为了掠夺财富和扩张势力，先后组织了七次"十字军东侵"。霍亨斯陶芬王朝的腓特烈一世（Friedrich Ⅰ，1122—1190，1152—1190在位）曾率领第三次十字军东侵，使德意志皇权显赫一时。12~14世纪，德意志帝国不断向东方扩张，使易北河成为帝国东西两部分的分界线，东部的普鲁士逐渐成为影响德国历史发展的举足轻重的邦国。

16世纪初，由于教会封建主和世俗封建主穷侈极奢，过着荒淫无耻的生活，名目众多的苛捐杂税使得许多农民家破人亡。德意志政治上四分五裂，经济上没有统一市场，严重地阻碍了城市手工业和商业的发展，使德意志经济远远落后于英国、法国和意大利等国。1517年，神学教授马丁·路德发表了著名的《九十五条论纲》（Ninety Five Theses），1520年又发表了《致德意志民族的基督教贵族书》（Address to the Christian Nobility of the German Nation），矛头直指罗马天主教教皇。宗教改革的深入发展，最后导致1524—1525年声势浩大的农民战争。

宗教改革后，德国出现了错综复杂的社会矛盾。此时，法国已建立了中央集权，妄想侵占德国土地，夺取欧洲霸权。因此法国支持德国封建诸侯的地方割据势力，以削弱皇权。英国、丹麦、荷兰、瑞典等国支持法国。1555年，皇帝查理五世和各邦诸侯达成了奥格斯堡宗教和约，各邦诸侯获得了决定自己的臣民宗教信仰的权力。1556年查理五世去世后，哈布斯堡家族分裂成西班牙—荷兰体系和德意志—奥地利体系。

1618—1648年，德国爆发了新旧教派之间长达30年的战争，丹麦、法国、瑞典、西班牙等国纷纷参战，最终成为在德国土地上进行的欧洲争霸战。其结果是法国夺取了欧洲霸权，瑞典成为欧洲强国；荷兰和瑞士最终脱离德意志帝国，成为完全独立的国家；德意志各邦国保持完整的独立主权地位，帝国分裂成365个大小邦国和1000多个骑士国。德国在经济上蒙受重大损失，大片土地荒芜，人烟绝迹。全国人口减少了1/3。

其间，德意志境内由东北部的普鲁士和西南部的奥地利形成两个权力中心，两强争雄基本上决定了17~19世纪的德意志史。

18世纪，普奥两国为争夺德意志霸权不断发生军事冲突。其中最重要的是帝国皇位继承战，即两次西里西亚战争（1740—1742，1744—1745）和七年战争（1756—1763）。普鲁士从奥地利夺得具有重要经济和战略意义的西里西亚，一跃成为欧洲大陆一流强国。同时，普鲁士允诺在选举德意志皇帝时仍支持奥地利的哈布斯堡王朝，这使奥地利保持了多民族国家的统一和欧洲

---

① 选帝侯：德国历史上的一种特殊现象，指那些拥有选举德意志国王和神圣罗马帝国皇帝的权力的诸侯。此制度严重削弱了皇权，加深了德意志的政治分裂。

强国地位。

1789年，法国爆发了资产阶级革命。普鲁士极端仇视法国革命，联合沙皇俄国、奥地利等国进行武装干涉。至1806年，法国革命军在拿破仑指挥下多次击溃普鲁士、奥地利和俄国的联军，莱茵地区的德意志各邦国在法国庇护和控制下组成"莱茵同盟"。1807年，拿破仑迫使普鲁士国王腓特烈·威廉三世（Friedrich Wilhelm Ⅲ，1770—1840，1797—1840在位）签订《梯尔西特和约》（Friede von Tilsit），普鲁士失去易北河以西所有领土。

在法国大革命的影响下，普鲁士进行了一系列资产阶级改革，增强了经济和军事实力，为民族解放战争奠定了基础。1812年，拿破仑军队在俄国几乎全军覆没，普鲁士和德意志各邦国乘胜追击法军，解放了大片领土。1813年10月的"莱比锡各民族大会战"给拿破仑以致命的打击。翌年3月，联军攻克巴黎，结束了拿破仑在德意志和欧洲的统治。

1814—1815年，欧洲各国代表举行维也纳会议，重组欧洲政治新格局。1815年6月，德意志境内完全独立的39个邦国成立了"德意志同盟"。

法国大革命和拿破仑战争给德国封建专制制度以沉重打击，德国的政治、经济和军事改革推动了资本主义的发展。自19世纪起，德国开始了工业革命。在法国二月革命的鼓舞下，德国开始了历史上第一次声势浩大的资产阶级民主革命。1848年5月各邦资产阶级代表在莱茵河畔的法兰克福市保罗教堂举行首次国民议会，并于1849年3月通过了"帝国宪法"，选举普鲁士国王腓特烈·威廉四世（Friedrich Wilhelm Ⅳ，1795—1861，1840—1861在位）为帝国皇帝。可这位国王拒绝接受皇冠，也不承认宪法，并向革命力量进行反扑。1848—1849年资产阶级革命没有完成"自由和统一"的历史使命。

革命失败后，资产阶级把注意力从政治转向经济。普鲁士国王威廉一世（Wilhelm Ⅰ，1797—1888，1861—1888在位）于1862年任命奥托·冯·俾斯麦（Otto von Bismarck，1815—1898）为首相。俾斯麦实行"铁血政策"，自上而下地逐步统一了德国。1864年，他联合奥地利击败丹麦。1866年，普奥两雄为争夺德意志霸权进行决战。同年8月奥地利败北，被迫签订"布拉格和约"，奥地利退出德意志同盟。1867年，普鲁士统一整个德意志中部和北部，建立"北德意志同盟"。

法国对德国的统一一向持反对态度。此时，法国皇帝拿破仑三世（Napoleon Ⅲ，1808—1873，1852—1870在位）为西班牙王位继承问题与普鲁士发生争执，并于1870年首先对普鲁士发动进攻。普法战争中法国惨遭失败，被迫将阿尔萨斯-洛林（Alsave-Lorraine）地区割让给德国。1871年，俾斯麦在凡尔赛宫镜厅宣告统一的"德意志帝国"诞生，普鲁士国王威廉一世成为德意志帝国皇帝。

6.3.2 德国规则式园林概况

德国在地理位置上的重要性，决定了其历史发展的特殊性。长期以来，德国处于欧洲土地割据战争的困扰之中，经济、文化和艺术的发展遭到严重阻碍。直到16世纪初期，意大利文艺复兴运动才波及德国。受其影响，大批德国学者和艺术家奔赴意大利，学习和研究意大利的科学技术和文化艺术。随着意大利文化艺术在德国的传播，意大利的园林作品及造园思想渐渐在德国产生影响。

此时，法国园林在意大利文艺复兴园林的影响下，渐渐形成了具有法国特色的文艺复兴样式。然而，德国园林的发展虽然也受到意大利文艺复兴园林的影响，但是在造园风格和手法方面出现的变革却很少。那些大型的皇家园林大多由荷兰造园家设计，兴建成意大利或法国文艺复兴式样。在富裕市民的小规模城市园林中，还能在设计和植物材料的运用方面，表现出一些传统的兴趣和爱好。

这种兴趣和爱好，从弗滕巴赫（Joseph Furttenbach，1591—1667）在乌尔姆住宅（Ulm Residence, Ulm）旁边设计的园林中，可以找到一点痕迹。弗滕巴赫是一位建筑师，曾经去过意大利。他设计的园林受意大利风格的影响，主要表现在两方面，一是在将住宅的院墙与园亭相结合；二是在庭园的角隅处设置小型的夏季纳凉洞府（Grotto Summer House）。此外，弗滕巴赫还采用石板铺砌庭园地面，并在石板园路的两侧设置狭长的花圃。这种手法与伦敦的城市园林，以及近现代的法国和德国庭园的做法有相似之处。可以认为，弗滕巴赫在许多方面走在了时代的前面。他还为学校设计过庭园，让儿童在园中了解植物的生长情况和栽培方法，认识植物的价值。弗滕巴赫曾出版了《娱乐建筑》（Architectura Recreations）和《私家建筑》（Architectura Private），并收录了两个园林设计方案，其中一个庭园面积较大，四周围绕着院墙、树篱和壕沟。全园分为三个部分，即以活动为主的住宅前庭，以游乐为主的树篱围合的花坛，以及以实用为主的果园和菜园。园林的四周有6座类似城墙角楼的圆形园亭，由树枝编织而成的双层建筑矗立在壕沟的上方。

在弗滕巴赫之前，萨勒蒙·德·考斯（Salmon de Caus）曾因建造了海德堡城郊的园林而名声大振。德·考斯的一生历经周折，早年在法国学习建筑，后来成为英国王子的家庭教师，在英国出版了《装饰娱乐性宅第和花园的洞府与喷泉》（Des Grots et Fontaines Pour l'Ornement des Maisons de Plaisance et Jardins）一书，介绍了英国园林以及洞府和喷泉的设计手法。1615年，德·考斯在德国海德堡委员会任职。4年后，他又赴法国为路易十三的宫廷服务，并在法国出版了一本有关水力方面的著作《动力原理》（Les Raisons des Forces Mouvantes），介绍了利用力学原理设计的一些园林水景装置的制作方法，如水风琴、音乐车、报时小号等。这些都是当时园林中必不可少的理水技巧，在德·考斯设计的海德堡园林中也被大量运用。1620年，德·考斯在一本以富有趣味性的插图为主的造园书籍中，还发表了海德堡花园的设计图。这座园子后来被毁，插图成为后人了解它的珍贵资料。从中可以看出，花园与海德堡古城相连，设有一排台地，与内卡河（Neckar River）遥相呼应。花园背后的小山上有着丰富的水源，便于利用水力在园中形成各种动态水景。

文艺复兴时期，德国造园的发展，主要表现在对植物学研究和新植物栽培的热衷方面。16世纪初，赫斯州（Hesse）的方伯就首开先河，经营了一座私人植物园。1580年，萨克索里的选帝侯在莱比锡（Leipzig）创建了第一个公共植物园。随后又相继出现了吉森（Giessen）、拉迪斯本、阿尔特多夫（Altdorf）和乌尔姆（Ulm）等植物园。后来的园主们仍然持续不断地搜集各种奇花异卉和乔灌木。园艺学家霍华德（Johann Heinrich Howard）率先在他的奥格斯堡（Augsbury）的花园中栽植郁金香，并在1559年成功地使其绽放出迷人的花朵。这一时期，最早在植物学方面著书立说的德国人是药剂师巴西尔·贝斯雷（Basil Besler，1561—1629），他在纽伦堡兴建了一座博物馆，开展了广泛的植物收集活动。1613年，贝斯雷出版了著作《园艺图谱》（Hortus Eystettensis），记载了僧侣杰明根（Jean Conrad de Gemmingen）所搜集的植物。

直到18世纪，德国的大部分城堡依然保留着带有防御功能的壕沟，城堡庭园也处于壕沟的包围之中，以大小不一的花园和花坛为主。由于壕沟中无水，因此就在不设壕沟的地方建造了防御性的碉堡，并围以坚固的城墙。比如布伦瑞克城（Braunschweig）要塞的对面一侧，就建有附带这种小型瞭望塔及园丁小屋的大小庭园和花坛群，这一情景在该城的古版画中表现得很清晰。查伊勒伦城的庭园也完全位于壕沟的内侧。当时最美丽的园林之一是柏林（Berlin）选帝侯的宫苑，建造在易北河支流环抱的一座人工岛上。在这里，利用水泵汲取的河水，在花坛四周形成流淌着涓涓细流的小水渠，动人的水景成为全园的核心部分。

慕尼黑的阿尔特宅第（Alte Residenz）花园是由帕达·坎迪特为选帝侯马克西米连一世（Ferdinand Joseph Maximilian I，1832—1867）建造的。帕达·坎迪特在宅第的四周兴建了城墙，并采用廊桥将城墙与城堡相连接，平面呈矩形的城堡与弗滕巴赫设想的城堡形式十分相似。园中以纵横交织的园路划分出一块块花坛，并在园路的交叉点上设置园亭。在花园的尽端有座大餐厅，与喷泉遥相呼应。

喷泉常常成为园中的主景。德国人擅长营造各种水技巧，并以金属代替石材制作喷泉，工艺更加精细。喷泉通常利用地形布置成阶梯状，如同水台阶，四周围以精美的栏杆。园中还有精心装饰的水井，与中世纪的寺院庭园很相似。

花坛布置得很精美，或者以长长的甬道围绕在花坛四周，或者以甬道将花坛划分成四格。植物造型也非常流行，几乎在所有的庭园里，都能够见到修剪成千姿百态的绿篱和树篱。在黑森（Hessen）的城堡中，通过架设在壕沟上的小桥来连接城堡与花园。纵横交错的甬道，将花园划分成一系列方格，花坛的图案或者模拟家族的族徽造型，或者是规则的几何图形。树篱的顶端是精心修剪出的狮子和王冠造型，镶有1631年的字样。位于休拉姆韦尔斯的扎库森伯爵花园，在入口处用树木整形修剪出一个巨人造型，人们必须从其胯下穿过才能进入花坛。

园内大多建有造型各异的园亭、凉亭、禽舍、鸟笼等装饰性小建筑，布置在花坛的中央或庭院的四周。此外还有类似假山的观景台，平面通常呈四方形或圆形，垒成高台供人们眺望园内及四周景色，设有直线形或螺旋形的平缓蹬道，两旁种植低矮的绿篱。

德国的城堡庄园中多半有骑马比武的赛场。如罗森城堡中，这种比赛场就设在城堡与马厩之间的空地上，四周围以矮墙。在萨克森的格森城堡庄园中，也有类似的骑马比武场。

满足城堡生活之需的果园和菜园，大多建造在远离花园的地方，比较隐蔽，并用坚固的栅栏或壕沟保护起来。

在沃尔卡梅（J. C. Volkamer）的著作《纽伦堡的海丝佩拉蒂①》（*Nurn-bergische Hesperides*）中，记载了18世纪初期的德国园林。这本书介绍了很多小型园林的实例，还有凉亭、瞭望台和花隔墙的做法。这些园子中几乎都建有柑橘园，也有用宏伟的柱廊建筑代替柑橘园的做法。为了防止建筑物遭到寒冬的破坏，同时装饰建筑物，柱廊的圆柱上常常盘绕着攀缘植物。

6.3.3 德国勒诺特尔式园林

6.3.3.1 概况

从17世纪后半叶开始，在法国宫廷的影响下，德国君主们也开始竞相建造大型宫苑，法国勒诺特尔式园林也借机传入德国。与文艺复兴时期主要由荷兰造园家在德国建造意大利式园林的情况不同，德国的勒诺特尔式园林大多是由法国造园家设计建造的，而由荷兰造园家设计的作品相对较少。如汉诺威的海伦赫森宫苑（Gardens of Herrenhausen Castle，Hanowe）的设计经勒诺特尔本人之手，再由法国造园家夏邦尼埃父子（Martin & Henri Charbonnier）建造的。而慕尼黑的宁芬堡园（Gardens of Nymphenburg Castle）虽然最初是由荷兰造园家兴建的，但是后来经过法国造园家吉拉尔（Dominique Girard）的改造而最终完成的。设计兴建柏林的夏尔洛滕堡（Charlottenburg Castle and Gardens, Berlin）的造园家高都（Simeon Godeau）和达乌容（Rene Dahuron）都来自凡尔赛。在那些由法国造园家设计兴建的德国皇宫别苑中，更多地保留了勒诺特尔式园林的基本特征；而那些由荷兰造园家兴建的作品，也反映出荷兰勒诺特尔式园林的风格。

6.3.3.2 实例

（1）海伦赫森宫苑（Garden of Herrenhausen, Castle Hanowe）

海伦赫森宫位于汉诺威西北约2.5km处，与称为"海伦赫森林荫道"的榆林大道相连，这条美丽的林荫道据说是勒诺特尔设计的（图6-14）。

1665年，哈罗瓦王室计划在这里兴建一座夏宫。最初由意大利建筑师奎里尼（Quirini）为约翰·弗里德里希公爵（Johann Friedrich von Carlenberg, 1625—1679）设计了带有花园的宫殿建筑，称为海伦赫森。1666年开始兴建这座据说是勒诺特尔设计的恢宏的花园。实际上，勒

---

① 海丝佩拉蒂（Hesperides）：希腊神话中居住在世界西方，照看花园的一群仙女。

第 6 章 欧洲其他几国园林概况

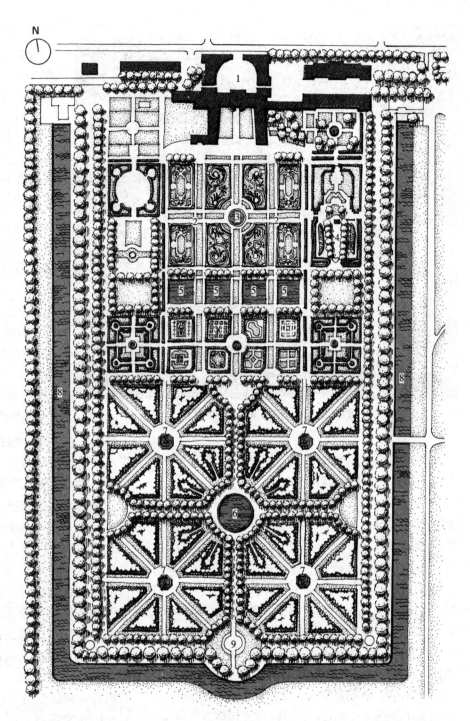

图 6-14　海伦赫森宫苑平面图
1. 宫殿建筑　2. 花坛群台地　3. 大喷泉
4. 绿荫剧场　5. 水池　6. 大型水池喷泉
7. 新花园　8. 运河　9. 满月广场

诺特尔仅仅完成了花园的设计图，整个工程都是由造园家夏邦尼埃父子负责兴建的。花园的布局与安德烈·莫莱在《游乐性花园》中描绘的理想花园的构思十分接近。1680 年，索菲公爵夫人（Duchesse Sophie，1630—1714）扩建了花园，并将这座宫苑作为汉诺威宫廷的夏宫。

索菲公爵夫人改造并扩建这座宫苑的目的，一方面是使其成为大公国的宫廷聚会中心，另一方面要使这里适合安静地居住休憩。索菲公爵夫人不仅性格开朗，而且多才多艺，因而成为兴建宫苑的积极倡导者和组织者。1682 年，她邀请夏邦尼埃来到汉诺威，任命他为大公国的宫廷总造

— 235 —

图 6-15 海伦赫森宫苑中的大花坛

各个角隅，点缀着罗马寺院风格的小型园亭。围绕花坛的重点地段，装点着大型的古代英雄的砂岩雕像及造型优美的瓶饰（图 6-15）。

1699 年，索菲公爵夫人又决定将花园的南部彻底改造，使全园更具整体感。改建后的南园称为"新花园"，由四格方形花坛组成，内部再以甬道分隔成一系列三角形植坛，种有果树。花坛四周是高大的山毛榉整形树篱，在东西两侧各有半圆形的小广场，与水壕沟相接。"新花园"的中心是一座大型喷泉，喷出的水柱高度可达 80m，成为当时的欧洲之最。夏邦尼埃还在"新花园"的南面兴建了一处规模更大的圆形广场，并称之为"满月广场"，与"新花园"的布局相呼应。

1714 年索菲公爵夫人去世后，海伦赫森宫苑的改造与新建工程逐渐减少，进展逐步缓慢下来。1720 年，在园中兴建了一处柑橘园。随着柑橘摆放数量的逐渐增多，几年后，最初兴建的柑橘廊架就存放不下了，因此在 1727 年又兴建了一座可容纳 600 盆柑橘的廊架。

直到 19 世纪初，海伦赫森花园还在不断增添一些景致。可惜的是在第二次世界大战中，这座宫苑遭到极大破坏，宫殿被炸成废墟，使得花园的中轴线从此失去了参照点。当时引以为豪的大规模水景工程，现在只留下宫殿东翼墙面上由一排小水池形成的飞瀑，流水和喷泉连续不断地逐层下溢（见彩图 23）。经过战后重建，这座欧洲保存得最完整的巴洛克式花园重新展现在世人面前。

（2）宁芬堡宫苑（Garden of Nymphenburg Castle, Munchen）

宁芬堡宫苑位于慕尼黑西北约 5km 处，是 1663 年为选帝侯埃马纽埃尔（Max Emmanuel，1662—1726，1679—1726 在位）兴建的，数年后建成了一座规模不大的花园（图 6-16）。1701 年，此园又经过荷兰造园家的改造与扩建，最终形成

园师。夏邦尼埃以法式园林为样板，完成了这座具有巴洛克艺术特征的花园。

1686 年，为了在园中收藏各种珍稀植物而兴建了一座温室。1689 年建成了一座巨大的露天绿荫剧场，舞台部分纵深有 50m，背景是高大的鹅耳枥整形树篱，点缀着一排铅铸镀金塑像，阶梯式的观众席后面还设有绿荫廊架。这座巴洛克式绿荫剧场不仅成为园中最吸引人的地方，而且是独一无二的现在还在上演节目的古园林剧场。

实际上，这座宫苑的设计风格不仅受到法国勒诺特尔式园林的影响，而且也借鉴了荷兰勒诺特尔式园林风格。索菲公爵夫人曾在威廉三世的赫特·洛宫苑中生活过一些日子，对荷兰式园林也是情有独钟。1692 年，这座宫苑再度扩建时，她要求夏邦尼埃去荷兰参观考察，希望能在汉诺威欣赏到具有荷兰园林风格的景致。1696 年完成的用马蹄形水壕沟包围的花坛，就明显带有荷兰园林的特点。花坛的三面是宽阔的水壕沟，另一面与城堡连接。水壕沟边是种植了三排心叶椴的林荫道，在花园的

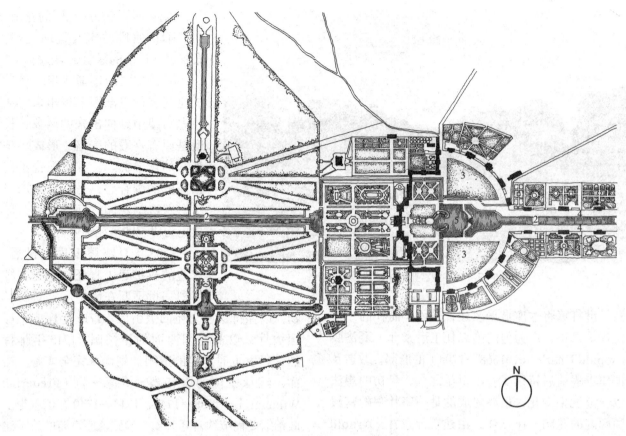

图 6-16 宁芬堡宫苑平面图
1.宫殿建筑 2.水渠 3.宫殿前庭 4.林荫大道 5.大喷泉 6.阿马利安堡

现在这座恢宏壮丽的宫苑。荷兰造园家在宫殿前后和花园四周开挖长达数千米的水渠，反映出荷兰勒诺特尔式造园风格在德国留下的印迹。

1715年，由法国人吉拉尔（Dominique Girard，1680—1738）出任宫廷造园的总工程师，他在宁芬堡花园中完成了杰出的水景工程和喷泉设计，如宫殿前庭的泉池中喷出的水柱高达25m，十分壮观，使这座宫苑一时名声大振。1722年前后，工程全部竣工，为此还举行了盛大的宫廷庆祝晚会。

宫殿的前庭呈半圆形，直径约有550m，周围矗立着宫廷大臣们居住的白色府邸建筑，中心就是壮观的大喷泉。从前庭中引伸出由道路、水渠和高大的椴树组成的林荫大道，正对着慕尼黑的方向，形成壮观而深远的透视线。

花园位于宫殿建筑的背后，以花坛、草地、水渠、雕像和树篱构成一条壮观的大轴线（图6-17）。在宫殿左侧的丛林中，建有一座称为"阿马利安堡"（Amalienburg）的建筑，造型优美，保存至今，成为园中著名的景点之一。宫殿右侧的丛林中过去建有一座茅屋，与阿马利安堡相呼应，可惜后来被拆毁了。

与慕尼黑附近18世纪兴建的那些华丽宫苑一样，宁芬堡宫苑最突出的特征也体现在联系各个庭园空间的纵横交织的水渠上，由此可见荷兰勒诺特尔式园林风格在德国的影响。

（3）夏洛滕堡宫苑（Garden of Charlottenburg Castle, Berlin）

夏洛滕堡宫苑位于柏林附近，这里原先有座城堡，名叫"里埃兹堡"（Lietzburg），源自过去的村庄名"里埃佐"（Lietzow）。后来，国王腓特

图6-17　宁芬堡宫苑的中轴线景观

烈一世打算将这座城堡改建，采用"简朴的"乡村建筑风格，作为他的第二任王后索菲·夏洛滕（Sophie Charlotte, 1668—1705）的府邸。改造及扩建工程前后持续了一个世纪之久，最初的想法也渐渐发生变化，最终建成的是一座壮观的宫殿和辉煌的花园。1695年，由建筑师奈林（Arnold Nering, 1659—1695）设计兴建了一座外观质朴的独立式夏宫。后来宫殿以其为中心逐渐扩大，最终形成现在人们所看到的庞大的宫殿群。

夏洛滕王后深知，要使这里成为宫廷的生活中心，花园拥有举足轻重的作用。因此她亲力亲为，全面负责花园的建设工作。勒诺特尔的弟子高都的设计方案，因在整体上表现出一种高贵典雅的气质而受到青睐，使他能够从众多的竞争者当中脱颖而出，负责花园的设计建造工作。在同样来自凡尔赛的园林师达乌容的鼎力协助下，花园的建设工程进展顺利，短短的几年时间就初步建成了一座优美的花园，并成为腓特烈一世时期宫廷中最杰出的花园之一。

在宫殿的中央大厅中，就可看见园中图案细腻而精美的刺绣花坛。花园的中轴空间开阔，视线深远，越过刺绣花坛之后的大水池，可一直望见斯普瑞河（Spre River）；河对岸的一条林中小径，延伸了花园的中轴线，将人们的视线一直引向地平线。在宫殿建筑与斯普瑞河之间的花园部分，以四条园路构成花园的骨架。在西面的宫殿建筑与运河之间，布置着几何形的绿荫廊架。

随着花园的逐渐成形，经过扩建的宫殿也渐渐显现出来。从原先宫殿中延伸出来的两翼，长度是原有宫殿的三倍，形成一条带状的宫殿群。一方面强化了宫殿前庭的围合感，另一方面加强了宫殿群与花园之间的联系，形成更为协调的宫苑整体。

1705年夏洛滕王后去世后，宫苑的改扩建工程还在进行。腓特烈一世不断在园中增添新的景物，以保持这座宫苑的吸引力。1712年建成了穹顶大厅，以及花园西面的柑橘园。1713年腓特烈一世去世时，他的造园计划尚未完全实施。然而，继承王位的腓特烈·威廉一世（Frederich Wilhelm Ⅰ, 1688—1740, 1713—1740在位）为了政治需要而节约宫廷开支，导致这座宫苑的改扩建工程暂时搁浅。1740年腓特烈二世（Frederich Ⅱ, 1712—1786, 1740—1786在位）登基之后，夏洛滕堡重新回到国王经常光顾的皇家宫苑的行列。

1786—1833年，受英国自然风景式园林的影响，夏洛滕堡宫苑的造园风格逐步从巴洛克式向自然风景式转变。在腓特烈二世和腓特烈三世统治时期，造园家埃泽尔贝克（Johann August Eyserbeck, 1762—1801）、斯坦尔（George Steiner）和勒内（Peter Josef Lenee, 1789—1866）等人在园中模仿自然，兴建了"自然式"河流、池塘、树丛和蜿蜒的园路。建筑师辛克尔（Schinkel, 1781—1841）还在园中兴建了望景楼、纪念堂和园亭等三座大型点景性建造物。1861年，在夏洛滕堡居住的国王腓特烈·威廉四世（Friedrich Wilhelm Ⅳ, 1795—1861, 1840—1861在位）去世后，这座花园渐渐走向荒芜。虽然这座花园后来又按照最初的创作思想进行了修建，但是与沃尔夫（Jeremias Wolff, 1663—1742）当时所作的版画相比，还是有很大的变化。园中除了柑橘园和宫殿前庭外,许多景物已经荡然无存了,大花坛也被改成了大草坪。

(4)维肖凯姆花园(Garden of Veitshochaim Castle, Bavaria)

维肖凯姆园最早建于1680—1682年,是为维尔茨堡(Wurzburg)主教范·德恩巴赫(Peter Philipp von Dernbach,1619—1683,1672—1683在位)建造的夏宫。后来以此为核心,宫殿和庄园的规模逐步扩大,并在宫殿的北面兴建了很大的一片树木园。随后继位的主教范·加滕伯格(Johann Gottfried von Guttenberg,1645—1698,1684—1698在位)出让了一部分土地,形成现在人们看到的用地规模。大约1702—1703年,经过主教范·格雷封克洛(Johann von Greifenclau,1652—1719,1687—1719在位)的建设,才大致形成花园的雏形。直到1763—1776年,才由主教范·申谢姆(Adam Friedrich von Seinsheim,1708—1779,1755—1779在位)最终建成了这座花园。

维肖凯姆园被看作是德国洛可可风格园林的代表。花园的总体布局基本上延续了巴洛克园林的特点,但是在雕塑等装饰性要素方面,带有典型的洛可可艺术的特征。由雕塑家蒂埃兹(Ferdinand Tietz,1708—1777)制作的大量雕像,反映出当时的人们所追求的生活乐趣,以及艺术上的轻松格调和柔媚情感。

全园以平行布置的两条独立的主轴线为骨架,以此将全园分为四个段落,并将花园与周边环境联系起来。花园的第一段是近似方形的台地,上有12格花坛围绕着宫殿,对称布置在主轴线的两侧。

从宫殿的南边拾阶而下,可进入花园的第二段落。以两条垂直于中轴线的甬道横穿其中,将第二段花园又分割成三个分区。其中最大的分区中以称为"大湖泊"的水池为主景,以此构成全园中轴线上的视觉焦点。水中央耸立着一座巨大的群雕作品,称为"帕尔纳斯山"(Parnasse)(图6-18)。在希腊神话中,帕尔纳斯山是太阳神及众文艺女

图6-18 维肖凯姆花园中的"帕尔纳斯山"群雕

神缪斯居住的地方，作品描绘了阿波罗和九位缪斯骑着飞马去征服天国的情景。在"大湖泊"的南边还有一处小型泉池，湖泊四周围绕着以绿篱镶边的植坛，种有果树及其他实用性植物，穿插着纵横交错的甬道。

在湖泊与鹅耳枥构成的丛林之间，是高大的心叶椴组成的林荫道。鹅耳枥丛林呈狭长的带状，林中掩藏着一座圆形的"竞技场"，周围环绕一圈鹅耳枥树篱和黄杨绿篱。"竞技场"同样布置在花园的中轴线上，以其将中部庭园一分为二。在中园的南北两面，原先建有与横向园路相平行的两座绿荫廊架，后来被改成现在人们见到的鹅耳枥林荫道，借此将人们引向小型的"绿荫厅堂"和两座木结构凉亭。园路随后分为二支，一直伸向横向园路的尽端，路两旁还间以小型休憩广场。中园的两端对称地布置着"绿荫厅堂"，在丛林中还设有休憩廊架。

花园的第三段再次处理成"绿荫剧场"，中央是泉池及草坪花坛，周围有心叶椴围合的"绿荫厅堂"。绿荫剧场和绿荫厅堂位于全园的南部，园内也点缀着由蒂埃兹制作的雕像作品，以长着翅膀的小天使为主，气氛更加活泼可爱。中轴线的两侧各有一座下沉式小泉池，其中一座泉池是根据伊索寓言《狐狸与鹳》（*The Fox and the Stork*）而改编的乡野景观。水池边有一座"中国亭"，四根石柱雕刻成棕榈树形状，柱头是菠萝状雕花，支承着帐篷式的屋顶，屋檐是棕榈树叶雕饰，极富浪漫主义色彩。"中国亭"中设有石桌和石凳，供人们在此驻足休憩。

花园的第四段是以绿篱镶边的狭长形三角地，以此作为全园中轴的延续，并构成透视线的焦点。过去这里还建有一段瀑布，可惜后来遭到毁坏。站在这里，人们的视线可以直抵"大湖泊"，望见耸立在湖泊中心的那座高大的"帕尔纳斯山"雕塑。

（5）施维钦根宫苑（Garden of Schwetzingen Castle, Schwetzingen）

施维钦根宫苑位于德国海德堡西南约10km的施维钦根镇，其历史可以追溯到14世纪50年代，最早是一座用于控制该地区的堡垒。庭园是以栽种果树和蔬菜为主的实用性园林，后世经过多次改造与扩建了。然而，17世纪末期之前对庄园所作的改动遭到战火的摧毁，已经毫无踪影。

1699—1715年，在旧园址上兴建了一座城堡。自1720年起，这里成为选帝侯帕拉提纳特（Palatinate）的临时府邸，待曼海姆（Mannheim）的府邸建成后，他才搬出施维钦根城堡。此后，这里一直作为选帝侯的夏季府邸，直到1803年废黜选帝制之后，城堡才交给巴登（Baden）的戍边总督们管理。

1721—1734年，选帝侯卡尔·菲利浦（Carl Philipp，1661—1742，1716—1742在位）曾对花园进行了改造，由杜塞尔多夫的宫廷造园家约翰·贝林（Johann Belling）兴建了一座典型的巴洛克式园林。选帝侯泰奥多（Carl Theodor，1724—1799）后来又对花园进行改造和扩建，使其与宫廷的地位相适应。为了炫耀宫廷的强盛，他请来了欧洲最高水平的艺术家，如洛可可建筑师威尔查菲尔（Pieter Antoon Verschaffelt，1710—1793）和德·毕加格（Nicolas de Pigage，1723—1796）等人，为他建造这座用于娱乐的宫苑。尽管庞大的宫殿建设计划最终未能完全实现，但是宏伟壮丽的花园，足以成为欧洲宫廷效法的榜样之一（图6-19）。

宫殿采用了哥特式建筑风格的拱券结构，外立面是粗糙的毛石砌筑，整体上依然带有防御性城堡的风貌。作为全园的核心，宫殿起到很好的控制作用。自1741年起，花园的中心部分，完全按照勒诺特尔式造园风格进行改建。从宫殿建筑中引出一条自东向西的中轴线，将宫殿、花坛、丛林和湖泊联系在一起（图6-20）。栽种着荷兰椴的林荫道，伴随着喷泉、雕像、草坪，缓缓下降，直至宽阔的湖泊。

为了充分利用宫殿前方的矩形空间，设计以巨大的圆形构图，形成自然的造园要素与人工的建筑泉池相和谐的开敞空间。圆形花园的东面是呈弧形布局的城堡建筑，西面是两座弧形廊架，对圆形花园起到围合与限定作用。纵横交叉的三甬道式林荫路，将圆形空间分为四块大草坪，再以对角线形甬道，将草坪分割成八块。圆心上布置了法国艺术家吉巴尔（Barthelemy Guibal，

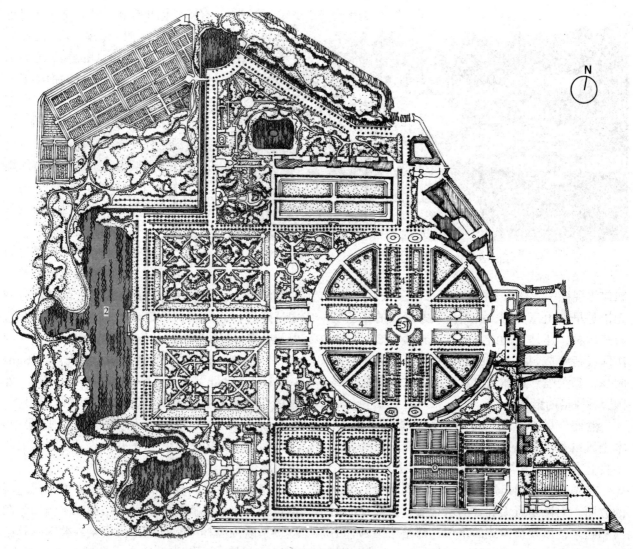

图 6-19 施维钦根宫苑平面图
1. 宫殿建筑　2. 湖泊　3. 城堡建筑　4. 三甬道式林荫路　5. 阿里翁泉池

1699—1755）制作的"阿里翁泉池"（Fontaine Arion），四周布置花坛。从中延伸出南北向的林荫道，通向南北两侧的两座庭园。北园布置成柑橘园，建于 1749—1750 年，南面是举行宫廷盛会的绿荫厅堂。

在欧洲的巴洛克式园林中，像施维钦根城堡花园这样完整的圆形构图，是绝无仅有的孤例，它一反以宫殿为核心的传统布局手法，形成脱离于建筑之外的花园中心。这既是施维钦根花园在构图上的特色，也反映出设计师在改革勒诺特尔式造园追求的秩序方面进行的尝试。

6.3.3.3 德国勒诺特尔式园林特征

德国同西班牙等欧洲国家一样，始终未能形成具有本国传统与特色的园林风格。在规则式造园时期，意大利、法国，乃至荷兰的造园风格，对德国园林产生了不同程度的影响，但是德国园林自身的风格和特点并不突出。

究其原因，一方面是德国长期处于战争的困扰之中，经济、文化和艺术的发展受到严重阻碍，本土的艺术家缺乏适宜的成长环境；另一方面，德国重要的园林大多交由国外的造园家负责兴建，他们满足于将现成的造园模式带到德国，不会在

图6-20 施维钦根宫苑的中轴线

如何体现德国园林本土特征方面多下工夫。因此，无论是早期由意大利、荷兰造园家兴建的文艺复兴式园林，还是在勒诺特尔式园林盛行之时，由法国或荷兰造园家兴建的巴洛克或洛可可风格的园林，都更强烈地体现出意大利、法国及荷兰等国园林风格的影响。

然而，尽管在这一时期兴建的德国园林中，本土风格并不突出，但是在一些造园要素的处理手法上，仍然有其与众不同的独到之处。

首先是水景的运用，成为德国园林中最突出的方面。无论是意大利式的水台阶、法国式的运河和喷泉，以及荷兰式的水渠，都是德国园林中常见的水景处理手法。不仅规模宏大，十分壮观，而且因技术的成熟和材料的变化，细部处理更加精美。如荷兰造园家在宁芬堡宫苑前营造的长达数千米的水渠林荫道，成为联系花园、宫殿与城市的重要元素。1715年，法国著名造园家吉拉尔为埃马纽尔（Max Emanuel）侯爵兴建的苏雷斯海姆城堡花园（Schleisheim Palace，Munchen），同样以水渠来划分空间，表现出在水景工程方面的高超技艺。海伦赫森宫苑中的喷泉水柱高达80m，成为当时的欧洲园林之最，精湛的水工技艺可见一斑。威廉山园（Bergpark Wilhelmshele，Hessen）中的水台阶，也是巴洛克园林中水台阶的代表性作品。

其次，在布局和构图方面，德国园林也力求有所变化和突破。尤其是在洛可可风格盛行时期，德国园林在布局上更加不拘一格。如圆形或半圆形，成为德国园林偏好的构图形式之一，在大型园林中经常出现。施维钦根城堡花园中的圆形花园，形成宫殿之外的第二个花园中心。坐落在巨大的圆形岛上的路斯特海姆宫苑中，有一座直径约360m的半圆形画廊，用于收藏绘画和雕刻等艺术品。巴登的侯爵曾构思以巨大的圆形构图，将包括卡尔斯鲁厄城（Karlsruhe）在内的城市、宫殿和花园结合在一起，并以回廊连接扇形的城市；城中还建有一座高塔，可俯瞰32条主要林荫大道，以及纵贯苑和城市的九条林荫道。

1745年，腓特烈二世兴建的"无忧宫"（Sans Souci，Potsdam）是一座典型的洛可可式宫苑，处理成曲线形的意大利式台地，不仅立体感很强，而且富有动感，成为腓特烈大帝钟爱的隐居处，他希望"在此高枕无忧"，死后能埋葬在台地上花神弗洛尔的雕像之下。

此外，在造园技法和要素处理方面，德国园林也表现出本民族特有的严谨与细腻。例如绿荫剧场是欧洲园林中常见的造园要素，德国园林中的绿荫剧场，在规模上比意大利园林中的要大，在布局上又比法国园林中的要紧凑。高大的整形树篱作侧幕，结合雕像的妆点，不仅有很强的装饰性，而且具有实用功能，如海伦赫森宫苑1689年建成的绿荫剧场，至今还在上演着节目。

巴洛克式园林为了强调空间的深远感，通过改变景物的大小而形成透视错觉的处理手法，在德国园林中也得到大量运用。绿荫剧场中的雕像尺度有时也从近到远而逐渐变小，从而达到在小空间中创造更为深远的透视效果的目的。

由于德国园林或者建设周期很长，或者前后经过多次改造，常常形成多个时期、多种风格在同一个园林中并存的现象。中世纪城堡林中，典型的围绕在建筑或庭院周围的水壕沟，在德国园林中还能见到；意大利文艺复兴园林中的水台阶、法国勒诺特尔式园林中的水渠、巴洛克风格强调透视效果的手法、洛可可风格的雕像和建筑小品，以及英国风景式园林中的点景性小建筑，围绕着法国古典主义风格的总体布局，使德国园林具有了很强的折中主义色彩。虽然园林的风格显得不够纯净，但园林景色往往更加富于变化。

6.3.4　德国风景式园林

6.3.4.1　概况

18世纪下半叶，随着启蒙运动在欧洲大陆的影响不断扩大，英国自然风景式园林也逐渐传播开来。在诗人和哲学家的大力推动下，德国随法国之后，进入自然风景式造园时期。

1770年前后，正当英国风景式造园风格从自然式向绘画式转变之时，法、德两国相继出现了风景式园林。虽然在时间上属同一个时代，但是法、德两国的风景式造园在表现形式上却有着很大的差异。

德国园林史学家贾格尔（H. Jäger，1815—1890）认为："法国风景园既不像英国那样表现出对大自然的热爱和高雅的品位，也缺乏德国风景园对大自然的深刻观察与理解，它不过是一种徒劳无益地效法中国的光怪陆离的东西而已。总之它是法国国民性的反映，是追求无穷变幻的贵族趣味的产物。"

最初，这类用表现田园牧歌，或异国情调的点缀性建筑物装扮的感伤主义园林，尤其对德国南部的园林产生很大影响。歌德（Johann Wolfgang von Goethe，1749—1832）在建造魏玛林苑（Weimar Park）时还模仿了这种园林样式。随后，德国人对英中式园林的责难日益加剧，使得风景式造园向追求自然野趣的方面发展，最终使风景式造园产生了彻底的变革。

风景式造园在德国出现变革，存在两方面的原因，一是德国缺乏本土根深蒂固的造园传统，因而更加容易全盘接受外来的造园样式；二是自然式风景园迎合了德国政治、社会、文化、艺术的发展要求，因而更容易为德国人所同化，产生的变革也就更加彻底。因此，当时不仅新建园林采取了自然风景园样式，而且过去的许多老园子，也或整体或局部地改造成自然风景园。不仅如此，在以后的近2个世纪当中，虽然有关规则式与自然式园林的利弊之争不曾停止过，但是自然式造园还是在德国园林的发展历程中占据着主导地位。

（1）文学先驱们的影响作用

就自然风景式园林在德国的产生与发展历程而言，同样离不开政治、经济、社会、文化、艺术等各种错综复杂因素的综合影响；同样经历了打破旧观念、接受新思想的孕育过程；也同样是在诗人与哲学家的积极倡导下，自然风景式造园思想才能够逐渐为德国宫廷和大众所接受。

启蒙运动时期，苏黎世德语作家和评论家波德默尔（Johann Jakob Bodmer，1698—1783）1732年翻译出版了弥尔顿（John Miton，1608—1674）的《失乐园》（Paradise Lost），并竭力主张要以英国文学为样板，振兴德国文学。波德默尔为英国文学中的自由思想在德国传播奠定了基础，因而被歌德戏称为"文学天才的接生婆"。

德国启蒙运动早期，最具影响力的人物还有汉堡诗人布罗克斯（Barthold Heinrich Brockes，1680—1747），他将英国诗人汤姆逊（James Thomson，1700—1748）的自然诗《四季》（The Seasons，1730）翻译出版。后来，德国抒情诗人克莱斯特（Ewald Christian von Kleist，1715—1759）又在1749年以《四季》为蓝本创作了长诗《春》（Der Fruhling），诗中细致入微地描写了大自然。诗人们的作品率先向德国人灌输了崇尚自然美的艺术思想。

随后的德国诗人们又直接针对造园艺术进行评论。因将新的轻松与优雅引入诗歌而著称的哈格多恩（Friedrich von Hagedorn，1708—1754）呼吁，造园要"尊重自然，远离人工"，他因此被人们看作是第一位德国自然风景式造园的倡导者。瑞士洛可可画家兼作家葛斯纳（Salomon Gessner，1730—1788）的作品，以田园生活为题材，他认为"与绿墙做成的扑朔迷离的园路，以及规矩整齐种植的紫杉尖塔相比，田园般的牧场和野趣横生的森林，更加扣人心弦"。后人将葛斯纳称作自然风景式造园的歌颂者。

启蒙运动时期的哲学家们，也同样推崇自然美，呼吁在造园风格上进行变革。美学家苏尔策（Juan Jorge Sulzer，1720—1779）在《美的艺术通论》（Allgemeine Theorie der Shônen Künste，1771—1774）中指出："造园是从大自然中直接派生出来的技艺，大自然本身就是最完美无缺的造园家。"他认为"正如绘画描绘了大自然之美那样，造园也应该模仿自然美，将自然美汇聚到园林之中"。苏尔策还批判了钱伯斯的绘画式风景园，反对在园中建造中国风格的建筑物。他的著作是德国论及造园理论最早的书籍之一，并为确立造园在艺术中的重要地位作出了贡献。

基尔大学的美学教授赫希菲尔德（Christian Cajus Laurenz Hirschfeld，1742—1792）是当时德国最著名的造园理论家，对英、法等国的园林研究颇有心得，并于1773年出版了《风景与造园之考察》（Anmerkunger über Landhäuser und Gartenkunst）。1775年，他先出版了阐释风景式造园理论的短文《造园理论》（Theorie der Gartenkunst），随后又在1777—1782年陆续出版了五卷本的同名巨著，从美学理论和历史的角度，系统地论述了涉及风景式造园的各种因素。他认为，园林是"自然的微缩"，造园必须以自然为蓝本；同时，园林又要有别于大自然中的风景，但这并不意味着要用人工化的手段对抗大自然，而是要使大自然得到"艺术上的升华"。这一观点无疑是"源于自然而高于自然"的翻版。

1782年，赫希菲尔德将大量的风景园实例汇编成《造园爱好者手册》出版，随后又针对读者来函出版了《园林年鉴》，以讨论和指导的形式传播风景式造园思想。

尽管赫希菲尔德可能并未亲眼见过英国的自然风景园，而且德国的园林与其设想也存在较大差异，他在英、法等国造园思想基础上总结的造园理论，大多因脱离实际而未能得到实施，但是，他对德国造园理论家和实践者的影响却十分重大。同时，英国出版了大量的风景式造园著作，无疑对赫希菲尔德的造园思想产生了深刻影响。比如，他认为园林应能够激发出游人的各种情感，使人得到或愉快或忧愁、或惊奇或敬畏，或安静平和或动荡不安的心理感受。根据园林所激发的不同情感，风景园可分为田园、庄严、协调、沉思、明快、阴郁、雄壮等类型，但是他偏爱"感伤的园林"。

由于风景式园林的概念依然具有很广的涵盖面，包括造园艺术难以企及的自然风景，因此，赫希菲尔德认为造园不能完全模仿大自然，同时德国的风景园也不能完全仿造英国的大林苑。然而，他一方面强调情感化的自然式园林，另一方面又不完全排斥规则式园林，甚至要求保留林荫道及水工设施，并充分关注实用性园林。这就说明此时的德国园林还存在着很强的折中主义倾向。

1790年，康德（Immanuel Kant，1724—1804）在三大批判著作之一的《判断力批判》（Kritik der Urteilskraft）中"艺术的分类"一节写道："绘画艺术，作为艺术造型的第二类，把感性的假象技巧地与诸观念结合在一起来表现，我欲分为自然的美的描绘和自然产物的美的集合。第一种将是真正的绘画艺术，第二种是造园术。因前者只表现形体的扩张的假象，作为在单纯关照它们的诸形式时想象力的游戏，后者（造园术）不是别的，只是用同样的多样性，像大自然在我们的直观里所呈现的，来装点园地（草、花、丛林、树木，以至水池、山坡、幽谷），只是另一样地，适合着某一定的观念布置起来。"

康德的观点，反映出自然风景式园林在德国的影响，但是它与赫希菲尔德"感伤的园林"的艺术本质相去甚远。文学评论家和诗人赫尔德（Johann Gottfried von Herder，1744—1803）针对康德将造园作为绘画的一个分支的观点，提出了造园要素要与建筑相结合，而又不屈从于建筑法则的观点。1800年，他在《卡利贡涅》（Kalligone）的第二部中，批判了康德的《判断力批判》，认为应该重视造园的艺术性："区分协调与不协调；了解各种场合的固有特性并加以利用；抱着增加自然之美的积极愿望——如果造园不是艺术的话，那么改造它们之类的活动也就毫无意义了。"

德国文学在古典主义作家莱辛（Gotthold Wphraim Lessing，1729—1781）和民族主义作家赫尔德的影响下，引发了具有浪漫主义特征的"狂飙及跃进"运动（Sturm und Drang），其实质是主张返璞归真，追求个性解放。文学中的浪漫主义特征，对追求浪漫色彩的自然风景园的传播，起到巨大的推动作用。

受赫希菲尔德著作及沃尔利兹园（Worlitz Park，Dessau）的启发，歌德对风景式造园也产生了浓厚兴趣。他像英国诗人波普和申斯通那样，不仅关注造园理论，而且要将理论付诸实践，并以沃尔利兹园为样板，亲力亲为建造了魏玛林苑。歌德后来在小说《亲和力》（Die Affinität）中，还描写对风景园的细腻情感。

魏玛林苑始于伊鲁姆河左岸林木茂密的悬崖绝壁处，一部分越过台地，与直抵贝尔维德雷城的林荫道相接；另一部分穿过河流右岸的草原，一直延伸到称为"花园房"（Gartenhaus）的坡顶木结构建筑物前。18世纪初，这里还是一片荒地，以中世纪风格的贝尔维德雷城堡（W. Krammisch Bruce Coleman Inc）为中心，放射出密植乔灌木的"星形园路"。1776年，查理·奥古斯特公爵在附近修建了一座凉亭赠送给歌德。城堡及园林后来被夷为一片废墟。1778年起，林苑内开始兴建称为"卢森克罗斯特"（Luisenkloister）的小寺院、名为"骑士之家"的哥特式教堂，以及"罗马式"小建筑和"花园房"等，并逐渐装点起遗址、寺院、铭文碑刻等。点缀性建筑物形成园内各个景点的核心，乔灌木围合的树林、架设着小桥的河流、向远处消失的园路，以及远处教堂的尖顶等，构成统一的整体。

从魏玛林苑中，可以看出歌德当时的造园思想深受赫希菲尔德的影响，沉醉于感伤主义园林的情景之中，与歌德在文学上追随浪漫主义的特征相一致。德国作家维兰德（Christoph Martin Wieland，1733—1813）称赞魏玛林苑如同"歌德似的诗"，对风景式造园的发展产生了深远的影响。

然而，歌德对风景式园林的态度后来发生了巨大变化。在《柔情的胜利》（Triumph der Empfindsamkeit，1778）中，歌德嘲笑并责难作为魏玛林苑蓝本的沃尔利兹园，表明歌德此时已摆脱并否定了感伤主义思想。德国政论家和诗人默泽尔（Justus Moser，1720—1794）在《爱国者的幻想》（Patriotische Phantasien）中，十分赞赏歌德对感伤主义倾向的反叛。实际上，晚年的歌德不仅厌恶感伤主义，而且失去了对英国式园林的喜爱之情，甚至在他自己建造的城市宅园中，也舍弃风景式而采用古典园林样式了。

随后，在文学"狂飙及跃进"运动中，与歌德齐名的剧作家和诗人席勒（Friedrich Schiller，1759—1805），也对风景式造园进行了批判。席勒作为德国古典主义美学思想的代表，是继康德之后，对崇高美作出完善探讨的美学家。他不同于康德对崇高美道德理性的关注，更注重现实人性的自由实现和解放在崇高美中的意义。在《1795年迪尤宾根的园林年鉴》的评论中，席勒针对霍恩海姆园，作出了关于风景式造园美学及哲学思想的论证。他指责当时的园林因景点众多而混乱不堪，认为"以绘画为造园的摹本是完全错误的"。他还提到，虽然在树上悬挂标牌的做法被视为不自然的感伤主义，但是在英国园林中的自然，其实并非真正的大自然，而是经过艺术加工而得到升华的自然。上述做法的目的，在于教会人们如何去思考的同时，也教导他们如何去感受。这一思想反映出席勒对风景式造园存在的所有疑虑，他强烈地感受到，在造园这个独特的领域中，自然可以为造园提供模仿的材料，但是单纯的模仿是不可能形成艺术样式的。

（2）职业造园家的艺术实践

在德国风景式园林发展初期，虽然有赫希菲尔德这样的著名美学家，以及歌德这样的爱好者亲力亲为，但是真正的职业造园家，直到18世纪末才出现。其中代表性人物有斯科尔（Friedrich Ludwig von Sckell，1750—1823）、勒内（Peter Josef Lenn，1789—1866）和平克勒（Ludwig Heinrich Furst von Puckler-Muskau，1785—1871），德国风景园林作品大多与这3位造园家的名字联系在一起。

斯科尔堪称德国风景式造园时代真正的开创者，也是受人敬仰的德国风景式造园的创始人。他在德国兴建了许多风景式园林作品，并将过去工匠式的造园，上升为艺术性的创作。

1750年，斯科尔出生在那绍·威尔堡（Nassau-Weilbarg）的一个造园世家，自17世纪中叶起，其家族便世代以造园为业。祖父约翰·乔奥格·威廉是莱宁（Lehnin）布罗西亚王的宫廷园林师，父亲约翰·威廉是那绍·威尔堡领主的园艺师。领主死后，斯科尔一家迁居施维钦根，其父曾协助德·毕加格建造施维钦根宫苑。

斯科尔20岁时开始在施维钦根宫苑学习造园以及建筑、数学、制图等技法。1773年去法国在凡尔赛及杜勒里花园中一边工作，一边学习植物、栽培、外来植物引种、温室建筑等技艺。同年得到普法尔兹（Pfalz）选帝侯查理·西奥多（Rharles Theodor，1724—1799）的资助，去英国学习风景式造园，在那里结识了布朗和钱伯斯等造园家，并参观考察了大量的英国园林，如斯陀园、布伦海姆园、邱园以及切尔西园（Chelsea Garden, London）等其他贵族花园，使他的造园观念发生了巨大变化。1776年，斯科尔回到德国后，在其父供职的普法尔兹担任宫廷园林师助理。选帝侯西奥多为了检验斯科尔的造园技能，让他在施维钦根宫苑西北隅设计英国式林苑，工程于翌年春天动工，很快就兴建完成了。斯科尔营造了自然起伏的地形、蜿蜒的园路和树丛环绕的水面。水边布置河神雕像，从湖中引出的运河上有座中国式小桥。这个斯科尔最早的作品，反映出"感伤的园林"在当时十分盛行。

西奥多后来成为巴伐利亚的选帝侯，并赴慕尼黑上任。1789年，斯科尔应邀前往慕尼黑，在朗佛德伯爵（Reichsgraf van Rumford，1753—1814）的新府邸中设计英国式花园。1792年其父去世后，斯科尔担任宫廷园林师一职。此时，一方面由于他的造园技艺和声望大大提高，另一方面由于得到选帝侯西奥多的亲睐，那些与选帝侯交往甚密的贵族，甚至君主都希望在造园方面得到他的指导。因此，从1780—1799年选帝侯西奥多去世，成为斯科尔的第一个职业生涯高潮，在慕尼黑、曼海姆附近的普法尔兹、威尔登堡等地，留下了大量的风景式园林作品，它们属于斯科尔早期"普法尔兹时代"的造园风格，带有强烈的感伤主义倾向。由于法国大革命的影响，这些位于莱茵河畔的斯科尔早期作品，大多毁于战争，只有施维钦根幸免于难。

1799年，选帝侯查理·西奥多在慕尼黑去世，麦克西米连（Joseph Maximilian I，1756—1825）继位巴伐利亚选帝侯。同年，他任命斯科尔担任莱茵、普法尔兹和巴伐利亚全州的总造园师。1802年底，斯科尔又受选帝侯之命到巴伐利亚工作，此时正在为巴登选帝侯服务的斯科尔一时离不开，直到1804年再次受聘到慕尼黑，担任新创办的隶属于宫廷监督局的宫廷造园指导，从此开始了斯科尔的"巴伐利亚时代"。

在斯科尔成熟时期的作品中，首先值得一提的是1789年为朗佛德伯爵兴建的"英国园"。伯爵隐退后，将园林的管理与改建任务委托给韦尔内克男爵（Baron Werneck）。斯科尔虽然继续担任造园指导，但是他的意见与韦尔内克男爵不统一，两人又各持己见。在法国大革命时期，这座园林也成为无人照料的荒芜之地。直到1807年，斯科尔完成了园林的详图设计并定出了控制线后，他的设计才被采纳。

斯科尔的第二个重要项目是宁芬堡花园（Nymphenburg Garden, Munich）的改造。同样是宫廷造园师的斯科尔之弟马提亚斯（Matthias Schell，1760—1816）协助他，进行花园改造的前期准备工作，他们为完成这项庞大的改建工程付出了大量的心血。

慕尼黑的"英国园"和宁芬堡风景园，不仅是斯科尔的代表作品，也是德国风景式造园鼎盛时期的代表。除此之外，斯科尔还设计了众多的小园子，如达哈、兰茨胡特、弗尤尔施腾里德、苏雷斯海姆等，都是为了满足新的造园时尚而做的改建工程，将过去的规则式花园改造成树木园。

斯科尔晚期的作品包括维也纳（Vienna）的拉克森堡（Laxenburg）、巴登-巴登（Baden-Baden）、内德林根（Nordlingen）的安瓦雷斯腾、莱茵河畔的比布里奇（Biebricher）等。其中为那绍·威尔堡领主威廉建造的比布里奇园堪称佳作，采用了法国英中式园林样式。

1817年以后，斯科尔的职业生涯告一段落，他将从业40年来的造园经验加以总结，于翌年出版了《造园艺术集》（*Bertragen zur Biddenden Gartenkunst*, 1818）。该书虽然是为从事造园实践的园林师而出的设计指导书，并没有严谨的造园理论，但是不乏很多精辟的见解。

斯科尔作为德国风景式造园的开创者和杰出的造园家，受到各界的广泛欢迎和一致好评。1808年，国王授予他巴伐利亚荣誉市民勋章，1815年又授权他免费邮寄国内外公私信函，特别是为慕尼黑植物园和宁芬堡的温室寄送交流的珍稀植物。他还常常伴随国王外出旅行，并在前往特格恩湖（Der Tegernsee）的旅行中突然患病，于1823年2月24日在慕尼黑去世，遗体安葬在斯科尔家族的休德弗里德霍夫墓地中。

造园家勒内同样出身于造园世家，其父曾经是波恩（Bonn）选帝侯的宫廷园林师。1811年勒内去法国，在巴黎植物园学习植物学。进入19世纪后，英国风景式造园已经发展到园艺式阶段，植物造景的重要性日益显现，风景园中的植物品种也逐渐丰富起来，勒内的作品不可避免地受到较大影响。此外，勒内还在法国结识了皇家园林师杜昂（Gabriel Thouin, 1754—1829），后者在1819年出版了《各类园林的理性图集》（*Plans Raisonnés de Toutes les Espèces de Jardins*）并获得极大的成功，勒内的设计风格也因此而受其影响。

1808—1816年，勒内在莱茵河流域任职时，曾在瑞士和奥地利设计了一些园子，如奥地利的顺恩布鲁姆（Schonbrunn）和拉克森堡园（Laxenburg）。1812年，勒内在慕尼黑结识了斯科尔，并参观了斯科尔在阿沙芬堡（Aschaffenbury）和慕尼黑等地的作品。1822年，勒内曾去英国考察学习，回国后担任皇家总造园师、普鲁士艺术院院士，享有极高的声誉。自1816年起，勒内在波茨坦（Potsdam）工作了50年之久，建造了众多的园林，广泛分布于波茨坦、柏林（Berlin）、马格德堡（Magdeburg）等地。

勒内的作品反映了19世纪上半叶欧洲造园风格的发展与演变。建于1815—1830年的早期作品，受法国的植物学教育背景和斯科尔开创的自然风景园影响，具有简洁纯净的风格。这一时期，勒内的作品众多，主要是在波茨坦兴建的风景园，以及在无忧宫、夏洛滕堡、柏林蒂尔加滕园（Tiergarten）改建的风景园等；1830—1840年是勒内作品的成熟时期，以精美而著称，代表作是夏洛滕堡园；1840年后，他的晚期作品受折中式园林的影响，风格以混合式为主，在建筑周围重新引入了规则形式。如无忧宫中的柑橘园，重新借鉴了意大利文艺复兴园林样式，西西里园（Sizilianscher Garden, Potsdam）和北园局部（Nordischer Garden, Potsdam）采取了法式园林布局手法。此前，勒内在1825年设计的夏洛滕堡园中，已经表现出这种趋势，说明此时折中式园林在欧洲开始流行起来。勒内晚期的作品更多地采用了折中式造园手法，表明纯粹的风景式造园的发展，在19世纪下半叶已经接近尾声了。

平克勒是德国风景式造园运动中的第三位重要人物，1785年出生于慕斯考城（Muskau），其父是一位伯爵，担任萨克索尼国王的顾问。1800年，平克勒进入莱比锡大学（Leipzig University）学习法律，其间过着放荡不羁、挥金如土的生活。久而生厌之后，原本就富有进取精神的平克勒选择了适合自己的戎马生涯，1803年担任德累斯顿近卫骑兵联队的少尉副官。然而，天性喜欢无拘无束的平克勒不久又借了大量钱财，开始其浪漫、冒险而艰苦的军旅生活，并成为一名勇敢的骑士和鼎鼎大名的手枪射手。1804年，平克勒因过分鲁莽被免去骑兵大尉一职，开始走上了漫长的游历生涯。

平克勒时常身无分文就去意大利和法国游历，在罗马度过了一个冬季并结识了威廉·冯·洪堡（Wilhelm von Humboldt, 1767—1835）。虽然经常面临捉襟见肘的窘境，但平克勒依然与密友度过了一段有意义的时光。1811年因其父病重，平克勒返回慕斯考；同年其父去世，他继承爵位成为慕斯考男爵。1813—1814年对拿破仑战争期间，平克勒成为魏玛查理·奥古斯特大公的副官，他们的艺术家气质彼此影响很大。在此期间，平克勒交友甚广，与威廉之弟、地理学家亚利山大·冯·洪堡（Alexander von Humboldt，1769—1859），戏曲家亨利克·劳贝，女诗人贝蒂娜·阿尼姆（Bettina von Arnim，1758—1859），欣盖尔等名人成为密友。尤其是欣盖尔成为平克勒造园时的建筑顾问。

1816年，平克勒着手改造他的庄园，拆除了围墙并清理了墓地。他原本对园林兴趣浓厚，曾游历了沃尔利兹园，还在魏玛（Weimar）与歌德就园林艺术进行过长谈。然而一旦要真正建园时，他依然感到有必要研究造园思想。虽然浪漫色彩浓郁的感伤主义园林正在德国盛行，但是平克勒却对此不屑一顾，他宁肯舍近求远，赴英国参观考察布朗和雷普顿的作品，希望从中得到风景式造园的精髓。

1817年，平克勒与政治家哈尔登布尔戈公爵之女、帕奔哈姆伯爵（Karl Theodor von Pappenheim，1771—1853）的遗孀路姬（Lucie von Hardenberg，1776—1854）结婚，过着豪华奢侈的社交生活，有机会出入外交场合。但是没多久，他就厌倦了这种生活方式，全力以赴地建造自己的庄园。就在此时，普鲁士政府授予平克勒公爵爵位和巨额资金。为了将慕斯考庄园（Muskau Park）建成毕生的作品，他开始购买庄园周围的民宅。1821年一切准备就绪，平克勒开始实施林苑的建设计划了。

林苑建设用了数年时间。平克勒反对在林苑中种植太多的针叶树，希望以阔叶林为主，点缀针叶树，珍贵的外来植物只种在城堡附近。他在美国访问时，非常喜爱美国式树林种植方式，随后将这种做法引进自己的庄园。1828年前后，因建设资金耗尽，庄园建设不得不停工。

平克勒再次开始了他喜爱的英国之旅，并期望重振家道。这次从英格兰到爱尔兰的旅行，收获就是他在斯图加特（Stuttgart）出版发行的训诫信体著作《死者之信》（Briefe eines Gestorbens）。该书在英国以《一个德国王子之旅》（Tour of a German Prince）为名翻译出版，并一举成名，还被歌德列入《贝尔丽娜·布普》之中，作为长期以来所有造园理论的楷模，并认为它"属于高层次的文学作品"。究其原因，可能是平克勒排斥感伤主义园林的观点，迎合了歌德晚年的造园主张，由此看来，平克勒的英国之行至少在文学方面还是收获颇丰的。

后来，平克勒又致力于自己的庄园建设，整理推敲庄园的规划设计，并将建造笔记和图纸汇编成册，1834年以《风景园林概论》（Andeutungen Uber Landschaftsgartnerei）为名出版。平克勒在这本书中，详细阐述了慕斯考园的造园思想，认为"每个园子都要有最基本的观念，一个诗意的理想，造园就是把大自然的整体风景集成一个画面，并以缩小的如诗如画的景象表现出来"。他还强调"造园应体现大自然的风景特征，观察到的人工痕迹越少越好，而且这些痕迹也只能体现在引人入胜的园路和适宜的建筑物上"。

1845年，当平克勒竭尽全力将慕斯考庄园扩大到现在人们见到的规模时，已经一贫如洗了，最后不得已将苦心经营了30年的庄园，转让给尼德兰（Nederland）的弗里德里奇（Friedrich，1791—1881），自己则隐居到附近一个名叫布兰兹（Brantz）的小村庄。与慕斯考庄园的诀别令平克勒十分痛心，以至于他在布兰兹居住了30多年，却从未再访故居。

然而，尽管遭受如此挫折，平克勒的创作热情丝毫未减，欧洲各地还时常就庄园建设征询平克勒的意见。他还参与了普鲁士的威廉（即后来的威廉一世）在波茨坦附近的巴贝尔斯堡园（Babelsberg，Potsdam）的规划，对拿破仑三世的布劳涅林苑（Bois de Boulogne）也提出了自己的建议。在他60岁之时，又开始在布兰兹的新领地上造园。当时，这个小村庄只有50hm^2，地形起伏却土壤贫瘠，缺少树林和水源，只有少量的针叶树。平克勒从村外引来水源，在庄园内挖河堆山，重新塑造地形，遍植树木。历经25年，终于在这里建成一座新的风景园。

这座庄园以府邸为中心，建筑旁是装饰性很强的花园，被平克勒看作是"愉快的地方"。府邸前是开阔的疏林草地，深远的视线伸向远处的农田，蜿蜒的小溪在草地上流淌。平克勒在园中兴建了两座金字塔造型的点缀性建筑物，分别坐落在陆地和水中，既是他埃及之旅的追忆，也是为自己浪漫的一生设置的富有传奇色彩的归宿。平克勒去世后就葬在水中的那座20m高的金字塔中，在开敞的空间中显得十分突出。

平克勒并不是职业造园家，他知识渊博，精通英国文学，研究过赫希菲尔德的《造园理论》。除了写作和旅行之外，还参与当时的重要国事活动。1863年当选为普鲁士上院议员；在1866年的对奥地利战争中，81岁高龄的平克勒还参与了普鲁士参谋本部的策划。1871年经历了许多失败与挫折之后的平克勒，在崇高声望的包围之中与世长辞。

平克勒的作品以追求完美统一而著称，他将风景式造园看作是自然的画面，他对美的追求，就在于对大自然的追求，并以高贵浪漫的形式表现出来。他曾说："如果我能唤起一幅画，它不是用颜料，而是用真实的森林、山峦、草地和水面……园林就是一幅巨大的风景画，是光与影、形与色的对比，是透视与空间形成的风景。园林是用诗意表现出来的大自然的缩写，追求大自然意味着表现一个自然片段。"

平克勒长达60年的造园实践，对德国的造园风格产生深远的影响；同时，他也是德国自然风景式造园的终结者，此后的德国同欧洲大陆其他国家一样，在折中式园林盛行一段时间之后，又逐步回归规则式造园。

6.3.4.2 德国风景式园林实例

（1）无忧宫（Garden of Sans Souci Palace, Potsdam）

无忧宫位于距柏林约25km的古城波茨坦北郊，坐落在哈维尔河（Havel）北畔。宫名取自法文"Sans Souci"，意为"无忧、莫愁"。

这座宫苑建于1745—1757年，是普鲁士国王腓特烈二世仿照凡尔赛宫兴建的夏宫，典型的洛可可风格。此时期，宫苑整体占地约123hm^2。因坐落在一处沙石上，因而有"沙丘上的宫殿"之称。

洛可可式宫殿始建于1745年，全部建筑工程前后延续了约半个世纪，堪称德国建筑艺术之精华。正殿中部为半圆形穹顶，正中为圆厅，门廊面对大喷泉。瑰丽的首相厅天花板装潢极富想象力，四壁镶金，光彩夺目。室内多用壁画和明镜装饰，辉煌璀璨。宫的东侧有珍藏124幅名画的画廊，多为文艺复兴时期意大利、荷兰画家的名作。

从宫殿正中引伸出一条东西向主轴线贯穿全园，一直延伸到新宫。在中轴线上有台地园、喷泉、雕像、林荫道等，两侧花园采用不完全对称式布局，反映出洛可可时期的园林特征。

宫苑建设充分利用地形，在宫前形成一大片平面呈弓形的意大利式台地园，平行的六级台阶处理成曲线形，富有立体感和动感，两侧衬托着茂密的丛林。台地园原是为栽培果树而兴建的，但是一排排柑橘和温室后来都遭毁坏。现在栽种的灌木违背了当初的设计意图，喧宾夺主的植物破坏了台地园应有的魅力。

台地园下方是用圆形花瓣石雕组成的大喷泉，四周陪衬有四个圆形花坛，分别以火、水、土、气为主题。花坛内塑有神像，尤以维纳斯像和水星神像造型生动、精美。整个宫内有1000多座以希腊神话人物为题材的石刻雕像。

1754—1757年，腓特烈二世在花园中兴建了一座"中国茶亭"，六角形凉亭仿造中国传统的伞状圆屋顶，上覆碧瓦，下有金色落地圆柱，周围环绕中国人物雕像。亭内桌椅完全仿造东方式样，陈列着中国瓷器；亭前矗立着一只中国式香鼎。据说当年普鲁士国王经常在此品茗消遣（图6-21）。

中国茶亭的兴建，表明此时德国也受到欧洲"中国热"的影响。然而，它在尺度和造型方面与真正的中国传统建筑相距甚远，雕像也显得不伦不类，说明此时德国人对中国的了解同样十分肤浅。

无忧宫是腓特烈大帝钟爱的隐居处，他希望

图 6-21 无忧宫中的"中国茶亭"

在此"高枕无忧",死后能埋葬在台地园中的花神弗洛尔雕像之下。1750年7月10日,这位普鲁士国王还在这里第一次接见了法国大文豪伏尔泰。

1770年,在园子的北部建造了一座"龙塔",明显是仿造钱伯斯在邱园中兴建的"中国塔"的产物。1772年,在中轴的一侧兴建了规模较大的风景园,自然式布局打破了原先的中轴对称式格局。山冈上还有一座单层园亭,采用女神像柱作装饰。

至19世纪,宫苑成为威廉四世(Frederick William Ⅳ,1840—1861)的住所。他聘请了建筑师路德维格·佩西斯(Ludwig Persius,1803—1845)来修复和扩建宫苑,并请了费迪南德·冯·阿尼姆(Ferdinand von Arnim,1814—1866)负责花园景致的提升改造。这使得无忧宫整体范围扩大至290hm^2,成为德国皇室最喜爱的住所。

(2)沃尔利兹园(Gardens of Worlitz Dessau)

在早期的德国风景式园林中,最精彩和最动人的作品无疑是沃尔利兹园(图6-22)。它不再简单地模仿法国的英中式园林,而且在风景式园林的观念和形式上都有所发展。

沃尔利兹园占地约110hm^2,利用了易北河河岸的一片低洼地,是为德骚(Dessau)的领主弗朗茨公爵(Leopold Ⅲ,Friedrich Franz,1740—1817)兴建的避暑府邸,建于1769—1773年。

早在1763年和1766年,弗兰茨公爵曾两度与建筑师冯·埃德曼斯多夫特(Johann Friedrich Eyserbeck,1734—1818)和园林师埃泽尔贝克(J. F. Eyserbeck)去英国考察风景式造园。后来又去考察意大利园林艺术。这座园子由公爵的私人造园家休赫、纽马克(Newmark)和建筑师赫塞奇尔按照英国式风景园设计兴建的,据说后来埃泽尔贝克也参与了兴建。他们在英国和意大利园林风格的影响下,建造了一座融自然与艺术于一体的园林作品。著名的造园理论家赫希菲尔德曾在1785年说过,沃尔利兹园是"德国最高贵的园子,第一个值得关注的自然式园林"。

沃尔利兹园利用原先的沼泽地,在中心部分开挖出呈带状的一大片湖泊,不仅占据了大部分园地,而且向四周延伸,并以水渠沟通各个小湖,形成众多的峡湾、岛屿和纵横交织的水渠,围绕林园的堤堰构成丘陵、岩壁等景致。园中视线深邃,景色变化无穷。

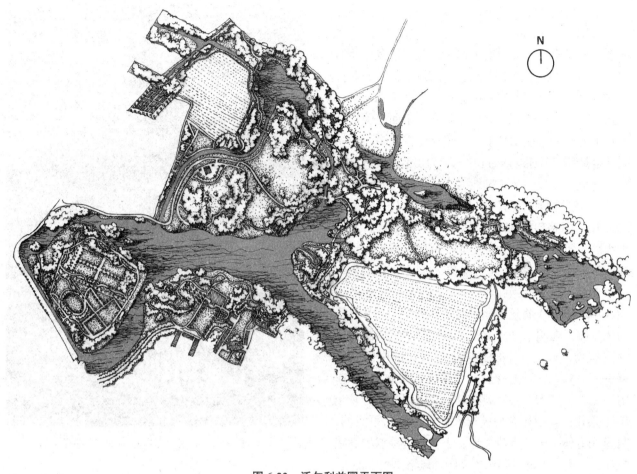

图 6-22 沃尔利兹园平面图

水系将全园划分成数个景区。据勒内记载，全园分为五个部分、七类景色。其中第一部分是位于西北部的一座小岛，称作"极乐净土"，四周围绕常绿树篱，称为冬园。岛中央建有迷园，饰以瑞士诗人拉瓦特（Johann C. Lavater, 1741—1801）和德国诗人杰勒特的胸像。冬园的一侧面对宽阔的水面，水中另有两座小岛，其中一座模仿了埃尔姆农维尔园中的杨树岛，岛上竖立着卢梭的纪念碑和胸像。在宽阔的湖泊对岸的园中建有哥特式建筑，成为从城市中眺望优美林园的视觉焦点。这里过去只有一个小型的园丁房，后来逐步扩建，如今成为一座美术馆。

沃尔利兹园中处处都留下了感伤主义园林的印记，有寺庙和洞府，还有寂寞恐怖的暗道设施；湖泊东边有称作"路易萨"的岩石，给人以庄严肃穆之感。水面上架设大量的小桥，既是园中的点睛之笔，又可从桥上眺望四周景色，水边的点景性建筑物、远处的田野牧场、城市中的教堂钟塔，各种景色尽收眼底，城市、林苑与田园风光渐渐融为一体（见彩图24）。

此外，在一个称为"新型园林"的园子中，还有利内公爵命名的"火山"（Vulcan，象征希腊火神）。这座人造火山的外形酷似平窑，内部装饰彩色玻璃，空间十分明亮，实则是变幻莫测的游乐性建筑物。

像意大利的蒂沃利那样，后来在德骚城围绕沃尔利兹园兴建了很多大小不一的园子，形成一大片园林区。沃尔利兹园从一开始就吸引了大批德国著名人物的关注，对德国风景园林的发展起到重要作用。

（3）威廉山园（Be Park Wilhelmshhe, Kassel）

威廉山园位于卡塞尔（Kassel），最初是一座建造在山坡山的规则式园林。1699—1700 年冬天，黑森的亲王卡尔（Karl）曾去意大利旅行，非常欣赏建造在罗马附近的弗拉斯卡迪小镇的阿尔多布兰迪尼庄园和卡普拉罗拉小镇的法尔奈斯庄园。回国时，卡尔亲王将意大利建筑师盖尔尼埃罗（Giovanni Francesco Guerniero, 1665—1745）带回德国，后者在卡塞尔的一座山坡上设计了这座台地园，最初叫威森斯坦（Weissenstein），于 1718 年建成。

这座园子以一条中轴线为主，全长约 5km，从山顶一直延伸到卡塞尔城。其中花园中的轴线有 2km 长，高差却有 300m。巨大的水台阶从山顶一级级跌落下来，最初设计了 600 余级，后来只建了 200 级。在这条轴线上还有雕塑、水剧场等景点。

50 年后，曾在英国学习的造园家施瓦茨考夫（Schwarzkopf）将这座园子改造成英中式园林风格的风景园，在园中兴建了许多富有异国情调的点景性建筑物，包括在 1782—1785 年兴建的中国式村寨——"木兰寨"。这个村寨坐落在小溪旁，以一座中国式重檐亭为中心，周围散置着中国式农舍及小桥。此外，园中还有规模宏大的古罗马水渠废墟、英国式古堡、土耳其清真寺、小金字塔等点景性建筑物，体现了典型的感伤主义园林风格（图 6-23）。

（4）施维钦根园（Garden of Schwetzingen, Schwetzingen）

施维钦根园是 18 世纪上半叶由洛可可造园家德·毕加格设计兴建的一座典型的洛可可式园林，宏伟壮丽的花园一时成为欧洲宫廷效法的样板。

随着造园时尚的转变，1762 年又对这座规则式花园进行了改造，在园子的西面和西北面兴建了丛林和柑橘园，进一步延长花园的中轴线，形成正对"大湖泊"的开敞透视线。同时在大湖西边的树林中，布置一些点景性小建筑和雕像等，如坐落在小山丘上的阿波罗神庙，与德·毕加格 1752 年兴建的露天剧场相邻。

德·毕加格在大湖北面的自然式风景中建造了一座称为"浴室"的点景性建筑，平面呈椭圆形，覆以半圆形穹顶，当中是装饰华丽的中央大厅，两侧各有一个入口门厅，现在成为园中最有代表性的点景性小建筑。"浴室"附近还有一处称

图 6-23 威廉山园中的古典主义亭子

为"喷水小鸟"的泉池，笼罩在一片绿荫下，显得更加幽静迷人。

1777 年，刚从英国归来的斯科尔在花园的西部及北部兴建了一处英国式风景园。他在保留原几何形花园的基础上，营造了自然起伏的缓坡地形，蜿蜒的园路和树丛环绕的水面。在大湖边还有建筑师威尔查菲尔设计的代表莱茵河和易北河的河神雕像。从湖中引出的一条运河上，建有一座"中国式"小桥，反映出当时的园主们对异国情调的向往。

1780 年，在园中兴建的最后一个景点是"土耳其园"，主体是一座清真寺，成为全园最新颖和最奇特的点景性建筑物。悠久的历史将不同风格的园景综合在同一座庄园中，使施维钦根城堡花园成为举世闻名的作品。

（5）霍恩海姆园（Garden of Hohenheim, Stuttgart）

霍恩海姆园位于斯图加特附近，是在德国南

部最早兴建的风景式园林。始建于1774年，占地约20hm²，用地呈带状，园林采用了风景式造园风格。园中有古罗马废墟、中世纪小教堂等众多的点缀性建筑物。

席勒在《1795年迪尤宾根的园林年鉴》中曾经对这个园子大加赞赏。1796年时，歌德对该园也表示感慨，认为查理·奥古斯特公爵带有侧房的巨大城堡，以及充满骚动不安的情感和令人浮想联翩的园林，都会使人感到心满意足。然而，翌年歌德在去瑞典的旅途中参观了这个园子之后，对园中将许多小景物组合在一起而缺乏整体性的做法深感遗憾。或许正是由此而改变了歌德对风景式园林的观点。

（6）顺恩布什风景园（Schonbusch Garden, Aschaffenburg）

1780年，斯科尔在阿沙芬堡（Aschaffenburg）兴建的顺恩布什园，是德国最早的自然式风景园，具有纯净而质朴的自然特征。

这座园子占地约50hm²。斯科尔充分利用周边的环境，将美茵河（River Main）引入园中，使其成为风景园的一部分。中心是大型湖泊和开敞的树林草地，湖中设岛形成视觉焦点。原先猎苑中的数条放射状林荫大道被改造成一条条深远的透景线。斯科尔不再采用废墟等烘托伤感情调的点缀性建筑物，也抛弃了具有异国情调的小品。他完全依据大自然中的风景特征，强化园林的景色，以此作为对"源于自然、高于自然"观点的阐释。

（7）宁芬堡风景园（Nymphenburg Garden, Munchen）

慕尼黑附近的宁芬堡原先是选帝侯埃马纽埃尔的宫苑，1701年由荷兰造园家按照法式园林风格进行改建，1715—1722年，经法国造园家吉拉尔的改造，使这座宫苑一时名声大振。吉拉尔还按照当时的时尚，在园中兴建了一些点缀性建筑物，包括中国式样的塔形建筑。在宫殿左侧的丛林中建有一座造型优美的园亭，称为"阿马利安堡"；右侧的丛林中原先有座茅屋，后来被拆毁了。

1793年，斯科尔着手宁芬堡花园的改建工作，他保留了中心部分原有的规则式布局，将两侧的丛林改建成风景式园林。斯科尔不再强调规则式与自然式园林之间的过渡，而是在两者之间以地形和树林分隔，视线互不贯通。树林依然是规则式园林的高大背景，同时营造出内部完全自然化的景色。原先的中轴线面对的是更加自然的远景，位于两侧的自然式园林成为更加适宜游览的场所。这两个自然式园子面积一大一小，虽然均以湖面为中心，但景色各有特点。南侧的湖泊显得开阔壮观，而北侧的湖面则更加宁静，富有田园气息。宁芬堡园的成功改建，为后来规则式园林改造潮流的出现奠定了基础。

（8）英国园（Englischer Garden, Munchen）

1804年，斯科尔移居慕尼黑，开始进入职业创作的高潮期。这一时期也是德国风景园走向成熟的开端，斯科尔在慕尼黑一带留下了大量的作品，英国园是其中的代表性作品之一。

英国园占地规模约360hm²，园址呈5km长、700m宽的带状，始建于1804年。斯科尔借鉴布朗的设计手法，采用缓坡草地、树丛和水系这3个要素塑造园林空间，追求淡泊宁静的自然气息，成为纯净的自然风景园样式。

斯科尔还在英国园的南部，通过设计一座土丘和亭台，将城市景观引入园中，使城与园融为一体，"以便人们感受到风景如画的城市"。对于园子北面不够理想的建筑风貌，斯科尔种植了大片的密林，希望将其隔开。园中扩大了水面，形成开阔的湖泊景色，湖中堆有几座岛屿。湖泊进一步在园中延伸，形成河谷、溪流等景致，丰富的水景为全园带来欢快的气氛（见彩图25）。园中的建筑物数量不多，精雕细凿，小山丘之巅仿照罗马西比勒庙宇兴建的休息亭，成为全园的标志性景观；古朴的"中国塔"及后来兴建的"日本园"成为园中富有异国情调的景点。

慕尼黑的英国园不仅是德国风景园走向自然式的开端，而且在加强园林与城市的联系方面进行了尝试，一方面将园林的自然景色引入城市，另一方面将城市景观引入园林。城市与园林、自然与人工的和谐，反映出19世纪初城市园林的发展方向。英国园建成后定期向市民开放，追求不分贵贱、贵族与市民共处的自由意识，在当时也具有强烈的社会意义。这座风景优美的园林至今仍然是慕尼黑市民最喜欢的休憩场所。

（9）慕斯考风景园（Muskau Garden, Upper Lusatóa）

慕斯考园是平克勒在自己的领地中设计建造的风景园。1816—1821年，平克勒花费大量的时间和金钱进行筹备工作，并远赴英国考察风景式造园，回国后开始实施其宏大的计划，至1845年大致建成，堪称平克勒以毕生精力奉献的一个杰作（图6-24）。

园址坐落在尼斯河畔（Neisse）的一片沼泽沙滩上，大部分地段是土壤贫瘠的砂地，河滩上自然生长着一些茂密的针叶树林。近处的河谷、远处的山峦，构成这里优美迷人的景色。平克勒首先做的工作便是整理水系，并将尼斯河引入园中；重塑地形并改良土壤，在园中种植了大片的阔叶树林，使原先以针叶树林为主的景色得以丰富及改观。

经过平克勒的努力，园地规模不断扩大，最终超过了700hm²。平克勒在园中陆续规划设计了几个景区，中心是占地74hm²的府邸花园，它以府邸为中心，三面临水，一侧处理成大草地，形成迷人的滨河空间。平克勒还在府邸周围设计了规则式花园，并称之为"愉快的地方"。离府邸稍远处还有柑橘园和温室，旁边仍然是他称之为"愉快的地方"的规则式小园，并以丛林围合起来。花园外侧是大片的风景林、灌丛和大草地，边缘有菜园、果园、葡萄园和苗圃等实用性园地。

林园之外是大片的自然风景地，大面积的农田中点缀着树丛，散置一些休闲游乐设施，如九龙戏球场、咖啡屋、茶室、舞厅、游艺厅等。

出于经济的原因和生活之需，平克勒在庄园中还建有奶牛场、养鸡场、磨房、酿酒厂、矿井等功能性设施，与将小村庄作为装饰物的其他英中式园林不同，这些设施出于平克勒生活之需，并且与庄园景色很好地融合在一起。

平克勒的设计风格追求空间的丰富变化，以落

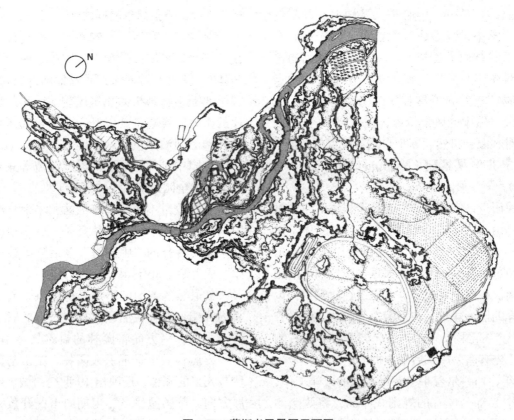

图6-24 慕斯考风景园平面图

叶乔木为主的树丛或树林，成为园林空间最主要的构成要素，平缓的草地边缘流淌着溪流、小河，草地、水体、树林相依，如同自然中的风景画面。与当时的时尚不同的是，平克勒极少使用外来树种，认为"理想的自然风景必须表现出本地及气候的特征，它是当地自然条件的产物，而不是人为强加的。"同样地，与布朗喜爱的单一树种构成丛林的方式不同，平克勒多采用混交林的方式构成园中的树丛或树林，这也是19世纪风景园常见的做法。建筑设施既有生产功能、实用价值，又起到点景作用的手法，虽然是平克勒不得已而为之的举措，同时也是功能于美观相结合的典范。

6.3.4.3 德国风景式园林特征

从1750年起，在德国园林中开始出现一些自然化的局部处理，源于洛可可晚期的不规则化造园手法。同英国的不规则化造园时期相类似，德国人对植物学研究和植物引种驯化工作兴趣浓厚，大量的外来树木或珍稀树木，在园中营造出自然而奇特的景色。园中植物种类的不断丰富，改变了园林的传统风貌。

1750年，明希豪森（Munchhausen）的奥斯多男爵在威悉河畔（Weser）的哈默恩（Hameln）附近兴建了苏沃柏园，这个园子的规模并不太大，谙熟外来树种的园主在园中种植了许多珍稀树木，形成生意盎然的园林局部，被人们看作是德国最早的风景园。

类似的还有汉诺威休瓦埃尔的英国式花园，以及位于布伦瑞克州（Braunschweig）赫尔姆施泰德（Helmstedt）附近的哈尔普克园（Hulpke Garden）。后者因收集了许多国外、尤其是北美的树木，至今仍享有盛誉。

霍夫里奇特男爵在韦特海姆（Weitheim）兴建的德斯特德园同样以种植大量的外来树木而著称，建造年代晚了两三年，但采用了科学的布置方式，以部分林苑展示植物的地理分布特征，划分出北美树林园和原始森林等景区，成为其与众不同之处。

1760年，斯塔迪翁伯爵在符腾堡（Württemberg）的瓦尔特豪森（Walterhausen）领地中也兴建了一座英国式花园。1770年以后，真正的风景式园林在德国盛行起来。早期的风景园大多从规则式花园改造而来，德国历史上众多的规则式园林或局部或整体地改造成自然式园林，但绝大多数规则式园林的骨架，如中轴线、林荫道、大水渠等则基本保留下来，自然式园林往往处于园中远离宫殿或府邸的一隅，呈现出规则式结构与自然式景色相互交融的奇特景色。这类作品以波茨坦的无忧宫、卡塞尔的威廉山和曼海姆附近的施维钦根为代表。

一些新建的园子则直接采用了风景园样式。受钱伯斯绘画式风景园和法国英中式园林的影响，此时的德国人热衷于带有"废墟"的感伤主义园林所具有的浪漫色彩，尤其是对体现骑士精神的所谓中世纪情调情有独钟。将荒弃的城堡作为园林景点的手法十分流行，甚至在园中刻意营造"废墟"。最典型的例子是威廉山中"岩石山上的城堡"、后来称作"狮城"的荒城，增添了吊桥、堡垒、门楼、壕沟等景物，还别出心裁地在城中设有哨兵和头戴熊皮帽的卫兵。在勒文贝格附近还有骑马赛枪的"演武场"，但是建成不久就拆毁了。维也纳附近的拉克森堡（Laxenburg）中至今还保留着这种"演武场"。这一时期比较著名的例子还有德骚附近的沃尔利兹园，以及斯图加特（Stuttgart）附近的霍恩海姆（Hohenheim）。

1785年之后，感伤主义园林逐渐遭到德国人的抛弃，模仿中国园林的小品也受到抨击，人们指责这些中国式建筑物比例失调而造型怪诞，恰恰失去了中国园林的真谛。但是园中的点缀性建筑物并未完全消失，只不过数量少了很多，形式也以古希腊和古罗马的废墟和建筑样式为主，可见德国人反对的是园中刻意营造的感伤气氛。随后，德国风景式造园在整体上逐渐向纯净质朴的自然式方向发展，对"源于自然、高于自然"有了新的认识。

6.4 奥地利园林概况

6.4.1 奥地利概况

奥地利是中欧南部的一个内陆国家。东邻斯

洛伐克和匈牙利，南接斯洛文尼亚和意大利，西连瑞士和列支敦士登，北与德国和捷克接壤。国土面积为83 858km，人口约810万人（图6-25）。

奥地利也是一个著名的山地国家，境内山地占国土面积的70%，盆地和平原只占15%，河流水网占国土的1%。东有阿尔卑斯山脉自西向东横贯全境。东北部是维也纳盆地，北部和东南部为丘陵、高原。多瑙河流经东北部，境内长约350km。有与德国和瑞士共有的博登湖及奥匈边界的新锡德尔湖（Neusiedler Lake）。属海洋性向大陆性过渡的温带阔叶林气候，年平均降水量约700mm。

公元前400年，克尔特人在此建立了诺里孔王国（Noricum）。公元前15年被罗马人占领。从公元初到10世纪，这里相继为罗马帝国和法兰克王国的东部领土。中世纪早期哥特人、巴伐利亚人、阿勒曼尼人入境居住，使这一地区日耳曼化和基督教化。996年，史书中第一次提及"奥地利"。

1156年，在巴奔堡家族（Babenberg）统治时期，奥地利形成公国，成为独立国家。13～19世纪，奥地利逐步扩展，成为地跨中欧和东南欧的强大帝国。1276年被神圣罗马帝国侵占，1278年开始了哈布斯堡王朝长达640年的统治。1699年获得对匈牙利的统治权。1804年弗朗茨二世①（Franz Ⅱ，1768—1835，1792—1806在位）采用奥地利皇帝称号，1806年被迫辞去神圣罗马帝国皇帝之称。1815年维也纳会议后，成立了以奥为首的德意志邦联。1860—1866年向君主立宪制过渡。1866年在普奥战争中失败，被迫解散德意志邦联。翌年与匈牙利签订协议，成立二元制的奥匈帝国。

6.4.2 奥地利园林

6.4.2.1 概况

奥地利与西班牙相类似，尽管有着独特的自然山水和悠久的历史文化，但是未能形成具有本

图6-25 奥地利位置图

国风格的造园样式，始终在追随欧洲大陆流行的造园模式。

传统的奥地利园林，与西欧中世纪的寺院庭园和城堡庭院十分相似，规模不大，布局简单，以实用性园林为主。

在意大利文艺复兴园林盛行欧洲之时，许多意大利建筑师纷纷来到奥地利参与庄园的兴建。奥地利的自然地理与意大利很接近，在山地上也适宜营造意大利式台地园。因此，文艺复兴时期的奥地利出现了一些意大利台地园样式的园林作品。

当法国勒诺特尔式园林风靡欧洲之际，奥地利帝国的统治者们，纷纷以法式园林为样板，改造自己的王宫别苑。尽管奥地利的自然条件并不适宜营造大规模的法式园林，但由于法国宫廷的喜好对整个欧洲宫廷、贵族的影响之大，以至于奥地利的宫廷贵族们也不得不追随这一时尚，将过去的文艺复兴式园林纷纷改造成法国勒诺特尔

---

① 弗朗茨二世：神圣罗马帝国的末代皇帝（1792—1806），奥地利的第一位皇帝（1804—1835，称弗朗茨一世皇帝）。

式园林。

由于受自然地形的限制，在奥地利兴建的勒诺特尔式园林大多位于像维也纳这样的大都市的中心或周围地带。这些作品大多由奥地利的本土建筑师设计兴建，以法国的勒诺特尔式园林为样板。也有一些庄园在建造过程中得到了意大利和法国造园家的指导。在德国成功地兴建了宁芬堡园的法国造园家吉拉尔曾于1720年在奥地利指导了施瓦森堡园（Schwarzenberg）的建造，他巧妙地利用坡地布置喷泉等设施，其高超的手法令人称道。

6.4.2.2 实例

（1）宣布隆宫花园（Gardens of Schönbrunn Palace, Vienna）

宣布隆宫位于奥地利首都维也纳西南部，是奥地利哈布斯堡王室（Habsburg）的避暑离宫，也是奥地利最重要的勒诺特尔式园林作品（图6-26）。

从14世纪初以来，这里一直是克洛斯特新堡（Klosterneuburg）寺院管辖的领地。1529年土耳其军队入侵后，哈布斯堡家族的马克西米连二世（MaximilianⅡ，1527—1576，1564—1576在位）于1569年接管了这个领地，翌年开始改建成他的府邸。在皇帝鲁道夫二世（RudolfⅡ，1552—1612，1576—1612在位）统治时期，这座府邸在1605年遭到以匈牙利人波斯凯为首的一伙暴徒的破坏。1608年，罗马皇帝马提亚大公（Holy Roman Emperor Matthias，1557—1619，1612—1619在位）接管这里后兴建了一座供狩猎时休憩的行宫。据说1617年马提亚大公在此狩猎时发现了一处泉眼，故此称这里为宣布隆宫，意为"美泉宫"。随后，斐迪南二世（Ferdinand Ⅱ①，1578—1637）将这座宫殿送给第二位王妃贡扎嘉·艾莱奥诺拉（Gonzaga Eleonore，1598—1655），后来又转送给第三位王妃贡扎嘉-奈芙斯·艾莱奥诺拉（Gonzaga-Nevers Eleonora，1630—1686）。

1683年，宣布隆宫因土耳其军队的攻击而被摧毁。后来的神圣罗马皇帝利奥波德一世（LeopoldⅠ，1640—1705，1658—1705在位）计划将它修复，作为皇太子（后来的弗兰茨一世）的夏季离宫。由巴洛克建筑大师范·厄尔拉赫（Johann Berrhard Fischer Von Erlach，1656—1723）设计的方案规模宏大，堪与凡尔赛宫苑相匹敌，终因耗资过大而搁浅。直到1750年，弗兰茨一世（FranzⅠ，1708—1765）的皇后玛利娅·特蕾西娅（Maria Theresia，1717—1780，1740—1780在位）统治时期，才根据范·厄尔拉赫设计的第二个规模较小的方案来兴建这座庄园，并由意大利建筑师帕卡西（Nikolaus Pacassi，1716—1790）完成了宫殿的兴建。玛利娅·特蕾西娅、弗朗茨二世以及弗朗茨·约瑟夫一世（Franz JosephⅠ，1830—1916）经常来这里居住，尤其是弗朗茨·约瑟夫一世还将宣布隆宫作为他晚年常住的宫殿。

宫殿建筑占地面积约2.6hm²，稍逊于凡尔赛宫。宫内共有1400个房间，其中44间是采用18世纪流行的洛可可式风格，装修得纤巧华美、优雅别致。此外还有以东方古典样式装修的厅堂，如镶嵌紫檀、黑檀、象牙的中国式和饰以泥金和涂漆的日本式。房间内部的饰品和陈设也与建筑风格相一致，在琳琅满目的陶瓷摆设中，尤以明朝万历年间的彩瓷大盘和描花古瓶最为珍贵。宫内有哈布斯堡王朝历代帝王设宴的餐厅和华丽的舞厅。

在宫内，供人参观的几辆玛利亚·特利萨女王加冕大典时使用的鎏金马车，豪华无比。在长廊上，挂满了哈布斯堡王朝历代皇帝的肖像和记录他们生活场景的图画，以及玛利娅·特蕾西娅女王16个女儿的肖像画，其中最惹人喜爱的是法国国王路易十六的王后玛丽·安托瓦莱特（Marie-Antoinette，1755—1793）少女时代的画像，她就在这座宫殿里长大。

宣布隆宫总占地面积为130hm²，从宫殿的中

---

① 斐迪南二世：哈布斯堡王朝施蒂里亚支系的代表人物，曾任施蒂里亚大公（1590—1637在位）和神圣罗马帝国皇帝（1620—1637在位）。他也是匈牙利国王（1618—1625,1620年被叛乱打断）和波希米亚国王（1617—1619,1620—1637）。由于他的不明智的宗教政策（狂热支持天主教，压制新教），导致了德国诸侯的公开反抗，从而引发了对欧洲历史具有决定性意义的30年战争。

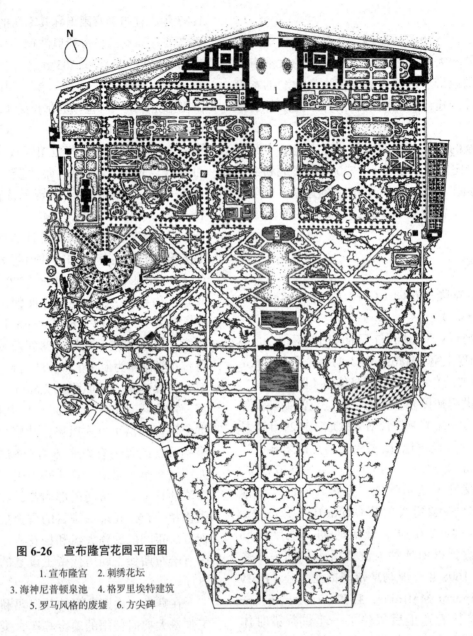

图 6-26 宣布隆宫花园平面图
1. 宣布隆宫　2. 刺绣花坛
3. 海神尼普顿泉池　4. 格罗里埃特建筑
5. 罗马风格的废墟　6. 方尖碑

央引伸出花园的中轴线，笔直伸向海神尼普顿泉池；随后沿着一条曲折的园路，登上一座山丘，山巅有座称为"格罗里埃特"（Gloriette）的建筑，是由宫廷建筑师霍恩伯格（Ferdinand von Hohenburg，1732—1816）在 1775 年设计兴建的，由此可俯瞰整个宫苑和维也纳城的全景。从尼普顿泉池往东，有一座罗马风格的废墟和方尖碑。在宫殿西南的丛林中还有埃德伦·冯·斯德克霍温（Adrian van Steckhoven，1705—1782）1752 年设计的动物园，翌年又在附近兴建了植物园，表明当时的王室对收藏动植物的热情。

中心花园的东西两侧是巨大的丛林，并以高大的树篱将丛林与花园联系起来。树篱还被修剪出一些类似壁龛的凹槽，设置 32 尊由雕塑家威廉·拜尔（Johann Christian Wilhelm Beyer，1725—1796）、哈格诺尔（Nicolas Hagenauer，1445—1538）和波歇（Fransois Boucher，1703—1770）等人制作的雕像。其中大部分是拜尔的作品，题材出自希腊神话、罗马神话和古罗马历史，最主要的作品是大花坛中的雕塑。在椴树和欧洲七叶树的绿叶映衬下,洁白的大理石像更加夺目。

花园中还有众多的泉池,自然女神池泉中的雕像给人留下的印象最为深刻。为了给园中大量的泉池供水,还首次运用了由英国人詹姆斯·瓦特(James Watt,1736—1819)发明的蒸汽机来运转水泵。

每当百花盛开之际,园中奇花异卉芬芳怡人,令人流连忘返,更增添了离宫之美。拿破仑曾两度占领维也纳,都在这里居住。作曲家莫扎特(Wolfgang Amadeus Mozart,1756—1791)幼年时期,曾在离宫的宫廷舞台上为女皇演奏过钢琴。拿破仑战败后,1814年9月至1815年6月,著名的瓜分欧洲的维也纳会议也在这里举行。

实际上,18世纪的花园在斯德克霍温的浪漫主义设计风格的影响下,已经改变了最初的风貌。现在,这个具有现代气息的公园还包括蔚为壮观的以玻璃与铁为原材料建成的棕榈宫和一座动物园。

(2)观景台花园(Garden of Belvedere Palace, Vienna)

同样位于维也纳的观景台花园,是奥地利知名度仅次于宣布隆宫花园的巴洛克式园林作品,园主是17世纪初因征服土耳其而闻名于世的萨乌瓦家族(Savoy)的尤金亲王(Priuz von Savoyen Eugen,1663—1736)。1693年,尤金亲王购置下"维也纳"门北边的一座葡萄园,并经过改造后作为他的夏季离宫(图6-27)。

虽然尤金亲王当时年仅30岁,却已成为公认的最伟大的战略家之一,也是一位开明的艺术爱好者和狂热的文学艺术保护者。在文学艺术方面不仅有较高的修养,而且具有一定的影响力,对丰富当时人们的精神生活起到积极的作用。

尤金亲王的青少年时代,曾与母亲一起在凡尔赛宫生活了几年,也是能够接近路易十四的圈内人,有幸见证了凡尔赛宫苑的发展。因此,他对建筑和造园的观点深受法国的影响。然而,尤

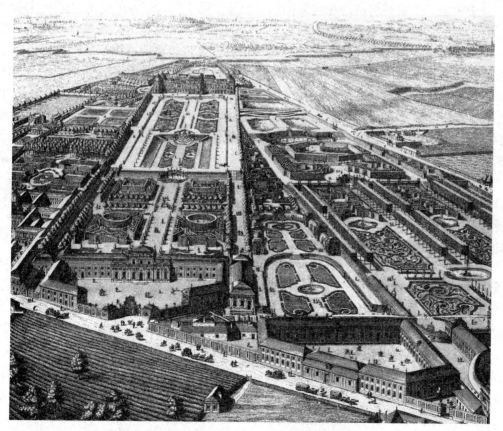

图6-27 版画(1731—1740)观景台花园鸟瞰

金亲王在心理上却敌视路易十四本人，并试图与之相抗争，因此在夏宫的规划布局和形象设计方面，都不希望完全照搬凡尔赛宫苑。

负责这座夏宫建造工程的是维也纳的宫廷建筑师范·希尔德布朗特（Johann Lucas von Hildebrandt，1668—1745）和范·厄尔拉赫。起初，工程的进展非常缓慢，在开工10年之后的1706年，才建成了一部分花园。随后，工程进度逐步加快，仅仅两年半的时间就建成了宫殿，是一座富丽堂皇的巴洛克样式的建筑。1717年，在山顶上兴建第二座宫殿的方案刚刚成熟，尤金亲王就觉得已建成的花园还缺乏艺术感染力，并邀请勒诺特尔的弟子、法国造园家吉拉尔来改造花园。现在人们看到的花园基本保留了吉拉尔改造后的样子，只是增添了一些装饰性喷泉和雕刻、塑像等艺术品。

由于庄园的用地比较狭长，而且地形变化较大，因此在场地的上、下两端，布置了两座宽度相等的宫殿。花园的两侧是绿篱和抬升的甬道。从上层的宫殿中望去，是规整均衡的花园整体构图；从下层的宫殿向上看去，园中的景致随高度依次变化，但又不能将全园一览无余。亲王的起居室布置在宫殿正中，从窗口看出去，视线正落在中层花园上。因此，中层花园的景致成为全园的视觉中心。上、下层宫殿的中央大厅构成花园中轴线的两个焦点，以此将全园最精美的景点联系起来，这是巴洛克风格的惯用手法。随着地势逐渐抬升，景点的重要性亦在不断增强，直至豪华的上层宫殿前。这种处理手法一方面加强了空间的序列感，另一方面有利于从下层的宫殿中欣赏园景，同时吸引人们逐渐从底层台地走向上层花园。

上下宫殿之间的花园分为三层，之间以瀑布和坡道相连。底层花园是鹅耳枥树篱围合的四块草地，形成气氛亲密的活动空间。离宫殿较远的两块草地上，过去有描绘神话情景的泉池。底层花园的布局方式，成为全园的景观模式，由下向上逐渐变化，神祇的地位也逐渐重要，最终在上层宫殿前形成众神欢聚的世界。中轴线上的一系列景致，形成了众神的生活场景，突出了全园以

神祇的地位为引导的空间主题。如底层花园中的瀑布和洞府，突出了众海神的形象。洞府结合底层台地的挡土墙布置，外观饰以粗糙的毛石，从下向上望去，上层宫殿仿佛坐落在洞府基座上的空中楼阁。

底层花园两侧是宽大的坡道，通向中层花园。坡道之间还有稍稍低下的草地，两座椭圆形泉池描绘了大力神海格力斯和太阳神阿波罗的生活场景。由五层水台阶组成的大瀑布，水流奔腾而下，十分壮观，构成向上层花园过渡的中层花园，上方还有几座海神雕像（图6-28）。上层花园中有布置在斜坡上的一对刺绣花坛，在喷泉和雕像的衬托下，成为全园最精美的地方。上层宫殿并不是尤金亲王的居所，而是作为举行庆典或祭祀的场所，因此运用众多的神像来烘托气氛。从宫殿的阳台上放眼望去，美丽的花园和维也纳城市的全景尽收眼底，宫殿成为名副其实的观景台。

在下层花园的一侧，还有一座由封迪·芒斯菲尔德（Fondi Mansfeld，1640—1715）子爵兴建的花园，以及称为"观景台小花园"的庭园，后者过去是柑橘园，围以装饰性围墙，冬季则用玻璃幕墙和活动屋顶将柑橘园遮盖，并烧锅炉取暖，成为一座可拆装的温室。尤金亲王收集的外来植物也布置在这座温室中，与此相连的还有一处游乐性小庭园，地形略高，环绕着常春藤蔓架、葡萄架和月季花架。角隅上布置有刺篱镶边的斜坡式草坪。在上层宫殿的南侧还有一座梯形庭园，里面有精心布置的菜园和圈养外来珍稀动物的扇形笼舍。

（3）其他园林

在维也纳老城墙的外侧，还有列克滕斯特恩（Liechtenstein）和施瓦森堡（Schwarzenburg）等城堡花园。施瓦森堡园是1720年在吉拉尔的指导下兴建的，采用了当时流行的法式造园风格。吉拉尔巧妙地利用这片稍稍倾斜的坡地，布置喷泉和动水景观。所有的园路设计都考虑到马车行驶的便利进行铺装，在庭园台阶的两旁也有马赛克铺砌的坡道，供车辆行驶之需。

在美丽的山城萨尔茨堡（Salzburg）兴建的米

图 6-28　望景台花园的中层花园以及由五层水台阶构成的大瀑布

拉贝尔（Mirabell）城苑，也采用了勒诺特尔造园样式。萨尔茨堡是阿尔卑斯群山环抱、风光明媚的城镇，背依蒙西斯·贝尔克悬崖，清澈的萨尔斯哈河（Salzach）贯穿全城。在河流右岸的一座小山上，耸立着一座宛如堡垒的古城苑，就是米拉贝尔城苑。17世纪初，荷埃内家族的大主教斯蒂奇（Mark Sittich von Hohenems，1574—1619）打算扩建祖传的米拉贝尔城堡，并邀请造园家马提海斯·狄塞尔（M. Diesel）设计一座文艺复兴风格的城苑。由于城苑的庭园中有许多美丽动人的雕像和泉池，使其成为萨尔茨堡城市园林中的佼佼者。到了18世纪，这些庭园和花坛都经过改造，只有一部分带有古老林荫道的庭园和城堡得以保留下来，从中可以明显地看出法式造园风格留下的痕迹。

除了米拉贝尔城苑外，大主教斯蒂奇还在萨尔茨堡南郊约7km的一处狩猎场上，兴建了一座避暑离宫，称为赫尔布伦宫（Hellbrann）。最初的离宫采用了文艺复兴风格，后经狄塞尔改造成法式宫苑。园中布满了珍稀奇异之物，在一个山冈上建有俱乐部、庭园剧场和泉池等，景色交相辉映。所有这些均在一个月内就建成了，此后，这里经常为大主教上演牧歌及歌剧。园内巧夺天工的喷泉，成为最引人注目的景物。

6.4.2.3　奥地利勒诺特尔式园林特征

奥地利有着与欧洲南部国家相同的自然条件，国土以山地为主，气候比较炎热，水源充沛，植被繁茂。文艺复兴时期，在意大利园林的影响下，造园家们充分利用富有变化的自然地形，产生了层次丰富的台地式园林风格。受用地规模的限制，奥地利园林规模不大，尺度宜人。庄园周围的天然美景被巧妙地借入园中，扩大了园林的空间感。

在法国勒诺特尔式园林盛行之际，奥地利宫廷和贵族的园林也采用了法式造园风格。但是在奥地利这样一个以多山而著名的国度，要想得到像凡尔赛宫苑那样平坦而广阔的园址，是十分困难的。为了在一个相对狭小而地形又富于变化的园址上，营造出勒诺特尔式园林的典型特征，造园家们所采取的措施,首先是要尽可能地开辟平缓而开阔的台地;然后在园内的制高点上兴建作为观景台的宫殿或亭台,通过借景园外而扩大园林的空间感,由此构成了奥地利勒诺特尔式园林的主要特征。如观景台花园在园中开辟出相对平缓的上下两层台地,将中层陡峭的坡地处理成壮观的瀑布。下层花园中布置以花坛为主的景色,将人们的注意力吸引到园内的景物之上,园林空间因而具有内向性特征;在上层花园上,人们近可俯瞰花园景色,远可眺望城市全景。极目所至,近处的花园和远处的城市一览无余,令人心旷神怡,充分起到扩大园林空间、开辟深远视线的作用。此外,在宣布隆宫花园中,利用中轴线尽端的高地作为观景台的处理手法,也是出于借景园外、扩大园景的目的。

在造园要素方面,奥地利勒诺特尔式园林虽然没有自身特有的元素,但是在一些具体手法上也有其独到之处。比如树篱在奥地利园林中的运用就很有特色,高大的树篱不仅整齐美观,起到很好的组织空间的作用;而且精雕细刻,修剪出各种壁龛造型,作为大理石雕像的背景,浓密的树叶将白色的雕像衬托得愈加醒目,非常突出。雕像和泉池也是奥地利勒诺特尔式园林中不可或缺的装饰要素,不仅制作精美,而且与台层的布置相结合,起到引导游人、形成序列性景点的作用,如观景台园中利用神话传说中的神像形成空间序列的组织手法。与同时期的德国园林一样,奥地利宫廷和贵族也十分喜欢在园中举行各种表演活动,因此露天的绿荫剧场在园中也是常见的局部。

6.5 俄罗斯园林概况

6.5.1 俄罗斯概况

(1) 地理

俄罗斯位于欧洲东部和亚洲北部,东濒太平

图6-29 俄罗斯位置图

洋,西接波罗的海芬兰湾(Gulf of Finland)。国土横跨欧亚大陆,总面积$1707.54 \times 10^4 km^2$,是世界上领土面积最大的国家(图6-29)。

地形以平原为主,平原、低地和丘陵占国土总面积的60%。境内河流湖泊众多,沼泽广布。自北向南依次为北极荒漠、冻土地带、草原地带、森林冻土地带、森林地带、森林草原地带和半荒漠地带。乌拉尔山脉(Ural Mountains)隔开西部的东欧平原和东部的西伯利亚低地。东欧平原辽阔,海拔大多低于300m,由数条大河切割,主要是向南流的第聂伯河、顿河、窝瓦河;西部的高加索山地处西部的黑海与东部的里海、北部的欧洲与南部的亚洲之间;东部有西西伯利亚低地的大草原,叶尼塞河以东为中西伯利亚高原,再东则为北西伯利亚平原。

气候包括数个气候区,从北方的极地气候至南方的亚热带气候有着复杂多样的气候特征。大多地处北温带,属于温带和亚寒带的大陆性气候;冬季漫长寒冷,夏季短促温暖,春秋两季很短,温差普遍较大。北欧和中欧地区气候差别很大,在东部和北部,冬季温度愈加寒冷,东南部较干燥,沿黑海海岸冬季温和,高加索山和外高加索地区冬季温度更高,夏季则有如热带。大部分地区年平均降水量为150~1000mm。

广袤的国土,赋予了俄罗斯丰富的自然资源,为工农业发展提供了坚实的后盾。森林覆盖面积占国土的51%。

(2) 历史

3~7世纪,这里居住有许多民族,包括游牧的斯拉夫人(Slavs)、土耳其人、保加利亚人。6世纪,东斯拉夫人散居在德涅斯特河以东,第聂伯河(Dnieper)的中游一带。9世纪时,东斯拉夫人原始公社制度日趋瓦解。

9世纪末,在东欧平原形成了一个早期的封建国家基辅罗斯,又称古罗斯,是俄罗斯、白俄罗斯、乌克兰三大民族的共同渊源,其历史大致可以分为四个阶段。

从9世纪后半期至11世纪初的第一阶段,是以第聂伯河中游城市基辅(Kyiv)为中心的古罗斯国家的形成时期。后期古罗斯接受了拜占庭基督教中的正教为国教。

在11世纪前半期的第二阶段,随着生产力的发展,封建关系出现,是古罗斯的繁荣时期,成为中世纪欧洲最大的国家,并与东西方许多国家建立了通商关系以及广泛的政治联系。当时基辅作为古罗斯的行政和宗教中心,建有富丽堂皇的王宫、主教宫殿和索菲亚大教堂等建筑,规模与华丽程度可以和拜占庭的君士坦丁堡(Constantinople)相媲美。

至11世纪后半期的第三阶段,随着封建关系的发展,古罗斯开始走向衰落,而后分裂为若干小国,各据一方,彼此混战达几十年。

到11世纪末至13世纪30年代的第四阶段,古罗斯彻底瓦解,封建分裂时期开始。

13世纪,成吉思汗之孙拔都西侵罗斯,在伏尔加河(Volga River)下游扎营,建立了以萨莱(Salay)为中心,幅员广阔的金帐汗国(Altun Orda,又名钦察汗国)。

在蒙古统治时期,曾经偏安一隅的莫斯科公国得交通和商业之利,逐渐强盛起来,成为东北罗斯的中心和反抗蒙古统治的中流砥柱。莫斯科公国日渐达到极盛,并最终于1480年夏击败金帐汗国的军队,结束了蒙古人对俄长达240年(1240—1480)的统治。在15世纪末到16世纪初,又相继征服各公国。至此,俄罗斯中央集权国家基本形成,疆域北达白海(White Sea),南抵奥卡河(Oka River),西及第聂伯河上游,东至乌拉尔山脉。

这一时期,罗斯的农奴制度开始形成,并在法律上得到确认和保障。同时,封建君主专制制度开始确立,直至伊凡四世(Ivan Ⅳ,1530—1584,即伊凡大帝)亲政时,自封"沙皇",改国名"罗斯"为"俄罗斯"。

17世纪,俄国进一步加强了中央集权和农奴制度,致使俄国的生产力发展受到了严重阻碍,国家经济、军事、文化都十分落后。17世纪末,彼得一世(Alekseievitch, the Great Peter Ⅰ,1672—1725,1682—1725在位)开始执政。他效法西欧,从政治、军事、文化等方面对俄国的落后面貌进行了一系列改革,并通过战争取得了北方通往西欧的出海口,密切了与欧洲各国的联系,使俄罗斯开始成为世界强国之一,园林艺术也因而得到发展。

以后的历代沙皇几乎无一例外地继承了对外不断扩张的政策,最终将俄罗斯缔造成为一个横跨欧亚大陆的庞大帝国。

6.5.2 俄罗斯园林概况

10世纪时,由于基督教的传入,古罗斯开始效仿拜占庭帝国,建造教堂和城市生活设施,许多希腊建筑师和园丁也应邀参与教堂、住宅和花园的建设。这一时期的园林主要附属于宗教建筑,具有修道院庭院的特征。

12世纪上半叶,俄罗斯开始出现称为"乐园"的别墅庄园,园内以实用性的果园、菜园为主,也有游乐性花园。14~15世纪,莫斯科的花园建设有所发展,在克里姆林山(Kremlim Hill)的南坡,沿莫斯科河一带建有亚历山大主教花园及其他园子。1495年,莫斯科遭到一场毁灭性的火灾侵袭,使整个城市受到严重破坏。在这场灾难中,由于花园和林地发挥了有效的减灾和避灾作用，使得园林建设开始受到重视。同年，国王伊凡三世（Ivan Ⅲ，1440—1505，1462—1505在位）下令拆除了城中莫斯科河沿岸的建筑物，兴建了称作"查理津草原"（Tsaritse Grassland）的宏伟园林。这个园子直到17世纪末才被拆毁。

16～17世纪的莫斯科还兴建了几座宫苑，其中比较著名的有克里姆林宫（Kremlin）中的"上花园"，它是为彼得大帝的母亲娜塔尼娅·基里洛夫娜修建的，规模不大，长约23m，宽仅9m，并且是坐落在服务性建筑拱顶上的屋顶花园。园中以实木铺设的小径，划分出数个地块，种有苹果、梨等果树，以及其他浆果类植物和花灌木。

17世纪末之前，俄罗斯园林与西欧中世纪园林很相似，都是规模不大、以实用为主的园地。园内布局简单，外观整齐划一，主要是依附于宫殿、教堂及贵族的别墅而兴建的。园内的种植以具有经济价值的植物为主，如各种果树，以及浆果类、芳香植物、药用植物等。此外还常常种有椴树、花楸等蜜源植物。园中也大多建有水池，重要建筑前开辟林荫道，这些要素都兼有一定的实用功能，同时也形成美丽的景色。此外，在风景优美的郊区，也有一些造园的实例。这一时期俄罗斯园林的特色，主要体现在实用与美观、整形式布局与自然的环境相结合。但由于频繁发生的战争和火灾的影响，这些古园林保存至今的寥寥无几。

当意大利文艺复兴运动席卷整个欧洲之时，俄罗斯还是一个相当贫穷落后的国家。直到1689年彼得大帝正式执政，俄罗斯才逐渐走上发展壮大之路，并成为欧洲的强国之一。彼得大帝即位后不久就筹划迁都，并于1712年将首都迁至位于涅瓦河口（Neva River）的彼得堡（Petersburg），由此打开了通往欧洲的窗口。随后，彼得大帝效法西欧，在各个领域实行改革。

在俄罗斯园林发展史上，彼得大帝时代是一个重要的转折期和兴盛期。在此之前，俄罗斯园林的发展严重滞后于西欧，也缺乏自身独特的风格；此后，俄罗斯文化逐渐融入欧洲体系，造园也向欧洲学习，开始了针对自然风景的大规模整治活动。

彼得大帝醉心于欧洲文化，包括欧洲园林。他曾到过西欧的法国、德国和荷兰等国家，此时欧洲大陆盛行的法式园林给他留下了极为深刻的印象。在彼得大帝的推崇下，法国勒诺特尔式园林得以在俄罗斯广泛传播。1714年，彼得大帝在涅瓦河畔阿默勒尔蒂岛上开始建造的避暑宫苑，其设计构思就是以凡尔赛宫苑为样板的。在1715年建造彼得宫（Peterhof）时，他特地从巴黎请来了一些法国造园师，其中有勒诺特尔的弟子勒布隆，彼得大帝向他委以重任并付以高薪。这些法国造园师也不负重望，他们巧妙地利用了自然地形，创造出宏伟绚丽的宫苑，使彼得宫成为堪与凡尔赛宫相媲美的佳作，有着"北方凡尔赛宫"的美誉。

这一时期的俄罗斯园林与当时的欧洲其他国家一样，在构图上追求比例的和谐与整体的统一。在总体布局中往往以辉煌壮丽的宫殿建筑为主体，形成统帅全局的中心。从宫殿中延伸出来的中轴线，贯穿整个花园和周边环境，使宫、苑在构图上紧密结合，融为一体。

俄罗斯园林自身的特征，主要体现在园址的选择和要素的精心处理上。就选址而言，俄罗斯园林充分吸取了意大利园林的经验和凡尔赛园林的教训，更加注重园址的地形变化和充沛的水源，确保在园中形成层次丰富的空间和变化多端的水景。将意大利园林和法国园林融于一身的俄罗斯园林，虽然在功能上无法像凡尔赛宫苑那样，举办规模宏大的狂欢活动，但是在园林景色上更加丰富迷人，既有法国园林深远壮观的透视线和辽阔宽广的空间感，又有意大利园林丰富的立体层次和活跃的水景变化。如建造在山坡上的彼得宫，虽然在总体布局上模仿了凡尔赛宫苑，但是在山坡上兴建的水台阶和大水渠，金碧辉煌的雕塑在喷泉的衬托下，气氛更加活跃，比起凡尔赛宫苑的中轴线，视觉效果似乎更胜一筹。

漫长的冬季和寒冷的气候，迫使造园家们在俄罗斯园林中必须大量运用能够抵御严寒的本土植物，如越橘类（*Vaccmium*）、复叶槭、榆、白桦等。因此，富有地域特征的乡土植物，结合奇特的宫殿造型和金碧辉煌的装饰色彩，构成俄罗斯园林浓郁的地方风格和民族特色。

到了18世纪中后期，由于执政的叶卡捷琳娜二世（Catherine Ⅱ，1729—1796，1762—1796在位）更加欣赏英国自然风景式园林，法国勒诺特尔式园林在俄罗斯的影响逐渐衰退，自然风景园成为新的造园时尚。

6.5.3 俄罗斯勒诺特尔园林实例

（1）夏宫花园（Gardens of Summer Palace, Petersburg）

1704年，彼得大帝开始在彼得堡市内涅瓦河畔为自己建造夏宫，花园建设也在他的亲自指挥下有条不紊地展开。彼得大帝还请来法国造园家，负责花园的整体规划和设计，并邀请意大利雕塑家创作了大量的雕塑作品，使得夏宫花园从整体布局到局部景点的制作，都留下了法国和意大利园林影响的烙印。许多俄罗斯建筑师和园艺师也参与了宫苑的建设工作，使本土设计师得到了锻炼。

夏宫花园最初的布局比较简单，以几何形林荫道及甬道，将园地划分成许多小方格，以中央的林荫道构成全园明确的中轴线。随后，园内的景点逐步得到充实，在花园的中心场地上，设置了大理石泉池和喷水，小型方格园地的边缘围以绿篱，当中布置花坛、园亭或泉池。在园中最大的一个园地中，借鉴凡尔赛迷宫丛林的手法，兴建了一处同样以伊索寓言为主线的迷园，错综复杂的甬道两边围以高大的绿墙，修剪出壁龛并布置小喷泉，迷宫丛林中共有32个这样的小喷泉。

园中还建有一座上下三层相互贯通的洞府，四周的护栏上装饰着来自希腊神话中的神祇和英雄大理石像，如掌管幸运、歌舞、航海、和风、建筑、植物等的神像；洞府中还有一座海神泉池，池中设置独特的机械装置，喷水时发出悦耳的琴声。这座洞府的做法，与意大利巴洛克园林中的水剧场如出一辙。

与后来兴建的彼得宫花园相比，夏宫花园似乎缺少了皇家宫苑宏伟壮丽的气势。但是亲切宜人的园林气氛，似乎更适合它作为离宫别苑的身份。重要的是夏宫花园开始强调园林的装饰性、娱乐性和艺术性，完全抛弃了俄罗斯园林以往的实用主义倾向，成为俄罗斯园林发展过程中的一座里程碑。可惜的是1877年，这座花园遭到一场暴风雨的袭击，受到严重破坏。现在人们看到的花园，大多经过了后世的重建和修复，难以完整地反映当时的历史风貌了。

（2）彼得宫花园（Gardens of Peterhof Palace, Petersburg）

彼得宫始建于1709年，坐落在彼得堡郊外，濒临芬兰湾的一片高地上，占地面积约800hm^2，包括宫苑和称为"阿列克桑德利亚"（Aleksandrina）的花园（图6-30）。宫苑又包括面积15hm^{2}的"上花园"（Upper Gardens）和面积102.5hm^{2}的"下花园"（Lower Gardens）两部分。宫殿位于上花园和下花园之间的台地上，从海上望去，高高耸立在山坡上的宫殿显得十分壮观。由宫殿往北，地形急剧下降，直至海边，上下高差有40m之多。得天独厚的自然环境，赋予彼得宫花园非凡的气势。

上花园是作为宫殿的前庭园而兴建的，彼得大帝从彼得堡来此地居住时也首先到达这里。花园用地方正，构图严谨，对称布置在从宫殿中引伸出来的中轴线两侧。宽阔的中轴上有3座泉池，两侧以高大的树木回廊围合出数个丛林，布置花坛或泉池。宫与苑紧密结合，浑然一体，中轴线越过宫殿，与下方的下花园中轴线相重叠，一直向海边延伸。

宫殿北侧大平台的下方，当中是利用地形高差兴建的大型洞府，笼罩在喷水形成的一片水雾之中，宛如水帘洞一般；水池四周装点着许多大理石瓶饰，从中喷出巨大的水柱；两侧还以水台阶围合，其中又有喷泉和跌水。大量的喷泉、跌水、瀑布，结合金碧辉煌的雕塑，构成令人眼花缭乱的水剧场壮景。这一组雕塑和水景的组合，是按照彼得大帝的构思而创作的，以此庆祝俄罗斯取得对瑞典的北方战争（1700—1721）胜利，

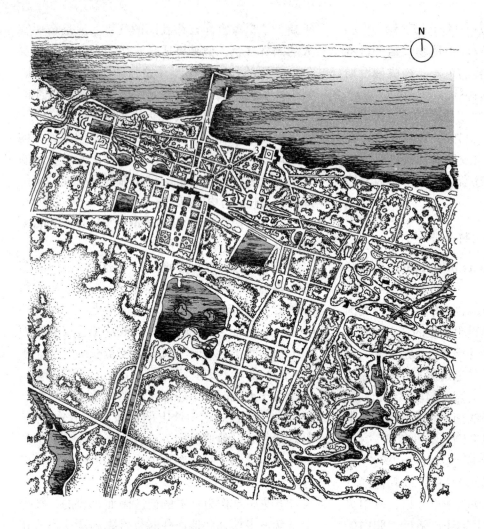

图 6-30 彼得宫花园平面图

Ⅰ.上花园　Ⅱ.下花园
1.宫殿建筑　2.马尔尼馆
3.曼普列吉尔馆　4.运河
5.水剧场及半圆形大泉池

并一举收复波罗的海领土辉煌战果。

　　水剧场下方是呈扇斗状的半圆形大泉池，从中引伸出壮观的大水渠。泉池中心是根据希腊神话创作的大力士参孙（Samson）与雄狮搏斗的雕像，巨大的参孙站立在岩石基座上，双手奋力掰开狮口，一股强大的水柱喷薄而出，高达20m。水池的池壁上还装点着大量的喷泉和雕像，既有以希腊神话为主题创作的众多神像，也有象征涅瓦河、伏尔加河的河神雕像，以及各种动物造型的雕像；形形色色的喷泉喷射出方向各异、高低错落的水柱，此起彼伏的水柱构成纵横交织的水网，跌落在水台阶上，然后顺势流淌，汇集在下面的半圆形泉池中；再沿着大运河流向大海。每当喷泉开启之时，雕像、泉池全都沐浴在一片水光之中，绚丽的水景令人叹为观止，各种水声交织成扣人心弦的乐章（见彩图 26）。

　　半圆形大泉池的两侧，还对称布置有草坪及刺绣花坛，当中也有喷泉；北侧有两座柱廊围合，与宫殿建筑相对，结合树木回廊，组合成一个完美的庭园空间，当中点缀着花草、泉池和雕像。

　　沿中轴线再向北行，便是宽阔的大运河，两侧有狭长的草地和高大的树丛。草地上排列着圆形小水池，从中喷射出一缕缕水柱，在宫殿前方喷泉群的宏伟场面衬托下，显得十分宁静；草地外侧是穿过大片丛林的园路。

　　这一段由运河、草地、园路及丛林构成的中轴线，与凡尔赛宫苑中大运河、国王林荫道及小林园的处理十分相似，几乎就是凡尔赛宫苑的翻版。在彼得宫苑的丛林中，也布置了许多内容丰富的小空间，所不同的是园路布局分别以宫殿、马尔尼馆和曼普列吉尔馆为中心，各自向外放射出三条园路，并在园路的交叉点上布置引人入胜的景点，显得更加错综复杂，令人有目不暇接之感。尤其是站在宫殿前方的台地上，视线沿着中轴，可以一直延伸到辽阔无垠的大海，在层次和深远感方面虽然不及凡尔赛宫苑，但是在辽阔的程度上则有过之而无不及。站在宫殿中居高临下眺望大海，显得更加气势磅礴；从大运河上架设的小桥回望，坐落在山坡上的宫殿则显得更加崇高、雄伟。彼得宫苑的建造，充分利用了地形起伏剧烈的特征，在一定程度上弥补了在规模上大大逊色于凡尔赛宫苑之不足；同时在景色上既有意大利台地园的优点，又比意大利园林更加宏伟而大气。

在大运河两侧的丛林中，对称布置有亚当及夏娃的雕像和喷泉，四周有12束水柱由内向外喷射。丛林中还有一处利用坡地开辟的三级斜坡，内为黑白色棋盘状，故称"棋盘山"。其上有岩洞，一股水流从洞中流出，并沿着斜坡上的棋盘层层下跌，落至下面的水池中；棋盘两侧有台阶，两旁矗立着希腊神像。在曼普列吉尔馆前有座荷兰风格的小花园，中心泉池喷出的水花宛如一顶王冠，称为"王冠喷泉"，四周的花坛中各有一座镀金雕像，流水从基座中漫出，并形成一串串水铃铛，十分精巧活泼。丛林中点缀的大量雕像既有名家名作的复制品，也有出自名家之手的经典之作，如青年时代的阿波罗，以及酒神、牧神、森林之神等雕像。

丛林中还设有一些"惊奇喷泉"等水技巧，如在一把伞或一棵小树上设置水管和机关，每当有人靠近时，就会从伞边或树上流下水来，淋人一身；游人若在坐椅上小憩时，周围地面会出乎意料地喷出许多小水柱。

彼得宫苑中的这条伸向海湾的中轴线，以及中轴两侧布置的丛林，都是在彼得大帝授意下兴建的，以其构成全园的骨架，并为彼得宫苑的风格定下了基调。彼得宫兴建的年代，正是勒诺特尔式园林在欧洲兴盛之际，崇尚西欧的彼得大帝不能不受其影响。从彼得宫苑的兴建中，也可看出彼得大帝欲与西欧争霸的野心。同凡尔赛宫苑相比，彼得宫苑有许多值得称道的地方。首先在选址上，表现出俄国人的精心之处；其次将宫殿置于上、下花园之间，使得宫中景色更加迷人；最后在水景用水方面，俄国人也充分汲取了凡尔赛宫苑的教训，不仅节省了许多造价，而且充足的水源确保大量的喷泉至今仍能够正常运转。这些都是彼得宫苑引以为豪的胜人之处。

彼得宫苑的成功兴建，对俄罗斯园林艺术的发展，起到极其重要的推动作用。后来在彼得堡城郊兴建的沙皇村，在莫斯科兴建的库斯可沃园（Kyckobo）、奥斯坦金诺园（Octahkuno）以及阿尔罕格尔斯克庄园（Apxahreubckoe）等，都受到彼得宫苑的巨大影响。

（3）沙皇村花园（现称普希金城，Pushkin's City, Petersbourg）

沙皇村位于彼得堡以南24km处，占地面积约567hm^2。从1710年起，这个地方就属于彼得大帝的妻子叶卡捷琳娜一世（Catherine Ⅰ，1684—1727，1725—1727在位）。1725年后成为沙皇最大的离宫之一。自1728年开始称为"沙皇村"。1756年在这里兴建了巴洛克风格的叶卡捷琳娜宫，之后又修建了"亚历山德罗夫宫""音乐厅""琥珀厅"等一批美轮美奂的建筑。1937年，为纪念普希金逝世100周年，将沙皇村更名为普希金城（图6-31）。

沙皇村的布局明显地反映出凡尔赛宫苑的影响。花园的中心部分采用规则式构图，周围环抱着自然式丛林。在宫殿的前方是放射状的林荫道，中轴线正对着温室建筑，轴线上排列着许多花坛；两侧的丛林以园路近似对称地划分出许多小林园，园中装点着水池、喷泉、雕塑等景物，还有岩洞、展馆、意大利小屋、露天剧场、舞池等游乐性景点。温室背后有一座迷园。

宫殿背后也是花园，中轴线上布置了一座大型泉池和运河，视线越过水面，一直伸向丛林深处。在运河起点处，两侧布置有列柱廊，运河的尽端以瀑布为结束。在运河后面的丛林中，还有一座小型动物园。

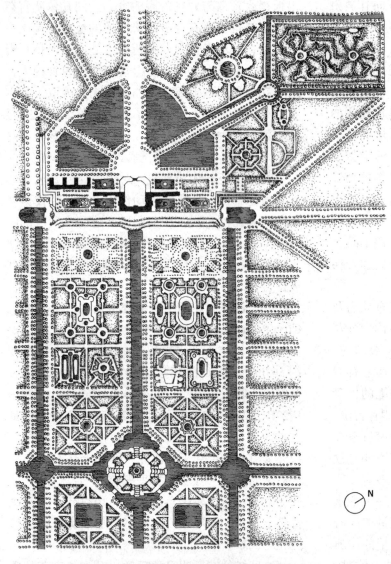

图 6-31 沙皇村花园（现称普希金城）规划平面图

沙皇村虽然不是十分宏伟，但是全园比例匀称、构图完美，在统一中蕴含着丰富的变化。

（4）奥斯坦金诺庄园（Garden of Ostankino Castle, Moscow）

莫斯科奥斯坦金诺庄园是谢列梅契也夫家族（Shelemechev）的领地。在府邸建筑前建有整形式花坛，两侧的园地内部采用了自然式布局，其中一处堆了一座小土丘，上建凉亭。中轴线上的林荫道通向圆形泉池，两侧再以米字形园路划分园地。

如今，奥斯坦金诺庄园已成为城市文化休息公园的一部分。

（5）阿尔罕格尔斯克庄园（Arkhangelskoye Palace, Krasnogorsky）

阿尔罕格尔斯克庄园位于莫斯科城郊以西20km处，坐落在莫斯科河的高岸，面积仅有 14hm²。1810年前，庄园属于戈利钦家族（House of Golitsyn）；后来成为俄罗斯显贵、艺术鉴赏家、科学和文化事业的资助人尼·尤苏波夫公爵（Nikolay Yusupov，1750—1831）的领地，此时，庄园进入发展的繁荣时期，成为莫斯科最受上流社会欢迎的聚会地点之一。俄罗斯沙皇、达官显贵、政要和著名诗人都是庄园的常客。

庄园的建筑群包括大宫殿（Grand Palace）、米哈伊尔大天使教堂（Church of Archangel Michael）、剧院（Theater Gonzaga）、科洛纳达墓堂（Temple-tomb "Colonade"）等，包括卡普里斯宫殿在内的规则式花园建于18世纪。

由于园址的地形高差变化较大，因此在园中兴建了两个台层。1703年，彼得大帝的好友戈利岑公爵在上台层上兴建了建筑，下台层设为花园，共有八个长方形丛林，分别种植槭树、椴树、苹果、梨、醋栗、小檗等。随后，戈利岑公爵又邀请意大利建筑师特罗姆巴洛对庄园重新进行设计，形成今日人们见到的风貌。

特罗姆巴洛在上台层上新建了府邸，入口广场上建有圆形泉池及雕像，从府邸的一侧可以欣赏到花园的全貌。从上层台地上，近可俯视下层花园，远可眺望莫斯科河对岸的大片森林，空间深远、景色绝佳。因此，尽管全园面积不大，但却给人以辽阔深远的感觉。

在上、下台层之间的护栏上，装点着希腊女神雕像，当中有宽大的台阶通向下层花园；挡土墙上覆被着地锦，缓和了石墙的生硬感，秋天的红叶更增添了几分妩媚。下层台地的正中是一块70m宽、240m长的草坪，作为聚会活动场所，两侧有园路，外侧围以丛林。

阿尔罕格尔斯克庄园并非以华丽见长，而是以严谨的构图和匀称的比例为特色，显得简洁而协调；上、下台层之间联系紧密，建筑与花园融为一体，有着均衡统一的整体特征。

6.5.4 俄罗斯风景式园林概况

彼得大帝去世后，俄国政局不稳，在1725—1762年的38年就有5位国王更替，园林艺术的发展受到严重制约。1762年，彼得三世（Peter Ⅲ，1728—1762，1761—1762在位）去世后，其妻叶卡捷琳娜二世（Catherine Ⅱ，1729—1796）即位。她对内强化中央集权，对外侵略扩张领土，重新巩固了王权。亚历山大一世（Alexsander Ⅰ，1777—1825，1801—1825在位）即位后，由于在对拿破仑战争中获胜，开创了俄罗斯帝国的新时期，成为欧洲大陆最强大的国家。这一局面一直持续到19世纪中叶。

此时正值英国风景式园林风靡全欧洲之际，受其影响，俄罗斯园林也开始进入自然式园林阶段。

促使俄罗斯造园风格转变的原因，除了英国园林的影响因素之外，还有俄罗斯本国各方面因素的影响作用。就园林本身而言首先，规则式园林的日常养护管理比较费事，要耗费大量的人力和财力，成为令许多园主感到棘手的问题；其次，俄罗斯的文学家和艺术家逐渐融入崇尚自然的时代潮流，追求返璞归真的自然美；最后，叶卡捷琳娜二世本人十分推崇英国自然风景式园林，厌恶园中的一切直线条，对喷泉也很反感，认为这些都是违反自然本性的产物。统治者的意愿，对园林形式的发展往往起到决定性作用。在女王的积极倡导和大力支持下，俄罗斯造园迅速从规则式园林过渡到自然式园林，并在较短的时间内，就将一些规则式园林改造成自然式样，同时新建了许多自然式园林。

俄罗斯风景园林的发展大致可以分为两个阶段，即初期的浪漫主义风景园林时期和后期的现实主义风景园林时期。

像此时的欧洲大陆许多国家那样，俄罗斯风景式造园家开始向画家们学习，将绘画大师们的风景画作为造园的蓝本。受法国风景画家克洛德·洛兰、荷兰风景画家雅各布·梵·雷斯达尔（Jacob van Ruisdael，1628—1682）等人绘画风格的影响，俄罗斯造园家努力在园中营造富有浪漫色彩的意境和情调。园林的构图打破了以往以直线为主的对称、均衡方式，在充满自然气息的空间中追求体形的组合、光影的变化等视觉效果。

然而，绘画与造园毕竟存在着较大的差异，片面追求风景画营造的理想境界，忽视园林空间特征的造园作品，往往产生类似舞台布景的视觉效果，但是人在园中的活动方式因考虑不足，往往造成使用上的不便。此外，追求浪漫色彩的造园家，往往在园中人为地营造一些野草丛生的废墟、归隐的茅庐、英雄纪念柱、美人墓穴，或人工堆砌幽深的峡谷、岩洞，或制造激动人心的瀑布跌水等，试图以一些奇特的人文景观或自然片断，激起人们在情感上的种种共鸣，产生或忧伤、或悲哀、或惆怅、或肃然的情绪。

在浪漫式风景园中，自然的属性未能得到充分发挥，人们对自然美的认识也很有限。虽然由自然式造园要素代替了规则式造园要素，如植物不再被修剪整形，但是其运用方式还是停留在装饰方面，用来衬托景点或突出景色，以及在园中形成框景或作为背景等，自然的特征只不过停留在表面形式上而已。

到19世纪上半叶，风景式园林中的浪漫主义情调逐渐丧失，对自然的认识逐渐加深。造园家们开始对植物本身产生浓厚的兴趣，关注植物的形体、姿态、色彩美以及群落美。主要的造园要素亦不再是点缀性建筑物、山丘、峭壁、峡谷、急流、瀑布、跌水等，而是大量植物群落，开始重视植物构成的空间质量。这一时期兴建的巴甫洛夫风景园（Pavlov Park）和特洛斯佳涅茨风景园（Trosjanets Park），都是强调以森林景观为基础的园林空间，成为俄罗斯自然式园林中的杰出代表。尤其是巴甫洛夫园，展示了北国风光的自然之美，产生了巨大的艺术感染力，被誉为现实主义风格的自然式风景园林典范。其创作手法对后来的俄罗斯园林，乃至十月革命之后的苏联园林，都产生了重大和深远的影响。

俄罗斯园林理论的发展，进一步促进了风景式造园风格的转变。自19世纪末开始，在俄国出版了一系列造园论著。在造园理论家当中，最为著名的是波拉托夫（A. J. Polatov, 1738—1833），他对俄罗斯园林的发展和特色产生很大影响。波拉托夫是当时著名的园艺学家，发表了许多有关造园和观赏园艺方面的论著，也曾为叶卡捷琳娜二世在土拉营区中造园；此外，他还擅长绘画，能将理想中的自然式园林直观地描绘出来。波拉托夫提倡根据本国的自然气候特点，创造具有俄罗斯风格的自然风景园。他认为，尽管英国风景园促进了俄罗斯园林从规则式向自然式的转变，但也不应简单地模仿英国园林，或者中国及其他国家的园林。他强调要师法自然，从中探索俄罗斯自然风景之美，以此指导俄罗斯风景式造园实践。

俄罗斯地处欧洲大陆北部，大部分地区寒冷的气候，与英国湿润温暖的海洋性气候有着很大的差异。产生于牧场的18世纪英国风景园主要以大片的草地，结合美丽的孤植树、成片的树丛为特色，与英国的气候及国土风貌相吻合；而产生于森林的俄罗斯风景园，以大片郁郁葱葱的森林为主，开辟小规模的林间空地，在森林环绕的小空间中，配置观赏性孤植树及树丛。虽然在空间上显得相对局促，但是有利于夏季遮阴，冬季阻挡强劲的寒风，形成宜人的小气候环境。在树种方面，运用适合俄罗斯气候的乡土树种成为必要条件，以云杉、冷杉、松树、落叶松等针叶树，以及白桦、椴树、花楸等落叶树为主的植物群落，是产生俄罗斯风景园林风格的重要因素。

在俄罗斯自然风景式园林建设高潮时期，大量的规则式旧园子面临被改造的威胁。为此，波拉托夫主张在自然式园林中保留一些规则式局部，将自然美与艺术美相结合。这些独到的见解，一方面保护了一些规则式古园子，另一方面对当时俄罗斯园林的发展起到了积极的作用。

到19世纪中叶，随着俄罗斯农奴制度的废除，过去那种基于大量农奴劳作的大规模园林不可能再现，小型的私家园林成为造园的主流。同时，随着资本主义经济的发展，商业及运输业水平的提高，新颖奇特的外来植物引起人们的兴趣，观赏园艺的发展也受到人们的重视。在此背景下，兴建以引种驯化为主要目的的各类植物园，在俄罗斯形成热潮。虽然植物园早在1706年的莫斯科大学中已经出现了，但是大量的植物园建设还是始于19世纪上半叶，如1812年，在著名的疗养胜地索契城（Sochi），兴建了以亚热带植物为主的尼基茨基植物园（Nikitsky Botanical Garden），1833年在哈尔科夫大学、1841年在基辅大学兴建了以教学及科研为主的植物园等。此后，不同气候带和不同特色的植物园在俄罗斯各地如雨后春笋般涌现，在丰富造园植物材料方面作出了巨大贡献。

6.5.5　俄罗斯风景式园林实例

（1）索菲耶夫卡风景园（Sofiefca Park, Uman）

位于乌曼城（Uman）的索菲耶夫卡园是俄罗斯浪漫主义造园时期的代表作，至今仍然是乌克兰地区最受人们欢迎的古园林。它建于1796—1800年，占地面积约127hm^2。

索菲耶夫卡园的自然条件十分优越，原地形起伏多变，河流稍加整治即可在园中形成开阔的湖面和幽静的小岛；弯曲的河流两岸古木参天，巨石嶙峋，充满自然气息；然而点缀在自然之中的人工景点显露出浓重的匠气，让人体会到过分追求自然而产生的矫揉造作。

园中既没有控制全园的主体建筑，也没有直线型园路、行列式种植、几何形花坛、泉池等规则式园林中常见的要素，而是以蜿蜒的小河贯穿全园，将人们引向一个个美丽的景点，如大瀑布、小瀑布、"三滴泪泉"、"死湖"、爱情岛、阿姆斯特丹水闸、狄安娜洞府、狄安娜湖、鬼桥、维纳斯洞府、中国亭、威尼斯桥等。众多的景点述说着动人的故事，引导人们走向浪漫之旅。

（2）巴甫洛夫风景园（Pavlov Park, Petersburg）

巴甫洛夫园位于彼得堡郊外，始建于1777年，在此后近半个世纪的持续建设过程中，几乎见证了彼得大帝之后俄罗斯园林发展的各个主要阶段。园中既有规则式造园时期留下的局部，如宫殿建筑前笔直宽阔的林荫道、围绕着圆厅建筑的星形园路和以白桦树丛为中心的放射形园路等；也有两个自然式造园阶段留下的不同痕迹，如同讲述俄罗斯造园史的教科书（图6-32）。

1777年在园中只兴建了两幢木楼建筑，辟建了简单的花园，有花坛、水池等景物，还有一座"中国亭"，是园中最重要的景点。

1780年，苏格兰建筑师查尔斯·卡梅隆（Charles Kameron，1745—1812）按照当时欧洲大陆还很流行的古典主义造园手法，对全园进行了整体设计。他将宫殿、园林及园中的其他建筑按照统一的设计思想，形成了巴甫洛夫园的整体格局，并兴建了带有柱廊的宫殿、阿波罗柱廊、友谊殿等古典风格的建筑（见彩图27）。尽管此时俄

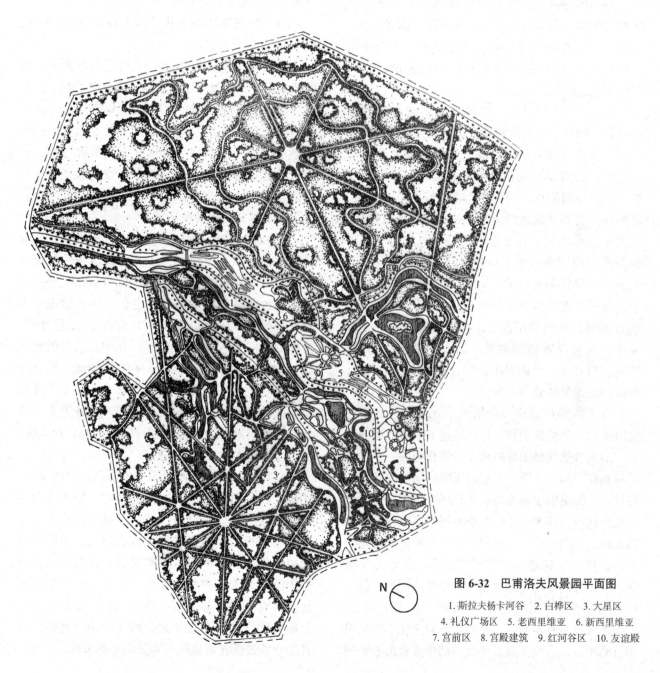

图6-32 巴甫洛夫风景园平面图
1.斯拉夫杨卡河谷 2.白桦区 3.大星区
4.礼仪广场区 5.老西里维亚 6.新西里维亚
7.宫前区 8.宫殿建筑 9.红河谷区 10.友谊殿

罗斯造园风格已经出现向自然式转变的迹象，但是卡梅隆仍然在园中按部就班地实施着规则式园林布局，保留了全园规整的几何形构图和园路，兴建了星形丛林、白桦林、迷宫、宫前花园等景区。

1796年园主保罗一世继承王位后，巴甫洛夫园成为皇室的夏宫。于是又邀请建筑师布里安诺（B. Bulianro）负责宫苑的扩建工程，使这里成为举行盛大的节日庆典和皇家礼仪的地方，宫前花园、新、旧希里维亚园都是此时兴建的。在一个叫作"斯拉夫扬卡"的景区，还兴建了露天剧场、音乐厅、冷浴室等建筑物，并增添了许多雕像和一些规则式小景点。对于这一时期的建设，后人褒贬不一。

到19世纪20年代，巴甫洛夫园被改建成自然风景式园林，在造园艺术上达到其完美境界。

巴甫洛夫风景园原址是大片的沼泽地，地形十分平坦，有斯拉夫扬卡河流经园内。河流稍加整治后形成蜿蜒曲折的河道，部分河段扩大成湖。沿岸塑造出高低起伏的地形，并在高处种植松林，突出了地形变化。在平缓的河岸处，水面一直延伸到沿岸的草地边或小路旁。河流两侧还有茂密的丛林，林缘曲折变化，林中开辟幽静的林间空地；色彩丰富的孤植树和树丛或者种植在丛林前，或者点缀在林间的草地上，在丛林的衬托下十分突出，有着浮雕般的效果。当人们沿河行走时，空间忽而开敞、忽而封闭，结合植物景观的变化，形成一幅幅美妙的动态画面。

乡土树种构成全园的植物景观基调，移植的大树和人工栽植的丛林、片林经过1个多世纪的生长，形成自然气息浓厚的林地，将林中的一个个景区联系在一起。尽管园中有着不同时期、不同风格的景点，但是由于林地的联系和掩映作用，使得全园统一在一片林木之中。大小不同、形态各异的林间空地，如同一个个小林园，成为人们休憩游乐的场所，提高了林地的整体艺术水平。无论是丛林前，还是林间空地上的孤植树、树丛或树群，都以优美的姿态或丰富的色彩，构成游人的视觉焦点，引导游人漫步在明暗对比强烈、色彩变化丰富的植物空间中，使人产生置身于大自然中才有的心旷神怡的感受。尤其是以白桦树丛为中心的林间空地，在周边暗绿色的松林衬托下，显得更加明亮夺目，穿过幽暗的林荫道来到这里的人们，无不感觉豁然开朗，留下十分深刻的印象。

在各个景区之间，借助园路和一系列透视线形成联系的纽带，重要的视线焦点上点缀着建筑物，形成完整的游览体系。景区之间的林地不仅起到分隔空间的作用，而且将各具特色的景点融于统一的林地景观之中。

（3）特洛斯佳涅茨风景园（Trostianets Park, Ukraine）

特洛斯佳涅茨风景园位于乌克兰草原上，是俄罗斯自然式园林中以植物造景为特色的代表性作品。全园占地约207hm²，从1834年起开始兴建。

园址地形平坦，局部为沼泽及水泊，因此首先整治了水系、重塑了地形并大量栽种植物，希望借助起伏舒缓的地形、开合有致的水景、生长茂盛的林木构成丰富多变的自然空间，成为单调的草原上极富变化的风景园。

自1840年起，在园中开始以片植的方式，大规模地种植以乡土树种为主的林地，每片林地又以一种树木为主调，形成云杉林、冷杉林、松林、白桦林、杨林等风景林地，也有一些林地采用了混交林的方式。前后在园中共营造了21片林地，丛林的总面积达到了155hm²；其中大丛林的面积就有14hm²之多，最小的丛林也有2hm²。随着时间的流逝，在一望无际的大草原上出现了一片郁郁葱葱的森林；在浓荫蔽日之下，一处处大小各异的林间空地，如同镶嵌在绿洲之中的粒粒明珠，吸引人们投入大森林的怀抱。

在特洛斯佳涅茨风景园中，形态各异的树姿、变化柔和的色调、富有层次的植物，构成园中一幅幅美丽的画面，也是该园最具魅力的地方。游人沿着蜿蜒的园路，漫步在水泊林间，不断变化的植物群落和空间令人心旷神怡。极目所致，视野中满是蓝天、碧水、绿树，纯净的自然空间中甚至没有一丝转移人们视线的杂物。主体建筑以及服务性设施都布置在这个园子的边缘地带，仅有的一条透视线将建筑与园林联系起来。

小 结

在西方园林艺术发展史上，先后产生了意大利台地式园林、法国古典主义园林和英国风景式园林这三大造园样式，它们作为西方园林最杰出的代表，对其他国家的园林艺术的发展产生了极其深远的影响。欧洲其他国家的园林艺术都是随着上述三大园林样式的发展而演变的，在这三大造园样式的基础上，结合各自自然条件、社会状况和文化背景而不断追求自身特点，虽然未能形成自成一体的造园样式，但是也使得西方园林艺术更加丰富多彩。

欧洲南部的西班牙在地理、气候等自然条件方面与意大利相似，但是在中世纪时期由于一度被信奉伊斯兰教的摩尔人所征服，因此带上了强烈的伊斯兰风格的烙印，并与欧洲的基督教文化相结合，产生了不同于欧洲大陆的西班牙伊斯兰园林风格。

到文艺复兴时期，整个欧洲都在追随意大利的造园样式，在西班牙、法国、奥地利、德国、荷兰等国都出现了各种形式的台地园。但是由于自然条件的不同，这些台地园在造园手法上也出现一些变化，主要是结合地形和气候特点作出的一些调整，如台层、花坛、植物、水景、材料等方面，但是大多难以达到意大利台地园的艺术高度。

法国古典主义园林盛行之时，欧洲各国的宫廷也在纷纷效仿，从欧洲南部的意大利、西班牙，到欧洲东部的俄罗斯，包括荷兰、奥地利、德国、英国等国都留下了一些法国式园林作品。这些法国式园林或者由于自然条件差异太大，或者由于宫廷的财力有限，兴建的大量宫苑都很难达到勒诺特尔的艺术高度。尽管如此，这些国家的造园家们努力按照法国式园林的造园原则，并根据本国的实际情况作出相应的调整，从而在植物材料、理水技巧、铺地样式等造园要素方面形成了浓郁的地方风格和民族特色，产生了许多别具一格的经典作品。

英国风景式园林对法国、德国、俄罗斯等国的影响最甚。除了法国的英中式园林之外，德国也紧随法国之后开始大规模自然风景式造园运动。德国人在对大自然的深刻观察与理解的基础上，使风景式造园从追求浪漫主义风格向追求自然野趣的方向发展，为自然风景式园林的发展作出了积极的贡献。俄罗斯人也在本国独特的气候条件下创造出具有俄罗斯风格的自然风景园。

思考题

1. 东方园林、西方园林和伊斯兰园林并称为世界三大造园样式，浅析伊斯兰园林对西班牙园林的影响。
2. 法国古典主义园林对欧洲各国园林产生了哪些影响？
3. 荷兰、德国的勒诺特尔式园林有哪些与众不同的特点？
4. 英国自然风景式园林对欧洲各国园林有哪些影响作用？
5. 德国、俄罗斯的风景式园林与英中式园林有哪些差别？

第 7 章
19 世纪城市公园

7.1 19 世纪欧洲概况

1789 年爆发的法国大革命，是人类历史上具有划时代意义的事件。列宁曾经说过，整个 19 世纪是一个创造文明和文化的伟大时代，并且是在法国大革命的旗帜下前进的。

1789 年 7 月 14 日，法国革命军攻占了象征封建专制的巴士底狱；8 月 26 日议会通过了《人权与公民权宣言》(*Declaration of the Rights of Man and of the Citizen*)；1792 年 9 月 22 日宣布推翻君主制，建立法兰西第一共和国。

由于对吉伦特党人的保守政策不满，1793 年 5 月底，法国又爆发了一次人民起义，建立了由极左派雅各宾党人领导的政府。到 1794 年 7 月，雅各宾党人又被赶下台，1795 年成立了新政府。

由于左、右势力的相互抗衡，导致法国国内局势动荡不安。普鲁士、奥地利和西班牙等君主国借机入侵法国。英国从一开始就不赞成法国大革命，并在 1793 年加入了对法国的侵略，妄图复辟旧王朝。

1799 年 12 月，拿破仑·波拿巴（Napoléon Bonapate，1769—1821）发动了"雾月政变"（Coup of 18 Brumaire），建立了执政政府，自任第一执政。此后，法国社会秩序得到整顿，局势逐渐安定下来，并将侵略者赶出国境。

1804 年，拿破仑称帝，建立了法兰西第一帝国，对内实行了许多旧制度，对外又发动了侵略战争。为了加强对欧洲大陆的封锁，抵制同英国的贸易，拿破仑皇帝首先发动了对西班牙的战争，终因西班牙人民的抵抗而失败。随后，他又发动了对俄战争，结果遭到了惨败，并引起普鲁士、奥地利等国的民族战争。在 1813 年东欧几国的民族解放战争中，拿破仑的军队同样遭到失败，他本人也被软禁于地中海的厄尔巴岛（Elba Island）上。

1814 年 4 月，法国波旁王朝复辟，路易十八（Louis XVIII，1814—1824 在位）登基。次年 3 月拿破仑逃离厄尔巴岛，并率铁骑进入巴黎，路易十八仓皇出逃，拿破仑重新登上皇位。

为了支持路易十八，英国、俄国和普鲁士等国组成反法联盟，大举围攻巴黎。拿破仑在这场战争中大获全胜，奠定了他在法国的统治地位。然而，6 月 18 日在滑铁卢（Waterloo）大决战中，法军一败涂地。拿破仑被迫在 6 月 22 日第二次退位，并被囚禁在圣赫勒拿岛（Saint Helena）上，直到 1821 年郁郁而终。拿破仑的第二次执政总共只有 100 天左右，史称"百日王朝"。

波旁王朝重新确立了在法国的统治地位，以后在西班牙等国也建立了波旁王朝的统治。1815

年，英国、普鲁士、奥地利等国召开的"维也纳会议"，迫使法国赔偿7亿法郎，疆土也重回1790年尚未扩张时的疆域。英国占领了法国和荷兰的一些殖民地，作为补偿将比利时划给荷兰。

欧洲被重新分割后，奥地利的疆土更加广大，许多民族为其奴役。因此在1815—1848年，各国人民纷纷进行革命起义。

1830年，法国爆发了旨在推翻波旁王朝，恢复共和国的"七月革命"。由于资产阶级向旧势力妥协，推举了波旁王朝的另一支，即奥尔良王朝的路易·菲利浦上台，建立了"七月王朝"。

自1815年起，工业革命的浪潮在欧洲各国蔓延开来。英国早在1760年就开始工业革命，法国和德国的工业革命随后蓬勃发展，导致工人的数量激增，资产阶级和工人阶级之间的矛盾加剧。1825年，欧洲爆发了第一次资本主义经济危机，造成大量的工人失业，工人运动在法、英、德等国渐渐兴起。为指导工人运动，1848年1月马克思发表了《共产党宣言》。

1848年2月，法国发生了旨在推翻七月王朝的"二月革命"，建立了第二共和国，拿破仑的侄子路易·波拿巴（Louis Bonaparte，1808—1873）当选为第二共和国总统。1851年12月2日，路易·波拿巴发动政变，次年2月宣布成立法兰西第二帝国，路易·波拿巴登基，成为拿破仑三世（Napoléon Ⅲ，1861—1870在位）。

19世纪下半叶，工业革命在欧洲各国迅速发展。到五六十年代，包括法兰西第二帝国在内的欧洲几个大国，在铁路、公路、煤矿、纺织等领域的工业革命，导致生产力不断提高，经济实力大大增强。

然而，当时的德国还处于分裂状态，不利于资本主义的发展。首相俾斯麦实行铁血政策，通过战争从丹麦手中夺回了被占领的两个省，随后又在对奥地利和法国的战争中取得了胜利。3次普鲁士战争的胜利，为德意志帝国的建立奠定了基础。

法国在普法战争中的失败，导致1870年9月巴黎人民起义，要求推翻第二帝国，重新建立共和国。这是法兰西第三共和国的开端。但是，由一批政客组成的国防政府次年同普鲁士缔结了和约。1871年3月18日，巴黎的起义工人成立了"巴黎公社"。到5月21日，在临时政府军队的镇压下，"巴黎公社"宣告失败。

自1872—1905年，欧洲进入了相对和平的发展阶段。在此期间，工人阶级正在加强组织，壮大力量。在马克思、恩格斯的指导下，一些国家纷纷成立了社会主义政党。德国在1869年成立了社会民主党，但是后来出现了伯恩斯坦修正主义路线，转而支持德国发动的帝国主义战争。由一批学者组成的英国"费边社"（Fabian Society），主张逐渐改善工人阶级的地位，被称为"渐改良主义者"。为此，1889年成立了第二国际，指导各国的工人运动和社会主义政党。俄国的社会民主工党成立于1903年，后来分裂为主张革命的布尔什维克（Bolsherik）和主张改良的孟什维克（Menshevist）。

从19世纪后半叶到20世纪初，也是欧洲在科学技术方面发明创造辈出的时代。在科技的推动下，欧洲各国的生产力得到不断提高，资本主义继续向前发展。然而，随着资本主义发展到帝国主义阶段，各个帝国主义国家之间的矛盾日益尖锐，导致战争频频爆发。如1898年爆发了美西战争；1899年又爆发了英布战争；1904—1905年爆发的日俄战争等。1905年，列宁领导的布尔什维克发动的革命也以失败而告终。

随着德国等新兴帝国主义国家的崛起，与老牌帝国主义国家之间争夺殖民地的斗争愈演愈烈，终于在1914年爆发了第一次世界大战。1917年，俄国"二月革命"建立了资产阶级领导的政府；同年11月7日，俄国的"十月革命"推翻了沙皇的统治，建立了世界上第一个无产阶级专政的新政府。1918年11月"巴黎和会"召开，列强们重新瓜分了殖民地，第一次世界大战宣告结束。

7.2　19世纪欧洲艺术运动

18世纪始于英国、随后以法国为中心的启蒙运动，是欧洲继文艺复兴运动之后的第二次思想解放运动，也是文艺复兴时期资产阶级反封建、反禁欲、反教会斗争的继续与发展，为1789年爆发的法国大革命奠定了思想基础。

启蒙运动打破了欧洲人的传统观念和权威迷信，使人的思想获得解放，个性得到尊重，从而促进了科技的发展和社会的进步。在文化艺术方面标志着一个富有开拓、创新和实证精神的新时代的来临。

在这个新时代中，艺术家们感受到前所未有的无拘无束，使传统的艺术观念得到更新和改变。过去，人们很少关注艺术的风格问题；现在，艺术家有意识地追求各种风格，形成了流派纷呈的新局面。过去，艺术的内容和题材总是局限于宗教、神话和风俗、肖像等方面；现在，艺术家们开始将各种能够激发想象，或引起兴趣的事物作为创作对象，艺术的内容和题材都极大地拓展了。

自然科学的进步，深化了人们对光与色彩的研究。中国、日本等东方艺术的引入，使新的视觉语言和艺术审美得到人们的重视。19世纪，以法国为中心的欧洲艺术运动，成为继古希腊和意大利文艺复兴之后，欧洲艺术发展的第三个高峰。

作为这个新时代来临的标志，就是新古典主义艺术风格的出现。

（1）新古典主义（Neoclassicism）

新古典主义产生于18世纪中期，法国大革命的前夕。资产阶级在意识形态领域高举反封建、反宗教神权的旗帜，号召人民起来为争取人类理想胜利而斗争，古希腊、古罗马的英雄成为资产阶级推崇的偶像。借用古代艺术形式和英雄主义题材的新古典主义（Neoclassicism），为配合资产阶级革命舆论的需要而兴盛起来，在19世纪上半叶发展到顶峰。

新古典主义不同于17世纪盛行的古典主义，它排斥抽象的、脱离现实的绝对美的概念，以及贫乏的艺术形象；它以古代美为典范，从现实生活中汲取营养；它尊重自然，追求真实，又偏爱古代景物，表现出对古代文明的向往和怀旧感；它强调复兴古代趣味，尤其是希腊、罗马时代的庄严、肃穆、优美和典雅的艺术形式，并极力反对贵族社会倡导的巴洛克和洛可可艺术风格。

新古典主义遵循唯理主义的哲学观点，认为艺术必须从理性出发，排斥主观的思想感情。它强调在社会和个人利益相冲突时，个人感情要服从于理智和法律。它倡导的公民完美道德，就是要牺牲自己，为国家尽责。

新古典主义画家创作的艺术形象，反映出崇尚古希腊的理想美。他们注重古典艺术形式的完整性和雕刻般的造型，坚持严格的素描和明朗的轮廓，极力减弱绘画的色彩要素。

新古典主义借用古代英雄主义题材和表现形式，直接描绘现实斗争中的重大事件和英雄人物，为资产阶级夺取和巩固政权服务，具有鲜明的现实主义倾向。因此，新古典主义又称为革命古典主义。

到19世纪上半叶，资产阶级的地位在逐步确立，人权思想深入人心，强调自我、尊重个性与个人情感成为新的时代风尚。此时，新古典主义虽然在艺术中仍占有优势，但是它所崇尚的恒久不变的美的模式，以及对客观对象的执著研究，都是与时代精神格格不入的，成为束缚艺术发展的教条。因此，新古典主义逐渐被强调主观情感、追求个性表现的浪漫主义所代替。

（2）浪漫主义（Romanticism）

浪漫主义在18世纪后期至19世纪上半叶同新古典主义并行发展，成为一种普遍的文艺思潮，反映出资产阶级在上升时期的意识形态，曾经风行于整个欧洲。文学、艺术、音乐、戏剧等领域都深受其影响，在法国英中式园林中尤其突出。

"浪漫主义"一词源自中世纪的传奇（Romance），最早出现于18世纪晚期。当时人们对古代冒险离奇的故事产生兴趣，而这些小说几乎都是用罗曼语（Romance）写就的。以后人们将那些同传奇故事、离奇遭遇、想象色彩相联系的事情，统统称为浪漫主义。

浪漫主义的典型特征是强调主观感情，表现人的内心世界。自文艺复兴时期以来，古典主义艺术着重于对外部世界的关注和模仿，以及对共性的赞赏和颂扬，并形成一整套方法和规范。浪漫主义艺术则从表现客观对象，转向表现人的主观世界,全力揭示人的心灵和独特的自我。它放弃了古典主义崇尚的普遍而绝对的共性美,追寻个人内心的理想美;它不再以自然为原型,而是作为"假托",对自然形象寄予个人情感;它以富有诗意的想象和热情,使艺术成为以个人感情为基础的创作。

浪漫主义的另一个特征,是追求新奇的思想态度,一切能激发艺术家热情和想象的事物,都成为创作的对象。浪漫主义并不是一种新的艺术风格,也没有固定的传统模式,主要表现为一种思想态度和倾向。它追求自然的、野性的和多姿多彩的世界,并试图表现人们不熟悉和新奇的异国情调和模糊的幻想等。浪漫主义艺术家从中世纪的传奇故事,以及但丁、莎士比亚、歌德、拜伦等人的文学作品中寻找灵感,醉心于画面的色彩和富有动感的构图。

(3) 现实主义 (Surrealism)

在新古典主义和浪漫主义盛行的同时,还出现了以关注当代社会问题和现实生活为特征的现实主义运动,并且在19世纪40~70年代十分盛行。随着哲学领域出现的唯物主义(Materialism)和实证主义(Positivism),以及自然科学的重大发现,使人们以冷静的眼光和务实的态度,来看待现实生活及事件。因此,与现实生活格格不入的新古典主义和浪漫主义,渐渐失去了影响力。

现实主义艺术运动产生于19世纪三四十年代,在文学、艺术等方面都有着巨大而深远的影响。它以描绘现实生活为最高准则,嘲笑古典主义的装腔作势和浪漫主义的无病呻吟。现实主义艺术家对传统艺术题材进行革命,将视角伸向对当代生活的评价和对大众生活的关注,以及对大自然的亲切描绘等方面。在19世纪中叶,这种新的时代精神成为一种普遍的文艺思潮。

现实主义艺术的一个重要特征就是客观性。它倡导客观、冷静和真实地去观察和描绘生活。既不能像古典主义那样按照美的模式去描绘、加工生活,也不要像浪漫主义那样按照主观意愿将生活理想化,而是要真实地反映生活,描绘亲切、自然、纯朴的现实。

现实主义艺术的另一个重要特征就是典型性。它不是按照美的模式去复制对象,而是对现实生活进行概括和提炼,把众多典型事件和品格集中概括,构成典型化的形象,使之更集中、更感人、更具艺术真实感,同时对现实中的丑恶加以无情的揭露和抨击。现实主义艺术对欧洲各国和美国都有着重要影响。

(4) 印象主义 (Impressionism)

继现实主义运动之后,印象主义成为新艺术运动的引领者。19世纪中叶,法国一批青年画家突破传统的绘画模式和色彩观念,探索色彩并描绘瞬间印象,建立起新的色彩观和绘画表现手法。印象主义画派兴起于19世纪六七十年代,在以后的30年中成为法国艺术的主流,并影响到整个欧美画坛,成为19世纪最重要的艺术流派之一。

文艺复兴作为近代绘画的开端,确立了科学的素描造型体系,将明暗、透视、解剖等知识科学地运用于造型艺术之中。然而,遵循写实法则的印象派画家在仔细研究后发现,传统绘画其实是基于一个错误的观念来再现自然的。它是在人工条件下,基于固有色的观点来描绘对象的方法。

印象派画家根据自己的观察,去再现对象的光和色在视觉中造成的印象。他们将光的构成,以及光与色的科学观念引入绘画,革新了传统的固有色观念,创立了以光源色和环境色为核心的现代写生色彩学,成为绘画色彩造型上的一次伟大的革命。此外,印象派画家还认识到艺术形式本身的独特审美价值,在艺术形式方面进行大胆的探索,为现代艺术的产生奠定了基础。

印象主义画派在更新色彩观念的同时,并未放弃传统绘画的模仿写实之路。不同之处在于,传统艺术只注意了对象的明暗关系变化,而印象派却根据光在物体上造成的丰富色彩效果,更真实地从光和色的角度,认识并再现对象。因此,印象主义艺术成为传统艺术向现代转变的起始点。

19世纪80年代中期,在印象画派的基础上,发展出运用色点来作画的独特画法,被称为"点彩派"或新印象主义(New-Impressionism)技法。新印象派按照科学的光谱色原理,在画面上排列颜色未经调混的色点，让色彩在眼睛的视网膜上相混合。这种色彩原理被称为"加法混合"，是一种能提高色彩光亮度和反射率的积极的混合法。相反，以往先调出混合色，再落到画布上的方法，因降低了色彩的光亮度和反射率而称为"减法混合"。虽然"加法混合"法并非新印象派的独创，但是他们一改印象派画家主要依据个人感受作画的方法，将感觉概括并上升到理性分析，通过对色彩严谨的分析和安排，形成一种科学的艺术表现形式。不过新印象画家的作品失去了印象派绘画生机勃勃的感受，显得呆板和冷漠。

（5）后印象主义（Post-Impressionism）

之后，法国画坛又出现了一些更加新颖的画风，在20世纪初期被称为"后印象主义"绘画。后印象派画家曾经追随印象画派的道路，但最终走上了一条属于自己的艺术之路，在理论与实践上都有别于印象派。

后印象派艺术家不满于印象派过分客观地描绘世界，并将兴趣停留在对物体表面光与色的表现上。他们认为，艺术应忠实于个人的感受和体验，而无需与客观真实完全一致。因此，他们主张以艺术家的主观情感去改造客观形象，要表现经过艺术家主观化了的客观。

此前的西方艺术都建立在描绘客观对象的观念之上，后印象主义艺术则开始从描绘客观转向了表现主观，从而产生了一种全新的艺术观念，并最终导致了现代艺术的产生。

19世纪欧洲新艺术运动所带来的新观点和新思潮，对园林艺术的发展也有着巨大的影响作用。但是园林作为一门综合性实用艺术，新艺术思潮在园林艺术中的体现往往具有一定的滞后性。因此，19世纪新艺术运动产生的思潮和方法，在后世的园林中才渐渐显现出来。

7.3 城市公园的兴起

城市公园是城市公共园林（Urban Public Parks and Gardens）的简称，是指城市中为公众服务的园林，包括由政府出资兴建、归公众所有并为公众服务的园林；以及由私人兴建，为公众服务或对公众开放的园林。这里主要是指政府利用税收为公众兴建的城市园林，它是最早在英国出现，并随后在法国和美国发展成熟的一种园林类型。

城市公共园林的起源，最早可以上溯到古希腊、古罗马时代。随着人们的社交、体育、节庆、祭祀等公共活动日益盛行，出现了供人们集会之需的城市广场，为体育运动而设置的竞技场所，为祭祀神灵而设置的神苑等。在这些公共活动场所周围，大多设置林荫道、草地等活动场地，并配置花架、凉亭、座椅等休憩设施，点缀着花瓶、雕像等装饰性景物。这些可以看作是西方城市公共园林的雏形。

在中世纪的城市中，也设有林荫广场、娱乐场，以及骑士们比武练兵的竞技场等公共活动场所。在城门前往往还设有小型庭园，供人们驻足憩息。

到意大利文艺复兴时期，王公贵族的庄园时常向公众开放，以后成了一种体现王公贵族慷慨大量的时尚，法国国王路易十三曾将巴黎的杜勒里宫苑定期向公众开放。18世纪，在资产阶级革命思想的影响下，英国王室的大型宫苑都定期向公众开放。

这些园林虽然定期或不定期地对公众开放，具有了一定的公共属性。但是，它们又归王公贵族所有，是完全按照王公贵族的兴趣和要求来兴建的，主要也是为王公贵族服务的，因此仍然属于私家园林范畴。将它们向公众开放，不过是满足了王公贵族炫耀攀比的虚荣心，以及公众们的羡慕与好奇心而已，与真正的公园有着天壤之别。在19世纪下半叶城市公园出现之前，私家园林建设在园林艺术发展史中占据着主导地位。

17世纪下半叶的英国资产阶级革命，以及18世纪末的法国大革命，彻底摧毁了欧洲封建君主的专制政体，确立了资产阶级的统治地位，使各国政治、社会、经济、思想、文化、艺术等发展出现巨大变化。思想观念的解放，促进了科学技术的进步。科学技术转化成生产力，又进一步促进了资本主义的发展。

19世纪初，工业革命的浪潮从英国逐渐波及到欧洲大陆其他国家，比利时、法国以及稍后的德国都相继开始了工业革命。随着城市工商业的迅速发展，大量人口向城市聚集，城市的社会结构发生重大变化，工人阶级和资产阶级之间的矛盾日益尖锐。

城市人口的剧增，导致城市的规模迅速扩大，自发形成的中世纪城市结构遭到破坏，城市尺度不再宜人，渐渐远离了自然和乡村。城市发展由于缺乏合理的规划布局，导致住房、交通、教育、医疗服务等问题日益突出，城市交通秩序混乱，环境不断恶化，疾病迅速蔓延。19世纪的城市正在迅速成为令人感到恐怖和危险的地方。

此时，一些社会学家首先从社会改革的角度出发，探索解决城市问题的途径。19世纪上半叶，继空想社会主义创始人莫尔（Thomas More，1478—1535）之后，一些空想社会主义者把改良住房、改进城市规划作为医治城市社会病症的措施之一。他们的理论与实践，对后来的城市规划理论产生较大的影响。

1851年，英国工业家提图斯·萨尔特（Titus Salt，1803—1876）在兴建工厂的同时，建设了萨泰尔工人镇。1887年又在利威尔建设了日光港工人镇。这些依附于企业的新"城镇"建设实践，促进了20世纪初霍华德（Ebenezer Howard，1850—1928）的"田园城市"等规划理论的产生。

与此同时，城市的急剧发展，对自然环境的破坏，促使人们日益重视保持自然和人工环境的平衡，以及城市和乡村协调发展的问题。1853年，巴黎行政长官奥斯曼（Georges Eugène Baron Haussmann，1809—1892）开始主持制定的巴黎改扩建规划，对巴黎的道路、住房、市政建设、土地经营和园林等作了全面的安排，为城市改建作出有益的探索，并被看作是19世纪影响最广的城市规划实践。科隆、维也纳等城市也纷纷效法巴黎，对城市进行改造。

在巴黎的改扩建工程中，城市园林第一次被纳入城市公共设施建设范畴。奥斯曼按照系统化的城市公园概念，在巴黎的近郊和城内改造及兴建了一大批公园绿地。随后，美国也开展了大规模的城市公园建设热潮，并将城市公园建设与城市设计联系起来。弗雷德里克·劳·奥姆斯特德（Frederick Law Olmstead，1822—1903）因1858年设计的纽约中央公园而一举成名，后来又在布法罗、底特律、芝加哥和波士顿等地规划了城市公园系统，成为有计划地建设城市园林绿地系统的开端。

1893年，为纪念美洲新大陆发现400周年之际，在芝加哥举办了世界博览会。会场利用湖滨地带兴建了宏伟的古典建筑，结合宽阔的林荫大道和优美的游憩场地，使人们认识到宏大的规划项目对美化城市景观，解决城市环境问题上所起到的巨大作用，因而在美国掀起了"城市美化运动"的热潮。

19世纪中叶，现实主义的时代精神，促使艺术家们将创作的视角伸向了对当代生活的评价和对大众生活的关注，以及对大自然的亲切描绘方面。正像艺术及社会评论家约翰·拉斯金（John Ruskin，1819—1900）所提倡的那样，"使艺术从上层社会走向民众，真正的艺术必须为人民创作，艺术作品必须有其实用的目的"。在这一思潮的影响下，园林艺术也从过去仅为特权阶层服务的贵族艺术，走向主要为大众服务的公共艺术。城市公园在将自然引入城市，并改善城市卫生环境的同时，为广大市民提供了亲近自然、享受阳光和新鲜空气的场所。园林建设纳入公共建设范畴之后，不仅涌现出更多的园林作品，而且在园林艺术的理念与实践上，产生了彻底的变革。

7.4 英国城市公园

7.4.1 城市公园发展概况

英国的工业革命始于1760年，到1830—1840年已基本完成。工业革命促进了生产力的提高，带来了社会经济的繁荣，并改变了经济地理的面貌。英国除当时以伦敦为中心的东南部经济发达地区外，又出现了曼彻斯特、伯明翰、利物浦等新型工业中心。

城市工业的迅猛发展，吸引人们纷纷涌向城市，导致英国农业人口锐减，城市人口剧增，城市规模随之急剧扩大。由于城市发展缺乏合理的规划，造成住房短缺、交通拥挤、环境恶化的问题日益严峻。尤其是城市工人的生存环境每况愈下，住房拥挤局促，缺乏卫生设施，环境脏乱不堪，极易导致疾病的传播。1818年前后，英国便有6万余人死于霍乱，1831年在431个城市肆虐的霍乱，又夺去了3万多人的生命。

残酷的现实使资产阶级意识到，城市环境的恶化，不仅威胁到资本主义的发展，而且危及到资产阶级的安全。于是，进行社会改革的呼声日益高涨。由英国政府提议，经议会讨论后成立的由专家学者组成的皇家委员会，在1833年的报告中指出，城市的现状不能令人满意，需要进行大规模的公共空间建设。"考虑以最佳的方式，保留临近城镇人口密集地区的开放空间，作为公共散步和锻炼的场所，以提高居民的身体健康水平与生活的舒适度。"该报告还建议由私营业主来负责具体的建设工作，政府给予必要的支持。1835年议会通过了"私人法令"，允许在大多数纳税人要求建设公共园林的城镇，动用税收来兴建城市公园。1838年的报告还要求，在未来所有的圈地中，都必须留出足够的开放空间，作为当地居民锻炼和娱乐之需。同时还允许动用税收来建设下水道、环卫、园林绿地等城市基础设施。此后，英国的一些城市中开始出现了公园、图书馆、博物馆、画廊等供市民"合理娱乐"的设施，帮助居民提高对自然的欣赏力，以及对高雅艺术的鉴赏力。

1837—1901年的"维多利亚时代"，是英国历史上的全盛时期，社会经济全面发展，文化艺术百花齐放。从19世纪40年代起，英国开始出现了一场城市公园的建设热潮。1844年，由约瑟夫·帕克斯顿（Joseph Paxton，1803—1865）设计的利物浦伯肯海德公园（Birkenhead Park），是"私人法令"颁布后，根据法令兴建的第一座公园，也是世界造园史上第一座真正意义上的城市公园，并于1977年被英国政府确立为历史保护区（Conservation Area）。

除了各地新建的城市公园外，过去的许多私家园林也向公众开放，或者改造成城市公园。伦敦著名的皇家园林，如海德公园（Hyde Park）、肯辛顿园（Kensington Garden）、绿园（Green Park）和圣·詹姆斯园（St. James's Park）等，都逐渐转变成对公众开放的城市公园。这些昔日的皇家园林，占据着城市中心区最好的地段，十分便利于市民的日常活动。同时，这些园林规模宏大，占地面积共计逾480hm²，而且几乎连成一片，成为城市公园群，对城市环境的改善起到重要作用。后来，伦敦又陆续兴建了一些小公园。1889年时，伦敦的公园总面积达到了1074hm²，10年后又增加到1483hm²。英国城市公园发展的速度之快，由此可见一斑。

这一时期兴建的城市公园，大多延续了18世纪自然风景式造园样式。公园中以疏林草地为主，结合水面布置，空间开敞明亮，充满自然情趣。园中点缀着精美的雕像和休憩亭台，少有人工雕琢的痕迹。园内有可供马车行驶的园路，有供人们散步的林荫道，还有曲折有致的小径。人们在宽阔的湖面上泛舟，在疏林草地上休憩、娱乐，尽情享受着自然带给人们的优美与清新。

园林的发展，促进了园艺水平的提高；园艺的发展，又丰富了园林的景色，并影响到园林的类型和样式。英国人对植物和园艺的兴趣由来已久，为了促进园艺和植物学的研究，英国在1804年成立了伦敦园艺协会，负责为英国搜集和培育国内外植物品种。英国的植物收藏家们不断收集到新的植物品种，不断研究发现植物栽培的新技术。为了收藏日益增多的植物品种，还兴建了著名的皇家植物园。

此外，英国人对生物学和生物学现象的研究也兴趣浓厚，达尔文的巨作《物种起源》就是在这样的环境下，于1859年出版的。为了对生物科学家的研究提供帮助，英国又成立了伦敦动物园协会，并于1828年在摄政园的北边建成了伦敦动物园（London Zoo in Regent's Park），收集了许多外来动物种类。1847年，伦敦动物园开始对公众开放，逐渐发展成为世界上最著名的动物园之一。伦敦动物园也是历史上第一个现代动物园，为以后世界各地兴建的动物园提供了样板。

在19世纪上半叶的英国职业造园家当中，卢顿以广博的知识和丰富的阅历而著称。卢顿在当时的英国风景园中引入了更多的"绘画式"特征，明显反映在他1806年出版的《论乡村住宅》一书的插图中。由于健康的原因，卢顿不久就中断了职业活动，后来因租赁一个农场而获得一笔可观的财富，使他能够出游欧洲，得以欣赏到在英国已被排斥了1个世纪的"旧的""规整的""几何式"园林。卢顿还在1822年出版的《造园百科全书》（Encyclopaedia of Gardening）中，对法国的规则式园林表示赞赏。后来，卢顿提倡在自然式构图中增加外来植物品种，从而丰富花园景色，并美其名曰"花园式"（Gardenesque）种植风格，这一做法在英国现代园林中仍能找到案例。卢顿也是公共园林建设的拥戴者，他的兴趣广泛，在温室、建筑、园艺和农业等方面都有一些重要著作问世。

19世纪下半叶，爱尔兰园林师和园艺作家威廉·罗宾逊（William Robinson，1838—1935）对英国园林的发展起到了重要作用。罗宾逊1861年来到伦敦，并在摄政公园工作，很快就成为该园皇家植物协会园（Royal Botanic Society's Garden）中草本植物区的工长。1867年巴黎博览会期间，罗宾逊作为园艺特约通讯员作现场报道。他在伦敦时报上发表的文章，使他成为英国著名的造园权威。1869年，罗宾逊在《法国园林拾遗》（Gleanings from French Gardens, Parks, Promanades and Gardens of Paris）一书中，批评法国园林流于形式，但是对园中的自然式"亚热带"花坛大加赞赏，这促使他一年后发表了《英国园林中的高山花卉》（Alpine Flowers for English Gardens，1870），介绍了耐寒植物在自然式布置中的运用方法。同年出版的《野生花园》（The Wild Garden or Our Own Groves and Shrubbery's Made Beautiful，1870）获得了巨大成功，书中主张以自然主义的"艺术和手工艺"方法，来运用外来植物品种。罗宾逊对前辈卢顿十分钦佩，他继承了绘画式风景园的传统，并在设计风格中融入了新花卉品种的运用，使他的园林作品看上去更加鲜艳夺目。罗宾逊的代表作是在自己的格拉维提庄园（Gravetye Mannor）中兴建的花园。

罗宾逊后来还先后创立了名为《花园》（The Garden）和《造园》（Gardening，1879年创刊）的周刊，后者在英国的影响巨大。1883年出版了《英国花园》（English Flower Garden）一书，以后又忙于该书的修订再版工作。1899—1905年，他创立了名为《花卉和林业》（Flora and Silva）的期刊。1911年出版的《格拉维提庄园》（Gravetye Mannor or Twenty Year's Work Round on Old Manor House）一书，是他自己的日记节选。他翻译出版的《菜园》（The Vegetable Garden），成为一本非常有趣的教科书。

罗宾逊在30多年间出版了大量的文章与论著，在英国造园界掀起了一场革命，引导园林师走向更不规则，因而也更自然的造园之路。他完全抛弃了规则式花坛，并以独特的方式运用各种植物花卉。他强调园中植物品种的多样性，以及植物品种对土壤和气候的适应能力。随着英国劳动力的日益缺乏和训练有素的园丁逐渐稀缺，加上园林的维护费用不断减少，使得罗宾逊的观点越来越受到人们的重视。

纵观整个19世纪的英国文化艺术，可以发现其中存在着普遍的折中主义倾向，这也是19世纪的典型特征。人们既想寻找像18世纪那样的绝对准则，又要走向更为公众所接受的创作道路。在不断出现的古典主义、新古典主义、浪漫主义、印象主义及后印象主义等艺术运动的影响下，建筑上流行以简洁的手法，再现以往各个时代特征的古典风格，过去盛行的希腊式、哥特式及文艺复兴式建筑风格，现在又以新的形式出现在人们眼前。为大众服务的城市公园，必然使园林艺术走向通俗化，使园林变得更有人情味。园中以大量的植物花草，结合流畅的线形和有序的构图，营造出适宜的尺度和体量，园林的景色也变得更加亲切宜人。

7.4.2 城市公园实例

（1）伯肯海德公园（Birkenhead Park, Liverpool）

利物浦曾经是英国著名的制造业中心，这里的伯肯海德公园是英国兴建最早的，也是第一座真正意义上的城市公园。该园占地面积约 50hm^2，1844 年由约瑟夫·帕克斯顿（Joseph Paxton，1803—1865）设计，1847 年建成对公众开放（图 7-1）。

伯肯海德公园的出现，是城市化进程快速发展的结果。1820 年时，利物浦伯肯海德区的人口仅有 100 余人，到 1841 年猛增至 8000 余人。同年，市议员霍尔姆斯（Isaco Holmes）提出了动用税收兴建公园的设想。1843 年，市政府用税收购置了一块占地 74.9hm^2 的荒地，计划将周边的 24.3hm^2 土地用于开发住宅，余下的土地用来兴建一座公园。出人意料的是出让开发土地的收益，竟超过了购置整块土地和建设公园的费用总和。公园产生的吸引力之大，不仅为周边的开发用地带来了高额的地价增益，而且为后来的城市开发建设提供了新的模式。

为了便于这个街区与市中心的联系，帕克斯顿设计了一条横穿公园的马路，将公园分成南北两部分。园内采用了人车分流的交通模式，可供马车行驶的道路构成了公园的主环路，并将各个出入口联系起来。蜿蜒曲折的园路还有助于打破城市路网棋盘式格局的单调感。

园中南北两部分各有一个人工湖（图 7-2），水面自然曲折，湖心岛既丰富了空间层次，又形成更加私密的活动空间，挖湖的土方在湖边堆出缓坡地形。高大的乔木丛植于人工湖和园路边，中间留出开敞的大草坪。供游人散步的小径在草地、缓坡、林间或湖边穿梭，景色时而曲径通幽，

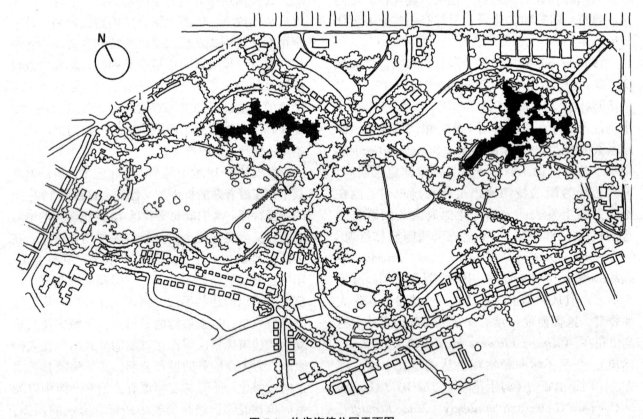

图 7-1 伯肯海德公园平面图

1.公园北路　2.横穿公园的马路　3.高湖　4.低湖

时而极目旷野。园路沿线点缀着乡土风格的"木屋",构成吸引游人目光的视觉焦点。

随着时间的推移,马车逐渐被更加危险的汽车所替代,交通工具的变化也彻底改变了公园设计师的初衷。随着横穿公园道路的车辆不断增加,公园实际被分割成两个彼此独立的园区。从1878—1947年,公园经历了多次修缮,然而公园的格局始终保持不变。园中的大面积疏林草地,日益受到人们的称赞,当地居民不仅利用它来开展各类体育活动,而且也是重要的集会、展览、训练及庆典活动的场所。

1977年,英国政府将伯肯海德公园确立为历史保护区。作为世界园林史上的第一个城市公园,伯肯海德公园具有重要的历史价值,为城市公园的进一步发展奠定了基础。

(2) 海德公园(Hyde Park, London)

在伦敦市中心泰晤士河的西北侧,以海德公园为中心,形成了一个庞大的城市公园群。它的北面是伦敦最美丽、最具文化气息的摄政王公园,以及皇家天文台旧址格林尼治公园和闻名于世的伦敦动物园;海德公园的西面是肯辛顿园,东面有圣·詹姆斯园和绿园。这些昔日的皇家园林,构成今日城市中一道靓丽的风景线。

海德公园的前身,是英国君主们喜爱的大型猎苑。此前,这里有一个属于威斯敏斯特修道院(Westminster Abbey)的农庄。大片的牧场上点缀着树丛,还有鹿、野猪和野牛等动物出没。一条名叫"威斯布恩"(Westbourne Stream)的小河从这里穿过,将汉普斯泰德河(Hampstead)与泰晤士河联系起来。

1536年,国王亨利八世从僧侣手中夺取了这片领地,并将一部分土地出售,余下的兴建成大型猎苑,范围从肯辛顿直到威斯敏斯特。亨利八世在猎苑的四周扎上篱笆,并在威斯布恩河上筑

图7-2 伯肯海德公园北部的人工湖

坝,在园中形成供鹿群饮水的池塘。国王经常在这里举行狩猎活动,娱乐各国使节和政要们。宾客们在看台上观赏猎鹿表演,在临时搭建的宴会厅中享用盛宴。这个传统活动一直延续到女王伊丽莎白一世时代,她还在邻近"林苑路"(Park Lane)的平地上举行过阅兵式。

1625年,查理一世登基后,在猎苑中兴建了一条环路(Ring),供皇室成员的车辆行驶。1637年猎苑开始向公众开放,并且很快就成为伦敦人的时尚游览地,尤其是每年的五旬节(May Day)期间,园内游人如织。

在1642—1649年的内战时期,议会党的军队曾在猎苑的东边开挖防御性土垒,协防攻击威斯敏斯特的保皇党军队。在靠近"林苑路"的高堤上,现在还能看出当时土垒的痕迹。1660年王朝复辟后,这里再度成为皇家园林。查理二世用砖墙代替了木栅栏,园内又饲养起鹿群。

1689年,威廉三世和玛丽二世登基后购买下猎苑西边的诺丁汉府邸(Nottingham House),并改造成肯辛顿宫(Kensington Palace)。为了方便从肯辛顿到威斯敏斯特,还兴建了一条穿过园子的御道,沿途有300盏油灯。这是英国第一条夜间点灯

的街道，过去称作"国王路"（King's Road），现在叫作"破烂路"（Rotten Row，通称练马林荫路）。

到18世纪，国王乔治二世的王后卡洛琳（Queen Caroline）要求皇家园林师们对该园进行改建，形成了今天那些富有特色的景点。1728年，王后用西边120hm²的地兴建了肯辛顿花园，为了将这两个园子隔开，兴建了一长段"哈-哈墙"。女王还将威斯布恩河截流，在园中形成"蛇形湖"（Serpentine），这是英国开挖最早的曲线形人工湖之一，看上去更加自然。由于当时的人工湖通常都采用漫长而笔直的形式，"蛇形湖"开创了英国风景园中的新时尚，很快即成为全国各地园林的模仿对象。

1820年，国王乔治四世（George Ⅳ，1762—1830）再次对这个林苑进行改造，并以海军上将海德爵士（Sir Hyde Parker，1739—1807）的名字来命名。由建筑师伯顿（Decimus Burton，1800—1881）在海德公园角（Hyde Park Corner）兴建了一座大门，包括现在人们见到的凯旋影壁（Triumphal Screen）和惠灵顿拱门（Wellington Arch），后者以后又被移至海德公园角的中央。伯顿重新用栅栏取代了公园的围墙，还设计了几个新的门房和大门。大约在同时期，雷尼（John Rennie，1761—1821）在蛇形湖上兴建了一座桥梁。随着"机动车西路"（West Carriage Drive）的兴建，海德公园从此与肯辛顿花园正式分开了。

1851年，在海德公园举办了万国工业博览会（Great Exhibition of the Works of Industry of All Nations），这是第一次世界博览会，来自世界各地的几十万游人涌进了装修一新、花园锦簇的海德公园，使这个公园从此名扬天下。

作为博览会的主会场，帕克斯顿在土木工程师巴尔洛（William Henry Barlow，1812—1902）的协助下，沿着"破烂路"兴建了一座564m长、125m宽、有三层楼高，占地7.4hm²的钢结构玻璃建筑。这座建筑历时9个月完成，因通体透明、宽敞明亮而被称为"水晶宫"（Crystal Palace）。博览会闭幕后，水晶宫被拆下并移建至伦敦南区的塞登哈姆（Sydenham）。

如今的海德公园基本上保持了19世纪伯顿改造后的面貌，只是由于后来拓宽城市道路而将伯顿兴建的一些门房拆除。2004年为纪念威尔士公主戴安娜，又在园中兴建了一座喷泉。这座占地面积约142hm²的大公园，现在是伦敦市民喜爱的日常活动，以及举办各种庆典活动、娱乐表演和群众聚会的场所。每当夏季，园中经常举办露天音乐会，热闹非凡。南边6km长的"破烂路"因两旁巨木参天，经常有许多骑马爱好者在这里遛马，还有许多人在这里慢跑、骑车和溜旱冰。公园东北角的大理石拱门附近有一片草地，便是著名的"演说角"（Speaker's Corner）。

（3）肯辛顿公园（Kensington Park, London）

肯辛顿公园原是附属于肯辛顿宫的皇家园林，占地面积约105hm²。园址最早是海德公园的一部分，现在两园之间有一长条形湖泊相隔，并以一座桥梁相通。肯辛顿公园与海德公园的总面积约有250hm²，是伦敦最大的皇家园林。

1689年，威廉三世和玛丽二世购置了诺丁汉府邸后，由著名建筑师瓦伦负责改造，并改称肯辛顿宫，作为国王和王后在伦敦的主要住所。当时兴建的花园占地面积不足5hm²，后来经过了多次改建。

1705年，玛丽二世的妹妹安妮女王（Anne of Great Britain，1665—1714）收购了海德公园的逾40hm²土地，用以扩大肯辛顿花园。她在园中兴建了一处柑橘园，肯辛顿宫北面的红砖建筑物，即为当时用来冬季存放柑橘树的暖房。

乔治二世统治时期，卡罗琳王后对花园进行了重大改造，基本形成现在人们见到的风貌。王后扩大了花园，并在园中开挖了一座圆形水池和蜿蜒曲折的长条形湖泊，从花园东端的大湖泊中还引出了一连串的池塘。园中又新建了两座夏宫，其中的"女王殿"（Queen's Temple）保存至今。

维多利亚女王（Queen Victoria，1819—1901，1837—1901在位）1819年出生在肯辛顿宫中，她后来在园中兴建了"意大利园"（Italian Gardens）。1864—1876年，为纪念丈夫阿尔伯特王子一世，女王又在园中修建的一座高约55m的纪念碑（Albert Memorial）。

肯辛顿园现在是深受伦敦市民喜爱的散步休闲和慢跑运动场所，园林气氛也比毗邻的海德公园更加轻松宜人（图7-3）。园内最著名的景点是肯辛顿宫，这里也曾经是戴安娜王妃的官方住所。游人们喜欢在称作"蛇形湖"的带状湖泊中戏水、泛舟；圆形水池最受航模爱好者的喜爱。还有一处下沉式花园，是1909年在一座都铎王朝时期的花园基础上兴建的美丽庭园。

园中过去还有一座茶亭，它的前方有一座称为"蛇形画廊"（Serpentine Gallery）的现代艺术展馆，也是园内最吸引人的设施之一。还有三个供市民开展运动的操场，其中一个是近年来为纪念戴安娜而新建的。

肯辛顿园中还点缀着各个时期制作的精美雕像，其中最著名的有"小飞侠"彼得·潘（Peter Pan）青铜像，这个由巴里（James Matthew Barri,1860—1937）创作的童话故事中永远长不大的孩子，在英国家喻户晓；1908年由瓦兹（George Frederick Watts, 1817—1904）创作的雕塑"体力"（Physical Energy）；1925年由爱泼斯坦（Jacob Epstein）制作的雕塑"利马"（Rima），以及1979年由亨利·摩尔（Henry Moore）创作的"弓"（Arch）等，为该园增添了迷人的艺术气息。

（4）圣·詹姆斯公园（St James's Park, London）

圣·詹姆斯公园位于伦敦市的核心街区，与威斯敏斯特教堂、白金汉宫等标志性建筑物相毗邻，占地面积约23hm²。

这里原是一片沼泽地，因流经此地汇入泰晤士河的泰伯恩河（River Tyburn）经常泛滥而被河水淹没。对热衷猎鹿的君主们来说，这里是理想的狩猎场所。1536年，亨利八世决定在居住的威斯敏斯特宫（Palace of Westminster）附近兴建一座猎苑，于是征下了位于圣·詹姆斯地区的这片土地，并在四周筑上围栏。国王还在苑中兴建了一座供狩猎时休憩的小屋，成为圣·詹姆斯宫（St James' Palace）的前身。由于交通便利，这里从此成为英国历代君主们喜爱的狩猎场。

1603年，詹姆斯一世（James Ⅰ，1566—1625）登基后，对这座猎苑进行了改造。国王在苑中修建了排水系统，并使猎苑逐渐园林化。在猎苑的西端，现在的白金汉宫（Buckingham Palace）附近，詹姆斯一世开挖了著名的"罗萨蒙德大水池"（Rosamond's Pond）。在东端也有几个小池塘，以及水渠和小岛。这些原本都是为了诱捕鸟类而兴建的。詹姆斯一世在苑中收集了各种动物，包括骆驼、鳄鱼和一只大象，在今天称为

图7-3　肯辛顿公园

"鸟笼步道"（Birdcage Walk）的地方，当时放养着许多异国珍禽。同一时期，在圣·詹姆斯宫附近还建有一个花圃。

1660年查理二世登基后请来法国造园家，要将这座猎苑改建成法式风格的花园。英国内战时期，查理二世被迫流亡法国，精美的法国皇家园林给他留下了深刻印象。这个新花园由法国造园家安德烈·莫莱设计，中心开挖了一条笔直的运河，长约780m，宽38m，两侧各有一条林荫道。新园子建成后，查理二世不仅经常邀请宾客来此游乐，还将它向公众开放。

查理二世从法国引入了叫作"贝尔梅尔"（Pelle Melle）的游戏，在园中兴建了一个游戏场，称为"波尔莫尔"（Pall Mall）或"莫尔"（Mall）庭院。这是一个用栅栏围出的长条形场地，游戏者用木槌击球，使其从圆箍中穿过。这项运动由此延续下来。1664年俄罗斯大使赠送给国王一对鹈鹕。至今，在园中还常常能见到外国使节们赠送的鹈鹕，形成一道非常迷人的景色。

18世纪期间，运河的一端被填埋了，并兴建了骑兵卫队的阅兵场。罗萨蒙德大水池也在1770年填掉了。1761年皇室收购"莫尔"庭院尽端的一座建筑物，称为"白金汉府"（Buckingham House）。

1827年，建筑师和造园家约翰·纳什（John Nash，1752—1835）按照当时流行的新自然主义风格，对圣·詹姆斯花园进行改造。他在园中重塑了缓坡地形，将笔直的运河改成自然弯曲的湖泊，用蜿蜒的园路代替了规则式林荫道，传统的花坛也被流行的灌丛所取代。改建工程历时一年，基本形成了现在人们见到的公园风貌。

白金汉府也被扩建成巨大的白金汉宫，并在正面入口处兴建了一座大理石拱门。当时的摄政王后来的乔治四世（George Ⅳ，1762—1830）将"莫尔"庭院改成宽敞的游步道。这一庞大的工程使得游步道与摄政公园、摄政街（Regent's Street）等一样，成为伦敦最著名的地标性设施之一。

公园后来又经过了一些小的调整，允许城市车辆驶入游步道。1851年，白金汉宫入口处的大理石拱门被移到了牛津街（Oxford Street）和"林苑路"（Park Lane）的交叉口。1906—1924年，白金汉宫的外围也经过了改造，还腾出空间兴建了维多利亚纪念馆（Victoria Memorial）。1857年，在人工湖上修建了一座造型优美的悬索桥，一个世纪后改成混凝土桥梁。从桥上隔湖眺望白金汉宫，璀璨的夜景尤其令人心驰神往。近年来，纳什设计的灌丛也得到了恢复，当初的园林风貌显得更加完整。

圣·詹姆斯公园是昔日的皇家园林中规模最小，但却最古老和最富装饰性的一个，如今是伦敦市民与游客最喜爱的休闲游憩场所。蜿蜒曲折的自然式湖泊，结合绿草如茵的湖岸和错落有致的树丛、孤植树，勾勒出如画般的景致。这座公园还有着"鸭园"的称号，东边湖面和"鸭岛"上栖息着活泼可爱的鸭群，还有天鹅、雉等各种鸟类，将过去的诱鸟场地改成了鸟类栖息的乐园。在南边的鸟类饲养馆旁有一条"鸟笼步道"，漫步于鸟语花香之中的游人无不感到心旷神怡。

（5）绿园（Green Park, London）

绿园位于圣·詹姆斯公园西侧，与宪法山（Constitution Hill）、皮卡迪利大街（Piccadilly）和王后步道（Queen's Walk）相毗邻，占地面积19hm^2。园内绿草如茵，大树参天，形成比其他皇家园林更为宁静平和的氛围。

1660年，查理二世登基后，希望能够在皇室的土地上，从海德公园一直走到圣·詹姆斯园。为此，国王收购了这两个园子之间的土地，四周围以砖墙，兴建了当时称为"上圣·詹姆斯园"（Upper St James's Park）的园子，构成从东边的威斯敏斯特，到西边的肯辛顿之间，漫长的园林链中的重要一环。

查理二世非常喜欢这座新园子，经常在这里款待宾客。国王在园中兴建了英国最早的一座冰室，夏天可以向宾客们提供冷饮。这里也是国王日常散步或"宪政"的地方，因此而有了"宪法山"（Constitution Hill）之名。

1746年，上圣·詹姆斯园正式更名为绿园，或许因为当时园中只是一片开敞的草地，树木也不多。传说王后发现查理二世在园中采摘鲜花，献给别的女人。为了报复,她下令将园中的花卉统统拔掉,并且以后也不让种花。传说难辨真假,不过绿园中始终没有像样的花坛却是事实。

18世纪时,绿园也是乔治二世的王后卡罗琳最喜爱的地方。她在园中修建了一座水库,称为"王后湖"(Queen's Basin),目的是向圣·詹姆斯宫供水。王后还兴建了一座图书馆,以及通向水库的"王后步道"(Queen's Walk)。

1746年,为了庆祝汉诺威继承战(War of Hanoverian Succession)的结束,在绿园中举行了一个全民聚会。皇室为此特意安排了大型的焰火表演,并委托作曲家亨德尔(George Frideric Handel, 1685—1759)为皇家焰火表演作曲。为了存放烟花,在园中兴建了一座称为"和平圣殿"(Temple of Peace)的大型庙宇。不幸的是在烟花燃放之前,一支火箭走火击中了庙宇,不仅使1万支烟花毁于一炬,而且造成三人死亡。

1814年汉诺威皇室百年大庆时,又在绿园中举行了一次聚会,兴建的另一座庙宇同样在活动中被烧毁。

19世纪20年代,绿园成为圣·詹姆斯园的一部分,并且由约翰·纳什重建了这个园子,第一次在园中栽植树木。纳什将"宪法山"裁直,以便将"莫尔"庭院改造成宽敞的游步道。在宪法山的一端,绿园和海德公园之间兴建了惠灵顿拱门(Wellington Arch),作为两园交汇的标志性节点。园中的建筑物渐渐被拆毁。后来,维多利亚女王将"王后湖"也填掉,并在1855年拆除了园内所有的建筑物。

(6)摄政王公园(Regent Park, London)

摄政王公园位于伦敦的西北部,占地面积约166hm^2。它曾经是伦敦规模最大的皇家园林,现在是伦敦最具艺术魅力和文化气息的城市公园,在园林设计和城市规划方面都堪称杰作(图7-4)。

原址过去是米德尔塞克斯(Middlesex)大森林的一部分,在面向普林姆罗斯山(Primrose Hill)的斜坡上,林木生长尤为茂盛。而在地势较低处生长的林木则相对稀疏,是鹿群理想的生活场所。

1538年,酷爱猎鹿活动的亨利八世从巴尔金

图7-4 摄政王公园平面图

1.外环 2.内环 3.动物园 4.玛丽皇后花园 5.清真寺

修道院（Abbess of Barking）僧侣的手中得到了这片林地，兴建了一个占地约 223hm² 的狩猎场。同时，国王在猎苑的四周挖沟垒墙，以便在苑内放养鹿群，并防止偷猎者进入。人们按照附近的村庄和农场名称，把这里叫作"玛利尔本林苑"（Marylebone Park）。由于当时伦敦的皇家园林为数不多，因此在之后的 50 年间，君主们常来这里娱乐宾客。

一直到英国内战结束前，这里都不曾有过重大变动。然而在 1649—1660 年，由奥利弗·克伦威尔（Oliver Cromwell，1599—1658）领导的共和制政府为了偿还战争欠款，下令在园中大量砍伐树木。查理二世复辟后，这座林苑重新回到王室手中。由于狩猎活动此时已不再流行，这片土地被租给佃农们耕种。在此后的一个半世纪当中，这里始终是孤立于城市之外的大农场。

19 世纪初，伦敦城市规模迅速扩大，国王意识到利用玛利尔本林苑搞开发，能产生更大的经济收益。1811 年，皇室决定不再将土地租赁给佃农。此时的摄政王，后来的国王乔治四世为了提升自己的名望，要求在伦敦北部的皇家领地中新建一座夏宫。他将玛利尔本林苑更名为摄政园，并邀请建筑师们进行设计。

1812 年，由建筑师约翰·纳什提交了一个在摄政王看来十分大胆的方案。他设计了一条环绕全园的宽阔园路，在园中开挖湖泊和运河，并新建一座王宫。同时，在摄政园与摄政王居住的圣·詹姆斯宫之间还精心设计了一条御道。为了支付这项庞大的工程，约翰·纳什在园中规划了 56 栋别墅，以及一组摄政时期样式豪华的联体住宅，布置在园子周围。

由于当时摄政王专注于白金汉宫的修缮工程，纳什的方案未能完全得到实施。兴建夏宫的想法就此搁浅了，别墅最终只建成了八栋，运河移到了园子的北边。然而纳什方案中的许多要素得到实施，修建了通往圣·詹姆斯宫的御道，后来成了著名的摄政街。兴建的八幢别墅四周树木环绕，使居民感觉置身于自家花园之中。联体住宅外环境看上去就像是一座乡村公园。

起初，只有别墅和联体住宅的居民，以及周末马车运输的经营者等少数人允许进入园中。直到 1835 年，才将园子的东部向公众开放。人们逐渐被允许进入整个园子，包括附近的普林姆罗斯山。

约翰·纳什规划的别墅因大多未建，保留下来的空地以后陆续被伦敦的一些社团租用。1828 年，动物协会（Zoological Soaety）率先租用了园子北边的一块三角地，并聘请协会的建筑师德斯姆斯·伯顿（Decimus Burton，1800—1881）设计了一座动物园。皇家植物协会（Royal Botanic Society）又修建了"内环路"（Inner Circle），同时在园中开挖湖面，布置疏林草地。皇家射箭协会（Royal Toxophilite Society）在园中兴建了射箭设施。各种社团在园内兴建的设施，使摄政园成为一座综合性公园，当时的消遣娱乐和社交活动建筑一直保留至今。

在此后的 150 年间，这座公园几乎没有变化。20 世纪 30 年代，皇家植物协会决定不再续租公园的土地，于是在原址上兴建了一个月季园，称为"玛丽皇后花园"（Queen Mary's Gardens）。大约同一时期，公园北侧的一座"露天剧场"（Open Air Theatre）开始举办各种演出活动，这一传统也延续至今。后来还在公园的西边开挖了湖泊，修建了一座清真寺，开辟了多个运动场地。在第二次世界大战中公园被炸毁，园内一片建筑废墟，毁坏的设施在战后得到了修复。

如今，公园内的游人依旧能体会到摄政时期伦敦上流社会的高雅生活品位。在茂密的森林衬托下，园内的大片草地显得宽敞明亮。错落有致、疏密相间的树丛和树团，配合蜿蜒曲折的湖泊岛屿，以及湖边自然起伏的园路，形成步移景异的园林空间。公园中没有一座建筑物，邻近的建筑也被树木所遮掩，整体上形成纯净的自然式风景园林风格。然而在局部也加入了意大利及法国的造园要素，笔直的林荫道、大理石雕像和整形绿篱，与大弧形园路、蜿蜒的小径和疏林草地相辅相成，体现出当时流行的折中式园林特点。园内还有一些竞技、聚会等娱乐活动及休憩场所，规模不大，而且大多掩映在树林中（图 7-5）。

1828 年由动物协会在摄政王公园北边三角地上兴建的动物园，是历史上第一个现代动物园。

图7-5 摄政王公园中的园路和花坛

由于建园的初衷,是为科学家们开展动物研究提供条件,因此当时只有动物协会的会员及其亲友才能入园。在布局上借鉴了皇家猎苑的形式,收集到的动物按照动物分类系统进行布置,这也是现在大多数动物园的布局方式。兴建的动物笼舍还采用了集中供暖、人工照明和通风等当时的先进技术。

到1847年,由于维持动物园的经费捉襟见肘,动物协会便将动物园对公众开放。1849年,在园内兴建了世界上第一座爬行动物馆;1853年又修建了世界上第一座水族馆。这座动物园现在占地面积约有 $15hm^2$,搜集了650个动物品种,其中112种属于濒危动物。

(7)格林尼治公园(Greenwich Park, London)

格林尼治公园占地面积约 $74hm^2$,坐落在伦敦东部唯一的一座小山之巅。这里既是军事上的战略要地,也是眺望城市的制高点,将泰晤士河到圣·保罗大教堂(St Paul's Cathedral)远方的全景一览无余。这座公园是英国最古老的皇家园林之一,也是格林尼治世界遗产地(Greenwich World Heritage Site)的一部分,有举世闻名的本初子午线(Prime Meridian Line)和古老的皇家天文台(Royal Observatory)。

早在几千年前,这里已有人类定居。在园中的"克罗姆小山"(Croom's Hill)曾经发现了早期的石器;在"迷宫山门"(Maze Hill Gate)有重要的罗马建筑遗迹。11世纪初期,丹麦人曾数次占领这里,并在现在的公园原址上堆起防御性土垒。诺曼底人征服英格兰后,这里成了一座大农庄。

1427年,公爵汉弗莱(Humphrey Plantagenet, Duke of Gloucester, 1390—1447)继承了这片领地。他是亨利五世(Henry Ⅴ,1387—1422)的弟弟,1422年亨利五世去世后,又担任年幼的侄子、亨利六世(Henry Ⅵ,1421—1471)的摄政。1433年,汉弗莱在领地中筑篱造园,并在现在的格林尼治天文台原址上修建了一座塔楼。1447年汉弗莱去世后,这里归亨利六世的王后玛格丽特·安茹(Margaret of Anjou, 1430—1482)所有,称为"普利松斯"(Plesaunce)或"普拉杉西亚"(Placentia)农庄。

格林尼治园由于都铎王朝而为人所知。国王亨利七世(Henry Ⅶ,1485—1509)将农庄中的府邸改造成"普拉杉西亚宫"(Palace of Placentia),或叫"格林尼治宫"(Greenwich Palace)。亨利八世就在这座宫殿中出生,并在这里度过了大半生,他的两次婚礼也是在该宫里举行的。

17世纪,斯图亚特王朝改造了这个园子。国王詹姆斯一世用高约3.7m的砖墙代替了原来的栅栏,大部分保留至今。后来,国王将这个园子连同宫殿都赠送给安妮女王。1616年,安妮女王委托建筑师伊利戈·琼斯兴建一座帕拉迪奥风格的新宫殿,这也是英国的第一个帕拉迪奥式宫殿。但是新宫殿建成前三年王后就去世了。这座称为"女王宫"(Queen's House)的建筑,在国王查理一世将园子赠与王后海丽塔·玛丽亚(Henrietta Maria, 1609—1669)之后,于1635年正式完工。

在17世纪60年代,查理二世拆除了园中遗留下来的都铎时期宫殿,并填埋了基础,要求在原址上兴建一座新宫殿。由于国王挪用了经费,宫殿拖了很久都未能建成。但是他汲取了勒诺特尔的设计手法,将林苑改造成了规则式花园。在斜坡上开辟了一系列草坪露台,称为"大台阶"(Great Steps),并以山楂树篱镶边。这些露台现在已基本消失，但是仍能找到山楂篱的痕迹。改建方案还包括现称为"布莱克赫斯大街"（Blackheath Avenue）的规则式板栗林荫道，以及"布莱克赫斯门"（Blackheath Gate）内巨大的"半圆形板栗林荫路"（the Rounds）。在"荒野及御林看守员场地"（Wilderness and Ranger's Field）上栽植了小树林。从这时起种植的树木有些幸存至今。

查理二世也很支持格林尼治的科学研究，他委托瓦伦在汉弗莱公爵修建的中世纪瞭望塔的原址上，兴建了皇家天文台。人们也根据第一个皇家天文学家约翰·弗兰斯蒂德（John Flamsteed, 1646—1719）的名字，称之为"弗兰斯蒂德宫"（Flamsteed House）。

在詹姆斯二世去世后，王室渐渐失去了对格林尼治的兴趣。詹姆斯二世的女儿玛丽将宫殿捐献给水兵医院，并且在18世纪初将这座园子向领养老金的人开放。在乔治王时代（Georgrian Era, 1714—1811），国王的亲属还常常在格林尼治公园游览，但是此时的园林风貌变化不大。1873年，皇家海军医院（Royal Naval Hospital）成了皇家海军学院（Royal Naval College）。1933年，"女王宫"最终被改造成国家海事博物馆（National Maritime Museum）。

在第二次世界大战期间，由于敌军的轰炸机沿着泰晤士河找寻轰炸目标，因此在格林尼治公园架设了高射炮。为了形成更好的射击视野，花圃中的一些树木被截顶，形成今天人们见到这些奇形怪状的树木。

（8）英国皇家植物园（Royal Botanic Gardens, London）

皇家植物园坐落在伦敦西南部的泰晤士河南岸，占地面积约121hm^2，是由里士满和邱园这两个皇家庄园合并而成的，由于后者的名气更大，故又称之为邱园（Kew Gardens）。

英国人对植物和园艺的兴趣由来已久，随着对外贸易的发展和海外殖民地的增加，大量的外来植物被引进英国，也促进了英国植物栽培技术的提高。1804年，英国成立的皇家园艺协会，主要任务就是搜集并培育国内外植物品种。为了收集并展示日益增多的植物品种，园艺协会几经努力，四处筹措资金，最终兴建了这座著名的植物园。

在乔治三世统治时期，约瑟夫·班克斯（Joseph Banks, 1743—1820）作为非官方园长，在他的努力和引导之下，这座植物园迅速发展起来。班克斯派遣了许多植物收藏家前往世界各地，收集到大量的珍稀植物标本，使邱园很快就成为世界的植物研究与展示中心。然而，1820年以后，随着班克斯和乔治三世的先后去世，这座植物园也一度陷入困境。直到1840年英国王室把邱园及附近的80hm^{2}土地捐给国家，才使邱园得到了复兴。

1841年，威廉·胡克（William Hooker, 1785—1865）被官方正式任命为皇家植物园园长，由于他是第一任正式园长，因此人们便将这一年视为皇家植物园的创立时间。在胡克任职期间，园内新建了博物馆、经济作物研究所、草本展览室等展室和机构。

1844—1848年间，由建筑师伯顿负责，在园中兴建了一座棕榈温室（Palm House），采用了钢结构框架和玻璃外墙，成为这座植物园的标志性建筑，也是幸存下来的维多利亚时代的钢结构玻璃幕墙建筑中最重要的一座。

棕榈温室中还展示着作为战利品，从智利运来的一株蜜棕榈，它高逾20m，被看作是世界上最高的温室植物。虽然已在温室中生长了160年，但依旧汁甜如蜜。棕榈温室作为棕榈科植物的多功能展示中心，有着与热带雨林相似的人工气候条件，按照非洲、美洲和澳洲植物分区，展示着974个植物品种。其中约有1/4属于濒危物种，有热带地区棕榈类植物的活化石之称。在棕榈温室的地下室还有一个海洋生物陈列室，模拟了自然中4类重要的海洋环境，展示着鱼类、珊瑚等各种海洋生物。

1852年，在棕榈温室附近，为了栽培王莲而专门兴建了睡莲温室（Water Lily House），面积226m^2，展示了86个水生植物品种。由于栽种的植物生长不良，这座建筑在1866年改为经济植物馆，用来栽培各种药用和食用植物。直到1991年又恢复原功能，主要展示热带水生植物，因而也是园中气候最为湿热的温室。

1853年，为了存储700万份馆藏的植物标本，兴建了一座标本馆，藏品包含了全球近98%的植物属，35万份是模式标本。1879年建成真菌标本馆，收集了80万份真菌标本，其中35万份是模式标本，成为全世界真菌学家的学术交流中心。

由伯顿设计的温带植物温室（Temperate House）面积达4880m^2，是棕榈温室的两倍。它不仅是邱园中规模最大的温室，而且曾经是世界上最大的植物温室，也是现存最大的维多利亚时代钢结构玻璃建筑，在1859—1863年，以及1895—1897年，分两个阶段建成。温带植物温室中展示了1666个亚热带植物品种，并按照地理分布进行布局，在北翼和北边的八角亭中分别展示亚洲温带植物和澳洲及太平洋岛屿植物；在南翼和南边的八角亭中，分别展示南地中海及非洲植物和南非石楠属植物及山龙眼科植物；展厅中部用来展示高大的亚热带树木和棕榈植物。许多有重要经济价值的植物，如茶和柑橘类植物等，也在这个温室中展示。

此后，随着植物园的知名度和重要性不断增加，得到捐赠的土地也陆续增加，规模得以不断扩大。到1902年，这座皇家植物园已发展到现在的规模，园区总面积约达到120hm^2，收集了来自英国和世界各地的4万多个植物品种。

由于该园是在近两个世纪当中逐渐增建完成的，客观上难以形成统一而完整的布局。后来又主要是作为植物园来建设的，展示植物的各类场馆和园区就成为全园的主体。因此，该园最终形成了以各个时期的建筑、温室、展馆为局部核心的多中心式布局。围绕着各类建筑，布置自然式水面和大片的疏林草地，点缀着树林、树丛和姿态优美的孤立树，体现出典型的植物园空间特征。随着收集的植物品种不断增多，园中还兴建了丰富多彩的植物专类园，如月季园、岩石园等，也是构成植物园的典型要素之一。

邱宫（Kew House）是邱园最早的中心，附近有一座近年重新修复的规则式小庭院，矩形水池结合整齐的绿篱和成排的雕塑，形成封闭的院落空间，是英国伊丽莎白时代造园风格的反映。

棕榈温室现在是全园中心，也是最吸引人的地方，周围是园路、湖岸、花坛、雕塑组成的规则式花园。棕榈温室的西边是一条空间开阔深远的视景线，尽端耸立着中国塔。一长串的湖泊和湖心岛，使空间显得更加幽静而深邃；湖中嬉戏着大雁、野鸭、天鹅等水禽，又使这里显得生趣盎然。它东边的湖泊则采用了自然式，环湖园路随着水岸线曲折迂回，舒缓的草地渐渐没入水中。湖中装点着雕塑、喷泉，湖边种植着成丛成簇的水生、湿生或沼生植物，自然式景色中点缀着规则式小景。在湖泊的南岸还有一对中国石狮子，传为圆明园的遗物，成为英帝国主义侵略中国的见证。

邱园兼具一流的植物园和杰出的公园这一双重特性。它是世界上最著名的植物园之一，也是世界上收集植物品种最为丰富的植物园，在植物研究方面同样占据着国际性权威地位，是植物学家们倾心向往的世界植物研究中心。园内有展示全球不同气候带的植物物种的各类温室，它的进化馆、美术馆、木材博物馆、禾本园同样闻名于世。进化馆是一个精美的小型建筑群，用于展示地球上植物的进化过程；美术馆是展示以植物为主题的图片和艺术品的场所；木材博物馆展示了各种纸张的制作加工过程，还有嵌入式木质家具的样品；禾本园中收集的禾本科植物超过600个品种。可见，邱园是一个集收藏、科研、科普、展示于一体的综合性植物园。

邱园还向人们展示了精湛的造园技艺，体现出英国园林各个发展阶段的历史特征。借助"中国塔"和"废墟"等历史遗迹的影响，它在世界园林发展史上也占据着重要地位。它还是英国著名的旅游胜地，每年都有数百万游客来此参观游览，并被联合国教科文组织列为世界文化遗产。

不同的历史时期，不同的建设目标，形成邱园极其独特的公园景色。王后卡洛琳依湖而建的夏宫，成为美丽精致的园林建筑。钱伯斯兴建的"中国塔"，则是邱园最易识别的标志性建筑。一系列温室的建造，使身处高纬度地区的英国人能够欣赏到世界各地丰富多彩的植物景观，成为公众参观游览的重点。

同时，经过两个多世纪的建设与发展，参天大树在园中随处可见。来自世界各地的树木，如欧洲七叶树、椴树、山毛榉、雪松、冷杉，以及来自中国的银杏、白皮松、珙桐、鹅掌楸等，在邱园开阔的空间里茁壮成长。高大的形体，丰满的树冠，舒展的姿态，反映出邱园悠久的历史，散发出古老园林独有的魅力。

精心管理的草坪、地被，也为邱园增色许多。在温和湿润的气候条件下，草地成为园林中的重要元素。草地绿草如茵，将各类乔灌木和花草衬托得更加鲜艳夺目。游人们在柔软的草地上或坐或躺、或漫步或运动，勾勒出一派悠闲自得的公园氛围。

（9）塞弗顿公园（Sefton Park, Liverpool）

塞弗顿公园坐落在利物浦南面的郊区托迪斯（Toxteth），占地面积约 80hm²，是英国由地方政府兴建的规模最大的城市公园。

托迪斯早先是一片广袤无垠的乡村，19世纪初划归利物浦市以后，人口迅速增长，住宅极度扩张。到19世纪60年代，连排平房的发展导致城市变得拥挤不堪。1862年，负责该地区发展的工程师詹姆士·纽兰（James Newlands, 1813—1871）建议兴建一座公园，以阻止连排平房的进一步扩张。1864年议会授权市政府贷款购置土地，筹建几座公园，塞弗顿公园便是这项筹建计划中最大的城市公园。

1867年，利物浦市政府从塞弗顿公爵（the 5ᵗʰ Earl of Sefton, 1867—1901）的手中收购了约 156.6 hm² 的土地，计划利用周边的土地开发独立式住宅和公寓，当中建设一座新公园，开发用地出售后获得的利润用做公园的建设资金。19世纪初，钢铁商人亚特斯（Richard Vaughn Yates, 1892—1917）在托迪斯兴建的王子公园（Princes Park），就曾采取了个人风险投资的地产开发模式。

在获取这片土地的同时，市政府组织了新公园建设的公开设计招标。结果法国著名风景园林师爱德华·安德烈（Edouard André, 1840—1922）的设计方案脱颖而出，他以典型的法国第二帝国①时期的园林风格，设计了一座折中式风景园，带有一个板球场和可供划船、垂钓等娱乐活动的人工湖。曾在伯肯海德公园和王子公园中设计过大门、小桥和建筑的当地建筑师霍恩布洛尔（Louis Hornblower），负责塞弗顿公园中的建筑和设施设计。

安德烈借用当时法国城市公园的设计手法，在塞弗顿公园塑造了起伏的地形，配以线形流畅的曲线形园路，布置了大量的适合当时公众品味的景点。从最初的设计图中可以看出，园内有板球场、棒球草坪和射箭场等运动设施；有鸟园、凉亭、夏宫、天鹅小屋、铁艺喷泉、羊圈等游乐设施，甚至还设计了一座鹿苑；还有供聚会喝茶的凉亭、音乐厅和餐厅等服务设施。

最初的设计方案部分得到实施，如板球场的种植及假山工程，但是大部分出于造价的原因，不得不作出重大改动，使造价降低了40%。开挖的溪流非常巧妙地将场地中原有的上、下两条溪流连接在一起，并利用自然山谷汇溪成湖。最大的人工湖面积超过 2hm²，可供游人在湖上泛舟。湖岸正对着著名的奥特斯普尔滨河散步道（Otterspool Promenade）的地方，还兴建了游船码头和船坞。

1872年，塞弗顿公园兴建完成并正式对公众开放。此后，公园还在进一步建设完善。公园大门的圆柱是从圣·乔治礼堂（St. Georges Hall）上拆下来的，当时为了兴建大行政厅（Great Organ）这座全球最大的行政办公建筑，将圣·乔治礼堂拆除了。1873年，在公园上游溪流穿过的仙女峡谷（Fairy Glen）前方，兴建了一座大铁桥（Iron Bridge），曾经是维多利亚时期风靡一时的群众聚会场所。

公园周边地块中的独立式住宅建设也在继续，到1882年共建成了50栋独立式住宅和别墅；直

---

① 法国第二帝国：波拿巴家族的路易·拿破仑·波拿巴在法国建立的君主制政权（1852—1870年）。

到1890年，公园四周都有大量的独立式住宅如雨后春笋般涌现出来。然而这些房屋完全是由业主自行建造的，他们将原先的设计改得面目全非，各行其是的建筑，也使得公园的城市背景十分杂乱。很多房屋后来被拆毁，或者改造成公寓、旅馆、疗养院等。

1896年，亚特斯的外孙汤普森（Henry Yates Thompson，1838—1929）向利物浦市赠送了一座温室，放在了塞弗顿公园。这座"棕榈温室"（Palm House）长、宽各30.5m，高25m，采用钢构架玻璃外墙，与水晶宫和邱园中的棕榈温室造型非常相像，并成为园中的标志性建筑，收藏了来自世界各地的棕榈科植物。

在温室的角落，还设有汤普森亲自选定的人物雕像，其中四座是库克、哥伦布、墨卡托及亨利王子等航海家及探险家雕像，还有四座是自然学家雕像，包括查尔斯·达尔文、卡尔·林奈（Carl von Linné，1707—1778）及药物学家约翰·帕金森，有意思的是勒诺特尔被列在第八位，作为对世界造园艺术产生深刻影响的造园家，其影响力和知名度其实仍无法与前七位相提并论。

公园中心古老的咖啡屋被保存下来，但与公园几乎同期开放的鸟笼后来被拆毁。附近还有一座富商奥德莱（George Audley）赠送的"小飞侠"皮特·潘雕铜像，也是由乔治·法拉普顿（Sir George Frampton，1860—1928）制作的。他一共制作了四个，分别在澳大利亚、加拿大、肯辛顿公园和塞弗顿公园。在1928年举行的捐赠仪式上，因法拉普顿已去世，便由皮特·潘的创作者巴里男爵（Sir Jemes Matthew Barrie，1860—1937）为公众揭幕。

这座令法国风景园林师们感到兴奋和自豪的公园，成为利物浦最著名的公园，也是当地居民最喜爱的游览地。每当春天来临，沿湖种植的数以百万计的水仙花盛开之时，满眼金黄，十分壮观，吸引了大量的居民和来自全国各地的游人。园中的风铃草也给游人留下了难忘的乡村印象。

7.5 法国城市公园

7.5.1 城市公园发展概况

18世纪末的法国大革命，在人类历史上留下了深刻的烙印，对19世纪园林艺术的发展也有着极为深远的影响。从19世纪下半叶起，园林艺术摆脱了私家园林的束缚，开始与城市中的各项工程紧密结合，成为合理的城市中不可或缺的组成部分。园林与城市的结合，不仅更新了传统的城市艺术，而且促进了园林艺术的进一步发展。

19世纪初，随着法兰西第一帝国的建立，尤其是随后的波旁王朝复辟，人们曾以为会出现有利于规则式园林复兴的社会环境。一方面，1804年拿破仑称帝后执行了一些旧制度，在讲究宫廷礼仪和排场方面丝毫不逊于旧王朝。另一方面，为了抵制同英国的贸易，拿破仑还加强了对欧洲大陆的封锁。因此，出于法兰西帝国的形象和皇帝本人的立场，人们有理由相信，法国将出现一场新的勒诺特尔式造园运动。然而，拿破仑的第一任妻子、皇后约瑟芬（Joséphine de Beauharnais，1763—1814）却对英国式园林偏爱有加，她要求按照浪漫式风景园林风格，在马尔迈松城堡（Chateau de Malmaison）中兴建一座林园。虽然这个园子由于不停地改来改去，最终效果差强人意，但是皇后的喜好必然影响到拿破仑本人，而且也为帝国的新兴贵族们定下了基调。

1814—1815年，波旁王朝复辟后，贵族豪绅们重新拥有了一度被剥夺的财富，许多被毁坏的庄园急需重建，一切又似乎都有利于规则式园林的复兴。但是，许多贵族豪绅此前都曾在英国避难，难免受到英国人的习俗和造园趣味的影响。同时，艰苦的流亡生活，也迫使他们学会了节俭度日，向往简朴的生活方式。他们中的一些人甚至还无法从过去的阴影中走出来。因此，即使过去的贵族豪绅们重新获得了财富，他们也不会在众目睽睽之下，重新展示华丽的规则式园林艺术和奢侈的贵族生活方式。

实际上，在波旁王朝复辟后不久，法国便出

现了一场小规模的风景式造园运动。从1816年起，建筑师杜福尔（Aurélien Dufour）开始对凡尔赛宫苑中的"帝王岛"（Ile Royale）丛林进行改造。到1818年，一座英国式林园代替了勒诺特尔的大型水镜面，名称也改为"国王花园"（Jardin du Roi）。

为了迎合这股风景式造园潮流，建筑师拉洛斯（Jacques Lalos）在1817年出版了《论绘画式林园和花园的构成》（De la Composition des Parcs et des Jardins Pittoresques）一书。两年后，加伯里埃尔·杜昂（Gabriel Thouin，1754—1829）的著作《各类园林的理性图集》（Plans Raisonnés de Toutes les Espèces de Jardins，1819）出版，并获得了极大的成功，在一定程度上使风景式造园潮流，迅速得到人们的认可。

在这本书里，杜昂建议人们将住宅建在全园的最高处，并将住宅四周完全处理成开敞的大草坪，从而开辟出几条以住宅为主的视点，富于变化的透视线，使园主能够在住宅中居高临下，观赏到一系列优美的景观画面。为了加强透视线的深远效果，杜昂要求以叶色深暗的树丛作为住宅的背景，突出建筑的轮廓线；随着人们的视线渐渐远去，树丛的色调应逐渐减弱；同时，杜昂还明智地建议，树丛应由同一树种组成，但树丛彼此之间可以出现变化。最后，杜昂主张在园子的周边布置环形园路，从而使游人觉得园林更加广阔；其他的园路也不宜反复无常地随意弯曲，应将游人引到确定的地方和有趣的景点。杜昂的观点在19世纪上半叶产生了很大的影响，他出版的图集成为当时人们的造园样板。

19世纪30年代，法国也开始工业革命。从1835—1844年，法国的工业增长超过了30%。工业革命促进了城市经济的发展，导致大量农村人口涌进城市。从1650—1750年的100年，首都巴黎的人口只是略有增加，从43万人提高到49万人。此后，巴黎的发展速度渐渐加快，大量的地产投机活动在巴黎掀起了一阵城市建设狂潮，短短的25年，近1/3的城区得到重建。到路易十六时期，人们便开始指责这座商业高度发达的城市尺度不再宜人，远离了自然和乡村；交通对行人构成威胁，中世纪城市拥有的协调与秩序遭到极大破坏。到18世纪末，巴黎市区的边界基本形成。

1801年，巴黎市区的人口约54.7万人。然而在随后的50年，市区人口几乎翻了一番，成为人口近百万的大都市。在1831—1836年，以及1841—1846年，巴黎人口的增长尤为迅速。此外，从巴黎工人的构成来看，在1780—1819年，产业工人只占工人总数的27%，到1820—1879年，这一比重扩大到43%；相反园艺工人的比重从41%下降到15%。原因是一方面随着封建王朝的倒台，园林维护行业急剧衰落；另一方面是城市建设与工业发展，导致产业工人大大增加。

1859年，巴黎周边的11个城镇划归巴黎管辖，巴黎也由11个区增加到20个区。到1861年，巴黎的市区人口已达到153.8万人，郊区的人口也在迅速增加，总人口接近了170万人。随着人口的增加，巴黎的规模又进一步扩大。路易十六时期巴黎的总面积为3300km^2，到第二帝国时期已扩大到7802km^2。

由于巴黎的自然条件极为优越，巴黎盆地占国土面积的1/4以上，是法国最广阔、最富庶的地区。这里河流纵横，河运便利，塞纳河及支流约纳河、马恩河、瓦兹河等河流从境内穿过。因此自古以来，巴黎就是法国的一个独特而重要的城市，巴黎的发展与法国的历史有着密不可分的联系。

自巴黎成为法国的首都以来，历代王室和贵族对巴黎的建设始终未曾停止过。在路易十四将朝廷移到凡尔赛后，巴黎的工业发展得到很大的空间。

七月王朝时期（1830—1848），巴黎作为法国修建的铁路网的中心城市，相继兴建了六个大型火车站。市政当局更加注重改善城市的卫生状况和市容市貌，修建了庞大的地下排水管网，翻修并拓宽了一些城市街道。

自奥古斯都兴建罗马城以来，欧洲的历代君主都有美化首都的想法。亨利四世在巴黎兴建了孚日广场（Place des Vosges）；路易十六时期兴建了汪多姆广场（Place Vendome），并将塞纳河右岸建成观光大道，勒诺特尔改建杜勒里宫花园时，在西边开辟了百米宽的林荫大道；路易十五时期在林荫大道的基础上修建了协和广场（Place de la Concorde）、香榭丽舍大道（Avene des Champs-Élyesées）等。此外，几乎历代国王都在巴黎留下了一些著名的纪念性建筑。

到18世纪中叶，仅仅在城市中兴建一些纪念性建筑，已经远远不能满足城市发展的需要。为了提升巴黎的城市形象，大规模的改造工程势在必行。圣西门（Henri Saint-Simon, 1760—1825）曾在主办的《全球》杂志上提出了具体的贫民区整治和城市重建的庞大计划。1739年，伏尔泰曾对普鲁士王子弗里德里克表达了自己对巴黎每年燃放烟花，浪费大量金钱的反感，认为当务之急是多建公园、喷泉、市场。10年后，伏尔泰写了一篇"关于巴黎的美化"的文章，感叹巴黎缺少公共空间，"市中心永远是黑暗狭窄的，令人恶心……市场建在市中心狭窄的路上，肮脏、疾病流行，这一切都是无序的环境造成的。"他认为市中心要有足够的空间，要清泉长流；狭窄的街道必须拓宽。

在法国大革命时期，艺术委员会曾提交了一份十分细致的城市美化和卫生计划。在路易·菲利浦时期，开始实施艺术委员会的计划，这也是首次对巴黎老城进行的改造，但是大部分工程直到拿破仑一世时期才完成。

1798年，拿破仑将军野心勃勃地宣称："如果我控制了法国，不仅要使巴黎成为现在最美的城市……而且将来也要是最美的城市。"拿破仑执政后，开始改造并兴建了几条通衢大道；重修并延长了塞纳河两岸的景观大道，还在塞纳河上修了4座大桥；城市中心建了许多公共建筑，老城的大量棚屋被拆除，代之以宽敞的街道。1839年，拿破仑三世路易·波拿巴（Louis Napoleon Bonaparte, 1808—1873, Napoleon Ⅲ, 1852—1870）在《拿破仑叔叔》（Oncle Napoléon）一书中，极力赞扬拿破仑对巴黎建设的贡献。

1836和1840年，路易·波拿巴两度图谋法国皇位均告失败，后来逃往英国避难。此时，英国的城市正处于人口高速增长期，城市交通、环境卫生、疾病流行等问题严重困扰着英国社会。1842年，英国卫生改革先驱查德威克爵士（Sir Edwin Chadwick, 1800—1890）发表了一篇名为《英国劳动阶级的卫生状况》（The Sanitary Conditions of the Labouring Classes in Great Britain）的总报告，着力论述了过度拥挤的生活环境、人类粪便的不当处理，同痢疾、霍乱和斑疹伤寒等疾病有着极大的关系，并提议建立先进的下水道系统来缓解这一问题。1848年的霍乱爆发后，伦敦政府根据查德维克的报告书，制定了《公共卫生法案》（Public Health Act）。

路易·波拿巴爱好建筑，自称是建筑师，十分了解英国的城市发展状况。自17世纪起，英国就出现了一种新的居住区模式。当时的地主们将领地分割成小块的建设用地，并在住宅周围布置绿地，这是人们寻求园林与城市建筑相结合所做的最早尝试。在1830—1860年，英国贵族的街区中出现了大量绿地，树木形成一道屏障，遮挡了破落不堪的旧街区，阻隔了贫困街区散发的浊气。1850年，风景园林师苏罗伯爵（Palu de Lavenne, Comte de Choulot, 1794—1864）接受帕鲁（Alphonse Pallu, 1808—1880）的委托，开始在伊夫琳省维西奈市（Vesinet）兴建被称为"花园新村"（Cité-jardin）的新型居住区。

拿破仑三世登上皇位后，积极推进巴黎的现代化建设。受圣西门主义思想的影响，他将公共设施建设看作是拯救颓废城市的灵丹妙药。此时，伦敦公共设施的发展比巴黎超前了近半个世纪，伦敦大量的公园和街头小游园给他留下了深刻的印象。而巴黎当时仅有为数不多的几座大型园林，总面积只有100hm^2，而且这些古老的园林只有在园主同意时才对公众开放。拿破仑三世意识到，在巴黎这个人口近百万的大都市中，必须预留出大量的开放空间和公园建设用地。

1852年，拿破仑三世实地考察了巴黎西边的布劳涅林苑（Bois de Boulogne），要求将这片占地873 hm^{2}的林地改造成英国式林园。他指示随行的官员们："这里必须有一条河流，就像海德公园那样，让人们有休闲的地方。"于是由建筑师雅克·伊格纳茨·伊托夫（Jacques Ignace Hittorff,1792—1867）和园林师路易·苏尔皮斯·瓦莱（Louis Sulpice Varé,1803—1883）开始了布劳涅林苑的整治工程。

同时，拿破仑三世还亲自在巴黎地图上，勾画他对城市改造的设想。首先要从整体上更新巴黎的道路系统，以适应不断发展的交通需要；同时要根除贫民区阴暗潮湿的环境状况，消除那里的浊气和污染；然而在此基础上实行城市美化工程，让巴黎成为真正意义上的魅力城市。

为了使这个宏大的计划能够付诸实施，1853年6月29日，拿破仑三世任命乔治·欧仁，后来的奥斯曼男爵（Georges Eugene, Baron Haussmann, 1809—1891）为塞纳省省长，并承担改造巴黎的重任。

奥斯曼采取拓宽街道、建设林荫大道、重建沿街建筑、构筑桥梁等措施，对巴黎的城市交通和市容进行全面彻底的改造。此外，为了防止城市污水对塞纳河造成污染，他还兴建了庞大的下水道系统；为了美化城市，体现第二帝国的精神，他在巴黎兴建了大量的喷泉。奥斯曼还预见拓宽城市道路，必将使很大一部分私家园林毁于一旦；作为补偿，要促进公共园林在街道上的发展。因此，园林开始与巴黎改造中的各类工程联系在一起，并成为所有大型工程不可或缺的一部分。

拥有大量城市公园和街头小游园的伦敦，无疑是巴黎改造时借鉴的样板。然而，伦敦的公园大多是由过去的皇家园林改造而成，规模虽大但布局不均，缺乏连续与和谐的特点。因此，拿破仑三世与奥斯曼决定，首先沿着城市主干道，尤其是在居民最集中的街区附近，兴建遍布于全城的街头小游园；然后在城市的边缘地带，再兴建几座大型公园。

最初负责布劳涅林苑建设的园林师瓦莱，按照拿破仑三世的旨意，在园中开挖了一个类似海德公园中"蛇形湖"的大型湖泊。但是由于瓦莱在竖向设计上出现了差错，导致局部湖岸标高低于水面，因此被奥斯曼免去了职务。随后由道桥工程师阿道夫·阿尔方（Jean Charles Adolphe Alphand, 1817—1891）负责布劳涅林苑的整治工程。

在阿尔方与他的合作者们极其成功地弥补了瓦莱的失误之后，奥斯曼根据阿尔方的意愿，在市政府中设置了名为"散步道与绿化处"的机构，并由阿尔方负责，掌管与城市道路有关的各类工程的设计与施工，包括巴黎原有的或新建的、开放的或封闭的纪念性广场、小游园与散步场所，以及类似于散步道的公共道路等。

从拿破仑三世对英国的怀旧感，以及圣西门主义（Saint-Simon）[①]思想的影响中，阿尔方意识到更新城市公共空间的时机已经来临。他要求建筑师加伯里埃尔·达维武（Jean-Antoine-Gabriel Davioud, 1824—1881）负责将风景园林中的"点缀性建筑物"带出围墙，以"城市家具"的名义在公共道路上大量使用。同时，他还任命巴里叶·德尚（Barillet Deschamps, 1824—1873）为巴黎的"总造园师"，负责将当时还限于私人建设领域的园林艺术带入城市公共空间，并使之与城市环境相适应。为此，人们将阿尔方和巴里叶·德尚看作是"城市园林师"的开拓者。

更新城市公共空间，被看作是重振巴黎几个世纪以来颓废街区的重要手段。植物与城市干道相结合，不仅创造出风景如画的林荫道景观，而且与沿街新建筑一起，构成了城市中的屏障，遮挡了有碍观瞻但尚未拆除的旧街区。道路旁的小游园，既弥补了城市道路中绿地的不足，又起到防尘和隔离噪声的作用，同时为居民提供了便利的休憩场所。

从1853年起，巴黎的公共空间在数量上迅速增加，在功能和装饰手法上也出现了新的变化。植物成为公共空间的主要构成元素，并起到很好的装饰作用。一方面，植物将公共空间进一步细分为各类专用空间，如供车辆行驶的交通空间、

---

① 圣西门主义思想：法国空想社会主义者圣西门（Saint-Simon, 1760—1825）提出的思想观点，主张科学家替代牧师的社会地位。

供人们行走的步行空间以及供游人休憩的活动空间；另一方面，在过于宽阔的道路上或者交叉路口上种植的树木，不仅限定了空间的范围，构成了明确的空间形状，而且有助于引导空间的方向。

从 1853—1870 年的 17 年，巴黎市区一共种植了超过 10 万棵树木。纵横交错的林荫大道，形成连续的"绿荫走廊"，体现出阿尔方强调的"林荫道系统"的概念。在布劳涅林苑中更新了 20 万株树木，一座真正的林苑出现在人们面前。香榭丽舍大道上的小游园也被整治一新。1860 年前后，在巴黎的西北、东北和南部，分别兴建了蒙梭公园（Parc Monceaux）、肖蒙山丘公园（Parc de Buttes Chaumouts）和蒙苏里公园（Parc Montsourie）三座大型公园。巴黎东边占地 920hm² 的万森纳林苑（Bois de Vincennes），被改造成主要为大众服务的公园，开挖了蜿蜒的河流与湖泊，形式同布劳涅林苑如出一辙。

为了迎合拿破仑三世的喜好，这些公园绿地都采用了英国风景式造园样式。在布劳涅林苑中，除了两条主干道以外，所有的园路都被改成蜿蜒的流线型。草坪、树丛、河流、瀑布、岩洞及假山构成了公园的主景，配合以曲折的园路，点缀着一些建筑物。无论是公园的整体构图，还是园路的线型、草坪和树丛的搭配、地形的塑造、观赏植物的选择，以及装饰的花卉等细部处理，都有着强烈的艺术感染力，使人们在优美的"自然"环境中流连忘返。

这些园林都是由巴里叶·德尚主持设计并建造的，表现出高超的造园技艺和一些个性化的造园手法。巴里叶·德尚认为："公园中的草地应尽可能地广阔，并利用孤植树、树丛或树林构成一系列的透视线，使游人在园中能够欣赏到不同的景观画面。地形设计应自然起伏，千万不可僵硬，并在巧妙选择的转折处渐渐消失。要打破斜坡单调和平均的感觉，在坡上每隔一段距离就要形成一些略有起伏的小山丘，并以孤植或三五成丛的方式种植珍稀树木。"

在 19 世纪的法国园林师当中，巴里叶·德尚的弟子瓦谢罗（Jules Vacherot，1862—1925），也是很重要的人物之一。但是他留给后人的只有一本在 1869 年出版的有关造园思想的著作，其影响主要来自与合作者们共同完成的作品。在瓦谢罗的合作者当中，最著名的是爱德华·安德烈（Edouard André，1840—1922），在 19 世纪后期成为法国造园界的领军人物，他的作品丰富，有着广泛而深远的影响。尤其是在利物浦塞弗顿公园国际性方案竞标中的脱颖而出，在法国园林界激起了极大的反响。英国风景式造园传入法国还不到一个世纪，法国造园家就能够战胜众多的竞争者，被选中向风景式造园的创始者们传授风景式造园艺术，这一事件本身就让法国人感到欢欣鼓舞。塞佛通公园被人们看作是"充满法兰西第二帝国的时代特征，并对巴黎园林的风格产生有利影响的作品"。

安德烈较少受到当时流行的形式主义的影响，而是更加关注如何使园林与环境相适应。人们评价安德烈"在与风景式造园运动紧密相连的同时，也采用了一些规则式园林的造园手法，在园林中布置花卉花坛，表明他在其他探索者之前，就走向了规则式园林的革新运动"。

安德烈本人认为，"我们正处于一个要净化公众兴趣的时代。在这个时代中，最好的园林创作应该是艺术与自然、建筑与风景的紧密结合，在公园中的宫殿、城堡、纪念性建筑四周，应根据建筑和几何的规则来处理，并逐渐向远处过渡，自然景色在远处才能起统帅作用，这是未来的造园家们要努力做到的"。安德烈又回到了园林是建筑与自然之间过渡空间的观点，表明折中式园林此时正在渐渐兴起。

这一时期，法国园林界的代表性人物还有欧仁和德尼·布莱（Eugène Bühler & Denis Bühler，1822—？）兄弟俩。他们的著作在当时影响十分广泛，常常为人们所引用。在处理曲线形园路的协调性和植物配置方面，体现出高超的技艺，其作品有着视野宽阔的特点。他们的代表作是 1856 年开始在里昂兴建的"金头公园"（Parc de la Tête-d'Or），该园占地面积近 117hm²，是在罗纳河冲积形成的干涸河滩上建造的风景式园林。园林溪流环绕，景色优美宜人，是一个令人赏心悦目的休闲场所。

7.5.2 巴黎城市美化的意义

一个多世纪以来，人们对拿破仑三世的巴黎美化工程褒贬不一。但是，由此而诞生了一个新型的城市，却是不争的事实。尤其值得我们学习和借鉴的，是园林艺术在新型城市建设中所起到的积极作用。拿破仑三世的设想，其实是借鉴勒诺特尔式园林格局，改造自发形成的蜿蜒曲折的中世纪城市；同时吸收英国园林中的自然主义思想，将自然引入城市，在改善城市环境的同时，为居民提供休闲娱乐场所。与空想社会主义者罗伯特·欧文（Robert Owen，1771—1858）、埃蒂耶纳·卡贝（Etienne Cabet，1788—1856）等人提出的理想城市模式和棋盘式城市格局如出一辙。

阿尔方本人一再强调："无论风景式还是规则式构图，都有许多值得我们学习、研究和借鉴的地方，有助于产生新的艺术美"。在他与合作者的积极努力下，园林艺术在城市公共领域得到了极大的发展。园林与城市的融合，使人们认为找到了古代城市"合理的"取代方式，而城市公园具有的"公共的和供大众休憩的特性"，不仅使园林艺术本身变得更加丰富多彩，而且促进了城市规划学在19世纪末的诞生。

阿尔方设想的理想城市，就是要在规划上和指标上，将园林看作是城市发展和维持平衡所必备的多功能设施。园林既是新型街区所必备的附属设施之一，也是街区进一步发展所必需的预留空间。园林赋予城市大量的自然气息，使城市具有多样性外观，从而促进了传统城市的解体。

阿尔方负责的工程几乎涵盖了城市中的各个方面。在各类工程中，阿尔方始终坚持将形式与技术、功能与实用相结合的原则。他从"系统"的观念出发，将各种设计要素，按照城市整体风貌的要求布置成"体系"。同时阿尔方将风景园林看作是一种地理景观，按照地理特征来给风景园林定位，使风景园林合理地分布于城市中，并保持相互之间的联系，构成一个不可分割的地域性整体。

对于布劳涅林苑和万森纳林苑这类城市边缘的特大型公园，为了避免对城市交通造成不利影响，或者过于精细的园林景观与城市环境难以协调，阿尔方采取了开放式的园林模式，一方面将城市道路引入园中，另一方面在园中布置大量的娱乐和服务建筑。

为了使"自然"景观与城市相融合，阿尔方坚持将园林向街道和建筑敞开，一方面使居民能欣赏到园林中优美的景色；另一方面行人透过栅栏，就能够欣赏到街头小游园中的景观；在蒙梭公园中，住宅楼在视觉上成为公园的一部分，周围的豪华宾馆和别墅也不再隐藏在高大的石墙背后，而是采用栅栏以起到维护作用，公园成为向周围建筑开敞的大橱窗。

在城市周边公园中的游人，也能望见城市中著名的纪念性建筑。在肖蒙山丘公园中，人们站在小山丘之巅的西比勒庙宇中，就能眺望美丽的巴黎全景。瓦谢罗将这种园林与城市、城市与园林之间，借助视线联系起来的手法称为"纳入"："总之，纳入是一种艺术，就是要将某个构图的整体或主要部分收入眼中，使人们觉得视线所及都是园内的一部分。"实际上"纳入"与中国造园家所说的"借景"一脉相承，只不过彼此感兴趣的景物有所不同而已。

此外，阿尔方还延续了雷普顿和平克勒等人的设计手法，采用各种方式并精心选择周边环境，以增强公园的"感染力"。他要求将"园外所有的景物，无论具有何种价值，都要纳入公园之中，从而使公园的边界消失"。蒙苏里和肖蒙山丘公园，都是以城市中低平的建筑为背景，并种植大量树丛作为公园的前景；然后运用舞台背景式的设计手法，将城市中的标志性建筑借入园中，并成为公园最引人入胜的景点之一。

阿尔方还希望在"住宅的周围环境中，利用台地和种植等人工手段，使环绕或穿越的道路或铁路，也成为园林景色的组成部分"。并尽量利用"从公园周边穿过的火车、车辆、行人，共同构成热烈的园林气氛"，反映出"设计师将似乎不可救药的遗憾，转变成新的装饰景物的能力"。在蒙苏里公园和肖蒙山丘公园中，人们便能够感受到铁路景观带来的巨大魅力。这种做法既扩大了人们对景物的认识，又为道路工程师的工作提供了便利。

阿尔方出于"对自然的情感和喜好，创造出更加合理的现代社会形式"。他努力将市政工程设施进行艺术化处理，使其与城市的整体景观相协调；他努力将工程技术与园林艺术相结合的手法，成为基础设施建设的主导模式。他努力提高工业产品的质量和造型，因此被人们认为是"工业艺术品"真正的开发商。他在城市中"大范围地建设"公共散步道，目的不仅是要提高城市园林的面积和数量，而且是要使城市园林各具特色并循环互补，成为和谐的整体。因此，人们将阿尔方营造的"园林式"林荫道，看作是美国城市中"公园式道路（Parkways）"的雏形；"散步道网络"又在美国演变成"城市公园系统"。

阿尔方的主要功绩，在于他吸取了园林艺术的惯用手法，以园林的多变性，取代城市中的混乱。为了打破新建筑的单调感觉，他又在新建筑前巧妙地开创了一种"建筑式园林景观"，既不妨碍城市中广袤的透视线，又可以分散行人的注意力，并赋予城市以各种情感、方向感和自然气息。为了改变新街区的单调感，他还将各个街区中的树木种类加以区分，既有助于提高新街区的识别性，又符合园林式街区的景观要求，同时，将新街区组织成一个既变化又统一的整体。

直到19世纪末卡米罗·西特（Camillo Sitte, 1843—1903）和新艺术运动（Art Nouveau）出现之后，"园林式建筑景观"才被人们所普遍接受，并被看作是取代旧城市的积极的表现方式。到19世纪90年代，城市改造才真正被要求摆脱建筑的束缚，形成富有变化的城市景观，并且随着"自然形成"设计观念的盛行，城市设计成为一种"能够让人领会并反映人们想象力的创作题材。"阿尔方与其合作者们营造的"自然"景观，一方面为城市摆脱传统形象作出了贡献，另一方面为城市居民提供了放飞心灵的场所。

城市中大量园林的出现，似乎使人们看到了和平安宁的未来，朴实无华的植物，装扮了曾经破败不堪的城市，填补了城市中的缺口，隔离了城市中的危险设施，突出了城市中的纪念性建筑，丰富并充实了城市道路景观。在统治者的推动下和阿尔方的努力下，园林艺术的社会和地域内涵都得到扩大。园林建设从过去以私家为主的私人营造领域，发展成主要由国家兴建的公共建设范畴。到1872年，人们已经意识到："在不久的将来，城市中的大型园林将完全属于公众了，这是体现现代精神和社会进步最典型的方面之一。"

大量城市公园的出现，也使城市居民感受到一种过去在乡村才会有的生活方式，为此还出现了将乡村改造成为市民的"天然公园"的设想。

城市中的园林，不仅是"城市及道路中不可或缺的附属设施"，而且是"城市中循环送风的换风扇"。布置在纵横交错的林荫大道上的街头小游园，如同周围密集的住宅楼的"风道"。不仅如此，过去人们要想沐浴阳光、呼吸新鲜空气，就要去很远的散步场所，甚至要跑到巴黎城外；而现在巴黎市民在几乎遍及全城的公园里，就可以享受到这些。在新巴黎这座"绿色城市"中，分散在城市各处，并与林荫大道密切联系的街头小游园，与那些大型公园相比，更能反映出城市与自然之间错综复杂的关系。几乎随处可见的街头小游园，就像是"碎片状的公园"，为附近的居民提供了充足的阳光和新鲜空气。

巴黎的街头小游园，实际已成为城市中的"绿色沙龙"或"避难所"，其作用如同豪华住宅中的阳台花园，既美观大方，又可聚亲会友。阿尔方的意图，是以带状的行道树，和分散布置的片状树丛相结合，最终使植物遍及整个城市。半个世纪之后，城市规划师若塞利（Léon Jaussely, 1875—1932）希望将城市中植物空间和建筑空间所占的比重颠倒过来，"其结果将是几个世纪以来建造的石头或砖头构成的山丘消失，取而代之的是大量园林的出现"。到1932年，风景园林师居奥丹（A. Guy Otin）建议，在城市改建中只保留几个居住组团，以便在"城市边缘地带兴建彼此相距甚远的居住组团，并在组团之间兴建通衢大道、小游园和私家花园"。

城市公园还在社会和地域中起到溶合剂的作用,甚至被慈善家们和公共卫生专家们看作是劳动阶级的精神食粮。身为政治家和园林师的苏罗伯爵认为,园林艺术能够改革城市社会,使"富裕阶层的情趣更加高雅,使普通大众的行为更加文明……园林在某些人看来是奢侈,在其他人看来则是秩序与稳定"。

早在启蒙运动时期,人们就已经发现,在自然与社会、城市与乡村之间,存在着精神上的矛盾和文化上的互补,由此决定了居住环境中,自我封闭的休憩空间,和外向开敞的交流空间之间的比重变化。在19世纪的"城市园林师"将乡村引入城市之前,乡村就被英国风景园林师看作是如诗的风景,或如画的园林,对城市发展产生过积极影响。18世纪中叶以后,随着城市过度膨胀并远离自然,渐渐破坏了世界原有的秩序。到19世纪下半叶,风景园林师再次以"自然的"手法,将大自然引入城市,并使城市与真正的大自然保持一定的距离,为城市居民创造出一种新的生活方式。由园林师创造的"自然景观",将新城与旧城,不断更新的市民生活方式,以及已成为装饰物的古迹"表述"的历史融合在一起,形成一种过去的城市中不曾有的场所类型。

阿尔方等人借助完善的园林艺术,在巴黎创造出"资产阶级的乐园",将社会各阶层人士汇聚在一起。完善的设施、人工景观的魅力、简洁的装饰、设计巧妙的小径、令人遐想的私密活动空间、富有哲理性的园林景色等,使人们暂时忘却了周围的城市。"一个空气清新、宽敞明亮、一望无际的园林城市,给人以全新的感受",它完全取代了有害健康的旧城市。阿尔方将园林与城市相结合的尝试,使他与美国的风景园林师奥姆斯特德一道,被人们看作是19世纪最重要的城市园林的开拓者。

7.5.3　城市公园实例

(1) 马尔迈松城堡园 (Parc de Malmaison, Rueil-Malmaison)

1799年,拿破仑一世的皇后约瑟芬购置了占地726hm² 的马尔迈松地产,并打算利用其中的70hm² 土地兴建一座封闭的林园。1801—1802年,由建筑师查尔斯·佩西埃 (Charles Percier, 1764—1838) 和皮埃尔·封丹 (Pierre Fontaine, 1762—1853) 修筑了林园的围墙,以及马厩、侍卫亭、拴马桩和栅栏等设施,并在园中规划了一座植物园和一座动物园。

佩西埃和封丹在园中规划了可加温的温室,用做动物笼舍和鸟笼,但是由于该设计方案在约瑟芬看来过于古典,她便请来了有"英国园林教父"之称的莫莱尔 (Jean-Marie Morel, 1728—1810),由他负责这座大型温室的建设。莫莱尔还在园中兴建了瑞士山区的木屋,以及水塘边的3座房屋,分别用做奶牛场、乳品场和皇后特地从瑞士找来的牛倌夫妇的住屋。但是直到1805年,大温室才由建筑师简·托马斯·蒂博 (Jean Thomas Thibault, 1757—1826) 和巴泰勒米·维农 (Barthelemy Vignon, 1762—1828) 兴建完成,他们还在园中兴建了专门饲养美利努羊 (Merino) 的羊圈,一方面是为生产军服提供羊毛,另一方面以此作为帝国羊圈的样板。

后来接替建园工作的是路易斯-马丁·贝尔托 (Louis-Martin Berthault, 1771—1823),他对皇后的意图理解得最为透彻,因此得以在这里工作到1814年皇后去世。贝尔托全面改造了林园,兴建了"爱神庙" (Temple de l'Amour)、"忧郁的墓碑" (Monument Tumulaire à la Mélancolie)、来自枫丹白露的岩石堆砌的洞府,以及装饰海神尼普顿雕像的水池等景点。他还在城堡前开辟了大片的疏林草地,将原有的建筑物融入树林之中,并在城堡前形成开阔深远的透视线,体现出皇后期待已久的"风景式园林"风貌。草地中还有一条蜿蜒的河流穿过,一直通向大温室,局部扩大成可以划船的小湖。大温室是园内最高的建筑物,长有50m,可容纳5m高的乔灌木,在当时可算是超大规模的温室建筑了。温室采用了大面积的玻璃幕墙,冬季使用几个大煤炉供热。

皇后还在园中收集了许多珍稀植物,为了收藏那些外来植物又在园中兴建了温室。随着皇后对植物学的兴趣日渐浓厚，园中的植物种类不断增加，仅开花植物就有近 200 种，如紫玉兰、牡丹、木槿、山茶、大丽花等。在法国当时的园林中，难得见到这么丰富的植物种类。月季品种也有 250 个，或露地栽植成丛，或种在温室的容器中。1805 年，约瑟芬任命著名的插图画家埃尔-约瑟夫·雷杜特（Pierre-Ioseph Redoute, 1759—1840）为皇后的花卉画师，他绘制了 120 幅园中最美丽的植物插图，随《马尔迈松园林》（*Le Jardin de la Malmaison*）一书出版。

皇后对动物收藏有着同样浓厚的兴趣，她在园中又兴建温室，用来收藏像澳洲黑天鹅这样的珍稀动物。在当时，皇后的这座动物园在法国已经小有名气，收藏有来自欧洲、非洲、美洲及澳洲的各种动物，如鸵鸟、鸸鹋、袋鼠、猩猩、斑马等，还有以鹦鹉为主的各种鸟类。由于饲养动物既需要专业人员，又花费不菲，于是皇后在 1805 年将一些动物送给了博物馆，此后重新致力于植物学研究。然而，在皇后去世后不久，园中的许多珍稀植物就因管理不善陆续死亡了，726 hm² 的领地后来也被逐渐分割，林园只剩下现在的 6hm²。

（2）布劳涅林苑（Bois de Boulogne, Paris）

布劳涅林苑位于巴黎的西部，占地约 873hm²，相当于巴黎城区面积的 1/12。它与巴黎东部的万森纳林苑对称布置在城市两边，如同两片巨大的"绿肺"，在改善城市环境方面发挥着巨大作用。

这片以夏栎（*Quercus robur*）为主的林地，是被称为"卢弗莱"（Rouvray）的大森林的残留部分。在古罗马时期，巴黎还称作"吕岱斯"（Lutèce），它的整个西北部分完全被卢弗莱大森林覆盖。公元 7 世纪，法兰克国王奇尔德里克二世（Childéric Ⅱ，662—675 在位），将这片土地送给圣德尼修道院（Abbey of Saint-Denis），此后这里一直是寺院的领地。腓力二世从僧侣手中收买了大部分林地，用于兴建皇家狩猎场。1256 年，路易九世的妹妹伊莎贝尔（Isabelle de France, 1225—1270）在这里创办了隆尚修道院（Longchamp Abbey）。菲利普四世（Philippe Ⅳ，1268—1314，1285—1314 在位）时期，人们根据一座圣母院（Notre-Dame-de-Boulogne-le-Petit）的名称，把这里叫作"布劳涅森林"。

英法百年战争期间，布劳涅森林成为劫匪经常出没的地方。后来，路易十一在这里重新造林，并在林中开辟了两条路。文艺复兴时期，弗朗西斯一世建成马德里城堡（Château de Madrid）后，利用布劳涅森林举行庆祝活动，并大规模植树造林，重新引入游乐设施。在亨利二世和亨利三世（Henri Ⅲ，1551—1589，1574—1589 在位）时期，林地被封闭起来，兴建了高大的围墙，并开有八个出口。后来的历代君主都曾对马德里城堡和布劳涅森林进行过整治。亨利四世时期，园中还种植了 15 000 株黑莓，修建了一座用来养蚕的建筑物。

路易十四曾下令对这座皇家林苑进行改建，并打算利用包括布劳涅森林在内的皇家林木，为正在急速扩张的皇家海军建造船舶。与此同时，皇室收回了隆尚修道院的土地，开辟了直线型与星型相结合的园路体系。虽然关闭了对公众开放的隆尚修道院，这里还是吸引了很多巴黎人，成为一个高贵优雅和非常时尚的散步场所。

18 世纪初，在林苑中又兴建了大量的贵族休憩亭和"缪埃特庭院"（Cour à la Muette），设计风格反映出轻浮与虚荣的时代特征。法国大革命时期，园内的建筑都被改造、出售或拆毁，林地又成为不法分子和贫困潦倒之人的收容所。1815 年反法联盟的军队驻扎在这里，并摧毁了拿破仑一世修缮的工程。

1848 年，布劳涅森林被收归国有，并于 1852 年售予巴黎市。拿破仑三世要求将这里改造成英国式林园，开挖一座伦敦海德公园那样的"蛇形湖"。改造工程从 1852 年开始，直到 1860 年完成。在爱德华·安德烈看来，布劳涅林苑的整治任务十分艰巨："首先要将这里最令人失望的地形加以改造。森林几乎是一片平地，景观一点也不入画；缺乏起伏的地形，连绵不绝的矮树丛还遮闭了视线，显得既单调又贫乏；美观的树木稀少，笔直的小径夹峙着整形树木；土壤又贫瘠，不利于植物的生长。"

最初负责这项改造任务的园林师瓦莱对整体效果的把握相当出色，地形处理自然简洁，整体景观十分协调。然而，在植物群落的处理上，瓦莱的手法遭到了指责，他希望在林下开辟深远的透视线，产生令人兴奋的效果，但是许多树木难免要被砍伐。随后，在开挖大湖时，瓦莱犯下了更为严重的错误，由于竖向设计上的差错，导致湖泊西岸的标高低于水面，因而被淹没在水中。

阿尔方和巴里叶·德尚成功地弥补了瓦莱的失误，他们将湖泊西岸抬高，明显高出环湖园路，并在湖边种植松树丛，遮掩住一部分高起的湖岸。从湖西的园路望去，游人的视线与水面恰好处在同一个高度上，不仅显得湖泊更加辽阔深远，而且透过松林，湖面如同巨大的水镜面，将四周的景色很好地掩映其中。原本是一个失误，经过修改后却产生了奇特的效果，不了解内情的人还以为是有意设计成这样的呢！

随后，由阿尔方和巴里叶·德尚完成了布劳涅林苑的大部分工程。在1852—1855年，园内布置了草坪和蜿蜒的小径，除玛格丽特王后大道（Allée Reine Marguerite）和隆尚林荫道（Avenue Longchamp）之外，所有的园路都被改成流线形；又开挖了上、下两座湖泊，其间以一段瀑布相连，挖出的土方还堆筑了摩尔特玛特山丘（Butte Mortemart）。1855—1858年，在隆尚平原上兴建了一座跑马场；从下湖（Lac Inférieur）中流出的3条溪流为诺伊（Neuilly）、圣詹姆斯池塘（Saint James Ponds）和隆尚的瀑布提供了水源（图7-6）。园中增添了游乐场、休憩亭、木屋等游乐和休憩设施，兴建了普莱·加特兰（Pré Catelan）园和作为儿童游乐园的"物种驯化园"（Jardin d'Acclimatation）；补种了4000棵乔灌木，布置了大量的花卉，初步形成了现在人们看到的风貌。在壮观的"帝国林荫道"（Avenue de l' Impératrice）建成后，这座林苑从此向巴黎市民开放。由于布劳涅林苑的整治深受市民欢迎，奥斯曼主持的城市改造工程得以在巴黎全面展开。

爱德华·安德烈评价说，布劳涅林苑"是在一个完全令人感到忧郁的环境中，兴建的一个世纪以来欧洲最美妙的林园。处理的手法简洁明快：首先

图7-6　布劳涅林苑中的湖光景色

确定了林园的制高点，并在山丘下方挖湖取土，使小山丘的高度倍增；从山顶上开辟出五条宽阔的透视线，从而将园外最入画的景致借入园中。然后从湖泊的一端引出一条溪流，沿着斜坡蜿蜒流下，接着在隆尚平原的上方形成大瀑布，然后流入了塞纳河。最后将过去笔直的林荫道中最美观的几条保留下来，其余的改造成茂密的树林；沿着林园的周边开辟宽阔的散步道，将内部的园路连接在一起……"

如今，布劳涅林苑成为巴黎附近令人轻松愉快的休闲游乐场所。植被生长得非常茂盛，除了原有的栎树外，还种植了刺槐、樱桃、鹅耳枥、山毛榉、椴树、雪松、红杉、板栗、榆树等树种，并与大片的草坪相结合，形成富有变化的林地景观。园中有8km长的自行车道、29km长的骑马道和35km长的小径交织成的路网；林荫笼罩下的小径边点缀着休息亭台，散步的游人还时不时地与骑马者相遇。游人可以租辆自行车在园内畅游，或者租条小船在湖泊上泛舟，湖边还装点着溪流、瀑布、仿圆木小桥及布置巧妙的假山等英中式园林中常见的景点。大量的体育设施，如骑马道、游泳池、骑马俱乐部、体育场馆等，以及丰富的休闲设施，如跑马场、咖啡馆和餐馆、游乐场和野餐区，加上奥特耶（Auteuil）、巴加特尔和普莱·加特兰等园林中的温室和露天剧场，以及民俗艺术馆（Musée des Arts et Traditions Populaires）和"物种驯化游乐园"等文化设施，使这座林苑吸引着大量的巴黎市民前来游赏。

（3）巴加特尔公园（Parc de Bagatelle, Paris）

巴加特尔公园位于布劳涅林苑的西边，占地面积约24hm²。这座昔日的皇家园林，现在给巴黎市民留下深刻印象的却是园内举办的各种花卉展览，尤其是春季的球根花卉展和夏秋两季的月季花展。2个世纪以来，历代最杰出的园林师几乎都在这里工作过，他们共同营造了这个优美的园林作品。

1720年，埃斯泰公爵（Duke of Estree）在这里兴建了一座府邸，并于1772年转让给路易十六的弟弟、后来的查理十世阿图瓦伯爵（Comte of Artois, Charles X, 1757—1836, 1824—1830在位）。此时，埃斯泰公爵的府邸已很破旧了，于是阿图瓦伯爵将它完全拆毁了重建。

第二年，阿图瓦伯爵委托建筑师贝朗热和爱尔兰园林师布莱基兴建这座花园府邸。

布莱基在原先狭窄的规则式花园基础上，按照当时十分盛行的英中式园林风格兴建了一座花园。他将平坦的荒地，改造成略有起伏的地形，开辟了疏林草地，并在邻近布劳涅林苑的地方开挖了一条溪流，溪水汇聚成湖，湖边兴建了高大的岩石山、瀑布和洞府。园内还兴建了许多点缀性建筑物，如金字塔造型的"原始隐居地"、哥特式样的"哲学家小屋"、爱神亭等，以及帕拉迪奥式、中国式等小建筑和小桥，构成园中的视线焦点。两年后，这个园子初步建成。1780年，阿图瓦伯爵在园中举行了一次盛大的祝功会。

直到1789年法国大革命爆发前，这里一直是阿图瓦伯爵的财产，建设工程也始终没有停止过。此时的巴加特尔园已经非常有名了，吸引了大量的游客，建筑师贝朗热为此还设计了一个售票亭。

在法国大革命时期，这里被收归国有。七月王朝时期，路易·菲利普将它收为王室的财产。1835年，这里在成为英国艺术收藏家华莱士（Sir Richard Wallace, 1818—1890）的财产后，花园进一步向南、北方向扩展，增添了一个柑橘园，还有用于柑橘树越冬的古典式花房。同时，在柑橘园前方布置了一个几何形花坛，结合一年生花卉，形成典型的法国式"花地毯"（Tapis de Fteurs），即将10多种花卉混植在一个图形中并重复出现，从而构成一个色彩缤纷、纹理丰富、形状美观的鲜花地毯。柑橘园前的这个花坛每年采用新的色彩和植物组合，构成富有创造性的图案，令人赏心悦目。

园子的正北边还有菜园（Potager），又称"厨房园"（Kitchen Garden），为皇家游乐场带来了一丝乡村气息。园内展示的都是既美观又可食用的植物，种植在绿篱围合的植坛内，不仅整体的图案效果十分迷人，而且一年四季植物景色不断变化。菜园内分隔空间的栅栏，也采用了苹果和梨树修剪整形的树篱。

在1855—1860年，园子扩大到24hm²。风景园林师瓦莱对全园进行了改建，成为一座典型的拿破仑三世风格的浪漫式风景园，最初的园林构图受到了很大的改变。在园子东边的小山丘上，还兴建了一座中国式亭子，称为"皇后亭"（Kiosque de l' Imperatrice），从中可以欣赏到整个花园的景色，以及背景中的塞纳河河谷。

1905年，巴黎市政府购买下这个园子，并与布劳涅林苑合为一体。随后，巴黎市政府的公园与园林负责人弗里斯蒂埃（J. C. N. Forestier, 1861—1930）提议按照英国邱园的模式，将"这座优美的历史园林作为园艺新品种的收藏地"，一方面成为18~19世纪园林的风格与历史的见证，另一方面展示造园技艺和新的植物品种。

弗里斯蒂埃在园中兴建了一系列主题花园，按照植物种类分，有月季园、鸢尾园、牡丹园、睡莲园等，按照植物类型分，又有多年生植物园、攀缘植物园等。主题花园都采用了规则式构图，并从当时流行的艺术风格或流派中汲取设计灵感，追求园林的现代性。然而，这些完全不同的花园汇聚在一起，使巴加特尔园成为一个不折不扣的折中主义园林。

与此同时，月季栽培专家格拉乌罗（Jules Gravereaux, 1844—1916）根据安德烈的设计，在巴黎近郊兴建了拉耶月季园（Haye les Roses），该园建成后吸引了大量的游人。于是，弗里斯蒂埃决定在巴加特尔园中也兴建一座月季园。他在柑橘园的南边，兴建了一个平坦的规则式月季园，展示灌木、攀缘、盆栽、花环等各种月季类型。格拉乌罗提供了1500个月季品种，使月季园在1907年6月正式对外开放。

月季园以43个方形和矩形植坛为主，它的一侧是两个半圆形构图，另一侧有两个圆形植坛。主园路的两侧布置有月季柱廊，将人们的视线引向月季廊架。蔓生月季或攀缘在大树上，或顺着铁架盘旋而上，或者攀附于悬挂在柱子之间的铁链和绳索上，展示了高超的植物修剪艺术（图7-7）。

巴加特尔月季园最初是为

图7-7 巴加特尔公园中的月季园和中国亭

了展示最好的月季品种，因此按照种类和类型进行布置，便于对月季品种进行比较和研究。1937年，塞纳省政府买下了拉耶月季园后，对这两个月季园的功能进行了重新定位。拉耶月季园主要用来收藏月季品种，而巴加特尔的园季园用于展示月季栽培的演变和发展。

为了提高巴加特尔月季园的权威性，巴黎市不久还组织了一个月季新品种的国际性评选，并将评比活动延续下来。现在，园中有1100个月季品种，成为"现代月季国家收藏中心"（National Collection of Modern Roses）。

巴加特尔园中的其他主题花园，集中布置在月季园的西边。其中鸢尾园位于园子的最南端，四周围绕着高大的绿篱。每当5月鸢尾盛开时节，这里色彩缤纷、花香阵阵，令人陶醉。

19世纪的菜园被改成了多年生花卉园，平面呈狭长的带状，以高大的砖墙围合，墙面爬满了铁线莲和蔓生月季。每年从春天到秋天，这里的景色在不断发展变化，尤其是5月的景色最为迷人，园中一片繁花似锦。

最初兴建的湖泊，现在成了睡莲池。这里是从最早的花园府邸中保留下来的，巧妙的人工洞府、假山和瀑布，让人联想到当初这座府邸的豪华。游人穿过瀑布可进入洞窟，里面有两个可爱的儿童和一对恋人塑像。

（4）万森纳林苑（Bois de Vincennes, Paris）

万森纳林苑坐落在巴黎的东边，占地面积约995hm^2，几乎是纽约中央公园的3倍，或伦敦海德公园的四倍。这座主要为大众服务的林苑，与巴黎西边的布劳涅林苑一并，构成了城市的两片大型"绿肺"。

在古罗马时期，这里还是一片围绕在吕岱斯附近的维尔塞纳（Vilcena）森林。卡佩王朝时期，国王们在马恩河与塞纳河汇合处，利用一片不宜耕作的林地，开辟了狩猎场，其中一块供皇家专用。

11世纪时，这里被划进巴黎的行政管辖区。在12世纪，这里兴建了许多修道院，分布在现在的"米尼姆湖"（Lac des Minimes）附近，占用了过去皇家狩猎场的领地。1183年，腓力二世在林地的周围修筑了长达12 000m的厚重围墙，并兴建了一座城堡。

其后，路易九世将腓力二世的城堡加以改造。到腓力六世时，开始将旧城堡改造成带有地牢的坚固城堡；其子让二世（Jean Ⅱ，1319—1364，1350—1364在位）继续其父的工程；到1370年，让二世的儿子查理五世（Charles Ⅴ，1337—1380，1364—1380在位）才完成了这座雄伟的城堡建筑。弗朗西斯一世时期兴建了城堡的围栏和教堂。

后来的历代国王继续在万森纳的皇室地产上大兴土木。此后由于战争的破坏，路易十一和亨利二世时期，在这里重新植树造林。

路易十四将皇室搬到凡尔赛后，万森纳森林中的皇室地产也遭到遗弃。路易十四时期仅仅扩大了林苑，并修建了一些小型府邸。到18世纪，路易十五将万森纳林苑向公众开放。为了方便交通和狩猎，林中兴建了大道和环路。

大革命时期，万森纳林苑被宣布收归国有，拆除了腓力二世兴建的厚重围墙。1794年，军队在万森纳森林驻扎，导致对城堡的破坏和林地面积的锐减。

布劳涅林苑整治完成后，拿破仑三世便设想用类似的方法，整治万森纳林苑，为巴黎东部的工人阶级，提供一个大型游乐场所。

整治工程由阿尔方及其合作者负责，从1857年开始动工，到1860年已基本建成。由于林苑的规模宏大，整治设计因此采用了简单粗放的处理手法。林苑的外围是由林地、林间空地和疏林草地组成的森林景观，为了避免大规模的林苑给城市交通带来负面影响，在保留原先的大片树丛和宽阔道路的基础上，又增添了一些车道和散步道，并在林地中设置了大量的户外游乐设施。万森纳林苑的中心区域处理比较精细，通过改造地形、开挖水系、开辟大草坪、点缀花丛和小树林，如同一座景色优美的自然式风景园。

东北部原有的米尼姆湖得到了改造，增加了一系列湖泊、小桥和三座小岛，并在湖岸边兴建了一些小木屋，使这个占地6hm^{2}的湖泊景观得到了很大提升。随后在林苑的西北部，利用原先规整的鱼池，兴建了"圣芒德湖"（Lac de Saint-Mandé）。为了确保这些湖泊的用水，又在林苑东南部地形最高处开挖了"格拉威尔湖"（Lac de Gravelle），作为向其他湖泊供水的蓄水湖。当时的水源来自邻近的马恩河，在河边兴建了一座泵站，每天向林苑提供35 000m³河水，后来改从塞纳河抽取。

1860年，万森纳林苑的管理权移交给巴黎市政府。随后在林苑的西端又开挖了"多麦斯尼尔湖"（Lac Daumesnil），这是万森纳林苑中最大的人工湖，面积约12hm²，带有两座湖心岛，两岸以园桥相连，湖边矗立着一座藏传佛教寺院"万森纳寺庙"。

此时还在林苑的东南部兴建了一座格拉威尔小山丘，但是在1870年的战争以及随后的动荡岁月中，这座小土丘和大部分林地一样遭到了摧毁。

1929年，万森纳林苑正式划归巴黎市政府，成为巴黎十二区的一部分。后来在这座林苑中又增添了小游园、运动场、花圃、动物园、跑马场等游乐和运动设施；为了便于林苑的养护管理，还专门设置了一所园艺学校。在林苑的西边还兴建了一座占地面积14.5hm²的动物园，于1934年正式对公众开放。园内现有哺乳动物600多种，鸟类200多种。在这片巨大的林苑中大约有126 000棵树木，其中以栎树为主，约占30%；枫树和山毛榉各占11%；松树和板栗各占9%左右。四座人工湖或者供游人开展水上活动，或者专门用于鸟类的栖息。

作为一座大众化公园，万森纳林苑努力满足公众的普遍需求，因而设置了大量造型别致的建筑和构筑物，如小桥、瀑布、亭台、餐厅等。阿尔方当初设想用林苑中建筑物的收益，补充建设和管理资金，建筑的租赁合同到期之后交还国家，因此出现了圣-芒德和格拉威尔湖畔精致的小木屋饭店。然而，过于杂乱的内容和设置过多的景区，难免使万森纳林苑显得丰富有余而统一不足。

（5）肖蒙山丘公园（Parc des Buttes-Chaumont, Paris）

肖蒙山丘公园位于巴黎市区的东北角，面积24.7hm²，是巴黎市区的大型公园之一，也是拿破仑三世风格最具有代表性的公园作品（图7-8）。

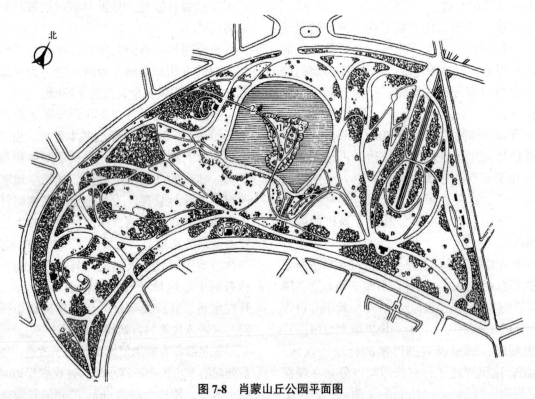

图7-8 肖蒙山丘公园平面图
1.圆亭 2.自杀者之桥 3.女巫庙 4.洞穴

这里原先是一座名叫"肖蒙"（Chaumont）的山丘，名称来源于 chauve 和 mont 这两个词的缩写，意为"光秃秃的山"。

中世纪后期，法国诗人维庸（François Villon, 1431—?）在著名的《绞刑犯之歌》（*Ballade des Pendus*）中，痛斥了这里的蒙佛贡（Montfaucon）绞架。此后，这里成为一座采石场。王朝复辟期间，这座巨大的山丘成为一处废弃的荒地。

直到 1859 年美丽城（Belleville）和拉维莱特（La Villette）城镇划归巴黎管辖时，这里仍然是一片荒凉的山地，在西侧山坡上还依稀可见蒙佛贡绞架的痕迹，周围是贫困的工人阶级街区。1862 年，巴黎市政府买下了这片荒地，拿破仑三世希望在这里兴建一座植物环抱的公园。由阿尔方和巴里叶·德尚负责设计与兴建，安德烈作为合作者之一参与了建园工作。

从 1864 年起，在这个荒凉贫瘠、山峦起伏的地方，用了不到三年的时间，就建成了一座优美的绘画式风景园。当时采用了推土机结合爆破技术，重新塑造了地形，从园内运出了 $80 \times 10^4 m^3$ 废土，并运进了 $20 \times 10^4 m^3$ 种植土；并从附近的渥尔克运河（Canal de l'Ourcq）引水入园，形成瀑布、溪流、湖泊等丰富的水景。到 1867 年巴黎世界博览会开幕之际，肖蒙山丘公园作为庆典活动的一部分，正式向公众开放。

这座公园的平面呈月牙形，景点围绕着四座小山丘布置。丰富多变的地形特征，产生了别具一格的公园风貌。公园的中部是几近圆形的大型人工湖，中央耸立着一座逾 50m 高的山峰，四周又用大块的天然岩石，砌筑成陡峭的悬崖绝壁，成为公园的标志性景观。在这座山峰中还建造了一个布满钟乳石的岩洞，落差 32m 的瀑布从天而降，壮观的跌水流入山峰下的人工湖中。建筑师达维武在山顶上仿照蒂沃利的"西比勒庙宇"，建造了一座圆亭，矗立在悬崖峭壁之巅，使这座山峰显得更加高耸。一座 63m 长、30m 高的大型悬索桥跨越陡峭的山谷，游人低头俯视时有摇摇欲坠之感，因此就叫作"自杀者之桥"（Pont des Suicidés）（图 7-9）。

园内设有总长度约 5km 的园路，串联起园内各个小山丘，将游人引向各个景点。沿途以丰富多变的植物群落，营造出步移景异的景色，或林木笼罩、或绿草如茵，使游人的视线或收或放，不知不觉中领略全园的美景。

在肖蒙山丘公园中，最令人赞叹的是陡峭的悬崖和多变的空间层次，这在 19 世纪的城市公园中十分罕见。它既来源于场地中不同寻常的地貌景观，又融入了造园家们的巧妙加工。从原来荒凉的垃圾山和废弃的采石场，到现在美轮美奂的城市公园，向人们展示了园林师们高超的造园技艺和第二帝国追求的华丽盛大的巴洛克精神。

独特的地理位置和凸出的地面标高，使肖蒙山丘公园成为眺望巴黎城市全景的著名景点之一。罗伯特·埃纳尔（Robert Hénard）在《园林与小游园》（*Les Jardins et Les Squares*, 1911）中，对这座公园大为赞赏："在这个拥有众多景点的地方，仅仅是大量的植物群落就构成了别处无法比拟的景色……园中有着田园牧歌般的优美与非常罕见的迷人魅力，使游人产生既惊奇又兴奋的喜悦之情。山峰之巅的那座具有古典美的女巫庙，仿佛肖蒙山丘高耸的灯塔。站在山顶上，人们能更好地体会到从巴黎这个城市海洋中脱颖而出的园林带来的强烈诗意；体会到先贤祠、瓦尔德格拉斯宫、荣军院的穹顶和巴黎圣母院的高塔构成的诗意；体会到蔚蓝的薄雾笼罩下的广阔城市中凸出的纪念性建筑形成的诗意；体会到耸立在蒙马特高地上的圣心大教堂给人的诗意；还能体会到蓝天白云下田园风光般的城郊产生的诗意；最终体会到作为城市地平线前景的这个公园富有的诗意"。

尽管由于城市的变迁，现在人们已无法在园中看到埃纳尔描述的所有纪念性建筑了，但是经过 1 个多世纪的发展，已经成型的植物构成了园中优美自然的景色，百年大树几乎随处可见。使得肖蒙山丘公园成为巴黎市民最喜爱的公园之一。

（6）蒙梭公园（Parc Monceau, Paris）

1769 年，奥尔良公爵（Louis Philippe Joseph, duc d'Orléans, 1747—1793）在巴黎南边蒙梭

图7-9　肖蒙山丘公园中的圆亭和自杀者之桥

（Monceau）平原的中心，购买了$1hm^2$的土地，要为自己兴建一座豪华的花园府邸。同年，由建筑师路易·玛丽高利农（Louis-Marie Colignon, ?—1794）兴建了一座小府邸和规则式小花园。在1773—1778年，奥尔良公爵将这个地产规模扩大到$12hm^2$。

奥尔良公爵是一个公认的"英国狂"，梦想在蒙梭修建一座完整的风景式园林。为此，他请来了剧作家和画家卡蒙特尔（Louis Carrogib de Carmontelle, 1717—1806），要求创建"一处非同寻常的园子，里面的每个角落、每时每刻都令人陶醉"。

卡蒙特尔采取了集景式设计手法，希望将各个时期和各个地区的园林精华融于一体。他巧妙地重塑了起伏的地形，并引水入园，营造了河流、沼泽和瀑布等水景。他还在园中建造了许多点景性建筑物，并赋予其主题，如"金字塔""海战剧场""少女的墓穴"、牧场和磨坊、清真寺尖塔和几顶土耳其帐篷、哥特式的遗址、火星神庙宇以及简易房屋等，并与小溪、瀑布、小桥和岩洞等相结合。周围种植"树叶美丽、姿态优雅、惹人注目的乔灌木"。此外，园中还有意大利风格的葡萄园、月季园、荷兰式风车等景物，将异国情调与田园风光交织在一起。这座规模不大的园林中，堆积了这么多的景点，难免显示拥挤而局促；园路设计也显得生硬，毫无来由地弯来弯去，与园林的整体景观不很协调。

1779年，卡蒙特尔还写了一篇文章，配有插图，介绍蒙梭花园并阐述他的设计观点。卡蒙特尔认为，园林首先要使人感到有趣，为此不应计较方式方法。如果需要的话，可以将戏剧场景的变化手法用于造园。同时，园林应反映所有地区、各个季节的景致。园林就是使人产生幻想的地方，因为人们只喜爱幻想。要使园林具有长久的魅力，并且使人一进入园子就受到强烈的感染,还要采用各种手法使其不断更新,以激起人们心中再次见到,甚至自己拥有的想法。为此,拉波尔德曾经一针见血地指出,这个时代的园林师大量建造的其实是各种式样,而不是园林本身。

1781年,爱尔兰园林师布莱基对这个园子进行改造,园林的规模进一步扩大,原先变化多端的风格得到了弱化,更加符合风景式园林的造园原则。不久,由建筑师克劳德·尼古拉斯·勒杜(Claude-Nicolas Ledoux,1736—1806)修建了一座收费亭,看上去如同是点景性建筑物。1788年,勒杜又在园中兴建了一座希腊式圆亭。

奥尔良公爵死后,国民议会决定将蒙梭园收归国有,作为大众游乐和举行庆典活动的场所。波旁王朝复辟后,将这座园子归还奥尔良家族,成为路易·菲利浦的财产,他曾在园中举行过一次狩猎聚会。到1852年,蒙梭园被一分为二,一半归奥尔良家族,另一半重归巴黎市政府所有。

1860年,拿破仑三世决定将这半片园子改造成公共活动场所,"要在这里兴建一座园林,一座能够与杜勒里、卢森堡和植物园等花园相媲美的公园。杜勒里和卢森堡都是法式花园,而一座优美的'中国式'园林对巴黎来说是一种新型娱乐场所。因此在设计时要采用各种美化方法,使其成为前所未有的最美的园林"。

当时的园子规模比现在要大很多,巴黎市政府将部分土地作为住宅建设用地出售,余下的8.5hm²土地用于公园建设。阿尔方与园林师巴里叶·德尚和建筑师达维武一道,在这里兴建了一座浪漫式风景园。园中增加了小桥、洞府和瀑布等浪漫式造园要素,种植了一些观赏树木,草坪得到精心养护,装点着大量的盆花。建筑师达维武在公园四周修建了维护栅栏和四座铁艺镀金的纪念性大门,与公园周围兴建的华丽住宅和林荫大道交相辉映。1861年,蒙梭公园正式对公众开放。

20世纪初,园中还增添了一些纪念性建筑和作家、音乐家的大理石雕像,使蒙梭公园又有了"拥堵"的感觉。"海战剧场"的半圆形柱廊被保存下来,让游人一睹昔日皇家园林的风采。大量的装饰性元素,给人以雕塑公园的感觉;丰富的植物景观,为公园增加了一些协调感。大片的草坪、丛生的月季、多变的鲜花、古老的树木和许多珍稀植物,使蒙梭公园成为巴黎花卉配置最为丰富的公园,也是居民们最喜爱的地方。

(7)蒙苏里公园(Parc Montsouris, Paris)

蒙苏里公园位于巴黎十四区,隔若尔丹大街(Boulevard Jourdan)与巴黎大学城相望。公园占地面积约15.5hm²,是以肖蒙山丘公园为原型,在一座废弃的采石场上兴建的浪漫式风景园。

为了使首都的公园绿地布局趋于平衡,1860年奥斯曼决定在巴黎南部的蒙苏里采石场上兴建一座公园,并将建园任务交给了阿尔方。场地的状况十分复杂,首先要清理原有的一座公墓,最终运走的遗骨装满了831辆大车;其次有两条铁路线从场地中穿过,需要协调铁路与公园的关系。

因此,公园从1867年开始兴建,直到1878年才建成并对公众开放。阿尔方首先将这两条铁路线加以掩饰,缓解铁路与公园景色之间的矛盾。同时,借助公园的兴建,在周围开辟了若尔丹大街等城市干道。

随后,阿尔方和巴里叶·德尚利用园址上多变的地貌,创造了山峦起伏的景观。由于邻近阿尔戈耶引水渠(l'Aqueduc d'Arcueil),取水便利,因此园中开挖了小型的人工湖,饰以溪流、瀑布和洞府,结合开敞的草地和点缀的树丛,构成完整的园林空间(图7-10)。

为了加强公园与外围的城市或自然之间的联系,阿尔方和巴里叶·德尚在园中开辟了几条深远的透视线,使游人在园中能欣赏到先贤祠(le Panthéon)、天文台(l'Observatoire)等建筑景观,或比埃弗尔河(Bièvre)河谷的自然景观。植物和树丛的配置因而十分细致,以免遮挡园中刻意开辟的视景线。

19世纪后期,城市公园追求的目标,是向游

图 7-10 蒙苏里公园中的人工湖

人展示理想化的自然景观,使游人在园中产生置身于美丽的大自然的感受。公园布局的共同特征,是将中心区域处理成低洼的疏林草地或人工湖泊,并在周边布置小山丘和密植的树林,形成外围高中间低的内向空间形态;然后借助孤植树、树丛、小径、点景性建筑物等,形成中心的自然景色与外围的人工景观之间的过渡景观;而外围的小山丘、密林、环路、服务性建筑等,则成为公园与城市之间的过渡空间。

此外,种类丰富的植物群落,是公园不可或缺的一部分。为了营造奇特的植物景观,在蒙苏里公园中引种了许多当时还十分罕见的植物,如弗吉尼亚鹅掌楸、黎巴嫩雪松、曲枝山毛榉等,最珍贵的当属巴尔多亭(Pavillon-Bardo)前来自中国的五针松。在公园的北侧入口还有一棵柿子树,在法国人看来也是极富异国情调的树种。随着时间的推移,蒙苏里公园中的 1400 多棵树木构成一道靓丽的风景线,其中不乏像银杏、美洲巨杉、悬铃木这样的百年大树。优美的环境使公园也成为各种鸟类的庇护所,栖息的鸟类有羽冠山雀、袖珍鹦哥、苍鹭等,不足 1 hm² 的人工湖中游弋着大量的鸭子、黑颈天鹅和斑头雁等,增强了公园的自然气息。

此后,蒙苏里公园中还不断地增添一些景物或游乐设施,早期的纪念建筑也被保留下来,成为园中重要的遗物和景点。其中有一座为 1867 年世界博览会突尼斯馆的遗物,这座建筑仿照了突尼斯大公的夏宫,称为"巴尔多宫"(Palais du Bardo),1869 年被建筑师达维武移到了公园的南部,作为天文台的办公用房。

在 1878—1960 年,沿着公园的步道设置了 10 多座青铜或石头雕塑作品,使公园景色显得更加生动活泼。其中不乏像艾戴克斯(Antoine Etex, 1808—1888)、力普西(Morice Lipsi, 1898—1986)和德斯卡(Edmond Desca, 1855—1918)这样的名家之作。

为了缅怀 1881 年在执行横贯撒哈拉沙漠铁路考察任务时被图瓦雷克人(Touaregs)杀害的保罗·弗拉特(Paul Flatters, 1832—1881),园中还兴建了一座"弗拉特纪念柱"(Colonne Flatters)。由于巴黎所处的地理经度恰好从蒙苏里公园中穿过,因此在园中设有一个巴黎地理经度表,1906 年还树立了一根 4 m 高、带有刻度的标杆。

如今的蒙苏里公园以幽静和绿树成荫而著称,成为巴黎市民亲近自然、散步健身和享受日光浴的好地方。每年的 5~9 月在园中举行露天音乐会,为喜爱音乐的人们提供了交流的平台。邻近的巴黎大学城,为公园带来了人气,公园也为学子们提供了极好的交流和散步场所。穿越公园的铁路线,或者置于凹槽之中,或者铺设在地表;两座人行天桥方便游人穿越铁路线。飞驰而过的列车,为公园带来了活力及热烈的气氛。无论是在公园中观看飞驰而过的列车,还是在飞驰的列车中欣赏公园,都是一道独特的风景线。

(8) 里昂金头公园（Parc de la Tête d'Or, Lyon）

金头公园坐落在里昂市中心，罗纳河（Rhône）的左岸。根据圣徒传记，基督的金头就埋葬在这里，因此称为金头公园。这座公园占地面积约 117 hm^2，是法国位于城市中心区规模最大的公园，也是 19 世纪最美丽的城市公园之一。

1856 年，里昂市长克劳德-马吕斯·瓦伊斯（Claude-Marius Vaïsse, 1799—1864）决定为市民们兴建一个全新的游憩场地，并从里昂济贫医院（Hospices de Lyon）收购了一大片河滩地，希望兴建一座田园牧歌般的公园。建园任务交给了当时著名的风景园林师欧仁和德尼·布莱兄弟俩，从 1857 年开始动工，历时五年建成了这座公园，并向公众开放。

布莱兄弟受当时造园思想的影响，致力于在公园中营造理想化的"自然"景观。他们将罗纳河水引入园中，在中心区域形成面积约 16hm^2 的人工湖；同时利用环绕公园的小河、溪流，将一个个景点联系起来。在公园的园路处理和植物配置方面，反映出布莱兄弟的高超技艺和丰富经验。曲线形园路线形优美流畅、设置巧妙，使游人到处都能欣赏到优美的景色。园中现有 8800 多株树木，树种与配置反映出当地的植物自然分布特征。其中乡土的落叶树占 61%，针叶树占 36.5%，而当时稀有的树种只占 2.5%。如今，人们能在这座公园中见到高达 40m 的悬铃木，还有黎巴嫩雪松、北美鹅掌楸、银杏和落羽杉等外来观赏树木。在视野开阔的草地与绿意盎然的树林衬托下，加上月季、芍药等花木带来的绮丽与芳香，使这座具有 100 多年历史的公园，成为令人产生浪漫遐想的地方（图 7-11）。

不仅公园内部的景色优美宜人，而且周边的景色处理也十分精细，使游人在城市中就能够感受到公园的魅力。金头公园精心设计了 7 个出入口，点缀着铁艺镀金大门，透出诱人的公园景色。其中最引人注目的是称为"罗纳河的孩子们"（Enfants du Rhône）的大门，正对着开敞的大湖，成为全园构图的视觉中心，让游人一到公园门口就留下印象深刻。此外，园中还点缀着一系列的建筑温室和小品设施，使公园的游乐活动更加丰富。这些建筑大多是由德尼·布莱设计的。

由于这座公园的规模宏大，又位于城市的中心地带，需要为众多的游人提供更为丰富的游览活动内容，因此在园中陆续兴建了一些主题园区，如月季园、植物园、动物园等，成为一座综合性的城市公园。

早在 1796 年，里昂市就在名叫"红十字山"（Croix Rousse）[①]的山坡上，建设了一座植物园（Jardin des Plantes）。从 1857 年起，这个植物园被陆续搬到了金头公园，随后，园中的植物种类不断丰富。如今，这座植物园已成为法国属于市政府的最大植物园，也是欧洲植物收藏最丰富的植物园之一，在野生科学研究方面具有较高的价值。这个植物园占地面积 8hm^2，含有 6500m^2 的温室。收藏的植物有 15 000 个品种，其中 3500 个品种来自温带地区；还有 760 个灌木品种、100 个野生月季品种、570 个老月季品种、200 个芍药品

图 7-11　里昂金头公园的秋色

[①] 红十字山：得名于 16 世纪基督徒在此安放的红褐色石头十字架，又被称为"工作之山"（la colline qui travaille）。

种、1800个山地植物品种和大约50个睡莲品种。6000个温室植物品种收藏在各类温室中，中部高达21m的大温室，用于收藏珍稀的热带植物，包括一棵上百年历史的老山茶树；水生植物温室中有叶径达1.5m的王莲；德国温室40年来始终用于收藏食虫植物；还有低温的兰花小暖房，主要用于杜鹃花、仙人掌等园艺植物。

动物园建于1858年，历史仅次于1793年兴建的巴黎植物园中的动物园，占地面积8hm²，当时园中有800多只动物。1922—1924年，园中增添了一个大象园和饲养猫科动物的猛兽馆。现有270种哺乳动物、200种鸟类和80种爬行动物。2005年新开辟了非洲草原区，主要用于沼泽地群落生境的生物多样性和可持续发展研究，封闭性区域中放养着一些非洲鸟类和多蹄类动物。

此外，在金头公园中还散置着4处月季园，即植物园中的老月季园，收集了570个月季品种；植物园中的野生月季园，收藏了100多株野生月季；1964年兴建的新月季园中有6万株法国及国外最常见的月季；最后是月季竞赛园区，每年由评委们从那些新月季品种中选出优胜者。

7.6 美国城市公园

7.6.1 美国概况

美国位于北美洲的中部，北与加拿大接壤，南接墨西哥及墨西哥湾，西临太平洋，东濒大西洋。面积约$963 \times 10^4 km^2$，本土东西长4500km，南北宽2700km，海岸线长22 680km。陆地除阿巴拉契亚山（Appalachian Mountains）外，主要分为阿巴拉契亚山区、沿岸低地、中部平原区、奥沙克山区（Ozark Mountains）、落基山脉（Rocky Mountain）、西部草原及盆地、太平洋海岸低地七个地区。

由于国土辽阔，美国的气候有着众多类型，大部分地区属大陆性气候，只有南部属亚热带气候。降水量分布比较均匀，只是西部大部分地区较为干燥。

这里最早是印第安人的聚居地。1492年哥伦布发现美洲新大陆时，这里居住着2000万印第安人。在以后150年间，陆续涌来了英国、法国、德国、荷兰、爱尔兰等国家的殖民者，并定居在沿海地区。1607年，一个约100人的殖民团体，在乞沙比克海滩（Chesapeake Breach）建立了詹姆士镇（James Town），这是英国在北美洲建立的第一个永久性殖民地。到1773年，英国已建立了13个殖民地，他们在英国的主权下有各自的政府和议会。这13个殖民区因气候和地理环境的差异，造成了各地经济形态、政治制度与观念上的差别。

到18世纪中叶，英国在北美洲的殖民地与本土之间已出现裂痕。随着殖民地的扩张，殖民者萌生了独立的念头。1775年爆发了北美洲的殖民者反对英国的独立战争，并于1776年7月，组成了"大陆军"（Continental Army），由乔治·华盛顿（George Washington，1732—1799）任总司令，正式宣布建立美利坚合众国。直到1783年，美英两国签订了《巴黎条约》（Treaty of Paris），结束了美国独立战争。1787年美国制定了联邦宪法，1788年乔治·华盛顿当选为第一任总统。

从1776年起，在一个世纪当中，美国的领土几乎扩张了10倍。到19世纪初，数以千计的美国人越过阿巴拉契亚山向西移动。1812年以后，美国完全摆脱了英国的统治。1850年起，美国发生了南北冲突。1860年，反对黑奴制度的共和党人亚伯拉罕·林肯（Abraham Lincoln，1809—1865）当选为美国第16任总统。1862年9月宣布《解放黑奴宣言》（The Emancipation Proclamation）后，南部奴隶主发动叛乱，爆发了南北战争（American Civil War，1862—1865）。1865年，南北战争以北方获胜而结束。这场胜利不但使美国恢复统一，而且在全国各地废除了奴隶制度，为资本主义在美国的迅速发展扫清了障碍。

内战结束后，美国开始其工业化进程，在随后的不到50年间，美国从一个农村化的共和国，转变成城市化的国家。从1890—1917年的近30年间，美国的工业化步入成熟阶段，被称为"进步时期"（The Progressive Era）。随着资本主义的发展，美国也开始加入对外扩张的帝国主义行列。1914年第一次世界大战爆发，美国在1917年被卷入了大战的漩涡，并在世界上尝试扮演新角色。第二次世界大战结束后，美国的综合国力得到了极大的增强，成为世界上首屈一指的经济和政治大国。

7.6.2 美国园林概况

早在殖民时期，来自欧洲的殖民统治者们就在府邸四周建有一些小规模的宅园，但尚未出现过大规模豪华庄园建设的记载。这些宅园在表现形式上大多反映出殖民者本国的园林特点，具有简洁质朴的风貌。

18世纪之后，在一些经过规划而兴建的城镇中，出现了公共园林的雏形。如当时的英国殖民统治者在波士顿的城镇规划中，要求保留公共园林建设用地，用于兴建供居民开展户外活动的公共场所。在费城的独立广场等地，也出现了大片的城市绿地。

由于美国与英国之间存在的历史渊源，使得美国园林的发展不可避免地受到英国园林的影响。乔治·华盛顿20岁时继承了种植园主父亲在弗吉尼亚州（Virginia）的维尔农庄园（Mount Vernon），他曾把经营农庄和钻研农学当作自己的一大乐趣，认为"农业是使人愉快的职业"。在阅读了英国造园贝蒂·兰利的著作《造园新原则》（*New Principles of Gardening*，1728）后，华盛顿将自己坐落在波托马克河（Potomac River）畔的维尔农庄园中的花园扩大，改造了一些严谨的规则式植物种植，增加了自然式植物群落，形成更为优美的植物景观。

第三任总统托马斯·杰弗逊（Thomas Jefferson，1743—1826，1801—1809在位）对自然科学和数学兴趣浓厚，他也是位成功的种植园主。1784年，他前往法国执行外交使命，不久便担任了美国驻法大使。1785年，杰弗逊曾参观了英国的园林，对沃本修道院（Woburn Abbey）印象极为深刻。这座修道院是亨利八世赠送给贝德福德公爵一世约翰·罗素（John Russell, 1st Earl of Bedford,

1485—1555）作为府邸的，18世纪时，贝德福德公爵四世弗朗西斯·罗素（Francis Russell, 4th Duke of Bedford, 1710—1771）委托建筑师亨利·弗利哥夫（Henry Flitcrofe，1697—1769）和亨利·霍兰（Henry Holland, 1745—1806）对府邸作了重大改造。后来杰弗逊借鉴沃本庄园对自己位于弗吉尼亚州的蒙蒂塞洛（Monticello）庄园进行了美化。

美国建国后，南、北两方对首都的选址产生了争执。最终双方作出妥协，在距南、北方不远的地方新建一座城市作为首都。于是在波托马克河的南部，取马里兰州及弗吉尼亚州的部分土地，划定了一个占地约260km²的菱形区域作为"联邦"城。1790年由乔治·华盛顿总统确定了首都的具体位置，并建议将首都称为"联邦市"。1791年9月9日，美国首都正式命名为"华盛顿"市。

这一时期，美国城市的发展刚刚兴起。1791年，华盛顿总统邀请军事工程师和建筑师皮尔·查尔斯·朗方（Pierre Charles l'Enfant, 1754—1825）对首都进行规划。朗方生于巴黎，1771年在皇家绘画雕塑学院学习。美独立战争期间，朗方在1776年作为法国志愿者参加了美国革命军。后来他在纽约定居，从事建筑业务。

朗方试图把华盛顿建成"一个庞大的帝国的首都"。他借鉴凡尔赛宫苑的格局，将国会大厦和总统府置于高处，俯瞰波托马克河；其间是120 m宽的林荫大道，构成城市主轴线。随后以国会大厦为中心，用放射性街道将城市内部的主要建筑物和用地连接起来。最后在放射性街道系统上覆盖网格状街道系统，形成一个内部有序、功能分明的道路体系，间有一些圆环及公园。

华盛顿市中心宽阔的林荫道，令人想起凡尔赛宫苑中的国王林荫道；两侧的花坛、草地、行道树都是勒诺特尔式园林惯用的手法。放射形街道汇集的广场，如同凡尔赛宫苑中的皇家广场。此外，道路交叉口设各种形状的广场和小游园，装饰着雕像及喷泉，也吸收了当时欧洲城市的特点。

由于这项规划的实施涉及一些权势人物的利益，加上朗方耿直的性格，使他在1792年被免职，由建筑师安德鲁·伊里科特（Andrew Ellicott, 1754—1820）对朗方的规划进行修改，但总体格局未变。但是由于地方政府缺乏必要的权力来实施这一规划，朗方的计划被束之高阁。城市发展被土地投机商所控制，首都也处在杂乱的扩张之中。

19世纪初，美国其他城市的发展同样充满了投机性。由于缺乏整体规划的指导，为了便于土地的划分和买卖，城市道路系统主要采用了网格状布局。随后，一些欧洲空想社会主义者，抱着建立新社会制度的梦想来到美国，尝试建立乌托邦式的城市模式。1825年，英国人欧文来到印第安纳州，创办了"新和谐公社"（New Harmony Community），到1828年新和谐公社试验宣告失败。1847年，法国人卡贝开始进行的"伊加利亚公社"（Icarian Community）试验也只维持了几年时间。尽管如此，空想社会主义者改良社会的愿望和尝试，对后来美国城市的发展产生了巨大的影响。

19世纪上半叶，美国园林还处在谨小慎微的发展阶段。由于城市规模迅速扩大，导致城市环境质量下降，新兴的富裕阶层纷纷离开城市去郊区居住，因而出现了大量的独栋式住宅，并引发了宅园建设的热潮。这一时期，苗木商出身的园艺师唐宁（Andrew Jackson Downing, 1815—1852），对美国园林的发展作出了重大贡献。

唐宁的父亲是专营苹果和梨树的苗木商，他从小就帮助哥哥经营父亲的苗圃，到23岁时开始独自经营，几乎没有受过正规的教育。凭着自学，唐宁集园艺师、作家、建筑师及园林师于一身，成为美国近代风景园林师先驱。

受当时的英国造园家卢顿的影响，唐宁认为在乡村居住、过着简朴的生活，有利于人的身心健康。为了迎合郊外宅邸的建设热潮，唐宁出版了一系列有关住宅和庭园设计方面的书籍，使他很快就在美国成为家喻户晓的人物。1841年，唐宁出版了《论适应北美的风景式造园的理论与实践》（Treatise on the Theory and Practice of Landscape Gardening, Adapted to North America），为风景式园林在美国的发展奠定了基础。1842年，唐宁与建筑师亚历山大·杰克逊·戴维斯（Alexander Jackson Davis, 1803—1892）合作出版了名为《独栋式宅邸》（Cottage Residences）的房屋建筑图集，将浪漫主义建筑风格与英国乡村田园牧歌般的建筑形式融合在一起。唐宁认为，美国的独栋式住宅都是一些缺乏外来装饰的简易房屋，并不利于净化人的心灵。从1846年起，唐宁成为《园艺师》（Horticulturalist）杂志的主要撰稿人及主编。1850年，他又出版了《乡村房屋建筑》（Architecture of Country Houses）一书，随后在《园艺师》上发表了《乡村随笔》（Rural Essays）等文章，使人们更加向往有益健康的乡村生活。

唐宁有关宅邸建设的理论，大部分来自卢顿的观点，强调乡村宅邸与周围环境及自然风景的融合。同时，他认为住宅设计应同时兼顾美观与功能。在《乡村房屋建筑》的前言中，唐宁着重论述了建筑的含义，指出即便是最简单的建筑形式，也应该表现出美感，设计绝不能忽视美的作用。随后他又写道："在完美的建筑中，不会为了美而牺牲功能，只会借助功能来达到高尚和高贵的境界。"

在唐宁看来，风景式园林与建筑一样，都是涉及美观与功能的艺术。他在《独栋式宅邸》中，发表了28座宅邸的房屋和庭园设计图，内容包括一些庭园的布局，果园、铺地等平面图，以及可选用的植物。为了使社会各阶层人士都能够享受到郊外的生活方式，唐宁的设计往往非常简洁实用，造价低廉，易于为人们所接受。他在家乡纽堡（Newburgh）自己的宅邸中兴建的"高原花园"（Highland Gardens），不仅规模相当大，而且铺地也很细致，种有许多温室植物。他的岳父从事捕鲸业，一有机会就为他带回世界各地的植物。

唐宁将设计作品出版后，使住宅建筑中的前廊迅速得到普及。他将门廊看作是联系房屋与自然的纽带，为了使更多的人家愿意兴建前廊，他改进了门廊的建造方法，使其变得简单易行。随着铁路和轮船运输业的发展，越来越多的人从城里搬到周围的乡村居住。唐宁认为，人与大自然的交往，有利于恢复人的身心健康，为此，他希望所有的人都能够有机会感受到大自然。

受卢顿民主意识的影响，唐宁也希望营造一些社会各阶层都能够享用的公共活动场所。为此，他接受了华盛顿市国会山（Capitol Hill）和白宫（White House）周边地区的整治设计，目的是建成一座开放性公园。他当初设计兴建的拉法耶特广场（Lafayette Square）还保留至今。后来史密森学会（Smithsonian Institute）也委托他负责学会周围用地的整治设计。

1850年，唐宁去英国考察风景园林艺术。此时正值英国城市公园发展的全盛时期，在城市中兴建公共开放空间成为一股热潮，被社会学家们看作是社会文明和进步的表现。从英国城市与园林的发展历程中，唐宁也意识到美国城市改造和公园建设的热潮即将来临。在英国期间，唐宁还结识了建筑师卡尔维特·沃克斯（Calvert Vaux, 1824—1895），并说服他一道回美国从事建筑与园林设计。后来沃克斯与唐宁共同设计兴建了哈德逊河（Hudson River）沿岸的许多乡村地产项目，包括房屋和庭园设计。唐宁还介绍沃克斯与奥姆斯特德（Frederick Law Olmstead, 1822—1903）相识。

唐宁回到美国后，积极呼吁在城市中兴建公共开放空间。早在1844年，浪漫主义诗人威廉·库伦布莱恩特（William Cullen Bryant, 1794—1878）就在《纽约晚间邮报》（New York Evening Post）上撰文，呼吁纽约市建设城市公园，保护那些有风景价值的土地，避免遭到开发或破坏。后来唐宁也在《园艺师》杂志上撰文，认为要想成为一个安全的城市，纽约至少要有200hm²的用地，作为"市民乘坐马车或骑马游览的公共开敞空间，道路要有持久的照明和宜人的田园风光，从而忘却马蹄敲打路面发出的嘎嘎声和周围刺眼的砖墙。"

此时，纽约的城市规模还很小，但是已十分拥挤；街上流淌着未经处理的生活污水，脏乱的环境非常不利于居民的健康。考虑到城市贫民不可能离开城市，去乡村过着健康的生活，唐宁提出在城市中兴建一座大型公园，作为城市贫民体验乡村舒适生活的场所。唐宁还与沃克斯和奥姆斯特德一道，制定了庞大的公园建设计划，包括兴建园林、动物园、音乐厅、美术馆、科学博物馆、园艺社团和一个免费的牛奶场。

1851年，纽约市长安布罗斯·金斯兰德（Ambrose C. Kingsland, 1804—1878）非常支持公园的建设，并提议州立法机构授权纽约市购置公园建设所需的土地。当时由于土地私有制和严重的投机行为，使政府获得大规模公园建设用地，尚存在法律上的难题。1851年，纽约州议会通过了《公园法》，授权纽约市购买土地用于兴建中央公园（Central Park）。唐宁与沃克斯便着手制定了中央公园的初步设计方案。不幸的是，1852年唐宁在与家人从纽堡到纽约的途中，因蒸汽船爆炸起火而溺水身亡，年仅36岁。

唐宁去世后，沃克斯承接了公司的全部业务。他出生于伦敦，早年跟随英国中世纪哥特式建筑研究的开创者刘易斯·诺克尔斯·科廷汉姆（Lewis Nockalls Cottingham, 1787—1874）学习建筑。1850年唐宁在英国期间，沃克斯经人介绍，认识了这位美国著名的风景园林师和作家。沃克斯接受了唐宁的建议移居美国，并在1851年成为唐宁的合作伙伴。唐宁遇难后，沃克斯移居纽约。1857年，沃克斯出版了名为《别墅和独栋式住宅》（Villas and Cottages）的建筑设计图集，产生了广泛的影响。借助著作与设计作品，沃克斯使"维多利亚时代哥特式"（Victorian Gothic）风格成为美国建筑的样板。

1858年，纽约市组织了中央公园设计方案竞赛，作为美国最为训练有素的风景园林师，沃克斯邀请当时还默默无闻的奥姆斯特德合作投标，他们名为"草地"（Greensward）的设计，最终被评为中选方案。然而，让沃克斯感到懊恼的是，从未受过专业训练的奥姆斯特德后来被任命为公园的总建筑师，而沃克斯只不过是他的助手。几年后，沃克斯才被任命为中央公园的顾问建筑师。尽管如此，沃克斯在中央公园的建设中，仍然付出了巨大的努力。南北战争爆发后，中央公园建设工作也停止下来。

1865年，布鲁克林（Brooklyn）自治区邀请沃克斯为"展望公园"（Prospect Park, Brooklyn）做一个初步设计方案，沃克斯独自开始方案设计工作。后来，沃克斯说服还在加利福尼亚的奥姆斯特德回纽约，与他合作完成展望公园的设计任务。由于有了纽约中央公园积累的经验，他们设计的展望公园获得了更大的成功。

南北战争（1862—1865）结束后，美国进入工业化高速发展时期。城市人口的急剧增加，城市规模的迅速扩大，导致城市环境不断恶化。城市中的富裕阶层纷纷离开城市去郊区居住，郊区的城市化进程正在全面展开。此时，沃克斯与奥姆斯特德合作成立了一家合营公司，承接了芝加哥市西郊河边区（Riverside）的城市设计项目，这是美国最早的郊区整治工程之一，为其他郊区的城市化建设提供了样板。

1868年，沃克斯与奥姆斯特德的事务所应邀为港口城市布法罗（Buffalo）设计大型的特拉华公园（Delaware park），他们在最初的设计方案中首次提出了"公园式道路"（Parkways）系统的概念，以类似林荫大道的宽阔道路，将三个大型公共活动场地联系在一起。沃克斯还设计了一些用于美化公园式道路系统的构筑物。纽约的晨曦公园（Morningside Park, New York）和布鲁克林的格林堡公园（Fort Green Park, Brooklyn），也是沃克斯与奥姆斯特德合作完成的代表性作品。

1872年，沃克斯解除了与奥姆斯特德的合作伙伴关系，与他人合作成立了新公司，主营建筑设计。这一时期，他设计兴建了大量的私人住宅、公寓、公共建筑和公共机构等建筑物。美国自然历史博物馆（American Museum of Natural History, New York）和大都会艺术博物馆（Metropolitan Museum of Art, New York）都是沃克斯的代表性作品。

沃克斯在美国近40年的职业生涯中，为美国建筑和风景园林艺术的发展作出了巨大贡献。为了表彰这位英国裔设计师对纽约的杰出贡献，1998年，纽约市将一座占地约29.6hm²的公园命名为卡尔维特·沃克斯公园（Calvert Vaux Park）。

南北战争可以看作是美国城市和园林发展的分水岭。北方军队在这场持续了四年之久的战争中获胜，对美国政治、经济、社会、艺术等方面的发展，都有着积极的意义。一方面奴隶制在全国遭到废除，"平等自由"的思想得到了巩固，社会民主化进程迈进了一大步；另一方面社会制度的变革为资本主义的发展扫清了道路，美国进入工业化快速发展时期，生产力和经济实力得到了极大的提高。工业革命促进了城市化进程的加快，在不足半个世纪的时间里，美国的100多座城市发生了翻天覆地的变化。

然而，城市规划的缺失和城市的无序扩张，导致城市环境日益拥挤和杂乱，带来了诸如空气、饮用水和垃圾等环境问题。随着资产阶级和工人阶级的矛盾进一步加剧，城市中出现了大量贫困的工人，他们不得不忍受着日益恶化的城市环境，休闲娱乐和身心健康完全遭到忽视。

在欧洲的影响下，美国一些有识之士也在积极呼吁城市改革，推进致力于改善城市环境的"城市美化运动"（City Beautiful Movement），希望借助城市公共空间的发展，来抑制城市的急剧扩张；同时，植物具有的吸附尘埃、维持空气清新的功能，使人们重新审视城市开敞空间的营造手法，将植物作为城市空间营建的主体。于是，城市中渐渐出现了一些城市广场和街头小游园，点缀着树木花草，装饰着水池和喷泉。

这些城市公共空间由于规模所限，还不足以创造远离城市喧嚣、呼吸新鲜空气的场所。城市居民要想娱乐休闲、放松心情，还得离开城市，去那些乡村墓地。对于缺乏闲暇的工人们来说，这也是一种奢侈；同时墓地作为缅怀故人的地方，也不利于开展热闹的休闲活动。很多乡村墓地采取措施限制市民的娱乐活动，甚至限制市民在周日和节假日进入墓地。园艺师和古董收藏家斯科特（Frank J. Scott, 1828—1919）尖锐地指出："为死者建造的一些墓园，在装饰性方面甚至远远超过了过去的花园……然而为生者服务的公园，又在哪里呢？"

1857年，美国经济大萧条造成大量工人失业，政府将劳动密集型的城市公园建设，作为失业人员再就业的手段之一，这在一定程度上使公园建设被政府纳入公共复兴计划。此时，园林建设正在渐渐摆脱为少数富裕阶层服务的局限，设计师也突破了小尺度的庄园和公共墓地的限制，开始将工作重点转向公共园林建设和城市综合整治。随着城市公园建设运动的兴起，美国出现了一批杰出的园林师，极大地推动了园林的发展。奥姆斯特德无疑是其中最杰出的人物，他对美国风景园林的发展作出了极大的贡献，并在近代风景园林的理论与实践方面，取得了令世人瞩目的成就。

1822年，奥姆斯特德出生在康涅狄格州（Connecticut State）的哈特福德市（Hartford）。他的父亲是一位布料商，却对风景旅游情有独钟，一家人的假日大多是在从新英格兰北部到纽约州北部，"寻找美丽风景的旅行"中度过的。奥姆斯特德从小就喜欢上了徒步旅行。1837年，年仅15岁的奥姆斯特德因漆树中毒导致视力下降，不得不放弃了正常的学业。

为了生计，奥姆斯特德从事过多种职业。包括在纽约的一家布店里工作，借助同中国的贸易往来旅行了一年。1848—1855年，他学习了测量学、工程学、化学和农学等知识，并在斯塔滕岛（Staten Island）上经营过一家农场。1850年，奥姆斯特德同两个友人一道，在欧洲大陆和英国徒步旅行了六个月，回到美国后将旅途的所见所闻，汇编成《一个美国农夫在英国的游历与评说》（*Walks and Talks of an American Farmer in England*, 1852）出版。

1852年，奥姆斯特德作为《纽约时报》记者去南方旅行，对当时南方执行的奴隶制深有感触。他在1856—1860年陆续出版了3本书，向读者介绍南方之旅的见闻，以及对一些社会问题的看法。1855—1857年，奥姆斯特德成为一家出版社的股东，并担任了在文学和政界具有广泛影响的《普特南月刊》（*Putnam's Monthly Magazine*）编辑。其间，奥姆斯特德在伦敦居住了半年，并多次去欧洲大陆旅行。

在奥姆斯特德后来从事的风景园林职业生涯中，广泛的阅历和作家的敏感无疑发挥了积极的作用。在父亲的影响下，他喜欢上自然风景，并养成了徒步旅行的习惯；南方之旅使他对美国社会有了更深刻的认识，欧洲之行以及与德意志革命失败后流亡者的交往，使他认识到共和制度与平等自由的优越性；欧洲的城市改造运动和城市公园的发展，使他坚信艺术是使美国社会从近乎野蛮的状态，走向文明状态的最好方法。奥姆斯特德广泛阅读了英国造园家和评论家的著作，其中以普赖斯、雷普顿、吉尔平、申斯通和作家拉斯金（John Ruskin, 1819—1900）等人的观点，对他的影响尤甚。

1844—1847年，在英国利物浦的市郊兴建了世界上第一座城市公园，并成功地将地产开发与公园建设相结合，开创了新的城市发展模式。1852年拿破仑三世下令将布劳涅林苑改造成公共活动场所；随后，由奥斯曼主持的巴黎城市改造工程全面展开，城市中出现了大量的林荫道和小游园，不仅使城市环境和风貌发生了巨大变化，而且为广大市民提供了便利的活动场所，受到社会改良主义者的高度评价。欧洲城市公园的发展，以及园林与城市相结合的实践，为奥姆斯特德的职业生涯，提供了极其宝贵的借鉴。

1857年秋，纽约市开始筹建中央公园，奥姆斯特德意识到中央公园建设的意义，于是借助出版物的影响，毛遂自荐，成为公园的建设总监。同年底，他接受沃克斯的邀请，合作参加中央公园设计竞赛，并在1858年3月的方案评标中一举胜出，成为中央公园的总建筑师。奥姆斯特德在中央公园的工作持续到1878年，其间因内战等因素的影响中断了几年。这座巨大的英国式园林在美国园林发展史上具有划时代的意义，不仅成为美国其他城市公园建设的样板，而且被看作是美国公园运动（Parks Movement）的开端，以及美国城市美化运动的前奏。

1861年，奥姆斯特德被迫辞去中央公园的工作，担任卫生委员会的执行秘书。1863年，奥姆斯特德担任加利福尼亚金矿企业马里波萨庄园（Mariposa Estate, California）的经理。1865年他回到纽约与沃克斯再度合作，成立了沃克斯-奥姆斯特德合营公司。两人的合作持续到1872年，在沃克斯退出合营公司后，奥姆斯特德成立了自己的事务所。

1883年，奥姆斯特德离开纽约来到了马萨诸塞州（Massachusetts State），并开始规划布鲁克林和波士顿的公园系统。他在波士顿的工作一直持续到1893年，最终以数条公园式道路将5座公园连接在一起，构成一个城市公园系统，被称为"绿宝石项链"（Emerald Necklace）。1895年的芝加哥哥伦比亚世界博览会（Chicago Columbian Exposition）是奥姆斯特德的关门之作，园址在博览会后又被改建成公园，称为"杰克逊公园"（Jackson Park）。

1895年，奥姆斯特德因身体原因终止了职业活动，他的事务所由合作伙伴亨利·萨全特·科德曼（Henry Sargent Codman, 1863—1893）和查尔斯·埃利奥特（Charles Eliot, 1859—1897）经营。1903年奥姆斯特德病逝，由他创立的事务所在继子约翰·查尔斯·奥姆斯特德（John Charles Olmsted, 1852—1920，又称小奥姆斯特德），及其继任者的努力下一直维持到1980年。他的故居和办公室被国家公园管理部门收购，作为奥姆斯特德博物馆向公众开放；文章被国家图书馆收藏；设计草图以及事务所的许多作品，都保存在奥姆斯特德国家历史馆。

在奥姆斯特德近30年的职业生涯中，他的事务所总共承担了大约500个规划设计项目，包括约100个公园和娱乐场。作品几乎遍布美国及加拿大。其中城市公园以纽约中央公园、布鲁克林展望公园和波士顿富兰克林公园（Franklim Park, 1885）最为著名；此外，布鲁克林的格林堡公园（1868）、布法罗的特拉华公园（1869）、纽约的河滨公园（Riverside Park, 1875）和晨曦公园（Morningside Park, 1873 & 1887）、底特律的贝尔岛（Belle Isle, 1881）、蒙特利尔的皇家山（Mount Royal, 1877）、纽堡的唐宁公园（Downing Parks, 1887）、罗切斯特的杰纳西谷公园（Genesee Valley Park, 1890）和路易斯维尔（Louisville）的切诺基公园（Cherokee Park, 1891年）也是他的代表作。大量的作品不仅记录下奥姆斯特德不断完善的公园设计理论，而且也是美国城市公园发展的历史见证。

奥姆斯特德并没有留下多少有关风景园林理论的著作，最重要的只是他从事职业活动涉及的300多个项目、约600份信函和报告。尽管如此，奥姆斯特德依然是公认的美国近代风景园林的创始人。他所强调的将自然引入城市、以公园环绕城市的观点，对当时的城市和社区产生了重大影响。他不仅是美国城市美化运动最早的倡导者和最伟大的实践者之一，也是第一个将近郊发展的概念引入美国风景之中的风景园林师。

为了使园林艺术走出园林的局限，与城市环境相结合，奥姆斯特德与沃克斯一道，率先提出以"Landscape Architecture"，代替此前英国人申斯通提出的"Landscape Gardening"作为行业的名称；以"Landscape Architect"代替"Landscape Gardener"作为从业人员的名称。

奥姆斯特德继承了英国理论家自然主义的造园思想，认为"公园设计应完全遵循保持自然美的原则"，设计作品应"强化自然固有的美，并表现自然如画般的风景品质"。他发现英国自然风景园着重表现的乡村风光，蜿蜒的湖泊、舒缓的地形和精心修饰的草地，构成具有外向扩张感的园林空间，有助于缓解紧张的城市生活带给人们的精神压力。因此，奥姆斯特德的公园作品致力于在城市环境中营造"如画般"田园风光，使城市中的贫民也能感受到乡村生活的优良品质。

在奥姆斯特德看来，休闲娱乐是缓解生活压力和精神疲劳的良方，是城市必备的功能。风景园林艺术能改变人们的生活方式，提高人们的生活质量。美国建筑评论家刘易斯·芒福德（Lewis Mumford, 1895—1990）认为："奥姆斯特德的工作不仅是设计公园，或为了维护其设计方案而与政治家们争执不休；更重要的是他带来了一种新思想，那就是创造性地利用风景，使城市环境变得自然而适宜居住。"

奥姆斯特德认为，城市公园可以代替过去的宗教场所，成为居民精神活动的中心。公园为人们提供了轻松愉快的生活方式，有利于重振城市的凝聚力。同时，他将公园看作是社会公正和民主意识的表现，公园因而成为教育和培养公众社会责任感的工具。公园建设不仅是社会物质文明的基础，而且是消除城市拥挤和重新分配财富的手段。公园作为社会伦理和意识形态的集中体现，是文明生活的一部分，应与城市生活紧密结合。奥姆斯特德坚信，在城市中重新发现自然的价值是不可或缺的。

奥姆斯特德强调，风景园林师的工作，就是要打动人的感情。为此，他将自己在旅途中的体验引入公园，营造"如画般"的风景，使公园产生广袤、丰富而神秘的景观效果。他在公园中营造的透视线，使人产生融入其中的感觉，达到使人在不知不觉中受到风景陶冶的目的。

奥姆斯特德还发展了"风景"（Landscape）一词的传统含义，认为它是指能够看到并能明确定义的可视区域。内涵的扩大，有助于行业涉及面的拓展。至于"园林"（Landscape Architecture）一词包括"精巧"的含义，丰富多变、错综复杂的空间，以及材料的纹理、质感、色彩和色调的精细层次。这可以看作是奥姆斯特德风景园林艺术与文化的基础。他教导人们，检验文明程度的最终标准，就在于这种"精巧"，体现在"人们愿意在形式与色彩处理上的细微差别方面，投入研究与劳动"。

从奥姆斯特德的作品中可以看出，他最钟爱的风景类型，大多属于那些雨量充沛的地区，并不适用于美国大部分地区的气候条件。实际上，奥姆斯特德也为南方创造了鲜明独特的园林风格；而在半干旱的西部地区，他意识到保持水分的重要性，并以此为基础建立了新的地方风格。

根据纽约地标保护委员会（New York City Landmarks Preservation Commission）的总结，奥姆斯特德式的城市公园可以归纳为以下特征：首先，它们是以英国浪漫式自然主义风格为基础的艺术创作，反映出英国维多利亚时代的影响；其次，它们是为满足人们的休闲娱乐需要而兴建的，设计采用了大胆的平面形式，公园各具特色、变化多端；第三，公园采用人车分离的交通组织，将配套服务设施引入公园之中，并将建筑融入风景之中；第四，公园设计在草地、树林和水体等要素之间取得一种平衡，种植设计突出艺术性构图；第五，每个公园都设计了均衡统一的视觉元素，形成一系列精心设计的空间，产生连续性体验；第六，公园景色与城市景观形成鲜明对比，城市远景往往成为公园中的景观元素之一。

纽约中央公园的问世，标志着美国城市建设新时代的来临。政府把公园建设与社会和政治目标相结合，将公众利益置于城市公共空间之中，利用社会力量营造城市公共活动空间。公园建设反映出城市政府对民主目标的追求，设计师希望借此唤起公众的社会责任感。从此，园林不再是仅供少数人享受的奢侈品，而是为大众服务的公共娱乐场所。此后，美国各地城市公园建设蔚然成风，公园作品大量涌现，人们将这一时期称为"城市公园运动"时期。

美国的城市公园受英国城市公园的巨大影响，在形式与内容上与同时期的欧洲城市公园都有很多相同之处。但是美国城市公园运动的一个显著特征，就是在公园建设中引入了系统和整体的概念。由于美国是一个新兴的国家，工业化又带来了巨大的财富，使其有能力购买大量的土地用于公园建设。因此，这一时期的美国城市公园建设，不仅在规模和数量都远远超过了欧洲，而且城市化进程与城市美化工程的同步发展，有助于使城市公园的布局更加合理。

早在奥姆斯特德与沃克斯合作设计布法罗的特拉华公园时，就曾借鉴法国人阿尔方的林荫道系统，提出了公园式道路系统的概念。1872年，美国风景园林师霍勒斯·克利夫兰（Horace W. S. Cleveland, 1814—1900）就曾建议在明尼阿波利斯（Minneapolis）规划一个大都市公园系统，包括密西西比河以及环湖的山地、山谷、峡谷和城市范围内所有适宜建设公园的用地。虽然仅仅停留在规划阶段，但是他从整体和系统的角度，统筹城市公园的方法，却对后人有着极大的启示。奥姆斯特德在与雅各布·魏登曼（Jacob Weidenmann, 1829—1893）合作设计蒙特利尔皇家山公园，以及与埃利奥特共同承担的马萨诸塞州、康涅狄格州、剑桥（Cambridge, Mass）和哈佛等地区的城市公园设计中，都强调了从城市整体环境出发的公园系统设计思路。但是，真正使城市公园系统得到法律承认，并成为美国城市公园建设模式的是埃利奥特，他被誉为美国"波士顿城市公园系统之父"（Father of the Boston Metropolitan Park System）。

7.6.3 城市公园实例

（1）纽约中央公园（Central Park, NewYork）

中央公园坐落在纽约曼哈顿岛（Manhattan Island）的中央，南北长约4100m，东西宽约830m，占地面积约340hm^2，被誉为"纽约的后花园"（New York's Backyard）。园内有总长度约93km的步行道；有近9000个座椅和6000棵树木；有绿茵的草地、葱郁的树林和波光粼粼的湖面，以及露天剧场、网球场、溜冰场、美术馆和动物园等文化娱乐设施。宏大的规模、丰富的内容，使中央公园与自由女神（Statue of Liberty）、帝国大厦（Empire State Building）等标志性景点一道，成为纽约的象征（图7-12）。

公园园址最初选择在纽约河的东岸，占地规模约65hm^2。这里有着临水的风景优势，但规模还不足以营造人们期盼的广阔的乡村景色。于是在曼哈顿岛中部选择了一块被奥姆斯特德认为是"毫无价值的泥坑"，作为公园建设用地。

1856年，由纽约的总工程师埃格贝尔·维埃尔（Egbert L.Viele, 1825—1902）完成了中央公园的设计方案，他沿袭了当时盛行的浪漫主义园林风格，并借鉴了英国城市公园的布局形式。这样的设计方案无疑不能令人满意，因此仅用来指导场地的清理和整理工作。

到1857年底，纽约市举办了中央公园的设计方案竞赛，要求在园中兴建检阅场、游戏场、展览厅、大型喷泉、观景塔、花园和冬季可作溜冰场的水面等一系列设施，并保留原有的穿越公园的4条城市道路，确保纽约东西向城市交通的顺畅。

1858年4月，由奥姆斯特德和沃克斯合作完成的方案，题为"草地"，最终从33个入围方案中脱颖而出。他们在大规模的用地上，设计了以田园风光为主要特色的公园风貌，并首创了下穿式道路交通模式，使原有的四条城市道路从地下穿过公园，既解决了城市交通问题，又确保了公园空间的完整性。公园内部也采取了人车分流的交通体系，为游人创造了更加安宁的游览空间。奥姆斯特德和沃克斯还精心设计了连续的公园空间，将游人从拥挤热闹的城市，逐渐引导到充满自然活力的公园。

公园主入口设在南面，面向当时即将开发的城市新区。将公园东南角的道路扩大成出入口，并接以弯曲的园路和小径；公园西南角也有一个出入口，后来被和第五大道（Fifth Avenue）、第八大道（Eighth Avenue）、第五十九街（59th Street）相交的哥伦布交通环岛（Columbus Circle）所取代，并成为公园正式的主入口。随后以一条斜向的长达1600m的中央大道，打破用地规则的形状，构成联系湖泊与周围自然景观的视觉走廊。

中央大道两旁以美国榆为行道树，尽端是贝塞斯达阶梯喷泉广场（Bethesda Terrace），这是由沃克斯构想的开敞式迎

图7-12 纽约中央公园鸟瞰图

宾空间，湖畔的台阶与高大的天使造型喷泉，构成这条观景长廊的视觉焦点。贝塞斯达阶梯喷泉广场是富有活力的聚会场所，湖面供人们夏季泛舟或冬季滑冰。从湖边的台阶，或邻近园路的天桥上，可以望见称为"漫步"（Ramble）的假山，大块的岩石堆叠出高山般的效果，有着强烈的人工雕饰痕迹。为了点明这座假山的田园意味，在入口处还有意识地突出了乡村气息。掩映在乔灌木丛中的建筑小品，以及跨越山谷的小桥都给人以乡村形象。游人或沿湖漫步，或经过如画的"鲍桥"（Bow Bridge），或荡起双桨，便可进入这个与公园和城市的喧闹隔绝的假山之中。即使处在今天四周高楼大厦环抱之中，这个由岩石和树木形成的封闭空间，依然犹如与尘世隔绝的乡村森林。沃克斯在假山旁按照任务书的要求设计了一座类似城堡的观景塔，成为公园中的制高点。随着树木的生长，观景塔渐渐融入了椭圆形"广袤草地"的绿茵之中。

奥姆斯特德和沃克斯对园中2个水面的处理未能令人满意，中央的水库轮廓原本像个池塘，但被设计成规则的水面，与公园景色不太协调。后来新建的水库在位置和尺度上，也被认为设计得不好，通过抬起的环形车道来缓解水库生硬的边缘，未能在南、北水面之间形成自然的过渡。后来随着公园建设向北拓展，池塘和溪流的规模进一步扩大，才使得水系的形状渐渐生动起来。

奥姆斯特德和沃克斯还试图以丰富的娱乐设施，营造轻松的公园气氛。园中有众多的配套服务设施，包括奶制品、点心售货处，在邻近假山的湖边有码头和船坞，还有孩子们喜欢的畜力车、露天音乐台、游艺宫（Casino）、餐厅等娱乐服务设施，使公园看上去像个娱乐场。

经过一年的建设，园中的大部分景区和主要建筑均已建成，并向公众开放。此后，奥姆斯特德作为公园的总建筑师一直工作到1878年，其间因内战被迫中断了几年。沃克斯作为顾问建筑师，也始终参与了中央公园的建设，直至去世。

此外，美国的许多建筑师、工程师和园艺师，都参与了中央公园的建设。后来成为美国卫生工程先驱的小乔治·E韦林（George E. Waring Jr., 1833—1898），承担了公园的排水系统设计，他完全采用了地埋式排水系统，在园中铺设了长度超过153 km的管线。园内的建筑物由雅各布·雷·莫尔德（Jacob Wrey Mould, 1825—1886）和沃克斯共同设计；伊格纳茨·安东·派拉特（Ignaz Anton Pilat, 1820—1870）和小塞缪尔·贺登·帕森斯（Samuel H. Parsons Jr., 1844—1923）负责细部设计和施工任务。派拉特负责种植工程，包括原有植物的测绘，林荫道、假山等重点地段的种植设计和施工任务。帕森斯自1880年起，与沃克斯共同负责全园的种植设计和养护管理工作。随着时间的推移，园内的娱乐设施更加丰富，增添了一些大型建筑物，甚至为了增建娱乐设施而改变原有的用地性质，逐渐背离了最初的建园宗旨。

公园建设费用曾因超过了1600万美元的预算，一度遭到公众的批评。但是到1866年时，这座公园每年却能带来超过300万美元的收益。同时带动周围的地价不断上涨。因此，在经济效益和城市发展方面，中央公园所起到的作用也是很大的。

作为美国城市公园发展史上的一座里程碑，中央公园标志着美国园林走向大规模风景式的发展方向。在公园设计理论上，奥姆斯特德总结出一整套的系统性设计原则，后来被人们誉为"奥姆斯特德原则"（Olmstedian Principles），作为美国城市公园建设的标准。

（2）展望公园（Prospect Park, Brooklyn）

1859年，纽约州立法机构授权布鲁克林自治区筹建一座公园，名为"展望公园"或"布鲁克林公园"，并于1860年初购置了公园建设用地。后来因内战爆发，公园建设也就搁置下来了（图7-13）。

1865年1月，沃克斯承接了公园的方案设计任务。他利用城市道路将园地划分为两部分，其中一部分面积约81hm^2，比较规整；另一部分面积较小，呈三角形。沃克斯还重新构建了公园的边界，并在弗拉特布什大街（Flatbush Boulevard）和公园西侧设了两个主入口，将原有椭圆形疏林草地、山谷和展望湖等4个主景区。

"军队大广场"（Grand Army Plaza）作为公园主入口，这座广场尺度宜人，是美国19世最著名的公共开敞空间之一，在网状的城市道路与不规则的公园边界之间，起到协调和过渡作用。椭圆形草坪将公园入口与城市广场连接在一起，形成伸向公园纵深的透视线。从广场的椭圆形构图中心，引伸出三条宽阔的园路。最初在广场中央设计了一座圆形喷泉，1892年被改造成雄伟的凯旋门。

园内的椭圆形疏林草地是最重要的开敞空间，面积约30hm^2，处理非常简洁。这片草地占据了公园的整个东北部，周边茂密的树林构成了公园的屏障。环绕草地布置可供车辆行驶的主园路，从主入口引伸出来后，沿着草地的外侧蜿蜒穿过。

展望公园中也有一片山谷区，称为"克什米尔"（Cashmere），设计手法与中央公园的"漫步"大假山十分相似，只不过规模略有缩小。峡谷、岩石山、小山丘、树林和游步道等，构成富有自然气息的山景，附近同样有一座观景塔，作为公园的制高点。

展望湖位于公园的最南部，面积约24hm^2，沃克斯与奥姆斯特德希望借助曲折的岸线设计，改变湖泊的真实尺度。沿湖的石阶和池塘景色成为视觉焦点，周围的景点体现出传统的造园风格（图7-14）。

展望公园的设计，比中央公园更为出色，一方面是由于摆脱了城市交通和公园边界的制约，另一方面是在相对封闭的地块上，更易于营造理想化的公园景色，塑造更富于变化的空间，实现

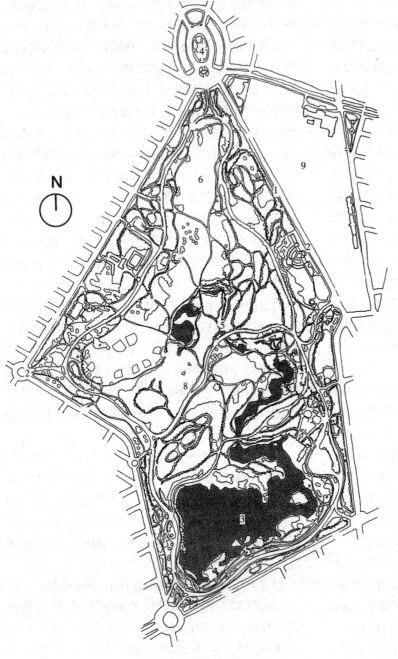

图 7-13 展望公园平面图
1. 弗拉特布什大街 2. 入口 3. 展望湖
4. 军队大广场 5. 克什米尔山谷区
6. 疏林草地 7. 船库 8. 守望山
9. 布鲁克林动物园

的一片沼泽地改造成池塘。1865年12月，在沃克斯的邀请下，奥姆斯特德从加利福尼亚回到纽约，与沃克斯一道在展望公园设计了入口广场、

设计师奇妙的设计构思。

展望公园与中央公园在设计上，又有着许多相似之处，都采用人车分离的交通组织，主景区也都位于园子的中心，远离嘈杂的城市，形成相对安静的游憩空间。不过展望公园的面积稍小，占地约213hm²，园中没有像中央公园那样多的建筑物，而且主入口的观赏性和识别性都得到了提高，在公园内部空间的组织方面也更加出色。

就造园风格而言，中央公园因用地比较零散，因而更多地采用岩石山等体现乡村情趣的小品，营造"如画"的公园景观效果。相反，展望公园用地平坦而完整，有利于营造理想的"自然式"公园。设计师们追求的是"真实而卓越的自然"，希望在乡村的"自然美"与城市的"人工美"之间获得平衡。奥姆斯特德认为，公园中营造的风景，"远远不是设计目标，也不仅是一个景象、一道风景，更不仅是一个景观或一系列景观"，而是创造一种美好的风景，产生人们在日常生活中不可能得到的情感体验。就是说，要将人们只能在优美的风景胜地得到的体验，带入人们的日常生活之中，与中国园林追求的，身居闹市又独享山林之乐如出一辙。展望公园建成后，奥姆斯特德的设计风格也发生了变化，在1870—1880年，他开始在设计中大量采用野生植物，以期创造一种"入画"的风景和自然景色相结合的视觉效果。到20世纪初，展望公园中增建了大量的人工构筑物，导致维护费用极度匮乏，但最初的公园风格基本未变。

（3）富兰克林公园（Franklin Park, Boston）

富兰克林公园是奥姆斯特德的事务所从纽约搬到波士顿后，承接的第一个大型公园项目，奥姆斯特德在1885年，花了近一年的时间，完成了公园的总体设计方案。人们认为，富兰克林公园是继中央公园和展望公园之后，奥姆斯特德的又一力作。

这座公园的规模与展望公园相近，园址被一

图7-14　展望公园中的展望湖

条东西向城市干道，分割成南、北两部分。北园因靠近城市中心区，设计风格趋于人工化，因而被称为"城市公园"；南园占全园总用地的2/3，以田园风光为景观特色，故称为"乡村公园"。

在城市公园部分，设计了马车道与步行道相互平行的"礼仪大道"（Greeting Avenue），长度约800m，外形与中央公园的中央大道相类似。它将半圆形音乐厅、小餐厅、儿童游戏场和鹿园等休闲娱乐设施连接在一起。礼仪大道的北边，是占地约12hm²的体育活动场地。奥姆斯特德还在一小块林地附近，为公园预留了动物园建设用地。

在乡村公园部分，中央是开阔的疏林草地，围以裸露的岩石山。从北面的岩石小山上，可以俯瞰整个疏林草地景色，这里后来被改建成高尔夫球场。岩石山的一侧处理成石台阶，作为游人休憩和野餐的地方；山脚下有一片小草地，是供游人开展网球、棒球等草地运动的自由活动空间。奥姆斯特德试图以大草坪、岩石山和茂密的植物，表现出美国常见的荒原景色，"入画"的林地景观处理手法与中央公园的"漫步"假山十分相似。在大草坪附近，还有一座"斯卡波罗"（Scarboro）假山，内部设计成餐厅，山顶成为俯瞰公园的制高点。岩石山脚下还有称为"斯卡波罗"的池塘，突出了公园的田园主题。

（4）城市公园系统（Park System in Boston）

奥姆斯特德规划的波士顿城市公园系统，与他早期建设的城市公园相比，最大的特点在于引入了系统的概念，通过一系列公园式道路或滨河散步道，将分散在城市中的各个公园串联起来，共同构成一个完整的公园体系。波士顿城市公园系统的规划目标，一方面是要满足人们休闲娱乐的需求，另一方面也要解决困扰城市多年的排水问题。

有着"绿宝石项链"（Emerald Necklace）美誉的波士顿公园系统，占地总面积约450hm²，共分为九个部分。它起源于波士顿"公有绿地"（Boston Common）；再到"公共花园"（Public Garden）；此后转为第二部分"共和国大道"（Commonwealth Avenue Mall），宽阔笔直的林荫大道末端，接连"后湾沼泽地"（Back Bay Fens），沼泽景观带沿泥河（Muddy River）逆流而上，并随着泥河的流向，向西转了90°，与布鲁克林大街垂直；第五部分是滨河景观道（Riverway），与莱弗里特公园（Leverett Park）和牙买加公园（Jamaica Pond Park）相连，再转接阿诺德树木园（Arnold Arboretum），最后到达第九部分的富兰克林公园，全程长约11.2km。这些首尾相连的公园，远远看上去像是镶嵌在大地上的绿宝石，因此被称为"绿宝石项链"。

"后湾沼泽地"原来是一块占地约47hm²的湿地，也是汛期主要的滞洪、泄洪区域。为防止城市污水对环境的污染，后湾还分流了一部分流经城区查尔斯河的污水。在通常情况下，后湾沼泽地只是一条流经附近低洼地的溪流，蜿蜒曲折，占据整个公园的一半水域。每当洪水泛滥时，这里将被淹没，而高起的小径、道路和建筑物则位于洪水水位线以上，避免遭到洪水的危害。

"滨河景观道"及"泥河"是"绿宝石项链"中最长、空间最开敞的地区，由于河道的变化，不仅河床改道了，而且还严重淤塞。后来采取了疏浚及引入清澈的溪流等整治措施，将原先的盐碱化河水改变成淡水。同时沿河精心设计和建造了滨河道路与休憩场所，栽种了大量的树木，成为吸引居民的休闲娱乐区。

"牙买加公园"以名为"牙买加"的池塘为主体，水边布置了成丛的树木、蜿蜒的小径和园路。为方便游人在水上荡舟，池塘边还兴建有一座船坞。

"莱弗里特公园"坐落在牙买加公园的北面，两园之间以"牙买加景观道"（Jamaica Avenue）相连接。后来为了纪念波士顿城市公园系统的创建者，将莱弗里特公园更名为"奥姆斯特德公园"（Olmstead）。园中的核心景观是"莱弗里特池塘"（Leverett Pond），作为"绿宝石项链"上的大型节点，奥姆斯特德在设计上保持了池塘的原有风貌，并设想在这里兴建一座动物园。由于空间尺度较大，莱弗里特公园在园路、种植形式方面都有所调整，不仅各种要素的尺度更大，而且在园中开辟出两片大草地，在处理上与滨河景观道及泥河等水景空间，有着较大的差异。

阿尔伯尔路（Arbor Way）是连接牙买加公园、植物园和富兰克林公园的景观大道，当时为了满足马车、机动车和步行等交通方式的需求，道路最宽处达到了61m，设计手法堪称波士顿公园系统的代表。这条路是阿诺德植物园的边界之一，而植物园成为"绿宝石项链"末端最大的自然风景保护区。

7.6.4 美国州级公园

美国公园运动的发展，还导致了"区域公园体系"（Regional Park System）的产生，这也是美国城市公园运动有别于欧洲的一个重要特征。"区域公园"（Regional Park）建设是美国继城市公园之后，更大规模和范围的园林建设运动，在20世纪30年代，成为美国园林建设的主流。区域公园指的是城市之外的大型自然保护区和自然风景保护区，通常由政府立法机构组织进行开发建设，下设"州级公园"（State Park）和"国家公园"（National Park）两个体系。州级公园的建设目标是在保护自然风景与自然资源的同时，利用自然风景开展休闲游乐活动。

(1) 琼斯海滩州级公园（Johns Beach State Park, Long Island）

长岛的琼斯海滩州级公园兴建于1929年，在绵延10.4km的琼斯海滩上，设置了一系列休闲娱乐及服务设施，包括淋浴房、淡水游泳池、餐厅、小卖部等。这个州级公园是由长岛公园协会成员、风景园林师克拉伦斯·考姆伯（Clarence C. Combs, 1887—?）主持设计的，并在韦斯特切斯特县公园协会聘请的风景园林师梅尔文·伯格森（Melvin B. Borgeson, 1898—?）的协助下，完成了公园建设任务。

琼斯海滩州级公园与一条称为"万塔夫"（Wantagh）的景观大道相连接，园中还有联系内外的中央大道，尽端矗立着一座水塔，成为公园的标志性建筑物。整个公园处理简洁，布局紧凑。娱乐休闲设施布置在公园的北面。为了保持海滩原有的景观特色，防止流沙在沙滩上铺设了草坪，种植海枣、棕榈、菠萝等植物。砂土有利于草坪的生长，棕榈等树木在丰富海滨景观、突出地方特色的同时，为游人起到一定的遮阴作用。合理的设计使这座公园建成后始终保持着当初的风貌，从未因增建建筑物或构筑物而导致景观的破坏。

(2) 库克县森林保护区（Cook County Forest Preserve District, Chicago）

直到20世纪20年代末，纽约的州级公园建设因投入巨大，始终是全美州级公园建设的典范，成为深受大众喜爱的休闲娱乐场所。此后，州级公园建设的热潮蔓延到25个州，出现了一大批州级公园作品。其中最著名的是芝加哥库克县（Cook）森林保护区，占地规模约1200 hm^2，被看作是多功能的、满足休闲娱乐要求的森林圣所。

库克县森林保护区的规划由查理·索艾姆（Charles G. Sauers）负责，并由风景园林师约翰·巴斯托·莫里尔（John Barstow Morrill）协助，他们将库克县森林保护区建设成为全美娱乐型州级公园的典范，良好的集中式服务设施令人称赞。这座森林保护区全年对公众开放，并根据不同季节开展各种休闲旅游活动，如游泳、野餐、滑雪等。此外，设计者还首次尝试将混凝土作为州级公园的建筑材料。

由于库克县森林保护区紧邻城市，因此面临着巨大的旅游压力。为了保持州级公园内几乎完全荒野的自然状态，设计者采取了各种技术与管理措施，避免因大量的游人而带来的对公园设施和自然景观的破坏。首先是将休闲娱乐设施集中布置在森林保护区的边缘地带；其次是对休闲娱乐的形式、内容作出合理的选择，并在规划设计上加以严格控制；此外对一些比较剧烈的体育运动及大型场馆，如足球、网球、田径等进行严格的限制。因此，尽管这里每年接待了大量的游客，但是保护区"圣殿"般的森林资源却从未遭到破坏。

(3) 加利福尼亚州级公园（California State Parks）

在美国东部和中西部区的州级公园中，建设集中式休闲娱乐设施十分盛行，而西海岸的加利福尼亚在州级公园建设中，却出现了一些重大的变化。1927年，萨克拉门托（Sacramento）立法机构授权成立一个州级公园委员会（State Council of Parks），并投资600万美元购置了州级公园的建设用地。同时，州级公园委员会也为州级公园的发展，筹集了大量的考察和研究资金。

此时，加州已建立了五座州级公园，但大部分都缺乏全面的规划，而且因管理权分散，导致各自为政，不利于州级公园的协调发展。1927年，加利福尼亚州任命了由五人组成的核心委员会，负责全州州级公园的建设和管理事务。同年，该委员会委托小奥姆斯特德，针对全州州级公园的风景资源和发展状况，做一个系统评价。小奥姆斯特德随即与赫尔（D. R. Hull）、谢波德（H. W. Shepherd）、奈特（E. Knight）等人组成了一个研究小组，利用近两年时间完成了调研任务，并于1928年底向州政府提交了一份"加利福尼亚州级公园考察报告"（*Report of State Park Survey of California*），对州级公园的发展起到了重要的指导作用。该报告指出，州级公园应该具有以下几个特性：首先，州级公园应该具有独一无二性，能够吸引全州的游客前来游览；其次，州级公园应该具有充分的观赏性和娱乐性，并且私人产权无法维持其长期运转；第三，州级公园的数量、面积及内容都必须足够丰富，以满足游客的远期娱乐需求，它们所提供的娱乐内容必须不同于市级公园、国家公园、森林或是景观道路；第四，州级公园应该分布在该州的各区域，整体上能代表该州的各种典型地貌，同时又能反映各自的区域风貌。直至今天，这份研究报告仍是研究美国州级公园最有价值的参考文献之一。

7.6.5 美国国家公园

美国地域辽阔，自然风景资源极为丰富，冰川、火山、沙漠、山岳、湖泊、海滨、河川、矿泉等奇特的地质地貌类型，结合丰富的森林植被和珍稀野生动植物种群，构成美国丰富多彩的风景旅游资源。在富于探险精神的摄影记者、作家等人的宣传和带动下，人们渐渐对奇特的自然风景产生浓厚的兴趣，从而激起了政府或企业家，投资开发自然景观，作为旅游度假区的欲望。

为了保护原始状态的自然生态系统和地形地貌特征，并作为科研科普、旅游观光、休闲娱乐的素材，将游乐与探索大自然的奥秘相结合，美国于1872年在怀俄明州的西北部、蒙大拿州的南部，以及爱达荷州的东部地区，建立了世界上第一个国家公园，即"黄石国家公园"（Yellow Stone National Park），它是美国规模最大、最为著名的国家公园。

随后，美国又陆续建立了许多国家公园，并按照国家公园的自然资源或人文资源特征，分为国家公园（NP:National Park）、国家古迹（NM: National Monuments）、国家海滨（NS: National Seashore）和国家湖滨（NL: National Lakeshore）等不同类型。

国家公园的建立，一方面保护了珍贵的自然资源、自然环境以及历史文物古迹，另一方面为人们了解自然与文化发展史，欣赏并融入大自然，开辟了广阔的新途径。如今，美国已建立了40个国家公园，占地总面积达到125 400 km^2，约占国土总面积的1.39%。这些国家公园每年接待来自美国及世界各地的旅游者逾2亿人次。

在美国的影响下，世界各国相继建立了各自的国家公园体系，并且因历史文化、自然资源和管理体制的差异，这些国家公园缤彩纷呈、各具特色。目前，全世界已有100多个国家建立了国家公园体系，国家公园的总数达到1200多个。人们常常认为，美国的国家公园类似于中国的国家风景名胜区。但是，值得我们借鉴的是美国的国家公园属国家所有，并由国家管理机构统一管辖，从而有利于风景资源的保护与合理利用。

黄石国家公园（Yellow Stone National Park）

黄石国家公园坐落在怀俄明州西北部，并延伸至爱达荷东部与蒙大拿州南部，总占地面积约8956km^2，其中森林面积约占90%，水面约占10%。

在19世纪初之前，曾经有肖松尼人（Sho-shone）[①]和印第安人在这里狩猎、居住。1806年，约翰·科尔特（John Colter, 1774—1813）成为第一位到这里踏勘的白种人。经他报导后，这里很快就吸引来一批批的狩猎者和寻矿者。1859年，由政府授权的探险队，在詹姆·布里杰（James Bridger, 1804—1881）的率领下来到这里。1870年，又一次探险行动在这里展开。探险队员们发现这里分布着大量的天然喷泉，其中有的每隔33~39分钟，喷出高逾30m的水柱。他们将这些有规律喷发的间歇泉，称为"老忠实"（Old Faithful）泉，后来这一称号成为黄石国家公园的别称。

作为探险队员之一的法官科尼利厄斯·赫奇斯（Cornelius Hedges, 1831—1907）认为，"这片土地应该是属于这个新兴国家全体人民的国宝"。次年，一支国家地质勘探队开始对这里进行勘察，作为领队的著名地质学家费汀南德·凡·德威尔·海登（Ferdinand V. Hayden, 1829—1887）非常支

[①] 肖松尼人：美国西部的一种印第安人。

图 7-15 黄石国家公园中的瀑布

持法官赫奇斯的观点。随后，尽管有反对者发动了声势浩大的运动，一项将这片土地划归联邦政府的议案，还是在当年被提了出来。1872 年，美国总统尤利西斯·辛普森（Ulysses Simpson Grant，1822—1885，1869—1877 在任）签署了《黄石公园法案》（Yellowstone National Park Act），从而产生了美国历史上第一个国家公园，使得这里的树木、矿产、自然风景和奇观等，都能够按照自然状态保存下来（图 7-15）。

黄石国家公园的地质构造十分复杂，大部分是开阔的火山岩高原，剧烈爆发的火山使地面被熔岩广泛覆盖，地壳仍不稳定。这里到处是起伏的山峦和崎岖的峡谷，还有石林、熔岩冲蚀形成的溪流和侵蚀地貌等奇形怪状的地质景观。尤其是这里的地热现象，包括世界上最多的间歇泉和温泉，以及黄石河、黄石河大峡谷、化石森林和黄石湖等奇观，是最初引起人们注意并最终成为国家公园的地质特征。

黄石国家公园内森林茂密，其中以生命力极强的小干松（Pinus contorta）为主，还有高大的美洲云杉和银杉。园中栖息着 300 多种野生动物、18 种鱼和 225 种鸟类，包括灰熊、美洲狮、灰狼、野牛、羚羊等，成为美国规模最大的野生动物庇护场所。

7.7 19 世纪园林特征及其影响

19 世纪，在资产阶级标榜的自由平等思想影响下，为大众服务的公共园林登上了历史舞台，为园林艺术的发展开辟了新的途径。

与昔日的私家园林不同的是，城市公园是为大众服务的公共游乐空间。在设计上必须体现公众的普遍需求，导致园林在功能和内容上发生重大转变。完善的公园配套设施，成为 19 世纪园林的重要特征之一。

城市公园也是为改善城市环境、维持城市平衡发展的目标而兴建的，它使园林艺术摆脱园林的局限，开始适应城市环境并寻求与城市环境的密切结合。公园成为城市中不可或缺的基础设施，构成了19世纪园林的另一个重要特征。

19世纪园林还有着承上启下的时代特征，它一方面延续了18世纪产生的自然主义造园思想，另一方面开创了公共园林这一新的模式，为20世纪现代园林的产生和发展奠定了思想和理论基础。

从18世纪起，人们就将自然作为快乐的源泉。洛兰风景画中的静谧感，以及和谐的田园风光，都给人们带来了极大的愉悦。于是，园林艺术也尝试在自然与艺术之间进行调和，并逐渐使自然摆脱几何形式的束缚，回到充满活力的自然环境中发展。但是，人们关注的仅仅是自然最卓越的方面，随着18世纪末浪漫式风景园的出现，追求卓越的造园倾向发展到了极致。

由雷普顿开创的风景式造园的园艺派，在19世纪受到了人们的大力推崇，植物配置发展成专门的技艺。植物栽培和植物配置水平的提高，也是19世纪园林发展的一个重要标志。植物种类的增加，极大地丰富了设计师的造园材料，形成丰富多彩的园林景观。不仅有许多植物学家加入到造园家的行列之中，而且造园家在植物方面的造诣也得到很大的提高。

然而，由于商业化设计风气的漫延和功利思想的影响，19世纪的风景园林师不再像他们的前辈们那样，为了实现自己的设计理想、创造纯粹的设计风格而孜孜不倦的努力。相反，他们利用日益精湛的造园技艺，热衷于"杂交式"园林构图，形成"集景式"园林作品。

因此，19世纪的园林既未能产生影响深远的样式，又缺少风格明确的作品，园林看上去什么都有一点点。究其原因，一方面造园家运用的造园要素几乎是相同的，另一方面经过2000多年的发展，园林的各种样式及风格均已相继出现，很难再有创新的突破。因此，与前辈们相比，19世纪的造园家面临更加严峻的挑战，不仅园林创新的难度在增加，而且难以满足的社会需求又迫使他们不得不努力创新。

于是，同建筑艺术一样，19世纪的园林艺术也深陷折中主义的困扰。折中主义（Eclecticism）一词最早在建筑设计中被提及，兴起于19世纪上半叶。为了弥补古典主义与浪漫主义在建筑上的局限性，折中主义设计师任意模仿各种历史风格，或自由组合各种设计式样，因此又被称为"集仿主义"。它没有固定的风格，讲究比例的均衡，沉醉于"纯形式"之美。但是，在内容与形式之间的矛盾又表明折中主义并没有摆脱复古主义的范畴。19世纪中叶，折中主义在法国的影响最为深刻；19世纪末至20世纪初又在美国表现得最为突出。

折中主义在园林艺术中的表现，则是公众的娱乐需求，与注重园林形式的古典主义美学之间的矛盾。在19世纪，规则式园林并没有真正意义上的复兴，同时人们又厌倦了浪漫式风景园的矫情，园中的点景性建筑物也遭到了人们的抛弃，并被贬低为贫乏的，甚至丑陋的装饰。小径也不再随意地弯曲，代之以弧形更大的流线形园路。人们不得不在各种形式之间相调和，甚至希望从过去完全对立的设计观念中，得到新的借鉴和启示。

从这些作品中，我们发现19世纪的造园家，在摆脱了过去规则式园林的束缚之后，又陷入了一种有规律的"不规则化"漩涡，类似的手法和要素在园林中重复出现，使得所有作品在构图与形式上都十分相似。比如流线形园路设计，采用一系列内切或外切的椭圆形或圆形，彼此相交或者相离，表面上很"自然"，实际带有强烈的人工性。设计师最关心的问题，就是不同弧型的园路如何衔接，将园路的整体构图看作是观赏性的重要体现。但是，在规模宏大、尤其是地形起伏的园林中，弧形巨大的园路由于无法使人看到全貌，视觉效果实际也大大减弱。

折中主义的积极意义，在于使人们能够正视各种园林形式，使人们重新审视规则式与自然式园林之利弊，并在规则式与自然式之间进行调和，实际上促进了园林艺术的发展。到19世纪末，园林艺术的发展回到了正常的轨道，人们彻底放弃了对园林形式的偏见，转而探索园林的内涵。在自然式园林盛行了近一个半世纪之后，规则式园林又有了新的支持者。

小 结

19世纪的西方是一个充满变革的时代,在文化艺术中也是一个承上启下的时代。园林艺术一方面延续了18世纪的自然主义造园思想,另一方面开创了城市公园这一新的园林类型,为20世纪现代园林的发展奠定了理论和实践基础。

源于英国的工业革命和法国的资产阶级大革命,是影响19世纪历史最重要的两大事件。工业革命带来了世界经济的飞速发展,法国资产革命震撼了整个欧洲的封建体系。19世纪在这两大革命的推动下,资本主义蓬勃发展,科学技术不断进步,劳动生产力迅速提高。在启蒙运动的影响下,新兴资产阶级思想家对封建意识形态展开了全面的批判。在这个新时代中,以法国为中心的欧洲艺术先后兴起了新古典主义、浪漫主义、现实主义和印象主义等艺术运动,艺术思想发生了巨大的变化。

在社会、政治、文化、艺术等思潮的综合因素下,园林艺术领域也出现了更加彻底的变革。为了体现时代的进步、社会的公正和生活环境的改善,园林从供帝王贵族们享乐的奢侈品,转变成为大众服务的城市公共游憩场所,城市公共园林从此登上了历史舞台。这一时期在欧洲和美国先后兴起了城市公园建设热潮以及城市美化运动,园林艺术在缓解城市环境、提高大众健康水平、营造亲近自然的空间等方面发挥出巨大的作用。同时,在不断出现的艺术思潮的影响下,为大众服务的城市公园在造园风格上趋向朴实通俗,它以亲切宜人的尺度和体量,贴近自然的植物配置,使园林艺术与城市环境紧密地结合在一起。

19世纪是一个新旧文化、新旧体制急剧碰撞并产生变革的时代,只有摆脱旧文化的束缚、确立新的体系,"传统"才能够获得新的生命,成为在新时代中可资借鉴的财富。19世纪园林艺术不仅是造园要素和设计手法的创新,更重要的还在于自然观、园林观和造园思想的全面更新,从而为现代园林艺术的发展奠定了坚实的基础。

思考题

1. 浅析19世纪城市公园产生的社会文化背景和在英国出现的原因。
2. 19世纪的城市公园与以往的园林有哪些本质上的区别?
3. 浅析巴黎城市改造运动对城市公园发展的影响及启示。
4. "城市园林系统之父"奥姆斯特德为美国园林的发展作出了哪些贡献?
5. 结合纽约中央公园浅析美国公园运动和城市美化运动的现实意义。
6. 思考19世纪城市公园的发展对现代城市公园有哪些借鉴作用?

推荐阅读书目

1. 外国造园艺术. 陈志华. 2001. 河南科学技术出版社.
2. 外国建筑史（19世纪末叶以前）. 陈志华. 2005. 中国建筑工业出版社.
3. 世界公园. 弗·阿·戈罗霍夫，勒·布·伦茨. 1992. 郦芷若等译. 中国科学技术出版社.
4. 西方园林. 郦芷若，朱建宁. 2001. 河南科学技术出版社.
5. 西方造园变迁史. 针之古钟吉. 1991. 邹洪灿译. 中国建筑工业出版社.

参考文献

杜赫德，2005. 耶稣会士中国书简集（4）[M]. 郑州：大象出版社.

李招莹，2004. 十八世纪旅行书写的台湾面貌 [M]. 国科会计划：十八世纪中法文化艺术交流史.

张隆溪，2004. 论钱钟书的英文著作 [M]. 北京：爱智论坛.

ALAN TATE, 2001. Great City Parks [M]. London: Spon Press.

ARABELLA LENNOX-BOYD, 1987. Traditional English Gardens [M]. London: George Weidenfeld & Nicolson Ltd.

CASSILDE TOURNEBIZE, 2000. Jardins et Paysages en Grande-Bretagne au XVIII siecle [M]. Paris: Editions du Temps.

CHANTAL D, 1994. Les Jardins de Le nôtre [M]. Paris: La Compagnie du Livre.

CHARLES A. PLATT, 1993. Italian Gardens [M]. London: Thames and Hudson Ltd.

CLEMENS S, WOUTER R, 2004. Architecture and Landscape: The Design Experiment of the Great European Gardens and Landscapes [M]. Berlin: Birkhäuser.

DOUGLAS DC. CHAMBERS, 1993. The Planters of the English Landscape Garden [M]. New Haven: Yale University.

DUSAN OGRIN, 1993. The World Heritage of Gardens [M]. London: Thames and Hudson Ltd.

EHERNFRIED K, 2000. European Garden Design: From Classical Antiquity to the Present Day [M]. Cologne: Könemann.

FAYARD, 2001. Portrait d'un Homme Heureux André Le Nôtre [M]. Paris: Libraivie Arthème Fayard.

FLAMMARION, 1996. Splendeur des Jardins d'ile-de-France [M]. Paris: Flammarion.

G. THOUIN, 1820. Plan Raisonnés de Toutes les Espèces de Jaridns [M]. Paris: Inter-Livres.

GEORGE PLUMPTRE, 1989. Garden Ornament-Five Hundred Years of History and Practice [M]. London: Thames and Hudson Ltd.

GEORGES G, 1983. Lart des jardins [M]. Paris: CH. MASSIN.

GEORGES LEVEQUE, Marie-Francoise Valery, 1990. French Garden Style [M]. London: Frances Lincoln Limited.

GOURNAY, 1991. Jardins Chinois en France a la fin du XVIIIe siecle [M]. Paris: Bulletin de l'Ecole francaise d'Extreme-Orient.

HANS, WIESENHOFER C, 1990. L'Architecture des Jardins en Europe [M]. Paris: Taschen.

HEATHER ANGEL, 1988. A View From a Window [M]. Boston: Salem House Publishers.

JEAN-CHRISTOPHE MOLINIER, 1989. Coup d'oeil sur les Jardins du Xve au Xxe Siècle [M]. Paris: L'Association Henri et Achille Duchêne.

MARIELLE H, 1995. Jardins et Parcs Contemporains France [M]. Paris: Telleri.

MARINA SCHINZ, 1985. Vision of Paradise——Themes and Variation on the Garden [M]. New York: Stewart, Tabori & Chang.

MAVIS BATEY. David Lambert, 1990. The English Garden Tour [M]. London: John Murray Ltd.

MICHEL BARIDON, 1998. Les Jardins [M]. Paris: Robert Laffont.

MICHEL RACINE, 1991. Le Guide des Jardins de Francs [M]. Paris: Guides Hachette.

MICHEL SAUDAN, SYLVIA SAUDAN-SKIRA, 1997. From Folly to Follies [M]. Köln: Benedikt Taschen Verlag Gmbh.

MONUMENT HISTORIQUE, 1986. Les Tuilleries [M]. Paris: Caisse nationale des Monuments Historiques et des Sites.

PETER COATS, 1985. Beautiful Gardens Round the World [M]. London: The Conde Nost Publications Ltd.

PETER KING, CAROLE OTTESEN & GRAHAM ROSE, 1988. Gardening With Style. [M]. London: Bloomsbury Publishing Ltd.

PHAIDON PRESS, 2000. The Garden Book [M]. London: Phaidon Press.

ROLF TOMAN, 1998. Lart du Baroque Architecture Sculpture Peinture [M]. Cologne: Konemann.

SOPHIE B, RAFFAELLO B, 1996. Villas and Gardens of Tuscany [M]. Paris: Telleri.

SUSAN LASDUN, 1991. The English Park, Royal Private & Public [M]. New York: The Vendome Press.

彩 图

彩图1 巴哈利神庙鸟瞰图（上）
彩图2 "海上剧场"遗址（中）
彩图3 罗马圣保罗教堂以柱廊环绕的中庭（下左）
彩图4 《玫瑰传奇》中的细密画，从中可看出中世纪城堡庭园的规划格局（下右）

彩图 5　兰特庄园鸟瞰图

彩图 6　阿尔多布兰迪尼庄园中，水剧场后的水阶梯，以及水槽环绕的圆柱

彩图 7　维兰德里庄园中中层台地的游乐性花园和底层台地的观赏性菜园

彩图 8　沃勒维贡特庄园的中轴线

彩图 9　沃勒维贡特庄园中，中轴线上的喷泉及尽端的海格力斯雕像

彩图 10　凡尔赛宫苑中阿波罗泉池及其后的大运河

彩图 11　凡尔赛宫苑中的柑橘园及远处的瑞士人湖

彩图 12　索园中的壮观的水台阶

彩图 13　埃尔姆农维尔园中的"现代哲学之庙"

彩图 14　小特里阿农王后花园中的"爱神庙"

彩图 15　汉普顿宫苑中的"池园"

彩图 16　牛津大学植物园

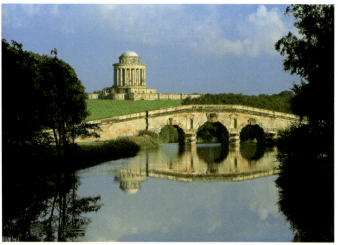
彩图 17　霍华德庄园中的罗马桥及远处的纪念堂

彩图 18　斯图海德园中前景的石拱桥与远处的先贤祠

彩图 19　查兹沃斯园中的大瀑布

彩图 20　布伦海姆宫苑湖泊中的"伊丽莎白岛"

彩图 21　邱园中的"中国塔"

彩图 22　拉·格兰贾庄园中阶梯式瀑布

彩图 23　海伦赫森宫苑中翼墙上的跌水

彩图 24　沃尔利兹园

彩图 25　英国园中充满浪漫情调的小瀑布

彩图 27　巴甫洛夫风景园中的友谊殿

彩图 26　彼得宫花园中的大型喷泉